黄河龙口水利枢纽工程技术研究

杜雷功　　余伦创　　著

黄河水利出版社
·郑　州·

内 容 提 要

本书系统全面地介绍了黄河龙口水利枢纽工程有关勘测设计及工程技术经验成果,全书分两大部分内容,第一部分为工程勘测设计,主要包括工程设计基本情况、水文及工程规划、工程地质、工程布置及建筑物、水力机械与电气、金属结构、主要设计变更及设计优化等勘测设计成果;第二部分为工程技术论文,内容涵盖本工程有关工程规划、工程地质、工程布置及建筑物、建筑与消防、机电设备与金属结构、施工组织与概算以及有关科研试验等相关专业技术成果。

本书以黄河龙口水利枢纽工程为实例进行勘测设计成果与经验总结,内容全面,专业性和实用性强,可供水利水电工程勘察、设计、施工、科研等部门技术人员和管理人员使用,同时也可供水利水电院校师生参考使用。

图书在版编目(CIP)数据

黄河龙口水利枢纽工程技术研究/杜雷功,余伦创著.
郑州:黄河水利出版社,2011.12
ISBN 978 - 7 - 5509 - 0171 - 1

Ⅰ.①黄…　　Ⅱ.①杜…　②余…　　Ⅲ.①黄河 – 水利
枢纽 – 工程技术 – 研究 – 忻州市　Ⅳ.①TV632.253

中国版本图书馆 CIP 数据核字(2011)第 263073 号

组稿编辑:简群　　电话:0371-66026749　　E-mail: w_jq001@163.com

出 版 社:黄河水利出版社
　　　　地址:河南省郑州市顺河路黄委会综合楼14层　　邮政编码:450003
发行单位:黄河水利出版社
　　　　发行部电话:0371 – 66026940、66020550、66028024、66022620(传真)
　　　　E-mail:hhslcbs@126.com
承印单位:河南地质彩色印刷厂
开本:787 mm×1 092 mm　1/16
印张:29.75
字数:724 千字　　　　　　　　　　　　印数:1—1 000
版次:2011 年 12 月第 1 版　　　　　　　印次:2011 年 12 月第 1 次印刷

定价:88.00 元

序

黄河是中国的"母亲河",它从青海省巴颜喀拉山脉北麓的卡日曲奔腾向东,呈"几"字形蜿蜒穿越中国北方9省区,最后流入渤海。黄河流域上中游水能资源蕴藏丰富,根据黄河流域水能资源规划,全河干流规划建设数十级水电站。在九曲黄河中游北干流"几"字形拐弯的南流段,巍然耸立着黄河龙口水利枢纽。

作为历次黄河治理开发规划中确定的梯级工程之一,开发建设龙口工程符合历次黄河流域规划的要求。龙口水利枢纽位于黄河北干流托克托—龙口段尾部、山西省和内蒙古自治区的交界地带,坝址距上游已建的万家寨水利枢纽25.6 km,距下游已建的天桥水电站约70 km。龙口水库总库容1.96亿 m³,工程规模为大(Ⅱ)型,电站总装机容量为420 MW。开发建设龙口工程可充分利用黄河北干流丰富的水能资源,为晋蒙电网提供清洁、可靠的调峰容量和电量,从而改善电网电源结构,增强调峰能力,优化运行条件;能够对万家寨水电站发电流量进行反调节,确保黄河龙口—天桥区间不断流,兼有滞洪削峰等综合作用;能够促进地区经济发展,有利于西部大开发战略的实施;水库建成后可改善周边生态环境。因此,龙口工程是功在当代、惠泽千秋的重要水利工程。

继万家寨水利枢纽之后滚动开发龙口工程,可充分利用万家寨水利枢纽已有的资源优势,实现缩短工期、节省投资的目标,具有显著的经济效益和社会效益。龙口水利枢纽工程是水利部与山西省、内蒙古自治区政府继成功建设运营万家寨水利枢纽之后又一团结治水、共同兴建的重大工程,是三方鼎力合作的又一成功典范。

龙口工程前期勘测设计工作始于20世纪50年代,中水北方勘测设计研究有限责任公司(原水利部天津水利水电勘测设计研究院)自20世纪80年代开始开展了大量地质勘察工作。龙口工程凝聚着几代水利水电科技工作者的心血,也寄托着他们的美好愿望与梦想。龙口工程的前期工作时间跨度长,研究范围广,前期积累的大量翔实基础资料为龙口工程的顺利实施打下了坚实的基础。

从坝型、坝高、电站装机容量等参数来看,龙口工程属于比较常规的水利水电工程,但龙口工程地质、泥沙、电站送出等特性使得工程设计面临着一系列难题,如坝基岩体中存在着影响大坝深层抗滑稳定的泥化软弱夹层,黄河高含沙量带来的水库淤积和排沙问题,含沙高速水流对泄水建筑物的磨蚀问题,钢筋混凝土蜗壳承受较高水头作用问题,电站发电分送晋、蒙两网的控制与保护问题等。针对这些工程中的特殊技术问题，设计人员集思广益、深入研究、科学论证，采取了一系列的工程措施，逐一解决上述工程难题，从而确保工程建设顺利实施。当然，龙口工程也展示出诸多的亮点和特色，比如，龙口电站采用"四大一小"（4×100 MW+1×20 MW）组合装机方式，其中20 MW小机组在电网基荷运行，其瞬时下泄流量不小于60 m³/s，能够实现非调峰期间龙口—天桥河段河道不断流，满足黄河水利委员会及黄河防总对河段下泄生态流量的要求；龙口对万家寨电站调峰发电流量具有反调节作用，使得龙口—天桥河段河道流量波动减小，水流条件得到改善，天桥电站入库流量更趋均匀，水库弃水减少且电站可以保持高水位运行，从而增加发电量，因此能够提高梯级电站的综合效益；首次研究并采用UF500纤维素纤维作为添加料，辅以一定量的硅粉、粉煤灰等配置成抗冲磨混凝土，解决了含沙高速水流对泄水建筑物的磨蚀问题；将河床坝段横缝设计成铰接缝，并对横缝下部一定区域进行灌浆处理，使得相邻坝段相互帮助，从而提高坝的整体性和均一性；工程开工后，审时度势调整变更部分设计，分别在枢纽左、右岸边坡坝段预留取水口，有力地配合了山西省、陕西省和内蒙古自治区地方经济长远发展。

龙口主体工程2006年初开工，2009年9月首台机组发电，建设工期较原定计划缩短1年，实现提前1年建成和发挥效益的建设目标。从龙口工程建成后观测资料分析，各观测点温度、应力、变形、渗透压力以及大坝外部变形等数据均在设计预想范围之内，枢纽运行状况优良。龙口电站投运以来，机组运行平稳，发电量已基本达到设计年均发电量。因此，龙口水利枢纽的设计、施工和建设的经验经受了实践的检验。

龙口工程的实践经验，值得包括设计方在内的参建各方认真总结。这本《黄河龙口水利枢纽工程技术研究》内容较为丰富，既有关于龙口的工程勘测设计成果的总结，也有工程技术的分析探讨，因此具有一定的学术价值，是一本实用的书籍。

作为一名从事水利水电工作数十年的技术工作者，非常希望看到更多的设计人员能够及时对自己所完成的工程进行总结，这样，广大水利水电科技工作者也可以从中学习和借鉴，从而更好地促进我国水利水电科学技术的发展。

中国勘测设计大师 王岩斌

2011年11月于天津

目　录

第二部分　工程技术论文

第一部分

工程勘测设计

第一章　工程设计概况

第一节　工程概况

黄河万家寨水利枢纽配套工程龙口水利枢纽(以下简称龙口水利枢纽)位于黄河北干流托龙段尾部,左岸是山西省忻州市的偏关县和河曲县,右岸是内蒙古自治区鄂尔多斯市的准格尔旗。坝址距上游已建的万家寨水利枢纽 25.6 km,距下游已建的天桥水电站约 70 km。龙口水利枢纽总库容 1.96 亿 m^3,电站总装机容量 420 MW。本枢纽工程属大(Ⅱ)型工程,枢纽主要建筑物大坝、电站厂房、泄水建筑物按 2 级建筑物设计,其洪水标准按 100年一遇洪水设计,1 000 年一遇洪水校核,相应下泄流量分别为 7 561 m^3/s 和 8 276 m^3/s。

水库正常蓄水位 898 m,采用"蓄清排浑"运行方式,排沙期运行水位 888~892 m,冲刷水位 885 m。

工程区位于华北地台之山西台背斜与鄂尔多斯台向斜之间的过渡地带,属于相对稳定地块。地震动峰值加速度为 0.05g,反应谱特征周期为 0.45 s,相当于地震基本烈度Ⅵ度。

坝址区地层主要由奥陶系中统马家沟组(O_2m)、石炭系本溪组(C_2b)、太原组(C_3t)和第四系($Q_3 + Q_4$)构成。坝基持力层岩性为中厚层灰岩、豹皮灰岩夹薄层灰岩、白云岩,岩体较完整,强度较高。坝基下存在多层连续性较好的泥化夹层,形成坝基深层抗滑稳定滑动面。

龙口水利枢纽基本坝型为混凝土重力坝,水工建筑物包括拦河坝、泄流底孔、表孔、河床式电站厂房、副厂房及 GIS 开关站等。拦河坝坝顶高程 900 m,坝顶全长 408 m,最大坝高 51 m。大坝自左至右共分 19 个坝段,分别为左岸非溢流坝段、主安装场坝段、大机组坝段、小机组坝段、副安装场坝段、隔墩坝段、底孔坝段、表孔溢流坝段和右岸非溢流坝段。

龙口工程原设计施工总工期为 60 个月,其中施工准备期为 12 个月。在工程建设进入实施阶段后,根据建设管理单位意见,经过认真分析研究将施工总工期调整为 4 年,其中施工准备与右岸大坝主体工程施工同步开展。2006 年 2 月 19 日,右岸坝肩开挖开始施工,拉开龙口主体工程建设序幕,2007 年 4 月 14 日实现二期截流,2009 年 9 月 18 日龙口水利枢纽工程首台机组实现并网发电,2010 年 6 月 2 日龙口电站 5# 机组正式投运,实现全部机组投产发电。

第二节　勘测设计及审批

一、勘测设计过程

托龙段的规划设计,自 20 世纪 50 年代至 70 年代相继做过不少勘测设计工作。1984 年 5 月原水电部以(84)水电规字 38 号文对"黄河万家寨水利枢纽可行性研究报告"的审查批示:关于托龙段开发,现结合晋蒙两省(区)能源基地供水,确定选用万家寨高坝,配合龙口低坝的两级开发方案。1988年12月中水北方勘测设计研究有限责任公司(原水利部天津水利水电勘测设计研究院,以下简称中水北方公司)完成了"黄河龙口水电站工程可行性研究报告",原能源部、水利部水利水电规划设计总院于1992年11月进行了技术审查,认为"龙口水电站建设条件较好,技术经济指标优越"。

2003年1月水利部水利水电规划设计总院对《黄河万家寨水利枢纽配套工程龙口水利枢纽项目建议书》进行了技术审查,"基本同意该项目建议书"。水利部以水规计[2003]190号文《关于报送黄河万家寨水利枢纽配套工程龙口水利枢纽项目建议书及审查意见的函》上报国家发展和改革委员会,"基本同意该审查意见"。

受国家发改委的委托,中国国际工程咨询公司于2003年9月对龙口水利枢纽项目建议书进行了评估,认为"建设该项目是必要的,也是可行的",并以咨农水[2003]310号文《关于龙口水利枢纽工程项目建议书的评估报告》上报国家发改委。

2004年5月水利部水利水电规划设计总院对《黄河万家寨水利枢纽配套工程龙口水利枢纽可行性研究报告》进行了审查,以水总设[2005]41号文上报水利部,审查意见为"基本同意该可研报告"。

水利部水利水电规划设计总院于2005年6月30日至7月2日在北京召开会议,对中水北方公司编制的《黄河万家寨水利枢纽配套工程龙口水利枢纽初步设计报告》进行了审查。经审查,认为该报告基本达到了初步设计要求,基本同意初步设计报告。2005年12月水利部以《关于黄河万家寨水利枢纽配套工程龙口水利枢纽初步设计报告的批复》(水总[2005]556号)对龙口工程进行了批复。

二、环境影响报告书审批

2004年6月2~3日,水利部水规总院在北京召开了"龙口水利枢纽环境影响报告书"预审会议,于2004年11月1日向水利部上报了《关于报送黄河万家寨水利枢纽配套工程龙口水利枢纽环境影响报告书预审意见的报告》(水总环移[2004]148号)。2004年11月30日水利部向国家环境保护总局报送了《关于报送黄河万家寨水利枢纽配套工程龙口水利枢纽环境影响报告书预审意见的函》(水函[2004]258号)。

2004年12月3日内蒙古自治区环保局向国家环境保护总局报送了《关于〈黄河万家寨水利枢纽配套工程龙口水利枢纽环境影响报告书〉的审查意见》(内环函[2004]451号)。

2004年12月10日山西省环保局向国家环境保护总局报送了《关于〈黄河万家寨水利枢纽配套工程龙口水利枢纽环境影响报告书〉的审查意见》(晋环函[2004]512号)。

2005年1月19日国家环境保护总局以环审[2005]42号文对《黄河万家寨水利枢纽配套工程龙口水利枢纽环境影响报告书》提出审查意见,原则同意水利部的预审意见及内蒙古自治区、山西省环保局的初审意见,在落实报告书和环保总局审批提出的环境保护措施前提下,同意该项目建设。

三、建设用地预审手续办理

2004 年 10 月 18 日,工程地质灾害危险性评估单位中水北方公司邀请有关专家组成专家组对龙口水利枢纽建设用地预审报告中的工程地质灾害危险性评估专题报告进行审查,专家认为地质灾害危险性小。

龙口水利枢纽工程地质灾害危险性评估专题报告审查通过后,分别在山西、内蒙古两省区填写了地质灾害危险性评估报告备案登记表,经两省(区)签署意见,报国土资源部备案。

经晋蒙两省(区)国土资源主管部门审核,未发现龙口水利枢纽工程压覆重要矿产资源,按要求填写了建设用地压覆矿产资源核实申报表,并在两省(区)国土资源厅及国土资源部分别备案。

2004 年 11 月 24 日、12 月 10 日内蒙古自治区和山西省国土资源厅分别出具了对龙口水利枢纽工程建设用地的初审意见。12 月 10 日,在汇总两省(区)的有关初审文件后,业主向国土资源部上报了龙口水利枢纽工程用地预审申请。

2005 年 1 月 11 日国土资源部以国土资厅函[2005]26 号文同意该项目通过用地预审。

四、建设项目的水资源论证

建设项目的水资源论证是国家从 2003 年 7 月开始实施的新内容,2004 年 5 月 16 日,黄河水利委员会受水利部委托,在郑州召开了"黄河龙口水利枢纽工程水资源论证报告书审查会"。2004 年 9 月黄委会核定了龙口水利枢纽下泄基流,批复了水资源论证报告。

五、水土保持方案审批

2004 年 4 月 5～6 日,水利部水利水电规划设计总院组织召开了"黄河万家寨水利枢纽配套工程龙口水利枢纽水土保持方案大纲评审会议",审查通过了该项目的水土保持方案大纲。

2004 年 5 月 29～30 日,水利部水利水电规划设计总院在呼和浩特主持召开了"龙口水利枢纽水土保持方案报告书审查会议",审查通过了项目的水土保持方案报告书。

六、招标与技施设计

2005 年 12 月～2007 年 12 月,中水北方公司进行主体工程招标设计。根据建设单位的意见,龙口水利枢纽工程划分为 A、B、C、D、E、F 六个标段。其中:

A 标段为右岸 11#～19#坝段建筑、安装工程标段;

B 标段为左岸 1#～10#坝段和发电主、副厂房建筑、安装工程标段;

C 标段为主要机电设备(材料)采购标段;

D 标段为主要金属结构及主要起重、启闭设备采购标段;

E 标段为工程建设管理标段及水土保持、环境保护工程标段;

F 标段为前期准备工程标段。

七、主要施工进度

2006 年 2 月 19 日，右岸坝肩开挖开始施工，2006 年 3 月 26 日，右岸一期施工导流开工，2006 年 8 月 25 日，右岸主体第一仓混凝土开始浇筑。

2007 年 4 月 14 日实现二期截流，2007 年 5 月 1 日二期基坑开挖施工开始，2007 年 7 月 25 日，左岸主体第一仓(3#坝段)混凝土开始浇筑，2007 年 11 月 4 日，13#坝段率先浇筑到坝顶 900.00 m 高程。

2009 年 5 月 5 日，1#~19#坝段主体混凝土重力坝全线浇筑到坝顶 900.00 m 高程，2009 年 6 月 17 日，排沙洞投入使用验收通过，左岸基坑具备过流条件。

2009 年 9 月 1 日，龙口水利枢纽工程通过下闸蓄水验收，2009 年 9 月 18 日，龙口水利枢纽工程首台机组实现并网发电。

2010 年 6 月 2 日龙口电站 5#机组完成 72 h + 24 h 带额定负荷连续运行试验，正式并网投运，标志着龙口全部机组投产发电。

第二章 水文及工程规划

第一节 设计洪水

一、水文基本资料

(一)黄河托龙段干流主要水文测站

河口镇水文站位于龙口坝址上游 128 km 处,设站于 1952 年 1 月,1958 年 4 月上迁 10 km 到头道拐站,观测水文资料至今。

万家寨站 1954 年 6 月设水位站,进行水位观测,1955 年 11 月停止观测。1957 年 7 月设立水文站,1962 年 1 月改为水位站,1967 年 6 月撤销。1993 年 7 月设水位站,1994 年 7 月设水文站,观测至今。万家寨水文站测得的水位、流量、含沙量均参与黄委会中游水文水资源局统一整编。

河曲水文站设于 1952 年 3 月,在龙口坝址下游 23 km 处,1956 年 5 月停止观测,1976 年 6 月恢复水位观测,1978 年 1 月改为水文站,观测至今。

义门水文站设于 1954 年 7 月,在龙口坝址下游 71.3 km 处,因天桥水电站的兴建,于 1975 年 5 月改为水位站,1982 年停测,并在其下游 8 km 处的府谷设立水文站继续观测水位、流量及含沙量等。

(二)龙口坝址水文观测资料

黄河龙口坝址以上流域面积 397 406 km²。为配合龙口水利枢纽工程设计,原水利部天津水利水电勘测设计研究院(以下简称天津院)委托黄委会中游水文水资源局于 1993 年 7 月在龙口六 II 坝线下 125 m 处设立水位站,进行水位观测,1995 年 10 月停止观测。天津院于 1985 年和 1993 年 5 月对龙口坝址大断面进行测量,根据两次测量结果,断面变化不大。

(三)黄河托龙段支流的水文资料

黄河中游托龙段左岸主要支流有红河、杨家川和偏关河。

红河全长 219.4 km。1954 年 9 月设放牛沟水文站,控制面积 5 461 km²,占全流域的 98.7%,1977 年 6 月 1 日改为汛期水位站。实测最大流量为 5 830 m³/s(1969 年 8 月 1 日)。

杨家川河长 69.5 km,流域面积 1 002 km²,属间歇性河流,无水文观测资料。

偏关河全长 128.5 km。1956 年 9 月设关河口水文站,1957 年 7 月上迁 9 km 到沈家村为偏关水文站,控制面积 1 915 km²。1982 年又上迁 3 km 至偏关县偏关镇为偏关(三)站,控制面积 1 896 km²,占万家寨—龙口区间 2 600 km² 的 72.9%。实测最大流量 2 140 m³/s (1979 年 8 月 11 日)。

黄河中游托龙段干、支流的各水文站观测资料年份,见表 2 - 1。

表 2 - 1　　　　　黄河中游——托龙段主要水文测站资料一览

河　名	站　名	流域面积 （km²）	设站时间 （年.月）	资料年限	备　注
黄河	河口镇	385 966	1952.1	1952.1～2007.12	1958.4 上迁到头道拐
红河	放牛沟	5 461	1954.9	1954.9～1977.5	1977.6 改为汛期水位站
黄河	万家寨	394 813	1954.6	1957.7～1961.12 1994.7～2005.12	1954.6～1955.10 1962.1～1967.5 有水位资料
偏关河	偏关	1 896	1956.9	1956.9～2007.12	—
黄河	龙口	397 406	1993.7	1993.7～1995.10	只有水位资料
黄河	河曲	397 643	1952.3	1952.3～1956.4 1978.1～2003.12	1976.6～1977.12 有水位资料
黄河	义门	403 877	1954.7	1954.7～1975.4	1975.5 改为水位站,1982 年停测

二、暴雨特性

黄河中游的暴雨特点是:暴雨强度大、历时短,且多为局部地区性暴雨,笼罩面积小。这种暴雨的天气系统主要有:西南东北向切变线,东西向切变线及南北向切变线暴雨。以西南东北向切变线暴雨出现的机会较多。这类天气系统有强劲的西南风,有利于水汽输送,再遇有冷空气和有利地形配合,往往会造成强度大、呈西南东北向的大暴雨带。如 1977 年 8 月 1 日内蒙古乌审旗特大暴雨,一次降雨历时 10 h 左右,降雨量达 1 400 mm(调查值),平均降雨强度 140 mm/h。

万家寨及龙口地区常发生局部暴雨,而大面积长历时的降水较少。每当夏季,在灼热的日照下,常造成气流激烈的辐合抬升作用,产生局部强对流性暴雨。这种暴雨的特点是:强度大、降雨历时短,多则几小时、十几小时,少则几分种,可造成某一支流或某一地段的特大洪水。如 1969 年 8 月 1 日杨家川的大暴雨,造成万家寨河段 11 400 m³/s 的最大流量,1979 年 8 月 11 日的暴雨,造成偏关河发生有实测资料以来的最大流量 2 140 m³/s。

三、洪水特性

龙口坝址的洪水由两部分形成,一是河口镇以上黄河上游产生的洪水,二是托龙段区间发生的洪水。这两部分洪水均由降雨形成,但洪水特性有很大的差别。

河口镇以上黄河上游来的洪水,主要来源于兰州以上广大地区。该地区降水笼罩面积大,历时长,且沼泽湖泊多,河槽调蓄作用大,形成了洪量大、洪水历时长、洪水涨落平缓的肥胖型洪水过程。如 1964 年、1967 年及 1981 年洪水,河口镇站 45 d 洪量分别为 110.4 亿 m³、142.9 亿 m³ 和 136.3 亿 m³,最大洪峰流量分别为 4 510 m³/s、5 310 m³/s 和 5 150 m³/s,大于 2 000 m³/s 的历时均超过 45 d。

托龙段区间洪水由局部短历时暴雨所形成,所占洪量比重不大。托龙段地处黄河中游暴雨区的北端,为黄土高原地区,土质疏松、植被差、水土流失严重,加之区间支流短、坡度大、汇流快,在局部地区形成峰高量小,陡涨陡落的尖瘦型洪水。如红河放牛沟站1969年8月1日洪峰流量5 830 m^3/s;偏关河、偏关站1979年8月11日洪峰流量2 140 m^3/s。一次洪水过程仅20 h左右。

据河口镇站、区间支流红河放牛沟站与偏关河偏关站实测资料统计,黄河干流年最大洪水一般发生在7~10月,尤其是8、9两个月发生次数最多,如河口镇站洪峰流量在1952—2003年共52年中有37年,占71%。区间洪水一般发生在6~9月,尤其是7、8两个月发生次数最多,如放牛沟站洪峰流量在1955—2003年共49年中有42年,占86%;偏关站洪峰流量在1957—2003年共47年中有40年,占85%。

从实测资料分析来看,黄河干流洪峰流量大于3 000 m^3/s出现的时间与区间支流洪峰流量大于1 000 m^3/s出现的时间一般不同,如上游来水较大的1967年9月19日,河口镇站实测最大流量5 310 m^3/s,相应的放牛沟站仅8.0 m^3/s,相应的偏关站流量为0.98 m^3/s;放牛沟站1969年8月1日实测最大洪峰流量5 830 m^3/s,相应的河口镇站流量仅为470 m^3/s;1979年8月11日偏关站实测最大洪峰流量2 140 m^3/s,相应的河口镇站流量为1 970 m^3/s。

四、调查历史洪水

龙口坝址上游万家寨、下游河曲河段、河万区间支流红河、杨家川以及万龙区间偏关河有调查历史洪水资料。

(一)万家寨河段调查历史洪水

据黄河水利委员会勘测规划设计院1983年7月刊印的《洪水调查资料》,1957年原北京院曾在万家寨河段调查到1896年(光绪二十二年)洪水。1974年内蒙古自治区水利设计院与黄委会设计院,在进行托克托至龙口段规划选点时,对该段的历史洪水做了复查,并着重调查了1969年洪水。

1896年(光绪二十二年)洪峰流量:1957年原北京设计院调查时采用万家寨原断面水位与上游柳青(距万家寨37 km)水文站水位建立相关关系(关系较好),借用柳青水文站外延的水位流量关系,求得最大流量为9 850 m^3/s;1980年黄委会设计院汇编《黄河流域洪水调查资料》时,点绘万家寨水文站实测的水力半径(R)与K($v/R^{2/3}$)曲线并外延,选用K=1.2求得最大流量为10 600 m^3/s。

1969年洪峰流量:该次洪水是新中国成立后万家寨河段最大的一次洪水,当地居民反映强烈。1974年内蒙古自治区水利设计院及黄委会设计院调查时,采用调查河段洪痕的平均比降及平均断面,选用糙率n=0.038,推算最大流量为12 500 m^3/s;1980年黄委会设计院汇编《黄河流域洪水调查资料》时,用推算1896年洪水同样的方法推算1969年洪水,得最大流量为11 400 m^3/s。

(二)河曲河段调查历史洪水

据黄委会勘测规划设计院1983年7月刊印的《洪水调查资料》,河曲河段历史洪水曾调查过3次。1955年8月河曲水文站在河曲河段调查到1896年(光绪二十二年)洪水。

1955 年黄委会通过河曲县志调查到 1842 年(道光二十二年)洪水。1972 年黄委会设计院,在进行天桥电站设计洪水复核时,对该段的历史洪水进行了调查,调查到了 1969 年洪水,并通过县志调查到 1868 年(同治七年)洪水。

1896 年(光绪二十二年)8 月 1 日洪峰流量:1955 年河曲水文站调查时,用河曲站 1952—1955 年实测水文资料点绘水力半径(R)与 $K(v/R^{2/3})$ 曲线,并延长曲线查得 K 值为 0.65,求得最大流量为 8 740 m^3/s。1969 年洪水未做定量计算,排在 1896 年之后。1842 年洪水和 1868 年洪水只有县志记载,没有调查到洪痕,无法进行洪水排位。

(三)河曲—万家寨区间支流调查历史洪水

据黄委会勘测规划设计院 1983 年 7 月刊印的《洪水调查资料》,1957 年原北京院、1965 年黄委会规划处曾在红河放牛沟河段调查到 1896 年(光绪二十二年)洪水,洪峰流量为 6 600～9 000 m^3/s;1933 年洪峰流量为 2 480～5 080 m^3/s;1953 年洪峰流量为 2 330 m^3/s。1953 年成果较可靠,其余两年供参考。

1984 年 6 月天津院组织人员,进行了洪水复查,访问到杨家川河段 1969 年发生过大洪水,洪峰流量为 10 900 m^3/s(内蒙古清水河县水文队调查数据)。

(四)万龙区间调查历史洪水

偏关河流域在历史上发生过多次大洪水。1972 年偏关水文站在沈家村曾进行过调查,调查到的洪水年份有:1892(光绪十八年)、1937 年(民国二十六年)及 1954 年。1982 年山西省水文总站用偏关站 1979 年实测的水位流量关系外延得 1937 年最大洪峰流量 2 470 m^3/s;1892 年因年代久远,没有固定的洪水痕迹,可靠性较差,难以推算流量;1954 年为 1 770 m^3/s。

1994 年天津院与偏关水文站组成联合调查组,对偏关河流域的历史洪水进行复查,走访了当地老乡,他们一致认为:民国二十六年,即 1937 年的洪水是他们记忆中最大的一次,其他年份的洪水都没有这次大。此次复查结果与 1972 年调查成果一致,即 1937 年洪峰流量 2 470 m^3/s,1954 年洪峰流量 1 770 m^3/s。

(五)龙口坝址历史洪水的采用

从以上历史洪水的调查及分析来看,1896 年、1969 年洪水均由区间局部暴雨所形成,1896 年主要发生在红河流域,放牛沟河段调查洪峰流量为 6 600～9 000 m^3/s。1969 年洪水主要发生在杨家川,调查洪峰流量为 10 900 m^3/s。与杨家川邻近的偏关河偏关水文站,1969 年实测洪峰流量仅为 865 m^3/s(8 月 1 日)。据此推测两次洪水比较,1896 年峰型较 1969 年肥胖,历时长,经万家寨—河曲段(尤其在龙口—河曲段)的调蓄,衰减程度 1969 年比 1896 年大。

因万家寨距龙口坝址 25.6 km,河道均呈 U 形峡谷,河槽宽 300～500 m,坡陡流急,河槽调蓄作用不大,故认为 1969 年、1896 年两次洪水在万家寨—龙口河段峰型变化不大,万家寨的调查历史洪水可借用到龙口坝址,即 1969 年为 11 400 m^3/s,1896 年为 10 600 m^3/s。

(六)洪水重现期的确定

根据 1957 年原北京院调查洪水资料,从安全考虑,在龙口水利枢纽初步设计阶段,对 1896 年洪水的重现期考虑一个范围,即从 1829 年算起到 2003 年共 175 年的第二大洪水年(1969 年列首位)或从 1896 年起算到 2003 年共 108 年的第二大洪水年。由此确定 1969 年

洪水经验频率为 $P = \dfrac{1}{175+1} \sim \dfrac{1}{108+1}$，1896 年洪水经验频率为 $P = \dfrac{2}{175+1} \sim \dfrac{2}{108+1}$。

五、龙口坝址初设阶段设计洪水

龙口坝址初设阶段设计洪水在可研报告的基础上,将洪水系列从 2000 年延长至 2003 年。统计年最大洪峰流量,年最大 1 d、3 d、5 d、15 d、45 d 时段洪量,统计中考虑了万家寨水库调蓄的影响(1998 年 10 月万家寨水库蓄水)。

龙口坝址洪水系列加入历史洪水后组成 1896 年、1952—1955 年、1957—1966 年、1969 年、1976—2003 年共 44 年洪峰流量系列。在该系列中缺测 1967—1975 年洪峰流量,据河口镇站实测资料统计,1967 年洪峰流量(5 310 m^3/s)是有实测资料以来的最大值。1971 年放牛沟站年最大流量为 4 690 m^3/s,仅次于 1969 年(5 830 m^3/s)。频率计算系列排位时,给这两年空位,其中 1896 年、1969 年洪水按特大值处理,其余年份洪水按不连续系列计算经验频率,采用 $P-Ⅲ$ 型频率曲线适线。各时段洪量(1952—2003 年共 52 年)不考虑历史洪水,按连续系列进行频率计算。其洪水频率计算成果见表 2-2。

表 2-2   龙口坝址洪水频率计算成果

项目	均值	C_v	C_s/C_v	$P(\%)$					
				0.1	1	2	5	10	20
Q_m(m^3/s)	3 410	0.66	3.2	17 040	11 650	10 040	7 920	6 320	4 740
W_1(亿 m^3)	2.28	0.43	3.2	7.24	5.47	4.92	4.18	3.59	2.97
W_3(亿 m^3)	6.74	0.43	3.2	21.41	16.18	14.55	12.35	10.62	8.79
W_5(亿 m^3)	10.80	0.44	3.2	35.06	26.37	23.67	20.02	17.15	14.15
W_{15}(亿 m^3)	29.00	0.49	3.0	102.78	76.07	67.82	56.67	47.96	38.87
W_{45}(亿 m^3)	68.00	0.47	3.0	231.28	172.74	154.59	129.99	110.71	90.49

六、近期龙口坝址设计洪水复核

龙口坝址初设阶段洪峰流量系列为 1896 年、1952—1955 年、1957—1966 年、1969 年、1976—2003 年共 44 年,各时段洪量系列为 1952—2003 年共 52 年。工程建设后期又补充收集了头道拐站、万家寨站、偏关站等实测流量资料。通过对延长后洪量系列进行分析可知,洪水系列的延长对设计洪水成果影响不大,因此龙口坝址设计洪水成果仍采用初设阶段成果,见表 2-3。

表 2－3				龙口坝址初设阶段设计洪水成果(采用成果)					
项目	均值	C_v	C_s/C_v	$P(\%)$					
				0.1	1	2	5	10	20
$Q_m(\text{m}^3/\text{s})$	4 150	0.58	3.0	17 600	12 500	11 000	8 880	7 350	5 700
$W_1(\text{亿 m}^3)$	2.58	0.41	3.0	7.71	5.93	5.37	4.62	4.00	3.35
$W_3(\text{亿 m}^3)$	7.37	0.41	3.0	22.04	16.95	15.33	13.19	11.42	9.58
$W_5(\text{亿 m}^3)$	11.86	0.42	3.0	36.29	27.75	25.02	21.47	18.50	15.54
$W_{15}(\text{亿 m}^3)$	32.2	0.46	2.5	102.4	78.57	70.84	60.21	52.16	43.15
$W_{45}(\text{亿 m}^3)$	75.5	0.44	2.5	230.28	178.18	161.75	138.17	120.05	100.42

第二节　水库泥沙冲淤分析

一、设计入库沙量

龙口水利枢纽位于已建成的万家寨水利枢纽下游 25.6 km 处,库区有支流偏关河在左岸距坝址约 13.5 km 处汇入。龙口坝址控制流域面积 39.7 万 km²,上游的万家寨坝址控制流域面积 39.5 万 km²,支流偏关河控制流域面积 2 089 km²。

万家寨库区泥沙达到冲淤平衡后,多年平均下泄悬移质泥沙量 1.32 亿 t,万家寨坝址到龙口坝址区间悬移质多年平均入库 0.188 亿 t,推移质多年平均入库 1 万 t。

万家寨水库出库泥沙颗粒较细,多年平均 d_{50} 为 0.023 mm。万家寨—龙口区间入库悬移质泥沙颗粒较粗,多年平均 d_{50} 为 0.039 mm。

二、库区泥沙设计

库区泥沙设计采用武汉水利电力大学等单位研制的 SUSBED－Ⅱ准二维恒定非均匀流全沙数学模型。

龙口水库原始库容 1.91 亿 m³(898 m),年均入库沙量 1.51 亿 t,库沙比 1.6,水库淤积平衡年限较短。其上游的万家寨水库采用的是"蓄清排浑"运行方式,排沙期 8、9 两个月。万家寨水库 8、9 月入库泥沙占年沙量的 44%,出库泥沙占年沙量的 64%,经水库调节后泥沙更为集中在 8、9 两个月进入龙口水库。非汛期龙口水库入库沙量不足年沙量的 10%,从控制水库泥沙淤积末端和水库经济指标两方面考虑,拟定龙口水库的运行方式为"蓄清排浑",考虑到上、下游梯级排沙及发电运行的同步性,龙口水库排沙期设定为 8、9 月。

经各方面比较,龙口水库各特征水位为:正常蓄水位 898 m,汛限水位 893,排沙期最高发电运行水位 892 m,死水位 888 m,冲沙水位 885 m。该方案泥沙冲淤平衡后的淤积末端位于距坝 22.2 km 处,距万家寨坝址 3.4 km,水库回水基本上不影响万家寨电站的尾水。水库冲淤平衡后的库容见表 2-4,纵剖面见图 2-1。

表 2-4　　　　　　　　　　　　　　　　龙口水库库容

高程(m)	原始库容 (亿 m³)	平衡库容 (亿 m³)	高程(m)	原始库容 (亿 m³)	平衡库容 (亿 m³)
883	0.684	0	892	1.346	0.182
884	0.742	0	893	1.434	0.263
885	0.800	0.002	894	1.522	0.352
886	0.874	0.006	895	1.610	0.448
887	0.948	0.012	896	1.710	0.547
888	1.022	0.025	897	1.810	0.649
889	1.096	0.046	898	1.910	0.755
890	1.17	0.074	899	2.010	0.864
891	1.258	0.114	900	2.110	0.975

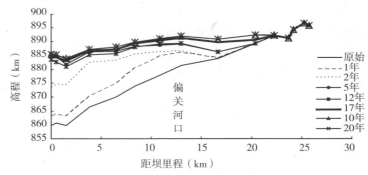

图 2-1　龙口水库泥沙淤积纵剖面

　　龙口水电站为调峰电站,由于调峰需要,排沙期 8、9 月水库运行水位在死水位到排沙期最高发电运用水位 892 m 之间。该方案调沙库容有 615 万 m³,在利用 10 年水沙系列进行的冲淤计算中,仅 1 年不增加淤积量,有 6 年由于日调节而增加的淤积量大于 615 万 m³,这 6 年需多次降低水位进行冲沙。另外,由于调沙库容小,降低水位冲沙的次数多,由日调节增加的淤积量不会对泥沙淤积纵剖面、淤积末端及泥沙冲淤平衡造成大的影响。由于日调节而引起的泥沙淤积范围在偏关河口以下,其淤积高程在 891 m 左右,因此日调节增加的泥沙淤积不影响水库的防洪库容。

三、运行期间应注意的问题

　　龙口水库的主要泥沙问题是泥沙淤积末端及偏关河的粗颗粒泥沙。

　　偏关河流域处于黄土高原,降雨量小,雨强大,暴雨集中,洪水峰高量小,洪水含沙量大,泥沙颗粒粗,年沙量大部分集中在洪水期。入库泥沙一旦落淤,再冲刷需水量较多,因此在排沙期,当偏关河洪水入库时,应尽量降低水位排沙,如将库水位降到冲沙水位最好。

泥沙淤积末端上延后有可能影响到万家寨电站的尾水,而影响泥沙淤积末端的主要因素是排沙期的库水位,库水位高,淤积末端距万家寨电站的尾水近,因此,当8、9月长期出现小流量时,不能为多发电而长期高水位运行。

第三节 水库防凌

一、天然河道冰情

据河曲县1981—1998年冰期观测资料统计,河曲段流凌多数年份始于11月中下旬,流凌1 d后进入初封期,初封日一般发生在11月中下旬,个别年份推迟到12月22日。该河段封河,除少数年份由于气温偏低或流速偏小造成就地平封外,大部分年份的封河是上游流冰在本地插堵形成的。一般年份,插堵封河上溯到龙口坝址附近,特殊年份封河可上溯到万家寨坝址上游约11 km的老牛湾断面。开河期一般为3月中下旬,个别年份推迟到4月初,如1984年、1985年、1996年3年发生在4月1~3日。天桥水库投入运行改变了原河道的排凌条件,致使大量的冰凌难以下排,使冰盖、冰花层厚度增厚,从而导致冰塞、冰坝现象明显增加,冰灾发生概率增大。1981—1998年,武开河发生1次,半文半武开河5次,其余年份为文开河。实测最大冰层厚度为0.8~1.3 m,最大储冰量为3 500万~8 190万 m³。

1978—1998年的21年间,总共有12年发生13次大小不等的冰灾危害,造成约1 300余万元的经济损失。13次冰灾中,有6次发生在开河期,3次发生在初封期,4次发生在稳封期。最严重的一次发生在1982年1月3~25日,北元至娘娘滩出现大面积冰塞,水位壅高,沿河6个村、2个厂矿被淹,娘娘滩全部浸没于水中,直接经济损失480万元。

二、万家寨水库运用对河曲段冰情的影响

万家寨水库投入运用后,拦截了来自于内蒙古河段的全部冰凌,减轻了河曲河段凌汛压力。据测算,1981—1998年凌期平均冰厚0.4~0.85 m,河段最大储冰量3 500万~8 190万 m³。据1998年以后的5个冰期资料统计,平均冰厚0.12~0.35 m,储冰量为1 000万~3 000万 m³。万家寨水库的出库水温较天然状态下万家寨断面的略高(万家寨水文站1998年后实测最低水温0~0.2 ℃),在水库拦冰综合作用下,河曲河段的流凌日期及初封日期推迟,封冻长度缩短。1981—1998年,稳封起始日期在11月24日~12月24日,1998—2004年,稳封起始日期在1月12~30日,推后32~49 d。封冻长度,万家寨拦冰以前,每年基本上封河到龙口,个别年份可上溯到距龙口以上约36 km的地方。1998—2004年,河曲河段一般封河至马栅断面,个别年份封河至太子岛。太子岛到龙口河段广泛分布着岸冰,敞流水面占整个河宽的比重较小。

万家寨水库对河曲河段的防凌减灾起到了很大的作用。正常情况下,河曲河段开河由原先的武开河、半文半武开河、文开河等多种形式转为文开河一种形式,冰凌灾害基本上得

到了治理。但万家寨水库突然加大泄量，仍然可以使河曲河段形成凌灾。1999 年 2 月 16 日下午，万家寨水库泄流由 200 m³/s 突然加大到 1 340 m³/s，摧开了河道封冰，大量冰块集中下泄，在火山断面处形成冰坝，冰坝壅水达 4 m。冰坝溃决形成 4 000 m³/s 的凌峰冲向天桥大坝，天桥库水位 20 min 猛升 1.8 m，几乎漫溢土坝造成重大事故。

三、龙口库区冰情

龙口库区河道天然情况下比降陡，流速大，不易结冰封河，除个别年份河曲段结冰封河上溯到此外，在整个冰期基本上维持敞流状态。

建库后，水库壅水，水流流速减小，库区近坝河段封河形成盖面冰。盖面冰的冰厚受气温及水温的影响，其值有一定的变幅。

1998—2003 年，万家寨水库坝前冰盖平均厚度在 0.5 m 左右，最大 0.63 m，最小 0.42 m。坝前为壅水区，水深大，流速小，库区盖面冰靠自然融化，时间长，到每年的 4、5 月才能全部融化，比库尾开河晚一个多月。

龙口库区气温与万家寨库区基本一致，但万家寨出库水温较天然情况下略高，龙口库区近坝河段盖面冰厚度较万家寨略薄。受库水位变动及万家寨出库水温的影响，库尾近万家寨坝下河段将会出现一段敞流河段，其长度随气温及水温的变化而改变。由于万家寨水库拦截了其上游的来冰，龙口水库库区在封、开河期不会形成冰塞、冰坝。

四、施工期冰情

一期围堰修建后，施工区及纵向围堰侵占了原过水断面约 2/3 的过水宽度，导致围堰上游水位壅高。根据壅高后的水位计算围堰上游断面的水流要素，水位壅高后，水流动能有所减小，弗劳德数仅为天然情况下的 30% ~ 40%，但仍大于水流封河所要求的弗劳德数 0.11。因此，在一期围堰施工期间，坝址上游河段不会封河。由于水流流速减缓，坝前壅水区的岸冰尺寸与天然情况相比有所增大，厚度有所增加。一期围堰修建后，过水断面宽度 80 m 左右，坝址断面以上所产冰块将顺利下排，不会对施工造成不利影响。

二期围堰修建后，正常泄流由 10 个永久底孔承担。每个永久底孔进口尺寸为 4.5 m × 6.5 m(宽×高)，进口底高程 863 m。在二期围堰运行期间，流量 500 m³/s 时，水位与原河床相比抬高了约 4.85 m，围堰上游壅水幅度较大，流量 4 000 m³/s 以下的水流弗劳德数均在 0.05 以下，壅水区具备封河的水流条件。

万家寨水库仅调峰运行，无弃水，龙口 10 个底孔全部敞泄，不考虑河道对水流的坦化作用，以此条件进行调节计算，龙口坝址处最高水位 868.65 m，最低水位 863.45 m，日水位变幅 5.2 m。如果考虑 9 个底孔全部关闭，仅 1 个底孔敞泄，其余条件相同，龙口坝址处最高水位 875.16 m，最低水位 872.06 m，日水位变幅 3.1 m。如此大的水位波动，坝前回水区不会形成稳定冰盖。

与无挡水建筑物比，坝前回水区水流流速缓慢，紊动弱，表面水体失热较多，产冰量较多，冰块尺寸也有所增大。在 10 个底孔运行的情况下，坝前水位最常遇的是 863.45 ~ 868.65 m，底孔上口高程 869.5 m，处于非淹没运行状态，冰期有排冰要求。在库水位频繁波动情况下,壅水区生成的冰块及上游脱岸的岸冰厚度较小,强度较弱,在孔口大流速的作用下容易破碎,堵塞底孔的可能性较小。遇特殊情况,9 个底孔全部堵塞,仅剩 1 个底孔泄流,在万家寨水库仅调峰运行、无弃水、不考虑河道对水流的坦化作用情况下,龙口坝前的最高水位为 875.16 m,低于当年坝段的浇筑高程和围堰顶高程 883 m。

第四节　水利和动能

一、径流调节

(一)基本资料

龙口水库的设计入库径流采用万家寨水库的出库径流。

万家寨水库的设计径流系列采用河口镇以上梯级电站 1919 年 7 月~2000 年 6 月共 81 年系列,多年平均径流量为 190.7 亿 m^3。该径流系列经过万家寨调节计算并扣除山西省引水 12.6 亿 m^3 以后,得到万家寨水库出库流量过程。

河口镇至龙口区间多年平均年径流量为 3.62 亿 m^3,万家寨和龙口两库库区的蒸发渗漏损失之和为 4.27 亿 m^3,两个水库的水量损失与它们的区间来水相抵约亏 0.656 亿 m^3,约占河口镇多年平均径流量的 0.34%,影响很小。为简化计算,在万家寨和龙口的径流调节计算中不计区间径流和水库的水量损失。龙口水利枢纽的多年平均径流量 178.1 亿 m^3。

龙口正常蓄水位 898 m 以下原始库容为 1.91 亿 m^3,泥沙冲淤平衡后的调节库容为 0.71 亿 m^3。

龙口水库径流调节计算采用龙口坝址下游 270 m 处的水位流量关系曲线。

(二)反调节流量

根据河曲水文站实测流量资料以及考虑龙口下游生产、生态用水要求,结合龙口水利枢纽本身的调节能力,龙口水利枢纽的反调节流量采用 60 m^3/s。

(三)水库运行方式和运行水位

龙口水利枢纽采用"蓄清排浑"的运行方式。

全年调节周期为 8 月~翌年 7 月。排沙期为 8 月 1 日~9 月 30 日,此时水库尽量在低水位运行,根据排沙期日调节计算,确定发电运行最高水位为 892 m;10 月为蓄水期,在满足发电要求的同时尽快将水位升至正常蓄水位 898 m;11 月 1 日~翌年 6 月下旬,水库尽量维持在正常蓄水位运行,6 月下旬将库水位降至汛限水位;7 月水库在汛限水位至死水位之间运行。

(四)计算方法

龙口水电站设计保证率为 90%,设计代表年为 1991 年 8 月~1992 年 7 月。电站发电量为长系列计算成果,并用设计代表年的计算成果进行电力电量平衡,计算其容量效益。

二、特征水位选择

(一)正常蓄水位选择

龙口水库正常蓄水位拟订了 897 m、898 m 和 899 m 三个方案进行比较,正常蓄水位的选择主要从回水影响、经济指标两方面进行分析论证。

正常蓄水位越高,龙口水利枢纽发电效益越好,但对上游万家寨水电站尾水位会带来不利影响,以不同正常蓄水位的投资差和梯级发电效益差进行经济比较,正常蓄水位由 897 m 增加到 898 m 以及由 898 m 增加到 899 m 差额投资经济内部收益率均大于社会折现率 12%。

回水计算结果表明,正常蓄水位 897 m 及 898 m 对万家寨电站尾水基本没有影响,而正常蓄水位 899 m 使万家寨电站尾水水位壅高 0.3~1.2 m。

经综合分析与比较,从尽量不影响万家寨尾水位考虑,选定正常蓄水位为 898 m。

(二)汛限水位选择

汛限水位的选择主要从发电效益和泥沙淤积两方面进行分析比较。

汛限水位拟订了 891 m、892 m 和 893 m 三个方案进行比较,随着汛限水位的抬高,发电效益随之增加,汛限水位由 891 m 提高到 892 m,年发电量增加 9 GW·h;由 892 m 提高到 893 m,年发电量增加 8 GW·h。

当正常蓄水位确定后,3 个汛限水位的淤积末端对上游万家寨电站的运行都不会产生影响。通过对龙口排沙期日调节计算,显示由于受泥沙淤积的影响,确定龙口排沙期最高发电运行水位为 892 m。

综合以上因素,本次设计选择汛限水位为 893 m。

(三)死水位选择

死水位拟订了 887 m、888 m 和 889 m 三个方案进行比较。

死水位的选择主要考虑发电效益、日调节库容要求、泥沙对水库淤积的影响。

计算结果表明,死水位由 887 m 提高到 888 m,或由 888 m 提高到 889 m,平均峰荷出力(7、8、9 月)均增加 14 MW,年发电量分别增加 32 GW·h 和 9 GW·h。

根据泥沙冲淤计算结果,排沙期最高发电运行水位 892 m 至 889 m、888 m 和 887 m 三个死水位之间的库容分别为 880 万 m³、1 470 万 m³ 和 2 110 万 m³。根据系统调峰要求,满足日调节需要 1 100 万 m³ 库容。

综合分析,龙口水库选择死水位为 888 m。

(四)排沙期冲沙水位设置

在万家寨水库进行冲沙运用或龙口水库汛期日调节库容不能满足发电调峰要求时,将水库水位降至冲沙水位进行冲沙,以便恢复水库日调节库容。通过计算,选择排沙期冲沙水位为 885 m。

三、装机容量选择

(一)小机组装机容量选择

龙口水利枢纽的反调节流量为 60 m³/s,在最大水头条件下,小机组的出力为 19.2

MW,小机组不参与系统调峰,工作位置在基荷,选择小机组容量为 20 MW。

（二）电站装机容量选择

龙口工程建成后拟投入晋、蒙电网运行并承担调峰任务。

电站设计水平年选定 2015 年。

龙口装机容量选择采用差额投资经济内部收益率法,同时根据龙口作为万家寨的配套工程对其进行反调节的需要对装机容量进行比选。

装机容量从 400 MW 增加到 420 MW,或从 420 MW 增加到 440 MW,电力效益增加的幅度基本相等,由此而增加了一定的工程投资差额。差额投资内部收益率均大于社会折现率 12%。

从单位电能投资分析,装机容量从 400 MW 增加到 420 MW 及从 420 MW 增加到 440 MW,单位发电量都增加一定投资,但前者单位发电量增加投资相对较小。

龙口电站建成后拟就近接入晋、蒙电网,设计水平年 2015 年电网对调峰容量的需求尚有较大缺口,缺少调峰容量约 1 000 MW。对电网来说,希望龙口电站有较大的调峰能力。

龙口作为万家寨的反调节工程,尽管龙口已经有 60 m³/s 的反调节流量下泄,但从总体分析,龙口大机组下泄的额定流量小一些,调峰发电时间长一些,反调节作用更加明显。

综合以上诸因素分析,考虑不同装机容量方案动能技术经济指标、电网调峰需要以及对万家寨反调节的要求,推荐龙口水利枢纽装机容量 420 MW(4 台大机组单机容量 100 MW,1 台小机组 20 MW)。

四、龙口水利枢纽对万家寨电站的反调节作用

龙口电站增加了 20 MW 的小机组,在大机组不运行的时候,小机组泄流发电可以满足龙口至天桥之间河道基流和灌溉对调节流量的要求。

五、水库排沙期运行原则

为了保持一定的调节库容,龙口水库在排沙期 8、9 月的运用原则如下:当入库流量小于 1 340 m³/s 时,水库进行日调节,水库在死水位 888 m 至排沙期发电最高水位 892 m 之间运行,为保证水库的排沙效果,运行水位应尽量降低,日调节蓄水水位以满足日调节发电所需水量为控制条件。排沙期入库流量等于或大于 1 340 m³/s 时,水库在死水位 888 m 运行,电站在基荷运行或弃水调峰。当水库因为日调节运用造成水库排沙期调节库容不能满足日调节需要时,水库水位应降至 885 m 进行冲沙。

六、洪水调节

龙口入库洪水为万家寨水库下泄洪水加万家寨至龙口区间洪水,洪水组成选用龙口坝址洪水与万龙区间洪水同频率,万家寨以上相应的洪水组成。龙口水库设计洪水洪峰流量为 10 632 m³/s,校核洪水洪峰流量为 13 130 m³/s。

枢纽泄水建筑物包括 2 个排沙洞、10 个底孔和 2 个表孔。调洪起调水位为 893 m,相应

总泄量为 6 437 m³/s。

调洪计算结果为:设计洪水位为 896.56 m,相应最大泄量 7 561 m³/s,削峰 29%;校核洪水位为 898.52 m,相应最大泄量 8 276 m³/s,削峰 37%。

第五节　水库回水计算

龙口水库库区自龙口坝址到万家寨坝址,全长 25.6 km,落差 37.7 m,平均坡降 1/679,河槽窄深,宽 300~500 m,为石质河床。

库区天然河道横断面共 14 个,为天津院 1985 年实测,采用 1956 年黄海高程系统。

龙口库区河道无实测糙率资料,设计中参考万家寨库区河道的 n 值并根据万家寨坝下断面的水位流量关系曲线,对不同的流量进行了试糙计算。天然河道糙率的取值范围在 0.029~0.036,库区河道糙率在 0.025~0.036。

根据水库淹没处理标准,计算了非汛期正常蓄水位时,万家寨 6 台机满发时流量为 1 800 m³/s 的库区回水曲线,汛期 5 年一遇和 20 年一遇洪水的库区回水曲线以及相应的天然河道水面线。

龙口水库不同方案的回水末端终点位置在 13# 与 14# 断面之间,距龙口大坝 24~25 km。

第六节　水库调度运行方案

龙口水利枢纽的主要任务是调峰发电,作为万家寨水利枢纽的配套工程,还具有对万家寨下泄的不稳定流进行反调节的任务和作用。

龙口汛期电站发电服从防洪,水库应严格按照汛期水库调度原则调度。非汛期电站发电服从电网的调度。小机组泄放反调节流量,在基荷运行。

为了充分发挥龙口水库的兴利功能,需要保持一定的调节库容,因此水库采取"蓄清排浑"的运行方式。根据发电、反调节、防洪及泥沙冲淤的需要,拟订水库运用原则如下:

(1)7~9 月为汛期,水库水位在死水位 888 m 至汛限水位 893 m 之间运行。

8、9 月是排沙期,为配合万家寨排沙,保证龙口水库的排沙效果,运用水位应尽量降低,日调节运用时蓄水位以满足日调节发电所需水量为控制条件,排沙期发电最高水位不应超过 892 m。

8、9 月当龙口入库流量小于 1 340 m³/s(库水位在 888 m 时机组最大预想出力对应的流量)时,水库进行日调节,水库在死水位 888 m 至水位 892 m 之间运行;入库流量等于或大于 1 340 m³/s 时,水库水位降至死水位 888 m,电站在基荷运行或弃水调峰。

当水库日调节运用造成水库排沙期调节库容不能满足日调节需要时,水库水位需要降至 885 m 进行冲沙。

当上游万家寨降低水位冲沙时,龙口也要适时将库水位降低至 885 m 进行冲沙。

(2)10 月是水库蓄水期。水库从 10 月 1 日开始蓄水,在满足发电的要求下应尽快将水库水位蓄至正常蓄水位 898 m,以便使电站获取较大的发电效益。

(3)11 月~翌年 6 月水库在高水位(正常蓄水位 898 m)运行,仅在 6 月下旬(25~30 日)将水位降至汛限水位 893 m,迎接汛期。

第三章 工程地质

第一节 勘察工作简介

自新中国至今,水利、电力、煤炭、地矿等部门基于不同目的,先后在工程区及周边地区进行了大量地质勘察工作。

中水北方勘测设计研究有限责任公司(原水利部天津水利水电勘测设计研究院,以下简称中水北方公司)于1984—1988年进行了可行性研究阶段的地质勘察,提交了《黄河龙口水电站可行性研究阶段工程地质勘察报告》,1992年经原水利电力部规划设计总院审查并通过了该报告。初步设计阶段的地质勘察工作始于1993年,1996年提出了《黄河龙口水利枢纽初步设计阶段工程地质勘察报告》。

1998年,中水北方公司在历年工作的基础上编制了工程项目建议书。2003年,水利部水利水电规划设计总院和中国国际工程咨询公司分别对项目建议书进行了审查与评估。

2003年,按黄河万家寨水利枢纽有限责任公司要求,中水北方公司进行了可行性研究阶段的补充勘察及可行性研究报告的修编工作。2004年5月通过水利部水利水电规划设计总院审查。

2004年10月,受黄河万家寨水利枢纽有限责任公司委托,中水北方公司完成了初步设计阶段的补充勘察及初设报告的修编工作。2005年7月水利部水利水电规划设计总院对编制的《黄河万家寨水利枢纽配套工程龙口水利枢纽初步设计报告》进行了审查。

2005年12月水利部对龙口工程进行了批复,下达了《关于黄河万家寨水利枢纽配套工程龙口水利枢纽初步设计报告的批复》(水总[2005]556号)。

2006年6月受黄河万家寨水利枢纽有限责任公司委托,黄河龙口水利枢纽工程施工地质及基础检测工作由中水北方公司承担,2006—2009年完成技施阶段的施工地质工作,完成了《黄河万家寨水利枢纽配套工程龙口水利枢纽施工地质报告》,并通过了龙口水利枢纽工程的安全鉴定。各阶段完成的主要工作量见表3-1、表3-2、表3-3。

第二节 区域地质

工程区位于山西、陕西、内蒙古三省(区)交界处,涉及山西省河曲县、偏关县、保德县、陕西省府谷县和内蒙古自治区清水河县、准格尔旗共6个旗(县)。

工程区地处黄土高原,地势北高南低,地面高程一般为1 000~1 500 m,相对地形高差最大可达300 m以上。区内地貌类型主要有黄土丘陵、构造剥蚀低中山和侵蚀堆积地貌等。

本区以黄河为主干,在区内形成了树枝状水系,主要支流有红河、偏关河、县川河、黑岱沟、十里长川等。

表 3－1　　　　　　　可研和初设阶段完成主要工作量

分区	项目		比例尺	单位	工作量				
					可研	初步设计	可研重编	初设重编	合计
库区及区域	地质测绘		1:100 000	km²	15 000				15 000
			1:50 000	km²		1 200			1 200
			1:10 000	km²		110			110
	地质图校测		1:10 000	km²				110	110
	古岩溶地质调查		1:5 000	km²				6	6
	钻探			m/个	1 468.24/6	803.50/4		863.8/8	3 134.77/18
	平洞			m/个		134.90/5			134.90/5
	坑槽			m³		403.00		100.00	503.00
	压水试验			段次	271	59		126	456
	地下水位长观			孔	16*	14	19	19	
	长观孔处理			孔			22		22
	水质分析			组	8*	18			26*
	物探测井			m/孔	365/2				365/2
	库坝区渗漏三维有限元分析			km²		2 300			2 300
	示踪试验及数值分析	示踪试验		元/孔				1/17	1/17
		I¹³¹测井		元/孔				43/2	43/2
		数值分析		km²				13 785	13 785
坝址区	地质测绘		1:5 000	km²	7.5				7.5
			1:2 000	km²	7.5				7.5
			1:1 000	km²		2.4			2.4
	地质图校测		1:1 000	km²				1.1	1.1
	陆摄填图		1:200	km²		0.1			0.1
	钻探			m/个	2 700.95/23	1 684.80/20		290.50/4	3 676.25/47
	长观孔处理			孔			1	2	3
	平洞			m/个	245.10/9*	349.50/15		85.20/6	679.90/30
	坑槽			m³	283.80	943.70			1 237.50
	岩石竖井			m/个		66.10/2			66.10/2
	压水试验			段次	217	276			493
	自振法抽水试验			段次		20			20
	涌水试验			次	4				4
	多孔抽水试验			降深/段		6/2			6/2
	连通试验	水位观测		次		11 560			11 560
		电阻率测试		点		874			874
		Cl⁻含量分析		组		155			155
		蔗糖分析		组		65			65
		水温观测		次		400			400

分区	项目		比例尺	单位	工作量				
					可研	初步设计	可研重编	初设重编	合计
坝址区	地下水位长观			孔		10			10
	水质分析			组		26			26
	物探	综合探井		孔	4	5			9
		声波测井						208.4/3	208.4/3
		平洞地震波						70/6	70/6
		动弹模		点	236	1 907			2 143
		岩块测试		组				70	70
	孔内电视			m/孔		213.8/3		35.6/1	259.4/4
	竖井录像			m/井		66.10/2			66.10/2
	帷幕灌浆试验	钻孔		m/孔				545/12	545/12
		重复钻进		m/孔				1 590/9	1 590/9
		浆液性能试验		组/项				1/19	1/19
		灌浆		段次				86	86
		抬动观测		点				1	1
		压水试验		段次				98	98
		声波测井		m/孔				153/3	153/3
	地应力测量			段/孔				15/3	15/3
	岩石试验	物理性质		组		5			5
		大型抗剪		组		1			1
		中型抗剪		组		2			2
		抗压		组		3			3
		抗拉		组		2			2
		静弹模量		点	8	15			23
		点荷载		组		9			9
	软弱夹层试验	物理性质		组	8	5		26	37
		大型抗剪		组	4	4		6	14
		中型抗剪		组		6			6
		室内抗剪		组	7	5			12
		压缩		组		4			4
		渗透变形		组		2			2
		矿化分析		组		40			40
建筑材料	平面测绘	石料	1:1 000	km²		0.7			0.7
		砂砾料	1:1 000	km²		1.9			1.9
			1:2 000	km²			2.2		2.2
		土料	1:1 000	km²		0.6			0.6
	剖面地质测绘		1:1 000	km				2.0	2.0
	钻探			m/孔		200.00/4	301.70/15		501.7/19
	平洞			m/个		176.90/11			176.90/11
	竖井			m/个		516.85/69	387.20/27		904.05/96
	坑槽			m³		570.80	152		722.80
	物理力学性质			组	20	136	56		212

续表 3-1

分区	项目	比例尺	单位	工作量				
				可研	初步设计	可研重编	初设重编	合计
附属工程	平面地质测绘	1:1 000	km²		0.66		0.33	1.99
	剖面地质测绘	1:1 000	km				1.53	1.53
		1:200	km				1.85	1.85
	钻探		m/个段		408.89/26		30.00/2	438.89/28
	简易抽水				3		1	4
	竖井		m/个		363.08/51		55.00/24	418.08/75
	坑槽		m³		86.40			86.40
	物理力学性质		组		33		6	39
	物探地震剖面		m/排				689/4	689/4
	地质雷达		m				804	804
	电测深		标点		210			210

注:1."＊"的为库坝区合计值;2.附属工程区测绘工作量含0.53 km² 校测。

表 3-2   技施阶段补充勘察主要工作量

项目		单位	工作量
勘探	机钻孔	m/孔	618.7/45
层间剪切带试验	颗分	组	8
	物理性质	组	8
	重塑中剪	组	8
岩体测试	孔内声波	m/孔	446.9/41
	孔内电视录像	m/孔	414.1/30
	地震波测试	物理点	444
	原位变形试验	点	16

表 3-3   施工期提交的主要勘察成果

时间	勘察成果名
2006 年	黄河龙口水利枢纽河床右侧建基岩体变形试验报告
2006 年	黄河龙口水利枢纽右侧坝基岩体物探测试报告
2006 年	黄河龙口水利枢纽工程 11#~19#坝段基础岩体质量鉴定报告
2007 年	黄河龙口枢纽工程坝基开挖岩体变形与破坏影响专题研究报告
2007 年	黄河龙口水利枢纽河床左侧建基岩体变形试验报告
2007 年	黄河龙口水利枢纽左侧拦河坝及电站厂房建基岩体物探测试报告
2007 年	黄河龙口水利枢纽工程 1#~10#坝段基础岩体质量鉴定报告
2009 年	黄河龙口水利枢纽工程计施阶段施工地质报告

黄河拐上—龙口段及河畔村以下河段河谷均为 U 形或箱形,拐上以上及龙口—河畔段河谷较为宽缓。红河、偏关河等主要支流河谷形态多呈 V 形或 U 形。黄河沿岸发育有四级阶地,除 Ⅰ 级阶地为堆积阶地外,Ⅱ—Ⅳ 级阶地均为侵蚀阶地,其特征见表 3-4。

表 3-4　河口镇至龙口段黄河阶地特征

阶地级别	阶面高出河水位(m)				阶面高程(m)				阶面宽度(m)		
	河口镇	小沙湾	万家寨	龙口	河口镇	小沙湾	万家寨	龙口	河口镇	万家寨	龙口
一级阶地	3~5				998±		903~905	872~875	1 000~2 000	50~100	50~100
二级阶地	15±			10~15	1 000±	1 000±		880~885	500~3 000		100~600
三级阶地		98±	120±	60±		1 050±	1 030±	930±	50~200		
四级阶地			150±	90±			1 050±	965±	50~600		

本区属华北地台相,基底为太古界桑干群片麻岩。上部盖层由古生界寒武系、奥陶系、石炭系、二叠系,中生界三叠系、侏罗、白垩系和新生界第三系、第四系构成,缺失奥陶系上统、志留系、泥盆系、石炭系下统和第三系古新统—中新统地层。

工程区位于华北地台之山西台背斜与鄂尔多斯台向斜之间的过渡地带,属于相对稳定地块。

区域地层总体上由北东向南西方向倾斜,倾角大体在10°左右。区内呈现的构造形迹主要有挠曲、背斜、向斜及断裂构造等,均为形成年代久远的古老构造。根据走向大体归纳为北东向、北西向、近东西向和近南北向四组。总体上,以北东向和北西向构造相对较发育,近东西向和近南北向构造较少。见图3-1。

工程区处于相对稳定地块,新构造运动主要表现为地壳的垂直升降,未发现活断层。历史上未发生过较大破坏性地震,周边地震影响到本区烈度不超过Ⅵ度。

据国家地震局2001年颁布的1:4 000 000《中国地震动参数区划图》(GB 18306—2001),本区地震动峰值加速度为0.05g,相应的地震基本烈度Ⅵ度,见图3-2。

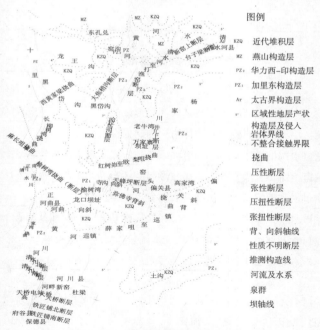

图3-1　区域地质构造纲要示意

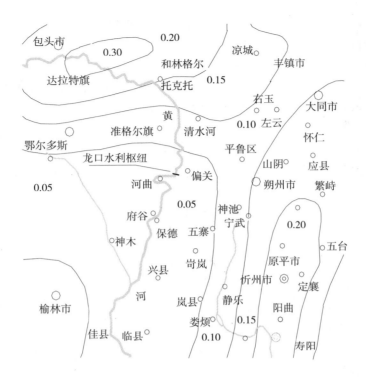

图 3－2　地震动峰值加速度区划

第三节　水库区工程地质

一、水库区工程地质条件

(一) 地形地貌

水库正常蓄水位 898 m 时,沿黄河回水至万家寨坝址下游,水库总长为 25.6 km。在库区范围,除寺沟段约 2.0 km 的河谷较宽缓外,其余河段河谷呈 U 形或箱形,谷宽 360～600 m。岸坡陡峭,高 60～90 m,最高达 150 m。从万家寨坝址到龙口坝址,河床高程由 900 m 下降至 862 m,落差近 40 m,区间河床平均比降约 6.3‰。

黄河为本区最低侵蚀基准面,由黄河向两岸地势渐次增高,地面高程一般在 920～1 200 m。沿黄河两岸发育有多条冲沟和支流,其中较大的有清沟、偏关河、万辉沟、房塔沟、三道沟、二道沟、大桥沟等。除偏关河流量较大外,其他沟谷平时水量很小或干涸,但雨季常见暂时性洪水。

(二) 地层岩性

库区地表多被黄土所覆盖,基岩仅在黄河沿岸及沟谷地带出露。据地表调查和钻孔揭露,库区除缺失奥陶系上统、志留系、泥盆系、石炭系下统和第三系古新统—中新统之外,寒武系至第四系之间其他各地层均有分布。各地层岩性及分布详见表3-5。

构成库盆的地层,除右岸房塔沟—九坪段约2.0 km库岸为石炭—二叠系外,其余地段均为寒武系—奥陶系碳酸盐地层。其中关河口以上主要为奥陶系下统亮甲山组—寒武系中统张夏组,河段长约8.0 km;关河口以下主要为奥陶系中统马家沟组,河段长约17.6 km。

(三)地质构造

库区地层产状平缓,总体走向为北西向,倾南西,倾角一般小于10°。在平缓的单斜构造基础上发育有规模不大的褶皱和断裂。

1.褶皱构造

库区褶皱形态有背斜、向斜和挠曲等,详见表3-6。其中红树峁—欧梨咀挠曲、榆树湾挠曲(断层)等规模相对较大,具有一定工程意义。

2.断裂构造

区内断裂构造以NE和NWW向的压性、压扭性断裂为主,规模相对较大的断层共有13条,详见表3-7。

据地表调查,库区构造裂隙主要有两组,其走向分别为NE40°~60°和NW275°~300°,倾角多大于80°,裂隙间距一般为0.5~2.0 m,属裂隙较发育地区。

(四)岩溶

1.岩溶形态特征

1)地表岩溶形态特征

地表岩溶形态包括溶洞、孔洞、溶孔和岩溶泉等。

溶洞是库区地表主要岩溶形态之一,库区110 km²范围内(1:10 000测绘精度)共计发现较大溶洞74个(φ>1 m),均发育在黄河沿岸及冲沟两侧。发育方向多与所在沟谷垂直,横断面形状以扁圆形、三角形和方形较多见,详见图3-3。纵断面呈口大里小的锥形,详见图3-4。洞径一般为1.0~5.0 m,洞深一般小于8.0 m。个别溶洞规模较大,如K65溶洞,洞径23.0 m,洞深达31.0 m。溶洞多单个出现,个体间互不连通。

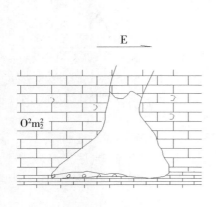

图3-3 库区K24溶洞示意

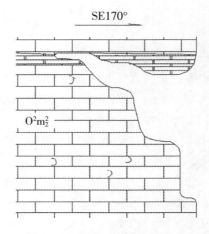

图3-4 库区K65弥佛洞示意

表3-5

库区地层

界	系	统	组	段	代号	层厚 (m)	岩 性	分 布
新生界	第四系	全新统			Q_4		①冲洪积粉砂,砂砾石;②风积砂壤土,坡积及人工堆积碎石土,矿渣等;③坡崩积,坡积及人工堆积碎石土,矿渣等	广泛分布
		上更新统			Q_3^{eol}	35~60	风积黄土状砂壤土,壤土,局部夹黏土,含钙质结核等	库区两岸分布广泛
					Q_3^{al}	0~30	冲积砂砾石层,局部呈半胶结状	分布广泛
		中下更新统			Q_{1-2}	50~400	上部为灰色、灰绿色、黄褐色砂土质黏土夹粉砂与粉砂互层;下部为黄褐色,灰色砂质黏土胶结成岩	分布于黄河沿岸上游十二连城、苗家一带
新生界	第三系	上新统			N_2	20~90	棕红色黏土,含大量钙质结核,多成钙质结核,砂砾石层,局部已胶结成岩	两岸零星分布
中生界	三叠系	中统	二马营组		T_2er	248~342	上部为灰绿、暗紫色厚层状长石砂岩与暗紫色泥岩互层;下部黄绿色厚层状长石砂岩夹薄层泥岩,局部夹紫色砂质泥岩	榆树湾以南
		下统	和尚沟组		T_1h	97~250	上部为暗紫、砖红色中细粒长石砂岩夹泥岩;底部为石英砂岩	两岸均有分布
			刘家沟组		T_1l	352~514	暗红色,砖红色中细粒长石砂岩及泥岩;底部为石英砂岩	
古生界	二叠系	上统	石千峰组		P_2sh	103~172	棕红、砖红色细粒-中粒砂岩,灰白色砂岩,局部含砖红色泥岩,黄绿色巨厚层含砾砂岩	
			上石盒子组		P_2s	271~329	暗紫色粉砂质泥岩-中粗粒砂岩及灰白色,黄褐色少量砖红色泥岩,底部为黄绿色含砾砂岩	
		下统	下石盒子组		P_1x	81~167	黄绿、紫色粉砂质泥岩,粉砂岩及砂岩,灰白色中粗粒砂岩,泥岩及煤层,含植物化石	
			山西组		P_1s	38~95	浅灰、深灰色中细粒砂岩夹泥岩、灰黑色砂质泥岩及煤层	
	石炭系	上统	太原组		C_3t	12~96	灰白色灰黑色炭质页岩夹泥岩,灰岩及铝土岩中含黄铁矿结核,底部为山西式"鸡窝式"铁矿	
		中统	本溪组		C_2b	6~48	下部以煤系地层为主,底部为铝土岩	
古生界	奥陶系	中统	上马家沟组	第三段	$O_2m_2^3$	23.13~73.41	中厚层-厚层灰岩,豹皮灰岩夹薄层灰岩,白云岩;该层底部为薄层灰岩,单层厚小于0.65cm,总层厚0.9~1.4m	两岸均有分布
				第二段	$O_2m_2^2$	78.00~99.59	中厚层、厚层豹皮灰岩,灰岩夹薄层灰岩	
				第一段	$O_2m_2^1$	39.93~52.40	上部为薄层泥质白云岩;中部为角砾状泥灰岩;下部为薄层白云质灰岩和白云岩	
			下马家沟组	第二段	$O_2m_1^2$	40.60~72.20	下部为中厚层灰岩与泥质灰岩;上部为薄层白云岩与中厚层灰岩互层	
				第一段	$O_2m_1^1$	12.80~31.50	中厚层灰岩夹泥质灰岩,竹叶状灰岩,竹叶状白云岩,该层岩溶相对发育	
		下统	亮甲山组		O_1l	90.20~103.6	中厚层白云岩,白云质灰岩;下部夹薄层灰岩,竹叶状灰岩;底部有三层黄绿色薄层叶竹状白云岩。该层岩溶较发育	关河口以上黄河两岸,厚5.0m左右
			冶里组		O_1y	20.42~24.80	上部薄、中厚层白云岩夹竹叶状白云岩,泥质白云岩紫色;下部薄层,中厚层灰岩夹白云岩与泥灰岩,该层溶孔-溶洞发育,顶部有厚10cm的燧石结核	
古生界	寒武系	上统	凤山组		$\in_3f$	53.56~63.60	薄层-中厚层灰岩夹泥质灰岩,竹叶状灰岩,底部有厚约1.0m的白云质灰岩,浅灰黄色	万家寨坝址附近
			长山组		$\in_3c$	5.44~7.57	中厚层竹叶状中厚层灰岩夹竹叶状灰岩,底部有厚0.5~1.1m的燧石结核	
			崮山组		$\in_3g$	46.88~57.45	薄层-中厚层灰岩夹竹叶状灰岩,鲕状灰岩,该层顶部有薄层泥质灰岩,原有厚1.0m的白云岩	
		中统	张夏组		$\in_2z$	94.56~130.86	薄层-中厚层灰岩夹鲕状灰岩,竹叶状灰岩夹薄层泥质灰岩,顶有厚3.0m的白云岩	
			徐庄组		$\in_2x$	18.00~91.30	暗紫红色砂页岩夹灰岩,鲕状灰岩夹薄层铁质砂岩,页岩,原有厚3.0m的白云岩	
		下统	毛庄组		$\in_1m_z$	35.00	紫红色粉砂页岩,页岩夹紫红色含泥质粉细砂岩及泥岩,下部为暗紫色厚粗粒砂岩	未出露
			馒头组		$\in_1m$	23.00	肉红色,细-中粗粒石英砂岩夹紫色含泥质粉细砂岩及泥岩,下部为暗紫红色巨厚层含砾粗砂岩,含砾石英砂岩	

表 3-6

库区主要褶皱构造汇总

序号	名称	轴向(°)	轴部地层倾角(°)	翼部地层倾角(°)	轴长(km)	影响宽度(m)	核部地层代号	翼部地层代号	主要特征
1	红树节—欧梨嘴挠曲	NE20°~80°	40°~90°		>5	200~400	O_2m,O_1l		北东一侧地层被抬高，并有断层伴生
2	坝区二道沟向斜	NW295°		10°~25°	>2.0		C,P	C,P,O_2m	宽阔平缓
3	弥佛寺背斜	NW291°		10°~25°	>2.0		O_2m	O_2m	宽阔，平缓，两翼不对称
4	榆树湾挠曲(断层)	NW315°~325°	35°~77°	16°	>7.0	800	C,P,O_2m	C,P,O	北东侧地层被抬高，两端表现为挠曲，中部表现为断层
5	河曲向斜	EW		10°~60°		20 000	C,P		为宽阔的复式向斜，北翼与榆树湾挠曲共用

表 3-7

库区主要断层汇总

断层编号	出露位置	性质	产状			断距(m)		破碎带宽度(m)	延伸长度(km)	地层代号		主要特征
			走向	倾向	倾角	垂直	水平			上盘	下盘	
F1	右岸范家节	压性	NE65°~85°	SE	80°~87°			10~13	>2.0	O_2m_2	O_2m_2	$O_2m_2^1$ 地层局部缺失或变薄
F2	坝区二道沟	压性	NE20°	SE	15°~25°	0.5		0.02	>0.2	O_2m_2	O_2m_2	地层错开，见有角砾岩
F3	右岸七坪	压性	NE86°	NW	30°			0.2~0.3	>0.1	C,P	C,P	地层错开，见有角砾岩
F4	三道沟东侧	压性	NE33°~75°	SE	10°~19°	3.0~3.5	12	0.0~0.5	>0.6	$O_2m_2^2$,$O_2m_2^3$	$O_2m_2^2$,$O_2m_2^3$	地层错开，见有角砾岩和泥质
F5	右岸九坪	压性	NE64°	SE	20°	2.5		0.05~1.0	0.05	$O_2m_2^2$	$O_2m_2^2$	地层错开，见有断层面
F6	坝区左岸	压性	NE25°~75°	SE	13°~24°	2.4		0.2	>0.26	$O_2m_2^2$	$O_2m_2^2$	见有角砾岩和断层泥
F7	左岸柴家岭	张性	NW350°	SW	80°~90°	2.0~3.0		0.0	0.32	$O_2m_1^2$	$O_2m_2^2$	地层错开，破碎带内见有角砾岩
F8	坝区	压性	NE70°~80°	SE	10°~15°	0.4		0.7	0.15	$O_2m_2^2$	$O_2m_1^2$	仅见有断层面
F9	大桥沟	张性	NE65°	NE	90°	2.5		0.05~0.1	1.0	$O_2m_2^2$,$O_2m_2^3$	$O_2m_2^2$	破碎带内见有角砾岩
F10	左岸梨园	张性	NW285°	NE	80°	2.0		0.0~1.5	>0.1	$O_2m_2^2$,$O_2m_2^3$	$O_2m_2^2$,$O_2m_2^3$	见有角砾岩
F11	左岸梨园	张性	NW310°	NE	70°	3.0~4.0		6.0	>0.1	$O_2m_2^2$	$O_2m_2^3$	见有角砾岩
F12	左岸梨园	张性	NW290°	NE	90°	3.0~4.0		0.02~0.15	>0.1	$O_2m_2^2$	$O_2m_2^2$,$O_2m_2^3$	见有角砾岩
F13	左岸大桥沟	压性	NE70°	SE	7°~14°	1.5		0.3	0.3	$O_2m_2^2$	$O_2m_2^2$	见有角砾岩

地表溶洞充填程度普遍较差。本次调查发现的 74 个较大溶洞中有 64 个无充填或仅充填少量泥沙，约占总数的 86%。仅有 10 个呈全充填状，约占总数的 14%。为查明溶洞充填情况，曾对几个较大溶洞进行追踪开挖，开挖结果显示:溶洞充填紧密，充填物为铝土岩、砂岩等，透水性差。

溶孔、孔洞发育较为普遍，多呈水平状，充填较差，大部分孤立存在，仅局部发育较为集中。

2)地下岩溶形态特征

地下岩溶形态主要为岩溶洞穴和溶隙等。溶孔、孔洞较常见，但分布稀疏，其形态特征和地表所见类似，不再赘述。

在库区范围 55 个钻孔中共有 9 个钻孔揭示到溶洞($\phi > 0.2$ m)，总数为 26 个，其高度在 $0.20 \sim 5.89$ m。其中有 10 个溶洞基本无充填(表现为掉钻)，占总数的 39%;有 11 个全充填铝土岩和页岩，占总数的 42%。

溶隙是主要的地下岩溶形态之一。绝大部分沿构造裂隙发育而成，因溶蚀作用微弱，其长度与构造裂隙相近，宽度略有增加。一般无充填，部分充填泥质或钙质。

2. 库区岩溶的分布和发育特征

1)库区岩溶的分布不均一

黄河沿岸和红树峁—欧梨咀挠曲以南地区岩溶较发育，地表所见 74 个较大的溶洞均发育在该地区。其中分布在正常蓄水位(898 m)以下的有 16 个，占总数的 21.6%，地表溶洞大部分分布在正常蓄水位以上。

由地表到地下、由浅到深岩溶发育程度有逐渐减弱趋势。如钻孔揭示的 26 个溶洞中，分布在高程 700 m 以上的有 22 个，占总数的 85%;分布在高程 $400 \sim 700$ m 有 4 个占 15%;高程 400 m 以下未发现溶洞发育，见表 3－8。

表 3－8　　　　　　　　　　　钻孔揭露溶洞分布

高程范围(m)	$400 \sim 500$	$500 \sim 600$	$600 \sim 700$	$700 \sim 800$	$800 \sim 900$	>900
溶洞数量(个)	2	1	1	4	8	10

2)由于岩性的不同，库区各地层岩溶发育形态和发育程度有一定差异

$O_2m_1^2$、$O_2m_2^2$ 和 $O_2m_2^3$ 地层岩性相近，以灰岩、豹皮灰岩为主，地表岩溶形态以溶洞多见，地下岩溶形态主要为溶隙，其次为岩洞穴。钻孔见洞率为 $7\% \sim 12\%$，钻孔线岩溶率平均值为 2.3%。

$O_2m_2^1$ 地层岩性以角砾状泥灰岩为主，岩溶形态以溶孔、孔洞较多见，且局部密集呈蜂窝状。钻孔线岩溶率平均值 7.8%，最大可达 25.80%。

$O_2m_1^1$ 地层岩性较杂，主要为钙质页岩、砂岩、泥灰岩等，岩溶不发育。库区 41 个钻孔中仅有 3 个钻孔见有少量溶孔。

O_1 和 $\in$ 地层岩性相近，以白云岩为主，岩溶发育微弱，地表仅见个别小溶洞，地下岩溶以溶隙为主，钻孔线岩溶率平均值为 $1.7\% \sim 1.8\%$。

3)地下岩溶、裂隙具有一定的连通性

利用现有的勘探手段难以直观地看出地下岩溶、裂隙连通性如何，但从库区岩溶裂隙水具有统一的、较平缓的地下水面和抽水试验降落漏斗延伸较远，以及万家寨水利枢纽蓄水后龙口库区、坝址地下水位普遍升高这几点来看，地下岩溶、裂隙是有一定连通性的。

（五）水文地质

库区地下水类型包括第四系松散层孔隙水，三叠系—石炭系孔隙、裂隙水和奥陶系—寒武系岩溶裂隙水。其中岩溶裂隙水分布最为广泛，且与水库渗漏关系密切，以下对其特征予以重点说明。

1. 含水介质特征

库区寒武系、奥陶系碳酸盐岩地层总厚为 592 ~ 865 m，其中寒武系地层厚 281 ~ 408 m，奥陶系地层厚 311 ~ 457 m。

寒武系中统（ϵ_2）主要为灰岩、白云质灰岩地层含水；寒武系上统和奥陶系下统（$\epsilon_3 \sim O_1$）含水层以白云岩、白云质灰岩为主；奥陶系中统（O_2m）主要含水层岩性为灰岩、白云质灰岩和角砾状泥灰岩。

2. 含水岩组的划分

库区寒武系、奥陶系地层为多层次复合型的含水岩系，根据水文地质特征将其划分为 3 个含水岩组。

（1）奥陶系中统马家沟组（O_2m）含水岩组，简称为第 I 含水岩组，总厚度为 182.7 ~ 297.6 m，主要由灰岩、豹皮灰岩、白云岩、角砾状泥灰岩组成。隔水底板为 $O_2m_1^1$ 下部的钙质页岩夹砂岩，厚 18.3 ~ 31.5 m。

由于岩性不同，以及裂隙与岩溶发育程度的差异性，马家沟组本身各层的透水性也存在着较大差别，有些层位相对隔水。由于马家沟组地层结构的多重性和岩层透水性的差异性，因此马家沟含水岩组整体上表现出水平渗透性远大于垂直渗透性、下部具有承压性和地下水以水平流为主、垂直流较差的复杂特征。据此，又将第 I 含水岩组划分为 3 个含水层，即第 I -1、第 I -2 及第 I -3 含水层。

第 I -1 含水层：由上马家沟组第二段（$O_2m_2^{2-1\sim5}$）和第三段（$O_2m_2^3$）组成，岩性以灰岩、豹皮灰岩为主，厚度 85 ~ 160 m，相对隔水底板为 $O_2m_2^{1-5}$、$O_2m_2^{1-4}$ 层。

第 I -2 含水层：由上马家沟组 $O_2m_2^{1-3}$ 组成，含水层岩性以角砾状泥灰岩、灰岩为主，厚度 19 ~ 20 m，相对隔水底板为 $O_2m_2^{1-1}$、$O_2m_2^{1-2}$ 层。

第 I -3 含水层：由下马家沟组第二段（$O_2m_1^{2-1\sim6}$）及第一段（$O_2m_1^{1-3}$）组成，含水层岩性以灰岩、角砾状泥灰岩为主，厚度 90 ~ 95 m，相对隔水底板为 $O_2m_1^1$ 下部的钙质页岩夹砂岩。

（2）奥陶系下统亮甲山组至寒武系上统凤山组（$\epsilon_3f \sim O_1l$）含水岩组，简称为第 II 含水岩组，总厚为 166 ~ 191 m，主要由白云岩、白云质灰岩、竹叶状白云岩组成。隔水底板为寒武系上统长山组（ϵ_3c）竹叶状白云岩和泥质白云岩，厚度为 5.4 ~ 7.5 m。

（3）寒武系上统崮山组至中统张夏组（$\epsilon_2z \sim \epsilon_3g$）含水岩组，简称为第 III 含水岩组，总厚为 141 ~ 188 m，主要由灰岩、鲕状灰岩、白云质灰岩等组成。隔水底板为寒武系中统徐庄组、毛庄组和下统馒头组（$\epsilon_1mz \sim \epsilon_2x$），由页岩、砂质白云岩等组成，厚度为 76 ~ 149 m。

3. 补给、径流和排泄

库区的岩溶裂隙地下水主要接受区域岩溶裂隙地下水的补给，其次为大气降水的入渗补给，另外尚有少量的黄河水的渗漏补给。地下水由东、北东向西、南西方向径流至地下水位低缓区后，转向南方向径流。地下水径流至路铺—沙嫣—梁家碛—榆树湾地带后，少量以泉的形式向黄河排泄,绝大部分为向下游径流,最终在河畔—刘家畔一带以泉的形式排泄到黄河。

二、水库区工程地质问题及评价

(一)水库渗漏

1. 水库渗漏形式

如前所述,库区两岸地势较高,地面高程一般在 920 m 以上。主要冲沟和支流多与黄河正交,其沟底高程也均在水库正常蓄水位以上,因此库区不具备向地形邻谷渗漏的条件。

库区范围内较大构造形迹仅有红树峁—欧梨咀挠曲,该挠曲横切库盆。左岸,挠曲附近地下水位高于 900 m,故不存在渗漏问题。右岸近岸地带挠曲轴部地层为 $O_2m_1^1$ 及 O_1l,其渗透性差;与挠曲相伴生的 F1 断层为一压性断裂,断层破碎带虽然较宽,但挤压紧密,胶结良好,地表未观察到明显的渗漏通道存在。综合判定,不会沿红树峁—欧梨咀挠曲形成集中渗漏。

据地表调查,水库正常蓄水位 898 m 以下的较大溶洞有 16 个,其中有 10 个无充填但深度不大;有 6 个溶洞被铝土岩等全充填,经开挖观察,充填物结构密实。另外,地表调查所见岩溶泉均为溶隙式,未见管道式岩溶泉。综合判断,沿溶洞形成管道式渗漏的可能性也不大,因此认为,库区岩溶裂隙是主要的储水空间和导水通道,也是库水渗漏的主要通道。所以,库区渗漏应是岩溶裂隙式、散流型式的。

2. 库区岩体渗透性

为了解库区岩体的渗透性,曾先后在库区及周边地区做过大量的水文地质试验工作,结论如下。

1) 压水试验成果

红树峁—欧梨咀挠曲以北地区,以寒武系地层为主,岩溶、裂隙不发育,岩体渗透性较差,基本属于微透水—弱透水岩体。万家寨坝址共 515 段压水试验成果中,无压漏水段(>100 Lu)占 0.8%,中等透水段(10~100 Lu)占 8.0%,弱透水段(1~10 Lu)占 28.0%,微透水段(<1 Lu)占 63.2%。

红树峁—欧梨咀挠曲以南地区,为奥陶系马家沟组地层,岩溶裂隙相对发育,岩体透水性相对较强,属于弱—中等透水岩体。据 15 个钻孔 254 段压水试验成果统计,无压漏水段占 10.2%,中等透水段占 31.9%,弱透水段占 34.4%,微透水段占 23.6%。

2) 抽水试验成果

第Ⅰ含水岩组的渗透系数范围为 1.0~26.5 m/d,平均值为 10.3 m/d;第Ⅱ+Ⅲ含水岩组渗透系数范围为 0.015~3.1 m/d,平均值为 1.5 m/d,第Ⅰ含水岩组渗透性明显大于第Ⅱ+Ⅲ含水岩组。同一层渗透系数差值较大,其最大值与最小值相差几十倍甚至数百倍,反映出层状裂隙岩体透水性极不均一的特点。

第Ⅰ-1 和第Ⅰ-2 含水层的渗透系数范围为 0.5~2.64 m/d,平均值为 1.5 m/d。由于试验位置均在河床浅部,对近岸地带岩体的渗透性有一定代表性。

3) 黄河淤积土试验成果

黄河为多泥沙河流,上游的万家寨水库和下游的天桥水库均可见到明显细颗粒淤积。黄河淤积泥沙的渗透性很小,渗透系数平均值为 0.30 m/d。泥沙长期对黄河近岸地带岩体中的裂隙进行充填,必将削弱这部分岩体的渗透性。

3. 水库渗漏分析

（1）渗漏形式：根据上述，水库蓄水后，库水面未发现水流旋涡、库岸之上也未发生地面塌陷、地裂缝等次生的不良地质现象，综合判断水库不存在集中渗漏问题，渗漏形式仍为裂隙式散流型。

（2）根据水库蓄水后的地下水位观测资料得知，受库水渗漏影响，黄河两岸近岸地带（距岸边 0.5～1.0 km）地下水位普遍抬高十余米，且渗透坡降较大（3.7°～6.9°），视为库水入渗的径流区（即"河间地块"）。

（3）远离岸边的地下水位升高幅度较小，且地下水水力坡降平缓（0.02°～0.18°），可视为排泄区。

依据上述条件，将库区渗漏概化为邻谷侧向渗漏形式。符合初步设计阶段解析法估算水库渗漏量的第 3 方案，即近距离邻谷渗漏模型，见图 3-5。

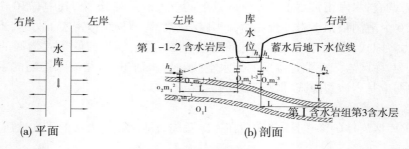

(a) 平面　　　　　　　　(b) 剖面

图 3-5　库区渗漏模型

渗漏地层为奥陶系中统上马家沟组（O_2m_2），视第 I-2 含水岩层下部 $O_2m_2^{1-1}$、$O_2m_2^{1-2}$ 为渗漏计算的隔水底板。计算公式如下：

$$Q = Bq = B\frac{K(h_1 - h_2)(H_1 + H_2)}{2L \times 86\,400}$$

式中　h_1——入渗点水位，m；

　　　h_2——排泄点水位，m；

　　　H_1——入渗点水位至隔水层距离，m；

　　　H_2——排泄点水位或地下水位至隔水层距离，m；

　　　K——岩体渗透系数，m/d；

　　　L——渗径，m；

　　　B——渗漏段长度，m；

　　　q——单宽渗漏量，m^2/d；

　　　Q——渗漏量，m^3/s。

考虑到入渗段地层为 O_2m_2 上部的第 I-1、第 I-2 含水岩层，从保守的角度出发，其渗透系数取这两个含水岩层的最大值 2.6 m/d。根据地下水位观测资料，近岸地下水水力坡降变化点为 500～1 000 m，取最小渗径 500 m 计算。按上述边界条件计算出的渗漏量为 3.42 m^3/s。计算成果见表 3-9。

表 3-9　　　　　　　　　　　　　蓄水后库区渗漏量计算成果

分段与合计		透水岩组层	渗透系数 $K(\text{m/d})$	水位高程		透水层厚度		渗径 $L(\text{m})$	单宽渗漏量 $q(\text{m}^2/\text{d})$	渗透段长度 B	渗漏量 $Q(\text{m}^3/\text{s})$
				库水位 $h_1(\text{m})$	排泄区 $h_2(\text{m})$	入渗区 $H_1(\text{m})$	排泄区 $H_2(\text{m})$				
蓄水后	左岸	红树峁至欧梨咀挠曲—沙嫣—路铺段Ⅰ　Ⅰ-1 Ⅰ-2	2.65	898	878.7	86	47	500	6.8	7 000	0.55
		红树峁至欧梨咀挠曲—沙嫣—路铺段Ⅱ　Ⅰ-1 Ⅰ-2	2.65	898	864.5	105	74	500	9.41	4 700	0.51
		红树峁至欧梨咀挠曲—沙嫣—路铺段Ⅲ　Ⅰ-1 Ⅰ-2	2.65	898	864	29	28	500	3.07	3 200	0.11
		沙嫣—路铺—坝址段　Ⅰ-1 Ⅰ-2	2.65	898	863	98	87	500	9.85	2 700	0.31
	左岸合计										1.48
	右岸	红树峁至欧梨咀挠曲—沙嫣—路铺段Ⅰ　Ⅰ-1 Ⅰ-2	2.65	898	865	114	126	500	13.57	7 000	1.10
		红树峁至欧梨咀挠曲—沙嫣—路铺段Ⅱ　Ⅰ-1 Ⅰ-2	2.65	898	864.5	116	100	500	10.92	4 700	0.59
		红树峁至欧梨咀挠曲—沙嫣—路铺段Ⅲ　Ⅰ-1 Ⅰ-2	2.65	898	864.5	27	10	500	3.06	3 200	0.11
		沙嫣—路铺—坝址段　Ⅰ-1 Ⅰ-2	2.65	898	865	95	73	500	9.65	2700	0.14
	右岸合计										1.94
	左右岸总计										3.42

4. 水库渗漏评价

水库不存在集中渗漏问题,渗漏形式仍为裂隙式散流型,水库渗漏量约为 3.42 m^3/s。渗漏量小,不影响建库效益。

鉴于永久渗漏量不大,不影响水库效益,且为散流式渗漏,渗漏段较长,防渗处理难度较大,可不采取防渗处理措施。考虑到渗漏问题的复杂性和重要性,建议在蓄水后加强监测,重点区域为左岸寺沟和弥佛寺背斜附近。若发现集中渗漏现象应进行防渗处理。

(二)库区其他工程地质问题

1. 库岸稳定

库岸主要由寒武系和奥陶系碳酸盐岩地层组成,岩层产状平缓,未发现有倾向黄河的较大破裂结构面存在,构造裂隙以陡倾角为主,缓倾角裂隙不发育。库岸多为陡壁,现状稳定性较好。蓄水后,在库水作用下,可能形成少量的崩塌和掉块,但规模较小,对工程影响不大。

2. 库区浸没

由于库区 U 形河谷特征,除少量淹没损失外,居民点和土地基本不受浸没影响,见表 3-10。

表 3 – 10　　　　　　　　部分居民点、农田分布及地质条件

村庄名称	位置	分布高程（m）	地层代号	∈、C 含水层			浸没影响
				埋深（m）	水位（m）	隔水顶板代号	
关河口	左岸偏关河与黄河交汇处	888 ~ 950	Q_4	3 ~ 80	870		个别民房可能受浸没影响
梁家碛	左岸坝后1.5 ~ 2.5 km	866 ~ 869	C_3、Q_4	5 ~ 60	862	C_3 或 $C_2 + C_3$	基本无影响
榆树湾	右岸坝后1.5 ~ 3.0 km	866 ~ 900	P、C、Q_4		862	C_3、$C_2 + C_3$ 或 C + P	基本无影响

3. 水库诱发地震

如前所述,本区处于构造相对稳定地块,历史上未发生过较大地震,库坝区无大断层和活断层,不具备构造发震条件。

区内岩溶发育程度微弱,未发现大型溶洞,不具备岩溶塌陷诱发地震条件。

库区地层产状平缓,含水层、相对隔水层相间分布,且库容小、水头抬高不大。因此,预计蓄水后库区地下渗流场的改变仅局限在浅部,难以因蓄水造成地下水深循环而引发地震。总之,水库诱发地震的可能性不大。

4. 固体径流

黄河为多泥沙河流,年均输沙量达 1.49 亿 t,而上游万家寨水利枢纽采用"蓄清排浑"运行方式,基本不拦截泥沙,水库上游来沙量将较大。

库区段控制流域面积较广阔,因气候干燥,植被稀少,水土流失现象严重,侵蚀模数平均达 68 607 t/km^2。此外,库区右岸还有零星活动沙丘向黄河移动,因此区间来沙量亦较大。

总之,库区固体径流来源广泛,区间产沙和上游来沙量均较大,水库淤积问题应引起足够重视。

第四节　枢纽区工程地质

一、枢纽区工程地质概况

枢纽区处于黄河托克托—龙口峡谷段的出口处,黄河由东向西流经本区,河谷为箱形,河床大部分为岩质,高程 858 ~ 861 m;两岸为岩石裸露的陡壁,岸顶高程 915 ~ 920 m,高度 50 ~ 70 m。

枢纽区地层主要由奥陶系中统马家沟组(O_2m)、石炭系中统本溪组(C_2b)和上统太原组(C_3t)以及第四系(Q_{3+4})构成。

坝基地层为奥陶系中统马家沟组(O_2m)地层,根据岩性和工程地质特征,将奥陶系中统马家沟组地层划分为上下两大层 5 段 20 个小层。其中上马家沟组的 3 段共 11 个小层与工

程关系密切,坝基主要由其组成。各地层岩性见表 3 - 11。

枢纽区构造变动微弱,地层总体呈平缓的单斜状,总体走向 NW315°～350°,倾向 SW,倾角 2°～6°,局部 15°～19°。受构造运动影响,坝基地层局部呈褶皱状,且层间错动痕迹明显,北东向裂隙常被层面错开,错距多在 10～15 cm。

枢纽区断层不发育,构造裂隙主要有四组,以走向 NE20°～40°和走向 NW275°～295°两组相对较发育,走向 NE70°～80°和走向 NW300°～355°两组次之。

走向 NE20°～40°裂隙:主要倾向 SE,部分倾向 NW,倾角一般大于 80°,间距一般为 0.5～2.0 m。张开宽度一般小于 1.0 cm,以半充填为主,充填物为钙、泥质。在裂隙面上见有清晰的溶痕,有溶余堆积的钙化。裂隙延伸长度数米至十数米不等。

走向 NW275°～295°裂隙:倾向 NE,倾角大于 85°,间距一般为 0.5～2.0 m。张开宽度一般小于 1.0 cm,全充填或半充填,充填物主要为方解石。延伸长度数米至十数米不等。

枢纽区岩体风化作用以物理风化为主,化学风化相对较微弱。两岸和河床岩体均有一定程度的卸荷,卸荷带厚度大体与弱风化带相当。

据平洞和钻孔资料统计,左岸基本不存在强风化,弱风化带厚度(水平)为 0～9.4 m,平均厚度为 3.8 m。右岸局部存在强风化,厚度范围为 2.1～5.7 m,平均厚度 3.2 m;弱风化带厚度为 2.3～8.2 m,平均厚度 4.5 m。河床部位基本不存在强风化,弱风化带厚度为 0.5～7.4 m,平均厚度 3.2 m;河床表层岩体卸荷强烈,层面、裂隙明显张开,或无充填或夹有泥沙。

枢纽区岩溶形态主要为溶洞、溶孔和溶隙,并以溶隙和溶孔较为发育。溶孔以 $O_2m_2^{1-3}$ 层最为发育,呈蜂窝状,其他地层中以零星发育为主。洞(孔)径一般小于 10 cm,以水平状居多。半充填或无充填,充填物主要为泥质和方解石晶体。

由于岩性的差别,各地层岩溶发育程度和形态特征存在差异。

$O_2m_2^{2-1}$、$O_2m_2^{2-3}$、$O_2m_2^{2-5}$ 地层岩性相近,以灰岩、豹皮灰岩为主,岩溶发育程度与特征相近,形态主要为溶隙和少量溶洞,钻孔线岩溶率为 0.1%～2.3%。

$O_2m_2^{2-4}$ 地层岩性较杂,岩溶较发育,形态以岩溶洞穴为多见,平均线溶洞率为 3.9%。

$O_2m_2^{2-2}$ 地层岩性为薄层灰岩,据基坑开挖揭露,岩溶不发育,仅见有少量溶隙。

坝基岩体中发育多层软弱夹层,根据物质组成与成因,将坝址区发育的软弱夹层划分为三类,即岩屑岩块状夹层、钙质充填夹层(原称糜棱岩状夹层)和泥化夹层,其中泥化夹层又细分为泥质类、泥夹岩屑类和钙质充填物与泥质混合类,见表 3 - 12。

枢纽区地下水主要有松散层孔隙潜水和岩溶裂隙水两种类型。松散层孔隙潜水主要埋藏在第四系冲积砂砾石层中,工程意义不大。基岩地下水与工程关系密切,根据埋藏条件和含水介质特征划分为 $O_2m_2^{2-3}$ 岩溶裂隙潜水、$O_2m_2^{2-1}$ 岩溶裂隙承压水和 $O_2m_2^{1-3}$ 岩溶承压水三类。各含水层基本特征见表 3 - 13。

枢纽区岩溶裂隙水无色无味,水质类型以 HCO_3—$Ca \cdot Na \cdot Mg$ 型水为主,此外尚有 $HCO_3 \cdot SO_4$—$(K + Na) \cdot Mg \cdot Ca$ 型和 $HCO_3 \cdot SO_4$—$Ca \cdot Mg$ 型水。根据 GB 50287—99 规范判定,岩溶裂隙水水质较好,对混凝土无侵蚀性,并符合生活用水标准。

黄河水质类型多为 $HCO_3 \cdot SO_4 \cdot Cl$—$(K + Na) \cdot Mg$ 型。根据 GB 50287—99 规范判定,黄河水对混凝土无侵蚀性,但细菌总数和大肠杆菌数严重超标,如作为生活用水,必须进行处理。

表 3 – 11

坝地区地层简表

地层单位					地层代号	岩层厚度(m) 最小值~最大值/平均值	岩 性
界	系	统	组	段			
新生界	第四系	全新统			Q_4^r	5.00~9.55	人工堆积物，由灰渣及碎石组成
					Q_4^{al}	0.30~10.0	中卵砾及砂卵石，卵石为主。夹少量灰岩碎屑，卵石成分为灰岩，磨圆度好
					Q_4^{al+pl}	18.00	碎石土，碎石，块石。土为砂壤土，块石成分为砂岩，砂岩等。棱角状
		上更新统			Q_3^{eol}	1.30~62.47	黄土状壤土，土质黄，褐黄，棕黄色。疏松，垂直节理发育。普遍含有钙质结核及碾磨质疑点
					Q_3^{al}	2.50	砂卵石，粉细砂，卵石成分为灰岩，磨圆度好。顶部富含钙质结核
	第三系	上新统			N_2	0.60~40.89	黏土，砖红色，干时坚硬。钙质胶结，顶部富泥质。成分以灰岩为砾石为主。磨圆度好，砾径10.0 cm左右
古生界	二叠系				P_2	3.46~6.00/5.73	砾岩，砂岩，顶部灰黑色泥质页岩夹砂岩。中部为灰黑色砂岩，中粗粒结构，为C_3分界标志
	石炭系	上统	太原组		C_3t	38.45~101.04	页岩，砂岩夹煤，顶部灰黑色泥页岩及砂岩，中部黏土岩及煤线。灰白色砂岩及煤层。底部一层20.0~50.0 cm厚砂岩红色，砂岩及泥岩。底部为灰岩
		中统	本溪组		C_2b	2.56~42.2	页岩夹煤线，顶部为灰色页岩及砂岩夹硬砂岩，局部含煤，普遍见一层红色条带，中部为红土岩页岩。底部含铝土岩。发育有"山西式铁矿"
	奥陶系	中统	上马家沟组	第三段	$O_2m_2^3$	6.59~49.00	中，厚层灰岩夹薄层灰岩和泥质白云岩。发育8条泥化夹层
				第二段	$O_2m_2^{2-5}$	2.74~69.03	薄层，中厚层灰色灰岩，豹皮灰岩，发育2条泥化夹层
					$O_2m_2^{2-4}$	25.30~28.00/26.65	中，厚层灰岩，豹皮灰岩，发育4条泥化夹层
					$O_2m_2^{2-3}$	2.31~2.41/2.36	薄层，页岩，铝土岩，普遍含有楼石结核灰岩。发育2条泥化夹层
					$O_2m_2^{2-2}$	14.14~15.58/14.87	中，厚层状灰岩夹薄层灰色灰岩，豹皮灰岩。底部含有楼石结核。发育6条泥化夹层
					$O_2m_2^{2-1}$	0.80~1.45/1.12	薄层，中厚层灰岩，中厚层状灰色及灰黄色泥灰岩，局部呈角砾状
				第一段	$O_2m_2^{1-5}$	40.00~43.80/41.90	薄层白云岩，泥质白云岩
					$O_2m_2^{1-4}$	8.38~9.98/9.18	黄绿色角砾状泥灰岩夹中厚层棕灰色泥质白云岩，泥质含量高，干燥土状，角砾状，遇水可塑，灰岩中蜂窝状溶孔发育
					$O_2m_2^{1-3}$	5.00~6.30/5.65	薄层灰岩，中厚层白云质灰岩，灰白，灰黄色
					$O_2m_2^{1-2}$	19.22~20.40/19.81	中厚层白云岩夹薄层泥质白云岩，泥质白云岩
					$O_2m_2^{1-1}$	11.31~14.86/13.08	薄层，中厚层白云岩，灰色，灰绿色
			下马家沟组	第二段	$O_2m_1^{2-6}$	9.42	中层灰岩，深灰色
					$O_2m_1^{2-5}$	6.39~6.50/6.45	薄层，中厚层灰岩，灰色，底部有厚0.5 m左右的钙质结红岩
					$O_2m_1^{2-4}$	10.53~11.10/10.81	薄层，中厚层白云岩，浅灰色
					$O_2m_1^{2-3}$	5.31~7.54/6.43	中厚层白云岩，泥质白云岩，灰白，灰黄绿色
					$O_2m_1^{2-2}$	2.45~3.70/3.08	薄层白云岩，泥质白云岩，浅灰色，多见溶孔
					$O_2m_1^{2-1}$	7.08~8.05/7.57	中厚层白云岩夹薄层泥质白云岩，浅灰色，棕灰色
				第一段	$O_2m_1^{1-3}$	40.60~40.89/40.75	薄层，中层角砾状泥质灰岩，泥质灰岩
					$O_2m_1^{1-2}$	17.69~17.80/17.75	黄，灰黄色（片状）页岩，灰色，底部有厚0.5 m的钙质结红岩
					$O_2m_1^{1-1}$	3.84~4.92/4.38	中厚层泥质，页岩夹薄层白云质灰岩。底部有中厚层英质砂岩厚30~40 cm，为$O_2m_1^{1-1}/O_1L$分界标志
		下统	亮甲山		O_1L	1.58~4.12/2.85	中厚层夹薄层泥质白云灰岩

表 3 - 12   坝址软弱夹层分类

类型		一般特征	典型夹层编号
岩屑岩块状夹层		由层间剪切破碎形成的岩块、岩屑构成,延伸短,强度高	
钙质充填夹层		沿层面发育,主要由钙质充填物构成,一般厚度 1~5 mm,延伸性差,主要分布于厚层灰岩地层中	
泥化夹层	泥质类	沿层面发育,主要由泥质构成,一般厚度 5~20 mm,延伸性好	NJ_{305}、NJ_{305-1}、NJ_{306-2}、NJ_{307}、NJ_{307-1}、NJ_{401}
	泥夹岩屑类	沿层面发育,主要由泥质和灰岩碎屑构成,一般厚度 5~20 mm,延伸性好,发育于厚层灰岩地层中	NJ_{301}、NJ_{302}、NJ_{303}、NJ_{304}、NJ_{304-1}、NJ_{306}、NJ_{308}、NJ_{308-1}~NJ_{308-7}
	钙质充填物与泥质混合类	沿层面发育,主要由泥质和钙质充填物构成,厚度 5~20 mm,延伸性好,发育于厚层灰岩地层中	NJ_{304-2}

表 3 - 13   含水层、隔水层的划分及其特征表

含水层	相对隔水层	岩 性	厚度 (m)	含水空隙	线岩溶率 (%)	渗透系数 (m/d)	地下水位(m) 观测日期	黄河水位 (m) 观测日期
$O_2m_2^{2-3}$		中厚层、厚层灰岩、豹皮灰岩	2.60~15.58	溶隙、裂隙	$\frac{0.0~1.1}{0.1}$	1.2~3.9	$\frac{861.07~861.65}{1994~1995}$	
$O_2m_2^{2-2}$		薄层灰岩夹泥化夹层	0.8~1.45					
$O_2m_2^{2-1}$		中厚层、厚层灰岩、豹皮灰岩	40.00~43.80	溶隙、裂隙	$\frac{0.0~10.1}{2.2}$	1.5~4.1	$\frac{860.73~862.87}{1994~1995}$	$\frac{861.90}{1994.9.3}$
	$O_2m_2^{1-5}$	薄层灰岩、白云岩、泥灰岩	8.30~9.98					
	$O_2m_2^{1-4}$	薄层白云岩	5.00~6.30					
$O_2m_2^{1-3}$		角砾状泥灰岩	19.22~20.40	溶孔、孔洞	$\frac{1.1~29.4}{16.4}$	1.2~1.9	$\frac{860.44~862.87}{1994~1995}$	

注:渗透系数为平均值~大值平均值。

二、枢纽区开挖后建筑物地基利用岩体质量

(一)枢纽区建筑物场地分布与基坑开挖

枢纽区主要建筑物包括拦河坝、电站厂房、泄洪消能系统、尾水渠等。

拦河坝全长 408 m,共分 19 个坝段,左岸 1#~10# 为 B 标,坝基到厂房之间采用台阶形式过渡,4# 坝段坝后设 3# 集水井,集水井建基面高程为 828 m。5#~8# 坝段为机组坝段设中齿槽(机组基础),建基面高程为 832.5~831 m。右岸 11#~19# 坝段为 A 标,坝基设前齿槽,齿槽建基面高程为 842~845 m,齿槽后坝基建基面高程为 851 m。各建筑物基础形态及

特征值见表 3 – 14。泄流消能系统位于河床右侧,设一级消力池、一级消力坎、二级消力池、差动尾坎和海漫建筑物。机组及尾水渠位于河床左侧,各建筑物基础形态及特征值见表 3 – 15。基坑形态见图 3 – 6、图 3 – 7。

表 3 – 14　　　　　　　　　　　　拦河坝基础形态及特征值

坝段编号	功能	坝桩号	坝段长度(m)	基坑形态	建基面高程(m)	设计要求
1 ~ 2	非溢流坝段	坝右 0 + 0.0—0 + 40	40	台阶形	856 ~ 849	截断 NJ$_{305}$
3	主安装间	坝右 0 + 40—0 + 58	18	台阶形	849 ~ 843	截断 NJ$_{304}$
4	主安装间	坝右 0 + 58—0 + 80	22	台阶形	849 ~ 828	截断 NJ$_{303}$
5 ~ 8	机组坝段	坝右 0 + 80—0 + 200	120	台阶形	849 ~ 837	截断 NJ$_{304}$
9	小机组	坝右 0 + 200—0 + 215	15	台阶形	849 ~ 840	截断 NJ$_{304}$
10	副安装间	坝右 0 + 215—0 + 233	18	台阶形	849 ~ 840	截断 NJ$_{304}$
11	隔墩坝段	坝右 0 + 233—0 + 249	16	齿槽 + 平台	851 ~ 842	截断 NJ$_{304}$
12 ~ 16	底孔坝段	坝右 0 + 249—0 + 349	100	齿槽 + 平台	851 ~ 42	截断 NJ$_{304}$
17 ~ 18	表孔坝段	坝右 0 + 349—0 + 383	34	齿槽 + 平台	851 ~ 845	截断 NJ$_{304}$
19	边坡坝段	坝右 0 + 383—0 + 408	25	齿槽 + 平台	851 ~ 845	截断 NJ$_{304}$

注:4$^{\#}$坝段坝后设 3$^{\#}$集水井,建基面高程 828 m;5$^{\#}$ ~ 8$^{\#}$坝段为机组坝段,设中齿槽,建基面高程 832.5 ~ 831 m;11$^{\#}$ ~ 19$^{\#}$坝段设前齿槽,建基面高程 842 ~ 845 m。

表 3 – 15　　　　　　　　　　　　其他建筑物基础形态及特征值

建筑物名称	建筑物位置	基坑形态	建基面高程(m)	设计要求
一级消力池	坝下 0 + 42.5—0 + 117.54 坝右 0 + 249.0—0 + 383.5	阶梯形	854 ~ 855	
一级消力坎	坝下 0 + 117.54—0 + 131.69 坝右 0 + 249.0—0 + 383.5	槽形	851	截断 NJ$_{305}$
二级消力池	坝下 0 + 131.69—0 + 187.89 坝右 0 + 241.0—0 + 398.75	平台形	854	
差动尾坎	坝下 0 + 187.89—0 + 193.54 坝右 0 + 241.1—0 + 385.25	槽形	849	
海漫	坝下 0 + 193.54—0 + 213.04 坝右 0 + 240.25—0 + 385.25	阶梯形	855 ~ 859	
电站机组	坝下 0 + 19.7—0 + 38.0 坝右 0 + 79.5—0 + 202.3	槽形	832.5 ~ 831	截断 NJ$_{303}$
尾水平台	坝下 0 + 38.0—0 + 47.4 坝右 0 + 79.5—0 + 202.3	平台形	833.5	
尾水渠	坝下 0 + 47.4—0 + 133.39 坝右 0 + 79.5—0 + 215.48	不规则阶梯形	835 ~ 857	
2$^{\#}$集水井	坝下 0 + 114.64—0 + 132.37 坝右 0 + 380.8—0 + 390.75	槽形	849	截断 NJ$_{305}$
3$^{\#}$集水井	坝下 0 + 14.1—0 + 45.0 坝右 0 + 61.9—0 + 79.0	槽形	828.5	截断 NJ$_{303}$

图 3 - 6 $1^{\#} \sim 10^{\#}$ 坝段基坑形态

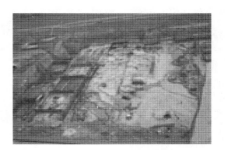

图 3 - 7 $11^{\#} \sim 19^{\#}$ 坝段基坑形态

(二)地基岩层及利用岩体

河床坝段建基岩体由奥陶系中统马家沟组($O_2m_2^{2-1}$)中厚层、厚层豹皮灰岩、灰岩组成,岩体呈次块状或中厚层状结构,完整性较好。

两岸边坡坝基建基岩体由奥陶系中统马家沟组 $O_2m_2^{2-2}$、$O_2m_2^{2-3}$、$O_2m_2^{2-4}$、$O_2m_2^{2-5}$、$O_2m_2^{3}$ 地层组成,其中:$O_2m_2^{2-3}$、$O_2m_2^{2-5}$、$O_2m_2^{3}$ 地层岩性基本相同,由厚层、中厚层豹皮灰岩组成,与河床坝基岩体特征相同;$O_2m_2^{2-2}$ 地层由薄层灰岩组成,岩体呈薄层状结构,岩体相对较破碎;$O_2m_2^{2-4}$ 地层上部为薄层灰岩,下部为薄层白云岩,岩体呈薄层状结构,裂隙及岩溶较发育,岩体相对较破碎。

(三)地基利用岩体质量检测及工程地质分类

1. 地基岩体质量检测

地基岩体质量检测以物探测试方法为主,在对建基面初步验收合格后,确认建基岩体不存在较大地质缺陷的情况下,对建基岩体进行地震波检测。坝基各坝块建基岩体地震波测试成果详见《黄河龙口水利枢纽蓄水安全鉴定工程地质自检报告》和《黄河龙口水利枢纽蓄水安全鉴定综合物探报告》,地基不同地层岩体地震波综合成果见表3-16。

表 3 - 16　　　　　　　　　基础岩体不同岩性地震波测试综合统计成果

层位及岩性	波速统计值 v_p(m/s)	动弹模统计值 E_d(GPa)
$O_2m_2^{2-1}$ 中厚层灰岩、豹皮灰岩	$\dfrac{1\,210 \sim 5\,850}{3\,530}$	$\dfrac{1.69 \sim 80.07}{2\,3.54}$
$O_2m_2^{2-2}$ 薄层灰岩	$\dfrac{1\,300 \sim 5\,350}{2\,810}$	$\dfrac{1.91 \sim 58.94}{12.81}$
$O_2m_2^{2-3}$ 中厚层灰岩、豹皮灰岩	$\dfrac{1\,220 \sim 5\,360}{3\,440}$	$\dfrac{1.72 \sim 65.08}{22.15}$
$O_2m_2^{2-4}$ 白云岩	$\dfrac{2\,140 \sim 4\,400}{3\,580}$	$\dfrac{6.85 \sim 40.47}{24.37}$
$O_2m_2^{2-5}$ 中厚层灰岩、豹皮灰岩	$\dfrac{3\,090 \sim 6\,000}{4\,560}$	$\dfrac{17.01 \sim 84.98}{44.02}$
$O_2m_2^{3}$ 中厚层灰岩、豹皮灰岩	$\dfrac{2\,880 \sim 5\,320}{4\,930}$	$\dfrac{14.29 \sim 63.92}{53.27}$

2. 坝基岩体质量分类

根据坝基揭露情况和测试成果,并综合考虑了岩性、岩体风化与卸荷程度、岩体结构类型、岩体纵波速度、岩体完整性系数和结构面的发育特征等因素和指标,参照《水利水电工程地质勘察规范》(GB 50287—99)附录 L,对坝基岩体进行了分类与评价,结果见表 3 – 17。

1)Ⅲ类岩体

$A_{Ⅲ1}$ 类岩体:主要分布于建基面以下 0.5 ~ 1.4 m 的卸荷松池层内,地层岩性为 $O_2m_2^{2-1}$、$O_2m_2^{2-3}$、$O_2m_2^{2-5}$、$O_2m_2^3$ 的微风化 – 新鲜状的中厚层、厚层灰岩、豹皮灰岩,声波速度平均值大于 6 000 m/s。该类岩体较完整,承载力和变形指标高,能够满足建筑物对地基的要求。

$A_{Ⅲ2}$ 类岩体:主要分布于建基面表部,分布厚度 0.5 ~ 1.4 m。岩性为 $O_2m_2^{2-1}$、$O_2m_2^{2-3}$、$O_2m_2^{2-5}$、$O_2m_2^3$ 层的微风化 – 新鲜状的中厚层、厚层灰岩、豹皮灰岩。因受开挖卸荷等因素影响,岩体波速明显降低,完整性较差,地震波纵波速度平均值 3 230 m/s,动弹模量平均值 18.89 GPa,完整性系数平均值 0.31。声波速度平均值 2 950 m/s。该类岩体仍具有较高的强度,但变形指标低,作为混凝土坝地基应采取固结灌浆等加固措施,以提高其抗变形能力。

2)Ⅳ类岩体

$A_{Ⅳ1}$ 类岩体:主要为 $O_2m_2^{2-2}$ 层、$O_2m_2^{2-4}$ 层,以薄层状白云岩为主,地层中岩溶和泥化夹层发育。坝基中仅分布于 1# ~ 2# 坝段边坡坝基之中,其中:$O_2m_2^{2-4}$ 层分布于边坡坝基的下部,$O_2m_2^{2-2}$ 层薄层灰岩分布于 2# 坝段的侧壁之中,两层之和仅占边坡坝基总厚的 7%,不起控制作用。

$A_{Ⅳ2}$ 类岩体:该类岩体包括溶蚀带、炮窝等,基坑范围内仅零星分布,所占比例甚小。

3)Ⅴ类岩体

包含溶洞、溶隙中的软弱充填物,零星出现在纵向混凝土围堰和基坑左侧,对工程影响甚小,建议采取局部挖除处理。

经开挖后复核,提出不同类别岩体物理力学指标建议值,见表 3 – 18。

表 3 – 18　　　　　　　　　岩体(石)物理力学指标建议值

序号	岩体类别		地层代号	岩性	风化程度	干密度 (g/cm³)	饱和抗压强度 (MPa)	变形模量(GPa)		弹性模量(GPa)	
								垂直	水平	重直	水平
1	Ⅲ	$A_{Ⅲ1}$	$O_2m_2^{2-1,3,5}$ $O_2m_2^3$	中厚层、厚层豹皮灰岩、灰岩	微风化—新鲜	2.69	110	11	11	18	20
2		$A_{Ⅲ2}$			弱风化中下部	2.65	90	5	6	10	11
1	Ⅳ	$A_{Ⅳ1}$	$O_2m_2^{2-4}$	薄层灰岩、白云岩	微风化—新鲜	2.56	100	4		14	15
2			$O_2m_2^{2-2}$	薄层灰岩	微风化—新鲜	2.56	100	5		15	16

(四)建基岩体质量鉴定

1. 右岸 11# ~ 19# 坝段(A 标段)基础岩体质量鉴定

基坑开挖基本完成后,根据基坑开挖揭露的地质信息及建基岩体检测成果,编制《黄河龙口水利枢纽工程 11# ~ 19# 坝段基础岩体质量鉴定报告》(技施阶段)804 – D(2006)5。

2006 年 8 月 16 日,黄河万家寨水利枢纽有限公司龙口水利枢纽工程建设筹备组组织专家在现场召开了龙口水利枢纽拦河坝 11# ~ 19# 坝段坝基岩体质量鉴定会,鉴定意见如下:

表 3 – 17

坝基岩体工程地质分类

项目		A_Ⅱ1	A_Ⅲ2	A_Ⅳ1	A_Ⅳ2	C_Ⅳ	Ⅴ
主要岩性		厚层,中厚层灰岩	薄层灰岩,白云岩,泥质白云岩		灰岩,白云岩	角砾状泥灰岩为主	裂隙密集带、断层破碎带
饱和抗压强度(MPa)		87~57	80~169			17	
风化,卸荷程度		微风化-新鲜	弱风化中下部	弱风化-新鲜	强风化-弱风化上部	新鲜	
结构面 裂隙	特征	微张或充填方解石	张开或充填方解石		张开,夹泥	不发育	
	组数/间距(cm)	2/30~100	2/30~50	3/30~50	<30		
结构面 层面	特征	胶结-微张	胶结-张开		张开,错动 夹泥		
	间距(cm)	30~120	30~120	<2			
岩溶发育特征		以溶隙为主	以溶隙为主	$O_2m_2^{2\sim4}$层中发育溶洞,溶孔,其他地层不发育	河床部位溶洞发育	蜂窝状溶孔发育	
透水性		弱-中等	中等	中等	强	中等	
岩体结构类型		厚层,中厚层结构	层状,次块状结构	薄层结构	碎裂镶嵌结构	碎裂镶嵌结构	散体结构
地震波	v_p(m/s,范围值/平均值)	2 700~5 700/4 522	590~2 800/2 120	2 730~4 440/3 214($O_2m_2^{2-2}$,新鲜状)	1 500~2 500		
	K_v(范围值/平均值)	0.20~0.9/0.58	0.07~0.22/0.13	0.11~0.55/0.29			
声波	v_p(m/s,范围值/平均值)	3 110~6 690/5 840				2 140~6 270/3 330	
	K_v(范围值/平均值)	0.22~1.00/0.77				0.1~0.88/0.33	
RQD		60%~85%	20%~40%	<50%,新鲜岩体	<20%	<25%	0
分布		$O_2m_2^{2-1,3,5}$和$O_2m_2^3$层,大范围分布于河床及两岸坝基	$O_2m_2^{2-1,3,5}$层,位于河床及两岸干浅表层	$O_2m_2^{2-2}$和$O_2m_2^{2-4}$层,在河床和两岸呈层状分布的2~3%	$O_2m_2^{1-5}$层分布于河床43~50 m深度以下	$O_2m_2^{1-3}$层,分布在Ⅱ坝段灰岩59~70 m深度以下	仅在局部分布
岩体工程地质评价		岩体较完整,具有较高承载力和变形能力,为良好坝基;其间发育的软弱夹层状的泥化夹层,控制坝基抗滑稳定,必须采取工程处理措施,以提高其抗变形能力	岩体完整性较好,具有较高承载力和变形特性,岩体承载力较低,应采取固结灌浆措施,以提高其抗变形能力	岩体完整性差,并发育缓倾角贯通性的泥化夹层	张开裂隙发育且数目多,岩体破碎,透水性较强,岩体不宜作为大坝地基,因集中在中上表层,建议挖除其他取其他工程措施	岩体强度和变形指标均较低,处理较深,在六度直接作为大坝地基,建议挖除,工程影响有限	建议挖除

· 41 ·

（1）坝基开挖揭露的工程地质条件与前期勘察成果基本一致，坝基岩体完整性较好，满足建基要求，基本具备坝基初验条件。

（2）坝基齿槽开挖揭露的软弱夹层（NJ_{305}、NJ_{304-2}、NJ_{304-1}、NJ_{304}）的分布高程、性状和物质组成特征以及控制坝基稳定的边界条件与前期成果基本相符。

（3）从坝基开挖揭露的情况来看，中奥陶系马家沟组中—厚层灰岩总体岩溶不发育，仅局部存在规模不大的溶洞或溶槽，多数充填铝土岩，报告建议挖除充填物并对其周围破碎岩体进行处理是合适的。

（4）考虑坝基水平岩层特点，报告提出的坝基表层岩体波速验收标准基本合理。

（5）鉴于坝基软弱夹层分布范围较大，性状存在明显差异，建议提出 NJ_{305}、NJ_{304-2}、NJ_{304-1}、NJ_{304}、NJ_{303} 等夹层分布等高线图，根据不同坝段夹层性状分区并核定力学参数，为抗滑稳定分析和工程处理提供依据。

（6）严禁建基面有炮根和爆破松动裂隙，目前建基岩体表面已发现的炮根和爆破松动裂隙，应予以清除。

2. 左岸 $1^{\#}$~$10^{\#}$坝段（B标段）基础岩体质量鉴定

根据基坑开挖揭露的地质信息及建基岩体检测成果，编制《黄河龙口水利枢纽工程 $1^{\#}$~$10^{\#}$坝段基础岩体质量鉴定报告》。

2007年7月21~22日，黄河万家寨水利枢纽有限公司龙口工程建设管理局组织专家在现场召开龙口水利枢纽工程 $1^{\#}$~$10^{\#}$坝段及发电厂房基础岩体质量鉴定会，鉴定意见如下：

（1）坝基岩体为奥陶系中统马家沟组灰岩，主要为厚层、中厚层状结构，微风化—新鲜状，岩石坚硬致密，岩体较完整；岩层产状平缓，断层不发育，裂隙稍发育，偶见溶蚀现象。

基础开挖施工满足设计及有关规范要求，施工质量良好。

基础开挖揭露显示及检测、试验资料表明，$1^{\#}$~$10^{\#}$坝段及发电厂房基础工程地质条件与前期勘察成果基本一致。

（2）坝基岩体满足中高混凝土坝建基要求，具备基础验收条件。

（3）受开挖卸荷影响，建基面浅部（厚0.5~1.35 m）岩体有所松动，波速明显衰减，应结合基础固结灌浆加固，对部分阶坎边缘等部位强烈破碎、松动的岩体应予清除。

（4）考虑到本工程为中等坝高，爆破、卸荷影响深度不大，下部岩体质量良好，报告提出的坝基岩体质量验收标准基本合理。

（5）坝基软弱夹层空间分布与前期勘察成果基本吻合，开挖揭露后的软弱夹层性状与前期勘察成果相比有所改善，NJ_{303}、NJ_{304}、NJ_{304-1}、NJ_{304-2}夹层不同部位性状略有差异，应按不同工程部位提出抗剪强度指标建议值，复核抗滑稳定，进一步优化设计。

（6）鉴于基坑开挖深且岩层产状近水平，建议尽快清理建基面，覆盖混凝土，以抑制岩体的进一步卸荷，并减少对软弱夹层的不利影响。

（五）坝基岩体质量验收

基础验收范围主要为坝区永久性建筑物的基础部分，根据上述试验资料和建基岩体工程地质分类结果，并综合考虑各建筑物所在部位的受力特征及建基面岩体现状，基础质量验收标准见表3-19、表3-20。

表 3 – 19　　　　　　　　右岸（A 标）基础岩体质量验收标准建议值

部位及岩性	层位与岩性	岩体类别	地震波速(m/s)	声波波速(m/s)	保证率(%)
坝踵齿槽	$O_2m_2^{2-1}$ 厚层、中厚层灰岩、豹皮灰岩	$A_{Ⅲ1}$	≥3 500	≥4 000	85
坝基 851 平台	$O_2m_2^{2-1}$ 厚层、中厚层灰岩、豹皮灰岩	$A_{Ⅲ2}$	≥3 000	≥3 300	75
一级消力池	$O_2m_2^{2-1}$ 厚层、中厚层灰岩、豹皮灰岩	$A_{Ⅲ2}$	≥3 000	≥3 300	75
	$O_2m_2^{2-2}$ 薄层灰岩	$A_{Ⅳ1}$	≥2 000	≥2 000	75
二级消力池	$O_2m_2^{2-3}$ 厚层、中厚层灰岩、豹皮灰岩	$A_{Ⅲ2}$	≥3 000	≥3 300	75

表 3 – 20　　　　　　　　左岸（B 标）基础岩体质量验收标准建议值

部位	层位与岩性	岩体类别	地震波速(m/s)	声波波速(m/s)	保证率(%)
建基面 1.3 m 以下及以上局部岩体	$O_2m_2^{2-1}$ 厚层、中厚层灰岩、豹皮灰岩	$A_{Ⅲ1}$	≥3 500	≥4 000	80
坝基各平台基础	$O_2m_2^{2-1}$、$O_2m_2^{2-3}$ 厚层、中厚层灰岩、豹皮灰岩	$A_{Ⅲ2}$	≥3 000	≥3 300	70
尾水护坦基础	$O_2m_2^{2-1}$、$O_2m_2^{2-3}$ 厚层、中厚层灰岩、豹皮灰岩	$A_{Ⅲ2}$	≥3 000	≥3 300	70
	$O_2m_2^{2-2}$ 薄层灰岩	$A_{Ⅳ1}$	≥2 000	≥2 000	75

三、枢纽区主要工程地质问题及施工处理

（一）建基岩体的开挖卸荷问题及施工处理

1. 基础浅部岩体开挖卸荷

枢纽建筑物基础开挖后,普遍存在回弹卸荷问题,据现场观察和检测,凡靠近临空面附近的岩体,以水平方向的卸荷为主,主要表现在平行临空面方向裂隙的张开,其影响宽度一般为 2 ~ 4 m。远离临空面的广大地区岩体,则以垂直方向的卸荷为主,主要表现为岩体结构面的张开或松弛,根据钻孔声波测试成果,一般卸荷深度在 0.4 ~ 1.4 m,局部可达 2.0 m。见图 3 – 8、图 3 – 9、图 3 – 10。

2. 基础卸荷岩体固结灌浆处理

固结灌浆成果参见《黄河龙口水利枢纽基础固结灌浆施工竣工报告》、《黄河龙口水利枢纽左侧拦河坝基础固结灌浆声波检测报告》及《黄河龙口水利枢纽左侧拦河坝基础固结灌浆声波检测报告》。

基础固结灌浆成果分析如下:

图 3-8 水平卸荷　　　　　图 3-9 垂直卸荷　　　　图 3-10 垂直卸荷

1#~10#坝段坝基基础处理固结灌浆总注灰量为 214 666.5 kg,Ⅰ序孔平均单位注灰量 93.32 kg/m,Ⅱ序孔平均单位注灰量 24.7 kg/m。Ⅰ序 > Ⅱ序,符合灌浆规律。

1#~10#坝段基础灌浆前岩体声波速度平均值 5 820 m/s,灌浆后岩体声波速度平均值 6 070 m/s,提高率平均值为 5.3%,达到了补强的目的。

1#~10#坝段基础固结灌浆前岩体平均透水率为 31.41 Lu,灌浆后岩体平均透水率为 1.03 Lu,固结灌浆对提高岩体完整性效果显著。

厂房基础处理固结灌浆总注灰量 177 872.2 kg,Ⅰ序孔平均单位注灰量104.93 kg/m,Ⅱ序孔平均单位注灰量 29.3 kg/m。Ⅰ序 > Ⅱ序,符合灌浆规律。

厂房基础灌浆前岩体声波速度平均值 5 450 m/s,灌浆后岩体声波速度平均值6 030 m/s,提高率平均值为 14.1%,达到了补强的目的。

厂房基础固结灌浆前岩体平均透水率为 35.14 Lu,灌浆后岩体平均透水率为 0.86 Lu,固结灌浆对提高岩体完整性效果显著。

厂房尾水渠基础处理固结灌浆注灰量 63 394.5 kg,Ⅰ序孔平均单位注灰量404.56 kg/m,Ⅱ序孔平均单位注灰量 87.44 kg/m。Ⅰ序 > Ⅱ序,符合灌浆规律。

厂房尾水渠基础灌浆前岩体声波速度平均值 5 690 m/s,灌浆后岩体声波速度平均值 6 070 m/s,提高率平均值为 10.5%,达到了补强的目的。

厂房尾水渠基础固结灌浆前岩体平均透水率为 158.17 Lu,灌浆后岩体平均透水率为 0.70 Lu,固结灌浆对提高岩体完整性效果显著。

11#~19#坝段坝基处理固结灌浆总注灰量为 278 366 kg,Ⅰ序孔平均单位注灰量 55.43 kg/m,Ⅱ序孔平均单位注灰量 13.79 kg/m。

11#~19#坝段基础灌浆前声波平均波速为 5 770 m/s;灌后声波平均波速为 5 970 m/s,提高率平均值为 4.4%。

11#~19#坝段基础固结灌浆前岩体平均透水率为 35.77 Lu,灌浆后岩体平均透水率为

0.71 Lu。

消力池基础处理固结灌浆总注灰量为 41 211 kg, Ⅰ 序孔平均单位注灰量 57.22 kg/m, Ⅱ 序孔平均单位注灰量 14.58 kg/m。 Ⅰ 序 > Ⅱ 序, 符合灌浆规律。

消力池底板基础灌浆前声波平均波速为 5 710 m/s, 灌后声波平均波速为 5 940 m/s, 提高率平均值为 4.3%。

消力池底板基础固结灌浆前岩体平均透水率为 21.11 Lu, 灌浆后岩体平均透水率为 0.81 Lu。

一级消力坎基础灌浆总注灰量为 88 162 kg, Ⅰ 序孔平均单位注灰量 72.24 kg/m, Ⅱ 序孔平均单位注灰量 18.65 kg/m。 Ⅰ 序 > Ⅱ 序, 符合灌浆规律。

一级消力坎基础灌浆前声波平均波速为 5 560 m/s, 灌浆后声波平均波速为 6 010 m/s, 提高率平均值为 6.6%。

一级消力坎基础固结灌浆前岩体平均透水率为 42.30 Lu, 灌浆后岩体平均透水率为 0.85 Lu。

差动尾坎基础灌浆总注灰量为 41 304.4 kg, Ⅰ 序孔平均单位注灰量 48.73 kg/m, Ⅱ 序孔平均单位注灰量 11.49 kg/m。 Ⅰ 序 > Ⅱ 序, 符合灌浆规律。

差动尾坎基础灌浆前声波平均波速为 4 860 m/s; 灌浆后声波平均波速为 5 320 m/s, 提高率平均值为 11.8%。

差动尾坎基础固结灌浆前岩体平均透水率为 31.14 Lu, 灌浆后岩体平均透水率为 1.48 Lu。

综合各项指标分析, 固结灌浆对提高岩体质量的均一性和岩体完整性的效果显著。

(二) 坝基承压水问题及施工处理

1. 坝基承压水问题

河床坝基存在两层承压水, 即 $O_2m_2^{2-1}$ 岩溶裂隙承压水和 $O_2m_2^{1-3}$ 岩溶承压水。

$O_2m_2^{1-3}$ 层岩溶水主要受区域地下水补给, 与附近黄河水的水力联系相对较微弱, 连通试验已经证明了这一点。上部的 $O_2m_2^{1-4}$、$O_2m_2^{1-5}$ 两层总厚 13.38 ~ 16.76 m, 具有较好的相对隔水作用。由以上几个条件可以判断出, 即使水库蓄水后 $O_2m_2^{1-3}$ 层岩溶水水头较高, 其向上的越流补给量也是非常有限的, 由此所造成的 $O_2m_2^{2-1}$ 层水位及坝基扬压力的增加也应是微不足道的。

$O_2m_2^{2-1}$ 承压含水层以溶隙、裂隙含水、透水为主, 连通性较好, 含水层具有统一水面。含水层上部的相对隔水顶板($O_2m_2^{2-2}$ 层)分布受产状控制, 向下游倾斜, 坝线以上缺失。另外, 河床右侧相对隔水顶板埋藏浅, 受风化卸荷影响而隔水性较差。蓄水后, 因含水层直接与库水接触, 水力联系密切, 预计其承压水位将达到或接近库水位, 如不处理将在坝底面上形成较大的扬压力, 对坝基抗滑稳定有明显不利影响。另外, 坝基 $O_2m_2^{2-1}$ 地层的渗透性及不均一, 具有弱—中等透水性, 存在坝基渗漏和绕坝渗漏问题。见图 3 - 11。

根据坝址区地下水的运动规律及岩体的渗透特性, 坝基采取帷幕灌浆与排水相结合的工程处理措施。主要目的在于控制承压水的影响, 降低坝基扬压力, 控制并减少绕坝和坝基渗漏量, 防止泥化夹层部位发生渗透破坏。

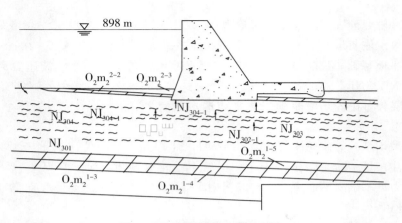

图 3 – 11 坝基承压水影响示意

2．坝基防渗帷幕灌浆处理

坝基防渗设上游帷幕、下游帷幕及两岸岸坡坝段横向连接帷幕以形成封闭系统,其深度按满足透水率小于 3 Lu 设计。

防渗帷幕灌浆还在施工过程之中,已完成 $1^{\#}$ ~ $19^{\#}$ 坝段和 859 m 高程灌浆平洞的灌浆施工,约占总帷幕灌浆工程量的 3/4,统计结果如下:

$1^{\#}$ ~ $19^{\#}$ 坝段坝基和 859 m 高程灌浆平洞帷幕灌浆总灌浆段长度为 9 329 m,总注灰量为 285 418.1 kg,单位平均注灰量为 30.6 kg/m。其中,Ⅰ序孔灌浆段长度为 2 446.1 m,注灰量为 131 359.7 kg,平均单位注灰量 53.7 kg/m。Ⅱ序孔灌浆段长度为 2 369.2 m,注灰量为 59 604.7 kg,平均单位注灰量 25.2 kg/m。Ⅲ序孔灌浆段长度为 4 455.3 m,注灰量为 32 737.7 kg,平均单位注灰量 7.3 kg/m。

单位平均注灰量Ⅰ序 > Ⅱ序 > Ⅲ序,符合灌浆规律。

$1^{\#}$ ~ $19^{\#}$ 坝段坝基和 859 m 高程灌浆平洞帷幕灌浆前Ⅰ序孔岩体平均透水率为 5.091 Lu,Ⅱ序孔灌浆前岩体平均透水率为 3.2 Lu;Ⅲ序孔灌浆前岩体平均透水率为 2.0 Lu。

$1^{\#}$ ~ $19^{\#}$ 坝段坝基和 859 m 高程灌浆平洞帷幕灌浆后检查孔岩体透水率最大值为 2.14 Lu,最小值为 0 Lu,平均值为 0.37 Lu。满足坝基防渗的设计要求。

3．坝基排水减压处理

坝基岩体含水岩层为 $O_2m_2^{1-3}$ 岩层与 $O_2m_2^{2-1}$ 岩层。

坝基排水的目的是排除透过帷幕的渗水及基岩裂隙中的潜水,在坝基各排水廊道内设置排水孔幕,坝基下共设 3 道排水幕,与灌浆帷幕构成一个完整的坝基防渗排水系统,以降低扬压力,保证坝体的稳定。

（三）坝基深层抗滑稳定问题及施工处理

在地质发展历史中,因构造运动所产生的层间错动破坏、长期的风化卸荷、地下水物理化学等作用下,坝基岩体中发育了不同类型的软弱夹层,控制着河床坝基深层抗滑稳定性,是枢纽区的主要工程地质问题之一。

1．软弱夹层的发育特征

NJ_{401} 软弱夹层发育于 $O_2m_2^3$ 地层中,分布于 $1^{\#}$ 坝段的边坡坝基上部,分布高程在 891.5 ~ 890.7 m。

NJ_{308-6}、NJ_{308-1}、NJ_{308}、NJ_{308-2}软弱夹层发育于$O_2m_2^{2-5}$地层中,分布于两岸边坡坝基中的中上部,高程在 875 ~ 888.5 m。

NJ_{307-1}、NJ_{307}软弱夹层发育于$O_2m_2^{2-4}$地层中,分布于两岸边坡坝基中的中下部,高程在 862 ~ 870 m。

NJ_{306-1}、NJ_{306}、NJ_{306-2}软弱夹层发育于$O_2m_2^{2-3}$地层中,分布高程在 845 ~ 868 m。

以上夹层分布在 2# 坝段左侧壁及边坡坝段,其分布位置和性状特征与前期勘察成果基本一致,对地基滑动不起控制作用。

NJ_{305}、NJ_{305-1}软弱夹层发育于$O_2m_2^{2-2}$地层中,分布高程在 859.5 ~ 856.5 m。

NJ_{304}、NJ_{304-1}、NJ_{304-2}、NJ_{303}、NJ_{302}软弱夹层发育于$O_2m_2^{2-1}$地层中,分布高程在 842.5 ~ 849.5 m。

以上夹层分布在河床坝基岩体内,其中,河床左侧坝基挖除了 NJ_{305}、NJ_{305-1}夹层,截断了 NJ_{304-2}、NJ_{304-1}、NJ_{304}、NJ_{303}夹层,控制坝基深层滑动的软弱结构面为 NJ_{302}夹层。河床右侧坝基挖除了 NJ_{305}、NJ_{305-1}、NJ_{304-2}夹层,利用前齿槽截断了 NJ_{304-1}、NJ_{304}夹层,控制坝基深层滑动的软弱结构面为 NJ_{303}夹层。控制坝基深层滑动的软弱结构面的工程地质特征如下。

1)NJ_{303}夹层特征

NJ_{303}泥化夹层发育于河床坝基 $O_2m_2^{2-1}$厚层、中厚层豹皮灰岩、灰岩地层中下部,属于泥夹岩屑类夹层。基坑揭露范围内连续分布,在空间上呈舒缓波状展布,总体倾向 SW,倾角 3° ~ 5°,一般厚度 1.5 ~ 2.5 cm,局部可达 4 cm。目前揭露的 NJ_{303}泥化夹层呈二元结构,顶、底部为剪切劈理带,由泥灰岩组成,灰色、褐灰色,具薄片或鳞片状结构,软弱,可折断,厚度 0.5 ~ 2.0 cm。底部剪切劈理带厚度一般小于 4 mm,灰褐色,呈鳞片状,质软,遇水后易泥化。中部为泥化带,黄褐色,湿,黏滑沾手,天然状态下呈可塑—硬塑状,局部受基坑渗水影响,露头表层呈软塑状,夹泥厚度 1.0 ~ 2.5 cm,厚者可达 3.5 cm,含岩屑和灰岩角砾,角砾多呈次棱角—次圆状,粒径 0.2 ~ 0.8 cm,大者达 1.5 cm,一般含量占 20% ~ 30%,部分可达 50%。夹层与围岩界线清楚,界面凹凸不平,粗糙,起伏差 1.5 ~ 4.5 cm。河床右侧各坝段处的空间分布见图 3 - 12,代表性图例见图 3 - 13 和图 3 - 14。

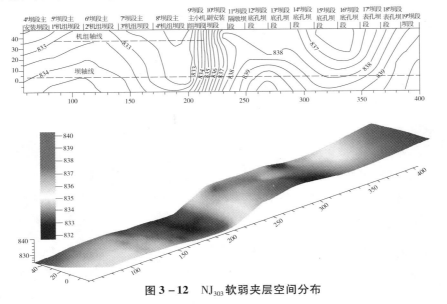

图 3 - 12 NJ$_{303}$软弱夹层空间分布

图3-13

图3-14

2）NJ$_{302}$夹层特征

根据前期资料和本次孔内录像综合分析判断，NJ$_{302}$夹层为泥夹碎屑类夹层，其发育规模及泥化程度均较差，其工程地质性质应属于相对较好的一类，分布高程及空间展布情况见图3-15，其特征见孔内影像（见图3-16、图3-17、图3-18）。

2. 软弱夹层抗剪强度指标建议值

施工期开挖揭露表明，各软弱夹层的类型、结构、物质组成、性状、空间分布、围岩界面特征等工程地质特性均与初步设计阶段的勘察成果相符或基本相符，各软弱夹层的抗剪强度仍然延用初步设计阶段所提出的建议指标，见表3-21。

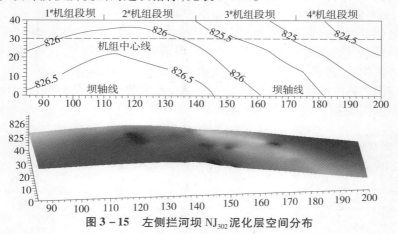

图3-15　左侧拦河坝NJ$_{302}$泥化层空间分布

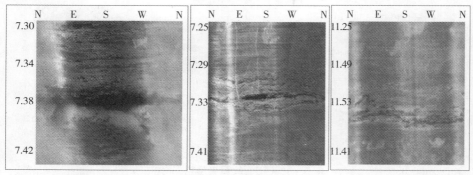

图3-16　ZJJ1孔内影像　　图3-17　ZJJ2孔内影像　　图3-18　ZJJ3孔内影像

序号	岩体、结构面、软弱夹层		摩擦系数	凝聚力(kPa)	说　明
1	混凝土/豹皮灰岩、灰岩		$f = 0.65 \sim 0.7$	$c' = 800 \sim 1\,000$	1. f、c 为纯摩指标,f'、c' 为剪摩指标 2. 泥质类包括:NJ_{305}、NJ_{307}、NJ_{307-1} 等;泥夹岩屑类包括:NJ_{301}、NJ_{302}、NJ_{303}、NJ_{304}、NJ_{304-1}、NJ_{306}、NJ_{306-1}、NJ_{306-2}、NJ_{308}、NJ_{308-7}、NJ_{401} 等;钙质充填物与泥质混合类包括:NJ_{305-1}、NJ_{304-2} 3. 岩层面、灰岩抗剪强度是指微风化－新鲜状态下 4. NE 方向裂隙抗剪强度指标宜采用低值
			$f' = 0.8 \sim 1.0$		
2	岩层面		$f = 0.65$		
3	裂隙面		$f = 0.55 \sim 0.6$		
4	中厚层、厚层灰岩、豹皮灰岩		$f = 0.7 \sim 0.8$		
			$f' = 1.2$	$c' = 1\,200 \sim 1\,500$	
5	岩屑岩块状夹层钙质充填夹层		$f = 0.5 \sim 0.55$		
			$f' = 0.6 \sim 0.65$	$c' = 40 \sim 100$	
6	泥化夹层	泥质类	$f = 0.25$		
			$f' = 0.25$	$c' = 10 \sim 20$	
		泥夹岩屑类	$f = 0.25 \sim 0.30$		
			$f' = 0.28 \sim 0.32$	$c' = 15 \sim 50$	
		钙质充填物与泥质混合类	$f = 0.35$		
			$f' = 0.35 \sim 0.4$	$c' = 35 \sim 60$	

3. 抗滑稳定性分析

1) 坝基深层滑动边界条件

据河床坝基各种结构面组合和强度特征分析,河床坝基深层滑移模型为坝后有抗力体的软弱夹层控制形式,滑动边界条件与前期勘察结论一致,即:

(1) 上游拉裂面:主要由走向 NE20°～40°和走向 NW340°～350°构造裂隙构成,裂隙倾角大于 80°,间距为 0.5～2.0 m,具有充填较差、延伸长度较大等特征,与坝轴线的夹角为 25°～45°。

(2) 两侧切割面:滑移体两侧切割面主要由走向 NW275°～295°和走向 NE70°～80°裂隙构成,裂隙倾角一般大于 70°,该组裂隙走向与坝轴线夹角约 70°,该组裂隙延伸性相对较差且方解石充填较好,分布间距 0.5～2.0 m 不等,张开宽度一般小于 1 cm。

(3) 滑动面:根据设计方案,各坝段控制性滑动面有所不同,分述如下:

① 非溢流坝段(1#～2#坝段):建基面高程为 849 m,设计要求切断 NJ_{305} 软弱夹层,建基面以下一次分布有 NJ_{304-2}、NJ_{304-1}、NJ_{304} 夹层,其建基面以下埋深分别为 7～7.55 m、10～10.56 m 和 11.5～11.9 m,见图 3－19。

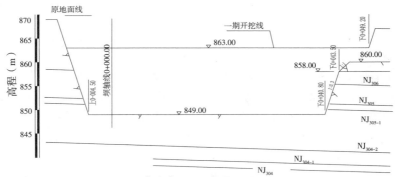

图 3－19　1#～2#坝段坝基软弱夹层分布示意

NJ_{304-2}和 NJ_{304-1} 基本由钙质胶结物和泥灰质劈理岩组成,厚度在 2～10 mm,其性状较好。NJ_{304} 属泥夹碎屑类夹层,碎屑含量在 17%～25%,夹层厚度一般在2.5～3.5 cm,局部达 6～8 cm,其工程地质性质较差。所以,3 个夹层均有可能成为控制滑动面。

②主安装间坝段($3^\#$坝段):建基面为台阶式,建基高程依次为849 m、846 m、843 m、837 m,设计要求切断 NJ_{304} 软弱夹层,建基面以下分布的 NJ_{303} 夹层将是该坝段的控滑面,其建基面以下埋深为4.7～5.5 m。见图3-20。

图3-20 $3^\#$坝段坝基软弱夹层分布示意

③机组坝段($4^\#$～$8^\#$坝段):建基面高程为台阶式,建基高程依次为849 m、846 m、843 m、840 m、837 m、831 m,设计要求切断 NJ_{303} 软弱夹层,建基面以下分布有 NJ_{302} 夹层,其建基面以下埋深为5.6～8.0m,对深层抗滑稳定性起控制作用,见图3-21。

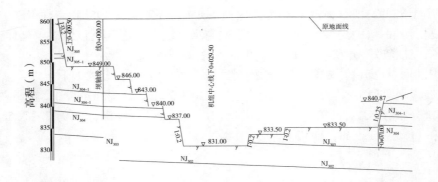

图3-21 $4^\#$～$8^\#$坝段坝基软弱夹层分布示意

④小机组和副安装间坝段($9^\#$～$10^\#$坝段):建基面高程为台阶式,建基高程依次为849 m、846 m、843 m、840 m、839 m,设计要求切断 NJ_{304} 软弱夹层,建基面以下分布有 NJ_{303} 夹层,其建基面以下埋深为3.0～4.5 m,对深层抗滑稳定性起控制作用,见图3-22。

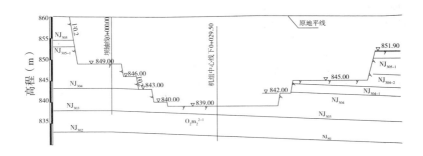

图 3 - 22　9#~10#坝段坝基软弱夹层分布示意

⑤隔墩坝段(11#~19#坝段):建基面为台阶式,前齿槽实际建基高程为841 m,设计要求切断NJ$_{304}$软弱夹层,建基面以下分布有NJ$_{303}$夹层,在建基面以埋深为4.1~5.0 m,对深层抗滑稳定性起控制作用。齿槽下游建基面高程为851 m,设计要求切断NJ$_{305}$软弱夹层。建基面以下分布有NJ$_{304-2}$、NJ$_{304-1}$、NJ$_{304}$夹层,其建基面以下埋深分别为1.5 m、4.5 m、5.2 m,对深层抗滑稳定性起控制作用,见图3-23。

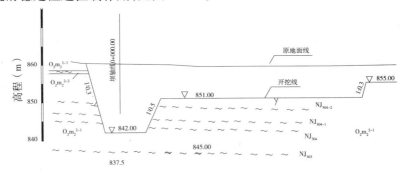

图 3 - 23　11#~19#坝段坝基软弱夹层分布示意

2)坝后抗力体地质特征

(1)坝后抗力体由马家沟组O$_2$m$_2^{2-1}$、O$_2$m$_2^{2-2}$、O$_2$m$_2^{2-3}$地层组成,主要岩性为中厚层、厚层豹皮灰岩、灰岩,岩石坚硬,完整性较好。

(2)抗力岩体总体倾向下游,对抗滑稳定有利。

(3)技施阶段孔内录像资料显示,抗力体内未发现明显的缓倾角结构面。

(4)1#~10#坝段(B标)和11#~19#坝段(A标)坝后抗力体范围内未发现倾向上游的缓倾角断层发育。仅发现有零星的、延伸长度不大的倾向上游的缓倾角裂隙,缓倾角裂隙分布以零星、分散为主要特征,发育方向以NE和NW向为主,与坝轴线的夹角较大,对抗滑稳定性有利。综合以上分析,坝后抗力体部位倾向上游的缓倾角结构面不甚发育。鉴于河床坝基抗滑稳定主要依赖于坝后抗力体,为偏于安全计,设计在进行深层抗滑稳定分析时,对局部位置岩层面与陡倾角裂隙之间形成不利组合,以及可能随机出现的个别短小缓倾角裂隙的不利情况,适当予以考虑。

3）坝后抗力体加固处理

由于表孔和底孔坝段坝基存在 NJ_{303}、NJ_{304}、NJ_{304-1}、NJ_{304-2} 等多条泥化夹层，并且泥化夹层物理力学指标较低，坝后尾岩（抗力体）对坝体深层抗滑稳定起较大作用。

按照设计要求坝后抗力体采用预应力锚索进行加固，主要设计参数见表3-22。

表3-22 预应力锚索的主要设计参数

项 目	2 000 kN 级锚索
设计永存力（kN）	2 000
设计超张拉力（kN）	2 200
锚索长度（m）	26
钢绞线强度级别（MPa）	1 860
钢绞线股数（股）	13
锚具	OVM. M15-13
钻孔直径（mm）	150
内锚固段长度（m）	7
锚索形式	无黏结锚索

预应力锚索钻孔直径150 mm，布置在表孔和底孔的一级消力池内，预应力锚索底部为锚固段，长7.0 m，中间为张拉段，长18.0 m，基岩面以上即锚索顶部为锚头，锚头（锚墩）深入消力池底板内1.0m。锚墩的上、下层钢筋网伸入消力池底板内，与消力池底板连接为整体。表孔坝段设4排锚索，桩排距6.5 m，间距为避开消力池底板的伸缩缝间距不等，梅花形布置，共布置22根，锚索深入 NJ_{303} 下10 m，单根锚索长26 m。底孔坝段设4排锚索，锚索排距6.5 m，梅花形布置，共布置67根，锚索深入 NJ_{303} 下10 m，单根锚索长26 m。

鉴于厂房坝段采取齿槽方案和按刚体极限平衡等安全系数法计算的深层抗滑稳定安全系数已满足规范要求，为了进一步优化工程设计，节省工程投资，采用地质专业建议参数进行稳定复核计算满足规范要求。而且，电站坝段坝趾岩石开挖深度较深，岩石完整性好，从现场开挖后揭露的地质情况亦未发现令人担心的比如缓倾角断层、构造破碎带等不利地质条件。据此情况取消尾部岩体的加固措施。

第五节　天然建筑材料

人工骨料、天然砂、土料采用的均是前期勘察推荐的料场，经施工验证，储量和质量均满足要求。

一、人工骨料

人工骨料采用的是前期勘察推荐的三道沟东侧Ⅰ区的石料场，该料场位于黄河右岸坝址上游，距坝址直线距离1.4～1.5 km，交通便利。料场原地形黄河Ⅲ级阶地，一般高程931～950 m。地面坡度较缓。

料场地层岩性为奥陶系中统上马家沟组第二段（$O_2m_2^2$）厚层、中厚层豹皮灰岩、灰岩及少量的薄层白云质灰岩、白云岩。岩层中构造简单，主要发育有两组陡倾角裂隙，其走向分别为NW270°~290°和NW320°~350°，裂隙间距为0.3~0.5 m。地层中岩溶不发育，主要的岩溶形态为岩溶裂隙和溶孔。

料场上部分布第四系黄土状土和崩、坡积碎石土，需剥离。料场采用立面开采，开采料各项指标满足规程规范要求。

二、砂料场

铁果门砂料场位于黄河左岸河曲县城东南侧台地上，料场和坝址之间有河（曲）—偏（关）公路相连，交通便利，运距16.0~17.0 km。料场属黄河Ⅳ级阶地，地形平坦开阔，地面高程938~946 m。

料场地层主要由第四系上更新统风积层（Q_3^{eol}）、上更新统冲洪积层（Q_3^{al+pl}）组成。上更新统风积黄土状土（Q_3^{eol}）为料场主要剥离层，厚度0.7~5.0 m。上更新统冲洪积物（Q_3^{al+pl}）由砂砾石层（Sgr）、含砾砂层或砂层（Slc）及砂壤土、砾质土（Si）等构成，其中砂砾石层（Sgr）、含砾砂层或砂层（Slc）为料场主要开采层，砂壤土、砾质土（Si）等必须剥离。

三、土料场

土料场主要用于施工围堰，采用的是前期勘察推荐的杨家石畔料场，该料场位于黄河右岸杨家石畔村东侧，距坝址约1.0 km，开采运输方便，为第四系风积黄土（Q_3^{eol}），地面坡度较缓。经施工开挖验证，该料场土料能够满足围堰防渗要求。

第六节　综合评价

一、区　　域

工程区位于相对稳定的地块，地震活动微弱，区域地震动峰值加速度为0.05g，相当于地震基本烈度Ⅵ度。

二、库　　区

（1）水库存在永久渗漏问题，渗漏形式为岩溶裂隙式散流型，估算的渗漏量为3.42 m³/s，约为上游来水量的6‰，不影响水库效益。鉴于水库渗漏的复杂性，运行期间仍需加强监测，一旦发现集中入渗，必须及时进行防渗处理。

（2）库区其他地质问题比较简单。淹没、浸没范围较小，发生崩塌、滑坡、泥石流，以及诱发地震等地质灾害的危险性甚小。

（3）固体径流来源广泛，水库淤积问题应予重视。

三、枢纽区

（1）枢纽区工程地质条件与初步设计阶段的勘察成果相符。坝基岩体为奥陶系中统马家沟组（O_2m_2）厚层、中厚层状豹皮灰岩、灰岩，岩体呈微风化—新鲜状，岩石坚硬致密，岩体较完整，力学强度高。

（2）受爆破震动及开挖卸荷等因素影响，建基岩体上部 0.5～1.4 m 结构相对较松弛，地震波波速相对较低，属 $A_{Ⅲ2}$ 岩体。该类岩体仍具有较高的承载力，但变形指标相对较低，为此，采取了灌浆加固处理。以下岩体较完整，属 $A_{Ⅲ1}$ 类岩体，岩体质量满足中高混凝土坝建基要求。

（3）根据基坑渗水形式及渗漏量判断，坝基岩体渗透性与初步设计阶段的分析结论是一致的。为了减少坝基渗漏量，降低坝基扬压力，对坝基渗漏及坝基渗流控制，采取帷幕灌浆和减压排水相结合的工程处理措施。

（4）通过对坝基软弱夹层的观测、素描等成果的分析对比，坝基软弱夹层的空间分布、结构特征、物质组成、性状、厚度、界面起伏度等工程地质性质与前期勘察成果基本吻合。初步设计阶段所提出的抗剪强度指标是合理可靠的。通过对影响坝基抗滑稳定的夹层进行挖除或截断处理后，经核算，满足大坝抗滑稳定要求。

四、天然建筑材料

人工骨料、天然砂、土料采用的均是前期勘察推荐的料场，经施工验证，储量和质量均满足设计要求。

五、建　　议

建议针对水库和坝基渗漏问题，运行期建立合理、有效的观测网络，及时掌握库区范围内地下水位的变化情况，为判断水库和坝基渗漏提供依据。

第四章　工程布置及建筑物

第一节　工程等级标准及设计依据

一、工程等别

龙口水利枢纽位于黄河中游北干流上,水库总库容 1.96 亿 m³,电站装有 4 台 100 MW 和 1 台 20 MW 机组,总装机容量 420 MW。根据《水利水电工程等级划分及洪水标准》(SL 252—2000)的规定,确定工程等别为二等工程,工程规模为大(Ⅱ)型。

二、建筑物级别及设计标准

按照工程等别为二等工程,确定枢纽主要建筑物大坝、电站厂房、泄水建筑物按 2 级建筑物设计,导墙及护坡等按 3 级建筑物设计。主要建筑物的设计洪水标准为 100 年一遇,相应的下泄洪峰流量为 7 561 m³/s;校核洪水标准为 1 000 年一遇,相应的下泄洪峰流量为 8 276 m³/s。泄水建筑物消能防冲设施按 50 年一遇洪水设计。

三、设计基本资料

(一)气象资料

多年平均年最大风速	13.44 m/s(NNE－E－SSE)
重现期 50 年的年最大风速	24.76 m/s(NNE－E－SSE)
水库吹程	3.6 km
多年平均气温	8.0 ℃
极端最高气温	38.6 ℃
极端最低气温	－32.8 ℃
多年平均地温	10.1 ℃
多年平均降水量	387.9 mm
多年平均水面蒸发量	1 750 mm(20 cm 蒸发皿)
最大冻土深度	134 cm
最大积雪深度	13 cm

(二)水库特征水位与流量

1 000 年一遇洪水库水位	898.52 m
100 年一遇洪水库水位	896.56 m

50 年一遇洪水库水位	896.05 m
20 年一遇洪水库水位	895.33 m
正常蓄水位	898.00 m
汛期限制水位	893.00 m
死水位	888.00 m
冲沙水位	885.00 m
1 000 年一遇洪水尾水位	866.02 m
100 年一遇洪水尾水位	865.72 m
50 年一遇洪水尾水位	865.65 m
正常发电尾水位(4 台机满发)	862.50 m
正常发电尾水位(1 台机发电)	861.40 m
小机组运行尾水位	860.50 m
1 000 年一遇洪水下泄流量	8 276 m³/s
100 年一遇洪水下泄流量	7 561 m³/s
50 年一遇洪水下泄流量	7 382 m³/s
20 年一遇洪水下泄流量	7 150 m³/s

(三)泥沙资料

多年平均输沙量	1.51 亿 t
多年平均含沙量	6.36 kg/m³
计算最大含沙量	289 kg/m³
淤沙内摩擦角	12°
淤沙浮容重	8 kN/m³
汛期浑水容重	11.5 kN/m³
表孔坝段坝前淤积高程	872.68~876.93 m
底孔坝段坝前淤积高程	866.80 m
电站坝段坝前淤积高程	866.00 m

(四)地震

根据《中国地震动参数区划图》(GB 18306—2001),本工程区地震动峰值加速度为 0.05g,地震反应谱特征周期为 0.45 s,相当于场地基本地震烈度Ⅵ度,根据《水工建筑物抗震设计规范》(SL 203—97)的规定,工程设计烈度为Ⅵ度。

(五)地基特性及设计参数

坝址岩体(石)物理力学指标见表 4-1。

坝基持力层 O₂m₂²⁻¹ 岩层致密坚硬,但层间存在泥化夹层及钙质充填夹层,对坝基抗滑稳定起控制作用。坝基岩体、结构面、软弱夹层抗剪强度指标建议值见表 4-2。

坝基岩石及混凝土主要物理力学指标采用值见表 4-3。

表 4－1　　　　　　　　　　　　　岩体（石）物理力学指标

岩体类别		地层代号	岩性	风化程度	干密度(g/cm³)	饱和抗压强度(MPa)	变形模量(GPa)		弹性模量(GPa)	
							垂直	水平	重直	水平
III	AⅢ－1	$O_2m_2^{2-1,3,5}$	中厚、厚层灰岩	微风化－新鲜	2.69	110	11	11	18	20
	AⅢ－2			弱风化中下部	2.65	90	5	6	10	11
IV	AⅣ－1	$O_2m_2^{2-4}$	薄层灰岩、白云岩	微风化－新鲜	2.56	100	4		14	15
		$O_2m_2^{2-2}$	薄层灰岩	微风化－新鲜	2.56	100	5		15	16
		$O_2m_2^{1-4,5}$	薄层白云岩、泥质白云	微风化－新鲜	2.56	60	4			8
	AⅣ－2	$O_2m_2^2$	灰岩、白云岩	强风化及弱风化带上部	2.60	80	2	2	4	4
	CⅣ	$O_2m_2^{1-3}$	角砾状泥灰岩	新鲜	2.4	17	1.2		2	
V			主要为泥化夹层,相关指标见表4－2							

表 4－2　　　　　　　　　坝基岩体、结构面、软弱夹层抗剪强度指标建议值

序号	岩体、结构面、软弱夹层		摩擦系数	凝聚力(kPa)	说　明
1	混凝土/豹皮灰岩、灰岩		$f = 0.65 \sim 0.7$		1.f为纯摩指标,f'、c'为剪摩指标
			$f' = 0.8 \sim 1.0$	$c' = 800 \sim 1\,000$	2. 泥质类包括:NJ_{305}、NJ_{307}、NJ_{307-1}
2	岩层面		$f = 0.65$		等;泥夹岩屑类包括:NJ_{301}、NJ_{302}、
3	裂隙面		$f = 0.55 \sim 0.6$		NJ_{303}、NJ_{304}、NJ_{304-1}、NJ_{306}、NJ_{306-1}、
4	中厚层、厚层灰岩、豹皮灰岩		$f = 0.7 \sim 0.8$		NJ_{306-2}、NJ_{308}、NJ_{308-7}、NJ_{401} 等;钙
			$f' = 1.2$	$c' = 1\,200 \sim 1\,500$	质充填物与泥质混合类包括:
5	岩屑岩块状夹层钙质充填夹层		$f = 0.5 \sim 0.55$		NJ_{305-1}、NJ_{304-1}等;
			$f' = 0.6 \sim 0.65$	$c' = 40 \sim 100$	3. 岩层面、灰岩抗剪强度是指微风化－新鲜状态下
6	泥化夹层	泥质类	$f = 0.25$		4.NE方向裂隙抗剪强度指标宜采用低值
			$f' = 0.25$	$c' = 10 \sim 20$	
		泥夹岩屑类	$f = 0.25 \sim 0.30$		
			$f' = 0.28 \sim 0.32$	$c' = 15 \sim 50$	
		钙质充填物与泥质混合类	$f = 0.35$		
			$f' = 0.35 \sim 0.4$	$c' = 35 \sim 60$	

（六）电站机组参数

1. 大机组

装机台数	4
单机容量	100 MW
发电机型号	SF100－64/12310
水轮机型号	ZZLK－LH－710
额定水头	31.0 m
单机额定流量	358.98 m³/s

水轮机导叶中心线安装高程 857.00 m

表 4-3　　　　　　　　坝基岩石及混凝土主要物理力学指标采用值

序号	岩体与结构面		f	f'	$c'(kPa)$
1	混凝土/豹皮灰岩、灰岩		0.65	0.80	800
2	岩层面		0.65	0.80	800
3	裂隙面		0.60	—	—
4	中厚层、厚层灰岩、豹皮灰岩		0.70	1.00	1 000
5	岩屑岩块状夹层钙质充填夹层		0.50	0.60	80
6	泥化夹层	泥质类	0.25	0.25	10
		泥夹岩屑类	0.25	0.28	30
		钙质充填物与泥质混合类	0.35	0.4	50
7	混凝土			0.85	2 000

2. 小机组

装机台数　　　　　　　1

单机容量　　　　　　　20 MW

发电机型号　　　　　　SF20-44/6400

水轮机型号　　　　　　HLA904a-LJ-330

额定水头　　　　　　　31.0 m

单机额定流量　　　　　72.9 m³/s

水轮机导叶中心线安装高程 860.60 m

(七)安全系数及允许应力

1. 坝体沿建基面及岩体结构面抗滑稳定安全系数

(1)基本组合 $K' \geqslant 3.0$;

(2)特殊组合 $K' \geqslant 2.5$。

2. 电站坝段抗浮稳定安全系数

任何情况下 $K_f > 1.1$。

3. 坝基应力

在各种荷载组合情况下:

(1)坝基面所承受的最大垂直正应力 σ_{ymax} 应小于坝基允许压应力;

(2)最小垂直正应力 σ_{ymin} 应大于零(计扬压力);

(3)坝基允许压应力 $[\sigma] = 8.0$ MPa。

4. 坝体应力

坝体上游面的垂直应力不出现拉应力(计扬压力)。

坝体最大主压应力应不大于混凝土的允许压应力值。

(八)混凝土强度、弹模及泊松比

混凝土强度设计值见表 4-4。

表 4－4		混凝土强度设计值					MPa
强度种类	符号	混凝土强度等级					
		C10	C15	C20	C25	C30	C35
轴心抗压	f_c	5.0	7.5	10.0	12.5	15.0	17.5
轴心抗拉	f_t	0.65	0.90	1.10	1.30	1.50	1.65
混凝土强度弹模	E_c	1.75×10^4	2.20×10^4	2.55×10^4	2.80×10^4	3.00×10^4	3.15×10^4
剪切模量	G_c	$0.4 E_c$					
泊松比	ν_c	0.167					

（九）钢筋

一般采用Ⅰ级、Ⅱ级钢筋。钢筋的强度设计值、弹性模按《水工混凝土结构设计规范》（SL 191—2008）采用，见表 4－5。

表 4－5	钢筋的强度设计值、弹性模量			
钢筋种类	受拉钢筋强度 f_y（MPa）	受压钢筋强度 $f_{y'}$（MPa）	弹模（MPa）	泊松比
Ⅰ级钢筋（Q235）	210	210	2.1×10^5	0.3
Ⅱ级钢筋（20MnSi、20MnNb（b））	310	310	2.0×10^5	0.3

（十）裂缝宽度及受弯构件挠度允许值

钢筋混凝土结构构件最大裂缝宽度允许值见表 4－6。

表 4－6	钢筋混凝土结构构件最大裂缝宽度允许值		mm
环境条件类别	最大裂缝宽度允许值		
	短期组合	长期组合	
一	0.40	0.35	
二	0.30	0.25	
三	0.25	0.20	
四	0.15	0.10	

受弯构件的允许挠度见表 4－7。

表 4－7		受弯构件的允许挠度		
项次	构件类别		允许挠度（以计算跨度 l_0 计算）	
			短期组合	长期组合
1	吊车梁		$l_0/600$	—
2	工作桥及启闭机大梁		$l_0/400$	—
3	屋盖、楼盖	$l_0 < 7$ m	$l_0/200$	$l_0/250$
		7 m $\leq l_0 \leq 9$ m	$l_0/250$	$l_0/300$
		$l_0 > 9$ m	$l_0/300$	$l_0/400$

第二节　枢纽布置

枢纽坝轴线方位为 NW5.448 4°，基本为南北向。枢纽建筑物由拦河坝、河床式电站厂房、泄流底孔、表孔、排沙洞、下游消能设施、副厂房、GIS 开关站等建筑物组成。本枢纽坝型为混凝土重力坝，坝顶高程 900 m，坝顶全长 408 m，最大坝高 51 m。自左岸至右岸共划分 19 个坝段，各坝段横缝间距及主要结构布置见表 4-8。

表 4-8　　　　　　　　　各坝段横缝间距及主要结构布置

坝段名称	坝段编号	横缝间距(m)	主要结构布置
左岸非溢流边坡坝段	1#	25	布置取水口 1 个，进口尺寸为 1.80 m×2.00 m，进口底高程 886.00 m，进口为有压短管，后接无压明流隧洞
	2#	15	坝体下游布置副厂房
主安装间坝段	3#	18	坝体下游布置主安装场，为转子检修场地
	4#	22	坝体下游布置主安装场，为定子检修场地
电站厂房坝段	5#~8#	各30	共布置 4 台大机组，电站进水口底高程为 866.00 m，每个进水口分为 3 孔，单孔净宽 5.90 m；每个机组段布置 2 个排沙洞，孔口尺寸为 3.00 m×5.90 m，进口底高程为 860.00 mm
	9#	15	布置 1 台小机组，进水口为单孔，净宽 4.40 m，底高程为 866.00 m
副安装间坝段	10#	18	坝体下游布置副安装间，底部布置 1 个排沙洞，孔口尺寸为 3.00 m×3.00 m，进口底高程为 860.00 m
隔墩坝段	11#	16	施工期作为纵向围堰一部分，运行期将电站尾水渠和底孔消力池分开
底孔坝段	12#~16#	各20	每个坝段设 2 个 4.50 m×6.50 m 底孔，共设 10 个，进口底高程为 863.00 m
表孔坝段	17#~18#	各17	各设 1 个泄洪表孔，兼有排污功能，净宽 12.00 m，堰顶高程 888.00 m，堰面采用 WES 曲线
右岸非溢流边坡坝段	19#	25	布置取水口 2 个，进口尺寸 2.00 m×2.00 m，进口底高程为 880.00 m，后接压力钢管和坝后埋管

第三节　挡水建筑物设计

一、坝体断面

坝体断面按实体混凝土重力坝设计,按单个坝段验算坝体稳定和应力。坝体断面基本三角形的选定以建基面抗滑稳定及坝体应力满足规范要求为准则,通过拟订不同的上下游坝坡,优化选出最佳断面,再结合坝体结构及水力学条件等要求进行局部修正,适当修改使整个枢纽各个坝段坝体在外观上协调一致。最后拟订的断面如下:基本三角形顶点位于900.0 m高程,下游坝坡为1:0.7,上游面880.0 m高程以上为铅直面,880.0 m至860.0 m高程为1:0.15斜坡,坝顶宽度18.5 m,其中向上游挑出悬臂宽2.5 m,向下游挑出悬臂宽1.0 m。

12#~16#底孔坝段由于坝体内部设置弧形闸门和启闭机室,坝体削弱较多,其基本三角形顶点位于909.0 m高程,下游坡为1:0.75;左右岸岸坡坝段及隔墩坝段为满足稳定要求下游坡亦为1:0.75;电站坝段及安装间坝段为典型的河床式电站布置形式,厂房与上游挡水坝连成一体。

二、坝段结构

(一)坝顶高程及坝顶宽度

水库正常蓄水位898.00 m,校核洪水位898.52 m,风区长度3.6 km。

波浪要素计算采用官厅水库公式计算,其中计算风速按规范要求如下。

基本组合:采用重现期为50年的年最大风速24.76 m/s。

特殊组合:采用多年平均年最大风速13.44 m/s。

坝顶与正常蓄水位或校核洪水位的高差计算成果见表4-9。

表4-9　　　　　　　　　　　　　　　坝顶高程计算成果表　　　　　　　　　　　　　　　　　　m

组合	计算情况	水位	$h_{1\%}$	h_z	h_c	Δh	波浪顶高程
基本组合	正常蓄水位	898.00	1.734	0.689	0.5	2.923	900.923
特殊组合	校核洪水位	898.52	0.810	0.277	0.4	1.487	900.007

经综合考虑选定坝顶高程为900.0 m,取防浪墙高1.2 m,则坝顶防浪墙顶高程为901.2 m,满足坝顶高于校核洪水位、坝顶上游防浪墙顶高程高于波浪顶高程的要求。

坝顶宽度根据坝段的功能要求分别确定。底孔、表孔及非溢流坝段坝顶门机轨距为11.0 m,下游交通要求设4.5 m宽的通道,考虑上述布置后坝顶宽度确定为18.5 m;电站坝段由于布置拦污栅、电站事故门、电站检修门及排沙洞事故检修门等,坝顶门机轨距为18.0 m,下游设4.5 m宽的交通道,布置后坝顶宽度确定为27.5 m。

(二)坝体横缝处理

本枢纽河谷断面为宽 U 形,河床底部平坦,两岸边坡陡峭。19 个坝段共分 18 条横缝(横缝间距见表 4-8)。由于坝基分布多条泥化夹层,为提高坝体深层抗滑稳定性和均化坝基应力,设计采取接缝灌浆将若干坝段的底部连成整体。17#/18# 和 18#/19# 横缝分别在高程 867.50 m 和 863.00 m 以下,1#/2# 和 2#/3# 横缝在高程 867.50 m 以下,10#~16# 坝段间横缝在高程 863.00 m 以下设键槽,并进行灌浆处理;1#~3#、10#~16# 和 17#~19# 坝段间横缝在一定高程以上只设键槽,不予灌浆;3#/4#、4#~9# 坝段间和 9#/10#、16#/17# 各横缝全部只设键槽,不予灌浆,以利于坝体伸缩。

坝体横缝连接高度见图 4-1。

(三)坝体止水和排水布置

各横缝上、下游均设主止水,上游依次设紫铜片、膨胀胶条、橡胶止水各 1 道,坝内廊道及孔洞与横缝相交处周边均设橡胶止水 1 道。填缝材料为高压聚乙烯闭孔板。

坝体距上游面约 3 m 处设置直径 0.20 m、间距 3.00 m 的无砂混凝土排水管,其下端接上游主灌浆排水廊道内排水沟。坝基和坝体渗水汇至设于 4#、10# 坝段的 3 个集水井内,由水泵集中抽排至下游电站尾水渠。

(四)坝内廊道系统和交通

为满足灌浆、排水、冷却、观测和交通等需要,坝内布置了 2 层纵向排水检查廊道和 1 层纵向观测廊道。各层纵向廊道由横向廊道及电梯井沟通。坝基上游主排水廊道兼作基础帷幕灌浆廊道,断面尺寸为 3.00 m×3.50 m;纵向观测廊道尺寸为 2.00 m×2.50 m;坝基设纵横向基础排水廊道,断面尺寸为 2.00 m×3.00 m;坝基尾部设纵横向基础排水廊道兼作基础帷幕灌浆廊道,断面为 2.50 m×3.00 m。为满足 1#~5# 机组检修、排水、操作、通风、交通等要求,设通风道(断面尺寸为 2.00 m×5.00 m)、检修排水廊道(断面尺寸为 2.00 m×2.50 m)、操作廊道(断面尺寸为 1.80 m×2.20 m~2.00 m×3.00 m)。所有廊道均为城门洞型。

10# 副安装间墩坝段内设有电梯及楼梯,作为坝顶与电站厂房的垂直交通。坝内各层廊道均与电梯相通或设有单独出口。

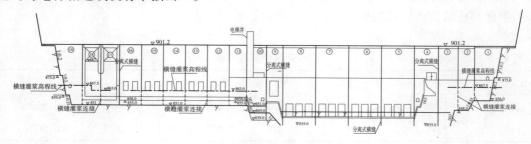

图 4-1　坝体横缝连接高度示意图

三、坝体稳定及应力计算

(一)抗滑稳定综合措施

龙口水利枢纽坝址区地层中有连续性较好的软弱夹层分布。在河床部位,$O_2 m_2^{2-2}$ ~

$O_2m_2^{2-3}$，地层中的 NJ_{305-1}、NJ_{305}、NJ_{306-1}、NJ_{306-2} 泥化夹层，因其埋藏浅，可以挖除，因而不控制坝的抗滑稳定，而 NJ_{304-1}、NJ_{304}、NJ_{303} 则是河床坝基中的控制滑动面。

由于坝基泥化夹层多且连续性好，抗剪断强度低，故大坝深层抗滑稳定问题是本工程的重大技术问题。本工程设计采取了如下工程措施。

1. 挖除

对浅层连续泥化夹层(如 NJ_{305})，因其埋藏浅，采取挖除的方法处理。

2. 坝基设置齿槽

底孔、表孔坝段在坝踵设置齿槽。齿槽底宽 12 m，齿槽深入 NJ_{304} 下 1 m。电站及安装间坝段结合厂房开挖，在坝基中部设置齿槽，齿槽上口宽 22 m，齿槽深入 NJ_{303} 下 1 m。

3. 枢纽泄水建筑物采用二级底流消能

因龙口坝基存在多层泥化夹层，必须依靠坝趾下游尾岩支撑才能维持坝的稳定，因此在一定长度内保护尾岩免遭破坏是十分重要的。为此，表孔、底孔采用二级底流消能。为保证抗力体厚度，选用尾坎式消力池，一、二级消力池池底高程分别为 858 m 和 857.0 m。表孔一级消力池长 80.33 m，底孔一级消力池长 75 m，二级消力池底、表孔共用。

4. 加强坝的整体稳定性

由于夹层埋藏深度及力学性能的不均一及钙质充填夹层的不连续性，因此各坝段稳定安全度不同。为使各坝段相互帮助，提高坝的整体稳定性，将坝段间横缝均做成铰接缝，横缝基础部分 3 段灌浆($1^\#$～$3^\#$、$10^\#$～$16^\#$、$17^\#$～$19^\#$共 3 段)，这样使各坝段整体作用加强。

5. 利用废渣压重

安装间坝段及左、右岸边坡坝段下游利用废渣分别回填至高程 872.9 m 和 868.0 m，除满足布置要求外，还可增大尾岩抗力，提高两岸边坡坝段及安装间坝段的抗滑稳定性。

6. 坝基上、下游帷幕及排水

坝基设上、下游帷幕和排水。本工程除按常规设置上游侧防渗帷幕外，在坝基下游侧及岸边均布设帷幕与上游帷幕形成封闭系统。上游帷幕深入相对隔水层 $O_2m_2^{1-5}$ 层 3 m，下游帷幕及左右岸边帷幕深入 $O_2m_2^{1-5}$ 层 1 m。主排水孔深入控制滑动面以下。抗滑稳定计算时不考虑抽排作用，作为安全储备。

7. 坝基及尾岩固结灌浆

坝基、尾岩进行全面固结灌浆处理，以提高坝基、尾岩的承载能力、整体性和均一性。

8. 预应力锚索加固尾岩

在底、表孔消力池下面设置预应力锚索，提高尾岩抗力。

(二) 设计荷载与荷载组合

1. 设计荷载

(1) 坝体自重及永久设备重：混凝土容重按 24 kN/m³，岩体容重按 26.5 kN/m³，永久设备按实际重量计算。

(2) 上、下游静水压力：宣泄设计洪水及校核洪水时采用浑水容重 $\gamma_浑 = 11.5$ kN/m³，其他情况用清水容重 $\gamma = 10.0$ kN/m³。淤积高程以下及扬压力用清水容重 $\gamma = 10.0$ kN/m³。

(3) 泥沙压力：泥沙压力包括水平泥沙压力和垂直泥沙压力。泥沙浮容重 $\gamma' = 8$ kN/m³，内摩擦角 $\varphi = 12°$。

(4) 扬压力：坝基下扬压力按图 4 - 2 采用。

采用刚体极限平衡法计算时,未考虑坝基抽排作用。

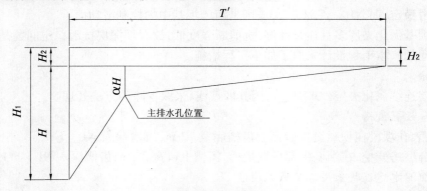

图 4-2   坝基下扬压力

图中 T——坝底宽度;

H_1——上游水深;

H_2——下游水深;

H——上、下游水位差,$H = H_1 - H_2$;

α——扬压力折减系数,$\alpha = 0.25$;

坝体内扬压力按图 4-3 采用。

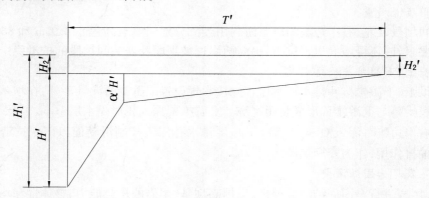

图 4-3   坝体内扬压力

图中 T'——计算断面宽(上、下游方向);

H_1'——计算断面以上上游水深;

H_2'——计算断面以上下游水深;

H'——上、下游水位差,$H' = H_1' - H_2'$;

α'——扬压力折减系数,$\alpha' = 0.2$。

(5)浪压力。

2.荷载组合

荷载组合见表 4-10。

表 4 - 10　　　　　　　　　　　　　　荷载组合

组　　　合			水位(m)		重	水压力	泥沙压力	扬压力	浪压力
			下游	上游					
基本组合	1	正常蓄水位	898.00	860.50	√	√	√	√	√
	2	设计洪水位	896.56	865.72	√	√	√	√	√
特殊组合	1	校核洪水位	898.52	866.02	√	√	√	√	√

(三)河床坝段挡水建筑物的稳定计算

1. 计算假定

(1)河床坝段(包括底孔、表孔、隔墩、电站及主副安装间坝段)在底部连成整体,但连接部位较低,由于连接区面积占整个坝段横缝面积的比例较小,一般小于30%,因此抗滑稳定按单个坝段计算。

(2)坝基应力计算采用材料力学法。

2. 坝基抗滑稳定及坝基应力计算

1)计算公式

抗滑稳定采用抗剪断公式进行计算。

$$K' = \frac{f' \cdot \sum W + c' \cdot A}{\sum P}$$

式中　K'——按抗剪断强度计算的抗滑稳定安全系数;

　　　f'——滑动面抗剪断摩擦系数;

　　　c'——滑动面抗剪断凝聚力,kPa;

　　　A——基础接触面截面积,m²;

　　　$\sum W$——作用在坝体上的全部荷载对滑动面的法向分力(包括扬压力),kN;

　　　$\sum P$——作用在坝体上的全部荷载对滑动面的切向分力,kN。

坝体坝基面垂直正应力采用材料力学方法进行计算,计算公式如下:

$$\sigma_y = \frac{\sum W}{T} \pm 6 \cdot \frac{\sum M}{T^2}$$

式中　σ_y——计算截面上、下游端的垂直应力,kN/m²;

　　　$\sum W$——作用于坝基上的全部竖向荷载总和,kN;

　　　T——坝基顺水流向宽度,m;

　　　$\sum M$——作用于坝基上的全部荷载对计算截面形心的力矩总和,kN·m。

2)坝基抗滑稳定及坝基应力计算结果

按上述方法对表孔坝段、底孔坝段、电站坝段及主副安装间坝段分别进行坝基抗滑稳定计算,计算结果见表4-11。

从计算结果可知,在各种荷载组合下坝基面最小垂直压应力均大于零,坝基面所承受的最大垂直压应力均小于坝基允许压应力[σ] = 8.0 MPa。在各种荷载组合下建基面抗滑稳定满足规范要求。

表 4-11　　　　　　　　各坝段坝基抗滑稳定及坝基应力计算结果

坝段	荷 载 组 合			抗剪断稳定 K'	σ_{yu}(MPa)	σ_{yd}(MPa)
表孔 坝段	基本组合	1	正常蓄水位	4.974	0.297	0.640
		2	设计洪水位	4.863	0.296	0.601
	特殊组合	1	校核洪水位	4.414	0.221	0.671
底孔 坝段	基本组合	1	正常蓄水位	5.622	0.278	0.610
		2	设计洪水位	5.492	0.277	0.570
	特殊组合	1	校核洪水位	4.963	0.205	0.630
电站 坝段	基本组合	1	正常蓄水位	5.758	0.292	0.534
		2	设计洪水位	5.808	0.280	0.500
	特殊组合	1	校核洪水位	5.251	0.234	0.535
主安装间 3#坝段	基本组合	1	正常蓄水位	5.750	0.193	0.766
		2	设计洪水位	6.630	0.107	0.777
	特殊组合	1	校核洪水位	6.080	0.126	0.750
主安装间 4#坝段	基本组合	1	正常蓄水位	3.810	0.546	0.678
		2	设计洪水位	4.520	0.573	0.566
	特殊组合	1	校核洪水位	4.180	0.528	0.603
副安装间 10#坝段	基本组合	1	正常蓄水位	4.370	0.120	0.240
		2	设计洪水位	4.720	0.100	0.270
	特殊组合	1	校核洪水位	4.320	0.120	0.230

3. 深层抗滑稳定计算

1）计算滑动面及滑动模式

本工程各坝段可能滑动面为坝基下岩体内的软弱夹泥层及钙质充填夹层等结构面，包括自上而下分布的 NJ_{304}、NJ_{303}、NJ_{302} 等多条软弱夹泥层。根据各坝段部位和建基面高程可知，各坝段控制性滑动面均为泥化夹层，表孔坝段及底孔坝段下控制滑动面为 NJ_{304}、NJ_{303}，电站坝段下控制滑动面为 NJ_{303}、NJ_{302}，小机组坝段下控制滑动面为 NJ_{304}、NJ_{303}，隔墩坝段下控制滑动面为 NJ_{304}、NJ_{303}，主安装间坝段下控制滑动面为 NJ_{304}、NJ_{303}、NJ_{302}，副安装间坝段下控制滑动面为 NJ_{304}、NJ_{303}。

坝基下深层滑动模式一般分为单斜面深层滑动和双斜面深层滑动。由于本工程坝基下软弱结构面走向均为倾向下游，底孔坝段、表孔坝段下游消能方式为底流消能，设二级消力池，消力池后无较深冲刷坑，结构面在坝后无出露点，因此本工程单滑面不成为控制滑动面。双斜面滑动形式为坝体连带部分基础沿软弱结构面滑动，在坝趾部位切断上覆岩体滑出。表孔段段、底孔坝段及大机组坝段深层抗滑稳定。计算简图见图 4-4~图 4-6。

2）计算方法及计算公式

计算方法采用刚体极限平衡等安全系数法。由于坝后抗力体岩石为中厚层、厚层豹皮灰岩，无倾向上游的缓倾角结构面，因此整体强度高。

计算采用抗剪断公式，公式如下：

$$K_1 = \frac{f_1'\left[V_1\cos\alpha - H\sin\alpha - Q\sin(\gamma-\alpha) + U_3\sin\alpha - U_1\right] + c_1'A_1}{V_1\sin\alpha + H\cos\alpha - Q\cos(\gamma-\alpha) - U_3\cos\alpha}$$

$$K_2 = \frac{f_2'\left[V_2\cos\beta + Q\sin(\gamma+\beta) + U_3\sin\beta - U_2\right] + c_2'A_2}{Q\cos(\gamma+\beta) - V_2\sin\beta + U_3\cos\beta}$$

$$K = K_1 = K_2$$

式中　　K——深层抗滑稳定安全系数；

Q——坝体下游岩体可提供抗力；

K_1、K_2——坝下基岩滑动面及抗力体滑动面抗滑稳定安全系数；

V_1——坝下基岩滑动面以上的垂直荷载总和；

V_2——抗力体滑动面以上的垂直荷载总和；

H——坝下基岩滑动面以上的水平荷载总和；

U_1——作用在坝基滑动面上的扬压力；

U_2——作用在抗力体滑动面上的扬压力；

U_3——作用在抗力体垂直面上的渗透压力；

α——坝下基岩滑动面倾向下游的视倾角；

β——抗力体的滑裂角，由试算法求出最危险滑裂面；

γ——被动抗力与水平面夹角，$\gamma = 14°$；

f_1'、c_1'——坝基下滑动面的强度指标；

f_1'、c_1'——抗力体滑裂面的强度指标；

A_1——坝下基岩滑动面面积；

A_2——抗力体滑裂面面积。

3）稳定安全系数

底孔坝段、表孔坝段和大机组电站坝段深层抗滑稳定计算结果见表 4-12~表 4-14。

小机组电站坝段、主安装间坝段、副安装间坝段和隔墩坝段深层抗滑稳定计算结果见表 4-15~表 4-19。

表 4-12　　　　　　　　　　表孔坝段深层抗滑稳定计算结果

计算工况			抗剪断安全系数（沿 NJ$_{304}$）K'	抗剪断安全系数（沿 NJ$_{303}$）K'
基本组合	1	正常蓄水位	3.388	3.774
	2	设计洪水位	3.220	3.576
特殊组合	1	校核洪水位	2.974	3.308

表 4-13　　　　　　　　　　底孔坝段深层抗滑稳定计算结果

计算工况			抗剪断安全系数（沿 NJ$_{304}$）K'	抗剪断安全系数（沿 NJ$_{303}$）K'
基本组合	1	正常蓄水位	3.533	3.950
	2	设计洪水位	3.332	3.734
特殊组合	1	校核洪水位	3.082	3.441

表 4-14　　　　　　　　　大机组电站坝段深层抗滑稳定计算结果

计算工况			抗剪断安全系数(沿 NJ_{303})K'	抗剪断安全系数(沿 NJ_{302})K'
基本组合	1	正常蓄水位	4.037	3.314
	2	设计洪水位	3.838	3.159
特殊组合	1	校核洪水位	3.550	2.958

表 4-15　　　　　　　　　小机组坝段深层抗滑稳定计算结果

计算工况			抗剪断安全系数(沿 NJ_{304})K'	抗剪断安全系数(沿 NJ_{303})K'
基本组合	1	正常蓄水位	3.19	4.44
	2	设计洪水位	3.22	4.18
特殊组合	1	校核洪水位	2.95	3.76

表 4-16　　　　　　　　主安装间 3# 坝段深层抗滑稳定计算结果

计算工况			抗剪断安全系数(沿 NJ_{304})K'	抗剪断安全系数(沿 NJ_{303})K'
基本组合	1	正常蓄水位	4.93	21.96
	2	设计洪水位	4.81	17.83
特殊组合	1	校核洪水位	4.80	17.65

表 4-17　　　　　　　　主安装间 4# 坝段深层抗滑稳定计算结果

计算工况			抗剪断安全系数(沿 NJ_{303})K'	抗剪断安全系数(沿 NJ_{302})K'
基本组合	1	正常蓄水位	5.26	5.90
	2	设计洪水位	5.25	5.98
特殊组合	1	校核洪水位	5.20	5.43

表 4-18　　　　　　　　副安装间坝段深层抗滑稳定计算结果

计算工况			抗剪断安全系数(沿 NJ_{304})K'	抗剪断安全系数(沿 NJ_{303})K'
基本组合	1	正常蓄水位	3.83	3.58
	2	设计洪水位	3.67	3.40
特殊组合	1	校核洪水位	3.35	3.07

表 4-19　　　　　　　　　隔墩坝段深层抗滑稳定计算结果

计算工况			抗剪断安全系数(沿 NJ_{304})K'	抗剪断安全系数(沿 NJ_{303})K'
基本组合	1	正常蓄水位	3.49	3.43
	2	设计洪水位	3.28	3.21
特殊组合	1	校核洪水位	3.07	3.05

　　上述表中成果表明,河床各坝段深层抗滑稳定安全系数均满足规范要求。

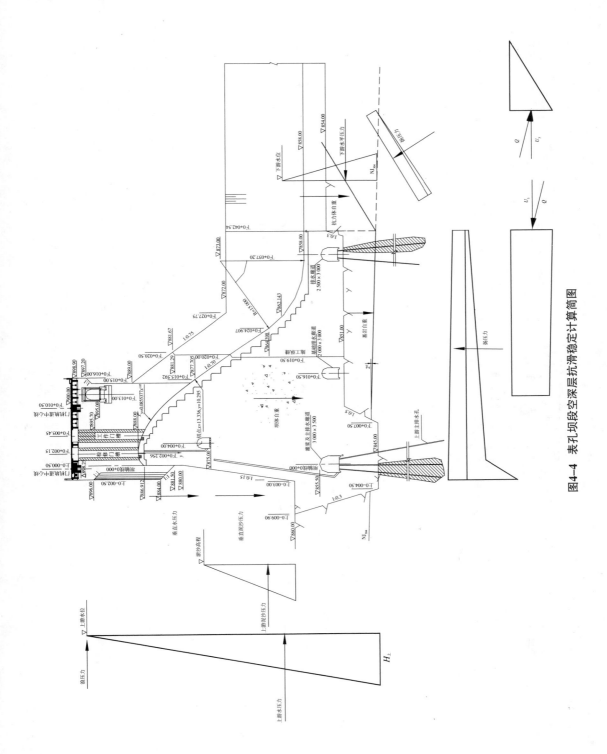

图4-4 表孔坝段空深层抗滑稳定计算简图

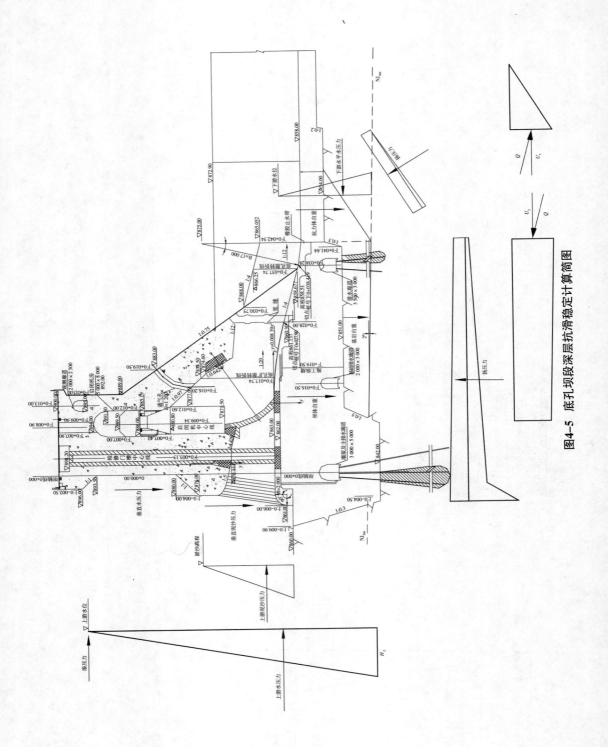

图4-5 底孔坝段深层抗滑稳定计算简图

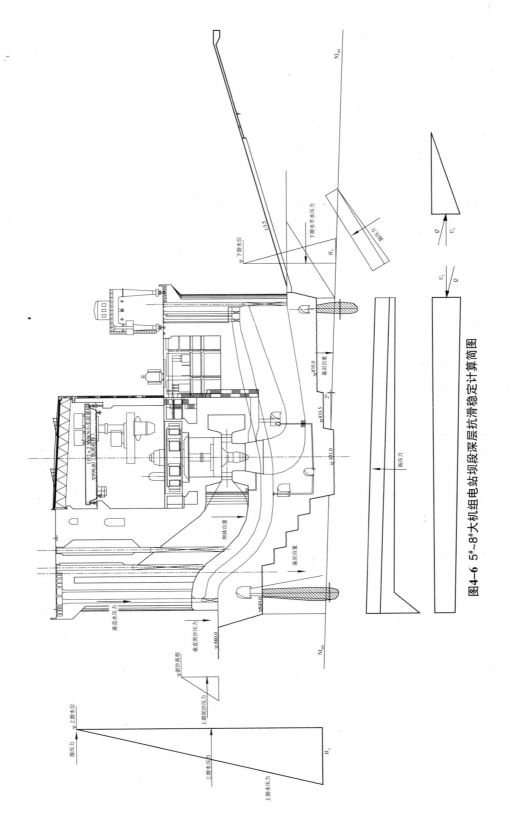

图4-6 5#~8#大机组电站坝段深层抗滑稳定计算简图

(四)边坡坝段稳定计算

两岸边坡陡峻,左岸 $1^\#$、$2^\#$ 和右岸 $19^\#$ 坝段位于高差较大的陡坡上,呈空间受力特征。设计首先选取单个坝段,采用刚体极限平衡法,对顺水流方向和垂直水流方向分别进行了稳定分析。结果表明,边坡坝段与河床坝段相同,其稳定依然受控于地基深层 NJ_{305}、NJ_{304} 等软弱泥夹层,并由垂直水流方向稳定控制。

1. $1^\#$、$2^\#$ 坝段

从 $1^\#$ 坝段抗滑稳定计算结果(见表 4 – 20)可知,若不考虑其他接缝连接措施,$1^\#$ 坝段的垂直水流方向稳定安全系数不能满足规范要求。

表 4 – 20 $1^\#$ 坝段抗滑稳定计算结果

项 目	危险滑动面	安全系数 K'
顺水流方向	NJ_{305}	3.43(抗剪断)
	NJ_{304-2}	3.11(抗剪断)
垂直水流方向	NJ_{305}(NJ_{305-1})	0.98(抗剪断)

为确保 $1^\#$ 边坡坝段稳定,设计经研究比较,采取了接缝灌浆措施,将 $1^\#$ 和 $2^\#$ 或 $1^\#$ ~ $3^\#$ 坝段连成整体,采用同样方法对横流向稳定进行了分析。结果表明,随着连接坝体的增多,控制性滑动面有所改变,但稳定安全系数逐渐提高,唯有 3 个坝段连成整体,才能确保 $1^\#$ 边坡坝段横向稳定。"$1^\#$ + $2^\#$" 和 "$1^\#$ + $2^\#$ + $3^\#$" 的稳定设计成果详见表 4 – 21。

表 4 – 21   "$1^\#$ + $2^\#$" 和 "$1^\#$ + $2^\#$ + $3^\#$" 坝段抗滑稳定计算结果

项 目	危险滑动面	安全系数 K'
"$1^\#$ + $2^\#$" 坝段顺水流向	NJ_{305}(NJ_{305-1})	10.27(抗剪断)
"$1^\#$ + $2^\#$" 坝段垂直水流方向	NJ_{304-2}	2.125(抗剪断)
"$1^\#$ + $2^\#$ + $3^\#$" 坝段垂直水流向	NJ_{304-2}	11.62(抗剪断)

2. $19^\#$ 坝段

与上述对左岸 $1^\#$ 坝段的稳定分析思路相同,设计首先对 $19^\#$ 坝段进行了计算分析。结果表明,稳定性受控于顺水流方向深层滑动,且单个坝段不能满足稳定要求。为此,设计同样采取接缝灌浆措施,将 $19^\#$ 坝段和 $18^\#$ 坝段连成整体,其整体计算分析表明,顺水流方向稳定安全系数达到规范要求。$19^\#$ 坝段和 "$18^\#$ + $19^\#$" 坝段的稳定计算成果分别见表 4 – 22、表 4 – 23。

表 4 – 22 $19^\#$ 坝段沿抗滑稳定计算结果

项 目	危险滑动面	安全系数 K'
垂直水流方向	NJ_{304-1}	4.22(抗剪断)
	NJ_{304}	4.18(抗剪断)
	NJ_{303}	4.09(抗剪断)
顺水流方向	NJ_{304-1}	2.70(抗剪断)
	NJ_{304}	2.89(抗剪断)
	NJ_{303}	3.09(抗剪断)

表 4 - 23   "18# + 19#"坝段抗滑稳定计算结果

项 目	危险滑动面	安全系数 K'
"18# + 19#"坝段并缝后顺水流方向	NJ_{304-1}	3.13(抗剪断)
	NJ_{304}	3.44(抗剪断)
	NJ_{303}	3.95(抗剪断)

(五)电站及安装间坝段抗浮稳定计算

根据规范要求,对电站及安装间坝段进行抗浮稳定计算,计算工况及荷载组合见表4 - 24。

表 4 - 24   电站及安装间坝段抗浮稳定计算工况及荷载组合

组 合			水位(m)		自重	扬压力	备注
			上游	下游			
特殊组合	1	机组检修	898.00	862.20	√	√	3 台机发电
	2	机组未安装	898.00	861.40	√	√	1 台机发电
	3	校核洪水位	898.52	866.02	√	√	

计算公式如下:

$$K_f = \frac{\sum W}{U}$$

式中 K_f——抗浮稳定安全系数,任何情况下不得小于1.1;

       $\sum W$——机组段(或安装间段)的全部重量,kN;

       U——作用于机组段(或安装间段)的扬压力总和,kN。

电站及安装间坝段抗浮稳定计算结果详见表4 - 25,计算结果表明,电站和安装间坝段在各种工况下抗浮稳定安全系数满足规范要求。

表 4 - 25   电站及安装间坝段抗浮稳定计算成果

	荷载组合		计算工况	抗浮稳定安全系数 K_f
大机组坝段	特殊组合	1	机组检修	2.022
		2	机组未安装	2.363
		3	校核洪水位	1.627
小机组坝段	特殊组合	1	机组检修	2.280
		2	机组未安装	2.210
		3	校核洪水位	2.060
主安装间 3#坝段	特殊组合	1	机组检修	2.723
		2	机组未安装	2.804
		3	校核洪水位	2.392
主安装间 4#坝段	特殊组合	1	机组检修	1.713
		2	机组未安装	1.745
		3	校核洪水位	1.574

（六）坝体应力计算

为了解表孔坝段、底孔坝段及隔墩坝段的各高程坝体应力分布状况,按《混凝土重力坝设计规范》附录 C 的方法进行坝体应力计算。计算结果见表 4-26~表 4-31。

表 4-26　　表孔坝段上游面各高程垂直正应力汇总

荷载组合			坝体上游面垂直正应力(MPa)					
			▽ 852	▽ 860	▽ 865	▽ 870	▽ 875	▽ 880
基本组合	1	正常蓄水位	0.299	0.299	0.215	0.180	0.142	0.098
	2	设计洪水位	0.293	0.288	0.238	0.205	0.166	0.120
特殊组合	1	校核洪水位	0.253	0.255	0.203	0.175	0.137	0.093

表 4-27　　底孔坝段上游面各高程垂直正应力汇总

荷载组合			坝体上游面垂直正应力(MPa)					
			▽ 852	▽ 863	▽ 876	▽ 880	▽ 889	▽ 896
基本组合	1	正常蓄水位	0.300	0.363	0.317	0.434	0.226	0.127
	2	设计洪水位	0.410	0.383	0.347	0.472	0.251	0.139
特殊组合	1	校核洪水位	0.354	0.338	0.310	0.425	0.219	0.124

表 4-28　　隔墩坝段上游面各高程垂直正应力汇总

荷载组合			坝体上游面垂直正应力(MPa)					
			▽ 851	▽ 860	▽ 873	▽ 880	▽ 889	▽ 896
基本组合	1	正常蓄水位	0.484	0.534	0.446	0.423	0.232	0.136
	2	设计洪水位	0.493	0.535	0.486	0.467	0.263	0.153
特殊组合	1	校核洪水位	0.443	0.486	0.437	0.413	0.224	0.132

表 4-29　　表孔坝段各高程最大主应力汇总

荷载组合			坝体上游面垂直正应力(MPa)					
			▽ 852	▽ 860	▽ 865	▽ 870	▽ 875	▽ 880
基本组合	1	正常蓄水位	0.977	1.037	0.744	0.610	0.174	0.435
	2	设计洪水位	0.872	0.898	0.693	0.574	0.466	0.408
特殊组合	1	校核洪水位	0.939	0.959	0.736	0.617	0.503	0.440

表 4-30　　底孔坝段各高程最大主应力汇总

荷载组合			坝体上游面垂直正应力(MPa)					
			▽ 852	▽ 863	▽ 876	▽ 880	▽ 889	▽ 896
基本组合	1	正常蓄水位	0.794	0.596	0.560	0.433	0.234	0.242
	2	设计洪水位	0.674	0.500	0.612	0.472	0.251	0.263
特殊组合	1	校核洪水位	0.749	0.560	0.548	0.425	0.239	0.236

表 4-31　　隔墩坝段各高程最大主应力汇总

荷载组合			坝体上游面垂直正应力(MPa)					
			▽ 851	▽ 860	▽ 873	▽ 880	▽ 889	▽ 896
基本组合	1	正常蓄水位	0.913	0.811	0.532	0.423	0.271	0.349
	2	设计洪水位	0.802	0.682	0.530	0.467	0.263	0.393
特殊组合	1	校核洪水位	0.869	0.747	0.544	0.413	0.276	0.337

从以上表中可知,坝体上游面垂直正应力均未出现拉应力(计扬压力),坝体最大主应力未超过混凝土的允许压应力值,均满足规范要求。

四、特殊坝段设计

(一) 1#坝段与左岸预留取水口

1#坝段为左岸边坡挡水坝段,总长25 m,1#坝段下游设出口钢梯,净宽0.8 m,可由高程895.00 m的观测廊道上至坝顶。下游坡设交通廊道下游坝面出口,出口处高程873.20 m,可由灌浆及主排水廊道经交通廊道通往下游坝面。

河曲县引黄灌溉工程由取水口、消能段、1#输水隧洞、箱涵、2#输水隧洞、渡槽、3#输水隧洞和埋涵组成,其中取水口位于龙口水利枢纽1#坝段上游侧。为此,将1#坝段上游侧增加1块混凝土,顶高程同坝顶高程。取水口进口为有压短管,后接无压明流隧洞。进水口控制断面尺寸为1.80 m×2.20 m(宽×高),进口底高程886.00 m。取水口依次由拦污栅、进水口曲线段、事故检修闸门、压坡段、工作闸门、渐变段和上部结构组成。

输水工程设计引水流量7.4 m³/s。在取水口底高程确定前提下,设计按堰流公式对取水口不同宽度进行了比选,最终确定孔口宽度为1.80 m。

(二)2#坝段设计

2#坝段为左岸边坡坝段,上游坝坡为1:0.15,下游坝面为铅直,分别在高程891.80 m、872.20 m、868.30 m和861.00 m处设平台,平台上方布置副厂房,副厂房地面高程872.90 m,女儿墙顶高程891.80 m,副厂房通过设电缆廊道与主厂房连接。

(三)11#隔墩坝段设计

11#隔断坝段在施工期作为纵向围堰的一部分,运行期将电站尾水渠与底孔消力池隔开,以利于泄洪消能并避免泄洪消能对尾水的影响。

该坝段长16.00 m,建基面高程851.00 m,上游齿槽底高程842.00 m。高程852.00 m处自上游至下游依次布置灌浆及主排水廊道、基础排水廊道、排水廊道及下游灌浆排水廊道,并布置横向连接廊道,以连接上下游灌浆及排水廊道。各廊道断面尺寸同其他坝段相应廊道。

该坝段坝顶左侧还布置了2个底孔闸门门库,右侧布置了1个表孔闸门门库,底高程分别为886.50 m和889.30 m;高程895.00 m处还布置了观测廊道。

(四)19#坝段及右岸预留取水口

19#坝段为右岸边坡坝段,其特点是坝内布置了2个取水口,坝顶连接右岸交通。

2个取水口各自独立,单孔引水流量12 m³/s,根据有压过流能力计算,确定孔口断面尺寸2.00 m×2.00 m,进口底高程880.00 m,自上游至下游由进口曲线段、拦污栅、压坡段、事故检修门及上部结构组成。进口顶部采用椭圆曲线,两侧和底部为圆弧。拦污栅门槽后接压坡段,检修门槽后与坝内输水钢管顺接。拦污栅和检修门均由坝顶门机启闭。

2个取水口顺流向平行布置于同一坝段内,对坝体有所削弱,孔口应力有所集中。设计采用有限元分析方法对孔口应力进行了计算分析,按《水工混凝土结构设计规范》附录H中有关规定,根据应力计算成果对孔口周边配筋。

坝内输水压力钢管及坝后埋管内径均为2.00 m。输水钢管按明管设计,单独承受内水压力。经计算分析,并根据《水电站压力钢管设计规范》有关规定,设计选定管壁厚度10 mm,板材为 Q235D。坝后埋管材料采用预应力钢筒混凝土管,选用型号为 PCCP2000×5000/P0.8/H5。埋管下为砂垫层,厚 0.20 m,埋管上回填石渣,厚 1.50 m,地面高程为 868.00 m。

五、坝体混凝土温控设计

(一)基本资料

龙口水利枢纽位于东经 111°18′、北纬 39°25′,地处黄土高原东北部,属温带大陆性季风气候,冬季气候干燥寒冷、雨雪稀少且多风沙,夏季炎热。冬季时间长,春秋时间短,四季分明。气温变化特点是季节变化大、昼夜温差变化大、冰冻时间长。坝址区多年平均气温 8.0℃,极端最高气温 38.6℃,极端最低气温 -32.8℃。气温骤降频繁且骤降幅度大,延续时间长,多年平均气温骤降次数为 32 次,实测最大气温骤降幅度达 23℃。多年平均地温为 10.1℃,河水多年平均温度为 9.8℃。

龙口水利枢纽坝址处未曾设过水文站、气象站,在设计中只能借用附近水文站、气象站的资料,考虑多种因素,确定采用河曲站(离坝址约 23 km)的实测资料(1955—2003 年),水温也采用河曲站实测资料。

(1)多年平均气温见表 4-32。

表 4-32 　　　　　　　　　　　　多年平均气温统计表 　　　　　　　　　　　　℃

月份	1	2	3	4	5	6	7	8	9	10	11	12
多年各月平均气温值	-10.8	-5.7	2.0	10.7	17.8	21.9	23.6	21.4	15.5	8.3	-0.60	-8.4
多年月平均最高气温值	-6.4	-0.7	5.2	12.9	19.4	23.8	25.7	24.4	18.3	12.5	3.5	-3.6
多年月平均最低气温值	-14.6	-9.7	-1.6	8.2	15.8	20.0	21.8	19.8	14.0	7.1	-4.0	-13.5
多年日平均最高气温值	0.5	6.6	15.9	23.2	27.5	30.9	32.1	31.2	24.8	19.9	11.8	3.1
多年日平均最低气温值	-22.2	-21.2	-13.6	-6.0	5.4	12.0	17.4	12.1	5.3	-2.7	-17.0	-21.4
绝对最高气温值	9.8	19.0	28.0	36.5	37.6	37.3	38.6	37.0	36.4	29.7	23.4	12.1
绝对最低气温值	-32.8	-26.9	-20.6	-10.1	-3.4	3.2	8.1	5.5	-3.6	-10.5	-21.9	-29.4

(2)多年平均温度骤降幅度值及气温骤降实测最大值见表 4-33。

表 4-33 　　　　　　　多年平均气温骤降幅度值及气温骤降实测最大值 　　　　　　　℃

	1 d 降温	2 d 连续降温	3 d 连续降温	4 d 连续降温
多年平均值	7.89	8.69	10.02	10.98
实测最大值	15.50	19.20	19.60	23.00

(3)不同设计频率下气温骤降幅度值见表 4-34。

表 4-34   不同设计频率下气温骤降幅度值统计   ℃

气温骤降过程	设计频率 $P(\%)$					
	1	2	5	10	20	50
1 d	14.68	13.25	11.37	10.36	9.24	7.44
2 d	16.18	15.09	13.75	12.17	10.52	7.99
3 d	18.47	17.16	15.49	13.96	12.29	9.24

（4）多年平均月气温骤降次数见表 4-35。

表 4-35   多年平均月气温骤降次数次统计

月份	1	2	3	4	5	6	7	8	9	10	11	12
气温骤降平均次数	3.22	3.14	2.72	3.28	3.33	1.97	1.00	1.03	1.69	3.28	3.44	3.69

（5）河曲站多年月平均地面温度见表 4-36。

表 4-36   多年平均地面温度统计   ℃

月份	1	2	3	4	5	6	7	8	9	10	11	12	历年
月平均地温	-11.4	-5.9	3.8	13.5	21.6	26.6	28.0	25.2	18.5	10.0	-6.1	-9.1	10.1

（6）河曲站多年月平均河水温度见表 4-37。

表 4-37   河水温度统计   ℃

月份	1	2	3	4	5	6	7	8	9	10	11	12	历年
月平均水温	0.1	0.1	0.1	8.1	15.5	20.2	22.5	21.7	16.8	10.4	2.0	0.1	9.8

（二）坝体稳定温度场

坝体的初始温度和水化热的影响完全消失以后，坝体由于上游面库水温度、下游面及坝顶气温、太阳辐射能、基础地面温度和下游尾水温度等边界条件控制而形成稳定状态的温度分布即为稳定温度场。根据工程地理位置以及水库后期运行特点，按相关规范确定上游库水温度、坝顶以及上、下游坝面边界温度、下游尾水温度、基础地面边界温度以及底孔边壁边界温度等边界条件，按平面问题进行坝体的稳定温度场计算，平面稳定温度应满足拉普拉斯方程：

$$\frac{\partial^2 T}{\partial^2 x^2} + \frac{\partial^2 T}{\partial^2 y^2} = 0$$

稳定温度场可采用有限元软件进行计算,计算结果见图4-7。

（三）接缝灌浆温度确定

接缝灌浆温度分区主要考虑以下原则:灌浆分区面积应适当,尽量不给灌浆机械设备、灌浆压力和施工要求等造成困难。接缝灌浆温度合理控制的原则应该是坝体在稳定温度条件下进行接缝灌浆,以避免后期温度继续变化使坝体尤其是坝体上游面出现拉应力。参考国内一些已建、在建工程的经验,初步确定灌浆分区面积为200～300 m²,最大不超过400 m²。根据坝体平面稳定温度场计算成果,提出各典型坝段的接缝灌浆分区,将各分区内稳定温度场的分布加权平均,所得出的平均温度作为各分区的灌浆温度。各典型坝段接缝灌浆温度见图4-8。

（四）坝体浇筑块分缝、分层设计

1. 横缝间距

横缝间距首先要满足水工结构布置上的要求,其次要使浇筑块的混凝土温升及温度应力在允许的范围以内。本工程设计确定的各坝段横缝间距见表4-8。

2. 纵缝间距

纵缝为临时性温度缝,在坝体冷却达到稳定温度后应进行灌浆封堵,使各柱状坝块连成整体。确定纵缝间距的基本原则是:

(1)缝间距一般大于或接近横缝间距,以免出现顺水流向裂缝。

(2)缝间距亦不宜过小,以免灌浆接缝所需的张开度过小而影响灌浆效果。

(3)纵缝间距直接决定了浇筑块的面积,必须与施工现场混凝土生产能力和浇筑能力相适应,以防止出现施工冷缝。

(4)纵缝间距要与施工中温度控制能力及当地气候条件相适应,必须保证混凝土浇筑块内的温升和温度应力控制在允许的范围内。

根据以上原则,本工程1#~19#坝段视其底宽的不同设置纵缝,各坝段分缝及纵缝间距见表4-38。

表4-38　　　　　　　　　　　各坝段纵缝间距统计表

坝段号		纵缝间距(m)			
		D 块	A 块	B 块	C 块
左岸挡水坝段	1#	23.1	30.0		
	2#	21.0	30.0		
安装场坝段	3#	26.0	30.0		
	4#	26.0	28.5	26.6	
电站坝段	5#~8#	28.2	29.7	23.2	
	9#	27.0	27.5	26.6	
副安装间坝段	10#	27.7	26.8	29.1	
隔墩坝段	11#	29.0	23.04	15.0	16.56
底孔坝段	12#~16#	24.0	23.04		
表孔坝段	17#~18#	24.0	23.04		
右岸挡水坝段	19#	24.0	27.3		

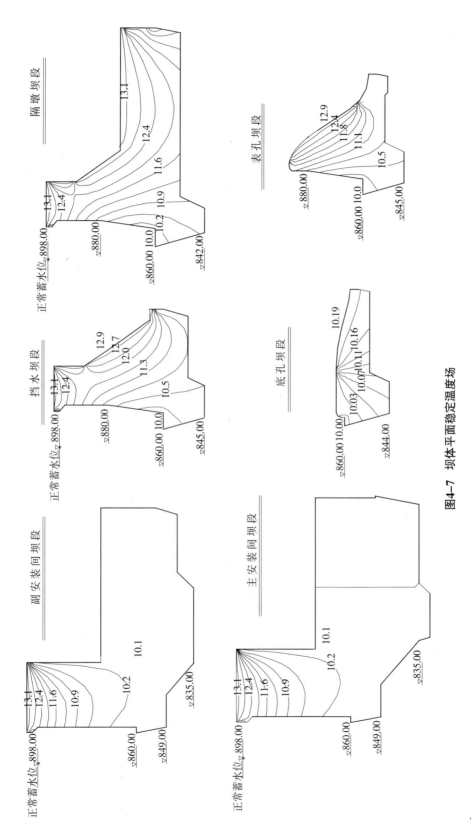

隔墩坝段

正常蓄水位▽898.00

13.1
12.4
11.6
10.9
10.2
13.1
12.4
10.0
▽880.00
▽860.00
▽842.00

挡水坝段

正常蓄水位▽898.00

12.9
12.7
12.0
11.3
10.5
13.1
12.4
10.0
▽880.00
▽860.00
▽845.00

副安装间坝段

正常蓄水位▽898.00

13.1
12.4
11.6
10.9
10.1
10.2
▽860.00
▽849.00
▽835.00

表孔坝段

12.9
12.4
11.8
11.1
10.5
10.0
▽880.00
▽860.00
▽845.00

底孔坝段

10.19
10.16
10.11
10.07
10.03
▽860.00
▽844.00

主安装间坝段

正常蓄水位▽898.00

13.1
12.4
11.6
10.9
10.1
10.2
▽860.00
▽849.00
▽835.00

图4-7 坝体平面稳定温度场

· 79 ·

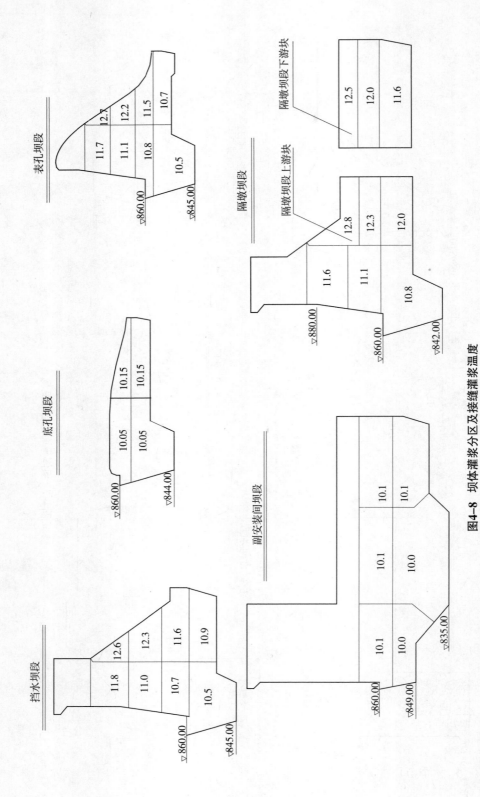

图4-8 坝体灌浆分区及接缝灌浆温度

3. 浇筑块分层设计

1) 浇筑块分层设计的基本原则

(1) 浇筑块分层应使降温效果最好,浇筑工期较短,水平缝较少。

(2) 根据不同季节的气候特点采用不同的浇筑分层方案,以利于降低混凝土内部最高温度和内外温差。

(3) 利用层面散热,但也要注意不出现过多的施工缝。

(4) 不超出混凝土浇筑能力的限度且满足施工进度的要求。

(5) 对于基础混凝土应予以特别的重视,尤其是强约束区的混凝土浇筑,宜薄层、短间歇、均匀上升,一般采用层厚 1~2 m。

分层设计是否合理将直接影响散热效果,而散热效果与混凝土热学性质、水泥用量、分层次序、间歇期、外界气温等多种因素有关。为此,选择了多种分层方案,利用程序分别计算了各方案的不稳定温度场,对各方案的散热效果进行了比较。不稳定温度场的计算采用单向差分法,分层方案的基本情况及不稳定温度场的计算结果见表 4-39。

表 4-39　　　　　　　　　　不稳定温度场计算成果

浇筑分层方案	间歇期 (d)	外界气温 (℃)	浇筑温度 (℃)	混凝土内部出现的最高温度(℃)	
				水泥用量 160 kg/m³	水泥用量 200 kg/m³
1.5×3+3.0……	7	23.6	23.6	39.07	42.94
	5	23.6	23.6	39.16	43.05
1.0×3+4×1.5+3.0……	5	23.6	23.6		43.05
1.0×3+6×1.5+3.0……	5	23.6	23.6		43.12
1.5×3+3.0……	5	16	16		35.45
	5	8	8		27.45

2) 浇筑块分层设计

针对龙口大坝的特殊性,通过对各种方案的计算结果进行综合分析,确定浇筑分层设计如下。

(1) 由于齿槽混凝土三面约束,为了防止其产生裂缝和太大的温度应力,应对其严格控制,在工期允许的情况下,尽量采用层厚为 1.0 m 的浇筑方案;或者采用层厚 1.0 m,先浇筑 3 层,然后浇筑若干层 1.5 m 的方案,要保证短间歇、均匀、连续上升。此为温控工作重点之一。

(2) 基础混凝土先浇薄层,可采用 3 层 1.0 m + 4 层 1.5 m 浇筑方案,超出强约束区之后可适当增加分层厚度。

(3) 在高温季节应主要采用层厚为 1.5 m 的薄层浇筑方案,并且注意防日晒和表面充分洒水养护。

(4) 在春、秋季节可主要采用每层厚度为 3.0 m 的浇筑方案,如果超出浇筑能力则适当减小层厚。

(5) 在寒冷季节浇筑混凝土应按照低温季节混凝土施工要求处理。

(6)间歇期一般为 5 d,浇筑块尽量均匀、连续上升。

(7)龙口电站形式为河床式电站,电站坝段横缝间距 30 m,上、下游方向 85.8 m,由于其孔洞多,结构尺寸差别大、薄壁结构多,同时受尾水管等结构的影响,基础高差起伏大,因此不宜采用分纵缝的浇筑施工方法。为了保持厂房结构的整体性,改善结构的受力条件,减小厂房基础应力,防止裂缝,方便施工,本工程参考国内外其他工程的经验,电站坝段采用以错缝为主、铺以宽槽的综合浇筑方案。在低温季节当相邻块体的温度下降到稳定温度时回填宽槽,使之成为整体。

(五)混凝土各月允许浇筑温度

根据龙口工程建筑物特点,采用常规范方法对基础混凝土浇筑块温度应力、允许温差、气温骤降时混凝土表面温度应力等进行了分析计算,通过方案比较,得出基础混凝土允许温差(见表 4-40)、允许最高浇筑温度(见表 4-41)、混凝土各月允许温差(见表 4-42)以及新老混凝土上、下层允许温差(见表 4-43)。

表 4-40　　　　　　　　　　　基础混凝土允许温差　　　　　　　　　　　　　℃

浇筑块长度 L(m)	<17.0	17~20	20~30
强约束区(0~0.2L)	26~25	25~22	22~19
弱约束区(0.2L~0.4L)	28~27	27~25	25~22
齿　　槽	24.5	21.5	18.5

注:表中数值为混凝土浇筑块的高宽比 $H/L=1$ 时对应允许温差;当 $H/L≤0.5$ 时,允许温差应严加控制。

表 4-41　　　　　　　　　　　允许最高浇筑温度值　　　　　　　　　　　　　℃

浇筑块 分层方案	$L=15$ m			$L=18$ m			$L=20$ m			$L=24.5$ m		
	齿槽区	强约束区	弱约束区	齿槽区	强约束区	弱约束区	齿槽区	强约束区	弱约束区	齿槽区	强约束区	弱约束区
1.5+1.5	20	22	23.5	16.8	18.8	20.3	15.6	17.6	19.3	12.9	14.9	18.1
1.0×3+1.5×6+3.0	21.1	23.1	23.7	17.7	19.7	20.5	16.1	18.1	19.2	13.7	15.7	17.8
1.0×9+3.0	22.9	24.9	26.3	19.1	21.1	23	17.9	19.9	20.7	16.5	18.5	20.5
3.0+3.0+3.0	16.8	18.8	19.8	12.8	14.8	16.1	11.6	13.6	15	10	12	14.1

注:(1)表中数值为稳定温度取 10.0~10.8 ℃(A 块稳定温度)时的允许最高浇筑温度值;

(2)表中浇筑温度系指经过平仓振捣后,上层混凝土覆盖前在深度为 5~10 cm 处的温度。

表 4-42　　　　　　　　　　　混凝土允许最高温度　　　　　　　　　　　　　℃

月份	1	2	3	4	5	6	7	8	9	10	11	12
允许温差 ΔT	25	25	23	18	16	15	15	15	16	18	23	25
允许最高温度 $T_允$			25.2	28.7	33.6	36.8	38.6	36.6	31.9	27.2		

表 4-43　　　　　　　　　　新老混凝土上、下层温差计算结果

浇筑层厚(m)		浇筑块长	浇筑温度(℃)		上、下层温度差	最大温度应力	备　注
上层	下层	(m)	上层	下层	(℃)	(MPa)	
4×3.0	3×1.0+6×1.5	24	23.6	16	8.96	0.522	短间歇 5 d

续表 4-43

| 浇筑层厚（m） | | 浇筑块长 | 浇筑温度（℃） | | 上、下层温度差 | 最大温度应力 | 备　注 |
上层	下层	（m）	上层	下层	（℃）	（MPa）	
4×3.0	4×1.5+2×3.0	24	23.6	16	7.99	0.458	长间歇 28 d
4×3.0	8×1.5	24	23.6	16	9.23	0.533	水泥用量 200 kg/m³
3×4.5	8×1.5	24	23.6	16	10.38	0.604	

（六）混凝土冷却系统设计

坝体混凝土采用柱状分层分块浇筑方法施工，为使各坝块整体作用，须对纵缝进行灌浆。当自然冷却不能满足工期要求时，须采取强冷措施。参考类似工程经验，龙口工程主要采取了分层埋设蛇形冷却水管的制冷措施，经对冷却水管的不同布置方案及其制冷效果进行计算分析和方案比较，针对不同结构部位，提出了相应的冷却水管布置方案和施工技术要求。

冷却水管均采用非镀锌普通焊接钢管（黑铁管），其中总管和干管的规格分别为 325 mm×8 mm（外径×壁厚）和 219.1 mm×6 mm，铺设在各浇筑层中的蛇形支管规格为 DN25 mm。

总管和干管均安放在各坝段相应的廊道内，紧贴廊道内侧壁，均由 2 根规格相同的管道并排而成。在总管和干管上设置水包，各浇筑层中埋设的支管在廊道内侧壁均留有出口，一般伸出廊道内侧壁 10 cm，用胶管将水包与各出口连接，即可使总管（干管）与相应的支管形成回路，从而达到通水冷却的目的。

一期冷却和二期冷却均完成后，将廊道内的总管和干管予以拆除，将各支管露出廊道侧壁的出口予以割除、封堵。

冷却支管的布置一般为 1.0 m×1.5 m 和 1.5 m×1.5 m（水管层距×水管水平间距）。当浇筑层厚度为 1.0～1.5 m 时，在层中间铺设 1 层冷却支管；当浇筑层厚度为 2.0～3.0 m 时，在层中间铺设 2 层冷却支管。若 1 层中冷却支管总长度小于 200 m，则该层支管形成 1 个回路；若总长度超过 200 m，则分成 2 个回路分别供水、回水。支管的典型平面布置见图 4-9。

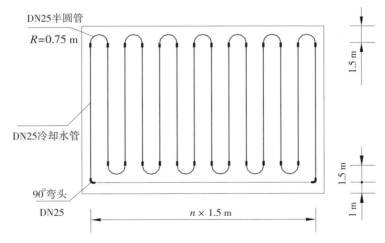

图 4-9　冷却支管典型平面布置

根据降温的阶段和目的，坝体混凝土内埋设的冷却水管在其整个通水冷却过程中划分为一期冷却和二期冷却。一期冷却是为了削减坝体混凝土浇筑块初期水化热温升峰值，降低坝

83

体混凝土最高温度,减小基础温差和控制上下层温差及内外温差;二期冷却主要是满足坝体接缝灌浆的要求,使坝体达到接缝灌浆温度。针对龙口工期紧,混凝土施工强度高的特点,设计在混凝土冷却系统中考虑了一期冷却和二期冷却并提出有针对性的冷却技术要求。

第四节　泄水建筑物设计

一、运用要求

龙口水利枢纽为大(Ⅱ)型工程,拦河坝、泄水建筑物和电站厂房均为二级建筑物,其洪水标准为100年一遇设计,1 000年一遇校核。入库洪水由万家寨—龙口区间同频率洪水叠加万家寨水利枢纽相应洪水的下泄流量组成。水库运用方式是蓄清排浑,汛期排沙。电站为河床式电站。泄水建筑物除应满足泄洪要求外,还应满足冲沙、排污等功能要求。

规划对泄水建筑物泄流能力的要求是:

(1)校核洪水位时,下泄流量大于8 276 m³/s(不包括电站引水流量,下同);

(2)设计洪水位时,下泄流量大于7 561 m³/s;

(3)汛期排沙水位888.0 m时,泄量大于5 000 m³/s。

龙口坝址距万家寨电站仅25.6 km,黄河上游来冰被万家寨水库拦蓄,龙口水库少量冰凌必要时由表孔排出。

二、型式选择

从地形上看,龙口坝址河床相对较宽,具备布置坝体泄洪的条件。由于龙口工程冲沙流量大,汛期要求泄洪兼排沙,故泄水建筑物以底孔为主。考虑汛期泄洪有排污要求,故设2孔表孔。经反复比较后选用的布置方案为:泄水建筑物布置在枢纽的右侧,表孔紧靠右岸边坡坝段布置,底孔布置于表孔左侧,其中5个底孔坝段总长100 m,布置10个孔口尺寸4.5 m×6.5 m(宽×高)的泄洪底孔,孔口处最大单宽流量为137.8 m³/(s·m);2个表孔坝段总长34 m,布置2个宽12 m的泄洪表孔,最大单宽流量为76.7 m³/(s·m)。为保持电站坝段"门前清",同时减少过机含沙量,共设9个排沙洞。在5#~8#电站坝段每坝段各设2个排沙洞,10#副安装间坝段设置1个排沙洞,排沙洞出口尺寸均为1.9 m×1.9 m。

泄洪建筑物运用方式为:在开启底、表孔泄洪时应同时启用排沙洞参与泄洪,对于出现频率较高的中、小频率洪水,在水位和含沙量满足运行要求时,可开启水轮发电机组过流代替排沙洞,以减少排沙洞的过流频次。

经初步设计整体模型试验验证,在电站发电或开启5个排沙洞(副安装间坝段排沙洞及每个大机组段各1个排沙洞)参与泄洪的情况下,下泄洪水更加平顺,回流现象基本消失,泄流能力比修改前增加2%左右,电站尾水渠中基本没有淤积,底、表孔坝段的单宽流量有所减小,减轻了对下游河床冲刷。

(一)底孔坝段型式布置

底孔是主要的泄洪、排沙建筑物。布置在河床中部偏右岸的12#~16#坝段,每个坝段宽

20.0 m,布置 2 孔,共 10 孔。在选定底孔进口底高程时,考虑到底孔除泄洪外,也是主要的排沙建筑物,故进口高程应尽量低些,且要满足与消力池的连接要求。由于电站引水流道底高程为 866.0 m,故底孔进口底高程定为 863.0 m。根据枢纽排沙要求,龙口水库水位 888.0 m 时泄流能力应大于 5 000 m³/s,因此确定底孔控制断面孔口尺寸 4.5 m×6.5 m(宽×高),此时最低冲沙水位 885.0 m 时泄流能力为 4 673 m³/s(模型试验值),排沙水位 888.0 m 时泄流能力为 5 091 m³/s(模型试验值)。

底孔进口为有压短管,后部接无压明流洞,孔口控制断面尺寸 4.5 m×6.5 m(宽×高),进口顶、侧曲线均采用 1/4 椭圆曲线,顶曲线方程为 $\frac{x^2}{6^2} + \frac{y^2}{2^2} = 1$,曲线尾部接 1:5 直线段,侧曲线为 $\frac{x^2}{3.6^2} + \frac{y^2}{1.2^2} = 1$。

底孔设工作门、事故检修门各一道。工作门采用弧形钢闸门,由布置在坝内廊道的液压启闭机启闭,事故检修门为平板钢闸门,由坝顶双向门机启闭。

底孔明流段竖曲线为抛物线 $y = 0.008\,39x^2$,后接 1:4 直线段,直线段下游接半径为 17.0 m 的反弧段与一级消力池底板连接。为减小出口单宽流量,底孔边墩桩号 0 +17.74—0 +037.74 段按 1:20 扩散,坝段末端 0 +037.74—0 +042.54 段按 1:12 扩散,以半径为 15 m 的反弧段与底高程为 858.0 m 的消力池底板连接。

(二)表孔坝段型式布置

表孔担负泄洪、排污任务,必要时也可排冰,布置在右岸 17#、18# 坝段。每个坝段宽 17 m,孔口净宽 12.0 m,共 2 孔,堰顶高程 888.0 m,以满足泄洪、排污要求。表孔工作门、检修门均为平板钢闸门,由坝顶双向门机操作。表孔堰面曲线为 WES 曲线,其方程为 $y = 0.085\,377x^{1.85}$,后接 1:0.7 直线段,直线段下游以半径为 15 m 的反弧段与底高程 858.00 m 的消力池底板连接。

排沙洞的具体布置详见大机组电站坝段及副安装间坝段设计。

三、泄流能力计算

(一)底孔泄流能力计算

当底坎以上水深在 1.2 倍孔高以下,即库水位在 870.8 m 以下时,按堰流公式计算:

$$Q = m\delta_s \varepsilon B \sqrt{2g} H^{1.5}$$

式中　Q——泄流量;

m——堰流流量系数,$m = 0.365$;

δ_s——淹没系数,$\delta_s = 1$;

ε——侧收缩系数,$\varepsilon = 0.95$;

B——孔口宽度,单孔 $B = 4.5$ m,10 孔 $B = 45$ m;

H——底坎以上水深。

当底坎以上水深在 1.5 倍孔高以上,即库水位在 872.75 m 以上时,按有压短管孔流公式计算:

$$Q = \mu A_k \sqrt{2g(h - \varepsilon e)}$$

式中　Q——泄流量；

　　　μ——孔流流量系数，$\mu = 0.88$；

　　　A_k——孔口控制面积，$A_k = 4.5 \times 6.5 = 29.25$（$\mathrm{m}^2$）；

　　　h——由底孔控制断面处底坎计算的上游水深；

　　　ε——有压短管出口断面的垂直收缩系数，$\varepsilon = 0.914$；

　　　e——出口闸门开度，按闸门全开取 $e = 6.5$ m。

（二）表孔泄流能力计算

表孔泄流能力按上述堰流公式计算，但式中系数取值与底孔堰流有所不同。

$$\varepsilon = 1 - 0.2\left[\xi_k + (n-1)\xi_o\right]\frac{H}{nb}$$

式中　ε——侧收缩系数；

　　　ξ_o——中墩形状系数，取 $\xi_o = 0.30$；

　　　ξ_k——边墩形状系数，取 $\xi_k = 0.70$；

　　　H——上游水位；

　　　nb——过流宽度。

（三）排沙洞泄流能力计算

排沙洞泄流能力按有压长洞的泄流量公式计算：

$$Q = \mu\omega\sqrt{2g(T_0 - h_p)}$$

式中　Q——泄流量；

　　　μ——孔流流量系数；

　　　ω——排沙洞出口断面面积；

　　　T_0——由出口底板起计算的上游水深；

　　　h_p——排沙洞出口断面处水流的平均单位势能，当出口处为淹没出流时 $h_p = h_s$；

　　　h_s——由出口断面底板起算的下游水深。

流量系数 μ 由下式计算：

$$\mu = \frac{1}{\sqrt{1 + \sum \xi_i \left(\dfrac{\omega}{\omega_i}\right) + \sum \dfrac{2gl_i}{C_i^2 R_i}\left(\dfrac{\omega}{\omega_i}\right)^2}}$$

式中　ω——排沙洞出口断面面积；

　　　$\omega_i, l_i, R_i, C_i, \xi_i$——排沙洞各段相应的断面面积、长度、水力半径、谢才系数及局部水头损失系数。

经计算，电站坝段的排沙洞 $\mu = 0.80$，副安装间坝段排沙洞 $\mu = 0.81$。

（四）泄流能力计算结果

龙口水利枢纽泄水建筑物包括底孔、表孔和排沙洞。按照"2 个表孔 + 10 个底孔 + 5 个排沙洞（电站坝段 4 个 + 副安装间坝段 1 个）"计算的泄流能力结果见表 4 - 44。

从表 4 - 44 中可以看出，底、表孔坝段全开并加上 5 个排沙洞的总泄流能力：校核洪水位时为 8 515 m^3/s，设计洪水位时为 7 809 m^3/s，汛期排沙水位 888.00 m 时为 5 446 m^3/s，均能满足规划要求的泄流量。

表 4 - 44　　　　　　　　　　枢纽泄流能力计算汇总

库水位（m）	泄流量（m³/s）			总泄流量（m³/s）
	2 个表孔	10 个底孔	5 个排沙洞	
888.00	0	5 091	355	5 446
889.00	46	5 222	360	5 628
890.00	131	5 351	368	5 850
891.00	245	5 477	375	6 097
892.00	383	5 599	380	6 362
893.00（$P=20\%$）	547	5 719	387	6 653
893.80（$P=10\%$）	689	5 814	393	6 896
894.00	727	5 837	394	6 958
895.33（$P=5\%$）	994	5 990	401	7 385
896.05（$P=2\%$）	1 156	6 071	405	7 632
896.56（$P=1\%$）	1 272	6 128	409	7 809
898.52（$P=0.1\%$）	1 752	6 342	421	8 515

四、消能建筑物设计

（一）消能建筑物布置

龙口水利枢纽表孔和底孔泄水建筑物的消能方式均采用底流消能。

根据枢纽总布置，消能建筑物主要由一级消力池、一级消力坎、二级消力池、差动尾坎、海漫、消力池左右边墙及消力池中隔墙等建筑物组成。

根据泄水建筑物的布置，一级消力池分表孔一级消力池和底孔一级消力池。表孔一级消力池池长 75.00 m（表孔坝段末端至一级消力坎直立面），池宽 29.00 m，消力池底板顶面高程为 858.00 m，桩号下 0 +042.54—下 0 +063.54 消力池底板厚 4.0 m，消力池底板建基高程为 854.00 m。桩号下 0 +063.74 以后消力池底板建基高程为 855.00 m，底板厚3.0 m，其间采用 1：0.2 斜坡连接。一级消力池底板下骑缝处布设纵、横向预制混凝土排水半圆管，为了防止排水管在施工过程中淤堵，排水管布置沿水流方向采用梳齿形式布置。根据初设阶段龙口水工模型试验，下泄 50 年一遇洪水时表孔一级池收缩断面的流速约为 22.2 m/s，一级池末端流速为 12.1 m/s，同时黄河水含沙量高。为了防止下泄水流对消力池底板表面混凝土冲刷，在消力池底板顶面铺设 0.4 m 厚的抗冲磨混凝土，混凝土标号为 $R_{90}400F200W4$，其下铺设 0.3 m 厚的 $R_{90}300F150W4$ 过渡层，其余部位混凝土强度等级为 $R_{90}200F100W4$。消力池底板的纵横缝之间设置 1 道 SK - 651 型橡胶止水带，止水带位置距消力池顶面 0.25 m。底孔一级消力池长 75.0 m，消力池左边墙以 1：25 的坡度向左侧扩散。底孔消力池底板厚度、混凝土强度、顶面止水和建基面排水等方面的设计同表孔一级池所述。

一级消力坎采用梯形断面，坎顶桩号为下 0 + 117.54—下 0 + 120.54。坎顶高程

865.00 m,由于坎基础下高程 852.50~852.00 m 处有 NJ$_{305}$ 软弱夹层,高程 851.50~851.00 m 处有 NJ$_{305-1}$ 存在,为了避免底孔一级坎沿这两个软弱夹层发生滑动,确定一级消力坎坎底建基高程为 851.00 m,消力坎总高 14.00 m,其中一级池底板以上高度为 7.0 m。消力坎坎顶顺水流长 3.00 m,上游面为铅直面,下游侧采用 1:1 斜坡段与二级消力池底板顶面衔接,根据稳定计算最终确定一级消力坎顺水流向的结构尺寸为 16.00 m(桩号下 0+115.54—下 0+131.54)。高程 855.00 m 处布置基础排水廊道,廊道中心线桩号为下 0+121.54,廊道横断面尺寸为 2.50 m×3.00 m(宽×高),廊道采用城门洞形。为了防止过坎水流冲刷消力坎表面混凝土,在消力坎外表面采用浇筑抗冲磨混凝土,铅直面和斜坡面厚度为 0.7 m,水平面混凝土强度分两种,上层采用抗冲磨混凝土厚度为 0.4 m,其下铺设 0.3 m 厚的过渡层。抗冲磨混凝土和过渡层混凝土强度同表孔一级池,消力坎其他部位的混凝土强度等级为 R$_{90}$200F100W4。

二级消力池为底、表孔共用。池底板顶面高程为 857.00 m,池长 53.00 m(一级消力坎斜坡面与二级消力池顶面交点至差动尾坎高坎的直立面)。池底建基高程为 854.50 m,底板厚 2.5 m。为了减小消力池末端的单宽流量,二级消力池的左、右边墙分别向两侧扩散,左边以 1:6.67 坡度向外扩散,右侧以 1:8 坡度向外扩散,二级消力池末端宽度为 147.00 m(左右边墙之间距离)。为了防止下泄水流对消力池底板表面混凝土冲刷,在消力池底板顶面铺设 0.4 m 厚的抗冲磨混凝土,混凝土标号为 R$_{90}$400F200W4,其下铺设 0.3 m 厚的 R$_{90}$300F150W4,其余部位混凝土强度等级为 R$_{90}$200F100W4。二级消力池底板的纵横缝之间设置一道 SK-651 型橡胶止水带,止水带位置距消力池顶面 0.25 m。

差动尾坎分高坎和低坎,高坎体形为直角梯形断面,低坎体形为等腰三角形断面,两种形式每隔 3.5 m 交叉布置。高坎坎顶高程为 862.00 m,坎高 5.00 m(二级池顶面以上),坎顶顺水流方向长 2.00 m,下游斜坡坡度为 1:2,低坎坎顶高程为 860.00 m,坎高 3.00 m,上、下游斜边坡度均为 1:2。根据水工模型试验,出池水流流速仍为 6~9 m/s。为了防止出池水流淘刷,差动尾坎末端设置一深齿槽,槽底建基高程为 849.00 m,齿槽入岩深 5.50 m,顺水流向长 2.20 m,上、下游开挖边坡为 1:0.3。差动尾坎顺水流向的结构尺寸为 14.00 m,差动尾坎建基高程为 845.50 m,底板厚 2.5 m。

为了防止出池水流对差动尾坎的淘刷,同时保护紧邻消力池的尾岩,在差动尾坎下游侧设置约 20.00 m 长的混凝土海漫。海漫分斜坡段和水平段两部分,斜坡段顺水流向长 9.40 m,斜坡坡度为 1:3,海漫顶高程由 857.00 m 变至 860.00 m,水平段顶面高程为 860.00 m,顺水流向长 10.55 m。两段海漫的底板厚度均为 1.0 m。

消力池左边墙位于 11# 隔墩坝段下游,消力池左侧,施工期间是纵向围堰的一部分,顺水流桩号为下 0+074.10—下 0+193.54。根据消能计算结果,消力池左边墙分高边墙和低边墙两种形式。高边墙桩号为下 0+074.10—下 0+131.54,即一级消力坎末端,墙内设置了排水廊道,廊道尺寸为 2.5 m×3.0 m,廊道底板高程为 855.00 m,与一级消力池内的排水廊道和 4# 集水井连通。为了减小一级消力坎末端的单宽流量,该段左边墙扩散坡度为 1:25,桩号下 0+074.10—下 0+085.54 墙顶高程由 872.90 变至 875.60 m,此段墙内布置有吊物孔(2.5 m×2.50 m)和楼梯间(4.65 m×2.5 m)通向底部廊道,墙顶宽度 6.8 m,墙前趾底板顶面高程为858.00 m,前趾长2.00 m,墙建基高程为851.50 m,前趾厚度为6.50 m,墙后趾顶面高程为860.00 m,该段墙总高为21.40 m,该廊道与一级消力坎相接。桩号下0+085.54—下0+131.54段墙采用半重力式挡土墙,墙顶高程为875.60 m,墙顶宽2.00 m,墙背坡的坡度由直墙段、1:0.6和1:1.2两个斜坡段组成,墙前趾建基高程为851.50 m,墙踵建基高程为855.00 m,墙总高为24.10 m,墙总宽为17.92 m。低边墙位于二级消力池左侧,为了减小差动尾坎的单宽流量,降低出池水流的流速,该段边墙的扩散坡度为1:6.67,墙顶高程为870.00 m,边墙形式仍采用半重力式挡墙,墙背坡由直墙和1:0.6斜坡段组成,墙前趾建基高程为854.50 m,墙踵建基高程为857.00 m,墙总高为15.50 m,墙总宽为10.50 m。

消力池中隔墙位于一级表孔消力池和底孔一级消力池之间,中隔墙采用悬臂式挡墙,桩号下0+076.24以上墙顶高程为872.00 m,墙顶宽3.00 m,墙建基高程为854.00 m,墙底板顶面高程为858.00 m,墙总高18.00 m,墙总宽17.60 m。下0+080.74以下墙顶高程为873.50 m,墙顶宽2.84 m,墙建基高程为855.00 m,墙总高18.50 m,墙总宽17.60 m。根据中隔墙稳定计算在高程863.00 m和高程866.00 m处设置平压孔,孔径100.0 mm。

消力池右边墙紧邻右岸山体,位于19#坝段下游,消力池右侧。消力池右边墙由一级消力池右边墙、4#集水井和二级消力池右边墙三部分组成。一级消力池右边墙采用衡重式,基础地面建基高程为855.00 m,前趾顶面高程为858.00 m,衡重台顶面高程为863.50 m,一级消力池右边墙背水坡为1:0.5,墙顶宽2.00 m,墙总高17.00 m,墙后回填石渣,回填高程为868.00 m。根据枢纽总布置,在桩号下0+115.54—下0+131.54范围内布置4#集水井,用以排除消力池底板下的渗水。4#集水井结构尺寸为顺水流向长16.00 m,宽10.85 m,高度为24.50 m,集水井内口尺寸为长12.0 m,宽5.0 m,深18.00 m。高程868.50 m以上为排水泵房,共布置3台潜水泵。二级消力池右边墙结构形式采用重力式挡墙,挡墙建基高程为854.50 m,挡墙顶高程为870.00 m,墙底板厚2.50 m,墙前趾顶面高程为857.00 m,墙背坡坡度为1:0.5,墙总高为15.50 m,墙总宽13.00 m。

(二)消能计算

1. 设计标准

依照《水利水电工程等级划分及洪水标准》(SL 252—2000)的有关规定,龙口大坝底孔、表孔消力池设计的洪水标准按50年一遇洪水设计。

各频率洪水时的库水位、下游水位及泄流量列于表4-45。

表4-45　　　　　　　　　龙口水利枢纽不同频率洪水特征水位及泄流量

	洪水频率(%)		33.3	20	10	5	2	1	0.1
	重现期(年)		3	5	10	20	50	100	1 000
	库水位(m)		893.00	893.00	893.80	895.33	896.05	896.56	898.52
泄流量	表孔(m^3/s)		547	547	689	994	1 156	1 272	1 752
	底孔(m^3/s)		5 719	5 719	5 814	5 990	6 017	6 128	6 342
	5个排沙洞(m^3/s)		387	387	393	401	405	409	421
	合计(m^3/s)		6 653	6 653	6 896	7 385	7 632	7 809	8 515
	下游水位(坝下270 m)(m)		864.93	864.93	865.30	865.53	865.64	865.72	866.02
	规划要求泄流量(m^3/s)		4 500	5 700	6 671	7 150	7 382	7 561	8 276

2. 计算公式

对于平面扩散的消力池,跃后水深 h''_c 按照下式经试算求出:

$$h''_c = \frac{h_c}{2}(\sqrt{1+8Fr_1^2})-1\left(\frac{b_1}{b_2}\right)0.25$$

式中　h''_c——跃后水深;

　　　　h_e——收缩水深;

　　　　Fr_1——收缩断面水流的弗劳德数;

　　　　b_1——消力池首端宽度;

　　　　b_2——消力池末端宽度。

相应的水跃长度和消力池长度由下式求出:

$$L' = 10.3h_c(Fr-1)^{0.81}$$

$$L_j = \frac{b_1 L'}{b_1+0.1L\tan\theta}$$

$$L_k = 0.8L_j$$

式中　θ——侧墙平面扩散角;

　　　　L_j——水跃计算长度;

　　　　L_k——消力池长度。

3. 消能计算结果

龙口混凝土重力坝河床部位基岩高程为 860.00 m 左右。为保证坝体沿基础内软弱夹层的抗滑稳定,消力池不宜挖得很深,深挖式消力池对坝基的深层抗滑稳定极为不利,不宜采用,故选用了尾坎式消力池,池底高程 858.00 m。消力池用包络法设计。

表孔、底孔消能防冲计算成果见表 4-46、表 4-47。

表 4-46　　　　　　　　　　　　表孔消能防冲计算成果

	洪水频率(%)	0.1	1	2	5	10
	上游库水位(m)	898.52	896.56	896.05	895.33	893.80
	下泄流量(m³/s)	1 752.00	1 272.00	1 156.00	994.00	689.00
	下游水位(m)	866.02	865.72	865.64	865.53	865.30
一级池	h_c(m)	2.39	1.75	1.59	1.39	0.95
	Fr	5.36	6.12	6.41	6.8	8.08
	h_c''(m)	16.6	14.1	13.4	12.44	10.19
	坎高(m)	8.17	7.27	7.03	6.68	5.77
	池长(m)	79	68	65	61	51
二级池	h_c(m)	3.45	2.67	2.42	2.13	1.49
	Fr	2.85	2.99	3.14	3.3	3.81
	h_c''(m)	12.3	10.1	9.61	8.94	7.31
	池深(m)	2.77	2.7	2.7	2.55	1.84
	池长(m)	60.6	40.3	39.4	37.3	31.8

表 4 – 47　　　　　　　　　　　　　底孔坝段消能防冲计算成果

洪水频率(%)		0.1	1	2	5	10
库水位(m)		898.52	896.56	896.05	895.33	893.80
下泄流量(m³/s)		6 342	6 128	6 017	5 990	5 814
尾水位(m)		866.02	865.72	865.65	865.55	865.30
一级池	h_c(m)	2.49	2.47	2.46	2.44	2.44
	Fr	5.24	5.11	5.08	5.08	4.94
	h_c''(m)	17.15	16.60	16.44	16.29	15.74
	坎高(m)	8.23	7.8	7.79	7.71	7.36
	池长(m)	65.90	63.88	63.30	62.71	60.69
二级池	h_c(m)	3.75	3.73	3.72	3.70	3.70
	Fr	2.74	2.66	2.65	2.63	2.54
	h_c''(m)	12.74	12.29	12.17	12.02	11.56
	池深(m)	2.67	2.33	2.25	2.14	1.78
	池长(m)	48.19	46.29	45.76	45.16	43.16

(三)消能建筑物稳定计算

1. 一级消力池抗浮稳定计算

1)计算公式

按《溢洪道设计规范》(SL 253—2000)中有关公式对消力池底板的抗浮稳定进行了计算,计算公式如下:

$$K_f = \frac{P_1 + P_2 + P_3}{Q_1 + Q_2}$$

式中　　K_f——抗浮稳定安全系数,设计工况时取 $K_f = 1.2$,校核及检修工况时取 $K_f = 1.0$;

P_1——护坦自重;

P_2——护坦顶面的时均压力;

P_3——当采用锚固措施时地基的有效重量,kN。

Q_1——护坦顶面上的脉动压力,kN。

Q_1 按照以下公式计算:

$$Q_1 = \pm \beta_m P_{fr} A$$

式中　　P_{fr}——脉动压强;$P_{fr} = 3K_p \dfrac{\rho_w v^2}{2\,000}$;

K_p——脉动压强系数,取 0.03;

v——相应工况下的流速;

A——作用面积;

β_m——面积均化系数,选用 0.55;

Q_2——护坦底面上的扬压力,计算中排水系统作为安全储备未计。

消力池底板厚度:一级消力池前 20 m 底板厚 4.0 m,其余厚 3.0 m,建基面高程 855.00 m;二级消力池底板厚 2.0 m,建基面高程 855.00 m。

2)计算结果

经抗浮稳定计算,需在一、二级消力池底板下设锚筋,锚筋直径 28 mm,井字形布置。一级消力池锚筋布置如下:桩号下 0 + 042.54—下 0 + 55.54 锚筋间、排距 1.5 m,桩号下 0 + 055.54—下 0 + 115.54 锚筋间、排距 2.0 m。二级消力池锚筋布置如下:桩号下 0 + 131.54—下 0 + 143.54 锚筋间、排距 1.5 m,桩号下 0 + 143.54—下 0 + 179.54 锚筋间、排距 2.0 m。锚入基岩深度分别为 4 m 和 5 m,两种深度间隔布置。计算成果列于表 4 - 48。

由表 4 - 48 可知,采取相应的锚固措施后,消力池底板抗浮稳定满足规范要求。

表 4 - 48　　　　　　　　　　　　消力池底板抗浮稳定计算成果汇总表

部　　位		各计算工况 K			备注		
		校核工况 ($P = 1\%$)	设计工况 ($P = 2\%$)	检修工况	锚固深度 (m)	锚固间距 (m)	锚筋直径 (mm)
底孔一级池	收缩断面处	1.39	1.27	1.61	4	1.5	28
	距池首 15 m 处断面	1.56	1.57	1.61	4	2	28
	距池首 30 m 处断面	1.78	1.79	1.51	4	2	28
	距池首 60 m 处断面	2.33	2.34	1.51	4	2	28
底孔二级池	收缩断面处	1.38	1.26	1.33	4	1.5	28
	距池首 10 m 处断面	1.37	1.37	1.33	4	2	28
	距池首 20 m 处断面	1.54	1.54	1.33	4	2	28
	距池首 40 m 处断面	1.86	1.86	1.33	4	2	28
表孔一级池	收缩断面处	1.32	1.20	1.61	4	1.5	28
	距池首 16.07 m 处断面	1.48	1.47	1.61	4	2	28
	距池首 32.13 m 处断面	1.65	1.63	1.51	4	2	28
	距池首 64.26 m 处断面	2.13	2.09	1.51	4	2	28
表孔二级池	收缩断面处	1.29	1.15	1.33	4	1.5	28
	距池首 10 m 处断面	1.27	1.26	1.33	4	2	28
	距池首 20 m 处断面	1.42	1.40	1.33	4	2	28
	距池首 40 m 处断面	1.69	1.67	1.33	4	2	28
$[K_f]$		1.1	1.2	1.1			

2. 一级消力坎稳定计算

1)设计荷载与荷载组合

(1)设计荷载。

①消力坎自重:混凝土容重按 24 kN/m³,岩体容重按 26.5 kN/m³ 计算。

②消力坎上、下游静水压力:宣泄设计洪水及校核洪水时采用容重 $\gamma_浑 = 10$ kN/m³。

③上游水流冲击力:计算公式为

$$P_{ir} = K_d A_0 \frac{\rho_w v^2}{2}$$

式中　P_{ir}——作用于消力坎的水流冲击力代表值,N;

A_0——消力坎迎水面在垂直于水流方向上的投影面积,m²;

v——水跃收缩断面的流速,m/s;

K_d——阻力系数,取 0.4。

水流冲击力的作用分项系数采用 1.1。

(2)荷载组合。

按照消力池的运行方式,共选取 2 个计算工况,各计算工况的荷载组合见表 4 - 49 ~ 表 4 - 50。

2)计算公式

(1)消力坎基底应力计算。

因本消力坎结构及受力情况对称,计算公式如下:

$$P_{\max}^{\min} = \frac{\sum G}{A} \pm \frac{\sum M}{W}$$

表4-49 抗滑稳定计算工况、荷载及其组合

荷载组合	计算工况	自重	水重	静水压力	冲击力	扬压力	地震荷载
基本组合	设计工况	√	√	√	√	√	—
特殊组合Ⅰ	校核工况	√	√	√	√	√	—

表4-50 抗倾稳定计算工况、荷载及其组合

荷载组合	计算工况	自重	水重	静水压力	冲击力	扬压力	锚固地基有效重
基本组合	设计工况	√	√	√	√	√	√
特殊组合Ⅰ	校核工况	√	√	√	√	√	√

式中 $P_{\max}^{\min}$——消力坎基底应力的最大值或最小值,kPa;

$\sum G$——作用在消力坎上的全部竖向荷载(包括消力坎基础底面上的扬压力在内,kN);

$\sum M$——作用在消力坎上的全部竖向和水平向荷载对基础底面垂直水流方向的形心轴的力矩,kN·m;

A——消力坎基底面的面积,m²;

W——消力坎基底面对该底面垂直水流方向的形心轴的截面距,m³。

(2)抗滑稳定安全系数计算。

沿消力坎基底面的抗滑稳定安全系数计算公式如下:

$$K_c = \frac{f\sum G + C'A}{\sum H}$$

式中 K_c——沿消力坎基底面的抗滑稳定安全系数;

$\sum G$——作用在消力坎上的全部竖向荷载,kN;

$\sum H$——作用在消力坎上的全部水平向荷载,kN;

f'——消力坎基础底面与岩石地基之间的抗剪断摩擦系数,按地质资料取0.8;

C'——消力坎基底面与岩石地基之间的抗剪断黏结力,kPa,按地质资料取800 kPa。

(3)抗倾稳定安全系数计算。

本计算中抗倾稳定按下式进行计算:

$$K_0 = \frac{\sum M_y}{\sum M_0}$$

式中 $\sum M_y$——作用于消力坎的各力对前趾的稳定力矩;

$\sum M_0$——作用于消力坎的各力对前趾的倾覆力矩;

K_0——抗倾覆稳定安全系数,$K_0 \geq 1.5$。

3)消力坎抗滑稳定坎基应力及抗倾计算结果

按上述方法对消力坎分别进行抗滑稳定计算,计算结果见表4-51。

表4-51 消力坎抗滑稳定、坎基应力及抗倾计算结果

工况	抗剪断稳定 K_c	$P_{\max}$(kPa)	$P_{\min}$(kPa)	P平均(kPa)	抗倾覆安全系数 K_0
设计工况	14.8	262.3	79.8	171.05	1.56
校核工况	13.4	318	35.4	176.7	1.51

由上述计算结果可知,在消力坎上游底面8 m 范围内打锚筋的情况下,消力坎基底未出现拉应力;沿消力坎基底面的抗滑稳定安全系数及抗倾稳定安全系数满足规范要求;坎基最大垂直压应力均小于基岩允许压应力 $[\sigma]=8.0$ MPa。在计算荷载组合下一级消力坎稳定满足规范要求。

3. 消力池左、右及中隔墙稳定计算

1) 建基面稳定分析

消力池左、右边墙及中隔墙的断面根据选定的消力池布置方案和计算出的水跃形态按3 级建筑物进行设计,取50 年一遇洪水为基本荷载组合,100 年一遇洪水为特殊荷载组合。在这两种工况下,进行各墙的稳定计算,计算公式同一级消力坎稳定计算公式,左、右边墙和中隔墙沿建基面的抗滑稳定、基底应力及抗倾覆计算结果见表4-52。

表4-52　　　　　　　　消力池边、隔墙沿建基面抗滑稳定及基底应力计算成果

部位	断面桩号	荷载组合	P	$K_{滑}$	$K_{倾}$	σ_{max}(kPa)	σ_{min}(kPa)
底、表孔间隔墙	0+117.53	基本	2%	33.10	1.80	294.05	87.34
		特殊	1%	41.0	1.83	283.72	103.97
		排沙泄流	—	13.2	1.60	341.00	0.78
底孔一级池左边墙	0+074.10	基本	2%	106	1.73	190	147
		特殊	1%	112	1.70	189	146
		检修	—	19	2.58	424	53
		施工期	5%	10	6.0	423	22
底孔一级池左边墙	0+117.53	基本	2%	10.73	2.29	368	26
		特殊	1%	10.19	2.28	389	3.73
		检修	—	26	2.98	449	73
		施工期	5%	13.7	5.7	326	157
表孔一级池右边墙	0+068.00	基本	2%	23.21	1.83	450	2.05
		特殊	1%	23.18	1.81	438	-9.9
		检修	—	20.54	2.36	703	-135
底孔二级池左边墙	0+150.00	基本	2%	14.91	1.57	223	25.11
		特殊	1%	14.97	1.56	225	23.7
		完建	—	12.69	1.74	355	5.21

注:σ 以压应力为正值。

边墙的抗滑稳定安全系数应分别大于3.0 和2.5,抗倾安全系数应大于1.5,基础底面不允许出现大于0.2 MPa 的拉应力。由表4-53 可见,左、右及中隔墙沿基础底面的抗滑、抗倾和基底应力均满足规范要求。

2) 深层抗滑稳定分析

对于底孔一级池左边墙0+074.10—0+082.53 一段及0+082.53—0+117.53 一段,

墙后是电站尾水渠右侧边坡(坡比为 1:0.3),NJ_{305} 分别在 853.90 m 和 853.30 m 高程出露,NJ_{305-1} 分别在 852.90 m 和 852.30 m 高程出露,经计算在 50 年一遇及 100 年一遇洪水工况及施工期 20 年一遇洪水情况下,此段边墙可能沿软弱夹层发生滑动,故决定在左边墙 0 +074.10—0 +082.53 一段及 0 +082.53—0 +117.53 一段,将 NJ_{305-1} 层部分挖断,即把部分墙底高程降至 851.50 m。沿泥化夹层抗滑稳定计算公式采用抗剪公式进行计算。左边墙软弱泥化夹层的分布高程和参数见表 4 – 53。

根据枢纽运行情况,底孔坝段泄流设计洪水、校核洪水和施工期泄 20 年一遇洪水时,沿泥化夹层的抗滑稳定计算结果见表 4 – 54。

由表 4 – 54 可知,左边墙沿泥化夹层抗层滑稳定满足规范要求。

表 4 – 53　　　　　　　　　　　软弱泥化夹层分布高程及参数

软弱泥化夹层名称	高程(m)	抗剪摩擦系数 f''
NJ_{305}	852.55	0.25
NJ_{305-1}	852.02	0.25
NJ_{304-2}	844.34	0.35
NJ_{304-1}	840.86	0.25
NJ_{304}	839.30	0.25
NJ_{303}	833.39	0.25

表 4 – 54　　　　　　　　　　　左边墙沿泥化夹层抗滑稳定计算

软弱泥化夹层名称	荷载组合	断面桩号	$P(\%)$	$K_滑$
NJ_{305}	施工期	0 +074.10	5	9.36
		0 +117.53	5	9.67
	基本	0 +074.10	2	72.65
		0 +117.53	2	5.56
	特殊	0 +074.10	1	76.83
		0 +117.53	1	5.27
NJ_{305-1}	施工期	0 +074.10	5	8.71
		0 +117.53	5	8.99
	基本	0 +074.10	2	69.50
		0 +117.53	2	5.36
	特殊	0 +074.10	1	73.54
		0 +117.53	1	5.09
NJ_{304-2}	施工期	0 +074.10	5	1.77
		0 +117.53	5	1.77
	基本	0 +074.10	2	18.07
		0 +117.53	2	1.52
	特殊	0 +074.10	1	19.23
		0 +117.53	1	1.45
NJ_{304-1}	施工期	0 +074.10	5	1.18
		0 +117.53	5	1.21
	基本	0 +074.10	2	14.29
		0 +117.53	2	1.21
	特殊	0 +074.10	1	15.25
		0 +117.53	1	1.15
NJ_{304}	施工期	0 +074.10	5	1.16
		0 +117.53	5	1.18
	基本	0 +074.10	2	14.82
		0 +117.53	2	1.25
	特殊	0 +074.10	1	15.82
		0 +117.53	1	1.20
NJ_{303}(按深层抗滑稳定计算)	施工期	0. +074.10	5	44.71
		0 +117.53	5	51.99
	基本	0. +074.10	2	39.55
		0 +117.53	2	7.98
	特殊	0. +074.10	1	41.93
		0 +117.53	1	22.88

五、水工模型试验

为验证枢纽布置合理性和物泄水建筑物泄流能力,中水北方公司于 2005 年进行了黄河龙口水利枢纽初设阶段整体水工模型试验,并提出了专题试验报告。

整体水工模型试验报告对底孔、表孔等泄水建筑物的泄流能力、流态、堰面压力、各典型部位流速以及下游消能等进行了分析,并提出消能设施体型的修改意见,设计人员根据修改意见优化了原设计。整体水工模型试验的主要试验成果如下。

(一)泄流能力

试验中分别观测了 10 个底孔、2 个表孔和表、底孔联合敞泄时的泄流能力。

1. 底孔孔流流量系数

根据设计提供的库水位—底孔泄量关系与试验实测底孔能力关系,按有压短管孔流公式分别反算出库水位在 892.00 ~ 898.34 m 的底孔孔流流量系数计算值 $\mu_{设}$ 及试验值 $\mu_{试}$,并进行了对比,孔流流量系数 $\mu_{试}$ 比 $\mu_{设}$ 略大 2.0% ~ 3.1%。随着库水位升高,$\mu_{试}$ 值略有增加,但基本上为一常数,$\mu_{试} = 0.90$。该值与《溢洪道设计规范》(以下简称《规范》)建议值相同,说明试验得出的孔流流量系数是可信的。

2. 表孔堰流流量系数

将由试验得出的双表孔全开泄流能力关系与设计提供的库水位—表孔泄量关系进行对比,见图 4-10。可见,在同一库水位时,模型试验实测泄量大于设计计算泄量。按堰流公式分别计算出堰流流量系数计算值 $M_{设}$ 及试验值 $M_{试}$,$(M_{试} - M_{设})/M_{设} = 9.2\% ~ 15.1\%$,见表 4-55。再按《规范》计算 $M_{规}$,在库水位 892.00 ~ 898.34 m,$(M_{试} - M_{规})/M_{规} = 0.4\% ~ 2.5\%$。由此可见,模型试验所得堰流流量系数 $M_{试}$ 的成果与按《规范》计算的堰流流量系数 $M_{规}$ 基本接近,说明模型试验的泄流能力是合理可靠的,而设计计算的泄流能力实际上是偏低的。

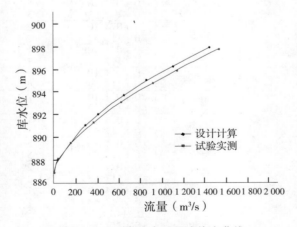

图 4-10　双表孔全开泄流能力曲线

表 4 - 55　　　　　　　　　　　　各级库水位时表孔泄流能力分析

库水位(m)	892.00	893.00	894.00	895.00	896.00	897.00	898.34	备注
堰上水头 H(m)	5.00	6.00	7.00	8.00	9.00	10.00	11.34	
H/H_d	0.625	0.750	0.875	1.000	1.125	1.250	1.418	
设计泄量 $Q_{设}$(m³/s)	464.8	625.7	808.0	1 002.4	1 214.1	1 447.7	1 795.5	
试验泄量 $Q_{试}$(m³/s)	535	718	915	1 127	1 365	1 610	1 960	
$M_{试}$	0.450	0.460	0.465	0.469	0.476	0.479	0.483	按堰流公式反算
$M_{设}$	0.391	0.401	0.411	0.417	0.423	0.431	0.443	按堰流公式反算
$(M_{试}-M_{设})/M_{设}$(%)	15.1	14.7	13.1	12.5	12.5	11.1	9.2	
堰流流量系数 m	0.467	0.481	0.492	0.501	0.508	0.512	0.520	按《规范》查得
侧收缩系数 ε	0.958	0.950	0.942	0.933	0.925	0.917	0.906	按《规范》公式计算
$M_{规}=m\varepsilon$	0.447	0.457	0.463	0.467	0.470	0.470	0.471	
$(M_{试}-M_{规})/M_{规}$(%)	0.8	0.7	0.4	0.4	1.3	1.9	2.5	

3. 泄水建筑物联合运用

在库水位 892.00 ~ 898.34 m,模型试验实测表、底孔联合运用工况下的泄量比计算值大 3.1% ~ 4.4%。试验证明,表、底孔设计规模能满足规划运用要求。

另外,当表、底孔及 5 个排沙洞(电站安装间坝段 1 个和机组坝段 4 个)联合泄洪时,在库水位 889.00 ~ 898.34 m,模型实测泄量比设计计算泄量大 2.1% ~ 4.7%。因此,泄水建筑物总的设计规模能满足规划运用要求。

(二)表孔坝面压力

沿表孔模型坝面孔中心线共布置了 14 个测压孔。经试验观测,当库水位超过 895.00 m 时,表孔堰面顶部以下 1.50 m 处(高程 885.48 m)开始出现负压,相应沿坝面压力均为零。随着库水位升高,坝面负压及其范围也相应增大。当下泄 50 年一遇、100 年一遇和 1 000 年一遇洪水时,试验测得的坝面最大负压值分别为 2.8 kPa、5.3 kPa 和 14.8 kPa。由《规范》查得相应上述 3 种情况下的坝面负压值分别为 7.2 kPa、15.2 kPa 和 46.4 kPa,均比试验值大,但均未超过《规范》中允许的 100 年一遇洪水时最大负压值为 30 kPa、1 000 年一遇洪水时最大负压值为 60 kPa 的规定,说明表孔堰面体型虽略偏瘦,但却是可行的。

(三)库区及坝面流态

当表孔关闭,底孔及排沙洞运行时,库区水面比较平稳,只有底孔坝前中间坝段间断性地出现一个不稳定的合原型约 1.5 m 直径的旋涡(逆时针旋转),但没有形成贯穿性。

当表、底孔联合运行时,库区水流平顺,坝前基本无旋涡产生。

由于表孔来流不对称和边墩侧收缩影响,边孔孔中横断面水面分布不均匀。在水库下泄 1 000 年一遇洪水时,由于闸门槽的掺气影响,表孔的中墩尾部和左边墩尾部有明显掺气气囊产生,表孔坝面直线段边墙水面高于孔中心水面约 2.0 m。在水库下泄 50 年一遇洪水和 100 年一遇洪水时,边墙高度有一定的余量,1 000 年一遇洪水时,几乎与边墙一样高。

当电站及排沙洞单独运行时,库区水面平静,表面基本无流速。

(四)典型部位流速

在下泄消能设计洪水($P=2\%$)时,表孔坝段一级消力池收缩水深为 1.79 m,收缩水深处流速为22.2 m/s,一级消力池出池流速12.1 m/s,二级消力池出池流速7.1 m/s;底孔坝段一级消力池收缩水深为3.20 m,收缩水深处流速为19.7 m/s,一级消力池出池流速14.3 m/s,二级消力池出池流速9.1 m/s。

在下泄消能校核洪水亦即枢纽设计洪水($P=1\%$)时,表孔坝段一级消力池收缩水深为1.91 m,收缩水深处流速为23.0 m/s,一级消力池出池流速12.7 m/s,二级消力池出池流速9.3 m/s;底孔坝段一级消力池收缩水深为3.23 m,收缩水深处流速为19.8 m/s,一级消力池出池流速13.9 m/s,二级消力池出池流速9.1 m/s。

在下泄枢纽校核洪水($P=0.1\%$)时,表孔坝段一级消力池收缩水深为2.34 m,收缩水深处流速为25.8 m/s,一级消力池出池流速14.0 m/s,二级消力池出池流速8.9 m/s;底孔坝段一级消力池收缩水深为3.25 m,收缩水深处流速为20.4 m/s,一级消力池出池流速13.3 m/s,二级消力池出池流速8.8 m/s。

综上所述,在下泄消能设计洪水($P=2\%$)时,表孔一级消力池跃前收缩断面处流速值最大,为22.2 m/s;在下泄消能校核洪水亦即枢纽设计洪水($P=1\%$)时,也是表孔一级消力池跃前收缩断面处流速值最大,为23.0 m/s;在下泄枢纽校核洪水($P=0.1\%$)时,表孔一级消力池跃前收缩断面处流速值最大,为25.8 m/s。

(五)消能工最终方案

就消能工修改方案一事,曾召开一次技术咨询会,专家提出的主要咨询意见归纳如下:

(1)专家一致认为,修改方案基本可行。在出池单宽流量及下游水深为定值情况下,下游出现急流流态是必然的。

(2)消力池后做垂直防冲齿墙,即使下游发生局部冲刷,也不会影响坝基稳定。

(3)动床试验成果可作参考。

(4)表孔中墩尾部改为平尾,有利于掺气。

(5)降低二级消力池池底高程。

(6)底孔一级消力池池长维持原设计75.00 m。

(7)考虑常遇洪水(中、小流量)下游出流情况。

(8)不兼顾1 000年一遇洪水工况,取消表孔一级消力池内的消力墩。

根据专家意见,试验将修改方案体型做局部调整:①二级消力池池底高程由857.00 m降至855.00;②二级消力池末端差动尾坎改为连续坎,位置恢复到原设计桩号0+181.530 m处,池深5.0 m,与海漫高程860.00 m平接;③将一级消力池池长65.00 m改回原设计池长75.00 m,坎高维持修改方案不变;④将表孔中墩尾部改为平尾;⑤取消表孔一级消力池内的消力墩。

试验结果分析:

(1)加大消力池池深,并没有改善池后急流区流态,河床最大流速也没有降低,因此二级消力池池底应维持原设计高程857.00 m。

(2)差动尾坎改为连续坎,使水流收缩段河床最大流速有所增加。但从消能和水流衔接方面来讲,差动尾坎优于连续坎,应恢复修改方案中差动尾坎体形。

(3)底孔一级消力池水跃位置(或跃长)与二级消力池尾坎高度有直接关系。50年一遇洪水,连续尾坎高程861.00 m时,底孔一级消力池水跃位置为桩号0+032.00—0+105.00;连续尾坎高程860.00m时,底孔一级消力池水跃位置为0+037.00—0+110.00。

（4）表孔中墩尾部改为平尾后，改善了一级消力池内流态，使出池水流均匀分布。

（5）取消表孔一级消力池内的消力墩，使表孔下游急流区长度有所增加。50年一遇洪水和100年一遇洪水时，表孔一、二级消力池内均为完整水跃。1 000年一遇洪水时，表孔一级消力池内发生不完整水跃。

综合权衡上述利弊关系，试验推荐了消能工最终方案，见图4-11。

经试验观测，各级频率洪水工况下的最终方案下游流态及流速与修改方案基本相同。最终方案的消力池水跃位置见表4-56。

表4-56   最终方案消力池水跃位置

库水位 (m)	底孔一级消力池		底孔二级消力池		表孔一级消力池		表孔二级消力池	
	跃首	跃尾	跃首	跃尾	跃首	跃尾	跃首	跃尾
888.00	0+028.00	0+103.00	0+141.00	0+167.00	—	—	—	—
895.77	0+038.00	0+119.00	0+136.00	0+163.00	0+029.00	0+080.00	0+129.00	0+150.00
896.34	0+038.00	0+110.00	0+136.00	0+164.00	0+037.00	0+085.00	0+131.00	0+152.00
898.34	0+042.00	0+112.00	0+137.00	0+167.00	0+050.00	出池	0+141.00	0+166.00

在消能设计洪水标准（$P = 2\%$）和消能校核洪水标准（$P = 1\%$）工况下，表、底孔一、二级消力池内均发生完整水跃。底孔一级消力池消能率为60%，两级消力池及差动坎—反坡段的总消能率为75%。消力池各项水力要素均满足消能要求，说明消能工最终方案是可行的。技施设计阶段，设计采用了整体水工模型试验推荐的消能工最终方案。

六、运行方式

泄水建筑物初拟运用方式为：在开启底孔、表孔泄洪时，应同时启用排沙洞参与泄洪。对于出现频率较高的中、小频率洪水，在水位和含沙量满足运行要求情况下，可开启水轮发电机组过流代替排沙洞，以减少排沙洞的过流频次。

经整体水工模型试验验证，在电站发电或开启5个排沙洞（副安装间坝段排沙洞及每个大机组段各1个排沙洞）参与泄洪的情况下，下泄洪水更加平顺，回流现象基本消失，泄洪能力比修改前增加2%左右，电站尾水渠中基本没有淤积，底孔和表孔坝段的单宽流量有所减小，从而减轻了对下游河床冲刷。

七、抗冲磨混凝土设计

由于黄河为多泥沙河流，汛期来沙量大，龙口多年平均年输沙量（悬移质）为1.51亿t，多年平均含沙量6.36 kg/m³，计算最大含沙量289 kg/m³。根据初设阶段龙口水工模型试验，底、表孔进行泄洪时，将有大量的泥沙通过，被水流推向下游。同时，当下泄50年一遇洪水、100年一遇洪水及1 000年一遇洪水时，下泄水流较大，局部有高速水流。为了减少含有大量泥沙的高速水流磨蚀底、表孔过流面和消能工混凝土表面，提高建筑物的抗冲磨能力，设计确定在底、表孔过流面和消能建筑物的迎水面采用高强抗冲磨混凝土。

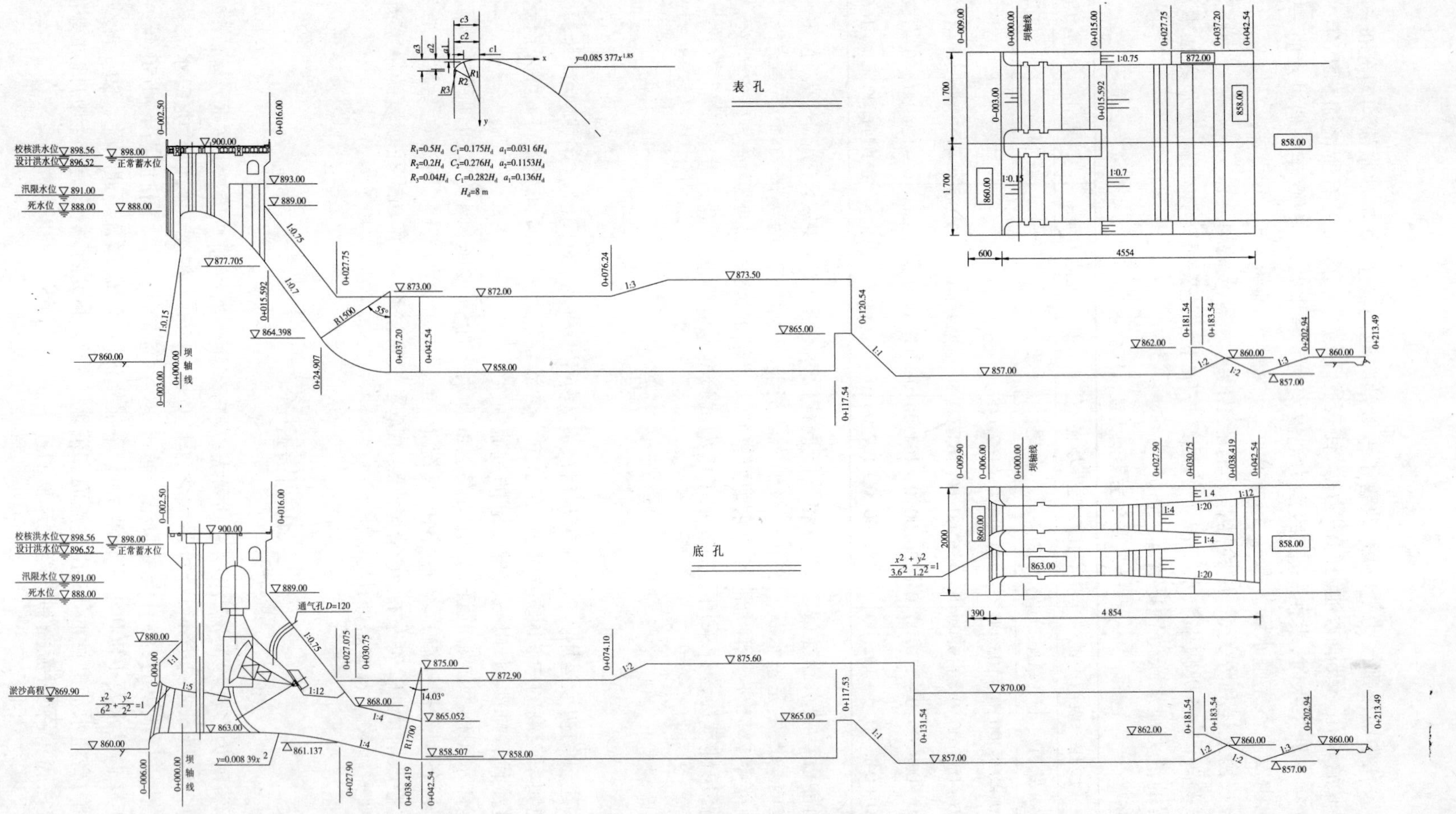

图4-11 消能工最终方案剖面

（一）底、表孔过流面

底、表孔在过流表面采用高强抗冲磨混凝土（以下简称抗冲磨混凝土）作为抗磨层，厚度为40 cm，在抗冲磨混凝土与普通混凝土之间是30 cm厚的过渡层。在闸墩等平直面抗冲磨混凝土厚40 cm，溢流曲面则采用阶梯状浇筑。抗冲磨混凝土标号为$R_{90}400F200W4$，过渡层混凝土标号为$R_{90}300F150W4$。

（二）消能工过流面

消能建筑物抗冲磨混凝土的具体设计如下：一级消力池、一级消力坎、二级消力池、差动尾坎、消力池左边墙、消力池中隔墙及消力池右边墙等部位的水平面，设计确定采用40 cm厚抗冲磨混凝土，标号为$R_{90}400F200W4$，其下铺设30 cm厚的$R_{90}300F150W4$的过渡层混凝土。一级消力坎、差动尾坎、消力池左边墙、消力池中隔墙及消力池右边墙等部位的铅直表面设计确定70 cm厚的抗冲磨混凝土，标号为$R_{90}400F200W4$。

（三）排沙洞过流面

电站坝段排沙洞和副安装间排沙洞除圆管段采用钢板衬护外，进口段及出口段周壁均采用0.40 m厚抗冲磨混凝土，混凝土标号为$R_{28}400F200W6$。

（四）施工期优化

在表孔溢流面及消力池面层施工前，根据龙口水利枢纽蓄水安全鉴定专家鉴定意见，因黄河水流泥沙含量高，表孔消力池前部等局部高速水流区所采用的抗冲磨混凝土标号偏低，有条件时采取补强措施，因此对过流建筑物面层抗冲磨混凝土进行优化。根据龙口现场混凝土骨料、胶凝材料以及外加剂等实际情况，对抗冲磨混凝土进行专项研究，使其满足设计要求。对原消能建筑物过流面抗冲磨混凝土标号优化如下：表孔溢流面、一级消力池面层、二级消力池上游段（下0+155.54以上）面层、一级消力坎上部以及中隔墙表层原抗冲磨混凝土标号调整为$R_{90}500F200W4$；二级消力池下游段（下0+155.54以下）面层以及未完成施工的二级消力坎上部原抗冲磨混凝土标号调整为$R_{90}450F200W4$，厚度均为0.4 m，其下部混凝土标号调整为$R_{90}200F100W4$。经抗冲磨混凝土配合比专项试验，抗冲磨强度指标满足设计要求。目前施工已完成，施工质量优良。

第五节　发电建筑物设计

根据龙口水利枢纽工程总体布置安排，发电厂房建筑物被布置在左岸3#~10#坝段范围内（桩号坝0+040.00—坝0+233.00），垂直水流方向长193.00 m。为满足对万家寨水电站反调节运行和下泄环境用水流量的要求，在水电站厂房内安装有4台单机容量为100 MW和1台单机容量为20 MW的水轮发电机组，电站总装机容量420 MW，年平均发电量13.02亿kW·h，为继万家寨水利枢纽建成之后，在黄河北干流上即将建成的又一座大型水利枢纽工程。由于本工程采用的是河床电站形式的厂房布置方案，因此本电站厂房机组段的设计，既要满足挡水建筑物的运行要求，也要满足发电厂房的运行要求。

一、5#~8#大机组电站坝段设计

（一）5#~8#大机组电站坝段布置

5#~8#坝段为河床式电站坝段（即大机组坝段），桩号为坝0+080.00—坝0+200.00，每坝段宽30 m,4个坝段共120 m。电站顺水流向全长81.4 m,坝顶顺水流向宽27.5 m。电站厂房跨度29 m,尾水平台宽29.1 m,顶高程872.90 m。每坝段各安装1台单机容量100 MW的轴流转桨式水轮发电机组,采用混凝土蜗壳,机组安装高程857.00 m。每个机组段布置1台型号为SF10 – 120000/220的主变压器。每个坝段在流道下方设有2个排沙洞,4个坝段共有8个排沙洞。机组和排沙洞进出口设有工作门和检修门,拦河坝顶和尾水平台各设1台双向门机。

尾水渠顺河向平直布置,在右侧隔墩坝段下游设导墙与泄水建筑物隔开,左侧结合进厂公路及厂前区布置设护坡和边挡墙。为减少尾水渠开挖工程量及保护尾岩,自尾水管出口起,以1:3.5斜坡与下游原河床相接,为防止淘刷,在尾水渠的斜坡段上浇筑混凝土板保护。

1. 电站进水口段布置

电站进水口坝段坝顶高程900.00 m,电站进水口底坎高程866.00 m,为了减小电站进水口的结构跨度,在进水口内平行水流方向设置2个中墩,将电站进水口分为3孔。每孔净宽为5.90 m,中墩宽2.50 m,两侧边墩宽3.65 m,中隔墩上设置1.5 m宽过流洞。进口流道顶、底板坡度均为1:0.8。流道进口前设1道事故门和1道检修门,前面设置1道拦污栅。以上各道闸门和拦污栅均是靠设在坝顶的2×1 250 kN双向行走门机进行操作。

2. 排沙洞布置

为防止电站进水口被泥沙淤堵并要保持其"门前清",在每个机组段内各布置了2个排沙洞,排沙洞进口底高程860.00 m,较电站进水口底坎高程低6.00 m。排沙洞进口孔口尺寸为5.90 m×3.00 m,在进水口前布置了1道事故检修门。下行至桩号下0 + 019.00处经5.00 m长渐变段,过渡为直径3.00 m的圆形断面。再下行至桩号下0 + 052.52处渐变至1.90 m×1.90 m的方形孔口直至出口。为防止泥沙磨损,对圆管段至出口的管段采用12 mm的钢板进行衬砌,排沙洞出口底板高程855.00 m,在其出口处设有事故闸门和检修门各1道。以上闸门是靠设在高程872.90 m尾水平台上的尾水门机进行操作。

3. 电站主厂房布置

电站主厂房中心纵轴线平行于坝轴线,桩号为下0 + 029.50。

1)发电机层布置

大机组发电机层高程为872.9 m,各机组段第Ⅰ象限上游侧布置压力油罐、调速器及电气盘柜。第Ⅱ象限布置保护盘。大机组第Ⅲ象限厂房排架柱间布置垂直向主交通楼梯。各机组段第Ⅳ象限内分别布置有吊物孔1个,孔底高程为864.8 m,用以吊运发电机层以下各层较大物件,吊物孔尺寸为3.8 m×5.2 m。厂房下游侧布置控制盘柜,盘面与排架柱面齐平。通向主变压器的高压电缆从主厂房内左边跨排架柱间引出。机组上游侧有2.0 m宽、下游侧有3.0 m宽贯通全厂交通道。高程872.90 m发电机层楼板为厚板结构,楼板开设孔洞用钢盖板覆盖,整个发电机层宽敞平坦。

电梯间设在副安装场坝段的右侧,大机组坝段设通道可通向电梯间。电梯间上直达坝顶,下达858.6 m高程,作为厂坝之间的垂直交通。

2)电缆层布置

大机组的电缆层高程为868.6 m,层高4.3 m。在各机组段,发电机出线在下游侧平行于y轴方向引出,进入主厂房下游侧尾水平台下的母线室。在第Ⅳ象限与y轴36°角方向紧贴风罩布置中性点设备,风罩为圆筒形钢筋混凝土结构,内径16.00 m,壁厚0.60 m。楼梯布置同发电机层,有通向电梯间的通道。

3)水轮机层布置

大机组水轮机层地面高程为 864.8 m,层高 3.8 m。该层主机占主要空间,机墩为圆筒钢筋混凝土结构,基坑内径为 10.2 m,机墩厚 3.5 m。在 $-x$ 轴与 $-y$ 轴向各布置 1.5 m 宽的进水轮机坑的通道。靠上游侧布置滤水器、蜗壳排水阀和调速器回复机构。在下游侧布置有楼梯间与发电机层相连。有通向电梯间的通道。

4)蜗壳层布置

该层是指水轮机安装高程以下部位,本电站属于低水头电站,最大水头为 36.3 m,故大机组采用钢筋混凝土蜗壳,包角为 216°。蜗壳平面尺寸在 $+x$ 轴方向为 13.65 m,$-x$ 轴方向为 7.85 m,顶部用 16 mm 厚 Q235B 钢板衬砌,周围用 R_{28}400F200W6 二级配抗冲磨混凝土衬护,蜗壳进口处底高程为 851.75 m,顶高程为 862.25 m,蜗壳进口断面尺寸为 6.254 m × 10.5 m。大机组的蜗壳及尾水管进人廊道均布置在下游侧,其廊道底高程分别为 853.55 m 和 848.75 m,通过设在右侧的楼梯与电梯间连通。

5)尾水管层及廊道层布置

大机组采用弯肘形尾水管。尾水管底板顶高程 837.47 m,出口高程 841.87 m。尾水管为 3 孔,中心线至下游出口长 39.4 m,扩散后净宽 3 m × 6.4 m,出口处高度为 9.5 m,在尾水出口设置 4.7 m 宽的水平段,中墩厚 2.35 m,边墩厚 3.05 m。

机组检修排水系统保证任一台机组检修时排除蜗壳及尾水管中的水,厂房排沙洞检修时亦用此系统排水。它由水泵房、操作廊道、检修排水廊道组成。每个机组段内设 2 个尾水放空阀、2 个蜗壳放空阀、2 个排沙洞放空阀,均在操作廊道内操作,操作廊道环绕 5 个机组段。机组段上游侧操作廊道兼作渗漏排水廊道,高程为 841.5 m,中心线距厂房中心线为 8.0 m,桩号为下 0 +21.5,断面尺寸为 2.0 m × 3.0 m(宽×高),机组下游侧操作廊道中心线桩号为下 0 +040.90,断面尺寸为 1.8 m × 2.2 m(宽×高),廊道底高程为 844.20 m。渗漏排水及操作廊道通向 4# 安装间坝段下的 2# 集水井,2# 集水井底部高程为 830.50 m。大机组段检修排水廊道高程为 835.50 m,中心线距厂房中心线为 4.0 m,桩号为下 0 +25.5,断面尺寸为 2.0 m × 2.5 m(宽×高)。检修排水廊道贯穿全厂,与位于 4# 坝段的检修排水集水井内相通,检修集水井底部高程为 830.50 m。

4.尾水平台布置

尾水平台顶高程 872.90 m,宽 29.10 m。每个坝段布置 1 台变压器。主变检修轨道中有 1 根与尾水门机轨道共用。轨道通向主安装场,以便主变压器进入安装场检修。平台下游侧布置 1 台 2 × 630 kN 双向门机,负责电站尾水检修门、排沙洞工作门及排沙洞检修门的启闭。尾水平台下分 4 层,布置部分副厂房,其高程分别为 868.60 m、864.80 m、861.40 m 和 857.50 m。最下层 857.50 m 高程布置水泵室,内设循环水池。在 861.40 m 高程设电缆廊道。在 864.80 m 高程布置配电室、发电机断路器、厂用变及控制盘柜。在 868.6 m 高程靠下游侧布置高压电缆廊道。

(二)大机组电站流道布置

5# ~ 8# 电站坝段流道体形根据水轮机制造厂商的要求确定。2 个厚 2.5 m 的中墩将流道进口分为 3 孔,每孔宽 5.9 m。流道自电站事故检修门槽后为矩形断面斜坡段,顶、底板坡度均为 1:0.8。末端采用圆弧曲线与蜗壳进口段相接,顶板圆弧半径为 3.769 3 m,底板圆弧半径为14.281 m。顶板从桩号下0+013.31起采用16 mm厚Q235B钢衬并与混凝土蜗壳进口段顶板钢衬相接。

5#～8#电站坝段蜗壳采用混凝土蜗壳，包角216°。蜗壳进口段采用空间扭曲面将水流导向蜗壳进口。进口段最大跨度22.70 m，边墩厚3.65 m。为保证结构强度在蜗壳进口段混凝土顶板内沿顺水流方向和横水流方向各布置2道暗梁，蜗壳进口处断面高10.5 m，底宽6.254 m，顶部采用16 mm厚Q235B钢衬。

5#～8#电站坝段每坝段安装1台单机容量100 MW的轴流转桨式水轮发电机组，机组安装高程857.00 m。尾水锥管进口直径7.358 m，出口直径8.925 m，由厂家提供。尾水管采用弯肘形尾水管，底板顶高程837.47 m，弯肘段由厂家提供，后接混凝土扩散段。尾水管扩散段为3孔矩形断面整体式结构，以8.6°上翘至出口高程841.87 m。出口处孔口尺寸6.4 m×9.5 m。

（三）大机组电站坝段结构分析

1.进水口结构分析计算

1）结构力学法分析计算

1#～4#大机组流道进水口沿垂直水流方向在桩号下0+17.5处切取计算断面，简化为平面框架按结构力学方法计算内力。计算中考虑剪切变形和刚性节点的影响。

计算简图及杆件编号简图见图4－12。

计算断面桩号：下0+17.5断面；

顶板厚2.55 m，底板厚6.3 m，边墩厚3.65 m，中墩厚2.5 m；

孔洞尺寸：5.9 m×10.5 m－3 m，顶板下高程862.25 m；

计算框架宽26.35 m，高14.925 m。

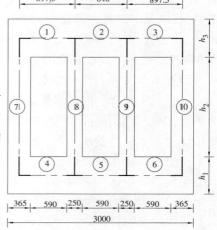

图4－12 计算简图及杆件编号简图

2）三维有限元法分析计算

由于结构力学法计算对于厚度超过3.0 m的厚板简化为杆件不太合理，5#～8#电站坝段流道进口部位的结构受力状况复杂，因此进行三维有限元分析并与结构力学方法计算结果进行对比，相互验证。

从有限元计算结果可知：由于电站进口流道、排沙洞等孔洞结构占坝段结构的体积比例较大，对整个坝段结构削弱影响明显，并且流道、排沙洞、门槽等结构体形的空间变化大，因此坝段流道进口部位应力分布复杂，局部应力集中，拉应力值较大。

在正常工况下，流道内外水压力荷载不平衡，流道内局部范围内水压力远大于对应部位缝面水压力，故在这些区域附近出现较大拉应力，应力集中现象明显。流道左、右两边孔的孔顶和孔底水平向拉应力较大（接近2.0 MPa），而中间孔的较小（小于1.0 MPa）。检修工况下流道顶部、底部及排沙洞孔洞周边等部位出现的拉应力都相对缓和。流道及排沙洞孔洞周边应力对内水压力作用较其他作用荷载更敏感，内水荷载对结构产生不利的扩张拉应力。因此，电站流道内充水工况较为不利，为结构受力及配筋控制工况。所以，在设计中适当调整了坝段横缝立面竖向止水的位置，利用外水压力来平衡部分内水压力，从而控制和改善流道应力。

综合结构力学法和有限元计算结果,电站进口断面配筋如下:

边孔底部:2排1ϕ36@200+1ϕ32@200,分布筋ϕ25@200,其下排沙洞设钢衬(钢板厚12 mm)和1层环向钢筋1ϕ22@200;

边孔顶部:1排1ϕ32@200,分布筋ϕ25@200,并加暗梁8ϕ32(暗梁宽1.0 m),箍筋4支ϕ12@150;

边孔侧壁:1排1ϕ32@200,分布筋ϕ28@200;

边孔外侧:1排1ϕ32@200,分布筋ϕ25@200;

中孔底部:1排1ϕ36@200,分布筋ϕ25@200;

中孔顶部:1排1ϕ32@200,分布筋ϕ25@200,并加暗梁8ϕ32(暗梁宽1.0 m),箍筋4支ϕ12@150;

中孔侧壁:1排1ϕ28@200,分布筋ϕ25@200。

2. 大机组蜗壳结构分析

1)结构力学法

大机组蜗壳结构可简化为平面问题按结构力学方法计算,计算考虑剪切变形及刚性节点的影响。进口段沿横水流方向切取单宽按多跨连续梁计算内力,蜗壳段沿径向切取单宽按平面r形框架计算,r形框架上端铰支,下端固定。

蜗壳计算配筋和实际配筋见表4-57。

表4-57 蜗壳计算配筋汇总

部位		计算钢筋面积(cm^2)
进口段1区顶板	下层	57.48
	上层	24.70
进口段2区顶板	下层	53.28
	上层	24.70
蜗壳段0°断面顶板	下层	63.33
	上层	49.40
蜗壳段0°断面侧墙	内侧	71.77
	外侧	35.70

2)三维有限元法

大机组蜗壳及锥管结构是体形较复杂的空间块体结构,在各种荷载作用下,其受力状况复杂,为能较真实地反映实际受力状态,将蜗壳及锥管结构建成三维模型,用有限元的方法进行结构应力分析。

从蜗壳有限元计算结果可知:在各项荷载中,内水压力是蜗壳受力的最不利荷载,其他荷载都不敏感。由于蜗壳内角都是直角,所以在蜗壳的内角边缘出现了较明显的应力集中,产生的拉应力值较大。空间有限元计算能够得出蜗壳的环向应力,可作为蜗壳环向配筋计算的参考。结构体形造成应力集中区域,设计中采取了局部钢筋加强等措施解决。设计中除考虑应满足结构应力配筋外,还综合考虑混凝土的限裂等相关内容。

3)裂缝宽度验算和防渗措施

综合结构力学法和有限元计算结果对蜗壳进行配筋,按实际配筋复核,蜗壳侧墙满足抗裂要求,蜗壳顶板不满足抗裂要求。经计算,顶板最大裂缝宽度为0.25 mm,略大于规范要求的裂缝开展宽度,因此设计采取了在蜗壳进口区和整个蜗壳的顶板范围内加钢衬板的措施,钢板厚度 16 mm。另外,在蜗壳内层底板及侧墙设纤维混凝土抗渗防裂层。

3. 大机组机墩结构设计

$1^\#\sim4^\#$ 大机组机墩结构按《水电站厂房设计规范》附录 C 进行计算。计算内容包括静力计算和动力计算。计算边界条件如下:

(1)机墩底部为固定端,顶部为自由端,不考虑楼板刚度的作用。

(2)作用于机墩的楼板荷载、风罩自重及机组荷载都假定均布在机墩顶部,并换算成相当圆筒中心圆周的荷载。

(3)机墩静力计算中的动荷载均乘以动力系数,动力系数 η 取 1.5。

(4)在内力最大截面竖向受力钢筋按偏心受压构件进行配筋计算。

最大内力发生在机墩底部。最大纵向力 947.66 kN,最大弯矩 -431.33 kN·m。竖向受力钢筋按偏心受压构件配置,内外侧相同,水平环向钢筋按构造配置。实际配筋:竖向钢筋 ϕ 28@200,环向钢筋 ϕ 22@200。

4. 大机组风罩结构分析计算

$1^\#\sim4^\#$ 大机组风罩结构计算根据《水电站厂房设计规范》(SD266—2001)附录 B 中弹性薄壳小挠度轴对称圆筒内力计算公式编制。计算假定按照发电机层楼板与风罩整体连接,风罩简化为上端简支,下端固定的有限长薄壁圆筒结构。

风罩内力计算结果见表 4 - 58。

表 4 - 58　　　　　　　　　　　　风罩内力计算汇总

截面号	水平位移 (mm)	竖向弯矩 (kN·m)	环向弯矩 (kN·m)	环向轴力 (kN)	剪力 (kN)	裂缝宽度 (mm)
1	-11.1	200.0	247.1	-1 053.4	331.5	0.17
2	-5.3	319.8	267.0	-812.3	124.7	0.28
3	-3.1	363.1	274.3	-741.8	-6.4	0.32
4	-3.9	335.4	269.7	-973.4	-112.1	0.29
5	-6.3	216.0	249.7	-1 418.7	-242.3	0.19
6	-8.0	-33.6	208.2	-1 710.0	-414.3	0.03

计算结果表明,正常使用极限状态风罩最大裂缝宽度 0.32 mm < 0.35 mm,满足规范要求。

风罩竖向钢筋切取单宽按纯弯构件配筋;风罩环向钢筋切取单宽按偏心受压或受拉构件配筋。风罩配筋计算及实际配筋见表 4 - 59。

表 4 - 59　　　　　　　　　　　　风罩配筋计算汇总

方向	位置	计算钢筋面积(cm²)	实配钢筋面积(cm²)
竖向	外侧	28.25	5 根 ϕ 28@200,A_g = 30.79
	内侧	8.25	5 根 ϕ 28@200,A_g = 30.79
环向	外侧	17.61	5 根 ϕ 22@200,A_g = 19.01
	内侧	15.21	5 根 ϕ 22@200,A_g = 19.01

二、9#小机组电站坝段设计

（一）9#小机组电站坝段布置

9#坝段为河床式电站坝段（即小机组坝段），桩号为坝 0 + 200.00—坝 0 + 215.00，坝段宽 15 m，共 1 个坝段。9#电站坝段建基高程为 839.00～860.00 m。从电站进水口上游前沿至尾水墩下游末端顺水流全长 85.875 m。顺水流向拦河坝坝顶宽 27.5 m，顶高程 900.00 m；电站厂房跨度 29 m，顶高程 900.55～899.00 m；尾水平台宽 29.1 m，顶高程 872.90 m。电站安装 1 台立式混流式水轮发电机组，单机容量 20 MW。小机组发电机型号为 SF20 - 44/6400，水轮机型号为 HLA904a - LJ - 330，采用金属蜗壳，机组安装高程 863.60 m。尾水平台布置 1 台型号为 S10 - 25000/220 的变压器。机组和排沙洞进出口设有工作门和检修门，拦河坝顶和尾水平台各设 1 台双向门机（与大机组共用）。

河床小机组电站尾水渠顺河道布置，并在右侧隔墩坝段下游设导墙与泄流建筑物隔开。尾水渠前段水平，后以 1:3.5 斜坡相接至河床高程 860.0 m。为防止淘刷，在尾水渠的水平段和斜坡段上均浇筑混凝土板保护。

1. 电站上游拦河坝布置

小机组电站坝段上游拦河坝坝顶高程 900.00 m，坝顶宽 27.5 m。流道进口底高程 866.00 m，上游设 2 个边墩，其上游端为半圆形，圆形直径 2.50 m。进口段设 1 道垂直拦污栅、1 道检修门和 1 道事故门。拦污栅孔口尺寸平均为 32.7 m×4.4 m，拦污栅槽中心线桩号为上 0 - 004.425；检修门孔口尺寸为 9.55 m×4.4 m，检修门槽中心线桩号为下 0 + 001.45；事故门孔口尺寸为 7.89 m×4.4 m，事故门槽中心线桩号为下 0 + 005.90；平行检修门及事故门中心线布置有检修门库及事故门库，检修门库底高程为 887.00 m，事故门库底高程为 889.00 m，拦污栅、检修门及事故门均由坝顶 2×1 250 kN 双向门机启闭。

2. 电站主厂房布置

电站主厂房中心纵轴线平行于坝轴线，桩号为下 0 + 029.50。

1) 发电机层与安装场布置

小机组发电机层高程为 872.9 m，机组段第 I 象限上游侧布置压力油罐及调速器。第 II 象限布置保护盘。小机组段第 IV 象限内布置有吊物孔 1 个，孔底高程为 864.8 m，用以吊运发电机层以下各层较大物件，吊物孔尺寸为 2.0 m×3.0 m。厂房下游侧布置控制盘柜，盘面与排架柱面齐平。通向主变压器的高压电缆从主厂房内左边跨排架柱间引出。机组上游侧有 2.0 m 宽、下游侧有 3.0 m 宽贯通全厂交通道。小机组坝段高程 872.90 m 发电机层楼板为板梁结构，楼板开设孔洞用钢盖板覆盖。

电梯间设在副安装场坝段的右侧，小机组坝段有通向电梯间的通道，上直达坝顶，下达 858.6 m 高程，作为厂坝之间的垂直交通。

2) 电缆层布置

小机组的电缆层高程为 868.6 m，层高 4.3 m。发电机出线在下游侧平行于 y 轴方向引出，进入主厂房下游侧尾水平台下的母线室。在第 IV 象限与 y 轴 42°角方向紧贴风罩布置中性点设备，风罩内径为 9.5 m，壁厚 0.6 m，为圆筒形。在右端墙上游侧设有通向电梯间的通道。

3）水轮机层布置

小机组水轮机层地面高程为 864.8 m，层高 3.8 m。小机组机墩为圆筒钢筋混凝土结构，基坑内径为 4.6 m，机墩厚 2.4 m。在第Ⅲ象限与 $-y$ 轴成 30°处布置 1.2 m 宽的进水轮机坑的通道。靠上游侧布置有滤水器。

4）蜗壳层布置

该层是指水轮机安装高程以下部位，小机组最大水头为 36.9 m，采用金属蜗壳，包角为 345°，蜗壳进口处底高程为 858.40 m，顶高程为 862.80 m，蜗壳进口断面尺寸为 $\phi 4.4$ m。小机组的尾水管进人廊道布置在上游侧，其廊道底高程为 856.40 m，通过设在右侧的楼梯与电梯间连通。

5）尾水管层及廊道层布置

小机组采用弯肘形尾水管。小机组尾水管底板顶高程 851.30 m，尾水管底板为水平，小机组中心线至下游出口长 39.4 m，扩散后净宽 8.0 m，出口处高度为 5.2 m，左边墩厚 4.21 m，右边墩厚 2.79 m。

小机组坝段廊道布置如下：上游侧基础高程 852.00 m 设有贯穿整个坝段的灌浆及主排水廊道，廊道尺寸为 3.0 m×3.50 m，廊道中心线桩号为上 0 − 004.00；桩号下 0 + 040.90 设置操作廊道 1，廊道底板高程为 844.20 m，廊道尺寸为 1.8 m×2.2 m；桩号下 0 + 021.50 设置渗漏排水及操作廊道 2，廊道底板高程为 843.00 m，廊道尺寸为 2.0 m×3.0 m；桩号下 0 + 025.50 设置检修排水廊道，廊道底板高程为 840.00 m，廊道尺寸为 2.0 m×2.5 m；下游侧基础高程 842.00 m 设有贯穿整个坝段的下游灌浆排水廊道，廊道尺寸为 2.5 m×3.0 m，廊道中心线桩号为下 0 + 067.35；坝体高程 881.00 m 处设有贯穿整个坝段的通风道廊道，廊道中心线桩号为下 0 + 012.00，廊道尺寸为 2.0 m×5.0 m；坝体高程 895.00 m 处设有贯穿整个坝段的观测廊道，廊道中心线桩号为下 0 + 013.00，廊道尺寸为 2.0 m×2.5 m。

3. 尾水平台布置

尾水平台顶高程 872.90 m，宽 29.10 m。靠近主厂房布置 1 台变压器，主变检修轨道中有 1 根与尾水门机轨道共用，轨道通向主安装场，以便主变压器进入安装场检修。尾水出口设检修门 1 道，孔口尺寸为 8.0 m×5.2 m（宽×高），两边墩厚度分别为 2.79 m 和 4.21 m。检修门由尾水平台上 2×630 kN 双向门机（与大机组共用）启闭。

尾水平台下分 4 层，布置部分副厂房，其高程分别为 868.60 m、864.80 m、861.40 m 和 858.40 m。尾水平台下在 868.6 m 高程靠下游侧布置高压电缆廊道，通过安装场坝段到 GIS 开关站；864.80 m 层布置有盘柜室，内放机旁盘、高压盘柜和厂用变压器；高程 861.40 m 布置贯穿整个河床电站的电缆通道；高程 858.40 m 布置水泵室及循环水池。尾水平台下底高程 863.90 m 层布置事故油池。

（二）9# 小机组电站坝段流道布置

电站进水口流道根据水轮机制造厂商要求确定，两侧平直进口，进水口最大宽 6.90 m，进水口底部以直径 2.50 m 圆弧顺接平直段，平直段高程 866.00 m。机组的流道至检修门槽前均为开敞式，自检修门槽后为矩形断面进口，流道体形分别为半径 12.60 m、角度为 45°的弧线段，1:1 直线段，半径 9.366 m、角度为 45°的弧线段（钢衬段），水平段，明钢管段，圆断面尾水管钢衬段及电站出口圆变方渐变段。各段长度分别为 9.897 m、1.649 m、7.356 m、2.200 m、5.100 m 和 15.345 m。进口矩形断面尺寸 9.55 m×4.4 m、7.889 m×4.4 m、7.889 m×4.4 m。

电站进口设 1 道拦污栅槽、1 道检修门槽及 1 道事故门槽,拦污栅、检修门及事故门均由坝顶 1 台 2×1 250 kN 双向门机启闭,门机轨距为 18.00 m。

考虑黄河汛期泥沙污物的来量,在进水口设 1 道拦污栅。为了缩短进水口长度,拦污栅采用竖直布置,拦污栅孔口尺寸为 32.70 m×4.40 m,机组满发时过栅流速为 1.02 m/s。

为控制电站进口流速,电站进水口为喇叭口型式,孔口尺寸为 9.55 m×6.90 m,进口底高程为 866.00 m,进水口流速为 1.41 m/s(检修门处)。流道出口尺寸为 8.00 m×5.20 m,出口底高程为 851.30 m。

三、3#~4#主安装间坝段设计

(一)主安装间坝段布置

3#~4#坝段为主安装间坝段,其左侧接 2#挡水坝段及副厂房,右侧接 5#大机组坝段。沿坝轴线方向,3#坝段长 18 m,4#坝段长 22 m,全长共 40 m,桩号自坝 0 + 040.00 至坝 0 + 080.00。3#坝段建基面高程为 837.00 m,4#坝段建基面高程为 828.50 m。在上下游方向,3#坝段长 74.70 m,4#坝段长 85.80 m。主安装间坝段上游侧坝体做挡水建筑物,下游侧主厂房主要用于发电机转子、水轮机转轮基础及发电机定子的组装和大修,以及为变压器的检修提供场地。

3#坝段坝顶布置有电站拦污栅栅库、电站事故门门库、电站检修门门库、吊物孔、门机轨道及电缆沟。4#坝段坝顶布置有电站拦污栅栅库、电站事故门门库、门机轨道及电缆沟。两坝段在坝体下游侧(主厂房上游侧高程 872.90 m 处)设有工具间,与主厂房相通,桩号自坝 0 + 050.30 至坝 0 + 078.60,以便于厂房内电气设备的检修和维护。

3#~4#坝段的廊道布置:与左右岸坝段贯通的廊道有灌浆及主排水廊道(中心桩号上 0 − 004.00,高程 852.00 m,3 m×3.5 m)、观测廊道(下 0 + 013.00,895.00 m,2 m×2.5 m)、通风道(下 0 + 012.00,881.00 m,2 m×5 m)和下游灌浆排水廊道(下 0 + 040.00,845.00 m,2.5 m×3 m),4#坝段内部的连接廊道有交通廊道 1(2 m×2.5 m)、交通廊道 2(2 m×2.5 m)、渗漏排水及操作廊道 1(2 m×3 m)、渗漏排水及操作廊道 2(2 m×3 m)、检修排水廊道(2 m×2.5 m)及横向灌浆排水廊道(2.5 m×3 m),这些廊道将汇集的水排至 4#坝段的 2#集水井、检修集水井和 3#集水井。

在 3#坝段下游侧的左边墙上设有两条电缆廊道,分别通往副厂房和 GIS 室。

(二)主安装间布置

为满足电站坝段各层布置要求,主安装间从上至下布置有不同功能的结构层。3#~4#坝段厂内分别为 872.90 m 层和 864.80 m 层,3#坝段尾水平台下分别为 872.90 m 层、868.60 m 层、864.80 m 层和 861.60 m 层,4#坝段尾水平台下分别为 872.90 m 层、868.60 m 层、864.80 m 层、861.60 m 层和 857.50 m 层。

1. 872.90 m 层布置

主安装场总长 40.0 m,宽 29.0 m,在主安装场靠副厂房侧设有钢梯通向桥机及通风道,3#坝段上游侧及 4#坝段下游侧各设有 1 个楼梯井,以便于主厂房地面与下部各层的交通,4#坝段主厂房下游侧设有通风井以满足整个厂房内及下部结构的通风排烟等需要。进厂大门设在 3#坝段主厂房下游侧,宽 10 m,高 8 m。3#坝段厂房内和尾水平台设有变压器轨道,便于主变压器进入主厂房安装场内检修。4#坝段尾水平台上设有尾水门库、门机轨道、变压器轨道、门机电缆沟等。

2. 868.60 m 层布置

该层为局部夹层,为高压电缆廊道,布置在3#~4#坝段尾水平台下游侧,在4#坝段设交通连廊与主厂房楼梯间相通,其右侧与电站坝段的发电机出线层相连。

3. 864.80 m 层布置

3#坝段厂内在该层布置有透平油库、油处理室、配电室及通风机室,4#坝段厂内在该层布置有2#集水井排水泵房、检修集水井排水泵房、低压储气罐室及低压空压机室。3#坝段尾水平台下在该层布置有电缆通道、通风道及CO_2瓶站间,4#坝段尾水平台下在该层布置有电缆通道、通风道,其中两坝段的电缆通道和通风道与电站坝段相应通道相连。

4. 861.60 m 层布置

该层同样布置有电缆廊道和通风道,与电站坝段相应通道相连。

5. 857.50 m 层布置

4#坝段尾水平台下857.50 m层,布置有3#集水井排水泵房,有楼梯井直达地面872.90 m。

四、10#副安装间坝段设计

(一)副安装间坝段布置

10#副安装间坝段左侧接9#小机组坝段,右侧接11#隔墩坝段,坝段长18 m,坝段上下游向长85.8 m,建基面高程839.0 m。坝段左侧12.0 m范围内布置副安装场,副安装场右侧布置楼梯和电梯作为厂房与坝顶之间的垂直交通,坝内各层廊道均与电梯间相通或设有单独出口。尾水平台下设4层框架结构,尾水平台上设有2个电站排沙洞出口检修门门库,1个小机组尾水检修门门库。主厂房下游侧(下0+045.00)和电梯井右侧(坝0+233.00)设有通风井为下部各房间通风,并作为消防排烟通道。

坝体内设1个排沙洞,排沙洞进口底高程为860.0 m,孔口尺寸3.0 m×3.0 m,进口设有检修闸门,利用坝顶门机启闭;门后孔身下降至852.4 m高程,出口端以倒坡接至出口高程855.0 m,出口断面尺寸为1.9 m×1.9 m,设工作门和检修门,利用尾水门机启闭。上游水位896.56 m时,单孔设计泄量73 m^3/s,进口流速8.1 m/s,出口流速20.2 m/s。排沙洞进口段及出口段周壁采用抗冲磨混凝土,排沙洞圆管段采用钢板衬护。

在坝体上游设置直径0.2 m、间距3 m的无砂混凝土排水管,距坝体上游面距离3 m左右,下端接基础主帷幕灌浆排水廊道上游侧排水沟;坝基渗水经基础廊道内排水孔排出;10#坝段及右侧坝段坝体渗水和坝基渗水沿基础排水廊道排水沟汇至10#坝段1#集水井内,渗水由水泵集中抽排至坝外。

(二)副安装间布置

1. 发电机层布置

副安装场长12.0 m,高程为872.9 m,与发电机层楼板和尾水平台同高程。放置小机组定子和转子等部件。在副安装场的最边跨由电梯间内888.68 m楼板通过设置在混凝土墙上悬挑楼梯板通向桥机。电梯间设在副安装场坝段的右侧,上直达坝顶,下达858.6 m高程,作为厂坝之间的垂直交通。在副安装场的右端设门通向电梯间。

2．发电机出线层布置

发电机出线层为局部夹层,地面高程为868.6 m。在机组中心线(下0+029.50)上游侧设连廊与机组坝段及电梯间连通。尾水平台下868.6 m层、864.8 m层为通风机层,并设楼梯间与下层沟通。

3．水轮机层布置

水轮机层地面高程864.8 m,设有1#集水井排水泵房、中压空压机室、干燥机室和气罐等。在右端墙上游侧开门与电梯间相通。

4．电缆层布置

尾水平台下861.6 m层设有CO_2瓶站间、楼梯间、电缆通道和通风道,电缆通道通向电梯井处的电缆井,通风道通向楼梯井附近的通风井。

5．蜗壳层布置

蜗壳层地面高程858.6 m,为电梯到达的最底层。在靠近主厂房侧的上游布置楼梯,并设通向主灌浆排水廊道的通道。在下游侧设1#集水井,井底高程841.0 m。为利于排沙洞检修,尾水平台下858.6 m层设有下排沙洞检修孔通道。

五、主厂房上部结构设计

主厂房上部结构主要包括屋盖系统、吊车梁及排架柱。

(一)屋盖系统

主厂房屋顶支撑结构采用空间网架结构,屋面采用弧形直立锁边铝板,局部设天窗。网架空格内设3条检修马道:沿厂房纵向上游第1格内设1条,沿厂房横向左右两端第1格内各设1条。空间网架网格形式采用四角锥,节点采用螺栓球节点,网架支撑形式为下弦两边支撑,上下游跨度28 m,按坝段分块,全长186.20 m,总覆盖面积为5 423 m^2。屋架上游侧支撑于沿厂房上游侧通长设置的壁式牛腿,牛腿顶面高程为897.10 m,屋架在下游侧支撑于沿排架柱顶通长设置的圈梁顶面,圈梁顶高程895.60 m。考虑排水及整体美观要求,屋面沿上下游方向呈5%倾斜。

1．荷载及荷载组合

1)荷载标准值

恒载:屋面板自重G_1:按0.4 kN/m^2考虑;

其他构件自重(包括灯具、开窗机等)及屋顶设备荷载G_2:按0.1 kN/m^2考虑;

网架自重(由计算机程序自动形成)G_3;

活载:屋面活载Q_1:综合考虑屋面施工及检修荷载等,按0.5 kN/m^2考虑;

基本雪压Q_2:0.40 kN/m^2;

风荷载:基本风压:0.50 kN/m^2;

地震烈度:Ⅵ度,设计基本地震加速度值为0.05g;

温度荷载:网架设计考虑安装温差为±20 ℃。

2)荷载组合值

不考虑风荷载及地震荷载,则荷载组合情况考虑如下两种情况:

（1）荷载组合值一：$1.2(G_1 + G_2 + G_3) + 1.4Q_1$；

（2）荷载组合值二：$1.2(G_1 + G_2 + G_3) + 1.4Q_1 + \pm 20°$安装温差。

2. 材料特性

（1）钢管：选用 Q235B 钢，采用高频焊管或无缝钢管；

（2）高强螺栓：选用 40Cr 钢，技术条件符合 GB 3077—88 的规定；

（3）钢球：螺栓球选用 45 号钢，球体表面光滑，无裂纹，无麻点；

（4）封板锥头：选用 Q235B 钢，钢管与封板或锥头的连接焊缝与钢管等强焊缝，质量为二级；

（5）套筒：选用 Q235B 钢，当螺栓直径大于 30 mm 时用 45 号钢；

（6）焊条：Q235 钢与 Q235 钢之间焊接选用 E43 型，Q235 钢与 45 号钢之间焊接选用 E43 型，螺栓球与支座肋板焊接时应先将球体加热至 150 ~ 200 ℃。

3. 网架结构计算

龙口主厂房屋顶网架是由天津大学建筑工程学院编制的网格结构设计系统 TWCAD3.0 设计完成。

（二）吊车梁设计

1. 吊车梁布置

厂内设置 1 台 2×250 t/50 t/10 t 桥式吊车，跨度 25 m，最大垂直轮压 740 kN。根据厂房排架柱的间距和跨距，以及吊车的起吊重量，经技术经济比较，除 4# 主安装间坝段进厂大门顶部吊车梁采用宽箱形焊接钢梁外，其余各跨吊车梁均采用预制 T 形钢筋混凝土简支吊车梁。经计算钢梁采用变截面型式：最大梁高 1 836 mm，上翼缘宽度 850 mm，下翼缘宽度 800 mm，腹板中距宽度为 600 mm，上下翼缘板厚度为 32 mm，腹板厚 20 mm，梁长 11 600 mm，全梁范围内根据需要设置钢横隔板；预制钢筋混凝土 T 形梁断面尺寸为：梁肋宽 600 mm，高 1 800 mm，梁翼缘宽 850 mm，翼缘高 250 mm，梁长 3 900 ~ 8 600 mm 不等。

钢梁根据抗扭需要在梁端设置型钢支撑梁，与排架柱上的预埋件焊接固定，钢梁支座采用平板支座，梁两端直接支撑于平板支座上，其中一端侧面同时与埋设在二期混凝土中的型钢埋件焊接，形成简支结构。

预制混凝土吊车梁为简支，靠近排架柱侧梁顶翼缘板上设有钢埋件，通过连接型钢与排架柱及相应位置的排架柱间联系梁上对应的钢埋件焊接固定；吊车梁底部支座范围内设有钢埋件，一端与牛腿顶部钢埋件焊接，一端自由，形成简支结构。

2. 吊车梁设计原则

（1）水电站厂房吊车属轻级工作制，不进行吊车梁的疲劳强度验算。

（2）吊车梁进行静力计算。包括强度计算、挠度计算（钢筋混凝土梁尚应进行裂缝宽度验算）。

（3）钢筋混凝土吊车梁最大允许挠度 $L/600$（L 为吊车梁计算跨度），钢梁最大允许挠度为 $L/750$。

（4）钢筋混凝土吊车梁最大允许裂缝宽度不大于 0.3 mm。

3. 设计荷载

（1）恒载：吊车梁自重，钢轨及附件重。

（2）动载：

①吊车最大竖向轮压,考虑吊车竖向荷载的动力系数1.1,竖向轮压为$1.1P_{max}$,P_{max}为吊车最大轮压,轮压分布见图4－13。

②吊车横向水平制动力,为小车重及吊物重总和的5%,均匀分布在单侧8个轮子上,各轮分担的水平力作用于轨道顶。横向水平制动力不乘动力系数。

4.计算方法与结果

钢筋混凝土吊车梁计算采用中水北方公司编制的《水电站地面厂房CAD软件》中的吊车梁计算程序进行。钢筋混凝土吊车梁配筋按《水工钢筋混凝土结构设计规范》计算配置,钢梁断面设计依据《钢结构设计规范》(GB 50017—2003)进行。对于钢筋混凝土吊车梁:选取6.95 m跨度的计算结果,包括弯矩及剪力包络图,见图4－13(b)、(c)。根据各种不同的跨度梁,分别按弯矩及剪力包络图计算配筋后,计算梁的挠度及裂缝宽度结果见表4－60。对于钢梁:由内力计算确定断面型式后,计算梁的挠度结果见表4－60。计算结果经复核满足现行规范要求,结构安全。

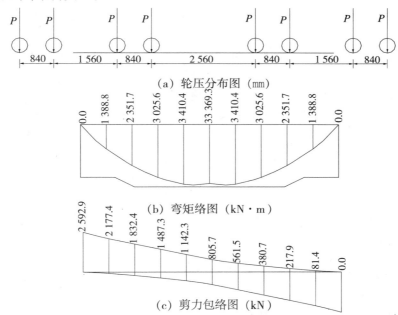

（a）轮压分布图（mm）

（b）弯矩络图（kN·m）

（c）剪力包络图（kN）

图4－13　吊车梁轮分布图及内力计算包络图

表4－60　　　　　　　　　　吊车梁挠度、裂缝宽度计算结果

吊车梁净跨 （m）	挠度 （mm）	裂缝宽度 （mm）
2.70	深梁,不计算	0.130
3.80	1.09	0.174
3.90	1.20	0.182
5.40	3.84	0.170
5.55	4.22	0.164
5.75	4.78	0.167
5.95	5.37	0.175
6.30	6.53	0.163
7.40	12.40	0.162
10.00	7.20	—

5. 典型断面配筋

吊车梁(净跨7.4m梁)典型断面配筋见图4-14。

(三)主厂房排架设计

1. 排架布置

厂房下游设排架柱,主安装场总长40 m;其中
3#主安装间坝段18 m,分为2跨,柱间净距分别为
3.8 m及10 m,4#主安装间坝段22 m,分为3跨,
柱间净距分别为2.7 m、6.3 m及7.4 m;电站坝段
总长135 m;其中5#~8#大机组坝段均为30 m长,
各坝段均分为4跨,柱间净距亦均相同,分别为
5.75 m、5.55 m、5.95 m及5.75 m,9#小机组坝段
15 m,分为2跨,柱间净距5.4 m;副安装场总长12
m,分为2跨,柱间净距3.9 m。下柱截面尺寸
2.50 m×1.40 m(高×宽),上柱截面尺寸1.60 m
×1.40 m。下柱底部固结在高程864.80 m大体

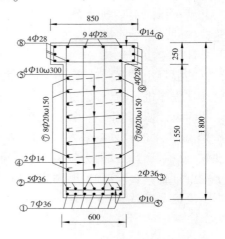

图4-14 吊车梁典型断面配筋

积混凝土上。高程872.90 m以下排架柱间设0.5 m厚混凝土墙,高程872.90 m以上排架
柱间分别设有5道联系梁,以加强柱间纵向刚度。

厂房上游不设排架柱,沿厂房纵向通长设置牛腿两道,分别用于支撑桥机起吊荷载及屋
架荷载,用于支撑桥机起吊荷载的牛腿顶面高程为889.58 m,其上根据轨道安装要求埋设
轨道螺栓;支撑屋架荷载的牛腿顶面高程为897.10 m,其上埋设屋架支座埋件。

2. 排架柱设计假定

1) 横向排架

(1) 根据厂房排架柱布置,取排架柱纵向跨度最大的中柱为典型计算结构,受荷范围为
中柱左右侧两跨中线之间范围。

(2) 计算轴线取下柱中心线。

(3) 排架计算忽略杆件自身轴向变形的影响,不考虑整体空间作用的影响。

(4) 排架柱底按固接考虑,柱顶无约束。

(5) 对排架柱进行强度和变形计算。

2) 纵向排架

纵向平面排架由柱列、柱联系梁、吊车梁组成,主要承受结构自重、吊车纵向水平制动
力、地震力、纵向风荷载、温度影响力和由两侧相邻吊车梁竖向反力差产生的纵向偏心弯矩。

结构自重荷载在横向排架计算时已考虑;本工程按Ⅵ度地震烈度设防,计算时不考虑地
震作用;纵向风荷载由于受副厂房及电梯间遮挡,实际作用于厂房排架柱上的纵向风荷载很
小;由于不考虑屋架对排架柱的约束作用,温度荷载忽略不计。根据如上分析,考虑纵向平
面排架的柱较多,抗侧刚度较大,每根柱实际承受水平力不大,所以对纵向平面排架不作计
算。

3. 排架柱计算荷载及荷载组合

1) 荷载分类

(1) 结构自重 A_1,包括屋面系自重、吊车梁自重、排架自重及传递到排架上的墙体荷载,

各层楼板、梁传来的恒载；

（2）屋面活荷载及各层楼板、梁传来的活荷载 A_2；

（3）雪荷载 A_3；

（4）风荷载：风向指向上游 A_4，风向指向下游 A_5；

（5）吊车满载最大轮压荷载 A_6，不考虑动力系数；

（6）吊车满载最小轮压荷载 A_7，不考虑动力系数；

（7）吊车满载水平制动力 A_8（指向下游侧）；

（8）吊车空载最大轮压荷载 A_9，不考虑动力系数；

（9）吊车空载最小轮压荷载 A_{10}，不考虑动力系数；

（10）吊车空载水平制动力 A_{11}（指向下游侧）；

（11）吊车满载水平制动力 A_{12}（指向上游侧）；

（12）吊车空载水平制动力 A_{13}（指向上游侧）。

2）荷载组合

计算时，考虑吊车梁的实际可能受力情况，共考虑如下3种计算情况：

（1）持久状况、基本组合（一）：吊车满载情况；

（2）持久状况、基本组合（一）：吊车空载+风荷载情况；

（3）短暂状况、基本组合（二）：吊车满载+风荷载情况。

4. 计算结果分析

从内力包络图可以看出，排架柱受力存在变号弯矩，需采用对称配筋，所以柱截面可能出现的最大的截面配筋量，应考虑以下3种内力组合：

$|M_{max}|$ 及相应的 N 和 V；

N_{max} 及相应的 M 和 V；

N_{min} 及相应的 M 和 V。

排架柱的配筋由以上3种内力组合情况计算确定。配筋结果满足现行规范要求。

5. 典型断面配筋

排架柱典型断面配筋见图4-15。

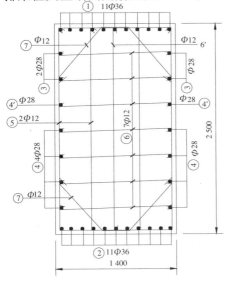

（a）下柱断面配筋

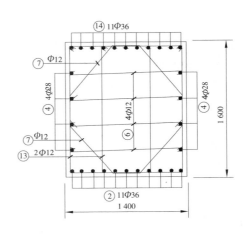

（b）上柱断面配筋

图4-15　排架柱典型断面配筋

第六节　副厂房设计

副厂房在主厂房左侧,紧靠主厂房,地面以上为 4 层框架,结构长度 23.00 m,跨度为 29.00 m,建筑高度 18.90 m,建筑面积 2 513 m²。室内外高差 0.90 m,室外地坪相当于绝对高程 872.90 m。

副厂房框架结构采用整体现浇钢筋混凝土结构体系,基础位于 2# 坝段坝体上。结构的安全等级为 2 级(一般建筑物),设计使用年限为 50 年。

由于框架采用整体现浇,空间整体性较好,结构模型可按三维空间杆系考虑,并按楼板平面内无限刚假定进行抗震设计。根据梁板内力、挠度、裂缝结果进行配筋计算。

第七节　开关站设计

GIS 开关站布置在主厂房下游侧的左侧,长度为 50.5 m,宽度为 13 m,高度为 11.50 m,建筑面积 1 377.35 m²。地上 1 层,地下 1 层。地上为 GIS 室(高程 873.2),地下为 GIS 电缆室与二次电缆廊道(高程 869.80 m),地下层高 3.8 m,地上层高 10.0 m。

GIS 开关站的建筑结构安全等级按二级进行设计。GIS 开关站地上 1 层框架结构由框架柱及纵横框架梁系构成,采用整体现浇钢筋混凝土结构,结构模型按三维空间杆系考虑,并按楼屋面平面内无限刚假定进行抗震设计。

第八节　基础处理

一、大坝基础处理设计综述

坝址地层主要由奥陶系中统马家沟组厚层、中厚层灰岩和豹皮灰岩构成,地层分布稳定,岩体致密坚硬,强度、完整性较好,地层产状平缓、构造简单。两岸与河床均没发现大范围的不利于边坡稳定的结构面组合,天然边坡陡立而稳定,亦没有较大断层和新构造断裂。坝基内发育有多条泥化夹层及钙质充填与泥质混合类状夹层,坝基岩体强度、变形性能和稳定性、岩体的地下水渗透等均明显受泥化夹层软弱结构面控制。因此,对软弱结构面采取专门的处理和保护成为基础处理的关键,同时尚应做好坝基固结、防渗等常规基础处理设计。

坝址区岩溶不甚发育。岩溶裂隙相对较发育,为半充填或无充填,从灌浆试验资料分析大部分裂隙呈陡倾角状态,承压水层溶隙伴有涌水出露。

坝址区基岩地下水主要赋存在上马家沟组地层中。左岸、右岸地下水位低于黄河水位,黄河水补给地下水。坝基右侧岩体渗透性较强,左侧岩体渗透性相对较差。依据地质资料提示,坝基 $O_2m_2^{1-4.5}$ 岩层为相对隔水层,左右坝肩地下水位较低不具备帷幕封闭条件。从灌浆试验资料看水泥灌浆效果较好。

二、基础开挖和保护

（一）基础建基面高程及两岸开挖边坡的确定

河床基岩较平坦，属宽 U 形河谷。坝址地层基本呈单斜构造，总体走向为北西 315°～356°，倾向南西，倾角 2°～6°。岩体弱风化与卸荷深度相近，两岸陡壁中下部弱风化及卸荷带最大深度为 9.4 m，平均深度左岸 4.6 m，右岸 5.4 m，局部存在强风化带。河床部位弱风化及卸荷带深度为 1.75～7.40 m，平均深度为 3.5 m。基坑及边坡应将强风化带、弱风化带及卸荷带挖除，坝基挖除 $O_2m_2^{2-2}$ 层岩体，将坝基坐落在弱风化带下部新鲜岩体上，主要以 AⅢ类岩体为坝基持力层。

结合坝体结构布置需要右侧河床（表孔、底孔）坝段开挖深度为 9 m，建基面高程为 851.00 m。坝踵处为加强坝基的抗滑稳定性，设置齿槽切断泥化夹层 NJ_{304}，开挖深度为 15～18 m，底宽 12 m，齿槽建基面高程为 844.00 m。左侧电站坝段坝踵处开挖深度为 11 m，建基面高程为 849.00 m。在电站机组中心线处设齿槽切断泥化夹层 NJ_{303}，开挖深度 29 m，底宽 16.6 m，建基面高程为 831.00 m。表孔、底孔下游的消力池部位开挖深度约为 6 m 和 5 m，一级消力池底板设计建基面高程为 854.0 m 和 855.0 m，一级消力池尾坎底宽 11.9 m，设计建基面高程为 851.0 m，并以切断 NJ_{305} 夹层为原则；二级消力池底板设计建基面高程为 854.5 m，差动尾坎宽 2.2 m，设计建基面高程为 849.0 m。海漫设计建基面高程为 855.0～859.0 m。

岸坡水平向开挖深度考虑挖除卸荷带及弱风化岩体，使基础坐落在弱风化带下部新鲜岩体上。根据坝基、坝肩岩层产状平缓，岩石完整，天然边坡陡立，稳定性好的特点，参照地质建议值，坝基范围内的开挖边坡定为 1∶0.15、1∶0.2、1∶0.25、1∶0.3，破碎带为 1∶0.55，坝顶以上永久开挖边坡为 1∶0.2。左岸水平开挖深度 3.5～8.0 m，右岸为 8.5～16.0 m。两岸开挖边坡逐级上升，并设置开挖平台，平台宽 2 m，其高程左岸为 856.00 m 和 875.00 m，右岸为 859.00 m 和 873.00 m。

为使帷幕、排水保持连续性，解决绕坝渗漏的问题。结合两坝肩的实际情况，左右坝肩部位各设两层灌浆排水平洞，左坝肩平洞高程为 863.00 m 和 900.00 m，长度为 66 m 和 45 m；右坝肩平洞高程为 859.00 m 和 900.00 m，长度为 68 m 和 46 m。平洞断面均为 3 m×3.5 m。

（二）基础建基面开挖保护

本工程坝址区内地层含有多条泥化夹层，对坝基抗滑稳定明显不利。为确保工程质量达到设计要求，针对工程区实际地质情况，对浅表层的泥化夹层宜尽量挖出，根据地质建议，河床坝基开挖应预留一定厚度的保护层，并尽快覆盖混凝土，以避免岩体卸荷反弹，恶化软弱夹层性状。设计要求基坑开挖严格按照标书和施工中关于基坑开挖的要求执行，基础岩体开挖，采用自上而下分层实施。开挖的几何尺寸，必须根据施工图和监理工程师指示的开挖线、开挖坡度和断面尺寸等要求进行开挖。采用分层开挖时，对基础岩体的开挖必须严格控制，其垂直面保护层的开挖爆破应符合下列技术要求：①炮孔不得穿入距水平建基面 1.5 m 的范围，炮孔装药直径不应大于 40 mm，应采用梯段爆破方法。②对节理裂隙不发育、较发育、发育和坚硬的岩体，炮孔不得穿入距水平建基面 0.5 m 的范围。对节理裂隙极发育和软弱的岩体，炮孔不得穿入距水平建基面 0.7 m 的范围，炮孔与水平建基面的夹角不应大于

$60°$,炮孔装药直径不应大于 32 mm。应采用单孔起爆方法,采取小孔径、密布孔、控制爆破的措施,确保建基面岩石的完整性。③炮孔不得穿入距水平建基面 0.20 m 的范围,剩余 0.20 m 厚的岩体应采用人工撬挖。开挖至建基面后尽快覆盖混凝土,以减少岩体卸荷反弹。开挖出露的泥化软弱夹层、破碎带等缺陷部位应采用水泥砂浆及时封闭,防止该部位岩体进一步恶化。

(三)边坡防护

工程区地处黄土高原,区内地貌类型主要有黄土丘陵、构造剥蚀低中山和侵蚀堆积地貌等。黄土丘陵在本区广泛分布,因长期受地表水的冲蚀切割,形成了以长圆形丘陵、梁峁为主的黄土地貌景观,地面高程在 1 000 ~ 1 200 m。

河床基岩较平坦,属宽 U 形河谷。根据工程地形地貌,枢纽左右岸坝顶高程处分别布置上坝公路,上坝公路两侧边坡开挖陡峭,为保护开挖裸露的岩石,避免岩石风化,对上坝公路两侧永久边坡进行挂网喷锚防护。

根据枢纽布置,厂区左侧永久开挖边坡为 1∶0.2,为了保护岩石免遭风化,同时为了厂区的永久安全,对厂区左侧开挖边坡进行挂网喷锚防护。

三、坝基防渗设计

由于坝址两岸地下水位低于库水位,以及坝址区岩体渗透性的不均一性,蓄水后将存在绕坝和坝基渗漏问题。坝址无大断层和较大溶洞存在,产生集中渗漏的可能性不大,坝址渗漏形式是散流型、岩溶裂隙式。坝基大部分岩体渗透性较弱,右岸坝肩岩体渗透性较强。左岸坝肩和河床部位无压漏水岩体段占 3.5%,中等透水岩体段($q = 10 ~ 100$ Lu)占 13.9%,弱透水岩体段($q = 1 ~ 10$ Lu)占 65.2%,微透水岩体段($q < 1$ Lu)占 17.4%,多属弱透水岩体;右岸坝肩无压漏水岩体段占 11.8%,中等透水岩体段($q = 10 ~ 100$ Lu)占 78.4%,弱透水岩体段($q = 1 ~ 10$ Lu)占 9.8%,大部分属中等透水岩体。右岸较强透水区的防渗漏是坝基防渗设计的重点。坝基岩体渗透性随深度的增加有逐渐减小的趋势。根据坝址区地下水的运动规律及岩体的渗透特性,坝基采取帷幕灌浆与排水相结合的工程措施。主要目的在于控制承压水的影响,降低坝基扬压力,控制并减少绕坝和坝基渗漏量,防止泥化夹层部位发生渗透破坏。

坝基防渗帷幕设计形成封闭系统,其深度按满足 3 Lu 设计。依据地质坝基连通试验成果,$O_2m_2^{1-5}$ 岩层顺层面方向具有微—中等透水性,故岩层透水率主要反映了水平渗透特性,而垂直层面方向总体上相对隔水,可视为相对隔水层,且两层承压水 $O_2m_2^{1-3}$、$O_2m_2^{2-1}$ 之间基本不连通。因此确定:上游主帷幕深入 $O_2m_2^{1-5}$ 岩层相对隔水层 3 m,帷幕最大深度约为 47 m,上游副帷幕深入泥化夹层 NJ_{301} 下 1 m,帷幕最大深度约为 34 m;$1^{\#} ~ 11^{\#}$ 坝段下游帷幕深入 $O_2m_2^{1-5}$ 岩层相对隔水层 1 m,帷幕最大深度约为 32 m。$10^{\#} ~ 18^{\#}$ 坝段下游帷幕、消力池左边墙横向帷幕深入 $O_2m_2^{1-5}$ 岩层相对隔水层 1 m,帷幕最大深度约为 42 m,消力池右边墙横向帷幕深入 $O_2m_2^{1-5}$ 岩层相对隔水层 1 m,帷幕最大深度约为 49 m。上、下游帷幕及横向帷幕均深入相对隔水层,形成封闭帷幕,满足防渗帷幕的设计深度要求。

根据本工程现状两岸地下水位低、下游水位高于排水灌浆廊道顶部的特点,坝基设上、下游帷幕,下游帷幕分别在 1# 坝段、消力池左边墙、消力池右边墙及 19# 坝段折向上游与上游帷幕相交,形成坝基封闭体。为减小边坡坝块侧向扬压力,控制绕坝渗流量,上游帷幕向左岸延伸 57 m,向右岸延伸 58 m,延伸长度已超过 1 倍坝高,与地基条件相近的其他工程类比,可以满足要求。

坝基上游帷幕布置在坝体上游灌浆及主排水廊道内。1# ~ 11# 坝段下游帷幕布置在坝体下游灌浆排水廊道内,12# ~ 18# 坝段下游帷幕布置在一级消力坎基础排水廊道内。

上游帷幕设两排,前排为副帷幕,向上游倾斜 5°,深入泥化夹层 NJ_{301} 下 1m。下游排为主帷幕,帷幕孔垂直,深入 $O_2m_2^{1-5}$ 岩层下 3 m。上下游孔距均为 2.5 m。

左坝肩帷幕灌浆分两层在 900.00 m 和 863.00 m 平洞内进行,帷幕沿坝轴线深入岸坡长度为 57 m。上下层帷幕在 863.00 m 平洞内用扇形帷幕相连接,主帷幕深度由深入 $O_2m_2^{1-5}$ 岩层下 3 m 渐变至 NJ_{304-2} 岩层以下 2 m;右坝肩帷幕灌浆分两层在 900.00 m 和 859.00 平洞内进行,帷幕沿坝轴线深入岸坡长度为 58 m,上下层帷幕在 859.00 m 平洞内用扇形帷幕相连接。主帷幕深度由深入 $O_2m_2^{1-5}$ 岩层下 13 m 至 3 m,帷幕孔距均 2.5 m,双排布孔,主帷幕垂直布置。上游排帷幕倾向上游倾角 5°。

下游帷幕为单排,深入 $O_2m_2^{1-5}$ 岩层 1 m。孔距 2.5 m,下游帷幕垂直布置。

帷幕灌浆可采用小孔径钻孔,并推荐用孔口封闭法施灌。

坝址区 898 m 高程以下分布有溶洞、勘探平洞、钻孔,左岸离坝头 100 m 与坝轴线斜交有一条引黄隧洞。对溶洞、引黄隧洞、平洞、钻孔等进行清理封堵回填处理。引黄隧洞封堵在坝轴线附近,封堵段长 15.0 m 桩号为上 0 - 007.5—下 0 + 007.5。引黄隧洞两端采用 M15 浆砌石墙封堵,墙厚 0.50 m,浆砌石与洞壁接触面边砌筑边用砂浆封死,顶部剩余约 0.5 m 采用 MU10 砌砖,最顶部的小缝隙采用干硬性水泥砂浆填缝。两道封堵墙中间采用干砌块石填充,并埋设灌浆管路,做好回填、接触灌浆及围岩卸荷岩体的固结灌浆。同时对溶洞、平洞做相应的混凝土封堵和灌浆处理。

四、坝基排水设计

坝基下含水岩层为 $O_2m_2^{1-3}$ 岩层与 $O_2m_2^{2-1}$ 岩层。

$O_2m_2^{1-3}$ 岩层属于深层承压含水层,厚度为 19.22 ~ 21.50 m,其顶部的 $O_2m_2^{1-4,5}$ 岩层为相对隔水层,厚度为 13.38 ~ 16.76 m。该层承压水与河水联系较微弱,无明显相关性变化趋势,$O_2m_2^{1-3}$ 岩层上部隔水顶板较厚,对坝基影响甚微,坝基排水孔不深入释放该层承压水。

$O_2m_2^{2-1}$ 岩层具有弱 - 中等透水性,含水层以溶隙、裂隙含水为主。与黄河水位之间存在密切联系,其承压水头接近河水位。含水层上部的相对隔水顶板($O_2m_2^{2-2}$ 层)分布受产状控制,向下游倾斜,在六Ⅱ坝线以上缺失。大坝建基面坐落于 $O_2m_2^{2-1}$ 岩层上,顶部 $O_2m_2^{2-2}$ 岩层挖除,该层承压水作用在坝底面上,需释放该层承压水以减小坝基扬压力,排水孔需深入至 $O_2m_2^{2-1}$ 岩层中下部。除做好坝基防渗排水外,还应加强电站尾水渠、侧墙的排水。

坝基排水的目的是排除透过帷幕的渗水及基岩裂隙中的潜水,在坝基各排水廊道内设置排水孔幕,与灌浆帷幕构成一个完整的坝基防渗排水系统,以降低扬压力,保证坝体的稳定。坝基下共设 3 道排水幕。

依据坝址区位于区域地下水榆树湾排泄区,基岩裂隙中的潜水较为丰富的特点,而坝址下又存在多条泥化夹层,排水孔穿过的泥化夹层需要保护,故排水孔不宜过深,否则会释放过多的地下水增加集水井容积和抽排水的压力,增加泥化夹层保护的投资。因此,第 1、第 3 道排水幕均深入 $O_2m_2^{2-1}$ 岩层中泥化夹层 NJ_{302} 下,比主帷幕浅 1/4 左右;第 2 道排水幕的作用是排坝基下裂隙中的潜水,深入固结灌浆下 2 m。

第 1 道主排水幕布置在灌浆及主排水廊道内帷幕下游侧。表孔、底孔坝段及左右岸非溢流坝段排水孔向下游倾斜 10°,电站及安装间坝段排水孔向下游倾斜 15°,深入 NJ_{302} 下 2 m。左右坝肩主排水孔,布置在坝肩灌浆排水平洞帷幕下游侧。上下两层排水孔在 863.00 m 和 859.00 m 平洞内用一排排水孔相衔接,排水孔入岩深 8.0 m,排水孔钻孔方向与铅直面夹角为 60°,倾向下游,孔距 3.0 m。排水孔深度左坝肩由深入 NJ_{302} 下 2 m 渐变至底高程 853.00 m;右坝肩由深入 NJ_{302} 下 2 m 渐变至底高程 851.00 m。主排水孔最大入岩深度 35 m。位于右坝肩处,最小深度 12 m 位于 15# 坝段。排水孔孔距 2.5 m,钻孔孔径 130 mm。

第 2 道排水幕布置在基础排水廊道内,排水孔入岩深 7 m,均为垂直孔。孔距 3 m,基础排水孔孔径 110 mm。

第 3 道排水幕布置在下游灌浆排水廊道帷幕上游侧,排水幕在 1# 坝段、19# 坝段折向上游与上游主排水幕相交,形成坝基封闭排水幕体。排水孔深入 NJ_{302} 下 2 m,向上游倾斜 15°。排水孔最大入岩深度 22 m 位于 11# 坝段,最小深度 9 m 位于 8# 坝段。孔距 2.5 m,下游排水孔同主排水孔,孔径为 130 mm。

坝基各纵向排水廊道通过横向廊道形成坝基排水网络。电站、安装间坝段上游排水廊道,表、底孔,右岸非溢流坝段排水廊道、右岸灌浆排水平洞内的渗水均汇集到设在 10# 坝段的 1# 集水井中;电站、安装间坝段下游排水廊道,左岸非溢流坝段排水廊道、左岸灌浆排水平洞内的渗水汇集到设在 4# 坝段下游的 2#、3# 集水井中。用排水泵将井内集水抽排至坝外。

一级消力池在底板分缝处的半圆管内设排水孔,排水孔深 6 m,间距 5 m。排水孔横向 6 排,纵向 10 排,形成纵横排水网络。排水孔内的渗水,通过一级消力坎内的廊道汇流到表孔下游岸边的 4# 集水井内。

坝基下排水孔均要穿过泥化夹层,左坝肩下部多达 10 层,坝基一般 2~5 层。泥化夹层间距 1~7 m 不等。为防止泥化夹层产生渗透管涌破坏,在排水孔穿过泥化夹层部位设反滤体,进行排水孔内保护。排水孔内反滤体采用组装式反滤体,各泥化夹层部位将视其层间距离及含泥情况确定反滤体长度。

五、坝基固结灌浆设计

为提高坝基岩体承载力,加强岩体的整体性和各向均一性,依据平面非线性有限元计算结果,需加固坝基下游尾岩,增强尾岩的抗力体作用。本工程对大坝基础及一级消力池基础进行全面的固结灌浆处理。固结灌浆布孔与孔深结合建筑物基础荷载、基础岩体条件、地基软弱结构面性能及埋深等综合指标考虑。

坝基固结灌浆着重坝趾、坝踵和尾岩,坝基中间段及一级消力池作一般处理。固结灌浆具体设计如下:

11#~19#坝段坝基固结灌浆分为两部分,称为 A、B 两区。

A 区为坝基中间段、坝趾段及一级消力池前部,孔深 5 m;B 区为坝踵段,以灌浆及主排水廊道下游为界至坝基轮廓线外,轮廓线外再加两排孔,孔深 7 m。表孔、底孔坝段尾岩固结灌浆范围为坝趾向下游约 30 m,灌浆孔深为 5 m。一级消力池末端消力坎处、二级消力池末端差动尾坎处,均进行固结灌浆,灌浆深度 5 m。固结灌浆孔、排距均为 3 m,均按井字形布置。

1#~10#坝段根据坝基开挖情况和地质波速等测试成果,结合电站坝段施工纵缝的设置,将建筑物沿水流方向从上游向下游分 A、B、C 三块。

(1)A 块固结灌浆设计:上游齿槽斜坡上在斜坡中部布置 1 排孔,为了施工方便,将垂直开挖面钻孔改为竖直向下钻孔,1#、2#坝段孔深 12.0 m,3#~10#坝段孔深 10 m。A 块基础底面固结灌浆孔入岩深为 5.0 m。固结灌浆孔、排距布置原则为 3 m。遇帷幕灌浆孔时,将排距调整为 7.0 m。固结灌浆孔按井字形布置。

(2)B 块固结灌浆设计:B 块为各坝段中间部位,固结灌浆孔的入岩深度基本上为 3.0 m,1#、2#坝段孔、排距为 3.0 m,3#~10#坝段孔、排距为 4.0 m。3#坝段的下游侧为高开挖边坡,尾部岩石较破碎,3#坝段桩号下 0 + 047.40—下 0 + 061.80 范围内的孔入岩深度为 9.0 m。4#坝段桩号坝 0 + 058.80 孔的入岩深度为 12 m。

(3)C 块固结灌浆设计:C 块为各坝段的坝趾,压应力较大,根据实际基坑开挖情况,该部位岩石表面完整性好,抗压强度较高,5#~8#坝段只在岩石比较破碎的部位设置固结灌浆孔,孔深 5.0 m,靠近边墩的灌浆孔倾向边墩方向 15°。4#坝段基础底面入岩深度为 3.0 m,斜坡部位由垂直岩面改为竖直向下钻孔,入岩深为 12.0 m。9#、10#坝段入岩深 5.0 m。

电站坝段尾岩固结灌浆范围为电站尾水出口向下游约 40 m。电站尾水渠固结灌浆孔入岩深度 5.0 m,孔、排距 3.0 m。

六、岸坡接触灌浆

为保证边坡坝段混凝土与边坡开挖岩石面结合紧密,增加边坡坝段的稳定性,要求在开挖边坡部位、坝体接触面范围布置预埋管接触灌浆系统,以备后期对边坡坝段与基岩接触面进行接触灌浆处理。

灌浆分区以避开坝体施工纵缝、边坡开挖平台、缝面部位止水为原则,以 M25 水泥砂浆砌梯形断面止浆堤对灌浆部位进行分隔,堤高 30 cm,顶部宽 50 cm。为保证灌浆效果,分隔出的单个分区面积控制在约 200 m²。

止浆堤基础部位设双排 φ20 锚筋,间距 10 cm,深入基岩 55 cm,使止浆堤与基岩结合牢固。止浆堤表层涂沥青,上埋置塑料止浆片,止浆片接头应结实、严密,保证灌区密封。单个分区顶部止浆堤在止浆片下部设两端封闭的镀锌铁皮排气槽,与 DN32 排气管焊接。

分区内设置进浆管、出浆盒、出浆管、排气管。出浆盒按梅花形布置,间排距 2 m,每层出浆盒之间以灌浆支管连通。进浆管、出浆管为 DN40 镀锌钢管,灌浆支管为 DN25 镀锌钢管,各类管件在基岩面用锚筋牢固固定,并连接可靠。各分区进浆管、出浆管、排气管均引至相应部位的灌浆施工平台,并在引出部位标示清楚。

岸坡接触灌浆须待坝块混凝土的温度达到稳定温度后才可进行。

压水试验采用单点法,压水试验单位吸水量的合格标准为透水率 $q \leqslant 3$ Lu。

接触灌浆采用压水试验法进行质量检查。

七、尾岩加固设计

坝基存在 NJ_{303}、NJ_{304}、NJ_{304-1}、NJ_{304-2} 等多条泥化夹层,因其物理力学指标较低,坝后尾岩(抗力体)对坝体深层抗滑稳定起较大作用。平面非线性有限元计算结果表明,坝后尾岩表面有隆起现象,局部有拉应力区,滑裂通道上有拉裂破坏单元。计算建议底孔坝段一个坝段坝体下游尾岩 20 m 范围之内,施加 20 000 kN 的垂直压力。结合枢纽实际布置和目前施工技术先进手段,尾岩加固采用预应力锚索。预应力锚索设计采用每根 2 000 kN 级,为无黏结锚索;锚索采用有专门防腐层的无黏结预应力钢绞线。锚固段全长范围内钢绞线防腐层全部去除,锚固段钢绞线通过浆体与孔壁结合成整体,而张拉段钢绞线与浆体可以产生滑动。预应力锚索主要设计参数见表 4 - 61。

表 4 - 61 预应力锚索的主要设计参数

项 目	2 000kN 级锚索
设计永存力(kN)	2 000
设计超张拉力(kN)	2 200
锚索长度(m)	26
钢绞线强度级别(MPa)	1 860
钢绞线股数	13
锚具	VM. M15 - 13
钻孔直径(mm)	150
内锚固段长度(m)	7
锚索形式	无黏结锚索

预应力锚索钻孔直径 150 mm,布置在表孔和底孔的一级消力池内,预应力锚索底部为锚固段,长 7.0 m,中间为张拉段,长 18.0 m,基岩面以上即锚索顶部为锚头,锚头(锚墩)深入消力池底板内 1.0 m。锚墩的上、下层钢筋网伸入消力池底板内,与消力池底板连接为整体。表孔坝段设 4 排锚索,桩排距 6.5 m,间距为避开消力池底板的伸缩缝间距不等,按梅花形布置,共布置 22 根,锚索深入 NJ_{303} 下 10 m,单根锚索长 26 m。底孔坝段设 4 排锚索,锚索排距 6.5 m,按梅花形布置,共布置 67 根,锚索深入 NJ_{303} 下 10 m,单根锚索长 26 m。

第九节 安全监测设计

一、安全监测系统设计原则及内容

(一)安全监测系统设计原则

根据龙口大坝坝基内存在多层软弱夹层、坝基深层岩体弹模低于浅层岩体、坝基内存在深层承压水的工程地质条件,以及坝体水工建筑物的结构特点,大坝安全监测系统以坝基、坝体变形及与此相关的扬压力、渗漏量为主,结合进行坝体温度、泥沙冲淤及水力学监测。监测设计以大坝运行期安全监测为主,同时兼顾施工期的安全监测,以监测为主,校核设计和科学研究为辅。

监测仪器的布置应遵循以下基本原则:

(1)设计应能全面反映大坝的工作状况,仪器布置要目的明确,重点突出。监测设施应尽量集中,便于资料分析。

(2)监测仪器设备应精确可靠,稳定耐久。在满足观测精度的前提下,力求观测方便、直观。

(3)在监测断面选择及测点布置上,既要考虑分布的均匀性,又必须重点考虑有特点的结构部位及地质构造。重要部位布设多种监测设施,以便相互验证,便于资料分析。

(4)施工期与运行期连续监测,及时了解并掌握大坝在施工期、初期蓄水及运行期的工作状态。

(5)以自动监测为主,人工监测为辅,自动监测与人工监测相结合。

(6)满足《混凝土大坝安全监测技术规范》(DL/T 5178—2003)中的有关规定。

(二)监测内容

龙口水利枢纽为大Ⅱ型工程,大坝、泄水建筑物、电站厂房为2级建筑物。依据《混凝土大坝安全监测技术规范》(DL/T 5178—2003),选设下列监测项目:位移、挠度、接缝和裂缝、渗漏量、扬压力、绕坝渗流、混凝土温度、坝基温度、坝前淤积、下游冲淤、水位、库水温、气温等。

根据本工程规模较大、设置的观测项目较多、观测工作劳动强度大等特点,为迅速及时地取得大坝工作状态的各种信息,改善观测人员工作条件,采用智能型分布式数据采集系统对各观测项目进行自动化监测。

二、变形监测

(一)坝体、坝基水平位移

在位于高程895.0 m的观测廊道和高程852.0 m的基础灌浆及主排水廊道内布置引张线进行监测。

(1)高程895.0 m观测廊道内布置1条引张线。1#、19#坝段的垂线作为引张线的控制基点。1#~19#坝段每坝段设1个测点,共19个测点,监测近坝顶的坝体水平位移。

(2)10#~18#、3#~10#坝段基础灌浆及主排水廊道内各布置1条引张线,以3#、10#、18#坝段垂线作为引张线的控制基点。4#~10#、11#~17#坝段每坝段设1个测点,共14个测点,监测坝基的水平位移。

采用单向引张线仪进行自动监测。采用读数显微镜进行人工观测。

(二)坝体挠度

坝体挠度采用垂线监测。选择位于坝肩的1#、19#非溢流坝段和位于河床的3#主安装间坝段、10#副安装间坝段、18#表孔坝段各布置1条垂线。为减小垂线长度,保证监测精度,坝顶至灌浆及主排水廊道设正垂线,灌浆及主排水廊道高程以下设倒垂线,两者在位于灌浆及主排水廊道、扬压力观测廊道及横向灌浆排水廊道的垂线测站内相结合。倒垂线的锚固点位于坝基 NJ_{301} 下，倒垂孔深入基岩 $30 \sim 35$ m 不等。正垂线锚固点位于坝顶混凝土内。

垂线在高程 852.0 m 灌浆及主排水廊道和高程 895.0 m 观测廊道处设垂线测站。采用三向垂线坐标仪自动监测大坝的三向变位。人工采用 MZ - 1 型垂线瞄准器进行观测。

(三)坝基变形

为监测坝基 $O_2m_2^{2-1}$ 层内基岩的层间变形，利用 18# 坝段坝轴线部位基岩中的直径 2.0 m 的地勘竖井，布置 1 条倒垂线。浮托装置设在与灌浆及主排水廊道同高程的监测站内，在竖井内各软弱夹层间的岩石上设监测点。监测仪器及监测方法同坝体挠度监测。

另在井壁上各软弱夹层缝面布置大量程的三向测缝计，其测值与各倒垂线测值互校。

(四)垂直位移

坝体、坝基和近坝区岩体的垂直位移，采用一等水准测量。

坝下游布设一等水准环线。由坝体水准点，沿两岸上坝公路、左岸进厂公路的水准点，组成闭合高程控制网。

水准点包括水准基点、工作基点、沉陷标点 3 种。

1. 水准基点的布设

在坝下游沉陷影响范围(约 3 km)以外，左、右岸各埋设 1 组水准基点，每组水准基点不少于 3 个水准标石。

2. 工作基点的布设

为观测坝顶的沉陷，在左、右岸灌浆平洞内各布设 1 组工作基点，每组不少于 2 个测点。平洞内一年四季温度变化较小，作为观测坝顶沉陷的基准值。

灌浆及主排水廊道底高程 852.0 m，水准路线可通过左岸下游进厂公路经 3# 坝段通向下游坝面的交通廊道引入。工作基点布置在左岸下游 872.90 m 高程平台坝体交通廊道出口附近。

3. 沉陷标点的布设

在每个坝段坝顶下游侧埋设 1 个沉陷标点，计 19 个测点，用以观测坝顶的垂直位移。

在灌浆及主排水廊道和下游灌浆排水廊道内，每坝段各埋设 1 个沉陷标点，计 38 个测点。在监测坝基垂直位移的同时，通过每坝段的两个测值，可推算出坝基的倾斜。

为监测大坝下游近坝区岩体的垂直位移，并检测工作基点的稳定性，按逐步趋近的原则，沿两岸上坝、进厂公路每隔 $0.3 \sim 0.5$ km 埋设固定沉陷标点。标点埋设在新鲜、稳固的岩石上。

水准测量采用精密水准测量，观测仪器采用自动安平水准仪和因瓦钢尺。

另外，在较平坦的 4# ~ 18# 坝段的灌浆及主排水廊道内布置静力水准测点，每坝段 1 个，共计 15 个测点，实现主要坝段坝基垂直位移的自动化监测。

(五)坝区平面监测网

为监测近坝岩体和左、右岸岸坡的稳定，检查 1#、3#、10#、18#、19# 五个坝段的倒垂线在坝基内的锚固点的稳定性，分别在大坝下游 1 200 m 范围内左、右岸各建造 4 ~ 6 座控制点监测墩，在坝顶上 5 条正垂线锚固点处设监测墩，两者共同组成外部变形控制网。

(六)接缝监测

在 2#、3#、8#、13#、17#、18# 共 6 个坝段的坝体横缝上，埋设三向测缝计，每个坝段 3 ~ 4 个测点,监测上述坝段横缝的三维变形。

（七）坝上、下游淤积和冲刷监测

在坝上、下游可能形成淤积和冲刷的区域内,采用断面测量法或地形测量法观测。

三、渗流监测

（一）坝基扬压力监测

大坝坝基除设有上游帷幕外,还在下游坝趾处设有下游帷幕。为了对坝基扬压力进行全面监测,设 2 个纵向监测断面、6 个横向监测断面。

（1）第 1 个纵向监测断面布置在上游灌浆及主排水廊道内,第 1 道排水幕线上。第 2 个纵向监测断面布置在下游灌浆排水廊道内。每个纵向监测断面在每个坝段设 1 个测点,埋设测压管,测压管深入基岩 1 m。

（2）横向监测断面布置在 1#、5#、8#、13#、18#、19#坝段,共 6 个断面,并在建基面附近设扬压力监测廊道。

每个监测坝段布置 5～6 个测点,测点布置以上游密、下游渐疏为原则。第 1 个测点布置在基础帷幕的上游,埋设测压管,监测淤沙对渗流的影响;第 2 个测点布置在第 1 道排水幕线上,埋设深孔双管式测压管,监测 NJ_{303}、NJ_{302} 软弱夹层的扬压力,测压管进水管段应埋设在软弱夹层以下 0.5～1 m 的基岩中;第 3、4、5 个测点分别布置在第 1、2 道排水幕下游及第 2 道排水幕线上,埋设测压管,监测第 1、2 道排水幕后及第 2 道排水幕线上的扬压力;第 6 个测点布置在下游灌浆排水廊道内第 3 道排水幕线上,埋设深孔双管式测压管,监测坝趾处基岩内 NJ_{304}、NJ_{303}、NJ_{302} 软弱夹层的扬压力。

（3）13#底孔坝段、18#表孔坝段下游一级消力池基础内,各埋设 1 排渗压计,间距 10～20 m,监测消力池基础的扬压力。

在底孔、表孔一级消力池左、右岸边墙上,布置 4 个监测孔,监测坝基扬压力。

坝基扬压力的自动化监测采用渗压计进行,人工采用压力表进行观测。

（二）坝体扬压力监测

为监测坝体水平施工缝的渗透压力,在 13#、18#两个坝段上游面至坝体排水孔的水平施工缝上,埋设渗压计。

渗压计布置高程 857.0 m 处,靠近上游密些,下游渐疏。每个坝段布置 4 个测点。

（三）混凝土蜗壳及尾水管渗透压力监测

在 8#电站坝段钢筋混凝土蜗壳及尾水管内,沿环向布置渗压计。共布置 3 个断面,每个断面 4 个测点。

（四）坝体、坝基渗流量监测

（1）坝基渗漏量。在 4#、11#、13#等坝段排水廊道及交通廊道内,分段布置量水堰,量测各段坝基排水孔的涌水量。

（2）坝体渗漏量。在 5#、15#坝段灌浆及主排水廊道内横向排水沟中,分段布置量水堰,监测坝体各段的渗漏水量。

（3）在右岸 859 m 高程廊道和左岸 863 m 高程廊道下游排水沟处各设置 1 个量水堰,监测左右坝肩渗水情况。

（4）在各集水井中，通过量水堰或集水井流量仪，监测坝体、坝基的总渗漏量。

（五）绕坝渗流监测

根据大坝与两岸连接的轮廓线，在左、右岸坝肩上、下游岸坡方向各布置 3 列测压管，每列 3~4 个测压管，管底高程分别为 860.0 m 和 865.0 m。测压管总数为 20 个，用渗压计进行自动化监测。

（六）库区渗漏监测

根据库区原地勘孔的分布，从中选择库区中水库左、右岸距河床 3 000~5 000 m 范围内的监测孔作为运行期库区渗漏的监测孔，共 15 孔，不足部分重新钻孔，安装渗压计监测库区渗漏情况。

（七）渗漏水质分析

选择有代表性的排水孔或绕坝渗流孔，定期取水进行水质分析。如发现有析出物或侵蚀性水流出，应取水样进行全项目分析，在渗漏分析的同时，应做库水水质分析。

四、应力、应变及温度监测

应力、应变及温度监测包括坝基变形监测、接缝监测、钢筋应力监测、泥沙压力监测和坝体、坝基温度监测等。

（一）监测坝段的选取

根据坝基情况、坝体结构、日照影响等多方面因素，主要选取 2#、8#、13#、18# 四个坝段，分别作为非溢流坝段、电站坝段、底孔坝段、表孔坝段的代表坝段来布置监测仪器。

（二）坝基变形

（1）在 2#、8#、13#、18# 共 4 个坝段的基岩中，埋设基岩多点变位计，监测坝基内 $O_2m_2^{2-1}$ 层三维变形情况。测点的布设，沿垂直坝轴线方向每个监测断面布置 3~4 支多点变位计，每支仪器在坝基不同高程处布置 3 个测点。

（2）钢筋应力监测。在 8# 电站坝段、13# 底孔坝段的孔口附近钢筋混凝土内埋设钢筋计，监测钢筋应力，同时监测混凝土温度。

（三）坝体、坝基温度监测

1. 坝体温度

在 2#、13#、18# 三个坝段的中心截面，按网格布置测点。测点间距 8 m，埋设温度计进行自动化监测。

2. 坝面温度

下游坝面受日照影响，混凝土温度变幅较大。在 2#、8#、13#、18# 四个坝段下游坝面中部各埋设 4 个表面温度计，用以监测下游坝面温度和混凝土的热传导性。表面温度计的埋设，沿水平方向间距分别为 10cm、20cm、40cm、60 cm。

3. 基岩温度

在 2#、8#、13#、18# 四个坝段的坝基岩石中，分别在上游、下游、中间部位沿铅直方向埋设 3 排温度计。温度计距基岩面分别为 0cm、1.5cm、3.0cm、5.0 m。

（四）接缝监测

（1）坝体纵缝监测。在 2#、8#、13#、18# 四个坝段纵缝或宽缝上埋设 2~4 支单向测缝计，监测坝体纵缝监测开合变化情况。

（2）坝体横缝监测。在 2#、8#、13#、18#四个坝段的相邻的坝体横缝上埋设单向测缝计。测缝计的布置原则,沿高程布置 3～4 个断面,每个断面不少于 6 个测点(包括三向测缝计在内)。

（3）坝体与基岩面接触监测。在 2#、8#、13#、18#共四个坝段的坝踵、坝趾与基岩的结合面埋设单向测缝计。每坝段 3～5 个测点。在左右岸坡坝段与两岸基岩接触面埋设测缝计,沿高程布设 3 个监测断面,每个断面 2 个测点。

（4）在 13#底孔坝段和 18#表孔坝段的坝趾与消力池底板间的纵缝上,各埋设 2 只单向测缝计。

（5）在 8#电站坝段尾水渠底板与基岩接触面上,沿顺水流方向埋设两只单向测缝计。

（五）淤沙压力监测

在 2#、11#、13#、18#坝段坝踵 860.0 m 高程处各布设 1 支土压力计,用以监测大坝上游面淤积形成的泥沙压力。

（六）下游尾岩（深层滑动抗力体）监测

底孔、表孔坝段下游消力池下游尾水基岩,作为深层滑动的抗力体,需打锚索进行加固处理。

为了解锚索和抗力岩体的受力情况,在 13#、17#坝段下游的锚索顶部安装锚索应力计,每个坝段布置 2 只。

五、水文监测

（一）水位监测

在建筑物投入运行前,布设上、下游水位测点。

在坝上游 500 m 及坝下游 270 m 左右各布置水位计井,通过遥测自记水位计进行监测。

（二）库水温监测

在 2#、13#、18#三个坝段的中心横截面上距上游坝面 5～10 cm 的坝体混凝土内,埋设差动电阻式温度计,温度计沿高程相距 4 m。

另在 2#、11#、18#三个坝段坝前设 3 条水温测线,采用深水温度计监测库水温度,温度计间距 4 m。

（三）气温监测

在 11#坝段下游高程 872.90 m 平台上设置 1 个气温监测站,采用自记温度计监测。

（四）冰凌监测

主要包括冰棱现象和冰层厚度,坝前冰盖层的整体移动和冰压力观测。采用目测法观测。

（五）水力学监测

主要采用目测法对水流流态、水面线、下游雾化等进行观测。

六、高边坡监测

大坝右岸岩层倾向河床,坝顶以上边坡高约 35 m。为监测边坡的稳定性,在右岸坡坝体上、下游方向一定范围内,埋设基岩多点变位计。结合绕坝渗流监测,对岸坡稳定进行综合监测。

七、监测站的布置

龙口水电站监测设计,以自动监测与人工观测相结合。监测站的布置既要考虑自动化监测的集中性,又要考虑人工观测的分散性。

永久监测总站暂布置在副厂房监测控制室里,监测站面积约需 40 m²。站内设置大坝安全监控软、硬件系统。利用大坝安全监控系统对各监控仪器进行监测及信息的分析、管理。

在坝体廊道内和坝顶等处设人工观测分站。人工观测可通过配备的便携式检测仪在分站集线箱处进行测量。

施工期间,各部分应力、应变及温度监测仪器埋设后,应设置临时监测分站,及时进行施工期监测。

八、自动化监测系统设计

自动化监测系统主要由传感器、监测分站、监测总站、电缆、网络通信连接和安全监测系统软、硬件组成。传感器通过信号电缆与数据采集单元(监测分站)相连,信号电缆将数据采集单元所采集的信号传输到监控管理中心(监测总站),从而实现自动化监测。

自动化监测分站主要设有数据采集单元(MCU),每一个数据采集单元的布置是根据其监控测点数量的多少、类型和距离确定的。每一个数据采集单元对所辖监测仪器按工控机的命令或设定的时间自动进行监测,并转化为数字量,暂存在数据采集单元中。各个数据采集单元中的数字量通过信号电缆并根据工控机的命令向主机传送所测数据。

第五章　水力机械与电气

第一节　水力机械

　　龙口水利枢纽工程的主要任务是对上游万家寨水电站调峰流量进行反调节,使黄河万家寨水电站—天桥水电站区间不断流,并参与晋、蒙两网调峰发电。

　　龙口水电站型式为河床式,左岸布置电站厂房,右岸布置大坝的泄流建筑物。为了实现龙口水库对万家寨电站调峰流量的完全反调节,龙口水电站装设 4 台 100 MW 轴流转桨式水轮发电机组(简称大机组)用于晋蒙电网调峰,另外装设 1 台 20 MW 混流式水轮发电机组(简称小机组)用于非调峰期向河道泄放基流,该机组在基荷运行。

一、大机组水轮机及其附属设备

　　龙口水电站装设 4 台单机容量为 100 MW 的轴流转桨式水轮发电机组及附属设备。水轮机运行最大净水头 36.1 m(小机组 36.7 m),加权平均水头 33.2 m,最小净水头 23.6 m,水轮机额定水头为 31 m。

　　龙口水电站位于黄河中下游,属黄河上的低水头、多泥沙、单机容量较大的电站。经过对水轮机比转速的统计分析及对各水轮机制造厂的咨询,由于受水轮机运行条件限制,没有完全适合龙口电站的水轮机模型转轮,因此龙口电站的水轮机需要设计新转轮,经过模型试验,最终确定水轮机相关参数及流道尺寸。

　　根据要求,水轮机中标厂家天津阿尔斯通公司在法国阿尔斯通技术中心水力模型试验台上做了大量的模型试验,研制开发龙口电站转轮。在提交了龙口模型试验报告后组织了模型验收试验,模型转轮为 6 叶片,轮毂比为 0.45,直径为 380 mm,能量试验水头 6 ~ 9 m。水轮机能量及空化性能的验收试验结果如下:

　　(1)最优单位转速 115 r/min,最优单位流量 870 L/s。

　　(2)效率修正 $\Delta\eta = 2.408\%$ 。模型转轮最高效率 92.85%,换算到真机最高效率为 95.258%;额定工况点模型效率 92.08%,换算到真机额定工况点效率为 94.493%;加权平均效率 94.503%。

　　(3)额定工况点模型空化系数 $\sigma_{-1} = 0.365$,电站空化系数 $\sigma_p = 0.517\,2$,安全系数 $K = \sigma_p / \sigma_{-1} = 1.41$,满足空化性能和水轮机安装布置要求。

　　模型转轮的能量、空化性能、压力脉动、最大飞逸转速、轴向水推力的验收试验合格,通过验收专家组验收后,按照验收试验采用的模型水轮机进行真机的设计、制造。

　　最终确定的 1# ~ 4# 机组水轮机型号为 ZZ6K069A0 - LH - 710,转轮直径 7.1 m,额定转速 93.75 r/min,额定出力 102.5 MW,额定流量 357.56 m³/s,额定点效率 94.4%,水轮机最大出力 112.75 MW,最高效率 95.26%,吸出高度 -7.2 m,水轮机安装高程 857.00 m。

4 台大机组调速器为 WDST - 100 型微机双调电液调速器,调速器由武汉长江控制设备研究所供货。

二、小机组水轮机及其附属设备

龙口水电站装设 1 台单机容量为 20 MW 的混流式水轮发电机组,即 5# 机组(简称小机组),用于非调峰期向河道泄放基流,水轮机运行最大净水头 36.7 m,加权平均水头 33.2 m,最小净水头 23.6 m,水轮机额定水头为 31 m。

小机组参与基荷运行。该机组由南平南电水电设备制造有限公司供货。小机组转轮采用已有定型转轮,水轮机型号为 HLA904a - LJ - 330,转轮直径 3.3 m,额定转速 136.4 r/min,飞逸转速 264 r/min,额定出力 20.62 MW,额定流量 73.62 m³/s,额定点效率 92.1%,最高效率 95.52%,吸出高度 1.0 m,水轮机安装高程 860.6 m。

小机组调速器为 WDT - 80 型微机调速器,由武汉长江控制设备研究所供货。

三、减轻水轮机泥沙磨蚀的综合措施

减轻水轮机的泥沙磨蚀,使机组安全稳定运行,降低检修周期或检修时间,延长机组的使用寿命,提高电厂的经济效益是水轮机设计的宗旨。龙口水轮机设计首先考虑降低过机水流速度,过流部件采用抗磨蚀的材料,水轮机吸出高度及安装高程选择时留有必要的空蚀裕量,其次考虑机组在运行过程中尽量保持"门前清",减少过机含沙量。

(一)电站枢纽布置设计上考虑有效的排沙措施

为了减少推移质泥沙进入水轮机,在每台机组进口下部设置了两个排沙洞,其进口底部高程 860 m,与机组进口底高程 866 m 相差 6 m。排沙洞运行时,在电站进口前形成冲刷漏斗,运行到坝前的推移质泥沙沉积在冲刷漏斗内。当冲刷漏斗内的泥沙淤积到一定程度后,及时开启排沙洞,将冲刷漏斗内的泥沙排泄出库,这样可控制推移质泥沙不通过机组下泄,减轻泥沙对水轮机的磨蚀。

(二)降低过机水流速度

含沙水流对水轮机转轮的磨蚀与转轮出口相对流速有关。全国水机磨蚀试验研究中心对 A3 钢、20SiMn、0Cr13Ni4Mo、0Cr13Ni6Mo 材料进行磨蚀试验,并参照已运行电站磨蚀破坏的现状提出:当含沙量大于 12 kg/m³ 时,转轮轴面流速宜小于 12 m/s,圆周速度宜小于 34 m/s,叶片出口相对流速宜小于 36 m/s,超过该流速时过流部件的磨蚀会急剧增加。国外经验认为多泥沙河流电站水轮机转轮圆周速度宜小于 38 m/s。预测龙口电站汛期 7 ~ 9 月过机月平均最大含沙量超过 12 kg/m³,而这段时间机组应充分利用汛期水能,尽可能多发电。龙口电站采用国外合资厂的转轮,最终确定的转轮出口相对流速为 36.63 m/s。

(三)合理选择水轮机吸出高度和安装高程

在含沙水流条件下,空蚀往往提前发生,而且空蚀与磨损的联合作用又将加重水轮机的磨蚀损坏程度。龙口电站在计算水轮机吸出高度时,适当加大真机装置空化系数,初设阶段按照额定工况点模型空化系数为 0.4,空化安全系数 K 取 1.31,初步确定水轮机吸出高度 H_s 为 -7.2 m,水轮机安装高程(导叶中心高程)为 857.0 m,由于受水轮机机坑开挖限制,在招标时就明确要求水轮机安装高程不低于此值。

通过模型试验最终确定的模型转轮在额定工况点空化系数为 0.365，电站空化系数 σ_p 为 0.517 2，安全系数 K 达到了 1.41，具有足够的空化安全裕量。

（四）采用抗磨蚀的材料

机组易磨蚀部件采用抗磨蚀性能良好的材料和主要的防护措施。水轮机叶片采用抗空蚀、抗磨蚀的 ZG0Cr13Ni4Mo 材料。转轮体采用 ZG20SiMn 材料整铸，在桨叶转动范围内过流表面锥焊不锈钢。在顶盖和底环上导叶活动的范围内设有 00Cr13Ni5Mo 不锈钢材料的抗磨板。导叶的端面、竖面均焊有 00Cr13Ni5Mo 不锈钢板。

四、起重设备

根据水力发电厂机电设计规范 DL/T 5186—2004 中的要求，龙口电站采用 1 台主起重机，另装 1 台起重量小的副起重机，以提高机动性，加快安装、检修进度。

主起重机主钩起重量根据起吊大机组发电机转子连轴及起吊工具的重量计算，副起重机主钩起重量根据起吊小机组发电机转子连轴的重量计算，通过经济比较，选择了 1 台起重量为 2×250 t 的双小车起重机和 1 台起重量为 150 t 的单小车起重机。因大、小机组都在一个主厂房内布置，且发电机层同高，主、副起重机跨度均为 25 m，共轨使用，GIS 室设 1 台电动单梁起重机，起重量 5 t，跨度 12 m。

五、技术供水系统

技术供水系统主要供发电机空气冷却器、各部轴承冷却器、水轮机主轴密封、深井泵润滑等用水。本电站为多泥沙水电站，根据各用水部位对水质、水压的不同要求，按非汛期机组冷却器供水、汛期机组冷却器供水、主轴密封供水三部分设计。

非汛期机组冷却器供水采用自流供水方式。由各台机组蜗壳取水，通过技术供水总管并联，水源互为备用。为了防止泥沙污物沉积在机组冷却器及管路中，机组各冷却器供水采用正、反向供水方式，定时切换。每台机组设 2 台自动清污滤水器，2 台滤水器互为备用，可在线自动排污。

汛期机组冷却器供水采用尾水冷却器冷却、水泵加压的清水密闭循环冷却供水方案。机组冷却水的循环路径是：循环水池→水泵→尾水冷却器→机组各冷却器→循环水池，该方案通过尾水冷却器交换热量。根据万家寨水电站的运行经验，发电初期泥沙不会淤积到库前，过机含沙量较少，汛期完全可以从水轮机蜗壳取水，所以近期不安装尾水冷却器，将来视过机泥沙含量情况再安装。

主轴密封供水及深井泵润滑供水主水源引自电站左岸平洞的清水池，清水池的水来自两口地下深井。备用水源采用机组蜗壳取水。

六、厂内检修、渗漏及坝基排水

（一）机组检修排水

机组检修排水包括 4 台大机组和 1 台小机组检修排水，所有检修排水均采用排水廊道和集水井相结合的间接排水方式。大机组检修时通过 1 个 DN600 mm 蜗壳排水盘型阀将蜗壳内的积水排入尾水管,然后通过 2 个 DN600 mm 尾水管盘型排水阀排入排水廊道及集水井,蜗壳排水阀在 864.80 m 高程水轮机层液压操作,尾水管盘型排水阀在 844.20 m 高程进行廊道内液压操作;小机组检修排水时蜗壳内的积水通过 DN300 mm 盘型排水阀由 DN300 mm 管路排入尾水管,在上游侧 856.40 m 高程进人廊道操作,然后通过 1 个 DN300 mm 尾水管盘型排水阀排入排水廊道及集水井;排沙钢管检修时的内部积水由 DN300 mm 盘型排水阀直接排入排水廊道及集水井。集水井内设立式长轴泵排至下游 860.00 m 高程。

(二)排沙洞检修排水

电站共设 9 个排沙洞,每台大机组坝段设 2 个排沙洞,副安装间坝段设 1 个排沙洞。每个排沙洞设 1 个 DN300 mm 检修排水盘型阀,该阀在 841.50 m 高程操作廊道液压操作。排沙洞检修时打开盘型阀将排沙洞内的积水排至检修排水廊道及集水井,然后通过检修排水泵排至下游尾水 860.00 m 高程。

(三)厂房及 1#~10# 坝段渗漏排水

厂房及 1#~10# 坝段渗漏排水主要包括排除水轮机顶盖漏水、部分辅助设备及管路排水、发电机消防排水、厂房水轮机层、出线层排水沟排水、1#~10# 坝段坝基坝体渗漏水排水等。1#~10# 坝段渗漏水量约为 180 m³/h,机电设备排水量约为 80 m³/h,总计水量为 260 m³/h。

厂房渗漏排水采用渗漏排水廊道和集水井的排水方式,各部分渗漏水汇集到排水廊道和集水井,由水泵排至下游 859.20 m 高程。水泵工作时间约为 25 min。排水泵的起停由 2 套投入式水位计控制自动运行,以防止 1 套水位计故障影响水泵的正常运行,出现水淹厂房的事故。渗漏集水井清污采用移动式潜水排污泵。

(四)11#~19# 坝段渗漏排水

11#~19# 坝段坝基、坝体渗漏水量约为 280 m³/h。

主厂房副安装场下部设置一渗漏集水井,总容积为 395 m³,有效容积为 222 m³,可汇集 47 min 渗漏水量。设 3 台立式长轴泵,2 台工作,1 台备用,将渗漏水排至下游 861.00 m 高程,水泵工作时间为 20 min。排水泵的起停由 2 套投入式水位计控制自动运行,以防止 1 套水位计故障影响水泵的正常运行,出现水淹厂房的事故。渗漏集水井清污采用移动式潜水排污泵。

(五)电站下游灌浆排水廊道渗漏排水

电站下游灌浆廊道渗漏排水量约为 80 m³/h。

在靠主厂房左岸下游灌浆排水廊道末端,设置一渗漏集水井,总容积为 170 m³,有效容积为 106 m³,可汇集 80 min 渗漏水量。经比较选择 3 台潜水排污泵,2 台工作,1 台备用,将渗漏水排至下游 866.20 m 高程。排水泵的起停由投入式水位计控制自动运行,水泵工作时间为 35 min。

(六)消力池排水

消力池排水主要是减轻消力池底部的扬压力,漏水量 520 m³/h。首先将水排至 855.00 m 高程的消力池排水廊道,在消力池右边墙设有效容积为 416 m³ 的 4# 消力池排水集水井,集水井底部高程为 850.50 m。集水井泵房高程设在 868.50 m,安装 3 台潜水排污泵,2 台工作,1 台备用,可以手动控制运行,也可以由设在集水井内的投入式水位计控制自动运行,排水至尾水 869.00 m 高程。水泵工作时间约为 28 min。

七、其他辅助系统

中压压缩空气系统主要用于 4 台轴流转桨式机组和 1 台混流式机组调速系统压力油罐供气。额定工作压力为 6.3 MPa，均采用一级压力供气方式。低压压缩空气系统主要用于机组的制动用气以及水轮机检修密封、吹扫和风动工具用气。额定压力为 0.8 MPa。

透平油系统和绝缘油系统。透平油系统主要用于机组润滑和调速系统操作用油，透平油牌号为 L – TSA46 汽轮机油；绝缘油系统用于主变压器油，绝缘油牌号为 25#。

水力监测系统设置了全厂性监测项目和机组段监测项目。全厂性监测项目有上游水位、下游水位、1#～5#机拦污栅后水位，均采用投入式水位计测量。根据监测的上游水位、下游水位，可以计算出电站毛水头，根据监测的上游水位、拦污栅后水位，可以计算出拦污栅前、后差压。机组段监测项目有水轮机流量、蜗壳进口压力、尾水管出口压力、蜗壳末端压力、顶盖真空压力、尾水管进口真空压力、尾水管压力脉动、机组振动、摆度、水轮机轴位移。

第二节　电气一次

一、接入系统与接线方案

从项目初步设计到实施阶段，龙口电站的接入系统方案发生多次变化，受其影响电站主接线方案也发生了多次变化。

电站初步设计阶段，龙口水电站 5 台机组分别以两回 220 kV 线路"∏"接入山西或内蒙古电网。山西侧接入 2 台机组 200 MW，内蒙古侧接入 3 台机组 220 MW。龙口电站接线具备日后两省（自治区）电网在此联网运行的条件，同时具备两省（自治区）电网互借机组运行的条件。根据上述接入系统方案及设计原则，水电站 220 kV 侧采用双母线接线，电站运行初期不装设母联断路器，2 条母线类似 2 个独立的单母线方式运行。随着电网发展，如果两侧电网要求在龙口电站联网运行，则装设母联断路器，最终形成完整的双母线接线形式。如果电站需要"借机"运行，可以通过隔离开关倒切实现。

水电站初步设计完成后，两省（自治区）电力规划部门也相继完成了龙口电站接入系统方案的初步设计工作。经电力主管部门审定的接入系统方案为：山西侧以一回 220 kV 线路接入河曲变电站；内蒙古侧以一回 220 kV 线路接入宁格尔变电站，备用 1 个出线间隔。

在此期间，业主委托北京中水新华国际工程咨询公司召开了黄河龙口水利枢纽工程设计优化咨询会，会议的主要目的是要求尽量简化设计以节省投资。经过讨论后，会议最终确定龙口电站电气主接线不考虑"联网"和"借机"运行方式。龙口电站 220 kV 开关站可按照"一厂两站"的模式设计，220 kV 侧主接线优化为山西侧和内蒙古侧各设置独立的单母线接线。

工程进入实施阶段后，山西侧送出线路的设计、审批工作进展的较为顺利，送出工程的完工时间与首台机组发电的时间相吻合。

同时,内蒙古侧电网调整了发展布局,龙口电站内蒙古侧送出线路建设项目被暂时搁置。龙口建管局紧急与山西电网协商后,山西侧电网同意在一定时限内,龙口电站全部机组可以接入山西侧电网短期运行,待内蒙古侧送出线路建成后仍然按照审定的接入系统方案运行。鉴于这种情况,龙口电站 220 kV 接线又必须进行调整,在原有的两段母线之间加装了隔离开关。龙口建管局考虑到即使内蒙古侧送出线路建成后,地区电力需求在短时间内也很难保证龙口机组运行利用小时数,担心电站效益受损,因此希望主接线能够实现内蒙古侧机组"借机"至山西电网运行的功能。经过综合考虑后,220 kV 主接线修改为:内蒙古侧双母线接线,山西侧单母线接线,两侧母线间设置分段隔离开关。

电站发电机变压器组合采用一机一变的电源接线。目前,电站 5 台机组均接入山西电网运行,业主单位正在积极促成内蒙古侧送出工程的建设。

二、供电系统

(一)厂用电的供电范围

龙口水电站厂用电供电区域包括电站厂房坝段、泄流坝段、副厂房、GIS 开关站、厂区生活及消防泵房等,其中电站坝顶总长 408 m。接入系统设计中,电站 5 台机组分别接入山西、内蒙古两网(1#、2#机组接入山西电网,3#~5#机组接入内蒙古电网),两电网在本电站不联网。根据本电站的特点,将电站的供电范围大体分为左、右两个区域,左区供电范围包含电站 1#~2#机组段、副厂房、GIS 开关站及附近区域,右区供电范围包含电站 3#~5#机组段、泄流坝段及附近区域,每个区域设置 1 个 400 V 配电室。厂区负荷供电单独设置配电室。

(二)厂用电电源的设置

龙口水电站设置四大一小 5 台机组,5 台机组机端均采用单元接线;1#、2#机组电能以 220 kV 电压接入山西电网,3#~5#机组电能以 220 kV 电压接入内蒙古电网;5#机组在电网中参与基荷运行。

根据以上情况,由 1#机组、3#机组及 5#机组机端各引接一回电源作为电站厂用电系统的 3 个独立电源。

机组全部停运时,电站可以获取山西、内蒙古两网 220 kV 系统倒送电源,作为电站厂用电系统应急事故电源。

施工中的 35 kV 施工变电站永久保留下来,作为电站的备用电源。

由 5#机组机端引接一回电源作为电站厂区 10 kV 配电系统电源。

(三)厂用接线

龙口电站的厂用电电源考虑 3 种方式引接:①发变单元的分支线上引接,由本站机组供电;②主变压器倒送厂用电;③从永临结合的施工变电站引厂用电的事故备用电源。

电站厂用电系统供电范围不大,厂用电系统采用自用电和公用电混合供电方式。考虑到"一厂两站"运行模式,尽量考虑将厂用电负荷根据机组段划分为山西侧供电区和厂用电供电区。根据电站厂用电源的设置,厂内设置 4 台厂用配电变压器及 1 台厂区配电隔离变压器。厂用变压器 41B、42B 及 43B 的高压侧电源分别引接自 1#、3# 及 5#机组机端;厂用变压器 44B 电源通过 10 kV 电缆线路引接自 35 kV 施工变电站。43B 厂用变压器作为备用电源使用,44B 作为 43B 的备用。

电站内设置厂区 10 kV 供电系统,厂区 10 kV 电源通过隔离变压器(31B)引接自 5#机组机端,10 kV 电源通过厂区 10 kV 配电装置及 10 kV 电缆引接至厂区分配点。

三、主要电气设备

龙口电站装设 4 台 100 MW 和 1 台 20 MW 水轮发电机组。大机组机端采用 SF₆ 型专用发电机断路器,机组与主变压器采用离相封闭母线连接。小机组机端设置真空型发电机专用断路器,安装在中置式开关柜内,机组与主变压器之间采用共箱母线连接。电站设置 4 台 120 MVA 和 1 台 25 MVA 主变压器,主变压器与开关站之间通过 220 kV 高压电缆连接。电站 220 kV 开关站采用 GIS 设备,5 个主变进线间隔,3 个出线间隔。

四、主要电气设备布置

1#~4# 机组发电机主引出线采用离相式封闭母线,分别从发电机风罩引至主厂房下游侧的机压配电室内。发电机断路器、PT 柜及励磁变压器、厂用变压器等均布置在该配电室内。5# 机组的主引出线采用共箱式封闭母线,机压配电装置采用 12 kV 金属铠装中置柜,布置在 5# 机下游的 5# 机组机压配电室内。

电站四大一小 5 台主变压器从左至右依次布置在尾水平台上,相邻 2 台主变压器外廓间的距离为 22 m。主变压器可以通过搬运轨道运至厂房安装间进行检修和维护。

变压器中性点隔离开关,避雷器及放电间隙等设备就近布置在主变压器旁边。

主变高压侧通过软导线与 220 kV 电缆户外终端连接,220 kV 电缆沿尾水平台下的高压电缆廊道敷设进入 GIS 室下电缆夹层,通过 SF₆ 终端与 GIS 设备连接。

关于 220 kV GIS 开关站的布置,在工程初步设计阶段重点对尾水平台和左岸厂前区两个方案进行了技术经济比较。尾水平台方案采用 SF₆ 油气套管连接 GIS 与主变压器,布置更紧凑,投资略少,但是尾水平台振动问题对 GIS 设备的长期安全运行存在不利影响;厂前区方案采用高压电缆连接 GIS 与主变压器,投资较尾水平台方案略多,但是避免了振动问题带来的不利影响。最终采用了 GIS 布置在左岸场前区内的方案。

五、照明系统

水电站照明供电系统应有足够的可靠性,在正常情况或事故状态下,在保证主要工作面上照明不中断的同时,还应保证供电电压的稳定及供电的安全。一般中小型水电站的照明网络通常采用照明与动力共用变压器的 380/220V 系统接线。优点是可减少变压器数量,减少高压配电设备并节省导线材料;缺点是难免产生电压波动。鉴于本水电站厂用电系统中无大功率电动机频繁启动,动力负荷变化不大,电压波动一般不超过允许范围,所以本电站从经济实用性考虑,照明没有选用专用照明变压器。

为了使供电可靠、操作灵活、维护检修方便,龙口电站照明设置了专用配电盘和配电箱。共设照明盘 4 面,照明箱 39 面。正常照明网络为双电源供电,双电源通过机械、电气闭锁备自投装置自动闭锁及切换。两回电源来自公用盘的不同母线,每根母线由不同变压器供电。

事故照明网络则由正常照明系统中的母线引接电源,事故照明盘由交直流切换装置和馈线盘组成,正常情况下供交流电;事故情况下自动切换到蓄电池直流母线网络转变为直流供电。而且,需要安装事故照明场所的事故照明灯具本体都带有可持久供电的电池,即使在无任何电源供电的情况下也可以继续工作 60 min。

本水电站照明系统的接地保护形式采用 TN－C－S 系统。在照明箱内将中性线(N 线)和保护接地线(PE 线)完全分开,所有布置高度低于 2.5 m 的灯具非导电的金属部分均接 PE 线。PE 线和照明箱外壳与附近接地网可靠连接。

六、接　　地

电站设计中主要采用设置人工接地网来降低接地电阻。220 kV 高压电缆廊道、GIS 室、GIS 室下电缆夹层、GIS 室屋顶出线场地以及尾水平台设置均压网。电站总体接地电阻经实测后为 0.11 Ω,达到了设计要求的小于 0.4 Ω 要求。

第三节　电气二次与通信

一、电气二次

(一)计算机监控系统

龙口水电站计算机监控系统采用开发式全分布结构,在功能上分为主控级和单元控制级两级,通过工业级交换机组成光纤双环型以太网,速率 100 Mbps。主控级是电站实时监控中心,主要负责全厂重要机电设备的实时监视和控制,进行全厂的自动化运行(包括 AGC、优化运行、AVC 等)、历史数据处理、系统管理、系统调度数据网的电站侧数据处理以及进行全厂的人机对话等。主控级主要硬件设备包括:系统工作站 2 套、操作员工作站 2 套、工程师/培训工作站 1 套(以上机型均为 SUN ULtra 45 Workstation);厂内通信工作站 1 套、语音报警装置 1 套(以上机型均为 HP XW4600 Workstation,采用 UNIX 操作系统);系统调度通信工作站 4 套及系统通信所需的交换机、纵向加密、路由器等;双环光纤工业以太网网络连接设备 MS20 交换机(德国 HIRSCHMANN)2 套;模拟屏及通信转换驱动器 1 套;GPS 卫星时钟系统 1 套;彩色激光打印机 2 台、黑白激光打印机 2 台;上位机不间断电源 (10 kVA)2 套。计算机监控系统软件采用 NARI 公司 NC2000 系统,主要包括:网络通信软件、系统冗余软件、标准接口软件、应用软件等。

单元控制级主要负责生产过程的实时数据采集和预处理、控制与调节,以及与上位机的通信联络等。设备包括:机组现地控制单元(1LCU－5LCU)5 套,山西侧开关站现地控制单元(6LCU)1 套,内蒙古侧开关站现地控制单元(7LCU)1 套,公用设备现地控制单元(8LCU) 1 套。现地控制单元采用 NARI 公司 MB80 系列智能 PLC,具有双 CPU 和直接上网功能,每一个现地控制单元接至两个 RS20 系列网络交换机。

全厂公用控制系统包括:气系统(中压空压机集中控制、低压空压机集中控制)、排水系统(厂内渗漏排水、厂内检修排水、11#~19#坝段渗漏排水、下游灌浆廊道排水、右岸消力池排水)、底孔闸门系统及全厂通风系统等。以上系统除右岸消力池排水控制设备外,均采用ABB公司生产的可编程控制器及相关自动化元件实现自动控制,右岸消力池排水控制采用施耐德公司生产的可编程控制器。根据设备布置采用分组组网方式接入计算机监控系统,实现对全厂公用控制系统的监视。

龙口水电站将接受山西和内蒙古两个电网的电力调度,相应数据也将送入两网,所以在设计时设置了两个开关站现地控制单元,即山西侧开关站现地控制单元(6LCU)和内蒙古侧开关站现地控制单元(7LCU),使数据独立互不干扰。另外,远动所用的系统调度通信工作站,冗余配置每个电力系统2台,增加了远动的可靠性。

(二) 机组励磁系统

采用广州电器科学研究院生产的EXC9000全数字式静态励磁系统,主要包括:励磁变压器、调节柜、功率柜(2个)、灭磁开关及非线性电阻柜。励磁电源取自发电机机端的励磁变压器,经三相全控桥整流后,向发电机提供励磁电流。主要特点是功能软件化、系统数字化,并采用了DSP数字信号处理技术、可控硅整流桥动态均流技术、高频脉冲列触发技术、低残压快速起励技术、现场总线技术等。

励磁调节器具有独立的数字/数字/模拟三通道,调节通道以主从方式工作,其中一个自动电压调节通道作为主通道(含自动和手动单元),另一个自动电压调节通道(含自动和手动单元)作为第1备用通道,手动调节通道作为第2备用通道。模拟通道是基于集成电路的模拟式调节器。它以励磁电流作为反馈量,从实现的原理和途径上与数字式调节器相比完全不同,因而能起到很好的后备作用,实现两种不同的调节组态。每个自动调节通道配有1套独立的智能化故障检测系统,调节器采用多CPU模式协同工作,运算速度快;具有PID控制器及电力系统稳定器(PSS)等功能。

正常停机调节器自动逆变灭磁,事故停机跳灭磁开关将磁场能量转移到高能氧化锌非线性电阻灭磁。灭磁回路采用"均能组合"技术,使得灭磁过程中各支路吸收能量均匀,从而保持了各支路非线性电阻老化程度一致。过压保护采用串联大功率交流电源,灭磁时切除脉冲可以保证在任何工况下磁场能量均能顺利转移到氧化锌,采用这种方式灭磁可以加快灭磁时间,减少开关电磨损,也可降低对磁场断路器弧压要求。

(三) 调速系统

调速器由武汉长江控制设备研究所供货,1#~4#水轮机调速器为WDST-100型微机双调电液调速器(导叶和桨叶双调),5#水轮机调速器为WDT-80型微机单调电液调速器。5套调速器均采用双PCC调节器,控制模块通过接收机组控制命令及机组实时功率、转速、水头等测量值,计算出相应的导叶位置设定值,并根据设定值与测量值的偏差,输出到水轮机操作机构执行,使导叶位置、桨叶位置自动协联并与设定值相对应。调速器测速采用电气测速和齿盘测速相结合的方式,电气测速采集机端和系统PT信号,齿盘测速是利用主机厂安装在主轴上的齿盘,由调速器厂家配齿盘探头得到齿盘信号。液压部分由双伺服比例阀、主配压阀、事故配压阀、分段关闭装置(小机组没有)等组成。

机组正常停机时利用主配压阀关闭导水机构,当机组甩负荷而调速系统主配拒动不能关闭导水机构时,机组转速升高;当转速升高到整定值且收到主配拒动信号后,控制事故配压阀,使主接力器迅速关闭,从而防止机组飞逸;当事故配压阀也故障,转速继续上升到过速保护装置设定值时,过速限制装置动作,利用油路直接使导叶迅速关闭,实现机组的飞逸保护,同时启动机组紧急事故停机流程使机组停机,防止转速过度升高造成对机组的损害。

(四) 继电保护

(1) 1#~4#发电机保护采用双重化配置,A套为国电南京自动化股份有限公司的GDGT801－1343型微机保护装置,B套为南京南瑞继保工程技术有限公司的PRC85GW－31型微机保护装置。发电机保护包括:不完全纵差动保护、完全裂相横差保护、带电流记忆的低压过流保护、定子过负荷保护、负序过负荷保护、失磁保护、定子过电压保护、100%定子接地保护、转子一点接地保护、轴电流保护,其中A套保护中还包括励磁变的保护配置,有速断及过流保护。

5#发电机保护采用国电南京自动化股份有限公司的GDGT801型微机保护装置。发电机保护包括:完全纵差动保护、带电流记忆的低压过流保护、定子过负荷保护、定子负序过负荷保护、失磁保护、定子过电压保护、90%定子接地保护、转子一点接地保护、轴电流保护及励磁变速断及过流保护。

(2) 1#~5#主变压器电气保护采用双重化配置,A套为国电南京自动化股份有限公司的GDGT801－1343型微机保护装置,B套为南京南瑞继保工程技术有限公司的PRC85TS－21型微机保护装置,另外配1套国电南京自动化股份有限公司的非电量保护。变压器保护包括:主变差动、主变高压侧复合电压启动过电流保护、主变间隙、主变零序、过负荷、瓦斯、油温度及绕组温度、压力释放保护等。

(3) 母线及断路器失灵保护。采用双重化配置,每套保护均含有失灵保护功能。母线保护和失灵保护共用出口元件和复合电压闭锁功能,A套为深圳南瑞科技有限公司的BP－2B型微机保护装置,B套为南京南瑞继保工程技术有限公司的PRC15AB－312A型微机保护装置。220 kV母线型式为:山西侧为单母线,内蒙古侧母线为不完全双母线分段运行,2条母线之间无母联开关,山西侧1条母线与内蒙古侧1条母线可以通过刀闸互联,实现山西侧或内蒙古侧机组送到内蒙古侧或山西侧系统,互联刀闸无断负荷能力,开关站正常运行时,互联刀闸处于分位,两侧的双套母线保护装置分别实现本侧的母线保护功能。为实现母线互联时的母线保护功能,在保护装置中特设了4个联跳出口和4个联跳启动节点。

(4) 220 kV出线(至河曲220 kV变电站)保护。采用双重化配置,A套为国电南京自动化股份有限公司的GPSL603GCM－121光纤纵差保护柜,包括PSL603GCM电流差动保护装置和FCX－12HP分相操作箱,B套为南京南瑞继保工程技术有限公司的PRC31AM－01光纤电流纵差保护柜,包括PRC31AM光纤电流纵差保护装置。

(5) 龙口水电站为机组和220 kV设备各配1台故障录波器,为分析事故及保护装置在事故过程中的动作情况,以及迅速判定故障点的位置提供了依据。

(6) 安稳装置:为了保证机组的安全,装设1套失步解列压频控制装置,包括UFV－200F失步解列压频控制装置1台。为加强电网实时动态安全监视,增加事故分析手段,提高电力系统仿真计算的精度,在电厂侧装设实时动态监测系统子站(功角测量)1套。型号为PAC－2000D,用于系统线路信息量及发电机信息量的采集。

(7) 为使电站保护信息纳入电力系统实时数据网络,配置保护及故障录波信息管理子站,子站与各保护装置及故障录波器通过各自的通信接口分别连接。保护及故障录波信息管理子站经10/100 MB接口与调度数据专用网相连。

(8) 龙口水电站配置双套不同厂家的保护装置虽然造成了二次设计的难度,并增加了工作量,但是可以起到功能上的互补,增加了电站运行的安全性和可靠性。

(五) 直流系统

全厂设 1 套 220 V 直流电源。直流母线采用单母线分段接线,两段直流母线各带 1 组 600AH 阀控式铅酸蓄电池,各配 1 套高频开关充电装置并共用 1 套充电装置,每套高频开关充电装置配有监控单元;两段直流母线各配 1 面主负荷盘并装有微机绝缘检测装置。另配有逆变电源装置 1 套,供事故照明用。另外,在机组、继保室和 GIS 室分别设有交直流负荷盘,为各自负荷供电。对于双套保护装置的直流电源分别从两段直流母线引出,220 kV 断路器合闸线圈和第一跳闸线圈直流电源引自一段直流母线,第二跳闸线圈直流电源引自另一段直流母线。

(六) 电气二次设备布置

龙口水电站型式为河床式,左岸布置电站主、副厂房,右岸布置大坝的泄流建筑物。电气二次主要设备布置为:各机组的控制保护设备布置在主厂房的发电机层上下游侧、水轮机层和出线层,与各自机组对应;监控设备,其他保护设备及直流设备布置在副厂房的中控室、继保室、计算机室、直流盘室及蓄电池室,汇控柜、开关站 LCU 布置在 GIS 室的二次房间。

龙口水电站设有两种不同水轮发电机机型、220 kV 出线系统分别接入山西和内蒙古两个电力系统,主要继电保护装置均采用双重化配置,因此电气二次设计非常复杂、工作量相对较多,设计人员根据工程的特点和山西及内蒙古电力系统的要求,设计中对母线保护等采用了一些新技术,经运行证明二次设计是成功的。

二、通　　信

(一) 站内通信

龙口水电站永久通信设施已投入运行。站内生产调度通信设有 1 台 256 线数字程控调度交换机,调度台布置在中控室,交换主机和主控维护台和录音系统设备布置在副厂房交换机室。该调度机具有电话调度、汇接调度、实时录音及电话会议等功能。调度机与管理交换机等相关设备采用中继连接,中继端口方式可通过软件设置,并留有与光传输等设备的接口。

站内管理通信设有 1 台 512 线的程控交换机,该程控交换机具备非电话业务,与调度交换机通过中继连接,并留有与光传输和网络交换机接口。此交换机作为站内生产调度机的备用设备。

(二) 对外通信

龙口水电站对外通信通过 512 线程控交换机与内蒙古公共网相连。

(三) 系统通信

龙口水电站与系统调度端连接,用于系统调度通信。根据山西和内蒙古电力系统安排,在出线上开通地线复合光缆光纤通道至系统调度端。

(四) 通信电源

龙口水电站永久通信设备设有 2 套独立可靠的供电电源。交流电源采用双回路,取自厂用电不同母线段上。高频开关电源额定电流 150 A。直流电源共设有 4 组 300 AH/48 V 固定阀控式铅酸蓄电池组,采用浮充供电方式。电源设备主要包括 UPS、交流配电柜、直流配电柜、蓄电池等。

（五）水情自动测报系统

龙口水电站为梯级电站，上游万家寨水情水调自动化系统已建成投入使用，在万家寨水库发挥重要作用。下游天桥水电站自动测报系统也已建成。龙口水情水调自动化系统位于上述 2 个基本系统之间，起承上启下的作用。建设龙口水情水调自动化系统有利于黄河北干流上段组成一个自动化的测报调度网络，为本河段的梯级水利水电工程统一的运行和管理创造条件。

目前龙口水利枢纽水情水调自动化系统软、硬件及备品备件的设计、供货、测试试验、包装运输、现场安装调试、技术培训、验收、维护、系统集成所要求的工程及相应土建工程及试运行工作已完成。

该系统规模如表 5－1。

表 5－1 系统规模

类　别	数量（个）	站　名
中心站	1	龙口水利枢纽
分中心站	1	万家寨水利枢纽
中继站	2	黑家庄、关青山
雨量站	9	陈家营、水泉、北堡、黑家庄、下乃河、双碾、利民、东驼梁、刘管焉
水位/雨量站	2	偏关、龙口水利枢纽坝上
水位站	1	龙口坝下

系统通信方式和工作体制：采用 VHF 超短波通信，工作体制采用自报工作方式。

（六）视频监控系统

在黄河龙口水利枢纽工程设置了视频监控系统，系统可以确保运行（值守）人员及时地了解电厂范围内各重要场所的情况，是提高电厂运行水平的重要辅助手段。系统可对视频信息进行数字化处理，从而方便地查找及重现事故当时情况。

根据龙口水电站"无人值班（少人值守）"的控制方式，电站视频监控系统与计算机监控系统、火灾自动报警系统等有机地结合起来，通过在电站某些重要部位和人员到达困难的部位设置摄像机并随时将摄取到的图像信息传输到电站控制中心，以达到减少电站巡视人员劳动强度的目的，并实现电站重点防火部位、各场所安全监视、坝上和开关站等部位的远方监视、部分现地设备的运行情况监视等。

系统的主要设备配置为：副厂房二层中控室设有视频矩阵切换主机、控制操作键盘、硬盘录像机、2×2 DLP 拼接大屏幕系统、监视器、1 个多媒体主机等主设备及附属配套设备。摄像头分别安装在：主厂房机组各层、设备间、副厂房各主要房间、GIS 室、警卫室、坝顶及电站上下游等处。

（七）设备布置

通信主要设备集中布置在副厂房四层有关房间，其他设备另外布置在副厂房二层中控室、主厂房发电机层、GIS 地下层和两个警卫室。

第六章 金属结构

第一节 枢纽金属结构设备概况

根据龙口工程的枢纽总体布置方案,金属结构主要分布在表孔系统,底孔系统,电站系统,排沙系统,左、右岸取水口等部分,共有拦污栅 16 套,栅槽 16 套,平板闸门 48 套,弧形闸门 10 套,门槽 100 套,液压启闭机 10 台,坝顶门机 2 台,尾水门机 1 台,液压抓梁 5 套。

坝前正常蓄水位 898.00 m,校核洪水位 898.52 m。

第二节 底孔系统金属结构设备

底孔系统分布在 12#~16# 共 5 个坝段,每个坝段内设 2 个泄洪底孔,共 10 个泄洪底孔。底孔系统共设 10 孔 4.5 m×6.5 m-35 m 弧形工作闸门,在每孔工作闸门上游侧设 1 道事故检修闸门门槽,10 孔工作闸门共用 2 套 4.5 m×7.444 m-35 m 事故检修闸门。底孔弧形工作闸门启闭设备为 1 600/500 kN 摇摆式液压启闭机,2 台液压启闭机共用 1 套泵站,泵组及油缸布置于底孔启闭机廊道内。底孔事故检修闸门由底孔 1 600 kN 坝顶双向门机通过 1 600 kN 液压自动抓梁启闭。

一、底孔事故检修闸门

底孔事故检修闸门为平板定轮闸门。底坎高程 863.00 m,总水压力 12 467 kN,泥沙压力 442 kN,最大轮压 1 861 kN。当底孔工作弧门事故或需要检修时,闸门动水闭门;闸门充水平压后,静水启门。事故检修闸门面板及止水均布置于上游侧,闸门加重块布置于梁格内。闸门顶部设柱塞式充水阀 2 个,由扁担式拉杆机构与吊耳相连,充水阀行程 400 mm。闸门定轮为简支轮,轮轴为偏心轴,用于滚轮的调平。轴承采用铜基镶嵌自润滑球面轴承。闸门按 6 m 挡沙高度及 35 m 水头条件设计,闸门动水闭门时,通过闸门井补气。闸门启门时充水阀充水平压后,闸门前后最大水压差不应超过 5 m,闸门门前淤沙高度不应超过 3.8 m,闸门平时存放于 11# 坝段事故闸门门库内。为方便检修操作,每孔门槽顶部设置了闸门锁定装置,锁定装置采用摆叉式锁定,事故检修闸门可由底孔 1 600 kN 坝顶双向门机通过 1 600 kN 液压自动抓梁吊起后,由人工操作闸门锁定,将闸门锁定于槽顶部。

底孔事故检修闸门主要特性参数如下:

闸门作用	底孔工作弧门及门槽检修
闸门型式	潜孔平板定轮闸门
孔口尺寸(宽×高)	4.5 m×7.444 m
设计水头	35 m

底坎高程	863.00 m
设计挡水位	898.00 m
运行条件	动水闭门,充水平压后静水启门
充水方式	充水阀
加重方式	梁格内填充铸铁加重块
存放位置	底孔事故检修闸门门库
启闭设备	坝顶 1 600 kN 门机
与启闭机连接方式	底孔事故闸门液压抓梁

二、底孔弧形工作闸门

底孔工作闸门采用弧形闸门。弧形闸门为双主梁直支臂闸门,支臂与门叶、支臂与支铰之间均采用螺栓联接。弧门半径 11.25 m(面板外缘),支铰中心至底槛距离为 8.9 m。闸门顶止水为 P 形橡皮止水,侧止水为方头 P 形橡皮止水,底止水为刀形橡皮止水。考虑到弧门启闭过程中顶止水与门楣水封座均未接触,弧门顶部存在射水的现象,在门楣上设置转铰式水封,利用水压力将水封橡皮压紧在面板上。门叶为面板、主梁、边梁、次梁焊接结构,主梁为焊接实腹工字形截面。支臂为实腹箱形梁焊接结构,上下支臂由立柱连接。弧形工作闸门支铰由固定铰座、活动铰座、支铰轴、轴套、挡环组成。固定铰座、活动铰座材料为 ZG310 – 570,支铰轴直径 400 mm,材料 45# 优质碳素结构钢,轴套为双金属镶嵌自润滑轴承,轴承参数:内径 400 mm;外径 450 mm;长度 590 mm。

侧轮装置为简支式导向轮,在闸门启闭过程中起导向作用,设在闸门边梁腹板外侧,左右各 2 套,共 4 套。侧轮由 45# 钢轴、45# 钢导向轮、焊接轮架组成。

弧门总水压力约 11 846 kN,并考虑淤沙至 869.00 m 高程的 5 976 kN 泥沙压力。为承受弧门支铰的作用力及保证闸门的安装精度,在弧门支铰后设置支撑面经加工的支撑大梁,支撑大梁埋入二期混凝土内。在高程 871.5 m 处设有检修平台,用于弧门水封的更换及弧门维修。

弧门可局部开启,但局部开启时调整弧门的开度,避开闸门震动区。

底孔弧形工作闸门主要特性参数如下:

闸门作用	泄洪
闸门型式	潜孔弧形工作闸门
孔口尺寸(宽×高)	4.5 m×6.5 m
弧门半径	11.25 m
支铰高程	871.90 m
设计水头	35 m
底坎高程	863.00 m
设计挡水位	898.00 m
运行条件	动水启闭
启闭设备	1 600/500 kN 摇摆式液压启闭机

三、底孔弧门液压启闭机

弧形工作闸门采用 1 600/500 kN(启门力/闭门力)摇摆式液压启闭机。工作行程 8.5 m,油泵站安装于高程 886.00 m 的启闭机室内,每 2 台液压缸共用 1 套液压泵站,每套泵站设 2 套泵组,互为备用,共 5 套泵站。油缸采用中部铰接支承,下端与闸门连接吊头内装有自润滑球面滑动轴承,能满足弧门启闭过程中油缸自由摆动及消除弧门和启闭机安装等造成的误差。油缸上端内部装有弹力卷筒钢丝绳行程检测装置,行程检测装置自带上下极限机械限位开关,可实现弧门在任意开度及上下极限控制。在闸门开启期间由于液压系统的泄露,闸门下落 200 mm 时,油泵电动机组自动启动,提升闸门至原开度位置。启闭机室顶部设有 2 m×2 m 吊物孔。

液压启闭机除能在启闭机室内现地控制外,还可以在电站中控室内集中控制。弧形闸门可单台启闭,泄洪时要求对称成组开启和关闭。

第三节　表孔系统金属结构设备

表孔系统分布在 17#、18# 共 2 个坝段,每个坝段内设 1 个泄洪表孔,共 2 个泄洪表孔。表孔系统共设 2 孔 12 m×11.5 m－11.04 m 平板工作闸门,在每扇工作闸门上游侧设 1 道检修闸门门槽,2 孔工作闸门共用 1 套 12 m×10.6 m－10.053 m 检修闸门。表孔工作闸门、检修闸门均由 1 600 kN 坝顶双向门机操作。

表孔工作闸门、检修闸门均为平板定轮闸门。闸门由门叶结构、主轮装置、水封装置、侧轮装置组成。门叶为焊接结构,由面板、主横梁、边梁、次梁、纵隔板组成。主梁为焊接实腹工字形变截面梁,次梁为槽钢,纵隔板为实腹 T 形结构。闸门主轮轴为偏心轴,轴承采用塑料合金自润滑球面轴承。工作闸门总水压力 8 500 kN,最大轮压 970 kN;检修闸门总水压力 7 040 kN,最大轮压 950 kN。

工作及检修闸门面板及止水均布置于上游侧。工作闸门底坎高程 887.48 m,检修闸门底坎高程 887.947 m,检修闸门和工作闸门共用 1 600 kN 坝顶双向门机。闸门均为动水启闭,与 1 600 kN 坝顶双向门机直接相连。检修闸门平时存放于隔墩坝段的门库内,两扇工作闸门不用于挡水时可全部存放于门库内。

表孔工作闸门主要特性参数如下:

闸门作用	表孔泄洪
闸门型式	表孔平板定轮闸门
孔口尺寸(宽×高)	12 m×11.5 m
设计水头	11.04 m
底坎高程	887.48 m
设计挡水位	898.52 m
运行条件	动水启闭
与启闭机连接方式	直接连接
存放位置	表孔闸门门库
启闭设备	坝顶 1 600 kN 双向门机

第四节　发电系统金属结构设备

引水发电系统位于大坝左侧 3#～10# 坝段,共装有 4 台单机容量为 100 MW 和 1 台单机容量为 20 MW 的水轮发电机组。每台 100 MW 机组有 3 个进水口和 3 个尾水出口,电站进水口设事故闸门,并只考虑 1 台机组事故。20 MW 机组有 1 个进水口、1 个尾水出口,进水口设事故闸门。大、小机组进口段沿水流方向依次设有主拦污栅、检修闸门和事故闸门,尾水均设检修闸门。以上金属结构设备由电站进口 2×1 250 kN 双向门机操作。电站进口检修闸门、事故闸门等设备平时存放于主安装厂坝段的门库内。100 MW 机组电站尾水出口设有 6 套检修闸门,可用于 2 台机同时检修,其中 3 套闸门平时锁定在电站尾水平台上,3 套闸门存放于门库内。20 MW 机组出口设有 1 套检修闸门,闸门平时存放于隔墩坝段门库内。尾水检修闸门由 2×630 kN 尾水双向门机通过液压抓梁操作。

一、电站进口拦污栅

4 台 100 MW 机组电站进水口拦污栅为连通式布置,连通布置可以避免单套拦污栅堵塞而影响机组引水发电。

5.9 m×32.5 m－4 m 主拦污栅共设 12 套,底坎高程 887.947 m。每套主拦污栅共分 12 节,节与节之间由销轴连接,每节左右两侧设摆叉式人工锁定。拦污栅提栅时,可由 2×1 250 kN 电站坝顶门机主钩通过平衡梁整体启吊后,人工拉动摆叉将拦污栅锁定于栅槽顶部后,人工拆除节间连接销轴后,将上节拦污栅移走清污;重复以上步骤可将 12 节拦污栅全部拆除,拦污栅放回栅槽按以上步骤逆向操作即可。

拦污栅按运输单元沿高度方向分 12 节设计制造,节间采用销轴连接,在工地拼装成整体。每节拦污栅均由框架、栅条组成,框架采用三主横梁焊接结构。

拦污栅设计计算采用平面体系假定进行分析,主横梁按受均布荷载的简支梁设计,栅条按双悬臂双跨梁进行强度和刚度计算。

拦污栅主要特性参数如下:

拦污栅型式	活动栅
孔口宽度	5.9 m
栅体高度	32.5 m
设计水位差	4 m
支承方式	滑块
栅条净距	208 mm
底坎高程	866.034 m
与启闭机连接方式	通过平衡梁相连
清污方式	提栅清污
启闭设备	2×1 250 kN 电站坝顶门机主钩

20 MW 机组电站进水口拦污栅共 1 孔,每孔设 1 套 4.4 m×33.1 m－4 m 拦污栅。每套主拦污栅共分 10 节,节与节之间采用活动的连接板通过销轴连接,栅槽顶部设摆叉式人工

锁定。拦污栅提栅时,可由 2×1 250 kN 电站坝顶门机单钩通过平衡梁整体启吊后,人工拉动摆叉将拦污栅锁定于栅槽顶部后,人工拆除节间连接销轴后,将上节拦污栅移走清污;重复以上步骤可将 10 节拦污栅全部拆除时,拦污栅放回栅槽按以上步骤逆向操作即可。

拦污栅按运输单元沿高度方向分 10 节设计制造,节间采用销轴连接,在工地拼装成整体。每节拦污栅均由框架、栅条组成,框架采用三主横梁焊接结构。

拦污栅设计计算采用平面体系假定进行分析,主横梁按受均布荷载的简支梁设计,栅条按双悬臂双跨梁进行强度和刚度计算。

拦污栅主要特性参数如下:

拦污栅型式	活动栅
孔口宽度	4.4 m
栅体高度	33.1 m
设计水位差	4 m
支承方式	滑块
栅条净距	100 mm
底坎高程	866.00 m
与启闭机连接方式	通过平衡梁相连
清污方式	提栅清污
启闭设备	2×1 250 kN 电站坝顶门机主钩

二、电站进口检修闸门

100 MW 机组电站进口 5.9 m×15.775 m－34.82 m 检修闸门为平板滑动闸门。闸门由门叶结构、滑块装置、水封装置、弹性反轮装置、充水阀装置组成。门叶为焊接结构,由面板、主横梁、边梁、纵隔板组成。主梁为焊接实腹工字形等截面梁,纵隔板为实腹 T 形结构。总水压力 32 054 kN,滑块最大压力 1 768 kN。闸门滑块采用塑料合金自润滑重型滑块。闸门静水启闭,门顶设压盖式充水阀平压后,静水启门。充水阀与闸门吊耳相连,充水阀行程255 mm。检修闸门面板及底、侧止水均布置于上游侧,顶止水布置于下游侧。闸门顶部、底部设弹性反轮,共 10 套。闸门平时存放于 3# 坝段检修闸门门库内。检修闸门由 2×1 250 kN电站坝顶门机通过 2×1 250 kN 液压自动抓梁启闭。进口检修闸门作为永久设备,共设 3 套,考虑到机组安装及下闸蓄水需要,另设 6 套检修闸门作为电站进口临时封堵用。

20 MW 机组电站进口 4.4 m×10.167 m－32.52 m 检修闸门为平板滑动闸门。闸门由门叶结构、滑块装置、水封装置、充水阀装置组成。门叶为焊接结构,由面板、主横梁、边梁、纵隔板组成。主梁为焊接实腹工字形等截面梁,纵隔板为实腹 T 形结构。总水压力14 620 kN,滑块最大压力 1 100 kN。闸门滑块采用塑料合金自润滑重型滑块。闸门静水启闭,门顶设压盖式充水阀平压后,静水启门。检修闸门面板及底、侧止水均布置于上游侧,顶止水布置于下游侧。充水阀与闸门吊耳相连,充水阀行程 255 mm。检修闸门由 2×1 250 kN 电站坝顶门机单钩通过拉杆启闭。拉杆设摆叉式锁定梁,闸门启闭过程中可将拉杆锁定于孔口后拆除拉杆。检修闸门及拉杆平时存放于 9# 坝段检修闸门门库内。

100 MW 机组电站进口检修闸门主要特性参数如下:

闸门作用	电站进口事故闸门及门槽检修
闸门型式	潜孔平板滑动闸门
孔口尺寸(宽×高)	5.9 m×15.775 m
设计水头	34.82 m
底坎高程	863.7 m
设计挡水位	898.52 m
运行条件	静水启闭
充水方式	充水阀
加重方式	无
存放位置	检修闸门门库
启闭设备	2×1 250 kN 电站坝顶门机
与启闭机连接方式	检修闸门液压抓梁

20 MW 机组电站进口检修闸门主要特性参数如下:

闸门作用	电站进口事故闸门及门槽检修
闸门型式	潜孔平板滑动闸门
孔口尺寸(宽×高)	4.4 m×10.167 m
设计水头	32.52 m
底坎高程	866.00 m
设计挡水位	898.52 m
运行条件	静水启闭
充水方式	充水阀
加重方式	无
存放位置	检修闸门门库
启闭设备	2×1 250 kN 电站坝顶门机
与启闭机连接方式	检修闸门拉杆

三、电站进口事故闸门

100 MW 机组电站进口事故闸门为 5.9 m×17.106 m−40.216 m 平板定轮闸门。闸门由门叶结构、定轮装置、水封装置、充水阀装置组成。门叶为焊接结构,由面板、主横梁、边梁、纵隔板组成。主梁为焊接实腹工字形等截面梁,纵隔板为实腹 T 形结构。闸门总水压力 37 609 kN,最大轮压 1 500 kN。闸门定轮为偏心轮,轴承采用塑料合金自润滑球面轴承。闸门动水闭门,静水启门。门顶设柱塞式充水阀,充水阀与闸门吊耳相连,充水阀行程 470 mm,充水时由闸门井补气。考虑到本枢纽工程水质含沙量大,为避免闸门门槽及梁格内淤积泥沙及防止充水阀、液压抓梁受淤沙影响,故将事故闸门面板及顶、底、侧止水均布置于上游侧。事故闸门作为永久设备,共设 3 套。闸门平时存放于 3# 坝段事故闸门门库内。事故闸门由 2×1 250 kN 电站坝顶门机通过 2×1 250 kN 液压自动抓梁启闭。

20 MW 机组电站进口事故闸门为 4.4 m×7.966 m−33.386 m 平板定轮闸门。闸门由门叶结构、定轮装置、水封装置、充水阀装置组成。门叶为焊接结构,由面板、主横梁、边梁、纵隔板组成。主梁为焊接实腹工字形等截面梁,纵隔板为实腹 T 形结构。总水压力 12 268 kN,最大轮压 1 100 kN。闸门定轮为偏心轮,轴承采用塑料合金自润滑球面轴承。闸门动水闭门,静水启门。门顶设柱塞式充水阀。事故闸门面板及顶、底、侧止水均布置于上游侧。充水阀与闸门吊耳相连,充水阀行程 470 mm。充水时由闸门井补气。事故闸门由 2 m × 1 250 kN 电站坝顶门机单钩通过拉杆启闭。拉杆设摆叉式锁定梁,闸门启闭过程中可将拉杆锁定于孔口后拆除拉杆。事故闸门作为永久设备,共设 1 套。事故闸门及拉杆平时存放于 9# 坝段检修闸门门库内。

100 MW 机组电站进口事故闸门主要特性参数如下:

闸门作用	机组事故闭门及检修
闸门型式	潜孔平板定轮闸门
孔口尺寸(宽×高)	5.9 m×17.106 m
设计水头	40.216 m
底坎高程	858.304 m
设计挡水位	898.52 m
运行条件	动水闭门静水启门
充水方式	充水阀
加重方式	加重块
存放位置	事故闸门门库
启闭设备	2×1 250 kN 电站坝顶门机
与启闭机连接方式	事故闸门液压抓梁

20 MW 机组电站进口事故闸门主要特性参数如下:

闸门作用	机组事故及检修
闸门型式	潜孔平板滑动闸门
孔口尺寸(宽×高)	4.4 m×7.966 m
设计水头	33.386 m
底坎高程	865.134 m
设计挡水位	898.52 m
运行条件	动水闭门静水启门
充水方式	充水阀
加重方式	加重块
存放位置	事故闸门门库
启闭设备	2×1 250 kN 电站坝顶门机
与启闭机连接方式	事故闸门拉杆

四、电站尾水检修闸门

100 MW 机组电站尾水检修闸门为 6.4 m×9.5 m－24.15m 平板滑动闸门。闸门由门叶结构、滑块装置、水封装置、弹性反轮装置、充水阀装置组成。门叶为焊接结构,由面板、主横梁、次梁、边梁、纵隔板组成。主梁为焊接实腹工字形等截面梁,纵隔板为实腹 T 形结构。

总水压力 13 930 kN,最大滑块压力 800 kN,闸门滑块采用塑料合金自润滑重型滑块,闸门静水启闭。门顶设压盖式充水阀,充水阀与闸门吊耳相连,充水阀行程 200 mm。闸门面板及顶、底、侧止水均布置于上游侧,闸门反向设有 4 套弹性反轮,检修闸门作为永久设备,共设 6 套。闸门设有 3 套闸门,平时存放于大机组尾水闸门门库内,3 套闸门锁定于闸门槽顶部。尾水闸门还兼作机组冷却器检修闸门,冷却器检修时,闸门边梁吊耳与拉杆相连,拉杆锁定于闸门槽顶部。尾水检修闸门底部上游侧设有 P 形止水与门楣接触作为底止水。检修闸门由 2×630 kN 电站尾水门机通过 2×630 kN 液压自动抓梁启闭。抓梁两端设有与拉杆相连接的吊耳。

20 MW 机组电站尾水闸门为 8 m×5.2 m – 14.72 m 平板定轮闸门。闸门由门叶结构、定轮装置、水封装置、弹性反轮装置组成。门叶为焊接结构,由面板、主横梁、次梁、边梁、纵隔板组成。主梁为焊接实腹工字形等截面梁,纵隔板为实腹 T 形结构。闸门总水压力 5 940 kN,最大轮压 1 020 kN。闸门定轮为偏心轮,轴承采用塑料合金自润滑轴套,闸门静水启闭。小开度提门充水平压后静水启门。检修闸门面板及顶、底、侧止水均布置于上游侧,检修闸门由 2×630 kN 电站尾水门机通过拉杆启闭。拉杆设摆叉式锁定梁,闸门启闭过程中可将拉杆锁定于孔口后拆除拉杆。检修闸门作为永久设备,共设 1 套。检修闸门及拉杆平时存放于检修闸门门库内。

100 MW 机组电站尾水检修闸门主要特性参数如下:

闸门作用	机组检修
闸门型式	潜孔平板滑动闸门
孔口尺寸(宽×高)	6.4 m×9.5 m
设计水头	24.15 m
底坎高程	841.87 m
设计挡水位	866.02 m
运行条件	静水启闭
充水方式	充水阀
加重方式	无
存放位置	检修闸门门库及门槽顶部各 3 套
启闭设备	2×630 kN 电站尾水门机
与启闭机连接方式	检修闸门液压抓梁

20 MW 机组电站进口检修闸门主要特性参数如下:

闸门作用	机组检修
闸门型式	潜孔平板定轮闸门
孔口尺寸(宽×高)	8 m×5.2 m
设计水头	14.72 m
底坎高程	851.30 m
设计挡水位	866.02 m
运行条件	静水启闭
充水方式	小开度提门充水
加重方式	无

存放位置	检修闸门门库
启闭设备	2×630 kN 电站坝顶门机
与启闭机连接方式	检修闸门拉杆

第五节　排沙系统金属结构设备

排沙系统由电站坝段排沙洞和副安装场排沙洞组成。电站坝段排沙洞共8条,分别位于4台100 MW机组3个进水口中外侧2个进水口的正下方。副安装场排沙洞共1条,位于副安装场下部。电站坝段(1#排沙洞)、副安装场(2#排沙洞)排沙洞的进口均设有事故闸门,出口均设有工作闸门,在工作闸门的下游侧各设1道检修闸门,1#、2#排沙洞共用2套检修闸门,闸门平时存放于门库中。排沙系统不运行时,出口工作闸门和进口事故闸门均为关闭状态,需要运行时,先将进口事故闸门提出孔口,排沙洞内充满水后,再开启出口工作闸门,放水冲沙。1#排沙洞进口事故闸门由电站2×1 250 kN双向门机通过排沙洞进口事故闸门液压抓梁操作,2#排沙洞进口事故闸门由电站2×1 250 kN双向门机单钩通过拉杆操作。1#、2#排沙洞出口工作闸门、检修闸门均由电站尾水2×630 kN双向门机单钩通过拉杆操作。

一、排沙洞进口事故闸门

1#排沙洞进口事故闸门为5.9 m×4 m－38.52 m平板定轮闸门。闸门由门叶结构、定轮装置、水封装置、充水阀装置组成。门叶为焊接结构,由面板、主横梁、边梁、纵隔板组成。主梁为焊接实腹工字形等截面梁,纵隔板为实腹T形结构。闸门总水压力10 246 kN,最大轮压1 280 kN。闸门定轮为偏心轮,轴承采用塑料合金自润滑轴套。闸门动水闭门,静水启门。门顶设柱塞式充水阀,充水阀与闸门吊耳相连,充水阀行程470 mm。事故闸门面板布置于上游侧,顶、侧止水均布置于下游侧,利用水柱闭门。事故闸门门槽吊耳高度处内设冲沙管,液压抓梁开启闸门前,可先用高压水冲沙后启门。闸门可由锁定梁锁定于门槽顶部,事故闸门作为永久设备,共设8套,事故闸门由2×1 250 kN电站坝顶门机通过2×1 250 kN液压自动抓梁操作。

2#排沙洞进口事故闸门为3 m×3 m－38.52 m平板定轮闸门。闸门由门叶结构、定轮装置、水封装置、充水阀装置组成。门叶为焊接结构,由面板、主横梁、边梁、纵隔板组成。主梁为焊接实腹工字形等截面梁,纵隔板为实腹T形结构。闸门总水压力4 235 kN,最大轮压720 kN。闸门定轮为偏心轮,轴承采用塑料合金自润滑轴套。闸门动水闭门,小开度提门充水平压后静水启门。事故闸门面板及顶、底、侧止水均布置于上游侧,事故闸门作为永久设备,共设1套,事故闸门由2×1 250 kN电站坝顶门机单钩通过拉杆启闭。闸门启闭后可将拉杆锁定于闸门槽顶部。

1#排沙洞进口事故闸门主要特性参数如下:

闸门作用	事故闭门及挡水
闸门型式	潜孔平板定轮闸门
孔口尺寸(宽×高)	5.9 m×4.00 m

设计水头	38.52 m
底坎高程	860.00 m
设计挡水位	898.52 m
运行条件	动水闭门静水启门
充水方式	充水阀
加重方式	利用水柱闭门
启闭设备	2×1 250 kN 电站坝顶门机
与启闭机连接方式	液压抓梁

2#排沙洞进口事故闸门主要特性参数如下：

闸门作用	事故闭门及挡水
闸门型式	潜孔平板定轮闸门
孔口尺寸(宽×高)	3.0 m×3.0 m
设计水头	38.52 m
底坎高程	860.00 m
设计挡水位	898.52 m
运行条件	动水闭门静水启门
充水方式	小开度提门充水
加重方式	加重块
启闭设备	2×1 250 kN 电站坝顶门机单钩
与启闭机连接方式	拉杆

二、排沙洞出口工作闸门、检修闸门

1#、2#排沙洞出口工作闸门均为平板定轮闸门。1#、2#出口工作闸门为 1.9 m×1.9 m－44.52 m 和 1.9 m×1.9 m－43.52 m 平板定轮闸门。闸门由门叶结构、定轮装置、水封装置组成，门叶为焊接结构，由面板、主横梁、边梁、纵隔板组成，主梁为焊接实腹工字形等截面梁，纵隔板为实腹 T 形结构。闸门总水压力分别为 2 021 kN 和 1 975 kN，最大轮压分别为 337 kN 和 329 kN。闸门定轮为偏心轮，轴承采用塑料合金自润滑轴套。闸门动水启闭，闸门面板及顶、底、侧止水均布置于上游侧，闸门由 2×630 kN 电站尾水门机通过拉杆操作。拉杆设有摆叉式锁定梁，闸门启闭后可将拉杆锁定于闸门槽顶部。1#工作闸门作为永久设备，共设 8 套，2#工作闸门作为永久设备，共设 1 套。

1#、2#排沙洞出口检修闸门均为平板滑动闸门，1#、2#出口工作闸门为 1.9 m×1.9 m－11.72m 和 1.9 m×1.9 m－10.72 m 平板滑动闸门。闸门由门叶结构、滑块装置、水封装置、组成。门叶为焊接结构，由面板、主横梁、次梁、边梁、纵隔板组成。主梁为焊接实腹工字形等截面梁，纵隔板为实腹 T 形结构，总水压力分别为 498 kN 和 451 kN，最大滑块压力 125 kN 和 113 kN。闸门滑块采用塑料合金自润滑滑块，闸门面板及顶、底、侧止水均布置于上游侧。闸门由 2×630 kN 电站尾水门机通过拉杆操作。拉杆设有摆叉式锁定梁，闸门静水启闭，启闭后可将拉杆锁定于闸门槽顶部。1#、2#检修闸门作为永久设备，共设 2 套。

1#、2#排沙洞出口工作闸门主要特性参数如下：

闸门作用	闭门挡水
闸门型式	潜孔平板定轮闸门
孔口尺寸(宽×高)	1.9 m×1.9 m
设计水头	44.52 m/43.52 m
底坎高程	854.00 m/855.00 m
设计挡水位	898.52 m
运行条件	动水启闭
加重方式	加重块
启闭设备	2×630 kN 电站尾水门机
与启闭机连接方式	拉杆

1#、2#排沙洞出口检修闸门主要特性参数如下:

闸门作用	工作闸门及门槽检修
闸门型式	潜孔平板滑动闸门
孔口尺寸(宽×高)	1.9 m×1.9 m
设计水头	11.72 m/10.72 m
底坎高程	854.00 m/855.00 m
设计挡水位	898.52 m
运行条件	静水启闭
充水方式	小开度提门充水平压启门
启闭设备	2×630 kN 电站尾水门机
与启闭机连接方式	拉杆

第六节　左、右岸取水口金属结构设备

一、左岸取水口金属结构设备

左岸取水口位于龙口水利枢纽工程左岸坝肩,共 1 孔。取水口沿水流方向依次设有拦污栅栅槽、检修闸门门槽、工作闸门门槽,分别设有拦污栅、检修闸门、工作闸门各 1 套及启闭设备 100 kN 固定电动葫芦 2 台、250 kN 液压启闭机 1 台。拦污栅、检修闸门、工作闸门底槛高程均为 886.00 m。

取水口拦污栅为 4.3 m×2.92 m－2 m(孔口宽度×孔口高度－水压差,下同),为潜孔式布置,共 1 套。拦污栅通过拉杆与 100 kN 电动葫芦相连,当拦污栅栅条上的污物较多时,可通过电动葫芦将拦污栅提出孔口后,人工清理栅条间污物。

取水口检修闸门为 1.8 m×2.22 m－12 m(孔口宽度×孔口高度－设计水头,下同),为潜孔式平板定轮钢闸门,上游止水。当取水口需要检修工作闸门、埋件、引水洞时,检修闸门可以静水闭门。检修闸门由 100 kN 电动葫芦启闭。闸门平时不使用时,可由电动葫芦提出孔口后,锁定在闸门井顶部,应保证闸门底缘不阻水。

取水口工作闸门为 1.8 m×2 m-12 m(孔口宽度×孔口高度-设计水头),为潜孔式平板定轮钢闸门,动水启闭,闸门为上游止水,闸门由 250 kN 液压启闭机通过拉杆启闭。闸门可以根据引水控制流量要求调节开度,但应避开闸门在某固定开度的震动区。

电动葫芦为现地控制,液压启闭机设开度显示仪与负荷限制器,可现地控制,也可在龙口电站中控室控制。

二、右岸取水口金属结构设备

右岸取水口位于龙口水利枢纽工程右岸 19#坝段,共 2 孔。取水口沿水流方向依次设有拦污栅栅槽、检修闸门门槽,分别设有 2 套拦污栅和 1 套检修闸门。拦污栅和检修闸门均通过拉杆由坝顶 1 600 kN 双向门机操作。拦污栅和检修闸门底槛高程均为 880.00 m。

取水口拦污栅为 2 m×2 m-2 m,为潜孔式布置,共 1 套,拦污栅通过拉杆锁定在闸孔顶部,当拦污栅栅条上的污物较多时,可通过底孔、表孔共用 1 600 kN 双向门机将拦污栅提出孔口后,人工清理栅条间污物。

取水口检修闸门为 2 m×2 m-18.52 m,为潜孔式平板定轮钢闸门,上游止水。当取水口引水洞后部的蝶阀需要检修时,检修闸门可以由坝顶 1 600 kN 双向门机操作。闸门的操作条件为静水启闭,检修闸门平时通过拉杆锁定在闸孔顶部,闸门锁定在闸门井顶部时,应保证闸门底缘不阻水。

第七节　坝顶门机及尾水门机

龙口工程门机共 3 台,分别为电站进口 2×1 250 kN 电站坝顶双向门机、电站尾水 2×630 kN 双向门机及底、表孔坝段 1 600 kN 坝顶双向门机,全部采用滑触线供电。

一、电站进口坝顶门机

电站进口坝顶门机为 2×1 250 kN 双向门机,门机由主起升小车、回转吊、移动副钩、门架、大车运行机构、夹轨器、司机室、轨道及其附件、集中润滑系统及电气设备组成。门机供电采用电缆沟内滑触线供电,门机起升及行走机构电机均采用变频电机,提高了门机运行精度及效率。

(一)门机主要用途

1.2×1 250 kN 主钩

(1)通过平衡梁操作电站进水口拦污栅;

(2)通过液压抓梁操作 100 MW 机组电站进口检修闸门;

(3)通过液压抓梁操作 100 MW 机组电站进口事故闸门;

(4)通过液压抓梁操作电站坝段 1#排沙洞进口事故闸门;

(5)通过拉杆操作副安装间 2#排沙洞进口事故闸门;

(6)通过拉杆操作 20 MW 机组电站进口检修闸门;

(7)通过拉杆操作 20 MW 机组电站进口事故闸门。

2. 200 kN 回转吊

回转吊用于操作坝顶门槽盖板及杂物运输。

3. 50 kN 移动副钩

用于坝面维护及小件物品运输。

（二）电站坝顶门机主要技术参数

电站坝顶门机主要技术参数见表 6-1。

表 6-1 　　　　　　　　　　　电站坝顶门机主要技术参数

主起升机构	额定启门力（kN）	2×1 250	扬程（轨上/全）（m）	22/58
	起升速度（m/min）	0.8～4/4～8	吊点距（m）	3.95
回转吊机构	额定启门力（kN）	200	扬程（轨上/全）（m）	20/30
	起升速度（m/min）	3	回转幅度（m）	12
大车运行机构	运行距离（m）	186.3	行速度（m/min）	2～20
	轨距（m）	18		
小车运行机构	运行距离（m）	13.7	运行速度（m/min）	0.6～6
启闭机工作级别	Q₃-中		启闭机台数	1
机构名称	主起升机构	副起升机构	大车运行机构	小车运行机构
机构工作级别	Q₃-中	Q₃-中	Q₃-中	Q₃-中

二、表孔、底孔坝顶门机

表孔、底孔坝段门机为 1 600 kN 双向门机，门机由主起升小车、回转吊、门架、大车运行机构、夹轨器、司机室、轨道及其附件、电气设备组成。门机供电采用电缆沟内滑触线供电。门机起升及行走机构电机均采用变频电机，电机提高了门机运行精度及效率。

（一）门机主要用途

1. 1 600 kN 主钩

（1）通过液压抓梁操作底孔事故闸门；

（2）直接与闸门相连操作表孔工作闸门；

（3）直接与闸门相连操作表孔检修闸门；

（4）通过拉杆操作右岸取水口拦污栅；

（5）通过拉杆操作右岸取水口检修闸门。

2. 50 kN 移动副钩

用于坝面维护及小件物品运输。

另外，回转吊用于操作坝顶门槽盖板及杂物运输。

（二）表孔、底孔坝顶门机主要技术参数

表孔、底孔坝顶门机主要技术参数见表 6-2。

主起升机构	额定启门力(kN)	1 600	扬程(轨上/全)(m)	14/42
	起升速度(m/min)	0.4~2/2~4	吊点距(m)	—
回转吊机构	额定启门力(kN)	200	扬程(轨上/全)(m)	14/33
	起升速度(m/min)	0.8~4/4~8	回转幅度(m)	12
大车运行机构	运行距离(m)	169.5	行速度(m/min)	2~14/14~20
	轨距(m)	11		
小车运行机构	运行距离(m)	7.5	运行速度(m/min)	0.6~5.84
启闭机工作级别	Q₃-中	启闭机台数		1
机构名称	主起升机构	副起升机构	大车运行机构	小车运行机构
机构工作级别	Q₃-中	Q₃-中	Q₃-中	Q₃-中

三、电站尾水门机

电站尾水门机为 2×630 kN 双向门机,门机由主起升小车、移动副钩、门架、大车运行机构、夹轨器、司机室、轨道及其附件、电气设备组成。门机供电采用电缆沟内滑触线供电。门机起升及行走机构电机均采用变频电机,电机提高了门机运行精度及效率。

(一)门机主要用途

1. 2×630 kN 主钩

(1)通过液压抓梁操作 100 MW 尾水检修闸门;

(2)通过拉杆操作 20 MW 尾水检修闸门;

(3)通过拉杆操作电站坝段 1# 排沙洞出口工作闸门;

(4)通过拉杆操作电站坝段 1# 排沙洞出口检修闸门;

(5)通过拉杆操作副安装间坝段 2# 排沙洞出口工作闸门;

(6)通过拉杆操作副安装间坝段 2# 排沙洞出口检修闸门。

2. 50 kN 移动副钩(移动电动葫芦)

用于操作尾水平台门槽盖板及杂物运输。

(二)尾水门机主要技术参数

尾水门机主要技术参数见表 6 - 3。

表 6 - 3   尾水门机主要技术参数

主起升机构	额定启门力(kN)	2×630	扬程(轨上/全)(m)	213/35
	起升速度(m/min)	0.4~1.94/1.94~3.88	吊点距(m)	5.3
移动副钩	额定启门力(kN)	50	扬程(m)	30
	起升速度(m/min)	8/0.8	回转幅度(m)	9

大车运行机构	运行距离(m)	137.8	行速度(m/min)	$2 \sim 14 / 14 \sim 20$
	轨距(m)	9		
小车运行机构	运行距离(m)	6	运行速度(m/min)	$0.6 \sim 5.64$
启闭机工作级别	$Q_3 - $中		启闭机台数	1
机构名称	主起升机构	副起升机构	大车运行机构	小车运行机构
机构工作级别	$Q_3 - $中	$Q_3 - $中	$Q_3 - $中	$Q_3 - $中

第七章 主要设计变更及设计优化

第一节 预留左、右岸取水口

龙口水利枢纽原初设批复的枢纽布置方案中无左、右岸取水口,在招标及技施阶段,业主根据山西、内蒙古、陕西等地方政府请求,为支持地方经济发展,要求中水北方公司在左、右岸边坡坝段设计中分别考虑预留左、右岸取水口并与主体工程同步完成预留取水口技施图纸设计。

左岸取水口布置在 1#坝段,设计流量 7.4 m³/s,取水口底高程 886 m,采取单孔 1.8 m×2.0 m 后接无压隧洞布置型式。右岸取水口布置在 19#坝段,设计流量 24 m³/s,取水口底高程 880 m,采取 2 孔 2.0 m×2.0 m 后接压力钢管布置型式。

第二节 基础处理

根据龙口工程施工期间拦河坝及发电厂房基础开挖实际情况,对坝基基础处理进行了优化设计。

一、坝基帷幕灌浆和排水设计

(一)初步设计阶段坝基防渗、排水设计方案

1. 坝基帷幕灌浆设计

坝基防渗设上游帷幕、下游帷幕及两岸岸坡坝段横向连接帷幕以形成封闭系统,其深度按满足透水率小于 3 Lu 设计。上游帷幕设两排,前排向上游倾斜5°,深入泥化夹层 NJ_{301} 下 1 m;后排帷幕孔垂直,深入 $O_2m_2^{1-5}$ 岩层下 3 m;前后排帷幕孔距均为 2.5 m。下游帷幕为单排,向下游倾斜10°,深入 $O_2m_2^{1-5}$ 岩层下 1 m,孔距 2.5 m。上游帷幕向左岸延伸 57 m,向右岸延伸 58 m。

2. 坝基排水

坝基下含水岩层为 $O_2m_2^{1-3}$ 岩层与 $O_2m_2^{2-1}$ 岩层。坝基下共设 3 道排水幕。

第 1 道主排水幕布置在灌浆廊道内帷幕下游侧。表孔、底孔坝段及左、右岸非溢流坝段排水孔向下游倾斜10°,电站及安装间坝段排水孔向下游倾斜15°,深入 NJ_{302} 下 2 m。左、右坝肩主排水孔布置在坝肩灌浆排水平洞帷幕下游侧,排水孔深度左坝肩由深入 NJ_{302} 下 2 m 渐变至底高程 853.00 m;右坝肩由深入 NJ_{302} 下 2 m 渐变至底高程 844.00 m。排水孔孔距 2.5 m,钻孔孔径 130 mm。

第 2 道排水幕布置在基础排水廊道内,排水孔入岩深 7 m,均为垂直孔。孔距 3 m,基础排水孔孔径 110 mm。

第 3 道排水幕布置在下游灌浆排水廊道帷幕上游侧,排水孔深入 NJ₃₀₂ 下 2 m,向上游倾斜 5°。孔距 2.5 m,下游排水孔孔径同主排水孔,为 130 mm。

表、底孔、右岸非溢流坝段渗水均汇集到设在 10# 坝段的集水井中,电站、安装间坝段渗水汇集到设在 4# 坝段下游的集水井中,用排水泵将井内集水抽排至坝外。

一级消力池在底板分缝处的半圆管内设排水孔,排水孔深 6 m,间距 4 m。排水孔横向 5 排,纵向 9 排,形成纵横排水网络。排水孔内的渗水,通过导墙内的廊道汇流到 19# 坝段下游岸边的 4# 集水井。

(二)技施设计阶段坝基防渗、排水设计

技施阶段根据基坑开挖的实际情况,对坝基防渗及坝基排水进行了优化设计,具体设计如下。

1. 坝基帷幕灌浆设计

施工中根据右岸一、二级消力池的基础面和坝踵齿槽部位,对基坑内的涌水量进行了观测。其中坝踵齿槽涌水量约为 110 m³/h,二级消力池齿槽的涌水量约为 30 m³/h,合计约 140 m³/h。随着坝踵齿槽的进一步开挖,基坑涌水量逐渐增加,接近建基面高程后基坑总涌水量约 200 m³/h。在左岸 849.0 m 基坑观察到,上游岩壁渗水多沿着 NJ₃₀₅ 顶面渗出,渗水多呈滴水或线流状,局部见股状渗流。岩体渗透性应属弱—中等透水性。实际观测结果坝下游侧的渗漏量小于前期勘察的结果。

现场开挖完成后,在 30 多 m 的水头条件下,基坑渗水有限,说明岩石透水较小。在坝体稳定复核时,未考虑下游帷幕作用,也能满足规范要求,原设计考虑围封措施,仅作为一种安全储备。

通过分析论证,对坝基防渗设计进行了优化,暂缓下游帷幕及上下游连接帷幕的施工,待水库蓄水后根据观测情况确定是否取消下游防渗帷幕。

2. 坝基排水

鉴于前述下游帷幕及上下游连接帷幕暂缓施工,考虑到后期若进行帷幕施工将会对附近的排水孔造成淤堵,从而增加费用,故暂缓 1#～11# 坝段下游灌浆排水廊道排水孔及左、右岸上下游连接廊道(3#、4# 坝段横向灌浆排水廊道和 1# 坝段交通廊道及 19# 坝段横向灌浆排水廊道)内排水孔的施工,待水库蓄水后根据现场坝基渗流量、扬压力等观测数据,再一并考虑是否实施 1#～11# 坝段下游灌浆排水廊道及左、右岸上下游连接廊道内排水孔的施工。11#～18# 坝段桩号下 0 +038.28 排水廊道内排水孔仍维持原设计。

二、尾岩加固设计

(一)表孔和底孔坝段

由于表孔和底孔坝段坝基存在 NJ₃₀₃、NJ₃₀₄、NJ₃₀₄₋₁、NJ₃₀₄₋₂ 等多条泥化夹层,并且泥化夹层物理力学指标较低,坝后尾岩(抗力体)对坝体深层抗滑稳定起较大作用。初步设计阶段平面非线性有限元计算结果表明,坝后尾岩表面有隆起现象,局部有拉应力区。计算建议底孔和表孔坝段一个坝段坝体下游尾岩 20 m 范围之内,施加 20 000 kN 的垂直压力;由于底表孔坝段下游为消力池,无法通过增加混凝土压重来施加垂直压力。经比较采取在尾岩处布置锚筋桩的措施加固尾岩岩体。单根锚筋桩抗拔力大于 2 000 kN。锚筋桩直径 60 cm,底部 1.5 m 长范围爆破成扩大头状,扩大头直径 100 cm,桩顶部钢筋与上部混凝土钢筋网连接为整体。表孔坝段设 4 排锚筋桩,桩间距 6 m,排距 6 m,深入 NJ_{303} 下 1 m,桩深 17 m;底孔坝段设 4 排锚筋桩,桩间、排距 6 m,深入 NJ_{303} 下 1 m,桩深 17 m;锚筋桩采用 $R_{28}250$ 混凝土,内配双层直径 32 mm 螺纹钢筋,箍筋直径 12 mm。

根据基坑开挖实际情况,消力池内岩石完整,没有大的裂隙和发育带。由于锚筋桩钻孔直径 600 mm,孔深 17.0 m,施工难度大,影响施工工期,故技施阶段考虑采用目前施工技术已较为成熟和先进加固技术,将锚筋桩改为预应力锚索。预应力锚索设计每根 2 000 kN 级,采用有专门防腐层的无黏结预应力钢绞线。

预应力锚索钻孔直径 150 mm,布置在表孔和底孔的一级消力池内,预应力锚索底部为锚固段,长 7.0 m,中间为张拉段,长 18.0 m,基岩面以上即锚索顶部为锚头,锚头(锚墩)深入消力池底板内 1.0 m。锚墩的上、下层钢筋网伸入消力池底板内,与消力池底板连接为整体。表孔坝段设 4 排锚索,桩排距 6.5 m,间距为避开消力池底板的伸缩缝间距不等,按梅花形布置,共布置 22 根,锚索深入 NJ_{303} 下 10 m,单根锚索长 26 m。底孔坝段设 4 排锚索,锚索排距 6.5 m,按梅花形布置,共布置 67 根,锚索深入 NJ_{303} 下 10 m,单根锚索长 26 m。

(二)电站坝段

初步设计阶段根据平面非线性有限元计算,电站坝段设 6 排锚筋桩,桩间距 6 m,排距 5 m,前 3 排桩深入 NJ_{303} 下 5 m,桩深平均 18 m。后 3 排桩深入 NJ_{304} 下 5 m,桩深平均 18 m。锚筋桩按梅花形布置。

技施设计阶段,现场开挖和固结灌浆后的地质勘察认为:

(1)电站厂房尾水建筑物区地层为奥陶系中统上马家沟组第 2 段第 1 小层($O_2m_2^{2-1}$)的中上部岩层、第 2 小层($O_2m_2^{2-2}$)和第 3 小层($O_2m_2^{2-3}$)的下部,其中 $O_2m_2^{2-1}$ 和 $O_2m_2^{2-3}$ 层岩性相同,为中厚层、厚层灰岩、豹皮灰岩组成,属于致密坚硬岩石。

(2)坝后抗力体以中厚层厚层豹皮灰岩为主,岩体完整。倾向上游的缓倾角结构面不发育,对坝基深层滑移具有明显抗力体作用。技施阶段孔内录像资料显示,抗力体内未发现明显的缓倾角结构面。坝后抗力体范围内未发现倾向上游的缓倾角断层发育。

(3)厂房尾水渠基础固结灌浆前岩体声波速度平均值 5 690 m/s,灌浆后岩体声波速度平均值 6 070 m/s,提高率平均值为 10.5%,达到了补强的目的。

(4)厂房尾水渠基础固结灌浆前岩体平均透水率为 158.17 Lu,灌浆后岩体平均透水率为 0.70 Lu,固结灌浆对提高岩体完整性效果显著。

根据尾岩抗力体的地质条件和固结灌浆后的加固效果,为了进一步优化工程设计,节省工程投资,采用地质专业建议参数进行稳定复核计算。复核计算结果表明,厂房坝段不计锚筋桩作用,按刚体极限平衡等安全系数法计算,深层抗滑稳定安全系数已满足规范要求,故取消了厂房坝段尾部岩体的预应力锚索。

三、固结灌浆

初步设计阶段坝基全面固结灌浆,孔深 5 ~ 7 m,孔、排距均为 3 m。

技施设计阶段,根据左岸坝基开挖情况和地质波速等测试成果,对 1# ~ 10# 坝段和发电厂房基础固结灌浆进行分区分类处理,现分述如下。

（1）A 块固结灌浆：在上游齿槽斜坡中部布置 1 排孔，1#、2# 坝段孔深 12.0 m，3#～10# 坝段孔深 10 m，基础底面孔深均为 5.0 m，孔、排距为 3 m。

（2）B 块固结灌浆：中间部位，孔深为 3.0 m，1#、2# 坝段孔、排距为 3.0 m，3#～10# 坝段孔、排距为 4.0 m。3# 坝段的下游侧为高开挖边坡，尾部岩石较破碎，3# 坝段桩号下 0 +047.40—下 0 +061.80 范围内的孔入岩深度为 9.0 m。4# 坝段桩号下 0 +058.80 孔的入岩深度为 12 m。

（3）C 块固结灌浆：该部位岩石表面完整性好，抗压强度较高，5#～8# 坝段只在岩石比较破碎的部位设置固结灌浆孔，孔深 5.0 m，4# 坝段孔深为 3.0 m，斜坡部位由垂直岩面改为竖直向下钻孔，入岩深为 12.0 m。9#、10# 坝段入岩深 5.0 m。

电站尾水渠固结灌浆孔入岩深度 5.0 m，孔、排距 3.0 m。

第三节　厂前区布置

初步设计阶段副厂房布置在 GIS 开关站下游侧，地下 1 层，地面以上为 4 层框架结构，局部 5 层，建筑面积 3 760 m²。GIS 开关站室 5 回进线，4 回出线，为 2 层框架结构，建筑面积 1 685 m²。

技施设计阶段将副厂房布置在主厂房左侧，紧靠主厂房安装间，将部分办公及非生产用房移至管理区内，副厂房内只保留了必要的生产性房间。调整后的副厂房地面以上为 4 层框架结构，建筑面积 2 513 m²，面积减少了 1 248 m²。调整后 GIS 开关站室建筑面积 1 378 m²，减少了 307 m²。

第四节　220 kV 开关站电气主接线

初步设计阶段，工程建设单位分别委托山西和内蒙古两省（区）电力规划设计单位对龙口水利枢纽电站接入系统进行设计，截至枢纽初步设计审查时，两省（区）接入系统设计未形成最终正式报告，但已有初步意见。按照"五进四出"的规模进行 220 kV 电压等级的接线设计，并对双母线、单母线分段、单联角形 3 种接线方案进行了技术经济比较，最终推荐的 220 kV 电压等级的接线方案为"双母线接线"。

受工程建设单位委托，北京中水新华国际工程咨询公司于 2007 年 8 月 4～5 日在天津组织召开了龙口水利枢纽工程设计优化咨询会，与会各方就"是否联网、借机运行"进行了讨论，最终达成一致意见："两网之间不考虑借机、联网"，以此原则对 220 kV 开关站主接线进行优化。

一、山西侧接线

山西侧接线按 2 回进线、1 回出线规模设计，可行的主接线方案有单母线接线、三角形接线以及联合变压器线路组接线等 3 种接线。

经比较单母线接线方案，接线清晰，保护配置简单，调度运行符合电网要求，故推荐山西侧 220 kV 电压等级接线采用单母线接线。

二、内蒙古侧接线

内蒙古侧接线按 3 回进线、2 回出线规模设计,可行的主接线方案有单母线接线、五角形接线、双母线接线以及扩大桥形接线等方案。

单母线接线的特点是简明清晰,操作灵活方便,而且应用比较广泛,符合电网要求,故推荐内蒙古侧 220 kV 电压等级接线采用单母线接线。

第五节 电站拦污、清污设施

龙口电站金属结构设备主要分布在:表孔系统、底孔系统、电站及排沙系统,各类闸门、拦污栅及启闭设备总重约 7 394 t。

表孔系统布置在大坝右侧,由 2 个坝段组成,主要功能为满足枢纽泄洪要求。每个坝段设 1 个泄洪表孔,表孔结构型式为开敞式溢流堰。考虑到工作闸门冬季运行要求,表孔设 1 套热油防冻装置。

电站及排沙系统位于大坝左侧,共有 4 台单机容量为 100 MW 和 1 台单机容量为 20 MW 的水轮发电机组。每台 100 MW 机组有 3 个进水口,20 MW 机组有 1 个进水口,每个进水口沿水流方向依次设有副、主拦污栅、检修闸门和事故闸门,拦污栅采用连通布置。拦污栅清污采用清污抓斗和提栅人工清污方式。

水利部水规总院《关于黄河万家寨水利枢纽配套工程龙口水利枢纽初步设计报告的批复》(水总[2005]556 号)关于龙口电站拦污栅审查意见:"基本同意电站进水口选用的拦污栅……下阶段应进一步论证设置两道拦污栅的必要性,优化布置方案。"

技施设计阶段,为了进一步优化工程设计,节省工程投资,对上游万家寨水利枢纽运行情况进行了调研。近年来黄河汛期没有大水,所以万家寨库区污物较少,运行多年来清污抓斗没有使用。另外,在万家寨与龙口坝址之间只有一条偏关河支流,近年来水也很少,也没有大量污物到龙口坝址。表孔主要用于汛期泄洪,根据近些年万家寨水利枢纽冬季运行情况,表孔热油防冻装置一直没有使用。

为此,根据业主及咨询专家意见,取消了金属结构设备中大、小机组电站进口的副拦污栅及其相应埋件。节省工程量约 274 t,并取消了相应的拦污栅库;取消清污抓斗、清污抓斗库,但是电站进口拦污栅的污物需在机组停机时人工清理;取消表孔热油防冻装置等设备,仅预埋油管,将来根据表孔工作闸门冬季运行情况确定是否安装热油防冻装置。

第二部分

工程技术论文

黄河龙口水利枢纽工程设计过程回顾

杜 雷 功

一、概 况

(一)工程概况

黄河龙口水利枢纽位于黄河北干流托龙段尾部、山西省和内蒙古自治区的交界地带,左岸是山西省忻州市的偏关县和河曲县,右岸是内蒙古自治区鄂尔多斯市的准格尔旗。坝址距上游已建的万家寨水利枢纽25.6 km,距下游已建的天桥水电站约70 km。

作为新中国成立后历次黄河流域规划和河段规划中梯级开发的重要河段规划建设项目,龙口水利枢纽的开发建设符合历次黄河流域规划的要求。工程规模为大(Ⅱ)型,其主要功能是:充分利用黄河北干流丰富的水能资源,为晋蒙电网提供清洁、可靠的调峰容量和电量,从而改善电网电源结构,增强调峰能力,优化运行条件;对万家寨水电站发电流量进行反调节,确保黄河龙口—天桥区间不断流,兼有滞洪削峰等综合利用;促进地区经济发展,有利于西部大开发战略的实施;改善周边生态环境。

水库设计洪水标准为100年一遇,校核洪水标准为1 000年一遇。采用"蓄清排浑"运行方式,每年7~9月低水位运行排沙。水库总库容1.96亿 m^3 ,电站总装机容量420 MW(4×100 MW + 1×20 MW机组)。年均发电量13.02亿 kW·h。左岸2台(2×100 MW)机组2回220 kV线路"Π"接入山西电网;右岸3台机组(2×100 MW + 1×20 MW)2回220 kV线路"Π"接入内蒙古电网。库区淹没各类土地约446.67 hm^2(6 700亩),生产安置人口1 147人。主体工程施工期52个月,工程总投资约27.15亿元。

枢纽主要由混凝土重力坝、河床式电站、泄水建筑物、副厂房及GIS开关站组成。拦河坝坝顶高程900 m,坝顶全长408 m,最大坝高51 m。

枢纽布置格局为:河床式电站厂房布置在左岸,泄流表孔坝段布置在右岸,泄流底孔坝段布置在电站坝段与表孔坝段之间,电站厂房坝段和底孔坝段间设隔墩坝段,两岸设混凝土重力边坡坝段和岸坡连接。左、右岸边坡坝段分别预留引黄取水口。副厂房布置在主厂房左侧,220 kV GIS开关站布置于副厂房下游侧。

(二)工程勘测设计过程

龙口水利枢纽工程勘测设计工作始于20世纪50年代,50~70年代先后开展过一些地质勘探工作。1984年水利部天津水利水电勘测设计研究院(现中水北方勘测设计研究有限责任公司)开始本工程的地质勘察和设计工作,1988年12月编制完成了《黄河龙口水电站工程可行性研究报告》,于1992年11月通过了原能源部、水利部水利水电规划设计总院技术审查;1998年在可研工作基础上补充编制了《黄河万家寨水利枢纽配套工程龙口水利枢纽项目建议书》,于2003年1月通过水利部水利水电规划设计总院的审查,并于同年9月通过中国国际工程咨询公司评估;2003年开始龙口工程可行性研究报告的修编工作,2004年5月完成《黄河万家寨水利枢纽配套工程龙口水利枢纽可行性研究报告》,并通过了水利部水利水电规划设计总院审查;2005年5月,编制完成《黄河万家寨水利枢纽配套工程龙口水利枢纽初步设计报告》,于2005年6月通过水利部水利水电规划设计总院的审查;2005年9月国家发展和改革委员会核准本工程立项;2005年12月水利部对工程进行了批复。中水北方勘测设计研究有限责任公司随即开展本工程招标和施工图设计工作,工程进入建设实施阶段。

(三)工程施工过程

2005年9月国家发展和改革委员会核准立项后,开始工程施工筹建准备工作,2006年4月实现了一期截流,主体工程从2006年5月初开始施工,2007年4月实现二期截流,2009年9月初正式下闸蓄水,2009年9月18日首台机组并网发电,2010年6月底工程建设基本完工。截至目前,龙口水库已蓄水至正常蓄水位,5台机组全部投产发电。

二、设计和建设过程中的优化

(一)枢纽布置优化

随着设计工作的不断深入,外部条件的变化,对枢纽主要建筑物的形式、布置进行了优化调整。

1. 拦河建筑物布置优化

坝址处坝基岩层倾向左岸及下游,倾角2°~6°,可行性研究阶段拦河建筑物的布置为:从左岸至右岸依次为非溢流坝段、主安装间坝段、电站坝段、小机组坝段、副安装间坝段、隔墩坝段、底孔坝段、隔墩坝段、表孔坝段及非溢流坝段。可研阶段的这种布置适应了坝址处的地形地质条件:将建基高程较低的电站坝段布置于左岸,建基高程较高的泄水建筑物布置于右岸,这种布置形式与电站布置于右岸方案相比可减少岩石开挖量6.1万 m³,混凝土浇筑量5.3万 m³。

初步设计阶段在可行性研究阶段布置格局的基础上,按照在满足建筑物功能要求的基础上力求合理、紧凑的原则,结合两岸边坡岩石情况和水工模型试验成果,对枢纽布置进一步优化,取消了底孔和表孔间的隔墩坝段,左岸增加了一个非溢流坝段,坝顶长度由420 m调整至408 m。左岸增加一个非溢流坝段后,电站厂前区宽度由25 m增加至40 m,厂前区更加开阔,方便了施工和运行管理。模型试验表明:取消底孔、表孔间的隔墩坝段,虽然下游出消力池流速比河床允许不冲流速稍大,但最大冲刷深度小于5 m,不会危及建筑物安全。

2. 副厂房布置优化

初步设计阶段副厂房、GIS开关站布置于左岸边坡下,沿山体开挖线呈一字形布置,GIS开关站靠近主厂房,副厂房布置于GIS开关站下游侧。

工程实施过程中,考虑到本工程生活管理区距厂区较近,可充分利用生活管理区已有房屋设施,将部分办公及非生产用房安排至生活管理区,副厂房内只保留必要的生产性用房,大幅降低了厂区副厂房的建筑面积。另外,还对副厂房布置进行调整:将其布置于左岸边坡坝段下游侧坝体上,紧邻主厂房。如此优化后,既减少了大坝的混凝土浇筑方量,又缩短了主、副厂房间的电缆廊道,同时还节省了厂前区的空间和厂区回填量,节约了建设成本也方便了后期运行。

(二)左、右岸预留引黄取水口

在龙口水利枢纽工程实施期间,应山西省、陕西省及内蒙古自治区三省(区)地方政府请求,调整变更部分建筑物设计,在左、右岸边坡坝段分别预留引黄取水口。

枢纽左岸为忻州市河曲县,境内有沿黄河水地面积 3 633 hm²(5.45 万亩),是全县发展高效农业的重点地区和主要产粮区,原为提水灌溉,利用龙口水利枢纽提供的有利条件,只需从龙口库区引水 7.4 m³/s 流量,就可变原提黄引水方式为自流引水,不仅能保证原有水地的适时灌溉,而且还可新增保浇水地 1 033 hm²(1.55 万亩),同时可满足沿黄 18 个厂矿企业的工业用水需求,经济效益和社会效益显著。

枢纽右岸内蒙古自治区准格尔旗沿黄经济带内计划建设诸多大型煤电、煤化工基地,预计年需水缺口 2 亿 m³;右岸下游的陕北榆林地区煤、油、气、盐资源丰富,将建设成全国重要的能源接续地和化工基地,预测到 2020 年供水缺口将达 12.23 亿 m³,解决这一突出矛盾的主要途径也是引黄。右岸内蒙古自治区与陕西省拟引水 6.0 亿 m³/a,右岸按 24.0 m³/s 设计规模预留取水口。

(三)基础处理优化

施工过程中根据开挖揭露的地质情况,及时对基础处理设计进行复核、优化。

1. 坝基帷幕和排水优化

前期勘察成果表明:坝址两岸地下水位低于库水位,坝址区岩体渗透性呈不均一性,蓄水后存在绕坝和坝基渗漏问题。坝址无大断层和较大溶洞存在,产生集中渗漏的可能性不大,渗漏形式是散流型、岩溶裂隙式。左岸坝肩和坝基大部分岩体渗透性较弱,右岸坝肩岩体渗透性较强。坝基岩体渗透性随深度的增加有逐渐减弱的趋势。初步设计阶段坝基防渗设上游帷幕、下游帷幕及两岸横向连接帷幕,帷幕构成形成封闭系统,上游帷幕设 2 排。坝基下共设 3 道排水幕,第 1 道主排水幕布置在灌浆及主排水廊道内帷幕下游侧,第 2 道排水幕布置在基础排水廊道内,第 3 道排水幕布置在下游灌浆排水廊道帷幕上游侧。

施工过程中,对基坑内的涌水量进行了认真观测、分析,结果表明:坝基的渗漏量与前期勘察预测情况基本一致,基岩不透水性好于预期;初步设计中虽设置下游帷幕,但仅作为安全储备,未计入抗滑稳定计算;黄河是多泥沙河流,水库蓄水后,坝前会形成一定程度天然铺盖。综上考虑,对坝基帷幕和排水进行了优化:取消下游帷幕及上下游连接帷幕;取消 1#~11# 坝段下游灌浆排水廊道排水孔及左、右岸上下游连接廊道内排水孔。

2. 坝后尾岩加固处理优化

初步设计阶段有限元计算结果表明:由于坝基存在多条泥化夹层,坝体深层抗滑情况下坝后尾岩(抗力体)承受向上作用,尾岩表面有隆起现象,局部有拉应力区。为安全计,底孔和表孔坝段坝体下游尾岩 20 m 范围之内,每个坝段施加 20 000 kN 的垂直压力;电站坝段下游尾岩 30 m 范围,每坝段施加 55 000 kN 的垂直压力;据此,初步设计提出对底孔、表孔和电站坝段坝后尾岩采用锚筋桩加固,锚筋桩按梅花形布置,桩径 0.6 m,桩长 16 m,桩底爆破扩头处理。

招标设计阶段,对坝后尾岩加固措施进行了锚筋桩和锚索两种方案的比选。与锚筋桩方案相比,锚索方案具有施工难度小、工期短,变被动受拉为主动施压等优势,采用锚索方案。

施工阶段电站坝段基坑开挖后揭露情况表明：电站坝段坝趾岩石完整性较好，未发现缓倾角裂隙、地质构造破碎带等不利地质情况。采用现场实测地质参数重新进行稳定复核，计算结果满足规范要求。据此，取消电站坝段尾岩预应力锚索加固措施。

（四）厂房通风方案优化

施工图设计过程中，通过对已建水电站调研，设计人员对厂房通风系统进行了深入细致的优化，使其在满足消防及工艺要求的前提下更加简洁、高效。将主厂房送风系统的取风地点由室外改为主帷幕灌浆廊道，由廊道内取风可使送风温度夏季降低5 ℃左右，冬季提高5 ℃左右，节约了能源，节省了运行费用。

（五）施工导流与进度方案调整

本工程初步设计阶段分两期导流，一期导流又分为一期低围堰和一期高围堰两个导流时段。一期围右岸河床，施工右岸泄水坝段；二期围左岸河床，施工左岸电站坝段。工程实际于2006年4月实现了一期截流，原初步设计中计划推迟了近5个月，根据这一情况，将施工导流调整为三期：一期围右岸河床，施工右岸泄水坝段；二期围左岸河床，施工左岸电站坝段；三期围右岸消力池，施工消力池面层混凝土。

二期截流的时间是影响电站发电工期的关键，为实现2007年汛前二期截流，使电站提早发挥效益，采取了如下措施：降低导流缺口底高程以降低一期基坑坝体混凝土浇筑强度，消力池面层混凝土安排到三期浇筑，减少了一期基坑混凝土浇筑强度。通过以上调整，2007年4月顺利完成了二期截流。

（六）接入系统和主接线方案调整

初步设计阶段至最终实施的过程中，龙口电站的接入系统和主接线方案根据电网情况和业主要求进行了多次调整。

在电站初步设计阶段，接入系统方案要求电站分别采用2回220 kV线路"Π"接入山西和内蒙古电网。电站接线应具备两省电网在龙口电站联网的条件，并且具备两省电网互相借用机组运行的条件。根据上述原则，水电站220 kV侧采用双母线接线。

工程实施过程中，山西、内蒙古2省（自治区）最终审定的接入系统为：山西侧以1回220 kV线路接入系统；内蒙古侧以2回220 kV线路接入系统，同时业主提出简化设计、节省投资的要求；据此，确定电站电气主接线不考虑"联网"和"借机"的运行原则，电站220 kV侧接线改为2个独立的单母线接线。

在电站投产前，内蒙古侧电网调整了发展布局，龙口内蒙古侧送出线路项目被暂时搁置。为保证电站效益不受损失，与山西侧电网协商后，同意在近期龙口电站全部机组接入山西侧电网运行，内蒙古侧送出线路建成后，按照已经审定的接入系统方案运行。根据这一实际情况，龙口电站220 kV接线再次调整，在原有的2段母线之间加装了隔离开关，并在内蒙古侧增设了临时借机用母线。

（七）电站拦污、清污设施优化

本工程共安装有5台机组、4台100 MW机组和1台20 MW机组，每台100 MW机组有3个进水口，20 MW机组有1个进水口。初步设计阶段每个进水口沿水流方向依次设有副、主拦污栅、检修闸门和事故闸门，拦污栅采用连通布置，采用清污抓斗和提栅人工清污两种清污方式。

建设过程中对上游万家寨水利枢纽进行了调研,由于近年来黄河未发生大洪水,库区污物较少,建成至今清污抓斗未曾使用。另外,龙口坝址距万家寨枢纽仅有 25.6 km,其间只有偏关河汇入,且来水较少,亦无大量污物汇入龙口库区。综合分析,取消了大、小机组电站进口的副拦污栅及其相应埋件,取消清污抓斗和相应的拦污栅库和清污抓斗库。

(八)采用新材料

黄河是著名的多泥沙河流,龙口作为河床式电站,泄水、排沙、发电流道的磨蚀问题突出,结合本工程料场情况,针对混凝土的水泥、粉煤灰、粗细骨料、掺合料及外加剂等进行了试验、研究,优选出了抗冲磨混凝土的配比方案。研究成果表明:采用 UF500 纤维素纤维作为添加料,辅以一定量的粉煤灰、硅粉等配置的抗冲磨混凝土,其抗磨蚀性、抗裂性、和易性性能优良,施工简便,易于控制。UF500 纤维素纤维作为一种新型纤维以其优异的性能在龙口抗冲磨混凝土中得以应用。

三、结　语

(1)水利水电工程设计是涉及多学科、多专业的系统工程,也是利用、适应和改造客观环境的工程,在设计和建设过程中,随着对客观自然条件认识的逐步加深、外部条件的不断变化和工程技术的快速发展,对设计不断进行调整、完善和优化是必然和必须的。随着科技的进步和设计理念的提升,水利水电工程设计必将进入较高层次的动态设计、交互设计的发展阶段。

(2)方案比选时,应全面辩证地分析,不能只强调投资或某单一因素,而要着眼全局,结合工程运行管理的安全和灵活、运行费用、施工安全性、施工难度、工期等多方面因素综合分析比选。

(3)设计工作中要始终保持不断进取创新的精神和认真严谨、实事求是的科学作风。

(作者单位:中水北方勘测设计研究有限责任公司)

黄河龙口水利枢纽主要技术问题与对策

陆宗磐　　余伦创

龙口水利枢纽位于黄河北干流托克托至龙口段的末端,坝址距上游万家寨水利枢纽25.6 km,下游距天桥水电站约70 km。枢纽工程的主要任务是发电和对万家寨电站调峰流量进行反调节。水库总库容1.96亿 m^3,电站装机容量420 MW,多年平均发电量13.02亿 kW·h,为大(Ⅱ)型二等工程。枢纽基本坝型为混凝土重力坝,主要建筑物从左到右依次为左岸挡水坝、河床式厂房、隔墩坝、泄洪底孔、表孔及右岸挡水坝,其中河床式电站安装4台单机容量为100 MW和1台单机容量为20 MW的水轮发电机组,泄洪建筑物由10个4.5 m×6.5 m的底孔和2个12 m×12 m的表孔组成,大坝、电站厂房、泄洪建筑物按2级建筑物设计。

枢纽主体工程于2006年6月开工,2007年4月二期截流,2009年7月下闸蓄水,2009年9月第1台机组发电,2010年6月5台机组全部并网发电。

一、对万家寨下泄流量进行反调节

万家寨水利枢纽总库容8.96亿 m^3,电站装机容量1 080 MW(6台180 MW混流式机组),单机额定流量301 m^3/s。万家寨电站在晋蒙电网中担负调峰任务,每天平均调峰运行6~7 h,每天不同时段下泄流量很不均匀,电站满出力发电时最大下泄流量1 806 m^3/s,而不发电时则没有下泄流量,致使万家寨—天桥区间黄河干流有17~18 h的断流,不能满足区间生态基流的要求;同时万家寨电站调峰运行时的不稳定流到达天桥电站时尚不能完全坦化,而天桥电站因受调节库容的限制,不能对万家寨电站调峰发电流量进行完全调节。

龙口水利枢纽位于万家寨—天桥之间,正常蓄水位与万家寨电站尾水相衔接,具有3 400万 m^3 左右的日调节库容,能承上启下,对万家寨调峰下泄流量进行反调节。龙口电站设计满出力发电流量1 520 m^3/s,小于万家寨电站最大下泄流量,龙口电站发电时间可比万家寨电站长一些,通过合理的联合调度,其反调节的作用更加明显,有利于坦化流量过程,减小流量波动幅度,改善下游河道生态条件和天桥电站运行条件。

为确保非调峰时段河道不断流,满足枯水年份瞬时流量不小于50 m^3/s,日平均流量不小于100 m^3/s 的要求,设计采用了大小机组方案,即4台大机组(单机容量100 MW,单机额定流量365 m^3/s)与万家寨联合调度调峰,1台小机组(单机容量20 MW,单机额定流量60 m^3/s)发电下泄基流,以提高梯级电站的综合经济效益。

二、排沙设施和运行方式

龙口水利枢纽位于万家寨水利枢纽下游25.6 km,库区有支流偏关河在左岸距坝址约

13.5 km 处汇入。龙口坝址控制流域面积 39.7 万 km^2，其中支流偏关河控制流域面积 2 089 km^2。万家寨库区泥沙达到冲淤平衡后，多年平均下泄悬移质泥沙量 1.32 亿 t，万家寨坝址到龙口坝址区间悬移质多年平均入库 0.188 亿 t，推移质多年平均入库 1 万 t。万家寨水库出库泥沙颗粒较细，多年平均 d_{50} 为 0.023 mm。万家寨—龙口区间入库悬移质泥沙颗粒较粗，多年平均 d_{50} 为 0.039 mm。多泥沙河流上修建水利枢纽必须重视和妥善处理泥沙问题，采取必要的防沙排沙措施。

（一）泄洪排沙底孔

本工程库容较小，库沙比约为 1.6，水库淤积平衡年限较短，枢纽必须具有较强的排沙能力，结合枢纽泄洪建筑物的要求，采用以底孔为主的泄洪排沙布置型式，在主河床布置了 10 个 4.5 m × 6.5 m 的底孔，进口底高程为 863 m，略高于原河床底高程，汛期降低水位排沙。

同时，10 个泄洪排沙底孔在施工期还兼作二期导流底孔使用，有利于节省工程投资和加快施工进度。

（二）电站排沙洞

为保证电站进水口"门前清"，根据已建工程的实践经验，在电站坝段设置了排沙洞。排沙洞位置和高程的选定应使排沙漏斗足以控制进水口，经比较和模型试验验证，采取了分散排沙布置方式，即在每个大机组段布置 2 个排沙洞，副安装间坝段设 1 个排沙洞，共 9 个排沙洞。

排沙洞进口位于电站进水口下方，按照尽量压低排沙洞进口底高程的原则，确定底高程为 860.0 m，进口设有检修闸门，孔口尺寸 5.9 m × 3.0 m。排沙洞出口高程与下游运行水位有关，按满足完全淹没出流确定，出口底高程为 860.0 m，排沙洞出口设有工作闸门和检修闸门，出口断面尺寸为 1.9 m × 1.9 m。单孔设计流量 71 m^3/s。

排沙洞进口流速选择考虑以下两方面因素：

（1）为使电站进水口保留一定的过水断面，要求排沙洞进口处有足够大的流速，能将厂房前的推移质泥沙带进排沙洞，排至电站下游。

（2）为了避免影响水轮机出力，排沙洞进口与机组进口两者的流速不宜相差过大，应保持适当比例，工程经验表明，当两者流速比为 1.8 时，机组运行较为稳定，当两者流速比达到 3.9 时，会严重影响水轮机出力。本工程经比选排沙洞进口与机组进口两者的流速比为 3.1。

（三）拦沙坎

在电站进水口前设置拦沙坎，以加大进水口与主河槽的高差，保证水流能将厂房前的推移质泥沙带进底孔排走。本工程拦沙坎高度不低于 3.0 m，利用上游围堰改建而成。

（四）"蓄清排浑"

从控制水库泥沙淤积末端和水库经济指标两方面考虑，确定龙口水库的运行方式为"蓄清排浑"，考虑到上、下游梯级排沙及发电运行的同步性，龙口水库排沙期设定为 8、9 月。

三、大坝深层抗滑稳定

龙口水利枢纽坝址区地层主要由奥陶系马家沟组（O_{2m}）、石炭系（C）及第四系（Q_3 +

Q_4)地层组成。河床坝段建基面岩性主要为中厚层、厚层灰岩,少量为薄层灰岩,岩体完整坚硬,适合修建混凝土坝,但是,在坝基岩体中发育多层软弱夹层,控制着河床坝基深层抗滑稳定性,是本枢纽工程的主要工程地质问题。

根据物质组成与成因,软弱夹层可划分为三类,即岩屑岩块状夹层、钙质充填夹层和泥化夹层,其中泥化夹层又细分为泥质类、泥夹岩屑类和钙质充填物与泥质混合类。这些不同类型的软弱夹层,连续性好,抗剪强度低,特别是 NJ_{304-1}、NJ_{304}、NJ_{303} 是河床坝基中的控制滑动面,故大坝深层抗滑稳定问题是本工程的重大技术问题。为确保大坝安全,本工程设计采取了如下综合工程措施。

(一)挖除

对埋藏较浅的软弱夹层(如 NJ_{305}),采取挖除的方法处理。

(二)坝基设置齿槽

底孔、表孔坝段在坝踵设置齿槽。齿槽底宽 12 m,齿槽深入 NJ_{304} 下 1.0 m;电站及安装间坝段结合厂房开挖,在坝基中部设置齿槽,齿槽上口宽 22 m,齿槽深入 NJ_{303} 以下 1.0 m。

(三)充分利用尾岩抗力

河床坝基内的 NJ_{304} 是底孔、表孔坝段稳定的控制滑动面,为典型的双面滑动。底孔、表孔坝段需依靠坝趾下游尾岩支撑才能维持稳定,为了保护尾岩免遭破坏,泄水建筑物采用二级底流消能的方式,以充分发挥尾岩的抗力作用。

(四)横缝部分灌浆

由于夹层埋藏深度及力学性能的不均一及钙质充填夹层的不连续性,所以各坝段稳定安全度不同。为使各坝段相互帮助,提高坝的整体稳定性,将左岸河床坝段横缝做成铰接缝,对部分横缝进行灌浆。

(五)利用开挖弃渣压重

在安装间坝段及左、右岸坡坝段下游,利用开挖弃渣分别回填至高程 872.9 m 和 866.0 m,除满足布置要求,还可增大尾岩抗力,提高两岸边坡坝段及安装间坝段的抗滑稳定性。

(六)坝基设上、下游帷幕及排水

本工程除按常规设置上游防渗帷幕和排水外,在坝基下游侧及岸边均布设帷幕与上游帷幕形成封闭系统。上游帷幕深入相对隔水层 $O_2m_2^{1-5}$ 层 3 m,下游帷幕及左右岸边帷幕深入 $O_2m_2^{1-5}$ 层 1 m。主排水孔深入控制滑动面以下。抗滑稳定计算时不考虑抽排作用,作为安全储备。

(七)坝基及尾岩固结灌浆

对全坝基和部分尾岩进行固结灌浆处理,以提高坝基、尾岩的承载能力、整体性和均一性。

(八)预应力锚索加固尾岩

在底孔、表孔消力池下面设置预应力锚索,提高尾岩抗力。

四、消能防冲

龙口水利枢纽为大(Ⅱ)型工程,拦河坝、泄水建筑物和电站厂房均为 2 级建筑物,其洪水标准按 100 年一遇洪水设计,1 000 年一遇洪水校核。入库洪水由万家寨—龙口区间同频率洪水叠加万家寨水利枢纽相应洪水的下泄流量组成。水库运用方式是蓄清排浑,汛期排沙。泄水建筑物除应满足泄洪要求外,还应满足冲沙、排污、排冰凌等要求。规划对泄水建筑物泄流能力的要求是:

(1)校核洪水位时,下泄流量大于 8 276 m^3/s;

(2)设计洪水位时,下泄流量大于 7 561 m^3/s;

(3)汛期排沙水位 888.0 m 时,泄量大于 5 000 m^3/s。

由于本工程冲沙流量大,汛期要求泄洪兼排沙,故泄水建筑物以底孔为主。经反复比较,选用 10 个孔口尺寸 4.5 m×6.5 m(宽×高)的泄洪底孔,孔口处最大单宽流量为 137.8 $m^3/(s \cdot m)$;2 个 12 m×12 m 的泄洪表孔,兼作排污排冰之用,最大单宽流量为 76.7 $m^3/(s \cdot m)$;为保持电站坝段"门前情",还设有 9 个 1.9 m×1.9 m 排沙洞。

因坝基存在多层泥化夹层,从大坝稳定性考虑不宜采用挑流消能方式,故表孔和底孔均采用底流消能。同时,为了保护尾岩免遭破坏,维持大坝稳定需要的抗力,消力池不宜深挖,为此采用二级消能方式。消能建筑物主要由一级消力池、一级消力坎、二级消力池、差动尾坎、海漫、消力池左、右边墙及消力池中隔墙等建筑物组成。

一级消力池池长 75.0 m,表孔和底孔消力池池宽分别为 29.0 m 和 95.0 m,之间用中隔墙分开,在一级消力池末端设置梯形断面消力坎,坎高 7.0 m。

二级消力池为底孔、表孔共用,池长 53.0 m。为了减小消力池末端的单宽流量,平面上二级消力池的左、右边墙分别向两侧扩散(左侧 1:6.67 坡度,右侧 1:8 坡度向外扩散),池宽由 131.0 m 扩散为 147.0 m。二级消力池末端设差动尾坎,高坎体型为直角梯形断面,坎高 5.0 m,低坎体形为等腰三角形断面,坎高 3.0 m,两种形式每隔 3.5 m 交叉布置。为了防止出池水流淘刷,差动尾坎末端设置一齿槽,齿槽深 5.5 m,齿槽后接 20.0 m 海漫。

为了防止下泄水流对消力池底板表面混凝土冲刷,在消力池底板顶面铺设 0.4 m 厚的抗冲磨混凝土。

经整体水工模型试验验证,在宣泄各级洪水情况下,消能充分,水流平顺,流态较好,出池水流最大流速控制在 9.0 m/s 以内。

五、厂房下部结构

龙口电站为河床式厂房,总装机容量 420 MW,年发电量 13 亿 kW·h,共装 4 台单机容量为 100 MW 轴流转桨式机组和 1 台单机容量为 20 MW 的混流式水轮发电机组,额定水头 31.0 m,最大、最小净水头为 36.1 m 和 23.6 m。厂房长 187.0 m,下部宽 81.0 m,上部宽 30.0 m,高 67.2 m,采用一机一缝,大机组段宽 29.0 m,小机组段宽 15.0 m。

大机组转轮直径 7.1 m,单机引用流量 359 m^3/s,采用特殊的、上下伸式的钢筋混凝土蜗壳,蜗壳包角 216°,上下伸角各为 15°,流道体型极其复杂。同时,因排沙需要,在每个机组段布置有 2 个排沙洞,排沙洞进口位于电站进水口下方,呈重叠布置,排沙洞从蜗壳两侧下方穿过,在尾水管上方进入尾水渠,致使厂房下部结构孔洞多,上下左右交叉,体型复杂。

厂房下部结构采用平面框架法和三维有限元法进行分析计算。平面框架方法简便、实用,但忽略了空间作用,只能确定顶板和侧墙径向内力和配筋,无法计算环向应力,致使蜗壳顶板径向钢筋和侧墙竖向钢筋偏多,而环向钢筋不足。三维有限元方法可以弥补结构力学方法的不足,能精确反映各个部位的应力状况。两种方法相互验证,实际配筋综合了两种方法的计算结果,对转角、孔口交叉或应力突变的部位配置了加强筋。蜗壳进口段净跨 22.0 m,净高 11.5 m,因受水轮机层布置和蜗壳上伸角的限制,该段顶板混凝土仅 2.5 m 厚,为保证结构强度,在蜗壳进口段混凝土顶板内沿顺水流方向和横水流方向各布置 2 道暗梁。

本工程蜗壳最大内水压力(计入水击压力后)达 46.0 m,为提高防渗性能,在蜗壳顶板内壁, +x 轴方向 13.65 m, −x 轴方向 7.85 m 的范围内,设置薄钢板衬砌,其他部位采用 10 mm 厚环氧砂浆抹面。

六、结　语

本工程坝虽不高,电站装机容量不大,但其特殊的地形地质条件和泥沙问题,仍然存在一些重大的技术问题需解决,针对这些问题采取的相应工程措施值得总结。

(1)采取大小机组方案不仅能满足下游河道生态流量的要求,而且有利于坦化流量过程,增强反调节的作用。

(2)本工程枢纽布置紧凑、合理,泄洪排沙建筑物采用以底孔为主,表孔为辅的方式,可有效地控制库区淤积形态。同时,在电站坝段分散布置排沙洞可以保证电站进口"门前清"。

(3)针对坝基存在的软弱夹层,采用多种工程措施进行处理,有效解决了大坝深层抗滑稳定问题。

(4)根据大坝深层抗滑稳定需要,为保护尾岩,避免消力池深挖,泄水建筑物消能采用二级消能方式,经整体水工模型试验验证,消能充分,水流平顺,流态较好。

(5)针对河床式厂房下部结构孔洞多,体形复杂的特点,采用平面框架法和三维有限元法两种方法进行分析计算,相互验证。钢筋混凝土蜗壳承受的内水压力较高,为提高防渗性能,在蜗壳顶板内壁局部设置薄钢板衬护。

(作者单位:中水北方勘测设计研究有限责任公司)

黄河龙口水利枢纽总体布置设计

余伦创　门乃姣

一、前　　言

龙口水利枢纽工程位于黄河北干流托克托—龙口段尾部、山西省和内蒙古自治区的交界地带。作为新中国成立后历次黄河流域规划和河段规划中梯级开发的重要河段规划建设项目,龙口工程自前期规划开始,尤其是自 20 世纪 80 年代以来,设计人员开展了时间跨度长、研究范围广的大量研究工作,通过多方案比选,合理确定了枢纽总体布置设计,为工程顺利建设实施提供了有力的技术支撑和保证。

二、自然条件

(一) 地形地质条件

龙口水利枢纽位于黄河北干流托克托—龙口峡谷段的出口处,黄河由东向西流经坝区,河谷呈 U 形,河床宽 360 ~ 400 m。河床大部分岩石裸露,地形平坦,河底高程 858 ~ 861 m。两岸为岩石裸露的陡壁,岸坡在 85°以上,高 50 ~ 70 m,两岸岸边高程在 920 ~ 960 m。自坝下游 500 m 处河谷渐渐开阔,总宽达千米以上。

工程区处于大地构造相对稳定地块,地震基本烈度 Ⅵ 度。地层分布稳定,附近无较大断层及新构造断裂。

坝址区地层主要由奥陶系中统马家沟组(O_2m)、石炭系本溪组(C_2b)、上统太原组(C_3t)和第四系($Q_3 + Q_4$)地层构成,构造变动微弱。地层总体呈平缓的单斜,总体走向 NW315° ~ 350°,倾向 SW,倾角 2° ~ 6°。底层马家沟组有少量小规模褶皱和断裂,对工程影响不大。

坝基持力层 $O_2m_2^{2-1}$ 岩层致密坚硬,试验湿抗压强度在 100 MPa 以上,层内存在 6 条泥化夹层及钙质充填夹层,对坝基抗滑稳定起控制作用。两坝肩岩层自下部 $O_2m_2^{2-1}$ 向上至坝顶依次为 $O_2m_2^{2-2}$、$O_2m_2^{2-3}$、$O_2m_2^{2-4}$ 和 $O_2m_2^{2-5}$,其中 $O_2m_2^{2-2}$、$O_2m_2^{2-4}$ 为薄层灰岩、白云岩。各层中均发育有几条泥化夹层。

(二)主要工程地质问题

1. 深层抗滑稳定问题

坝基持力层 $O_2m_2^{2-1}$ 至坝顶以上各岩层内软弱夹层发育,这些夹层连续性好,其中泥质类泥化夹层的抗剪强度低,对坝基的深层抗滑稳定影响大。设计需采取相应的工程措施进行处理,使坝基的深层抗滑稳定满足要求。

2. 承压水问题

坝基内存在 $O_2m_2^{2-1}$ 层岩溶裂隙承压水和 $O_2m_2^{1-3}$ 层岩溶承压水两个含水层。水库蓄水

· 173 ·

后 $O_2m_2^{2-1}$ 层承压水水位将达到或接近库水位,在坝基面上将形成较大的扬压力,对大坝稳定会带来不利影响,设计需采取工程措施进行处理,确保枢纽建筑物安全。$O_2m_2^{1-3}$ 层岩溶承压水层埋藏较深,其承压水头不会直接作用于坝基。

三、枢纽总体布置方案选择

龙口水库作为万家寨水库的反调节水库,工程主要任务为发电,并且对万家寨水电站发电流量进行反调节,确保黄河龙口—天桥区间不断流,兼有滞洪削峰等综合利用。枢纽布置既要满足功能和安全要求,又要力求方便施工、加快进度,尽早发挥效益。按照经上级主管部门审定和批复的重力坝型,根据枢纽功能要求及水库"蓄清排浑"运用特点,结合自然条件,设计过程中对枢纽布置进行了多次优化。可研阶段枢纽大坝由 21 个坝段组成,坝顶总长度 420 m,初步设计阶段本着满足各建筑物功能要求的同时,力求合理、紧凑的原则,根据两岸岩石风化程度对枢纽进行了优化,减少 1 个边坡坝段并取消表孔与底孔之间的隔墩坝段,坝段数调整为 19 个,坝顶总长度由 420 m 减少到 408 m。按电站厂房、底孔、表孔坝段的不同位置比较了下列 3 个方案。

方案 1:左岸布置电站厂房,右岸布置泄洪建筑物,表孔位于河床中部,底孔位于右岸岸边;

方案 2:左岸布置电站厂房,右岸布置泄洪建筑物,底孔位于河床中部,表孔位于右岸岸边;

方案 3:右岸布置电站厂房,左岸布置泄洪建筑物,表孔位于河床中部,底孔位于左岸岸边。

枢纽布置各方案比较如表 1 所示。

表 1 枢纽布置各方案比较

项 目	方案 1	方案 2	方案 3
枢纽布置	左岸厂房,中表孔	左岸厂房,边表孔	右岸厂房
岩石开挖	与方案 2 相同	—	比方案 2 多 6.1 万 m^3
混凝土浇筑	与方案 2 相同	—	比方案 2 多 5.3 万 m^3
枢纽布置与地形地质关系	适应,减少开挖量	适应,减少开挖量	适应稍差,增加开挖量
交通运输条件	左岸铁路已通到大东梁,距坝址 16 km,为大件运输提供方便	左岸铁路已通到大东梁,距坝址 16 km,为大件运输提供方便	右岸为公路运输。也可从左岸通过下游黄河龙口公路桥向右岸运输
泥沙淤积	在底孔和电站之间形成 60 m 宽的淤积带	没有淤积带	在底孔和电站之间形成 60 m 宽的淤积带
施工条件、工期	施工条件相似,工期相同	施工条件相似,工期相同	施工条件相似,工期相同
工程投资	与方案 2 相同	—	比方案 2 多 1 930 万元

由表可见，方案 2 与方案 3 相比较，地形条件基本相当，泄流条件相似；方案 2 的电站建筑物及开关站靠近左岸边，交通便利，出线方便；方案 2 的另一个明显优点是坝基（包括电站厂房基础）开挖深度和坝基软弱夹层埋藏深度相适应，减少为挖除软弱夹层额外增加的工程量。经计算，方案 2 与方案 3 相比可减少岩石开挖量 6.1 万 m³，节省混凝土浇筑量 5.3 万 m³，节约投资 1 930 万元。综合比较，方案 2 优于方案 3。

方案 2 和方案 1 的区别在于底孔和表孔的相对位置不同，方案 1 将底孔布置于右岸，表孔位于电站和底孔之间。经水工模型试验证实：采用方案 1 将会在底孔和电站进水口之间形成宽约 60 m 的淤积带，对电站运行产生不利影响。方案 2 更有利于电站进水口"门前清"及水库排沙，且底孔泄洪主流略偏向河床中部，对右岸防冲有利。两方案排凌、排污效果相同，土建工程量也基本相同，投资相同。

设计最终选定枢纽布置方案 2：左岸布置电站厂房，右岸布置泄洪建筑物，其中底孔位于河床中部，表孔位于右岸岸边。

四、枢纽总体布置设计

枢纽坝轴线方位为 NW5.448 4°，基本为南北向。枢纽坝顶高程 900 m，坝顶全长 408 m，最大坝高 51 m。大坝共 19 个坝段，从左到右依次为边坡坝段、主安装间坝段、电站坝段、副安装间坝段、隔墩坝段、底孔坝段、表孔坝段、边坡坝段，具体布置见图 1。

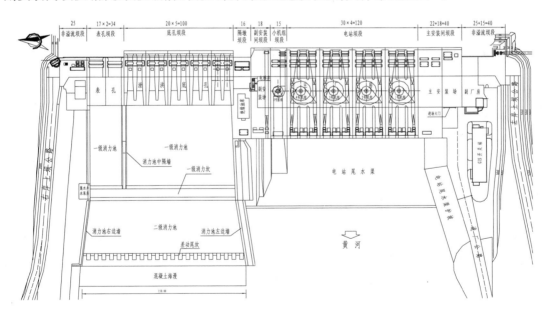

图 1　龙口水利枢纽平面布置（单位：m）

（一）挡水建筑物布置设计

枢纽大坝坝型为混凝土实体重力坝，按单个坝段验算坝体稳定和应力。设计拟订的基本三角形断面为：顶点高程 900.0 m，下游坝坡 1：0.7，上游面高程 880.0 m 以上为铅直面，高程 860.0~880.0 m 为 1∶0.15 斜坡，坝顶宽 18.5 m，向上、下游分别挑出悬臂宽 2.5 m 和 1.0 m。底孔坝段因设置弧形闸门和启闭机室，坝体消弱较多，其基本三角形断面顶点高程改为 909.00 m，下游坝坡改为 1∶0.75，折坡点高程改为 889.0 m。左右岸岸坡坝段及隔墩坝段因稳定要求，下游坝坡亦为 1∶0.75。电站坝段及安装间坝段为典型河床式电站布置，厂房与上游挡水坝连成一体。

由于枢纽坝基奥陶系马家沟组（O_2m）地层中发育多条泥化夹层，连续性好，抗剪强度低，坝基深层抗滑稳定成为事关本工程安危的重大技术问题。设计对此采取了如下工程措施：①对浅层夹层予以挖除；②坝踵处深挖齿槽切断夹层；③泄洪消能方式采用二级尾坎式底流消力池，以较长底板和尾坎深槽确保抗力体整体作用；④对坝段间横缝下部一定高程范围实施接缝灌浆，使各坝段联合受力；⑤于坝基下设防渗帷幕和排水幕削减扬压力；⑥对坝基和尾岩全面进行固结灌浆；⑦对底孔和表孔坝段坝趾部位（一级消力池首部）设置预应力锚索等。通过上述综合工程措施，各挡水建筑物坝体应力及坝基深层抗滑稳定均满足规范要求，保证了工程安全。

（二）泄洪建筑物布置设计

1. 运用要求

龙口水利枢纽洪水标准为 100 年一遇设计，1 000 年一遇校核。入库洪水由万家寨—龙口区间同频率洪水叠加万家寨水利枢纽相应洪水的下泄流量组成。水库运用方式是蓄清排浑，汛期排沙。泄水建筑物除应满足泄洪要求外，还应满足冲沙、排污等要求。

规划对泄水建筑物泄流能力的要求是：

（1）校核洪水位时，下泄流量大于 8 276 m³/s；

（2）设计洪水位时，下泄流量大于 7 561 m³/s；

（3）汛期排沙水位 888.00 m 时，泄量大于 5 000 m³/s。

龙口坝址距万家寨水利枢纽仅 25.6 km，黄河上游来冰被万家寨水库拦蓄，龙口水库少量冰凌必要时由表孔排出。

2. 泄洪建筑物布置

龙口坝址河床相对较宽，具备布置坝体泄洪的条件。由于龙口工程冲沙流量大，汛期要求泄洪兼排沙，故泄水建筑物以底孔为主。考虑汛期泄洪有排污要求，故设 2 个表孔。经反复比较后选用的布置方案为：泄水建筑物布置在河床的右半部，表孔紧靠右岸边坡坝段，底孔布置接近河床中部。

底孔是主要的泄洪、排沙建筑物，布置在河床中部偏右岸的 12#~16# 坝段，每个坝段宽 20.0 m，布置 2 个底孔，5 个坝段共布置 10 个底孔。考虑底孔的功能除泄洪外，还承担水库的主要排沙任务，要求底孔进口底高程尽量放低些，同时还要满足与消力池底板的连接要求，由于电站引水流道底高程为 866.00 m，故底孔进口底高程定为 863.00 m。根据枢纽排沙要求，水库水位 888.00 m 时泄流量应大于 5 000 m³/s。

通过综合比选，确定底孔控制断面孔口尺寸 4.5 m×6.5 m（宽×高），最低冲沙水位 885.00 m 时泄流能力为 4 673 m³/s，排沙水位 888.00 m 时泄流能力为 5 091 m³/s，满足冲、排沙规模和运用要求。

表孔担负泄洪、排污任务，必要时也可排冰，2 个表孔布置在右岸 17#、18# 坝段。每个坝段宽 17.0 m，表孔孔口净宽 12.0 m，最大单宽流量为 76.7 m³/(s·m)。表孔堰顶高程为

888.00 m,能够满足泄洪、排污要求。

为保持电站坝段"门前清",减少过机泥沙,防止电站进水口在发电机组停机和检修期被泥沙淤堵,在 5#~8# 电站坝段每个坝段各设 2 个排沙洞,4 个电站坝段共设 8 个排沙洞,在 10# 副安装间坝段坝体内设 1 个排沙洞。各排沙洞出口断面尺寸为 1.9 m×1.9 m(宽×高)。

3. 消能工布置

由于大坝下游尾水位低,水位变幅相对较大,不宜采用面流消能。又因龙口坝基存在多条泥化软弱夹层,必须依靠坝趾下游尾岩支撑才能维持大坝的稳定,经分析比较,亦不适宜采用挑流消能。根据下游消能要求,结合枢纽工程总布置,底孔和表孔均选用底流方式消能,设两级消力池。消能建筑物主要由一级消力池及尾坎,二级消力池,差动尾坎,海漫,消力池左、右边墙及消力池中隔墙等建筑物组成。底孔及表孔的一级消力池池底高程均为 858.0 m,坎顶高程为 865.0 m;池长分别为 75 m 和 80.33 m,顺水流方向中间设有中隔墙。底孔及表孔的二级消力池共用,池底高程为 857.0 m,池长 64 m,二级池出池宽度为 150.0 m,池末段设有差动式尾坎,后接钢筋混凝土海漫。

水力计算及水工模型试验验证,在校核洪水、设计洪水和汛期排沙工况下,底孔、表孔和排沙洞的总泄洪能力均能满足枢纽工程泄洪运用要求。当表孔、底孔联合运行或表孔关闭、底孔及排沙洞运行时,水流平顺,未出现不良流态;各典型断面流速分布均匀。在消能设计洪水($P=2\%$)和消能校核洪水($P=1\%$)工况下,表、底孔一、二级消力池内均为完整水跃,效能率达到 60% 以上,出池水流流速分布均匀,各项水力要素无异常。设计采用的消能工方案满足下游消能工和工程运用总体要求。

(三)发电建筑物布置

本工程大坝为混凝土重力坝,利用河床较宽的地形条件,发电建筑物采用河床式电站当是优选方案。电站坝段设计既要满足挡水建筑物的运用要求,也要满足发电厂房的运行要求。发电厂房建筑物布置于左岸 3#~10# 坝段范围内,垂直水流方向长 193.00 m。为满足对万家寨水电站反调节运行和下泄环境用水流量的要求,电站厂房安装有 4 台单机容量为 100 MW 和 1 台单机容量为 20 MW 的水轮发电机组,总装机容量 420 MW,年平均发电量 13.02 亿 kW·h。

厂房的外形轮廓尺寸为 187.00 m×81.10 m×67.50 m(长×宽×高,高度自尾水管底算起),属于一个庞大的钢筋混凝土空间结构。考虑到有大小两种机组和机型需要安装与检修的情况以及有利于机电设备进厂卸车存放等条件,本电站的安装场分设于主厂房左、右两侧,主副安装场的地面高程均与发电机层同高,为 872.90 m。自左至右为长 40 m 的主安装间坝段、长 120 m 的大机组坝段、长 15 m 的小机组坝段以及长 18.00 m 的副安装间坝段。发电机层地面高程 872.90 m,其下依次为电缆层、水轮机层、蜗壳层以及尾水管层。发电机层以上至厂房屋顶(高程 900.00 m)之间为高 27.1 m 的主厂房水上部分框架结构,为减轻厂房屋顶荷载并有利于加快施工进度,主厂房屋顶结构采用轻型网架结构。

(四)其他建筑物布置

电站输出电压为 220 kV,5 台主变压器布置在尾水平台上,一机一变。GIS 开关站室布置在河床左岸 1#、2# 坝段下游侧厂前区。开关站长度 50.5 m,跨度为 13 m,建筑高度

11.50 m,总建筑面积1 377.35 m²。

副厂房紧靠于主厂房左侧布置,坐落于1#、2#坝段下游侧坝体上,地面以上为4层框架,结构长度23.00 m,跨度为29.00 m,建筑高度18.90 m,建筑面积2 513 m²。

枢纽左岸下游进厂公路与河偏公路相连,左岸上坝公路由下游侧进厂公路引入,右岸上坝公路与薛榆公路相接。

五、结　语

龙口水利枢纽总体布置经详细方案论证,并经水工模型试验验证,枢纽布置方案合理,泄洪建筑物的泄流能力满足设计要求,排沙效果良好,下泄水流经两级消力池消能后水流平稳,无严重的回流和冲刷现象。作为万家寨水电站的反调节水库,为使上下两个水电站都能灵活运用,电站装机采用四大一小的单机容量搭配较为合适。结合坝址条件,河床式电站厂房系统布置于主河床的左岸,并且实现主、副厂房及开关站等建筑物布置紧凑、合理。

自龙口水库建成蓄水运行至今,枢纽各建筑物已经历了近3年"蓄清排浑"调度运用和发电运行,通过对枢纽安全监测数据整编分析,工程运行正常安全,运用管理方便。

（作者单位:中水北方勘测设计研究有限责任公司）

黄河龙口水利枢纽建设
在地区经济发展中的作用

王晓云　田水娥　李志鹏

一、龙口水利枢纽基本情况

黄河万家寨水利枢纽配套工程龙口水利枢纽(以下简称龙口水利枢纽)位于黄河北干流托龙段尾部、山西省和内蒙古自治区的交界地带,左岸是山西省忻州市河曲县和偏关县,右岸为内蒙古自治区鄂尔多斯市准格尔旗。坝址距上游万家寨水利枢纽 25.6 km,距下游已建的天桥水电站 76 km。坝址以上流域面积 397 406 km²,多年平均径流 178.1 亿 m³,水能资源丰富。

二、对万家寨水利枢纽的反调节作用

万家寨水利枢纽主要任务为供水结合发电调峰,枢纽每年向山西省和内蒙古自治区供水 14 亿 m³,枢纽电站共安装 6 台机组,总装机容量 1 080 MW。

万家寨水电站在晋蒙电网承担调峰任务,根据晋蒙电网电力电量平衡结果,万家寨水电站日调峰发电时间为 6~8 h,调峰运行时最大下泄流量为 6 台机额定流量 1 806 m³/s,而不发电时下泄流量为零,电站日下泄流量波动幅度很大,万家寨水利枢纽下游河道经常断流,对下游河道灌溉引水产生不利的影响。万家寨水电站调峰运行下泄的不稳定流到达天桥坝址时尚不能完全坦化,而天桥电站因受调节库容限制对万家寨调峰发电流量不能进行完全调节,除产生部分弃水外,天桥的发电运行水位也将有所降低,从而影响天桥电站的发电效益。

同时,水利部黄河水利委员会水资源管理与调度局和黄河防汛抗旱总指挥部要求"万家寨水库日平均泄流不小于 100 m³/s,瞬时最小流量不低于 50 m³/s"。但由于万家寨水电站单机额定流量为 301 m³/s,机组设计最小发电流量约为 120 m³/s,调峰运行时难以满足瞬时最小流量不低于 50 m³/s 的要求。

龙口水利枢纽位于万家寨坝址下游 25.6 km 处,在满足电力系统负荷要求参与系统调峰的同时,可对万家寨调峰下泄流量进行反调节,龙口水利枢纽建成后对龙口—天桥河段主要的反调节作用如下。

(一)减小流量波动幅度、改善下游河道的水流条件

龙口水利枢纽建成后与建成前相比,龙口坝址和天桥入库冬季典型日最大流量减小,最小流量增加,水流波动幅度减小。以天桥入库为例,龙口建成前最大流量为 1 155 m³/s,龙口建成后最大流量为 996 m³/s,最大流量减小 159 m³/s;龙口建成前最小流量为

200 m³/s,龙口建成后最小流量为 222 m³/s,最小流量增加 22 m³/s;龙口建成前流量波动幅度为 955 m³/s,龙口建成后流量波动幅度为 774 m³/s,流量波动幅度减小 181 m³/s。

(二)改善下游农业灌溉泵站取水口的引水条件

龙口下游河道农业灌溉用水主要在夏季,通过对夏季典型日河道最小流量进行分析,发现龙口建成后河道沿程流量明显大于龙口建成前,龙口建成前河道流量较小,其最小流量不到 20 m³/s,甚至有些河段小于 10 m³/s,特别是龙口坝址—河曲水文站河段,河道几乎断流。而龙口建成后,由于龙口水电站建有 1 台小机组,其瞬时下泄流量不小于 60 m³/s,河道流量明显增大,其中龙口坝址—河曲水文站河段,流量增加 40 m³/s 以上,这对改善龙口下游河道两岸灌区灌溉引水条件起着重要的作用。

(三)可减少天桥水电站弃水,增加天桥水电站发电量

天桥水电站是黄河北干流上第一座径流式电站,由于水库泥沙淤积严重,目前水库的有效库容仅为 2 000 万 m³ 左右,电站在系统中基荷运行。

龙口水利枢纽建成前,天桥水电站冬季典型日发电量为 188 万 kW·h,而龙口建成后,天桥水库入库流量更加均匀,冬季典型日最大流量减少 159 m³/s,最小流量增加 22 m³/s。由于天桥水电站弃水量减少,并且电站可以保持高水位运行,电站日发电量增加了 5 万 kW·h。

龙口水利枢纽建成后,万家寨—龙口河段河道变成龙口水库库区,该段河道两岸灌区取水条件得到改善;由于龙口水利枢纽的反调节作用,龙口—天桥河段河道流量波动幅度减小,下游河道的水流条件得到改善;同时由于龙口水电站瞬时下泄流量不小于 60 m³/s,该段河道最小流量有较大幅度增加,河道两岸农业灌溉泵站取水条件得到明显改善;天桥水电站弃水减少,发电量增加。

三、在万家寨—龙口区间防洪中的作用

龙口水利枢纽属大(Ⅱ)型水利工程,主要建筑物为 2 级建筑物,设计洪水标准为 $P = 1\%$(100 年一遇),校核洪水标准为 $P = 0.1\%$(1 000 年一遇)。

遇 100 年一遇洪水时,龙口水库建成前洪峰流量为 10 632 m³/s,水库建成后最大下泄流量 7 561 m³/s,可削峰 29%;遇 1 000 年一遇洪水,龙口水库建成前洪峰流量为 13 130 m³/s,龙口水库最大下泄流量 8 276 m³/s,可削峰 37%。龙口除承纳万家寨削峰后下泄的洪水,并继续滞洪外,还可以拦截万家寨—龙口区间洪水,减小下泄洪峰流量,可缓解下游河道的防洪压力,减轻下游洪水灾害威胁。此外,万家寨水库、龙口水库对上游来冰均有一定的拦蓄作用,有利于坝址下游河道和天桥水电站的防凌。

四、在改善周边地区生态环境中的作用

龙口水利枢纽位于晋、蒙黄土高原干旱地区,水库周边地区植被稀少,水土流失严重,生态环境恶化。两岸地区农业灌溉用水大都从黄河抽提,扬程大,成本高,基本不考虑生态用水。龙口水利枢纽建成后,形成水库水面约 11 km²,坝址处抬高黄河干流水位 30~40 m,可改善库区局部气候环境,改善生态用水取水条件和当地的生存、生态环境,库区周边地区可开展封山绿化、植树种草和水土流失治理。建库后,库区两岸地下水位也会有不同程度抬高,对干旱地区植物存活和生长十分有利。此外,龙口水库还可向河曲县两个生态环境建设项目区提供水源保证,使项目发挥更大效益。

龙口下泄的反调节流量对龙口—天桥之间河道的生态、纳污条件的改善有着重要的意义,因此龙口水利枢纽具有显著的生态环境效益。

五、在促进地区经济发展中发挥重要作用

龙口水利枢纽位于华北和西北地区的结合部,地处晋、蒙、陕三省(区)边界交会地带。该三省(区)是我国的矿产资源大省(区),也是我国经济欠发达地区。本地区虽然具有丰富的矿产资源,但由于自然条件差,经济基础薄弱,导致经济落后,人民生产、生活水平较低。

龙口地处山西、内蒙古和陕西省能源化工基地地域中心。枢纽以东是山西省大同、平朔和太原能源基地,枢纽以西是内蒙古准格尔能源基地和陕西省榆林能源重化工基地。

山西省土地面积 15.6 万 km^2。2003 年统计,山西省共有人口 3 314.3 万人,国内生产总值 2 456.6 亿元,年平均增长 9.40%,人均 7 435 元。山西省矿产资源丰富,煤、铝、耐火黏土和铁等,储量均居全国前列,尤其以煤炭资源储量最为丰富。2003 年全省煤炭保有储量为 2 652.8 亿 t,约占全国总储量的 1/3。山西省农业以粮食和棉花为主,粮食总产量 958.9 万 t,棉花总产量 9.2 万 t。工业产品主要是原煤产量 45 232 万 t,钢材 997 万 t,发电量 962.2 亿 kW·h。山西省是能源输出大省,2003 年统计煤炭向省外输出 27 464 万 t,占其当年产量的 60.7%;电力输出 233.23 亿 kW·h,占其当年产量的 21.7%。山西水资源贫乏,2003 年统计,全省水资源总量为 134.88 亿 m^3,人均占有量 407 m^3。

内蒙古自治区土地面积 118.3 万 km^2。2003 年统计,内蒙古自治区共有人口 2 379.6 万人,国内生产总值 2 150.4 亿元,年平均增长 15%,人均 8 975 元/人。内蒙古自治区的农业以生产粮食为主,2003 年粮食产量 1 360.7 万 t。内蒙古地域辽阔,牧草丰富,畜牧业发达,2003 年末统计,大牲畜和羊的存栏总头数为 5 065 万头。相关的奶制品企业和畜牧加工业近年来也有比较大的发展。自治区主要的工业产品为煤、原油和钢材。自治区 2003 年生产原煤 14 706.8 万 t,占全国原煤生产量的 8.8%。发电量 647.7 亿 kW·h,钢材 576.8 万 t。

内蒙古矿产资源丰富,稀土资源储量为 8 213.4 万 t,居世界首位。煤炭保有储量 2 239.1 亿 t,居全国第 2 位。已经开发的内蒙古准格尔煤田与陕北的神府煤田一起成为继山西省之后又一能源基地。特别是新探明的内蒙古鄂尔多斯盆地苏里格天然气田,是迄今我国发现的几个为数不多的世界级陆上特大整装气田。全区已探明水资源总量 508.8 亿 m^3,人均占有量 2 139 m^3。从地理位置看,陕、蒙二省(区)是西部大开发的重点省(区)。龙口水利枢纽的建成将成为当地能源重化工基地建设的重要组成部分,也是改善当地经济建设环境的基础性设施。枢纽工程的建设将为地区工业、经济的发展提供丰富、可靠的电力资源,促进当地能源、重化工和其他新兴产业的发展,为地区国民经济发展注入新的活力,同时也为当地的劳动力就业、建材工业、建筑业和各类服务业等创造良好的机会。枢纽工程本身还可为国家和地区创造较大的经济效益,促进地区经济发展,符合国家关于调整能源结构,优先开发水电和加强基础设施建设,拉动经济增长的部署。

六、开发河段水能资源,为电网提供清洁可靠的调峰容量和电量

黄河托龙段全长 128 km,落差 124 m,其中从拐上至龙口河段全长 94 km,落差 117 m,开发建设龙口水利枢纽可充分利用北干流的水能资源。龙口水利枢纽位于山西、内蒙古交界处,居晋、蒙、陕能源基地的中心,枢纽建成后拟承担晋蒙电网调峰任务,电站装机容量 420 MW,多年平均发电量 1 302 GW·h。

龙口是性能优越的调峰电源点,水电站启动灵活、迅速,能快速跟踪负荷调峰,可向电网提供调峰容量 400 MW,具有显著的电力电量效益,改善电网电源结构,增强调峰能力,优化运行条件,提高电网运行的经济性和安全性。此外,龙口利用天然水能发电,节约燃料,不污染环境,具有经济和清洁等优点。

七、结　　语

龙口水利枢纽是黄河治理开发规划中确定的梯级工程之一,枢纽位于万家寨—天桥之间,位置适中,承上启下,可与万家寨联合调度发电调峰,并对万家寨调峰下泄流量进行反调节,泄放基流。枢纽除发挥滞洪削峰、防凌、改善周边地区生态环境、为河曲县两个生态环境建设项目区提供水源保证的作用外,还可为地区提供可靠的电力资源,对促进地区经济的发展和西部大开发战略的实施都有重要意义。

(作者单位:中水北方勘测设计研究有限责任公司)

黄河龙口水利枢纽工程特征水位选择

金　鹏　　王晓云　　邹月龙

一、龙口工程概述

(一)工程概况

黄河万家寨水利枢纽配套工程—龙口水利枢纽(以下简称龙口),位于黄河中游北干流托克托至龙口河段的尾部,龙口坝址上距万家寨水利枢纽25.6 km处,下距已建的天桥水电站76 km,坝址以上流域面积39.74万km^2。龙口坝址1919年7月~2000年6月共81年系列多年平均径流量为178.1亿m^3。

龙口水利枢纽位于万家寨—天桥之间,位置适中,承上启下,可与万家寨联合调度发电调峰,并对万家寨调峰下泄流量进行反调节,对上游来冰的拦蓄、下游河道和天桥水电站的防凌、改善周边地区生态环境、为河曲县两个生态环境建设项目区提供水源保证,都有重要的作用。此外,龙口水电站为电网提供清洁可靠的调峰容量和电量,对促进地区经济的发展和西部大开发战略的实施都具有重要意义。

龙口水利枢纽建成后就近投入晋蒙电网,根据晋蒙电网2015年水平年的调峰容量平衡结果,2015年尽管有龙口水电站、碛口水电站、西龙池和呼和浩特抽水蓄能电站等水电站相继建成投入,可以缓解一些电网调峰容量短缺的矛盾,但随着经济的发展和用电需求增加,调峰容量的缺口仍会逐渐加大。根据调峰容量平衡的结果,2015年还有1 083 MW的调峰缺口。

由于水电站具有启动灵活、迅速,能跟踪负荷调峰等作用,因此龙口建成投入电网运行后,具有显著的电力电量效益,可改善电网电源结构,增强调峰能力,优化运行条件,提高电网运行的经济性和安全性。此外,龙口利用天然水能发电,节约燃料,不污染环境,具有经济和清洁等优点。

(二)工程任务及运行方式

龙口水利枢纽是黄河治理开发规划中确定的梯级工程之一,工程开发任务是发电和对万家寨电站调峰流量进行反调节。

龙口水利枢纽与万家寨一样采用蓄清排浑的运行方式,其运行水位随年内水库调节期的不同而变化,由于万家寨水利枢纽具有拦冰作用,龙口库区不会产生冰塞壅水现象而造成冰灾害,龙口水库年内各时期运行水位见表1。

表1　　　　　　　　　　龙口水库调节计算各时期运行水位

时　　间	水库运行水位
7月1日~9月30日	水库在死水位至汛限水位之间运行,其中8、9月为冲沙期,水库尽量在低水位运行
10月1日~10月31日	10月为蓄水期,在满足发电要求的同时尽快将水位蓄至正常蓄水位898 m
11月1日~翌年6月30日	水库在正常蓄水位运行,6月下旬(25日以后)采用集中或均匀泄流方式将水库水位降至汛限水位

二、特征水位选择

龙口水利枢纽特征水位选择主要包括正常蓄水位、死水位、汛限水位和排沙期日调节最高运行水位。

(一)正常蓄水位选择

因上游25.6 km处已建万家寨水利枢纽,龙口的正常蓄水位受到了限制,根据水库淤积后回水计算成果分析,龙口正常蓄水位899 m时对万家寨尾水产生了影响,因此以899 m为上限,选取897 m、898 m、899 m三个正常蓄水位方案进行比较。

龙口库区两岸为偏远的山区,地少人稀,经济相对落后,水库淹没影响小,且3个正常蓄水位方案的水库淹没损失和地质条件均相差不大。因此,龙口正常蓄水位的选择从梯级回水影响、动能经济指标和泥沙冲淤要求等3个方面进行分析。

1. 梯级回水影响

为分析龙口回水对万家寨水电站发电尾水的影响,对拟订的3个正常蓄水位方案分别选用不同流量进行回水计算,推求万家寨水电站发电尾水处的水位。

计算结果表明,正常蓄水位为897 m时,龙口对万家寨发电尾水没有影响;正常蓄水位为899 m时,龙口对万家寨的发电尾水影响比较大,水位壅高在0.3～1.2 m,大流量影响小,小流量影响大,例如流量在300 m³/s以下时,万家寨发电尾水位壅高达1 m;正常蓄水位为898 m时,龙口对万家寨发电尾水影响相对较小,水位壅高在0.1～0.3 m,小流量时(小于300 m³/s)影响较大。由于万家寨调峰运行时电站发电流量均在300 m³/s以上,因此龙口水库选择898 m方案对万家寨发电尾水基本没有影响。

2. 经济比较

正常蓄水位方案的经济比较采用898 m与897 m和899 m与898 m方案的差额投资内部收益率法进行比较,计算结果见表2。

表2   龙口各正常蓄水位方案比较

方案	897 m	898 m	899 m
万家寨 + 龙口机组电量(GW·h)	3 996	4 018	4 026
差值(GW·h)		22	8
投资(万元)	200 821	201 019	201 216
差额投资(万元)		198	197
差额投资内部收益率(%)		>30	>30

注:电站装机420 MW,排沙期发电最低水位888 m。

由表2的经济计算结果可知,龙口水利枢纽的正常蓄水位897 m与898 m和898 m与899 m方案差额投资内部收益率均大于30%,均大于社会折现率12%,因此龙口水利枢纽的正常蓄水位898 m与899 m方案经济上都是可行的。

3. 泥沙冲淤要求

根据龙口库区泥沙冲淤计算成果,龙口正常蓄水位899 m方案在维持库区泥沙冲淤平衡和保持水库具有一定的调节库容等方面已处于临界状态,而且899 m方案库区回水对万家寨尾水影响较大,不宜采用,而898 m方案不存在以上问题。考虑到泥沙的不确定性,建议水库初期采用897 m运行,视泥沙的冲淤情况,再将正常蓄水位提高到898 m运行。

综上所述,龙口正常蓄水位898 m和899 m方案在经济上都是可行的。其中899 m方案,从泥沙冲淤角度看不宜采用;898 m方案回水基本不影响万家寨的尾水和发电效益,同时与897 m方案相比,具有更显著的发电效益,因此确定龙口正常蓄水位为898 m。

(二)排沙期日调节最高运行水位选择

龙口水库在每年排沙期8、9月的调度运用原则为:当日入库流量小于1 340 m³/s时,水库进行日调节,调节水位在死水位888 m到日调节最高运用水位之间运行,但由于8、9月为排沙期,为保证水库的排沙效果,水库在满足日调节的条件下,运用水位应尽量降低,日调节蓄水以满足日调节发电所需水量为控制条件。当入库流量大于1 340 m³/s时,库水位在死水位888 m运行。当万家寨水库降低水位至948 m冲沙时,龙口水库同步将库水位降至885 m冲沙。

根据龙口水库运用原则,当日均入库流量小于1 340 m³/s时,水库需在非调峰时段调蓄部分水量,以备调峰时用。在非排沙期,水库蓄水运用,日调节所需的蓄水量对水库淤积影响不大。在排沙期,如无日调节,水库水位应控制在死水位888 m排沙运行,但由于日调节的需要,水库水位在888 m到日调节最高运用水位之间运行。水位抬高势必增加水库泥沙淤积量。

排沙期日调节最高运用水位892 m方案,调沙库容有615万m³,10年中仅1年不增加淤积量,有6年由于日调节而增加的淤积量大于615万m³,这6年需多次降低水位进行冲沙。另外,由于调沙库容小,降低水位冲沙的次数多,由日调节增加的淤积量不会对泥沙淤积纵剖面、淤积末端及泥沙冲淤平衡造成大的影响。以淤积量469万m³计算的纵剖面见图1。泥沙淤积的影响范围为10 km,淤积量469万m³,接近892 m以下的调沙库容。从图1中看出,由于日调节而引起的泥沙淤积范围在偏关河口以下,其淤积高程在891 m左右,因此日调节增加的泥沙淤积不影响水库的防洪库容。

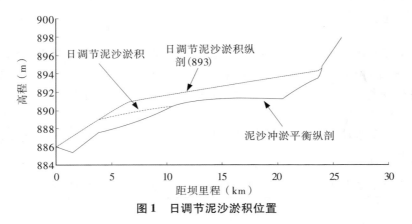

图1 日调节泥沙淤积位置

排沙期日调节最高运用水位893 m方案,调沙库容有1 400万m³,10年中仅有1年日调节库容不足,需降低水位冲沙。库水位高,有利于增加电站的发电量,降低水位进行冲沙的次数少有利于提高电站的发电质量,这是有利的一面。但是,淤积量大,对水库淤积纵剖面影响较大,图1给出了淤积量1 400万m³的淤积纵剖面。从图1中看出,淤积量1 400万

m^3 的影响范围达 25 km,水库短时间降低水位冲沙不易发展到如此远的距离,如将日调节所引起的泥沙淤积量 1 400 万 m^3 全部冲刷出库,水库降低水位冲沙的时间过长。另外,泥沙淤积 1 400 万 m^3 时,高程 893 m 以上也有淤积,这部分淤积量侵占了水库的防洪库容,将对水库安全造成不利影响。

综上,从控制泥沙淤积末端及保持水库库容两方面考虑,确定排沙期日调节最高运用水位为 892 m。

(三)死水位选择

死水位一般是指水库在正常情况下允许消落的最低水位。本工程的主要任务是发电,一般年份的非汛期,水库尽量维持在高水位运行,以便获取较大的发电效益;只有在汛期,水库从高水位降至汛限水位,此时水库将会在死水位至汛限水位之间运行。由于汛期电站仍然要承担电网的调峰任务,水库保持一定的调节库容是必要的。

根据设计代表年典型日负荷图中龙口电站的工作位置,推算其汛期需要的调节库容,经计算,汛期要满足系统调峰和反调节的需要,水库最少需要具有 1 100 万 m^3 的调节库容。

龙口水库死水位共拟定了对 887 m、888 m、889 m 三个方案,以下从发电效益、泥沙对水库淤积的影响等方面进行分析比较。

1. 对发电效益的影响

龙口水利枢纽正常蓄水位 898 m,装机容量 420MW,死水位 887 m、888 m、889 m 三个方案汛期的动能指标和年发电量见表 3。

表 3   不同死水位方案动能指标

正常蓄水位(m)	898		
死水位(m)	887	888	889
7、8、9 月平均峰荷出力(MW)	257	271	285
出力差值(MW)	14		14
年发电量(GW·h)	1 270	1 302	1 311
电量差值(GW·h)	32		9

由表 3 可以看出死水位由 887 m 提高到 888 m,或由 888 m 提高到 889 m,汛期平均峰荷出力(7,8,9 月)均增加 14 MW,年发电量分别增加 32 GW·h 和 9 GW·h。这说明死水位较高时具有较大的发电效益,特别由 887 m 提高到 888 m 时电量增加较多。

2. 对水库泥沙淤积的影响

表 4 为正常蓄水位 898 m,汛限水位 893 m,3 个死水位方案回水末端变化范围和淤积后的排沙期调节库容。

表 4   龙口水利枢纽不同死水位排沙期发电最低水位泥沙计算成果

死水位(m)	淤积末端距龙口坝址的距离(km)		库容(亿 m^3)	备注
	远点	近点		
887	22.2	16.7	0.211	887～892 m
888	22.2	20.4	0.147	888～892 m
889	22.2	20.4	0.088	889～892 m

根据泥沙冲淤平衡后的库容曲线可以知道,排沙期最高发电运行水位 892 m 至 889 m、888 m、887 m 三个死水位之间的库容分别为 880 万 m³、1 470 万 m³、、2 110 万 m³。887 m 方案调节库容最大;死水位 889 m 方案库容最小,仅 880 万 m³。

通过以上计算,889 m 方案汛期调节库容只有 880 万 m³,不能满足汛期电站日调节库容的要求,该方案是不可行的。887 m 方案虽然淤积末端距离万家寨坝址比较远且有较大的日调节库容可以利用,但汛期水库运行水位相对比较低,机组出力比较小。888 m 方案介于以上两者之间,既有足够的调节库容,能够满足发电日调节库容的要求,又有比较高的发电效益。综合比较,选择死水位为 888 m。

(四)汛限水位选择

黄河干流、河万区间和万龙区间洪水多发生在 7、8、9 三个月份。属洪水期比较稳定的河流,龙口水库为不完全年(季)调节水库,为减少工程量,节省投资,设兴利和防洪共用库容。汛期降低水位运行,该限制水位作为洪水调节计算的起调水位。根据新的水文径流资料,拟订 891 m、892 m、893 m 为汛限水位进行比选。汛限水位的选择拟从发电效益、泥沙淤积以及对坝体规模及投资方面的影响加以分析比较。

1. 对发电效益的影响

表 5 为不同汛限水位方案的发电效益计算结果。可以看出,随着汛限水位的提高,发电效益随之增加,汛限水位由 891 m 提高到 892 m 发电量增加 9 GW·h;由 892 m 提高到 893 m,发电量增加 8 GW·h。

表 5 　　　　　　　　　不同汛限水位的发电效益计算

汛限水位(m)	891	892	893
发电量(GW·h)	1 293	1 302	1 310
发电量差值(GW·h)		9	8

2. 对水库泥沙淤积的影响

黄河是多泥沙河流,特别是汛期含沙量更大,对水库的淤积影响较大。在相同的正常蓄水位 898 m 和死水位 888 m 的计算条件下,对上述 3 个汛限水位方案,分别计算了龙口水库冲淤平衡以后的水库库容。根据计算可知,汛期选择 891 m、892 m 或 893 m 作为汛限水位运行,水库库区都会有不同程度的泥沙淤积发生。总的趋势是汛限水位高,泥沙淤积量比较大,淤积量随着汛限水位的抬高基本呈直线形增长。在相同的正常蓄水位和死水位情况下,汛限水位每抬高 1 m,库区泥沙淤积量差别在 10 万 m³ 至 170 万 m³ 之间,水位高时差别比较大。当正常蓄水位 898 m 时,汛限水位 893 m 的库容比 891 m 减少约 340 万 m³,约占汛期水库调节库容的 4.6%。各方案泥沙淤积末端距龙口坝址的距离基本相同,均在 20.4 ~ 22.2 km。3 个汛限水位的淤积末端对上游梯级万家寨电站的运行都不会发生影响。

3. 对主体工程投资的影响

对以上 3 个汛限水位方案进行洪水调节计算,计算得到相应校核洪水位分别为 898.31 m、898.34 m、898.52 m,详见表 6。

表6	不同汛限水位调洪计算结果	m
汛限水位	设计洪水位	校核洪水位
891	896.25	898.31
892	896.34	898.34
893	896.56	898.52

调洪计算结果显示,汛限水位每抬高 1 m,对设计洪水位和校核洪水位影响不大,水位变化在 20～30 cm。3 个方案的计算结果都不会对大坝规模产生影响。因为在以上高程范围内仍是正常蓄水位控制坝高,3 个汛限水位方案都不会引起增加坝高而使工程投资增加的结果。

综上可以看出,汛限水位在 891～893 m 变化,不会对主体工程的规模产生影响。汛限水位抬高,发电水头增加,发电效益较好,但随着汛限水位的抬高,水库的泥沙淤积量也随之增加,将直接影响汛期水库的调节库容,加重水库冲沙、排沙的难度。可见,在 891～893 m,龙口汛限水位抬高,主要受泥沙淤积影响控制,因此在新的水文径流系列资料基础上,通过对工程建成后运行状况的进一步分析研究后重新对水库泥沙淤积进行计算,在考虑了库区泥沙淤积的不确定因素以后,选择汛限水位为 893 m。

三、结　语

黄河北干流托龙段落差集中,水能资源量大,建坝条件好。20 世纪 50 年代开始的历次黄河流域规划和河段规划均将北干流列为梯级开发的重要河段。在国务院批准的 1954 年黄河流域规划进行 46 个梯级开发工程中即有万家寨和龙口。2004 年,黄河龙口水利枢纽被列入国家发展和改革委员会与水利部组织编制并报经国务院同意的《"十五"期间全国大型水库建设规划》。龙口水利枢纽的开发是依据黄河流域规划与水利部全国大型水库建设规划的要求进行的,是黄河北干流梯级开发的一个组成部分。本次龙口工程规模确定是在历次黄河流域规划和河段规划的基础上进行的,枢纽电站装机容量 420 MW,年平均发电量 1 302 GW·h,水库正常蓄水位 898 m,汛限水位 893 m,死水位 888 m,排沙期日调节最高运行水位 892 m。

(作者单位:中水北方勘测设计研究有限责任公司)

黄河龙口水利枢纽下泄河道基流分析

田水娥　　汪学全

一、工程概况

黄河上游已建成大、中型水库多座,其中龙羊峡水库调节能力最大,于 1986 年开始蓄水,直接影响下游河道的径流过程。万家寨水利枢纽于 1998 年 10 月下闸蓄水发电,2002 年竣工验收。目前龙口水电站坝址的来水主要受万家寨水库出库流量过程控制。

(一)万家寨水利枢纽概况

万家寨水利枢纽位于黄河中游北干流的上段,左岸为山西省偏关县,右岸为内蒙古自治区准格尔旗。万家寨水利枢纽的主要任务是供水结合发电调峰等综合利用,同时兼有防洪、防凌作用。该枢纽水库正常蓄水位为 977 m,最高蓄水位为 980 m,水库总库容 8.96 亿 m^3,调节库容 4.45 亿 m^3。电站装机容量为 1 080 MW,安装有 6 台单机容量为 180 MW 的水轮发电机组,设计年发电量 27.5 亿 kW·h。枢纽设计年供水量为 14 亿 m^3,其中向内蒙古自治区准格尔旗供水 2 亿 m^3,向山西省供水 12 亿 m^3。万家寨水利枢纽电站承担电网调峰任务,每日在电网峰荷运行 6~7 h,流量变化范围为 0~1 806 m^3/s,波动幅度较大。

(二)龙口水利枢纽概况

龙口水利枢纽位于黄河北干流山西省河曲县与内蒙古自治区准格尔旗的交界处,上游 25.6 km 是已建的万家寨水利枢纽,下游 75.5 km 处是已建的天桥水电站坝址。龙口水利枢纽的主要任务是对万家寨水利枢纽调峰流量进行反调节、发电,兼有滞洪削峰等综合利用。龙口水库正常蓄水位为 898 m,汛限水位 892 m,死水位 888 m,水库总库容 1.96 亿 m^3,调节库容 0.71 亿 m^3,龙口坝址多年平均流量为 565 m^3/s。电站装机容量为 420 MW,安装有 4 台单机容量为 100 MW、1 台单机容量为 20 MW 水轮发电机组,电站多年平均发电量为 13.02 亿 kW·h。电站建成后接入山西和蒙西电网,4 台大机组在电网中承担调峰任务,1 台小机组在基荷发电运行,以满足龙口电站瞬时下泄河道基流不小于 60 m^3/s 的要求。

二、水文基本资料

(一)黄河托龙段干流主要水文测站

黄河托龙段干流主要的水文测站包括河口镇水文站、万家寨水文站、河曲水文站、义门水文站。

河口镇水文站设于 1952 年 1 月,在龙口坝址上游 128 km 处,1958 年 4 月上迁 10 km 到头道拐观测至今。

万家寨站 1954 年 6 月原电力工业部北京水力发电设计院在万家寨中坝线下游,清沟口上游 50m 处设水位站,进行水位观测,1955 年 11 月停止观测。1957 年 7 月在大塔设万家寨水文站,1962 年 1 月改为水位站,1967 年 6 月撤销。1993 年 7 月水利部天津勘测设计研究院(以下简称天津院)委托黄委会中游水文水资源局在中Ⅱ坝线下 360 m 处设水位站,1994年 7 月水利部万家寨工程建设管理局在原水文站下游 500 m 处设水文站,观测至今。万家寨水文站测得水位、流量、含沙量均参加黄委会中游水文水资源局统一整编。

河曲水文站设于 1952 年 3 月,在龙口坝址下游 23 km 处,1956 年 5 月停止观测,1976年 6 月恢复水位观测,1978 年 1 月改为水文站,观测至今。

义门水文站设于 1954 年 7 月,在龙口坝址下游 71.3 km 处,因天桥水电站的兴建,于1975 年 5 月改为水位站,1982 年停测,并在其下游 8 km 处的府谷设立水文站继续观测水位、流量及含沙量等。

(二)龙口坝址水文观测资料

为配合龙口水利枢纽工程设计,天津院委托黄委会中游水文水资源局于 1993 年 7 月在龙口六Ⅱ坝线下 125 m 处设立水位站,进行水位观测,1995 年 10 月停止观测。天津院于1985 年和 1993 年 5 月对龙口坝址大断面进行测量,根据两次测量结果,断面变化不大。

(三)黄河托龙段支流的水文资料

黄河中游托龙段主要有左岸支流浑河、杨家川和偏关河。

浑河全长 219.4 km。1954 年 9 月设放牛沟水文站,控制面积 5 461 km²,占全流域的98.7%,1977 年 6 月 1 日改为汛期水位站,实测最大流量为 5 830 m³/s(1969 年 8 月 1 日)。

杨家川河长 69.5 km,属间歇性河流,无水文观测资料。

偏关河全长 128.5 km。1956 年 9 月设关河口水文站,1957 年 7 月上迁 9 km 到沈家村为偏关水文站,控制面积 1 915 km²。1982 年又上迁 3 km 至偏关县偏关镇为偏关(三)站,控制面积 1 896 km²,占万家寨—龙口区间 2 600 km² 的 72.9%。实测最大流量 2 140 m³/s(1979 年 8 月 11 日)。

龙口坝址以下有皇甫川、县川河、清水川及孤山川等支流汇入黄河,这些支流均有水文测站,进行水位、流量等项目的观测。

黄河中游托龙段干、支流的各水文站观测资料年份,见表 1。黄河中游托龙段主要水文测站分布见图 1。

表 1　　　　　　　　黄河中游托龙段主要水文测站资料

河名	站名	流域面积 (km²)	设站时间 (年·月)	资料使用年限	情况说明
黄河	河口镇	385 966	1952.1	1952.1~2003.12	1958.4 上迁到头道拐
浑河	放牛沟	5 461	1954.9	1954.9~1977.5	1977.6 改为汛期水位站
黄河	万家寨	394 813	1954.6	1957.7~1961.12 1994.7~2003.12	1954.6~1955.10 1962.1~1967.5 有水位资料
偏关河	偏关	1 896	1956.9	1956.9~2003.12	—
黄河	龙口	397 406	1993.7	1993.7~1995.10	只有水位资料
黄河	河曲	397 643	1952.3	1952.3~1956.4 1978.1~2003.12	1976.6~1977.12 有水位资料
黄河	义门	403 877	1954.7	1954.7~1975.4	1975.5 改为水位站, 1982 年停测

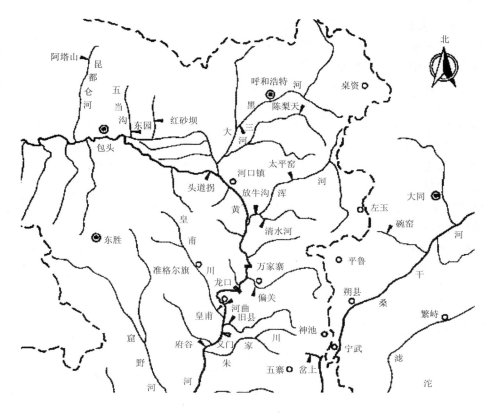

图1 黄河中游托龙段主要水文测站位置示意

三、分析方法

（一）河道基流重要性

河道基流是指维持河床基本形态,保障河道输水能力,防止河道断流、保持水体一定的自净能力的最小流量。为维系河流的最基本环境功能不受破坏,必须在河道中常年流动一定的生态基流。

2002 年 3 月 24 日,水利部、国家计委联合发布了《建设项目水资源论证管理办法》(水利部、国家计委 15 号令),这标志着建设项目水资源论证制度在我国正式实行。2005 年 5 月 12 日颁布并实施的《建设项目水资源论证导则(试行)》(以下简称《导则》)中明确规定对引水、蓄水等水利水电工程的论证,必须分析对下游水文情势的影响,并提出满足下游生态保护需要的最小流量,即建设项目水资源论证过程中必须提出下泄的河道基流。

水利水电工程特别是大坝工程对于防洪、发电、灌溉、供水、航运等作用巨大,为经济社会发展提供了保障。但大坝对于生态系统的作用是双重的,一方面水库为生物生长提供了丰富的水源,也缓解大洪水对于生态系统的冲击等,这些因素对河流生态系统是有利的;另一方面,大坝对于河流生态系统产生干扰。而根据《导则》的要求,规定其必须下泄基流正是减轻工程对河流生态系统干扰的一种补偿措施,因此水利水电工程下泄河道基流流量的分析就显得尤为重要。

（二）河道基流分析方法

国外经过多年来的研究,已形成了多种生态环境需水量估算方法,基本可以分为水文指标法、水力学法、整体分析法和栖息地法等4大类。不同的计算方法各有其适用条件和适用范围,选定生态需水评估方法应考虑下列因素:河流类型、人们的生态环境价值观、计算结果的精度要求、收集资料的费用和困难程度等。目前最常用的方法有 Tennant 法或称蒙大拿(Montana)法、水生物基流法、可变范围法、7Q10 法、德克萨斯(Texas)法、流量持续时间曲线分析法、年最小流量法和水力变化指标法(IHA)等。

依据龙口水利枢纽的工程特点及项目的资料情况,本项目采用如下3种方法分析、研究确定河道基流量:一是参照《全国水资源综合规划技术细则》中河道内生态环境需水量估算方法,以多年平均径流量的百分数(一般取 10%～20%)作为河流最小生态环境需水量;二是依据近10年最枯月平均流量或90%保证率最枯月平均流量;三是采用美国的 7Q10 法,即采用90%保证率最枯连续7 d 的平均流量。

四、分析成果

头道拐和河曲站的实测枯水流量统计结果见表2、表3。

表2   头道拐站最枯月和最枯连续7 d 平均流量

年份	最枯月平均流量		最枯连续7 d 平均流量	
	流量(m³/s)	发生月份	7 d 平均流量(m³/s)	时间(月.日)
1986	196	5	48.1	5.22～5.28
1987	65.5	5	26.3	5.17～5.23
1988	252	10	75.4	11.4～11.10
1989	325	6	144	5.26～6.1
1990	324	10	166.1	5.9～5.15
1991	178	10	103.2	10.9～10.15
1992	124	5	69.6	5.11～5.17
1993	130	5	52.1	5.24～5.30
1994	116	5	57.5	5.18～5.24
1995	141	5	83.1	5.15～5.21
1996	189	10	55.7	6.26～7.2
1997	73.9	5	12.9	6.23～6.29
1998	207	10	93.4	6.29～7.5
1999	128	6	53.4	6.12～6.18
2000	80.5	5	36.1	5.17～5.23
2001	70.4	7	40	6.22～6.28
2002	177	7	71.7	6.5～6.11

表 3 　　　　　　　　　河曲站最枯月和最枯连续 7 d 平均流量

年　份	最枯月平均流量		最枯连续 7 d 平均流量	
	流量（m³/s）	发生月份	7 d 平均流量（m³/s）	时间（月.日）
1986	212	11	49.1	5.25~5.31
1987	71.1	5	17.9	5.25~5.31
1988	250	5	78.3	11.6~11.12
1989	298	6	137.9	5.27~6.2
1990	302	10	157.1	5.11~5.17
1991	187	10	111.3	10.10~10.16
1992	149	5	66.2	6.28~7.4
1993	141	5	32.6	5.27~6.2
1994	127	5	38.1	5.21~5.27
1995	136	5	75.3	5.17~5.23
1996	204	6	39.1	7.1~7.7
1997	72.3	5	18.7	6.23~6.29
1998	126	10	51.5	10.22~10.28

　　龙口水利枢纽工程位于黄河北干流头道拐水文站和河曲水文站之间，上距头道拐水文站 138 km，下距河曲水文站 23 km。按以上方法利用头道拐站和河曲站实测流量资料分析确定下泄的河道基流量如下：

　　（1）根据头道拐 1986—2002 年共 17 年和河曲站 1986—1998 年共 13 年实测最枯月平均流量系列进行分析计算，其 90% 保证率最枯月平均流量均约为 72 m³/s。

　　（2）依据头道拐和河曲站 1986—1998 年共 13 年实测最枯连续 7 d 平均流量系列进行分析，其 90% 保证率最枯连续 7 d 天平均流量分别为 24 m³/s 和 18.7 m³/s。

　　（3）根据头道拐和河曲站 1986—1998 年共 13 年实测全年流量，计算多年平均流量分别为 527 m³/s 和 524 m³/s，多年平均流量的 10% 分别为 52.7 m³/s 和 52.4 m³/s。

　　综上计算分析，两站结果相近，河曲站计算结果分别为 72，18.7，52.4m³/s。河曲站1986—1998 年实测最小 7 d 连续平均枯水流量仅 17.9 m³/s。龙口水利枢纽作为黄河干流的反调节水库，应对改善河道基流量起到一定的作用。按照以上的分析结果，认为龙口—天桥水电站区间河道基流确定为 55 m³/s 较为合适。考虑沿河泵站提水灌溉流量 5.0 m³/s，本次选 60 m³/s 作为黄河龙口水利枢纽下泄的最小流量。

五、结　　论

　　水利水电工程下泄河道基流是维持河道生态系统健康的重要举措，下泄河道基流的计算方法较多，实际应用时应采用多种方法比较、分析，并考虑具体工程特点及实际情况合理确定下泄的流量。同时，在工程设计中应配套相应的工程措施，以保障下泄的河道生态基流顺利落实。

（作者单位：中水北方勘测设计研究有限责任公司）

黄河龙口水利枢纽调峰
非恒定流沿程坦化情况及影响分析

田水娥 金 鹏 翁建平

黄河龙口水利枢纽位于黄河北干流山西省河曲县与内蒙古自治区准格尔旗的交界处，上游 25.6 km 是已建的万家寨水利枢纽，下游 75.5 km 处是已建的天桥水电站坝址。龙口水利枢纽的主要任务是对万家寨水利枢纽调峰流量进行反调节、发电，兼有滞洪削峰等综合利用。龙口水库正常蓄水位为 898 m，汛限水位 892 m，死水位 888 m，水库总库容 1.96 亿 m³，调节库容 0.71 亿 m³，龙口坝址多年平均流量为 565 m³/s。电站装机容量为 420 MW，安装有 4 台单机容量为 100 MW、1 台单机容量为 20 MW 水轮发电机组，电站多年平均发电量为 13.02 亿 kW·h。电站建成后接入山西和蒙西电网，4 台大机组在电网中承担调峰任务，1 台小机组在基荷发电运行，以满足龙口电站瞬时下泄流量不小于 60 m³/s 的要求。

一、分析方法

龙口水利枢纽电站在系统中调峰运行，电站发电时下泄流量较大，不发电时下泄流量为零，电站在 1 d 之内下泄流量不稳定，为非恒定流状态，为了分析龙口—天桥河段流量演化过程，因此本次采用一维非恒定流水动力学模型进行模拟计算。描述河道水流运动的一维圣维南方程组为：

$$B \frac{\partial Z}{\partial t} + \frac{\partial Q}{\partial x} = q$$

$$\frac{\partial Q}{\partial t} + \frac{\partial}{\partial x}\left(\alpha \frac{Q^2}{A}\right) + gA \frac{\partial Z}{\partial x} + gA \frac{|Q|Q}{K^2} = qV_x$$

式中　　q——旁侧入流；

　　　　Q——河道断面流量；

　　　　A——过水面积；

　　　　B——河宽；

　　　　Z——水位；

　　　　V_x——旁侧入流流速在水流方向上的分量，一般可近似为零；

　　　　K——流量模数，反映河道的实际过流能力；

　　　　α——动量修正系数，反映河道断面流速分布均匀性的系数，当河道只有一个主槽时，$\alpha = 1.0$，当河道有若干个主槽和滩地时，在主槽和滩地的摩阻比降相等的假定下，可得：$\alpha = \frac{A}{K^2} \sum_{n=1}^{n} \frac{K_i^2}{A_i}$，$n$ 为主槽和滩地的分块数；

　　　　A_i——第 i 分块的过水面积；

K_i——第 i 分块的流量模数;

A——总的过水面积;

K——总的流量模数。

二、边界条件

(一)上边界条件

计算模型的上边界条件为龙口水利枢纽电站典型日下泄流量过程。龙口水电站的设计保证率为 $P=90\%$。根据龙口水电站设计代表年($P=90\%$)1991 年 8 月 ~ 1992 年 7 月的出力过程,在晋蒙电网 2015 年典型日负荷图上进行电力电量平衡,计算得出龙口水电站的典型日下泄流量过程。

(二)下边界条件

计算模型要求下边界条件为水位过程或水位—流量关系,本计算域的下边界是天桥水库,取天桥水库的库水位过程作为下游边界条件。根据《黄河天桥水电站技术设计说明书》中的有关资料,天桥水库坝前水位:7 月至 9 月为 830 m,10 月上半月为 832 m,10 月下半月至 6 月上半月为 834 m,6 月下半月为 832 m。

(三)初始条件

利用给定的起始上边界条件进行模拟计算,当各断面流量与起始流量相等时,此时对应的各断面流量和水位即为初始条件。

(四)河道及断面资料

从龙口坝址至天桥坝址河道长度为 75.5 km,共有 26 个断面,河道纵坡为 0.67‰,其中龙口坝址至天桥水库库尾河道长度为 47.8 km,河道纵坡为 0.537‰。

(五)河道糙率

河曲水文站位于龙口水利枢纽坝址下游约 25.8 km 处,河道糙率根据 2010 年 3 月河曲水文站实测流量和本次模型计算流量过程进行率定,经过综合分析计算选定的河段主槽糙率为 0.03,滩地糙率为 0.05。

三、计算结果及分析

(一)最大流量沿程变化

龙口坝址至天桥库尾之间河道为峡谷河段,河道较顺直,河段长 47.8 km,河道平均比降约为 0.537‰,河道宽度为 600 ~ 1800 m。

龙口水利枢纽电站冬季典型日调峰时间为 10 h,最大下泄流量为 1 396 m³/s,不调峰时下泄流量为基流 60 m³/s,下泄流量过程见图 1。根据龙口水利枢纽冬季典型日下泄流量过程,进行一维非恒定流模拟计算,各断面流量变化见图 1,最大流量沿程变化见图 2。

从图 1 和图 2 可以看出,龙口—天桥河道对电站日调峰非恒定流有明显的坦化作用,到达天桥入库断面,最大流量和流量变幅明显减小,最小流量明显增加,龙口坝址最大流量为 1 396 m³/s,天桥入库断面最大流量为 885 m³/s,流量减少 511 m³/s,减少了 36.6%;龙口坝址断面流量变幅为 1 336 m³/s,天桥入库断面流量变幅为 671 m³/s,流量变幅减少 565

m³/s,减少了42.3%。

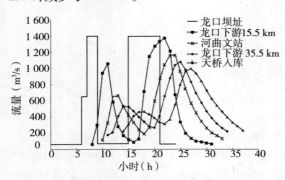

图1　龙口坝址断面和天桥入库断面冬季典型
日流量过程

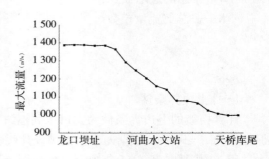

图2　龙口—天桥河道最大流量沿程变化

表1　　　　　　　　　　　龙口—天桥河段冬季典型日流量比较　　　　　　　　　　　　m³/s

项目	龙口坝址	天桥入库	流量减小	减幅
最大流量	1 396	996	511	36.6%
流量变幅	1 336	774	565	42.3%

(二)最小流量沿程变化

龙口坝址至天桥坝址河道长75.5 km,河道两岸共有39座中小型扬水站,其中右岸内蒙古准格尔旗有17座扬水站,扬水站取水口高程在850~860 m,装机容量约1.66万kW,灌溉耕地301 hm²(0.451万亩),每年从黄河取水量约为108万 m³;左岸山西省河曲县有22座扬水站,扬水站取水口高程在840~858 m,灌溉面积约为3 333 hm²(5万亩),每年从黄河最大取水量1 515万 m³。

由于龙口下游河道农业灌溉用水在夏季,因此选用夏季典型日河道最小流量进行分析,图3为龙口—天桥河道夏季典型日最小流量变化图,从图3可以看出,由于龙口水电站建有1台小机组,其瞬时下泄流量不小于60 m³/s,电站调峰非恒定流通过河道坦化后,河道自上而下,流量逐渐增大,特别是河曲水文站—天桥水库库尾河段,河道最小流量增加尤为明显,河道最小流量由龙口坝址60 m³/s增加到天桥入库的105 m³/s,增加了45 m³/s,增幅75%。从龙口建成前后比较来看,龙口水利枢纽建成后河道流量明显高于龙口建成前,其中龙口坝址—河曲水文站河段,河道流量增加尤为明显,流量增加40 m³/s以上,这对改善龙口下游河道两岸灌区灌溉引水条件起着重要的作用。

(三)对天桥水电站发电的改善

天桥水电站是黄河北干流上第1座径流式电站,天桥水库库尾距龙口水利枢纽坝址约52 km,天桥水库正常蓄水位为834 m,死水位828 m,天桥水电站装机容量为128 MW,额定流量为884 m³/s。天桥水电站原设计是一座日调节的径流式电站,在山西电网中承担调峰任务(弃水调峰)。由于水库泥沙淤积严重,目前水库的有效库容仅为2 000万 m³左右,电站在系统中基荷运行。

从图4可以看出,龙口水利枢纽建成后,天桥水库入库流量更加均匀,冬季典型日最大流量减少159 m³/s,最小流量增加22 m³/s。龙口建成前,天桥水电站冬季典型日发电量为

188 万 kW·h,而龙口建成后,由于天桥弃水量减少,并且电站可以保持高水位运行,天桥水电站日发电量略有增加,为 193 万 kW·h,日发电量增加了 5 万 kW·h。

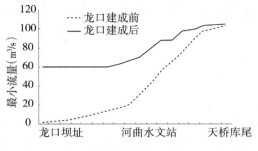

图 3 龙口—天桥河道最小流量沿程变化

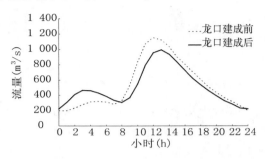

图 4 天桥入库冬季典型日流量对比

四、结 语

龙口水利枢纽建成后,电站调峰时间约为 10 h,最大发电流量为 1 396 m³/s,不调峰时下泄流量为 60 m³/s,通过下游河道的坦化作用,到达天桥水库最大流量明显减小,最小流量有增加明显,电站调峰既不影响下游两岸灌区扬水灌溉,也不影响天桥水电站发电。

(作者单位:中水北方勘测设计研究有限责任公司)

黄河龙口水利枢纽水库泥沙设计

马喜祥　冯德光

　　黄河龙口水库是万家寨水库的反调节水库,水电站承担接入电网的调峰任务,其枢纽位于万家寨水利枢纽下游 25.76 km 处,水库原始库容 1.9 亿 m^3,年入库沙量 1.51 亿 t,多年平均入库含沙量 8.5 kg/m^3,尤其是距坝 13 km 处汇入的偏关河,河水含沙量大、泥沙粒径粗,其多年平均含沙量 349 kg/m^3,多年平均悬移质泥沙中值粒径 0.039 mm。龙口水库的主要泥沙问题是不影响万家寨水电站尾水位的水库特征水位、水库日调节引起的库区淤积及解决措施和电站的取水防沙。

一、入库沙量

　　黄河上游建有大量的水利工程,如刘家峡、龙羊峡等大型水库和秦渠、汉渠、唐徕渠、内蒙古引黄总干渠等大型的引水工程,龙口水库入库沙量设计应在实测输沙量资料基础上,对水利工程的拦沙、引沙进行还原,得到天然输沙系列,然后根据上游已建的水利工程和规划建设的水利工程的拦沙、引沙情况进行扣水、扣沙,得到设计输沙系列。

　　黄河上游内蒙古河道中,在西起乌海市境内的九店湾,东至托克托县的河口镇河段,长 652 km,河床比降 1.3/10 000,尤其是巴彦高勒到河口镇河段,长 521 km,河床比降 1.2/10 000,比降相当平缓,上游进入本河段的水沙经河道调蓄后水沙关系基本匹配,水流基本处于输沙平衡状态。利用头道拐断面设计水平年的径流过程和头道拐断面的水沙关系可以得到头道拐断面的设计输沙过程。

　　武汉水利电力大学的水流挟沙力公式如下:

$$S_* = K(\frac{v^3}{gh\omega})^m \tag{1}$$

将上式代入冲积河流的河相关系式后变为下式:

$$S_* = K(\frac{Q^{0.5}J}{g\omega})^m \tag{2}$$

从式(2)看出,水流的挟沙能力随流量的增大而增大。

从图 1 看出,1963 年头道拐站的日平均流量和含沙量关系与 1997 年的基本一致。

图 2 点绘了头道拐站不同时期的年水量和年沙量关系,从图中看到,不同时期的年水沙关系各呈不同的规律。

　　用相同水平年的径流过程,使用 1981 年以前的水沙关系,计算得到头道拐断面年输沙量 1.08 亿 t。用 1986 年以后的水沙关系计算得到头道拐断面的年输沙量为 0.76 亿 t。由此可看出人类活动对河流输沙的影响。

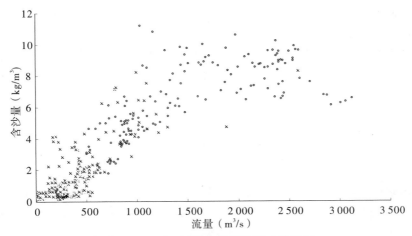

图1 1963年、1997年头道拐日水沙关系

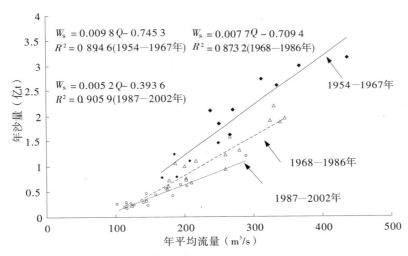

$W_s = 0.0098Q - 0.7453$ $W_s = 0.0077Q - 0.7094$
$R^2 = 0.8946(1954—1967年)$ $R^2 = 0.8732(1968—1986年)$

$W_s = 0.0052Q - 0.3936$
$R^2 = 0.9059(1987—2002年)$

1954—1967年

1968—1986年

1987—2002年

图2 头道拐站不同时期年水沙关系

内蒙古河道的持续淤积使得河道防洪能力降低,由此带来一系列问题。借用黄河下游调水调沙思路,黄河上游也可以利用龙羊峡、刘家峡水库进行调水调沙。如果内蒙古河道为冲刷河道内淤积的泥沙而进行调水调沙,那么头道拐断面的输沙量将改变。由此看出,头道拐断面的输沙量受人为因素影响较大。

在进行龙口水库泥沙设计时,考虑到诸多因素的影响,头道拐断面输沙量计算使用的水沙关系是1981年以前的资料所确定。头道拐断面多年平均输沙量采用1.08亿t。

万家寨水库位于头道拐断面到龙口水库之间。该水库总库容8.96亿m³,拦沙库容4.5亿m³,1998年投入运行。到龙口水库投入运行时,该水库将达到冲淤平衡,水库丧失拦沙作用。

头道拐断面到万家寨坝址期间流域面积8 847 km²,位于黄土高原区,水土流失严重,最大的支流浑河流域面积5 533 km²。以浑河实测输沙量作为基础,计算头道拐到万家寨坝址期间多年平均输沙量0.27亿t。

万家寨坝址到龙口坝址流域面积 2 600 km²,最大支流偏关河控制流域面积 2 081 km²,以偏关河偏关水文站实测输沙模数为基础,计算万家寨—龙口区间多年平均输沙量为 0.18 亿 t。

万家寨坝址以上的推移质被万家寨水库拦截。万家寨—龙口区间的推移质主要来自于偏关河。以偏关河偏关水文站测流断面及河床质级配资料计算偏关河年推移质输沙量约 1 万 t。

二、水库的运行方式

龙口水库原始库容 1.9 亿 m³,年入库沙量 1.51 亿 t,如果蓄水拦沙运行,1～3 年水库即将淤积平衡。上游的万家寨水库采用蓄清排浑运行方式,排沙期为 8、9 月。在 8、9 月,万家寨水库排泄的大量泥沙进入龙口水库,如果此时龙口水库不排沙运行,库区将大量淤积,影响水库的调节库容,为此,龙口水库亦采用蓄清排浑运行方式,排沙期亦为 8、9 月。

三、水库特征水位的选择

(一)确定特征水位的原则

龙口水库坝址距万家寨坝址 25.76 km,龙口库区为峡谷区,峡谷较深。如果不考虑对万家寨水电站的影响,龙口水库的排沙水位和正常蓄水位可选择较高的位置。由于上游有万家寨水电站,龙口水库的特征水位选择的原则就确定为尽量不影响万家寨水电站的尾水位。

(二)泥沙冲淤计算方法

龙口水库的泥沙淤积形态采用武汉水利电力大学等单位研制的 SUSBED–Ⅱ一维恒定非均匀流全沙数学模型。模型中,水流挟沙力采用下式:

$$S_* = K \left(\frac{v^3}{gh\omega} \right)^m$$

式中,参数 K、m 需根据本工程的实测资料率定。龙口水库为规划水库,天然情况下河道输沙处于次饱和状态,根据库区形态、入库水沙条件以及已建水库的验证资料取参数 $K = 0.25$,$m = 1.04$。

龙口库区计算断面共为 15 个(见图 3)。

河道糙率取为 0.025～0.05,其中泥沙淤积影响河段考虑到偏关河来沙较粗,取 0.025,泥沙未淤积的河段取 0.05。

(三)冲淤计算系列

水流的输沙能力随流量的增大而加大,为使泥沙冲淤计算成果尽量接近实际,泥沙冲淤计算采用日系列进行。

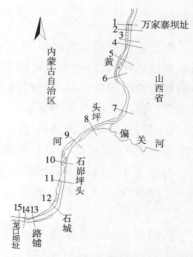

图 3　龙口水利枢纽库区平面示意

水平年的设计径流系列为月系列,为此,泥沙冲淤计算采用的系列需从实测系列中选择。

在选择设计代表系列时,首先要求河口镇、河曲—万家寨区间和万家寨—龙口区间同期系列平均沙量应符合设计值,其次,年内水沙过程尽量符合龙羊峡蓄水以后的情况,最后,系列要反映出水沙的丰、平、枯特性。根据以上原则选择的河口镇 10 年水沙系列特征值见表1。

表1 河口镇十年水沙系列特征值

年份	水量(亿 m³)			沙量(万 t)			含沙量(kg/m³)		
	汛期	非汛期	年总量	汛期	非汛期	年总量	汛期	非汛期	年平均
1963～1964	200	124	324	16 961	5 418	22 378	8.48	4.38	6.91
1964～1965	220	110	330	20 944	3 322	24 266	9.51	3.02	7.35
1965～1966	78	62	140	4 459	1 114	5 573	5.72	1.80	3.98
1969～1970	38	101	139	919	1 720	2 639	2.39	1.71	1.90
1971～1972	105	124	229	8 793	4 336	13 129	8.36	3.49	5.72
1973～1974	92	104	196	6 717	2 488	9 205	7.31	2.39	4.70
1974～1975	99	109	208	6 022	2 547	8 569	6.08	2.34	4.12
1994～1995	80	107	187	4 465	1 733	6 198	5.56	1.62	3.31
1995～1996	68	92	161	3 924	1 517	5 442	5.75	1.64	3.39
1996～1997	51	70	121	2 848	1 205	4 053	5.58	1.72	3.35
多年平均	103	100	204	7 605	2 540	10 145	7.37	2.53	4.99

(四)冲淤计算成果及分析

拟定计算方案的库容计算成果见表2。选定方案的泥沙淤积纵剖面见图4。

表2 龙口水库泥沙冲淤计算成果库容 亿 m³

高程(m)	$Z_{正}$ $Z_{汛}$ $Z_{死}$	原始库容	898 890 888	898 891 888	898 892 888	898 893 888	898 891 889	898 892 889	898 892 887	898 893 887
	881	0.463 3	0	0	0	0	0	0	0	0
	883	0.582 9	0	0	0	0	0	0	0	0
	885	0.713 6	0.002 3	0.002 1	0.002 0	0.001 9	0.000 6	0.000 4	0.005 7	0.005 4
	887	0.858 8	0.012 1	0.011 8	0.011 7	0.011 5	0.006 4	0.005 9	0.024 6	0.023 9
	888	0.935 6	0.026 2	0.025 8	0.025 2	0.024 6	0.011 6	0.012 0	0.044 4	0.043 4
	889	1.015 3	0.046 4	0.046 2	0.046 0	0.044 8	0.024 2	0.024 9	0.069 6	0.067 6
	890	1.099 9	0.075 5	0.074 9	0.073 8	0.071 3	0.044 7	0.044 8	0.103 8	0.100 3
	891	1.191 3	0.125 1	0.119 2	0.114 4	0.108 9	0.077 0	0.071 9	0.160 7	0.152 7
	892	1.284 4	0.202 3	0.191 9	0.182 1	0.171 5	0.129 5	0.112 4	0.235 6	0.226 1
	893	1.380 4	0.287 2	0.275	0.262 5	0.250 2	0.209 8	0.185 1	0.318 4	0.307 2
	895	1.582 1	0.478 3	0.463 8	0.447 5	0.431 4	0.395 7	0.365 8	0.506 7	0.492 3
	898	1.899 9	0.787 1	0.771 8	0.754 7	0.737 5	0.703 3	0.672 2	0.814 2	0.798 7
淤积末端(km)	近点		20.4	20.4	20.4	20.4	20.4	20.4	20.4	20.4
	远点		22.2	22.2	22.2	22.2	22.2	22.2	22.2	22.2

注:$Z_{正}$ 为正常蓄水位;$Z_{汛}$ 为汛限水位;$Z_{死}$ 为死水位。

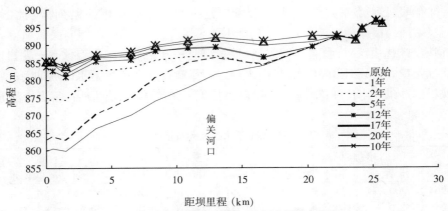

图4　898~892~888 m方案计算纵剖面

1. 平衡比降

万家寨出库的水流含沙量小,粒径细,其输送泥沙所要求的平衡比降较缓。

万家寨—龙口区间水沙从距坝13 km的断面汇入黄河。万家寨—龙口区间来沙粗,含沙量大,由于水沙不相适应,万家寨—龙口区间入库泥沙首先在距坝13 km的断面处淤积,淤积面较高,当万家寨—龙口区间来水小时,此处得到冲刷,但输送万家寨—龙口区间与干流混合后的水沙要求的平衡比降略陡。

泥沙淤积影响段平均冲淤平衡比降约为3.4‰,与经验公式估算的3.5‰很接近。

2. 库容

计算成果表2中列出了各方案计算的库容。从计算的库容成果来看,龙口水库冲淤平衡库容的大小主要取决于排沙期的排沙水位,排沙水位越低,剩余的调节库容越大。

3. 淤积末端

万家寨水库在非排沙期下泄水流含沙量小,泥沙颗粒细,进入龙口水库后不容易在库尾段落淤。万家寨—龙口区间的泥沙在距坝13 km处汇入库区,由此非排沙期运行水位对水库淤积末端影响不大。

龙口水库泥沙冲淤平衡后,排沙期水库处于明流排沙状态,排沙水位起到控制侵蚀基点的作用,因此排沙水位的高低直接决定水库淤积末端的位置,排沙期入库流量的大小决定淤积末端的变化范围,在正常蓄水位898 m、汛限水位892 m的情况下,排沙期8、9月运行水位887 m、888 m、889 m时的淤积末端均在距坝20.4~22.2 km变化。

4. 排沙期电站过机含沙量

龙口水库库小沙多,尤其是库区支流偏关河,年平均含沙量在300 kg/m³以上,且来沙集中在7、8月。当偏关河来水较大时,遇干流小流量,龙口电站的过机含沙量将很大。电站进口下部的排沙洞可以排除一部分粗沙,有利于减小粗颗粒泥沙通过水轮机。

对计算成果的统计表明,每年8、9月过机泥沙粒径较粗,其中值粒径在0.03 mm左右。8月多年平均过机含沙量达19.29 kg/m³,最大日平均含沙量284 kg/m³,多年平均含沙量达6.8 kg/m³。

为减少过机水流的泥沙含量,减轻泥沙对机组的磨蚀,曾对拦沙堰进行过研究。

具体设想是在电站坝段上游利用上游围堰作为横向拦沙堰,阻挡库区运行的推移质进入机组,即当库区运行的推移质到达拦沙堰部位时,利用拦沙堰的堰顶高程与此部位河床高程的高差,阻挡推移质向电站坝段运行,使其改变运行方向,沿拦沙堰向底孔坝段运行,从而减少推移质对机组磨蚀的影响。

龙口水电站是一座调峰电站,在排沙期8、9月,当入库流量小于1 340 m³/s时,水库需进行日调节,日调节水位在排沙水位888 m到汛限水位892 m之间。在日调节期间,水库明流排沙时间较短,库区处于淤积状态。当库容淤积小于日调节库容时,需降低水位到排沙水位885 m进行排沙。设拦沙堰后,当将库水位降低到885 m排沙时,拦沙堰阻挡水流对电站坝段的冲刷且坝前水流流态复杂,为此未选择拦沙堰方案。

四、日调节的泥沙淤积及解决措施

根据龙口水库运用原则,当日均入库流量小于1 340 m³/s时,水库需在非调峰时段调蓄部分水量,以备调峰时用。在非排沙期,水库蓄水运用,日调节所需的蓄水量对水库淤积影响不大。在排沙期,如无日调节,水库水位应控制在死水位888 m排沙运行,但由于日调节的需要,水库水位在888 m到日调节最高运用水位之间运行。水位抬高势必增加水库泥沙淤积量。

日调节最高运用水位高,调节库容大,由于日调节而带来的泥沙淤积量也大。水库泥沙冲淤平衡后日调节最高运用水位892 m和893 m方案所增加的泥沙淤积量计算成果见表3。

表3　　　　　　　　　　　　　　　日调节淤积量计算成果

年　　　份		1963	1964	1965	1969	1971
由于日调节而增加的淤积量(万 m³)	892 m	212.95	0	406.15	1 082.87	1 135.62
	893 m	323.51	0	539.71	1 322.56	1 267.31
年　　　份		1973	1974	1994	1995	1996
由于日调节而增加的淤积量(万 m³)	892 m	1 759.04	896.09	474.68	741.94	993.75
	893 m	2 089.66	1 089.72	690.44	1 001.96	1 374.59

从表3中看出,如果整个排沙期不进行低水位排沙,由于日调节而增加的泥沙淤积将影响水库的日调节库容,为此必须根据库区泥沙淤积情况择机进行排沙。

日调节最高运用水位比较分析了892 m和893 m两个方案。从控制泥沙淤积末端及保持水库库容两方面考虑,排沙期日调节最高运用水位宜选取892 m,不宜选取893 m。

如果水库在排沙期不进行日调节,死水位888 m、排沙期8、9月可以满足泥沙冲淤平衡的要求,并且可以控制泥沙淤积末端在万家寨坝下的一定距离以外。龙口电站是一座调峰电站,排沙期8、9月必须进行日调节。由日调节增加的淤积量需要依靠降低水位来冲刷,以清除日调节增加的淤积量。

该工程可行性研究阶段设定冲沙水位885 m。当由于日调节而使水库在排沙期的调节库容不能满足日调节需要时,水库水位降至885 m进行冲沙。低水位冲刷效果采用溯源冲刷计算公式估算。

在日调节最高运用水位取892 m并充分利用调沙库容情况下,10年系列共需降低水位至 885 m 冲刷 34 d,年均 3.4 d。需要时间最长的 1 年,需降低水位冲刷 4 次,每次需 2 d;也可每次 1 d,冲刷 8 次。

万家寨水库在排沙期调峰运行,当调峰期间增加的淤积量使得水库日调节库容不能满足时,利用入库流量大于 1 000 m³/s 的时机,降低水位至 948 m 进行冲沙,每年需 5 ~ 7 d。此时龙口水库入库含沙量较大,为减少水轮机的磨蚀和水库淤积,也适时将库水位降至 885 m 进行冲刷。

万家寨水库将库水位降至 948 m 进行冲沙时,龙口水库同步将库水位降至 885 m 冲沙,龙口水库本身每年需 3 ~ 4 d 冲沙。将万家寨水库的冲沙时间和龙口水库的冲沙时间综合考虑,龙口水库的冲沙时间每年需 8 ~ 11 d。

冲沙水位 885 m 可满足水库冲沙的要求,且年均冲刷时间较短,因此选定的冲刷水位 885 m 是适宜的。

五、结　语

龙口水电站是一座水头低、库容小、沙量大的调峰电站,通过大量的泥沙冲淤计算、分析及泥沙模型试验,确定水库的运行方式为蓄清排浑,排沙期 8、9 月,当水库正常蓄水位 898 m、死水位 888 m 时,泥沙淤积后的回水基本不影响万家寨水电站的尾水位,水库在排沙期进行日调节的水位是 888 ~ 892 m,日调节引起的泥沙淤积可通过将库水位降低到冲沙水位 885 m 解决。

(作者单位:中水北方勘测设计研究有限责任公司)

黄河龙口水利枢纽坝基软弱夹层研究

苏红瑞　刘　拥　张贺飞

龙口水利枢纽工程位于山西省河曲县与内蒙古自治区准格尔旗交界处,是一个综合利用的水利水电工程。主要任务对万家寨水电站调峰流量进行反调节,使黄河万家寨—天桥区间不断流,并参与晋蒙电网调峰发电。大坝为混凝土重力坝,设计最大坝高 51 m,坝顶全长 408 m,坝顶高程 900 m,正常蓄水位 898 m,总库容 1.96 亿 m^3,采用河床式电站,最大装机容量 420 MW。

一、坝址主要工程地质条件

(一)地形地貌

坝区处于黄河托克托—龙口峡谷段的出口处。黄河由东向西流经坝区,河谷为箱形,宽 360 ~ 400 m。河床大部分为岩质,两岸为岩石裸露的陡壁,高度 50 ~ 70 m。

(二)地层岩性

坝基地层为奥陶系中统上马家沟组(O_2m_2)地层,根据岩性和工程地质特征,可分为 3 段共 11 个小层,岩性见表 1。

表 1　　　　　　　　　　　　　　上马家沟组地层主要岩性

段	地层代号	厚度(m)	主 要 特 征
第三段	O_2m^{23}	40	中厚、厚层灰岩、豹皮灰岩夹薄层灰岩和白云岩、泥质白云岩,发育 NJ_{401} 泥化夹层
第二段	$O_2m_2^{2-5}$	26.65	中厚层、厚层棕灰色灰岩、豹皮灰岩,发育有 8 条泥化夹层
	$O_2m_2^{2-4}$	2.36	上部为薄层灰岩,下部为薄层白云岩,发育有 2 条泥化夹层
	$O_2m_2^{2-3}$	14.87	中厚、厚层灰岩、豹皮灰岩,发育有 4 条泥化夹层
	$O_2m_2^{2-2}$	1.12	薄层灰岩,灰色,底部普遍含有燧石结核,发育有 2 条泥化夹层
	$O_2m_2^{2-1}$	41.90	中厚层、厚层状棕灰色灰岩、豹皮灰岩,发育有 6 条泥化夹层
第一段	$O_2m_2^{1-5}$	9.18	薄层、中厚层灰黄色白云岩、中厚层棕灰色及灰黄色泥灰岩
	$O_2m_2^{1-4}$	5.65	薄层白云岩、泥质白云岩
	$O_2m_2^{1-3}$	19.81	黄绿色角砾状泥灰岩夹中厚层棕灰色灰岩,泥灰岩遇水可塑;灰岩中蜂窝状溶孔发育
	$O_2m_2^{1-2}$	13.08	薄层灰白、灰黄色白云岩、泥质白云岩
	$O_2m_2^{1-1}$	9.42	中厚层、厚层白云岩夹泥质白云岩,浅灰、灰黄色

(三)地质构造

坝区构造变动微弱,地层呈平缓的单斜,总体走向 NW315° ~ 350°,倾向 SW,倾角 2° ~

6°。中小型断层(Ⅲ、Ⅳ级断裂)及裂隙是坝址区主要的断裂构造。坝区构造裂隙主要有4组,以NE20°~40°和NW275°~295°两组相对较发育,NE70°~80°和NW300°~355°两组次之。

(四)风化与卸荷

坝区岩体风化作用以物理风化为主,化学风化相对较微弱。两岸和河床岩体均有一定程度的卸荷,卸荷带厚度大体与弱风化带相当。左岸弱风化带平均厚度为3.8 m;右岸局部存在强风化,平均厚度3.2 m,弱风化带平均厚度4.5 m;河床部位弱风化带平均厚度3.2 m。

(五)岩体(石)物理力学性质

1.岩石力学特征

$O_2m_2^{2-1}$、$O_2m_2^{2-3}$、$O_2m_2^{2-5}$层岩性相同,均为致密坚硬岩石类,其饱和抗压强度平均值为87~120 MPa。

$O_2m_2^{2-2}$和$O_2m_2^{2-4}$层岩性分别为薄层灰岩和薄层白云岩,饱和抗压强度平均值分别为104 MPa和125 MPa,属于致密坚硬岩石。

$O_2m_2^{1-3}$层岩石干抗压强度平均值为29 MPa,饱和抗压强度平均值为17 MPa,表明该层岩石属于软岩类,并为易软化岩石。

2.岩体力学特征

$O_2m_2^{2-1}$、$O_2m_2^{2-3}$、$O_2m_2^{2-5}$层岩体新鲜,具有较高的强度,且各向异性不明显。作为河床坝基主要持力层的$O_2m_2^{2-1}$层,其垂直静弹性模量平均值为18.07 GPa,水平方向为20.20 GPa;垂直方向变形模量平均值为10.24 GPa,水平方向为10.94 GPa。

$O_2m_2^{2-2}$、$O_2m_2^{2-4}$层薄层灰岩、白云岩岩体力学强度相对稍低,且各向异性较明显。平行层面方向点荷载强度仅为垂直层面方向的60%~70%。

$O_2m_2^{1-3}$层岩质软弱,表现出强度低,抗变形能力差的特点,弹性模量、变形模量均较低。该层在坝基下埋深较大。

3.岩体地球物理特性

弱风化与卸荷带岩体:$O_2m_2^{2-1}$、$O_2m_2^{2-3}$、$O_2m_2^{2-5}$层平洞地震波纵波速度平均值为2 120 m/s。$O_2m_2^{2-2}$层平洞地震波纵波速度平均值为2 290 m/s。$O_2m_2^{2-4}$层平洞地震波纵波速度平均值为2 010 m/s。

微风化—新鲜岩体:$O_2m_2^{2-1}$、$O_2m_2^{2-3}$、$O_2m_2^{2-5}$层,平洞地震波纵波速度平均值为4 522 m/s;竖井地震波纵波速度平均值为3 894~4 171 m/s;钻孔声波纵波速度平均值为5 840 m/s。

二、软弱夹层发育特征

(一)软弱夹层分类

坝址区发育有多层软弱夹层,根据物质组成与成因,可将坝区发育的软弱夹层划分为三类,即岩屑岩块状夹层、钙质充填状夹层(原称糜棱岩状夹层)和泥化夹层,其中泥化夹层又细分为泥质类、泥夹岩屑类和钙质胶结物与泥质混合类,各类夹层的一般特征和典型夹层编号见表2。

表 2

坝址软弱夹层分类

类　　型		一般特征	典型夹层编号
岩屑岩块状夹层		由层间剪切破碎形成的岩块、岩屑构成,延伸短,强度高	—
钙质充填状夹层		沿层面发育,主要由钙质胶结物构成,一般厚度 1~5 mm,延伸性差,主要分布于厚层灰岩中	—
泥化夹层	泥质类	沿层面发育,主要由泥质构成,一般厚度 5~0 mm,延伸性好	NJ_{305}、NJ_{305-1}、NJ_{306-2}、NJ_{307}、NJ_{307-1}、NJ_{401}
	泥夹岩屑类	沿层面发育,主要由泥质和灰岩碎屑构成,一般厚度 5~20 mm,延伸性好,发育于厚层灰岩中	NJ_{301}、NJ_{302}、NJ_{303}、NJ_{304}、NJ_{304-1}、NJ_{306}、NJ_{308}、NJ_{308-1}~NJ_{308-7}
	钙质胶结物与泥质混合类	沿层面发育,主要由泥质和钙质胶结物构成,厚度 5~20 mm,延伸性好,发育于厚层灰岩中	NJ_{304-2}

(二)岩屑岩块状夹层的一般特征

岩屑岩块状夹层为层间错动所形成的节理、劈理很发育的岩石破碎带,有如下特征:

(1)主要发育在 $O_2m_2^{2-1}$~$O_2m_2^3$ 地层中,河床坝基及两岸坝肩均有分布。沿层面错动破碎发育而成,其产状与地层产状相同。不同夹层连续性差别较大。单独存在的连续性较差,一般连续长度数米至十数米;与泥化夹层伴生的(也称为节理带、劈理带)连续性较好。

(2)物质组成大致可分为两类:在薄层白云岩、灰岩中形成的岩屑岩块状夹层多由片状岩块构成,岩块厚度一般小于 1 cm,节理、劈理多平行于岩层面或与之小角度斜交。在破碎较强烈部位,劈理面上可见有泥化膜,岩块本身也有不同程度的蚀变现象。在中厚、厚层灰岩、豹皮灰岩中形成的岩屑岩块状夹层,主要由菱形岩块或岩屑组成,常见构造扁豆体发育,节理、劈理定向排列,且与层面小角度斜交。在破碎强烈部位劈理面上多附有泥化膜,但岩块本身风化蚀变轻微。

(3)厚度变化较大,一般厚度为 5~10 cm,NJ_{303} 上部的岩屑岩块状夹层厚达 20 cm。

(4)一般中部岩石最为破碎,劈理密集,岩块细小,部分岩块间有泥膜,岩块间错动特征明显;由中部向两侧劈理、节理密度逐渐加大,岩石块度增加,岩块间结合紧密,泥膜少见,最终过渡为完整岩石。

(5)由于岩块蚀变轻微,岩块间尚存在一定咬合力,夹层本身强度相对较高。

(三)钙质充填夹层的一般特征

钙质充填夹层为层间错动破碎形成的岩屑、岩粉重新胶结的结果,多为黄色,坚硬状,矿物成分以钙质为主,强度相对较高,浸水后无明显软化现象。两岸风化卸荷带范围普遍有轻微泥化现象,微风化—新鲜岩体中仅个别夹层顶底面处略有泥化。

(1)在坝区统计到钙质充填夹层 52 条,右岸和河床坝基相对较发育,发育程度有随深度增加而减弱趋势。

(2)不同地层发育程度不同。$O_2m_2^{2-1}$、$O_2m_2^{2-3}$、$O_2m_2^{2-5}$ 层中较多见,尤以 $O_2m_2^{2-1}$ 层上部最为密集,据 SJ_{01}、SJ_{02} 两竖井资料统计,夹层间距一般为 0.8~1.8 m。

(3)沿层面发育,产状与地层产状相同。连续性相对较差,一般连续长度数米至数十米,个别夹层也可达百米以上。

(4)剖面方向常与剪切破碎带组成三元结构,可划分为节理带、劈理带和钙质岩带(夹层),部分夹层在钙质岩带顶底面处存在泥膜。

(5)夹层厚度一般为1~3 mm,局部也可达1.5 cm以上。围岩界面略有起伏,起伏差为0.5~1.0 cm,总体上,围岩界面起伏度大于夹层厚度。夹层与围岩结合紧密,部分呈胶结状结合。

(6)物探钻孔声波测试和孔径测量资料显示,在发育钙质充填夹层的位置,波速值无明显降低,仅个别处孔径略有扩大,这也间接说明夹层强度高,胶结好,与围岩结合紧密。

(7)孔内电视录像观察到,大部分夹层在较高压力下的钻进冷却水冲蚀下得以保存下来,仅局部破碎或泥化程度较高较高的部位能够被冲洗掉,夹层与围岩色差明显,说明其本身的强度是较高的,与围岩的胶结是良好的。

(四)泥化夹层的一般特征

在坝区$O_2m_2^{2-1}$~$O_2m_2^3$层中共发现连续性较好的泥化夹层23条,间距为0.4~9.3 m不等,两岸和河床坝基发育程度差异不大。

1. 空间分布

不同岩性的地层中,夹层的发育程度和类型有所不同。$O_2m_2^{2-2}$和$O_2m_2^{2-4}$两层为薄层灰岩、白云岩,各发育有2条泥质类泥化夹层。$O_2m_2^{2-1}$、$O_2m_2^{2-3}$、$O_2m_2^{2-5}$层岩性相同,均为中厚层、厚层灰岩,泥化夹层发育程度也相近,三层在坝轴线处泥化夹层平均间距分别为6.9 m、4.6 m、8.3 m,夹层类型主要为泥夹岩屑类和钙质胶结物与泥质混合类。随着埋深的增加,泥化夹层的发育程度有逐渐减弱趋势,表现为夹层间距的逐渐增大和泥化程度的降低。

2. 产状

泥化夹层主要沿层面发育,其总体产状与地层产状相同,即:左岸和河床倾南西(左岸偏下游),右岸以倾北西为主(右岸偏下游),倾角2°~5°。由于河床浅部小褶皱构造发育,局部夹层产状变化较大。

3. 连续性

根据连续长度的差别,将坝区泥化夹层划分为三级:

Ⅰ级泥化夹层:坝区范围内连续分布,顺河向连续长度大于1 km。包括NJ_{301}、NJ_{302}、NJ_{303}、NJ_{304}、NJ_{304-2}、NJ_{305}、NJ_{306}、NJ_{306-1}、NJ_{306-2}、NJ_{307}、NJ_{307-1}、NJ_{308}、NJ_{401}等,其中NJ_{301}~NJ_{305}在两岸和河床坝基均有分布,NJ_{306}~NJ_{401}主要发育在两岸。

Ⅱ级泥化夹层:断续分布,有一定的延伸长度。包括NJ_{304-1}、NJ_{305-1}、NJ_{306-3}和NJ_{308-1}~NJ_{308-7}。

Ⅲ级泥化夹层:小构造作用形成,局部出现,连续长度数米至数十米不等,厚度变化较大,起伏大。

4. 状态

泥质类泥化夹层一般呈黄褐色,局部为杂色、黄色、深灰色。状态与所处位置有关,两岸地下水位以上位置,夹层天然含水量一般小于10%,明显低于塑限(20%~25%),除局部含水量较高处呈可塑状外,大部分呈松散或硬塑状态。河床位置各夹层长期处于地下水位以下,其天然含水量较高(最高达到29.6%),与塑限含水量相近,夹层常呈可塑状,也存在软塑和半胶结状的情况；其中处于浅部卸荷带深度的NJ₃₀₅夹层含水量高于塑限，软塑状为主。

泥夹岩屑类夹层呈黄褐色或杂色，水面以下多为可塑状，局部呈软塑状；水面以上多呈可塑—硬塑状，地表处常为松散或坚硬状。部分夹层局部有胶结、半胶结状的表现。

钙质胶结物与泥质混合类夹层（NJ₃₀₄₋₂），其状态因物质组成不同而差异明显，其中钙质胶结物是夹层的主要组成部分，遇稀盐酸强烈起泡，证明其组成是以钙质为主的，一般为黄色或白色，坚硬状，强度较高，但用手能够轻易掰断，浸水后变化不大。泥质物组成很不均匀，单一泥质与泥夹岩屑情况均有发现，主要分布于钙质层的上部或下部，也存在局部全部由其构成的情况。

夹层的密实程度有随深度增加而增大的趋势，处于地下深部的夹层密实度明显较高，天然密度可达 $2.0 \sim 2.5\ g/cm^3$。而处于河床浅部卸荷范围的泥化夹层密实度明显要差一些。

5. 结构和构造

泥化夹层（泥化带）常与两侧的劈理带、节理带构成三元结构，见图1。

处于地下水位以上的泥化夹层，保留了明显的鳞片状构造，体现出构造作用的痕迹；水下部分因地下水的作用则块状特征更明显一些。泥夹岩屑类夹层本身呈碎屑结构，水面以上部分泥质物中也常见磷片状构造。

图1　NJ₃₀₄

6. 颗粒组成

泥质类泥化夹层泥化程度较高，泥质含量一般在90%以上，但不均一，局部含有较多岩屑；据颗粒分析成果，黏粒含量为11%～27%，大于 2 mm 的岩屑含量为 0～35.9%。

泥夹岩屑类夹层岩屑含量为 35%～60%，黏粒含量 0～30%，但极不均一，不同夹层和同一夹层不同部位颗粒组成也不相同。岩屑成分主要为灰岩，常呈次棱角状或透镜体状。

7. 矿物、化学成分

泥化夹层中岩屑的矿物成分主要为方解石和白云石，化学成分主要为 CaO 和 MgO，与围岩相同。

泥质物的矿物成分主要为伊利石，局部含有微量或少量的高岭土和蒙脱石。泥质物的化学成分主要为 SiO_2、Al_2O_3 和 CaO，Fe_2O_3 和 MgO 含量较少；SiO_2、Al_2O_3 和 Fe_2O_3 总量在40%～60%，CaO 和 MgO 总量在 10%～27%。

8. 厚度

Ⅰ级泥化夹层厚度一般为 2～3 cm；Ⅱ级泥化夹层厚度一般小于 1 cm，局部厚度为 2～3 cm；Ⅲ级泥化夹层厚度变化较大，一般为 0.1～1.5 cm。

9. 围岩界面特征

（1）从宏观上看，河床部位受小褶曲构造影响，泥化夹层无论在顺河方向上和垂直河流方向上均有一定程度的起伏差，勘探点揭露最大起伏差可达 2.0 m。

（2）在薄层岩体中发育的 NJ₃₀₅、NJ₃₀₅₋₁、NJ₃₀₇、NJ₃₀₇₋₁ 泥化夹层围岩界面平直光滑，其他泥化夹层围岩界面多粗糙不平，起伏差 0.5～1.0 cm。

（3）除局部外，Ⅰ级、Ⅱ级泥化夹层的厚度大于围岩界面起伏度。

（4）NJ_{304-2}夹层厚度与围岩界面起伏度相当，局部呈胶结状结合。

三、软弱夹层的物理力学性质

对坝基的抗滑稳定影响最大的是泥化夹层，在这里主要论述泥化夹层的物理力学性质。

（一）基本物理性质

（1）泥质类泥化夹层物性试验集中在 NJ_{305}、NJ_{305-1}、NJ_{307} 夹层，试验结果：两岸平洞处于地下水位以上，夹层天然含水量为 5.7%；水下竖井处于地下水位以下，其天然含水量最大值为 29.6%，平均值为 19.8%，最小值 13.0%。夹层液限平均值为 36.6%，塑限平均值23.23%。夹层干密度最大值 2.00 g/cm^3，平均值 1.77 g/cm^3，最小值 1.51 g/cm^3；孔隙比最大值为 0.867，平均值为 0.591，最小值 0.390。

（2）泥夹岩屑类泥化夹层物性试验数量相对较多，主要集中在 NJ_{306}、NJ_{306-2}、NJ_{304}、NJ_{303}夹层。试验结果：两岸平洞处天然含水量最大值 24.6%，平均值为 13.08%，最小值为7.36%；水下竖井处的天然含水量平均值为 16.4%。夹层液限最大值 36.9%，平均值为28.1%，最小值 19.6%；塑限最大值 21.9%，平均值 16.9%，最小值 12.8%。泥化夹层干密度最大值 2.36 g/cm^3，平均值 2.05 g/cm^3，最小值 1.70 g/cm^3；孔隙比最大值为0.563，平均值 0.333，最小值 0.174。

（3）钙质胶结物与泥质混合类泥化夹层试验样品主要在竖井中取得，干密度最大值 2.51 g/cm^3，平均值 2.35 g/cm^3，最小值 2.05 g/cm^3；孔隙比最大值为 0.351，平均值为 0.185，最小值 0.104。

从上述试验成果可以得出如下认识：

（1）从天然含水量和界限含水量指标来看，两岸岸边位置泥化夹层的天然含水量低于塑限，夹层处于干燥、稍湿、松散或硬塑状态；河床部位泥化夹层天然含水量略低于塑限或相近，夹层以可塑状为主。

（2）干密度和天然孔隙比试验成果显示，各类夹层在上覆岩体荷重的长期作用下，均是比较密实的。

（3）不同类型的泥化夹层的物性指标存在明显差异，体现出钙质胶结物与泥质混合类泥化夹层的工程性状应好于泥夹岩屑类，而泥夹岩屑类夹层又好于泥质类。

（二）压缩性

压缩试验结果显示，泥化夹层具有中等压缩性，泥质类夹层压缩性比泥夹岩屑类略低。

（三）软弱夹层的抗剪强度

勘察期间完成原位大型抗剪试验 15 组（自然固结快剪、饱和固结快剪）、室内中型剪试验（饱和固结快剪）6 组、原状饱和固结快剪试验 6 组，重塑土饱和固结快剪试验 6 组。

结合软弱夹层性状特征和试验成果，坝基软弱夹层抗剪强度指标建议值见表 3。

表3 软弱夹层抗剪强度指标建议值

软弱夹层		摩擦系数	凝聚力(kPa)	备　注
岩屑岩块状夹层钙质充填夹层		$f = 0.5 \sim 0.55$	—	(1) f、c 为纯摩指标,f'、c' 为剪摩、 NJ_{306}、NJ_{306-1}、NJ_{306-2}、NJ_{308} 指标
		$f' = 0.6 \sim 0.65$	$c' = 40 \sim 100$	
泥化 夹层	泥质类	—	$f = 0.25$	(2) 泥质类包括:NJ_{305}、NJ_{305-1}、NJ_{307}、 NJ_{307-1} 等;泥夹岩屑类包括:NJ_{301}、 NJ_{302}、NJ_{303}、NJ_{304}、NJ_{304-1}、NJ_{306}、 NJ_{306-1}、NJ_{306-2}、NJ_{308}、NJ_{308-1} ～ NJ_{308-7}、NJ_{401} 等;钙质充填物与泥 质混合类包括:NJ_{304-2}
		$c' = 10 \sim 20$	$f' = 0.25$	
	泥夹岩屑类	—	$f = 0.25 \sim 0.3$	
		$c' = 15 \sim 50$	$f' = 0.25 \sim 0.32$	
	钙质充填物与 泥质混合类	—	$f = 0.35$	
		$c' = 35 \sim 60$	$f' = 0.35 \sim 0.4$	

四、针对软弱夹层的处理措施

由于坝基岩层主要倾向左岸偏下游,在设计过程中最终选择左岸布置电站厂房,右岸布置泄洪建筑物的方案,因此开挖深度和坝基软弱夹层埋藏深度相适应,减少为挖除软弱夹层额外增加工程量。

右坝区地层中发育有连续性较好的软弱夹层共23层。在河床部位,地层中的 NJ_{305-1}、NJ_{305}、NJ_{306-1}、NJ_{306-2} 泥化夹层,因其埋藏浅,已经挖除,因而不控制坝的抗滑稳定。而 NJ_{304-1}、NJ_{304}、NJ_{303} 则是河床坝基中的控制滑动面,其摩擦系数 $f = 0.25 \sim 0.35$,凝聚力 $c = 10 \sim 35$ kPa。

由于坝基泥化夹层多且连续性好,抗剪断强度低,故大坝深层抗滑稳定问题是本工程的重大技术问题。为确保大坝安全,本工程针对软弱夹层采取了如下工程措施。

(一)挖除

对浅层连续泥化夹层(如 NJ_{305})因其埋藏浅,尾岩不能形成对坝体的有效支撑,采取挖除的方法。

(二)坝踵设置齿槽

在坝踵设置齿槽。齿槽底宽12 m,齿槽深入 NJ_{304} 下1 m左右,利用齿槽的抗剪断作用提高 NJ_{304} 以上各夹泥层的抗滑稳定性,并利用齿槽控制坝体沿 NJ_{304} 以下夹泥层滑动。电站及安装间坝段结合厂房开挖,在坝基中部设置齿槽,齿槽底宽22 m,齿槽深入 NJ_{303} 以下。

五、结　语

龙口水利枢纽的坝基工程地质条件较复杂,其中软弱夹层大量发育,致使深层抗滑稳定问题成为该工程的主要工程地质问题之一。所以,在勘察过程中查明坝基下软弱夹层的分布及特性成为勘察期的重点,对不同深度、不同位置处的软弱夹层需要采用不同的试验方法,以尽量获得可靠的软弱夹层物理力学性质指标。

(作者单位:中水北方勘测设计研究有限责任公司)

黄河龙口水利枢纽工程坝体结构设计

王　浩　李洪蕊　吴桂兰

一、坝体结构设计

(一)结构布置

坝体断面按实体混凝土重力坝设计,按单个坝段验算坝体稳定和应力。坝体断面基本三角形的选定以建基面抗滑稳定及坝体应力满足规范要求为准则,拟订不同的上下游坝坡,通过断面优化,选出最佳断面,再结合坝体结构及水力学条件等要求进行局部修正,适当修改使整个枢纽各个坝段坝体在外观上协调一致。最后拟订的断面如下:基本三角形顶点位于900.0 m高程,下游坝坡为1:0.7,上游面880.0 m高程以上为铅直面,880.0~860.0 m高程为1:0.15斜坡。

12#~16#底孔坝段由于坝体内部设置弧形闸门和启闭机室,坝体削弱较多,为改善坝体应力条件,下游坡转折点抬高至889.0 m高程,并将下游坡改为1:0.75,基本三角形顶点位于909.0 m高程;左右岸岸坡坝段及隔墩坝段由于稳定要求下游坡亦为1:0.75;电站坝段及安装间坝段是典型的河床式电站布置形式,厂房与上游挡水坝连成一体。

坝顶宽度根据坝段的功能要求分别确定。底孔、表孔及非溢流坝段坝顶门机轨距为11.0 m,下游交通要求设4.5 m宽的通道,考虑上述布置后坝顶宽度确定为18.5 m;电站坝段由于布置拦污栅、电站事故门、电站检修门及排沙洞事故检修门等,坝顶门机轨距为18.0 m,下游设4.5 m宽的交通道,布置后坝顶宽度确定为27.5 m。

(二)坝内廊道系统和交通

为满足灌浆、排水、冷却、观测和交通等需要,坝内布置了2层纵向排水检查廊道和1层纵向观测廊道。各层纵向廊道由横向廊道及电梯井沟通。坝基上游主排水廊道兼作基础帷幕灌浆廊道,断面尺寸为3.0 m×3.5 m(宽×高,下同);纵向观测廊道尺寸为2.0 m×2.5 m;坝基设纵横向基础排水廊道,断面尺寸为2.0 m×3.0 m;坝基尾部设纵横向基础排水廊道兼作基础帷幕灌浆廊道,2.5 m×3.0 m。为满足1#~5#机机组检修、排水、操作、通风、交通等要求,设通风道(2.0 m×5.0 m)、检修排水廊道(2.0 m×2.5 m)、操作廊道(1.8 m×2.2 m~2.0 m×3.0 m)。所有廊道均为城门洞型。

坝顶与电站厂房的垂直交通由设在10#隔墩坝段的电梯及楼梯沟通,坝内各层廊道均与电梯相通或设有单独出口。

(三)坝体止水和排水布置

坝体横缝间均设有上下游主止水,上游依次设1道紫铜片、1道膨胀胶条、1道橡胶止水;沿溢流面及下游最高尾水位以下设1道紫铜片止水;坝内廊道及孔洞在穿越横缝时均在其周边设 1 道橡胶止水。横缝内填缝材料为高压聚乙烯闭孔板。在坝体上游设置直径 0.2 m,间距 3 m 的无砂混凝土排水管,距坝体上游面 3 m 左右,下端接上游主灌浆排水廊道内排水沟,以便排出坝体渗水。坝基渗水经基础廊道内排水孔排出并与坝体渗水一起沿基础排水廊道排水沟汇至设在 4#、10# 坝段基础的 1#、2#、3# 三个集水井内,由水泵集中抽排至坝外。

(四)坝体横缝处理

本枢纽河谷断面为宽 U 形,河床部位底部平坦,两岸边坡陡峭。考虑水工结构布置、施工条件及温控能力等因素,大坝共分为 19 个坝段,设 18 个横缝。由于坝基分布多条泥化夹层,为提高坝体深层抗滑稳定性和均化坝基应力,设计采取接缝灌浆将若干坝段的底部连成整体。1#、2# 和 2#、3# 坝段间横缝在高程 867.50 m 以下,10# ~ 16# 坝段间横缝在高程 863.00 m 以下,17#、18# 和 18#、19# 坝段间横缝分别在高程 867.50 m 和 863.00 m 以下设键槽,并进行灌浆处理,从而进一步提高大坝深层抗滑稳定的安全储备;1# ~ 3#、10# ~ 16# 和 17# ~ 19# 坝段间横缝在一定高程以上只设键槽,不予灌浆;3#、4#、4# ~ 9# 坝段间和 9#、10#、16#、17# 各横缝全部只设键槽,不予灌浆,以利于坝体伸缩。

二、坝体稳定及应力计算

(一)坝基抗滑稳定及坝基应力

对表孔坝段、底孔坝段、电站坝段及主副安装间坝段分别进行坝基抗滑稳定计算,计算结果见表 1。

表 1 各坝段坝基抗滑稳定及坝基应力计算结果

坝段	荷载组合			抗剪断稳定 K'	σ_{yu} (MPa)	σ_{yd} (MPa)
表孔坝段	基本组合	1	正常蓄水位	4.974	0.297	0.640
		2	设计洪水位	4.863	0.296	0.601
	特殊组合	1	校核洪水位	4.414	0.221	0.671
底孔坝段	基本组合	1	正常蓄水位	5.622	0.278	0.610
		2	设计洪水位	5.492	0.277	0.570
	特殊组合	1	校核洪水位	4.963	0.205	0.630
电站坝段	基本组合	1	正常蓄水位	5.758	0.292	0.534
		2	设计洪水位	5.808	0.280	0.500
	特殊组合	1	校核洪水位	5.251	0.234	0.535
主安装间 3# 坝段	基本组合	1	正常蓄水位	5.750	0.193	0.766
		2	设计洪水位	6.630	0.107	0.777
	特殊组合	1	校核洪水位	6.080	0.126	0.750
主安装间 4# 坝段	基本组合	1	正常蓄水位	3.810	0.546	0.678
		2	设计洪水位	4.520	0.573	0.566
	特殊组合	1	校核洪水位	4.180	0.528	0.603
副安装间 10# 坝段	基本组合	1	正常蓄水位	4.370	0.120	0.240
		2	设计洪水位	4.720	0.100	0.270
	特殊组合	1	校核洪水位	4.320	0.120	0.230

从计算结果可知,在各种荷载组合下坝基面最小垂直压应力均大于零,坝基面所承受的

最大垂直压应力均小于坝基允许压应力$[\sigma]=8.0$ MPa。在各种荷载组合下建基面抗滑稳定满足规范要求。

（二）深层抗滑稳定综合措施及稳定计算

龙口水利枢纽坝址区地层主要由奥陶系马家沟组（O_2m）、石炭系（C）及第四系（Q_3+Q_4）地层组成。右坝区$O_2m_2^{2-1}\sim O_2m_2^3$地层中发育有连续性较好的软弱夹层共23层。在河床部位，$O_2m_2^{2-2}\sim O_2m_2^{2-3}$地层中的$NJ_{305-1}$、$NJ_{305}$、$NJ_{306-1}$、$NJ_{306-2}$泥化夹层，因其埋藏浅，可以挖除，因而不控制坝的抗滑稳定，而NJ_{304-1}、NJ_{304}、NJ_{303}则是河床坝基中的控制滑动面。

1. 深层抗滑稳定综合措施

由于坝基泥化夹层多且连续性好，抗剪断强度低，故大坝深层抗滑稳定问题是本工程的重大技术问题。为确保大坝安全，本工程设计采取了如下工程措施：

（1）挖除。对浅层连续泥化夹层（如NJ_{305}）因其埋藏浅，采取挖除的方法处理。

（2）坝基设置齿槽。底孔、表孔坝段在坝踵设置齿槽。齿槽底宽12 m，齿槽深入NJ_{304}下1 m。电站及安装间坝段结合厂房开挖，在坝基中部设置齿槽，齿槽上口宽22 m，齿槽深入NJ_{303}以下。

（3）枢纽泄水建筑物采用二级底流消能。因为龙口坝基存在多层泥化夹层，必须依靠坝趾下游尾岩支撑才能维持坝的稳定，所以在一定长度内保护尾岩免遭破坏是十分重要的。为此，表孔、底孔采用二级底流消能。为保证抗力体厚度，选用尾坎式消力池，一、二级池池底高程分别为858 m和857.0 m。表孔一级消力池长80.33 m，底孔一级消力池长75 m，二级消力池底、表孔共用。

（4）加强坝的整体稳定性。由于夹层埋藏深度及力学性能的不均一及钙质充填夹层的不连续性，所以各坝段稳定安全度不同。为使各坝段相互帮助，提高坝的整体稳定性，将坝段间横缝均做成铰接缝，横缝基础部分分3段灌浆（$1^{\#}\sim3^{\#}$、$10^{\#}\sim16^{\#}$、$17^{\#}\sim19^{\#}$共3段），这样使各坝段整体作用加强。

（5）利用废渣压重。安装间坝段及左、右岸坡坝段下游利用废渣分别回填至高程872.9 m和高程866.0 m，除满足布置要求外，还可增大尾岩抗力，提高两岸边坡坝段及安装间坝段的抗滑稳定性。

（6）坝基上、下游帷幕及排水。坝基设上下游帷幕和排水。本工程除按常规设置上游侧防渗帷幕外，还在坝基下游侧及岸边均布设帷幕与上游帷幕形成封闭系统。上游帷幕深入相对隔水层$Q_2m_2^{1-5}$层3 m，下游帷幕及左右岸边帷幕深入$Q_2m_2^{1-5}$层1 m。主排水孔深入控制滑动面以下。抗滑稳定计算时不考虑抽排作用，作为安全储备。

（7）坝基及尾岩固结灌浆。坝基、尾岩进行全面固结灌浆处理，以提高坝基、尾岩的承载能力、整体性和均一性。

（8）预应力锚索加固尾岩。在底、表孔消力池下面设置预应力锚索，提高尾岩抗力。

2. 加综合措施后稳定复核

本工程各坝段可能滑动面为坝基下岩体内的软弱夹泥层及钙质充填夹层等结构面，包括自上而下分布的NJ_{304}、NJ_{303}、NJ_{302}等多条软弱夹泥层。根据各坝段位置及建基面高程可知：表孔坝段及底孔坝段下控制滑动面为NJ_{304}、NJ_{303}；电站坝段下控制滑动面为NJ_{303}、NJ_{302}；隔墩坝段、副安装间坝段及小机组坝段下控制滑动面为NJ_{304}、NJ_{303}；主安装间坝段下控制滑动面为NJ_{304}、NJ_{303}、NJ_{302}。

坝基下深层滑动模式一般分为单斜面深层滑动和双斜面深层滑动。由于本工程坝基下软弱结构面走向均为倾向下游,而底孔坝段、表孔坝段下游消能方式为底流消能,设二级消力池,消力池后无较深冲刷坑,结构面在坝后无出露点,因此单滑面不成为控制滑动面。双斜面滑动形式为:坝体连带部分基础沿软弱结构面滑动,在坝趾部位切断上覆岩体滑出。

计算方法采用刚体极限平衡等安全系数法。

表孔坝段、底孔坝段、隔墩坝段、小机组电站坝段、3#主安装间坝段、10#副安装间坝段沿 NJ_{304} 及大机组电站坝段、4#主安装间坝段沿 NJ_{303} 滑动计算时,采取混凝土深齿槽切断该软弱结构面,计算时滑动面上强度指标为混凝土与结构面的强度指标加权平均值。经计算:深齿槽切断软弱结构面的情况下,坝体沿该层软弱结构面的深层抗滑稳定满足要求,加固措施合理。

表孔坝段、底孔坝段、隔墩坝段、小机组电站坝段、3#主安装间坝段、10#副安装间坝段沿齿槽下层的 NJ_{303} 滑动面及大机组电站坝段、4#主安装间坝段沿齿槽下层的 NJ_{302} 滑动面的深层抗滑稳定计算均满足规范要求,坝体安全稳定。

(三)坝体应力计算

为了解表孔坝段、底孔坝段及隔墩坝段的各高程坝体应力分布状况,按《混凝土重力坝设计规范》附录 C 的方法进行坝体应力计算。计算结果见表 2 ~ 7。

从表 2~表 7 中可知,坝体上游面垂直正应力均未出现拉应力(计扬压力),坝体最大主应力没超过混凝土的允许压应力值,均满足规范要求。

表 2   **表孔坝段上游面各高程垂直正应力汇总**

荷载组合			坝体上游面垂直正应力(MPa)					
			▽ 852 m	▽ 860 m	▽ 865 m	▽ 870 m	▽ 875 m	▽ 880 m
基本组合	1	正常蓄水位	0.299	0.299	0.215	0.180	0.142	0.098
	2	设计洪水位	0.293	0.288	0.238	0.205	0.166	0.120
特殊组合	1	校核洪水位	0.253	0.255	0.203	0.175	0.137	0.093

表 3   **底孔坝段上游面各高程垂直正应力汇总**

荷载组合			坝体上游面垂直正应力(MPa)					
			▽ 852 m	▽ 863 m	▽ 876 m	▽ 880 m	▽ 889 m	▽ 896 m
基本组合	1	正常蓄水位	0.300	0.363	0.317	0.434	0.226	0.127
	2	设计洪水位	0.410	0.383	0.347	0.472	0.251	0.139
特殊组合	1	校核洪水位	0.354	0.338	0.310	0.425	0.219	0.124

表 4   **隔墩坝段上游面各高程垂直正应力汇总**

荷载组合			坝体上游面垂直正应力(MPa)					
			▽ 851 m	▽ 860 m	▽ 873 m	▽ 880 m	▽ 889 m	▽ 896 m
基本组合	1	正常蓄水位	0.484	0.534	0.446	0.423	0.232	0.136
	2	设计洪水位	0.493	0.535	0.486	0.467	0.263	0.153
特殊组合	1	校核洪水位	0.443	0.486	0.437	0.413	0.224	0.132

表5			表孔坝段各高程最大主应力汇总					
荷载组合			坝体上游面垂直正应力（MPa）					
			▽852 m	▽860 m	▽865 m	▽870 m	▽875 m	▽880 m
基本组合	1	正常蓄水位	0.977	1.037	0.744	0.610	0.174	0.435
	2	设计洪水位	0.872	0.898	0.693	0.574	0.466	0.408
特殊组合	1	校核洪水位	0.939	0.959	0.736	0.617	0.503	0.440

表6			底孔坝段各高程最大主应力汇总					
荷载组合			坝体上游面垂直正应力（MPa）					
			▽852 m	▽863 m	▽876 m	▽880 m	▽889 m	▽896 m
基本组合	1	正常蓄水位	0.794	0.596	0.560	0.433	0.234	0.242
	2	设计洪水位	0.674	0.500	0.612	0.472	0.251	0.263
特殊组合	1	校核洪水位	0.749	0.560	0.548	0.425	0.239	0.236

表7			隔墩坝段各高程最大主应力汇总					
荷载组合			坝体上游面垂直正应力（MPa）					
			▽851 m	▽860 m	▽873 m	▽880 m	▽889 m	▽896 m
基本组合	1	正常蓄水位	0.913	0.811	0.532	0.423	0.271	0.349
	2	设计洪水位	0.802	0.682	0.530	0.467	0.263	0.393
特殊组合	1	校核洪水位	0.869	0.747	0.544	0.413	0.276	0.337

三、结　　论

（1）坝体结构设计满足坝体建基面稳定及应力要求。

（2）采取的综合措施满足坝体深层抗滑稳定要求。

（3）坝体断面设计满足使用和功能要求。

（4）坝体上游面垂直正应力均未出现拉应力（计扬压力），坝体最大主应力没超过混凝土的允许压应力值，均满足规范要求。

（5）综上所述，坝体结构设计合理，满足规范要求，满足使用和功能要求。

（作者单位：中水北方勘测设计研究有限责任公司）

黄河龙口水利枢纽工程抗滑稳定分析

王晓辉　马妹英　范瑞鹏

一、枢纽工程及地质概况

龙口水利枢纽总库容 1.96 亿 m^3，为大（Ⅱ）型工程。大坝坝型为混凝土重力坝，由底孔坝段、表孔坝段、电站坝段、隔墩坝段、挡水坝段等组成。坝顶总长 408 m，最大坝高 51 m。枢纽主要建筑按 2 级建筑物设计，抗震设计烈度为Ⅵ度。

坝址区地层主要由奥陶系中统马家沟组（O_2m）、石炭系本溪组（C_2b）、上统太原组（C_3t）和第四系（$Q_3 + Q_4$）地层构成。坝址区构造变动微弱，地层总体呈平缓的单斜，总体走向 NW315° ~ 350°，倾向 SW，倾角 2° ~ 6°。

坝基持力层马家沟组 $O_2m_2^{2-1}$ 岩层致密坚硬，试验湿抗压强度在 100 MPa 以上。其中弱风化岩体地震波纵波速度范围值为 1 590 ~ 2 800 m/s，平均值为 2 120 m/s；新鲜岩体波速范围为 2 700 ~ 5 700 m/s，平均值为 4 522 m/s。层内存在 6 条泥化夹层及钙质充填物与泥质混合类状夹层，对坝基抗滑稳定起控制作用。

坝基岩体、软弱夹层抗剪强度指标建议值表见表1。

表1　　　坝基岩体、结构面、软弱夹层抗剪强度指标建议值

序号	项目		摩擦系数	凝聚力（kPa）
1	混凝土/豹皮灰岩、灰岩		$f = 0.65 ~ 0.7$ $f' = 0.8 ~ 1.0$	$c' = 800 ~ 1\ 000$
2	中厚层、厚层灰岩、豹皮灰岩		$f = 0.7 - 0.8$ $f' = 1.2$	$c' = 1\ 200 ~ 1\ 500$
3	泥化夹层	泥质类	$f = 0.25$ $f' = 0.25$	$c' = 10 ~ 20$
		泥夹岩屑类	$f = 0.25 - 0.30$ $f' = 0.25 - 0.30$	$c' = 10 ~ 50$
		钙质充填物与泥质混合类	$f = 0.35$ $f' = 0.35 - 0.4$	$c' = 35 ~ 60$

注：f、c 为纯摩指标；f'、c' 为剪摩指标。

二、边界条件及滑移模式

（一）计算滑动面

本工程各坝段可能滑动面为坝基下岩体内的软弱夹泥层及钙质充填物与泥质混合类夹

层等结构面,包括自上而下分布的 NJ_{304}、NJ_{303}、NJ_{302} 等多条软弱夹泥层。根据各坝段位置及建基面高程可知:表孔坝段及底孔坝段下控制滑动面为 NJ_{304}、NJ_{303},电站坝段下控制滑动面为 NJ_{303}、NJ_{302}。

（二）滑动模式

坝基下深层滑动模式一般分为单斜面滑动和双斜面滑动。本工程由于坝基下软弱结构面走向均为倾向下游,底孔坝段、表孔坝段下游消能方式为底流消能,设二级消力池,消力池后无较深冲刷坑,结构面在坝后无出露点,因此本工程控制滑动面为双斜滑动面,计入坝体下游尾岩的抗力作用,但不考虑岩体的侧向连接作用。坝体深层滑动第一滑裂面为坝基夹泥层面;第三破裂面为坝趾处铅直面;第二破裂面与水平面夹角 E,按最不利倾角计算,即抗力体提供最小抗力时的倾角;坝踵处破裂面为铅直面。

三、坝体抗滑稳定计算

（一）计算方法

深层抗滑稳定分析采用两种方法:刚体极限平衡法(等 K 法)和平面非线性有限元法,但以刚体极限平衡法为主,有限元法作为参考。刚体极限平衡法以安全系数作为稳定安全度的判据,同时控制第三破裂面上平均水平压应力。坝基深层抗滑稳定安全系数规范:基础组合 $K \geqslant 3.0$,特殊组合 $K \geqslant 2.5$。抗力体第三破裂面上的平均水平压应力,根据本工程岩体特性,控制在 1.0 MPa 左右。有限元法以坝基的应力、位移、帷幕处夹泥层的错位值滑动通道的破坏比,富裕系数及强度储备系数等指标综合分析确定坝的稳定安全度。本文仅介绍刚体极限平衡法计算过程。

（二）计算假定

河床坝段(包括底孔、表孔及电站坝段)在底部分别连成整体,但连接部位较低,由于连接区面积占整个坝段横缝面积比例较小,一般小于30%,因此抗滑稳定按单个坝段计算,不考虑大坝的整体作用。

（三）计算荷载

计算荷载及荷载组合见表2。

表2 　　　　　　　　　　　　　荷载组合

组合			水位(m)		自重	水压力	泥沙压力	扬压力	浪压力
			上游	下游					
基本组合	1	正常蓄水位	898.0	860.5	√	√	√	√	√
	2	设计洪水位	896.34	865.72	√	√	√	√	√
特殊组合		校核洪水位	898.34	866.0	√	√	√	√	√

（四）计算公式

坝基抗滑稳定采用抗剪断公式进行计算。

抗剪断公式：
$$K' = \frac{f' \cdot \sum W + c' \cdot A}{\sum P}$$

其中，$\sum W$ 为作用在坝体上的全部荷载对滑动面的法向分力（包括扬压力），$\sum P$ 为作用在坝体上的全部荷载对滑动面的切向分力，A 为基础接触面截面积，f'、c' 为滑动面抗剪断摩擦系数及抗剪断凝聚力。

坝体坝基面垂直正应力采用材料力学方法进行计算，计算公式如下：
$$\sigma_Y = \frac{\sum W}{T} + 6\frac{\sum M}{T^2}$$

其中，$\sum W$ 为作用于坝基上的全部竖向荷载总和，T 为坝基顺水流向宽度，$\sum M$ 为作用于坝基上的全部荷载对计算截面形心的力矩总和。

深层抗滑稳定计算采用抗剪断公式，计算公式如下：
$$K_1 = \frac{f_1\left[V_1\cos\alpha - H\sin\alpha - Q\sin(\gamma - \alpha) + U_3\sin\alpha - U_1\right] + c_1 A_1}{V_1\sin\alpha + H\cos\alpha - Q\cos(\gamma - \alpha) - U_3\cos\alpha}$$
$$K_2 = \frac{f_2\left[V_1\cos\beta + Q\sin(\gamma + \beta) + U_3\sin\beta - U_2\right] + c_2 A_2}{Q\cos(\gamma + \beta) - V_2\sin\beta + U_3\cos\beta}$$
$$K = K_1 = K_2$$

其中，K 为深层抗滑稳定安全系数；Q 为坝体下游岩体可提供抗力；V_1 为坝下基岩滑动面以上的垂直荷载总和；V_2 为抗力体滑动面以上的垂直荷载总和；H 为坝下基岩滑动面以上的水平荷载总和；U_1 为作用在坝基滑动面上的扬压力；U_2 为作用在抗力体滑动面上的扬压力；U_3 为作用在抗力体垂直面上的渗透压力；α 为坝下基岩滑动面倾向下游的视倾角；β 为抗力体的滑裂角，由试算法求出最危险滑裂面；γ 为被动抗力与水平面夹角，$\gamma = 14°$；f_1'、c_1' 为坝基下滑动面的强度指标，f_2'、c_2' 为抗力体滑裂面的强度指标，$f_2' = 0.8$，$c_2' = 800 \text{ kPa}$；A_1 为坝下基岩滑动面面积；A_2 为抗力体滑裂面面积。

（五）建基面抗滑稳定分析

按上述方法对表孔坝段、底孔坝段、电站坝段分别进行抗滑稳定计算，计算结果见表3。

表3　　　　　　　　各典型坝段坝基抗滑稳定及坝基应力计算结果

坝　段	荷　载　组　合		抗剪断稳定 K'	σ_{yu}（MPa）	σ_{yd}（MPa）
表孔坝段	基本组合	正常蓄水位	4.974	0.297	0.640
		设计洪水位	4.863	0.296	0.601
	特殊组合	校核洪水位	4.414	0.221	0.671
底孔坝段	基本组合	正常蓄水位	5.622	0.278	0.610
		设计洪水位	5.492	0.277	0.570
	特殊组合	校核洪水位	4.963	0.205	0.630
电站坝段	基本组合	正常蓄水位	5.758	0.292	0.534
		设计洪水位	5.808	0.280	0.500
	特殊组合	校核洪水位	5.251	0.234	0.535

由表3可知，在各种荷载组合下坝基面最小垂直压应力均大于零，坝基面所承受的最大垂直压应力均小于坝基允许压应力 $[\sigma] = 8.0 \text{ MPa}$。在各种荷载组合下建基面抗滑稳定满

足规范要求。

（六）深层抗滑稳定分析

深层抗滑稳定计算结果见表4～表6。

表4		表孔坝段深层抗滑稳定计算结果	
计 算 工 况		抗剪断安全系数（沿 NJ_{304}）K'	抗剪断安全系数（沿 NJ_{303}）K'
基本组合	正常蓄水位	2.542	3.774
	设计洪水位	2.415	3.576
特殊组合	校核洪水位	2.259	3.308

表5		底孔坝段深层抗滑稳定计算结果	
计 算 工 况		抗剪断安全系数（沿 NJ_{304}）K'	抗剪断安全系数（沿 NJ_{303}）K'
基本组合	正常蓄水位	2.685	3.950
	设计洪水位	2.534	3.734
特殊组合	校核洪水位	2.370	3.441

表6		电站坝段深层抗滑稳定计算结果	
计 算 工 况		抗剪断安全系数（沿 NJ_{303}）K'	抗剪断安全系数（沿 NJ_{302}）K'
基本组合	正常蓄水位	2.458	3.314
	设计洪水位	2.330	3.159
特殊组合	校核洪水位	2.202	2.958

由表4～表6可知,表孔坝段、底孔坝段沿 NJ_{304} 滑动深层抗滑稳定安全系数和电站坝段沿 NJ_{303} 滑动深层抗滑稳定安全系数均不满足规范要求,须对坝基进行加固处理。

四、坝基加固后大坝抗滑稳定计算

国内外已建和在建的大、中型水利水电工程中,在坝基存在软弱夹层的复杂地基处理方面,取得了丰富的实践经验。根据这些经验,对软弱夹层的处理措施,应按其产状、埋深、夹层性状及其对坝体的影响程度,结合工程规模进行研究,按照施工条件和工程进度,综合分析确定。对于已建工程坝基深层软弱夹层已采用过而又行之有效的处理措施有明挖、洞挖、大口径混凝土桩,深齿槽(坝踵处,坝趾处)和预应力锚索等,归纳起来为以下三大类:

（1）提高软弱夹层抗剪指标;

（2）增加尾岩抗力;

（3）提高软弱夹层抗剪指标与增加尾岩抗力。

由于坝基泥化夹层多且连续性好,抗剪断强度低,故大坝深层抗滑稳定问题是本工程的重大技术问题。为确保大坝安全,本工程设计中采取了如下工程措施:

（1）挖除浅层连续泥化夹层(如 NJ_{305})。

（2）坝踵设置齿槽。

在坝踵设置齿槽，齿槽底宽 12 m，齿槽深入 NJ_{304} 下 1 m，利用齿槽的抗剪断作用提高 NJ_{304} 以上各夹泥层的抗滑稳定性，并利用齿槽控制坝体沿 NJ_{304} 以下夹泥层滑动。电站坝段结合厂房开挖，在坝基中部设置齿槽，齿槽上口宽 22 m，齿槽深入 NJ_{303} 以下。

坝基加固后，表孔坝段、底孔坝段和电站坝段深层抗滑稳定计算结果见表7。

表 7 　　　　　　　　　　表孔、底孔和电站坝段加固后深层抗滑稳定计算结果

坝段	计算工况		抗滑稳定 K'	抗力体平均水平压应力 σ_x（MPa）	滑动方向
表孔坝段	基本组合	正常蓄水位	3.388	0.90	NJ_{304}
		设计洪水位	3.220	0.84	
	特殊组合	校核洪水位	2.974	0.92	
底孔坝段	基本组合	正常蓄水位	3.533	0.87	NJ_{304}
		设计洪水位	3.332	0.81	
	特殊组合	校核洪水位	3.082	0.89	
电站坝段	基本组合	正常蓄水位	4.037	0.50	NJ_{303}
		设计洪水位	3.838	0.42	
	特殊组合	校核洪水位	3.550	0.48	

表 7 中表孔坝段、底孔坝段沿 NJ_{304} 及电站坝段沿 NJ_{303} 滑动计算时，由于坝体加固设计混凝土齿槽切断该结构面，计算时滑动面上强度指标为混凝土与结构面的强度指标加权平均值。

由表 7 可知各种工况下典型坝段深层抗滑稳定安全系数均满足规范要求。

五、结　　语

本工程坝基持力层为马家沟组 $O_2m_2^{2-1}$，岩石新鲜状态下坚硬、完整，强度指标较高，能满足混凝土大坝对基础的要求，但坝基下岩体内自上而下分布的 NJ_{304}、NJ_{303}、NJ_{302} 等多条倾向下游的软弱夹泥层，连通率大，抗剪强度低，如不进行处理，深层抗滑稳定不能满足要求，大坝深层抗滑是控制本工程运行安全的重要技术问题。

结合本工程特点，参考国内外其他类似工程设计经验，确定采用挖除浅层连续泥化夹层及在坝基增设混凝土抗剪齿槽等综合处理措施。上述措施实施后，经计算分析，各坝段稳定安全系数值较之前均提高 30% 以上，坝体安全系数达到设计要求。

（作者单位：中水北方勘测设计研究有限责任公司）

黄河龙口水利枢纽工程边坡坝段稳定分析

迟守旭　刘　岩　朱　涛

一、工程概况

黄河龙口水利枢纽总库容 1.96 亿 m^3，电站总装机容量 420 MW。根据《水利水电工程等级划分及洪水标准》(SL 252—2000)的规定，本枢纽工程属大(Ⅱ)型工程。拦河坝为混凝土重力坝，坝顶高程 900 m，坝顶全长 408 m，最大坝高 51 m。大坝自左岸至右岸划分为 19 个坝段，1#、2#坝段为左岸非溢流坝段，3#、4#坝段为主安装场坝段，5#~9#坝段为电站厂房坝段，10#坝段为副安装场坝段，11#坝段为隔墩坝段，12#~16#坝段为底孔坝段，17#、18#坝段为表孔溢流坝段，19#坝段为右岸非溢流边坡坝段。

二、边坡坝段稳定分析背景

坝体深层抗滑稳定是本工程的重要工程问题。坝基持力层 $O_2m_2^{2-1}$ 中发育的 6 条平缓泥化夹层，对坝基深层抗滑稳定不利。同时，本枢纽河谷断面为宽 U 形，河床部位底部平坦，两岸边坡陡峭，边坡坝段建基面沿开挖边坡变化形成高差较大的陡斜面边坡，对边坡坝段稳定更为不利。鉴于此，必须针对边坡坝段进行各滑动面、各滑动方向的稳定计算，提出相应的工程措施，以保证工程安全。

三、计算方法、荷载组合及计算工况

(一)计算假定

本文以右岸 19#边坡坝段为代表，采用刚体极限平衡法进行稳定分析，计算中假定如下：

(1)假定边坡坝段基底面与平台基岩间的正应力、剪应力在水平面两个方向呈线性分布。

(2)坝基坡面扬压力不考虑帷幕及排水作用，扬压力水头由上游水头按直线变化降至下游水头。

(3)由于坝基岩层内分布有多层软弱夹泥层，因此边坡坝段针对不同滑动方向采用不同的滑动面形式进行计算：顺水流方向采用双斜面深层抗滑按等安全系数法进行稳定计算；垂直水流方向采用沿软弱夹泥层滑动的单一滑动面进行稳定计算。

(4)计算中选取整个坝段进行抗滑稳定计算。

(二)深层抗滑稳定计算

1.计算滑动面及滑动模式

本工程各坝段可能滑动面为坝基下岩体内的软弱夹泥层及钙质充填夹层等结构面,包括自上而下分布的 NJ_{304}、NJ_{303}、NJ_{302} 等多条软弱夹泥层。根据边坡坝段位置及建基面高程可知:$19^{\#}$边坡坝段控制滑动面为 NJ_{304-1}、NJ_{304} 以及 NJ_{303} 三个滑裂面。

坝基下深层滑动模式一般分为单斜面深层滑动和双斜面深层滑动。本工程由于坝基下软弱结构面走向均为倾向下游,结构面在坝后无出露点,因此本工程单滑面不成为控制滑动面。双斜面滑动形式为坝体连带部分基础沿软弱结构面滑动,在坝趾部位切断上覆岩体滑出。

2.计算方法及计算公式

垂直水流方向为沿软弱夹泥层滑动的单一滑动面,采用抗剪断公式进行计算。

抗剪断公式:

$$K' = \frac{f' \cdot \sum W + c' \cdot A}{\sum P}$$

式中 K'——按抗剪断强度计算的抗滑稳定安全系数;

f'、c'——滑动面抗剪断摩擦系数及抗剪断凝聚力,kPa;

A——基础接触面截面积,m^2;

$\sum W$——作用在坝体上的全部荷载对滑动面的法向分力(包括扬压力),kN;

$\sum P$——作用在坝体上的全部荷载对滑动面的切向分力,kN。

顺水流方向计算采用刚体极限平衡等安全系数法,公式如下:

$$K_1 = \frac{f_1 [V_1 \cos\alpha - H \sin\alpha - Q \sin(\gamma - \alpha) + U_3 \sin\alpha - U_1] + c_1 A_1}{V_1 \sin\alpha + H \cos\alpha - Q \cos(\gamma - \alpha) - U_3 \cos\alpha}$$

$$K_2 = \frac{f_2 [V_1 \cos\beta + Q \sin(\gamma + \beta) + U_3 \sin\beta - U_2] + c_2 A_2}{Q \cos(\gamma + \beta) - V_2 \sin\beta + U_3 \cos\beta}$$

$$K = K_1 = K_2$$

式中 K——深层抗滑稳定安全系数;

Q——坝体下游岩体可提供抗力;

K_1、K_2——坝下基岩滑动面及抗力体滑动面抗滑稳定安全系数;

V_1——坝下基岩滑动面以上的垂直荷载总和;

V_2——抗力体滑动面以上的垂直荷载总和;

H——坝下基岩滑动面以上的水平荷载总和;

U_1——作用在坝基滑动面上的扬压力;

U_2——作用在抗力体滑动面上的扬压力;

U_3——作用在抗力体垂直面上的渗透压力;

α——坝下基岩滑动面倾向下游的视倾角;

β——抗力体的滑裂角,由试算法求出最危险滑裂面;

γ——被动抗力与水平面夹角,$\gamma = 14°$;

f_1'、c_1'——坝基下滑动面的强度指标;

f_2'、c_2'——抗力体滑裂面的强度指标;

A_1——坝下基岩滑动面面积;

A_2——抗力体滑裂面面积。

(三)计算荷载及相关参数

荷载组合见表1。

表1 荷载组合

组合		水位(m)		自重	水压力	泥沙压力	扬压力	浪压力
		上游	下游					
基本组合	正常蓄水位	898.00	860.50	√	√	√	√	√
	设计洪水位	896.56	865.72	√	√	√	√	√
特殊组合	校核洪水位	898.52	866.02	√	√	√	√	√

计算中对19#坝段进行不同的分析,即对其坝下的不同的软弱夹层分别进行分析计算,确定最危险的滑动面并计算其安全系数。

四、计算结果

首先对19#边坡坝段进行独立抗滑稳定分析,其深层抗滑稳定计算按两个方向分别计算,即顺水流方向以及沿垂直水流方向的滑动,两个滑动方向的潜在危险滑动面均为 NJ_{304-1}、NJ_{304} 以及 NJ_{303} 三个滑裂面。经计算,沿垂直水流方向不同工况下抗滑稳定最小安全系数见表2,沿顺水流方向不同工况抗滑稳定最小安全系数见表3。

表2 19#坝段沿垂直水流方向抗滑稳定计算结果

项 目	危险滑动面	安全系数 K'(抗剪断)
沿垂直水流方向抗滑稳定	NJ_{304-1}	4.22
	NJ_{304}	4.18
	NJ_{303}	4.09

表3 19#坝段顺水流方向抗滑稳定计算结果

项 目	危险滑动面	安全系数 K'(抗剪断)
顺水流方向抗滑稳定	NJ_{304-1}	2.70
	NJ_{304}	2.89
	NJ_{303}	3.09

从上述表中结果可以看出:19#坝段沿垂直水流方向坝体在不同的潜在危险滑动面上满足稳定的要求,而在顺水流向上则不满足抗滑稳定要求,需考虑将18#坝段与19#坝段做并缝灌浆处理,并缝处理后18#、19#坝段联合受力,计算联合体顺水流方向的深层抗滑稳定,计算结果如表4。

表4 18#、19#坝段并缝后顺水流方向抗滑稳定计算结果

项 目	危险滑动面	安全系数 K'(抗剪断)
18#与19#坝段并缝后顺水流方向	NJ_{304-1}	3.13
	NJ_{304}	3.44
	NJ_{303}	3.95

从表 4 中计算结果可知:将 19# 边坡坝段与 18# 表孔坝段做并缝处理后,坝体在顺水流方向满足稳定要求。

以上是沿两个不同方向上计算深层抗滑,表 5 为沿合力方向的深层抗滑计算结果,其中合力为顺水流与垂直水流两个方向的力(包括滑动力以及抗滑力)的合力。

表 5　　　　　　18#、19# 坝段并缝后合力方向抗滑稳定计算结果 K'

项目	危险滑裂面	正常工况	设计工况	校核工况
18#、19#	NJ_{304-1}	3.37	3.48	3.29

通过计算可知,右岸 19# 边坡坝段抗滑稳定满足要求。

用同样的方法,可对左岸 1# 边坡坝段进行抗滑稳定分析,通过计算可知,需将 1#、2# 和 3# 坝段做并缝处理,才能满足抗滑稳定要求,计算结果列于表 6。

表 6　　　　　　1#、2# 和 3# 坝段并缝后合力方向抗滑稳定计算结果 K'

项目	危险滑裂面	正常工况	设计工况	校核工况
1#、2# 与 3#	NJ_{305}	5.81	6.02	5.80

五、工程措施

为确保边坡坝段抗滑稳定满足规范要求,将左岸 1#、2# 与 3# 坝段进行并缝连接,将右岸 19# 边坡坝段与相邻的 18# 表孔坝段进行并缝连接,从而加大边坡坝段抗滑稳定安全性。设计除采用上述方式外,同时采取如下工程措施:

(1)在底面设置平台:结合地形地质条件,平台宽度取 12.5~13.0 m 均超过坝段宽度的 1/2;

(2)两岸边 1#、2# 及 3# 坝段之间以及 17#、18# 与 19# 坝段之间横缝,在 867.5 m、856.3 m、863.0 m 高程以下设横缝键槽并进行灌浆,使左右岸边坡坝段下部形成整体;

(3)将防渗帷幕及排水幕延伸至岸坡岩体,以降低边坡坝段基础岩体内的渗透压力;

(4)岸坡坝基面进行接触灌浆;

(5)岸坡设插筋。

六、运行情况

黄河龙口水利枢纽工程现已建成发电,经过几年的运行,取得了明显的经济和社会效益。安全监测数据显示,两岸边坡坝段坝基部位应力及变位数据均在正常范围内,边坡坝段运行良好,对大坝整体安全运行起到了重要作用。

参 考 文 献

1　林继镛.水工建筑物[M].4 版.北京:中国水利水电出版社,2006.

(作者单位:迟守旭、朱　涛　中水北方勘测设计研究有限责任公司
刘　岩　天津市永定河管理处)

黄河龙口水利枢纽工程电站主厂房设计

任智锋 谢 坤 于 野

龙口水利枢纽为二等工程,电站厂房为2级建筑物,洪水标准按100年一遇洪水设计,1 000年一遇洪水校核。电站厂房为河床式,整体采用"混凝土重力坝+河床式电站"的布置形式。混凝土重力坝坝顶高程900 m,最大坝高51 m。厂房纵轴线平行于坝轴线,厂房上游墙兼作挡水建筑物。厂内安装4台单机容量100 MW的轴流转桨式水轮发电机组,为满足黄河龙口—天桥区间瞬时最小流量不小于50 m³/s的要求,安装1台20 MW混流式水轮发电机组。电站总装机容量420 MW,其中400 MW参与系统调峰发电。水轮机运行最大水头36.3 m,额定水头为31 m。

一、厂区布置

坝址区左、右岸地形条件基本相当,泄流条件相似。经比较,电站厂房布置在左岸时不仅对外交通和出线更为便利,而且厂房地基开挖深度和坝基软弱夹层埋藏深度相适应,同时可节省开挖量及混凝土工程量,故最终选择将厂房布置在左岸。

主厂房包括主安装场、主机间和副安装场。主安装场设在主机间左侧接左岸进厂公路,副安装场设在主机间右侧。20 MW机组是为使黄河下游不断流情况下利用小流量发电而设置,因而将其布置在靠近河床中部的100 MW机组坝段与副安装场之间。副厂房与GIS开关站连成一字形紧靠主安装场左侧布置。副厂房在主厂房左侧,紧靠主厂房,为地下1层、地上4层(局部5层)的框架结构。GIS开关站布置在主厂房下游侧的左侧,两层框架结构。地上1层,地下1层。地下为GIS电缆室及二次电缆廊道,通过地下电缆廊道与主厂房相通。

二、主厂房布置设计

(一)主厂房控制高程和尺寸

主厂房内安装4台单机容量100 MW的轴流转桨式水轮发电机组和1台20 MW混流式水轮发电机组,采用一机一缝的形式。100 MW机组段宽度受尾水管尺寸控制确定为30 m;20 MW机组段宽度受进水管和尾水管尺寸控制定为15 m;100 MW机组安装高程为857.00 m,水轮机层高程864.80 m,发电机层、安装场、尾水平台高程相同,为872.90 m,发电机层和水轮机层之间设电缆夹层。20 MW机组安装高程860.60 m,并将其发电机层、电缆夹层和水轮机层取与100 MW机组段同高,目的是可共用安装场和起吊设备,以节约投资并方便运行。厂房最大高度69.55 m,顺水流向全长81.4 m。

安装场总面积按1台机组段扩大检修确定。主安装场长度40 m,放置转轮、转子、上机架、支持架;副安装场长12.0 m,放置顶盖和推力轴承支架等部件。副安装场坝段设有电梯间作为厂房与坝顶之间的交通通道。

主厂房屋顶支撑结构采用螺栓球节点四角锥形空间网架结构，屋面采用弧形直立锁边铝板，局部设天窗，网架空格内设 3 条检修马道。网架全长 186.20 m，总覆盖面积为 5 423 m²。考虑排水及整体美观要求，屋面向下游方向呈 5% 倾斜。

（二）主厂房布置

龙口电站主厂房采用典型的河床式电站厂房布局。水轮机层以下为大体积结构。尾水管采用弯肘形尾水管，整体式底板结构形式。100 MW 机组段蜗壳采用 T 形断面钢筋混凝土蜗壳，包角 216°。20 MW 机组段采用金属蜗壳，包角 345°。100 MW 机组段蜗壳及尾水管进人廊道均布置在下游侧，20 MW 机组段的尾水管进人廊道布置在上游侧。机墩均为圆筒形钢筋混凝土结构，100 MW 机组段机墩在 $-x$ 轴与 $-y$ 轴向各布置 1 个进人通道，靠上游侧布置滤水器、蜗壳排水阀和调速器回复机构。20 MW 机组段在第Ⅲ象限与 $-y$ 轴成 30°处布置进人通道。发电机出线均在下游侧平行于 $-y$ 轴方向引出，进入主厂房下游侧尾水平台下的母线室。

发电机层第Ⅰ象限布置压力油罐、调速器及电气盘柜。第Ⅱ象限布置保护盘。各 100 MW 机组段第Ⅲ象限厂房排架柱间均布置 1 个垂直向主交通楼梯通向下面各层。各机组段第Ⅳ象限内均布置 1 个吊物孔，可直达水轮机层，以吊运发电机层以下各层较大物件。机组段上游侧有 2.0 m 宽、下游侧有 3.0 m 宽通道贯通全厂。考虑到厂房进口段较短，主厂房水轮机层以上上游侧壁均设防潮隔墙，渗水通过排水管沟汇入渗漏集水井。

电站尾水平台上布置 5 台主变压器（一机一变）和 1 台 2×630 kN 双向尾水门机。主变可通过运输轨道进入安装间内检修。尾水门机负责电站出口尾水检修闸门、排沙洞出口工作闸门和检修闸门的启闭。尾水平台以下空间分成 4 层，布置部分生产副厂房，如高压电缆通道、盘柜室、厂用变压器、循环水池等。

100 MW 机组段进水口分 3 孔布置，20 MW 机组段进水口布置为 1 孔。每个进水口沿水流方向依次设拦污栅、检修闸门和事故闸门，拦污栅采用连通布置。进水口底板高程综合考虑拦沙效果和机组效率后定为 866.00 m，进水口与蜗壳间用 1∶0.8 的斜坡段连接。拦污栅和检修门均由坝顶 2×1 250 kN 双向门机启闭。

为防止电站进水口淤堵，在每个 100 MW 机组坝段左右对称布置 2 个排沙洞。排沙洞进口底高程 860.0 m，内径 3.0 m。靠下游侧设置排沙洞检修廊道与尾水管进人廊道相接。

三、厂房设计特点

（一）结构设计

龙口水电站厂房孔洞多，尺寸大，结构复杂。在下部块体结构的设计中，采用结构力学法结合有限元法进行结构计算。采用结构力学法分析时，一般切取若干断面简化成平面杆系进行分析，计算中考虑刚域和剪切变形的影响；为弥补结构力学法在宽厚结构计算中的不足，又选择一定范围的结构按均质弹性体进行三维有限元计算，最终通过两种计算结果的对比分析并结合工程经验进行配筋。上部结构包括主厂房排架、发电机风罩和主副厂房及安装场各层板、梁、柱结构，一般只采用结构力学法进行分析，分析时不考虑剪切变形的影响。所有钢筋混凝土结构，均进行限裂验算。对于上部结构，还进行了变形验算。

（二）混凝土蜗壳设计

100 MW 机组蜗壳采用钢筋混凝土蜗壳，进口断面尺寸为 6.254 m×10.5 m，最大水击压力 0.45 MPa,接近混凝土蜗壳承受水头的最大值。设计时除沿径向切取若干断面按 Γ 形框架进行结构计算外,还选取整个尾水管和蜗壳进行三维整体有限元结构分析。针对蜗壳进口跨度大、顶板混凝土厚度薄、拉应力大等难题,设计采取设暗梁、加钢板、局部钢筋加强等措施解决。为解决钢筋混凝土蜗壳防渗、抗裂问题,在蜗壳流道进口区和蜗壳顶板范围内采用 16 mm 厚 Q235B 钢板衬砌,在蜗壳流道底板及侧墙采用 C35F200W6 抗冲磨纤维混凝土,混凝土表面采用 10 mm 厚环氧砂浆防护。

(三)排沙洞设计

为解决多泥沙河流排沙及电站进水口淤堵,在每个 100 MW 机组坝段左右对称布置 2 个排沙洞,在副安装间段设 1 个,共 9 个排沙洞。排沙洞布置方式紧凑,未因此增加机组段宽度。初步设计时设置 1 道副拦污栅和 1 道主拦污栅,后来考虑到龙口电站上游距离万家寨电站较近,区间来水量及污物不多等原因,最终取消了副拦污栅。排沙洞单孔设计泄量 71 m³/s,洞内最高流速 19.67 m/s,出口范围内采用 C40F200W6 抗冲磨纤维混凝土。经整体模型试验验证,在电站发电或开启 5 个排沙洞参与泄洪的情况下,不仅电站进口没有淤积,而且整个河道中的水流更加平顺,回流现象基本消失,电站尾水渠中基本没有淤积,有效减轻了对下游河床的冲刷。

(四)厂房分缝与宽缝设计

100 MW 机组坝段宽 30 m,基础底部顺水流向长为 81.1 m。根据温控计算和实际工程经验分析,按照厂房建筑物布置和结构受力特点从上游至下游分为 A、B、C 三块,A 块为拦河坝及电站进口段,B 块为主厂房段,C 块为尾水平台及尾水管段。A、B 块之间基础体形差异较大,荷载在施工期和运行期集度变化较大,为防止 A、B 块基底应力的变化在 A、B 块缝面引起较大的结合应力,设计采用流道底部以下设直缝,流道以上设宽缝的方式进行接缝连接。宽缝在施工期不填筑,其中所有结构受力钢筋在槽内先断开,从而 A、B 块间相对可自由变形,使接缝面应力集中现象弱化。待 A、B 块在自重荷载作用下基础变形基本稳定后,将宽缝内钢筋焊接连接,在冬季混凝土降低至稳定温度场时,采用微膨胀混凝土进行回填,宽缝两侧设键槽,并预留灌浆埋管,以便在必要时对缝面进行灌浆处理。计算表明,电站坝段的 B、C 块间荷载强度较小,基底应力分布在过缝处突变不明显,设计中采用直缝。接缝灌浆高程布置在 857.50 m 以下,灌浆高程以下部位设置三角形键槽,键槽深 40 cm,间距 150 cm。上下游设置 3 个灌浆区,每个灌浆区设有灌浆管路,灌浆管路引至楼梯间下部廊道内灌浆站。

四、结　语

龙口水电站采用河床式电站布置方式,充分利用地形和交通条件,做到工程量省,施工周期短,便于工程运行管理。主厂房布置基本上做到了简洁、紧凑、明快,机电设备布置合理。通过设置排沙洞解决了多泥沙河流电站的进口淤积问题,并使下泄水流更加平顺。在结构设计上,通过多种理论和方法分析结构实际受力情况,并采取多项优化措施,在保证结构安全的前提下,加快了施工进度,节约了工程投资,取得了明显的经济效益。

(作者单位:中水北方勘测设计研究有限责任公司)

黄河龙口水利枢纽工程底孔坝段设计

苗　青　高文军　张　晓

一、运用要求

龙口水利枢纽为大（Ⅱ）型工程,拦河坝、泄水建筑物和电站厂房均为2级建筑物,其洪水标准为100年一遇设计,1 000年一遇校核。入库洪水由万家寨—龙口区间同频率洪水叠加万家寨水利枢纽相应洪水的下泄流量组成。水库运用方式是蓄清排浑,汛期排沙。电站为河床式电站。泄水建筑物除应满足泄洪要求外,还应满足冲沙、排污等项要求。

规划对泄水建筑物泄流能力的要求是:

(1)校核洪水位时,下泄流量大于 8 276 m^3/s(不包括电站引水流量,下同);

(2)设计洪水位时,下泄流量大于 7 561 m^3/s;

(3)汛期排沙水位 888.0 m 时,下泄流量大于 5 000 m^3/s。

龙口坝址距万家寨电站仅 25.6 km,黄河上游来冰被万家寨水库拦蓄,龙口水库少量冰凌必要时由表孔排出。

二、型式选择

从地形上看,龙口坝址河床相对较宽,具备布置坝体泄洪的条件。由于龙口工程冲沙流量大,汛期要求泄洪兼排沙,故泄水建筑物以底孔为主。考虑汛期泄洪有排污要求,故设2个表孔。

泄洪建筑物运用方式为:在开启底、表孔泄洪时应同时启用排沙洞参与泄洪,对于出现频率较高的中、小频率洪水,在水位和含沙量满足运行要求时,可开启水轮发电机组过流代替排沙洞,以减少排沙洞的过流频次。

经初步设计整体模型试验验证,在电站发电或开启 5 个排沙洞(副安装间坝段排沙洞及每个大机组段各 1 个排沙洞)参与泄洪的情况下,下泄洪水更加平顺,回流现象基本消失,泄流能力比修改前增加 2% 左右,电站尾水渠中基本没有淤积,底、表孔坝段的单宽流量有所减小,减轻了对下游河床冲刷。

三、底孔坝段型式布置

底孔是主要的泄洪、排沙建筑物。布置在河床中部偏右岸的 12# ~ 16# 坝段,每个坝段宽 20.0 m,布置 2 孔,共 10 孔。在选定底孔进口底高程时,考虑到底孔除泄洪外,也是主要的排沙建筑物,故进口高程应尽量低些,且要满足与消力池的连接要求,由于电站引水流道底高程为 866.0 m,故底孔进口底高程确定为 863.0 m。根据枢纽排沙要求,龙口水库水位

888 m 时泄流量应大于 5 000 m³/s,因此确定底孔控制断面孔口尺寸 4.5 m×6.5 m(宽×高),此时最低冲沙水位 885 m 时泄流能力为 4 673 m³/s(模型试验值),排沙水位 888 m 时泄流能力为 5 091 m³/s(模型试验值)。

底孔进口为有压短管,后部接无压明流洞,孔口控制断面尺寸 4.5 m×6.5 m(宽×高),进口顶、侧曲线均采用 1/4 椭圆曲线,顶曲线方程为 $\dfrac{x^2}{6^2}+\dfrac{y^2}{2^2}=1$,曲线尾部接 1:5 直线段,侧曲线为 $\dfrac{x^2}{3.6^2}+\dfrac{y^2}{1.2^2}=1$。

底孔设工作门、事故检修门各 1 道。工作门采用弧形钢闸门,由布置在坝内廊道的液压启闭机启闭,事故检修门为平板钢闸门,由坝顶双向门机启闭。

底孔明流段竖曲线为抛物线 $y=0.008\,39x^2$,后接 1:4 直线段,直线段下游接半径为 17.0 m 的反弧段与一级消力池底板连接。为减小出口单宽流量,底孔边墩桩号 0+17.74—0+037.74 段按 1:20 扩散,坝段末端 0+037.74—0+042.54 段按 1:12 扩散,以半径为 15 m 的反弧段与底高程为 858.0 m 的消力池底板连接。

四、底孔泄流能力计算

(一) 计算公式

当底坎以上水深在 1.2 倍孔高以下,即库水位在 870.8 m 以下时,按堰流公式计算:

$$Q=m\delta_s\varepsilon B\sqrt{2g}H^{1.5}$$

式中　Q——泄流量;

　　　m——堰流流量系数,$m=0.365$;

　　　δ_s——淹没系数,$\delta_s=1$;

　　　ε——侧收缩系数,$\varepsilon=0.95$;

　　　B——孔口宽度,单孔 $B=4.5$ m,10 孔 $B=45$ m;

　　　H——底坎以上水深。

当底坎以上水深在 1.5 倍孔高以上,即库水位在 872.75 m 以上时,按有压短管孔流公式计算:

$$Q=\mu A_k\sqrt{2g(h-\varepsilon e)}$$

式中　Q——泄流量;

　　　μ——孔流流量系数,$\mu=0.88$;

　　　A_k——孔口控制面积,$A_k=4.5\times6.5=29.25$ m²;

　　　H——由底孔控制断面处底坎计算的上游水深;

　　　ε——有压短管出口断面的垂直收缩系数,$\varepsilon=0.914$;

　　　e——出口闸门开度,按闸门全开取 $e=6.5$ m。`

(二) 泄流能力计算结果

龙口水利枢纽泄水建筑物包括底孔、表孔和排沙洞。按照"2 个表孔 + 10 个底孔 + 5 个排沙洞(电站坝段 4 个 + 副安装间坝段 1 个)"计算的泄流能力成果见表 1。

从表 1 中可以看出,底、表孔坝段全开并加上 5 个排沙洞的总泄流能力:校核洪水位时为 8 515 m³/s,设计洪水位时 7 809 m³/s,汛期排沙水位 888.0 m 时为 5 446 m³/s,均能满足规划要求的下泄流量。

表1　　　　　　　　　　　枢纽泄流能力计算汇总　　　　　　　　　　m³/s

库水位(m)	泄流量			总泄量
	2 个表孔	10 个底孔	5 个排沙洞	
888	0	5 091	355	5 446
889	46	5 222	360	5 628
890	131	5 351	368	5 850
891	245	5 477	375	6 097
892	383	5 599	380	6 362
893($P=20\%$)	547	5 719	387	6 653
893.80($P=10\%$)	689	5 814	393	6 896
894	727	5 837	394	6 958
895.33($P=5\%$)	994	5 990	401	7 385
896.05($P=2\%$)	1 156	6 071	405	7 632
896.56($P=1\%$)	1 272	6 128	409	7 809
898.52($P=0.1\%$)	1 752	6 342	421	8 515

五、底孔坝段结构设计

(一)坝体结构三维有限元分析

底孔坝段宽 20.0 m,布置 2 孔,孔口控制断面尺寸 4.5 m×6.5 m。底孔进口为有压短管,后部接无压明流洞。由于底孔坝段泄水流道孔口及启闭机房等结构空间变化复杂,在水压力、坝体结构、坝顶门机及厂房桥机等荷载的共同作用下,结构受力状况复杂,按传统切取流道断面按平面框架进行结构内力计算,难以反映真实受力及变形,因此本计算选取整个底孔坝段坝体结构建立三维有限元模型进行应力分析。

1. 计算工况、方法

选取正常挡水工况进行计算,相应上游水位 898.0 m,下游水位 862.5 m。

计算采用实体三维有限元方法按线弹性材料进行结构应力分析,分析计算采用美国 ALGOR 结构有限元分析系统 1996 版线弹性静力分析模块 SSAP0 完成。

2. 计算结果分析

底孔坝段闸墩在所计算的两种工况下的位移和应力分布符合一般规律。闸墩受自重和水压力共同作用,位移方向主要为铅垂向下和向下游,边墩进口段有沿坝轴线方向向外的扩张位移。最大矢量位移为 1.105 mm,发生在中墩对称面上游坝面 898 m 高程处。闸墩上的最大主拉应力为 1.710 MPa,出现在 $x=-3.19$ m 处边墩内侧与堰面相交处。闸墩上的最大 σ_z 为 1.357 MPa,出现在弧门门楣下游底部 $Z=4.625$ m 处。底孔洞顶的拉应力在 0.6~1.36 MPa。弧门支座处的应力均小于 0.6 MPa,故底孔闸墩的配筋除底孔洞顶、洞底需按受力配筋,边墙进口处外侧、底孔出口顶面外,其他部位如闸墩上部、中墩、边墙内侧等部位可按构造要求配筋,以抵御其他荷载(如温度、干缩等)的影响。

(二)坝体分缝设计

底孔坝段横缝间距 20 m,缝宽 10 mm,缝内填高压闭孔板。底孔坝段与隔墩坝段之间的横缝在高程 863.00 m 以下并缝灌浆,以提高大坝整体抗滑稳定安全储备;在一定高程上只设键槽,不灌浆。底孔坝段与表孔坝段之间的横缝只设键槽,不灌浆,以利于坝体伸缩。

底孔坝段施工临时纵缝分为两处,基础分缝在桩号下 0 + 019.50 处,纵缝内设键槽,进行灌浆处理,并在高程 861.50 m 并缝,并缝处设半圆形钢管及并缝钢筋;闸墩在下 0 + 028.00 处设 1 道直缝,缝内设有键槽,插筋。

(三)抗冲磨混凝土设计

由于黄河为多泥沙河流,汛期来沙量大,龙口多年平均年输沙量(悬移质)为 1.51 亿 t,多年平均含沙量 6.36 kg/m³,计算最大含沙量 289 kg/m³。根据初设阶段龙口水工模型试验,底、表孔进行泄洪时,将有大量的泥沙通过,被水流推向下游。同时,当下泄 50 年一遇洪水、100 年一遇洪水及 1 000 年一遇洪水时,下泄水流较大,局部有高速水流。为了减少含有大量泥沙的高速水流磨蚀底、表孔过流面和消能工混凝土表面,提高建筑物的抗冲磨能力,设计确定在底、表孔过流面和消能建筑物的迎水面采用高强抗冲磨混凝土,混凝土标号为 $R_{90}400F200W4$。

底孔在过流表面采用高强抗冲磨混凝土(以下简称抗冲混凝土)作为抗磨层,厚度为 40 cm,在抗冲混凝土与普通混凝土之间是 30 cm 厚的过渡层。在闸墩等平直面抗冲混凝土厚 40 cm,溢流曲面则采用阶梯状浇筑。

(作者单位:中水北方勘测设计研究有限责任公司)

黄河龙口水利枢纽工程表孔坝段设计

刘顺萍　赵　健　陆永学

一、概　　述

黄河龙口水利枢纽,作为万家寨水电站反调节水库,具有改善下游河道水流状况和取水条件,优化黄河龙口——天桥区间河道资源与效益,参与系统调峰并兼有滞洪削峰等综合利用效益。枢纽主要由大坝、电站厂房、泄水建筑物等组成。水库总库容 1.96 亿 m³,总装机容量 420 MW。工程等别为二等工程,工程规模为大(Ⅱ)型。泄水建筑物按 2 级建筑物设计,设计洪水标准为 100 年一遇,校核洪水标准为 1 000 年一遇。

从地形上看,龙口坝址河床相对较宽,具备布置坝体泄洪的条件。水库运用方式是蓄清排浑,汛期排沙。由于龙口工程冲沙流量大,汛期要求泄洪兼排沙,故泄水建筑物以底孔为主。考虑汛期泄洪有排污要求,故设 2 个表孔,必要时也可排冰。

二、表孔坝段布置

1996 年,中水北方勘测设计研究有限责任公司科学研究院对黄河龙口水利枢纽进行了水工及泥沙整体模型试验。

试验中针对枢纽布置进行了两种方案研究,一是表孔在河床中部,二是表孔布置在右岸。表孔在右岸方案与表孔在中部方案区别是,表孔坝段与底孔坝段互相换位,其他布置均未变。下游消力池布置与表孔在中部选定方案类似,也仅仅是将底孔与表孔一级池位置互换,二级池仍共用一池,其他体型、尺寸均相同。所以,消力池内流态、流速及水面线与表孔在中部选定方案相同。主要结论有以下几点:

(1)表孔布置在右岸方案与布置在中部方案相比,下游流态及太子滩冲淤态势没有质的差别。只是最大流速带略偏移河床中部,这一点尤其在表孔关闭仅开启底孔泄流(如库水位 888 m 时)较为明显。太子滩向左岸推移的幅度也略大一些,这有利于下游右岸的防冲,表孔在右岸方案的太子滩向左侧河床移动堆积幅度略大于表孔在中部方案,但仍不会淤积堵塞左侧河床。

从坝前淤积形态来看,表孔布置在中部时,在电站坝段和底孔坝段之间会形成沙坎,高程为 872.0 ~ 875.0 m,表孔布置在右岸时则无此沙坎堆积,而且底孔的冲沙效果(相对含沙比和粒径比)要好一些,对于电站坝段门前清更为有利,因此工程最终选用表孔布置在右岸的方案。

(2)表孔布置在右岸方案与布置在中部方案汛期排污效果基本相同。

(3)电站尾水渠水势平稳,流速较缓。底孔、表孔消力池下游 500 m 范围内,流速较大,河床中的太子滩使主流能顺利下泄而未引起左岸的回流及淤积,同时也影响消力池下泄水流很快扩散。

经比较后选用的布置方案为:表孔布置在右岸,紧靠边坡坝段布置,底孔布置于表孔左侧。经投入运行论证,枢纽选择表孔布置在右岸的方案是合适的。

$17^{\#}$、$18^{\#}$坝段为表孔溢流坝段,每个坝段长 17 m,总长 34 m,每个坝段设 1 个泄流表孔,净宽 12 m,堰顶高程 888.0 m,溢流堰堰面采用 WES 曲线,下以 1:0.7 的斜坡与反弧段连接,溢流堰顶设有检修闸门和工作闸门。

三、表孔坝段泄流能力

规划对泄水建筑物泄流能力的要求是:

(1)校核洪水位时,下泄流量大于 8 276 m³/s(不包括电站引水流量,下同);

(2)设计洪水位时,下泄流量大于 7 561 m³/s。

表孔泄量按堰流公式计算:

$$Q = m\delta_s \varepsilon B \sqrt{2g} H^{1.5}$$

式中　Q —— 泄流量;

　　　m ——堰流流量系数,$m = 0.365$;

　　　δ_s ——收缩系数,$\delta_s = 1$;

　　　ε ——侧收缩系数;

　　　B ——孔口宽度,单孔 $B = 12$ m,2 孔 $B = 24$ m;

　　　H ——底坎以上水深。

$$\varepsilon = 1 - 0.2[\xi_K + (n-1)\xi_O]\frac{H}{nb}$$

式中　ε ——侧收缩系数;

　　　ξ_O ——中墩形状系数,取 $\xi_O = 0.30$;

　　　ξ_K ——边墩形状系数,取 $\xi_K = 0.70$。

　　　H ——上游水位;

　　　nb ——过流宽度;

经计算,两个表孔合计最大泄量为 1 752 m³/s,最大单宽泄量为 73.0 m³/(s·m)。

泄流能力成果见表 1。

由表 1 可见,设计建筑物泄流能力满足规划的泄量要求。

四、表孔坝段结构设计

根据地质资料,坝基存在多层泥化夹层,且连续性好,抗剪断强度低,为提高坝体深层抗滑稳定性和均化坝基应力,设计采取接缝灌浆将若干坝段的底部连成整体,$17^{\#}$、$18^{\#}$ 和 $18^{\#}$、$19^{\#}$横缝分别在高程 867.50 m、863.00 m 以下设键槽,并进行灌浆处理;$17^{\#}$ ~ $19^{\#}$坝段间横缝在上述高程以上、$16^{\#}$、$17^{\#}$间横缝只设键槽,不灌浆,以利于坝体伸缩。设计同时采取对浅层泥化夹层(如 NJ_{305})予以挖除、对较深泥化夹层(如 NJ_{304})在坝踵设置齿槽的措施来提高坝体的抗滑稳定性,表孔坝段齿槽底宽 12 m,齿槽深入 NJ_{304} 下 1 m,即坝踵齿槽底高程为 845 m,齿槽下游侧建基面高程均为 851 m,坝踵、坝趾开挖岩石边坡均为 1:0.3。

库水位(m)	泄流量(m³/s)			总泄量(m³/s)
	2个表孔	10个底孔	5个排沙洞	
888	0	5 091	355	5 446
890	131	5 351	368	5 850
893($P=20\%$)	547	5 719	387	6 653
893.80($P=10\%$)	689	5 814	393	6 896
894	727	5 837	394	6 958
895.33($P=5\%$)	994	5 990	401	7 385
896.05($P=2\%$)	1 156	6 071	405	7 632
896.56($P=1\%$)	1 272	6 128	409	7 809
898.52($P=0.1\%$)	1 752	6 342	421	8 515

表1　　　　　　　　　枢纽泄流能力汇总

为满足灌浆、排水、冷却、观测和交通等需要,坝内布置了2层纵向排水检查廊道和1层纵向观测廊道。各层纵向廊道由横向廊道沟通。坝基主排水廊道兼作基础帷幕灌浆廊道,断面尺寸为3.0 m×3.5 m,纵向观测廊道尺寸为1.5 m×2.2 m,其他纵向廊道断面为2.0 m×3.0 m,坝基设纵横向基础排水廊道,断面尺寸为2.0 m×3.0 m,所有廊道均为城门洞型。

堰顶高程888.0 m,工作门、检修门均为平板钢闸门,由坝顶双向门机操作。堰面曲线为WES曲线,其方程为$y=0.085\,377x^{1.85}$,后接1∶0.7直线段,直线段下游以半径为15 m的反弧段与底高程为858.0 m的消力池底板连接。两侧闸墩均厚2.5 m,墩头为1/4圆弧,半径为1 m,墩尾为方形,中墩长17.5 m,边墩长45.04 m。闸墩在895 m高程的观测廊道处以廊桥连接,墩顶以多榀预制梁连接,以便交通。

由于黄河为多泥沙河流,汛期来沙量大,为减少含有大量泥沙的高速水流磨蚀表孔过流面,提高建筑物的抗冲磨能力,设计确定在表孔过流面采用高强抗冲磨混凝土作为抗磨层,混凝土标号为$R_{90}400F200W4$,闸墩等平直面高强抗冲磨混凝土厚度为0.4 m,溢流曲面抗磨层底面为阶梯状,在高强抗冲磨混凝土与普通混凝土之间为0.3 m厚的$R_{90}300F150W4$过渡层。

(作者单位:中水北方勘测设计研究有限责任公司)

黄河龙口水利枢纽工程小机组坝段设计

任 杰 曹 阳 李 梅

一、坝段布置

9#坝段为河床式电站坝段(即5#小机组坝段),桩号为坝0+200.00—坝0+215.00,坝段宽15 m,共1个坝段。9#电站坝段建基高程为839.00~860.00 m。从电站进水口上游前沿至尾水墩下游末端顺水流全长85.875 m。顺水流向拦河坝坝顶宽27.5 m,顶高程900.00 m;电站厂房跨度29 m,顶高程900.55~899.00 m;尾水平台宽29.1 m,顶高程872.90 m。电站安装1台立式混流式水轮发电机组,单机容量20 MW。5#机组发电机型号为SF20-44/6400,水轮机型号为HLA904a-LJ-330,采用金属蜗壳,机组安装高程863.60 m。尾水平台布置1台型号为S10-25000/220的变压器。机组和排沙洞进出口设有工作门和检修门,拦河坝坝顶和尾水平台各设1台双向门机(与大机组共用)。

河床5#机组电站尾水渠顺河道布置,并在右侧隔墩坝段下游设导墙与泄流建筑物隔开。尾水渠前段水平,后以1:3.5斜坡相接至河床高程860.0 m。为防止淘刷,在尾水渠的水平段和斜坡段上均浇筑混凝土板保护。

(一)电站上游拦河坝布置

5#机组电站坝段上游拦河坝坝顶高程900.00 m,坝顶宽27.5 m。流道进口底高程866.00 m,上游设2个边墩,其上游端为半圆形,圆形直径2.50 m。进口段设1道垂直拦污栅、1道检修门和1道事故门。拦污栅孔口尺寸平均为32.7 m×4.4 m,拦污栅槽中心线桩号为上0-004.425;检修门孔口尺寸为9.55 m×4.4 m,检修门槽中心线桩号为下0+001.45;事故门孔口尺寸为7.89 m×4.4 m,事故门槽中心线桩号为下0+005.90;平行检修门及事故门中心线布置有检修门库及事故门库,检修门库底高程为887.00 m,事故门库底高程为889.00 m,拦污栅、检修门及事故门均由坝顶2×1 250 kN双向门机启闭。

电站进水口流道根据水轮机制造厂商要求确定,两侧平直进口,进水口最大宽6.90 m,进水口底部以直径2.50 m圆弧顺接平直段,平直段高程866.00 m。机组的流道至检修门槽前均为开敞式,自检修门槽后为矩形断面进口,流道体形分别为半径12.60 m、角度为45°的弧线段,1:1直线段,半径9.366 m、角度为45°的弧线段(钢衬段),水平段,明钢管段,圆断面尾水管钢衬段及电站出口圆变方渐变段。各段长度分别为9.897 m、1.649 m、7.356 m、2.200 m、5.100 m、15.345 m。进口矩形断面尺寸9.55 m×4.4 m、7.889 m×4.4 m、7.889 m×4.4 m。

(二)电站主厂房布置

电站主厂房中心纵轴线平行于坝轴线,桩号为下0+029.50。

1. 发电机层与安装场布置

5#机组发电机层高程为872.9 m,机组段第Ⅰ象限上游侧布置压力油罐及调速器。第

Ⅱ象限布置保护盘。5#机组段第Ⅳ象限内布置有吊物孔1个,孔底高程为864.8 m,用以吊运发电机层以下各层较大物件,吊物孔尺寸为2.0 m×3.0 m。厂房下游侧布置控制盘柜,盘面与排架柱面齐平。通向主变压器的高压电缆从主厂房内左边跨排架柱间引出。机组上游侧有2.0 m宽、下游侧有3.0 m宽贯通全厂交通道。5#机组坝段高程872.90 m发电机层楼板为板梁结构,楼板开设孔洞用钢盖板覆盖。

电梯间设在副安装场坝段的右侧,5#机组坝段有通向电梯间的通道,上直达坝顶,下达858.6 m高程,作为厂坝之间的垂直交通。

2.电缆层布置

5#机组的电缆层高程为868.6 m,层高4.3 m。发电机出线在下游侧平行于y轴方向引出,进入主厂房下游侧尾水平台下的母线室。在第Ⅳ象限与y轴42°角方向紧贴风罩布置中性点设备,风罩内径为9.5 m,壁厚0.6 m,为圆筒形。在右端墙上游侧设有通向电梯间的通道。

3.水轮机层布置

5#机组水轮机层地面高程为864.8 m,层高3.8 m。5#机组机墩为圆筒钢筋混凝土结构,基坑内径为4.6 m,机墩厚2.4 m。在第Ⅲ象限与-y轴成30°处布置1.2 m宽的进水轮机坑的通道。靠上游侧布置有滤水器。

4.蜗壳层布置

该层是指水轮机安装高程以下部位,5#机组最大水头为36.9 m,采用金属蜗壳,包角为345°,蜗壳进口处底高程为858.40 m,顶高程为862.80 m,蜗壳进口断面尺寸为φ4.4 m。5#机组的尾水管进人廊道布置在上游侧,其廊道底高程为856.40 m,通过设在右侧的楼梯与电梯间连通。

5.尾水管层及廊道层布置

5#机组采用弯肘形尾水管。5#机组尾水管底板顶高程851.30 m,尾水管底板为水平,5#机组中心线至下游出口长39.4 m,扩散后净宽8.0 m,出口处高度为5.2 m,左边墩厚4.21 m,右边墩厚2.79 m。

5#机组坝段廊道布置如下:上游侧基础高程852.00 m设有贯穿整个坝段的灌浆及主排水廊道,廊道尺寸为3.0 m×3.50 m,廊道中心线桩号为上0-004.00;桩号下0+040.90设置操作廊道1,廊道底板高程为844.20 m,廊道尺寸为1.8 m×2.2 m;桩号下0+021.50设置渗漏排水及操作廊道2,廊道底板高程为843.00 m,廊道尺寸为2.0 m×3.0 m;桩号下0+025.50设置检修排水廊道,廊道底板高程为840.00 m,廊道尺寸为2.0 m×2.5 m;下游侧基础高程842.00 m设有贯穿整个坝段的下游灌浆排水廊道,廊道尺寸为2.5 m×3.0 m,廊道中心线桩号为下0+067.35;坝体高程881.00 m处设有贯穿整个坝段的通风道廊道,廊道中心线桩号为下0+012.00,廊道尺寸为2.0 m×5.0 m;坝体高程895.00 m处设有贯穿整个坝段的观测廊道,廊道中心线桩号为下0+013.00,廊道尺寸为2.0 m×2.5 m。

(三)尾水平台布置

尾水平台顶高程872.90 m,宽29.10 m。靠近主厂房布置1台变压器,主变检修轨道中有1根与尾水门机轨道共用,轨道通向主安装场,以便主变压器入安装场检修。尾水出口设检修门1道,孔口尺寸为8.0 m×5.2 m(宽×高),两边墩厚度分别为2.79 m和4.21 m。检修门由尾水平台上2×630 kN双向门机(与大机组共用)启闭。

尾水平台下分 4 层,布置部分副厂房,其高程分别为 868.60 m、864.80 m、861.40 m、858.40 m。尾水平台下在 868.6 m 高程靠下游侧布置高压电缆廊道,通过安装场坝段到 GIS 开关站;864.80 m 层布置有盘柜室,内放机旁盘、高压盘柜和厂用变压器;高程 861.40 m 布置贯穿整个河床电站的电缆通道;高程 858.40 m 布置水泵室及循环水池。尾水平台下底高程 863.90 m 层布置事故油池。

二、坝段下部及流道结构应力分析

本工程河床小机组电站共设 1 台立式混流式机组,机组为一个独立的坝段,坝段桩号为坝 0 + 200.00—坝 0 + 215.00。

电站下部结构的空间有限元应力分析,设计根据空间有限元分析结果,在应力较大区部位采用结构力学方法进行平面结构分析,计算结果与空间有限元计算结果相结合作为配筋的依据。

(一)计算荷载

结构自重、水压力、各层楼板荷载、上部结构(排架等)传递荷载及地基反力等。

(二)计算工况

计算工况考虑正常运行、设计洪水、校核洪水、机组检修及建成无水。

(三)计算方法

内力计算采用美国 Supper SAP 通用结构静动力分析程序的 SD2、BEDIT、SSAP0、SVIEW 等程序段进行计算和成果整理。

(四)配筋方法及计算结果

根据上述有限元计算得到的应力结果,按照《水工混凝土结构设计规范》(SL/T 191—96)附录 H"非杆件体系钢筋混凝土结构的配筋计算原则"中有关规定,按应力配筋方法进行弹性应力配筋计算。

混凝土抗拉强度采用 1.3 MPa。混凝土考虑 0.6 倍强度折减后的强度计算选用 0.49 MPa。即 0.49 MPa 以上拉力区拉力合力由钢筋分担,钢筋采用二级钢筋,抗拉强度设计值采用 310 MPa,计算取 195 MPa,直接采用总大于 0.49 MPa 区域的拉应力总拉力,通过计算得到钢筋面积。根据计算结果,对小机组坝段流道下部结构进行配筋满足规范要求。

三、机组尾水管结构设计

(一)计算原理

依据《水电站厂房设计规范》(SL 266—2001),考虑剪切变形和刚性节点影响,用弯矩分配法计算内力。按《水工钢筋混凝土设计规范》配筋。顶板、底板采用受弯构件配筋,边墩采用偏心受压构件配筋。若所配钢筋面积小于构造配筋,则采用构造配筋。

(二)计算基本参数

建筑物等级:2 级,混凝土标号:250#;

钢筋类别 :16Mn,钢筋保护层厚度:100 mm;

尾水管底板型式:整体式;

计侧移作用。

(三)荷载组合及计算工况

荷载组合及计算工况见表1。

表1 荷载组合及计算工况

组 合			水位(m)	结构自重	设备自重	内水压力	外水压力	地基反力	扬压力
基本组合	1	正常运行期	862.50	√	√	√	—	√	√
特殊组合	2	检修期	861.40	√	√	—	√	√	√
	3	校核洪水期	866.02	√	√	√	√	√	√
	4	施工期	—	√	√	—	—	√	—

注:不计施工期温度应力,计墩子自重,正常水位时不计外水压力,校核洪水位时计外水压力。

(四)计算配筋

通过各断面内力计算结果,根据规范规定公式计算出的各断面配筋结果见表2。

表2 配筋计算结果

部位		断面1 配筋面积(cm²)	断面2 配筋面积(cm²)	部位		断面1 配筋面积(cm²)	断面2 配筋面积(cm²)
第①单元	上层	构造	构造	第③单元	上层	构造	构造
	下层	19.46	22.11		下层	构造	构造
第②单元	上层	22.30	构造	第④单元	上层	构造	构造
	下层	构造1	构造		下层	构造	构造

(五)实际配筋

结合配筋计算结果和实际经验,设计中采用的配筋如下:

1.尾水管扩散段

顶板:2 排 $\phi 28 + \phi 25@200$,分布筋 $\phi 20@200$;

底板:2 排 $\phi 28 + \phi 25@200$,分布筋 $\phi 20@200$;

侧壁:1 排 $\phi 28@200$,分布筋 $\phi 20@200$;

侧壁外侧:1 排 $\phi 25@200$,分布筋 $\phi 20@200$。

2.尾水管出口段

顶板:1 排 $\phi 32@200$,分布筋 $\phi 25@200$;

底板:1 排 $\phi 32@200$,分布筋 $\phi 25@200$;

边墩:1 排 $\phi 25@200$,分布筋 $\phi 20@200$;

边墩外侧:1 排 $\phi 25@200$,分布筋 $\phi 20@200$。

四、坝体分缝设计

5#机组电站坝段顺水流向长为85.875 m,坝段宽15 m。坝体分缝设计根据温度控制计算和实际工程经验分析,5#机组电站坝段必须沿顺水流方向进行分缝,经计算,每个坝段至少设2条纵缝方可满足浇筑入仓强度和温度应力控制需要。

河床电站布置有流道,考虑设备布置需要和结构受力特点,将建筑物分成3块进行温控设计。第1块自桩号上0-011.70—下0+017.50,长29.20 m,基础最大面积495.04 m²;第2块自桩号下0+017.50—下0+045.00,长27.50 m,基础最大面积382.12 m²;第3块自桩号下0+045.00—下0+074.10,长29.10 m,基础最大面积238.17 m²。

五、坝体接缝设计

(一)设缝的型式

根据温度控制计算和结构特点,在5#机组电站坝段顺水流方向设置两道施工缝。采用整体有限元进行分缝后的基底应力分析表明,在各种工况下坝段上中下3段(即A、B、C三块)基底应力分布有以下特点:

(1)A、B、C各块之间基底平均应力有一定的差别,在施工期接缝处存在一定的变形差;

(2)A、B、C各块之间由于基底体形复杂,虽然平均应力差别不是太大,但是A块在完建期基础平均应力偏高,在接缝处存在应力突变现象。

综合考虑温度控制和基础变形控制的需要,为防止不均匀变形产生结构附加应力,并考虑建筑物分缝后对整体性的影响,结合国内同类工程的设缝设计经验,确定采用5#机组电站坝段设置两条直缝的方案。

(二)直缝设计

河床5#机组电站坝段的A、B块经计算荷载强度较小,基底应力分布在过缝处突变不明显,设计采用流道底部以下设直缝的简单接缝。

根据国内同类工程的运用经验,在该处采用直缝连接完全可以满足结构运行的变形限制要求。为监测缝面的变形,在缝面设置了测缝计,并预留有灌浆预埋管,对缝面进行灌浆处理。接缝灌浆高程分别布置在856.40 m和858.40 m以下,各灌浆高程以下部位设置梯形键槽,键槽深20 cm,间距200 cm。上下游设置两个灌浆区,每个灌浆区设有灌浆管路,上游灌浆区灌浆管路引至上游灌浆廊道内灌浆站,下游灌浆区灌浆管路引至流道底部排水廊道内灌浆站。

(作者单位:中水北方勘测设计研究有限责任公司)

黄河龙口水利枢纽工程主安装间坝段设计

苗 青 陈 浩 谢居平

3#~4#坝段为主安装间坝段,其左侧接2#挡水坝段及副厂房,右侧接5#大机组坝段。沿坝轴线方向,3#坝段长18 m,4#坝段长22 m,全长共40 m,桩号自坝0+040.00至坝0+080.00。3#坝段建基面高程为837.00 m,4#坝段建基面高程为828.50 m。在上下游方向,3#坝段长74.70 m,4#坝段长85.80 m。主安装间坝段上游侧坝体做挡水建筑物,下游侧主厂房主要用于发电机转子、水轮机转轮基础及发电机定子的组装和大修,以及为变压器的检修提供场地。

一、挡水坝段布置及结构设计

(一)挡水坝段布置

3#坝段坝顶布置有电站拦污栅栅库、电站事故门门库、电站检修门门库、吊物孔、门机轨道及电缆沟。4#坝段坝顶布置有电站拦污栅栅库、电站事故门门库、门机轨道及电缆沟。两坝段在坝体下游侧(主厂房上游侧高程872.90 m处)设有工具间,与主厂房相通,以便于厂房内电气设备的检修和维护。

3#~4#坝段的廊道布置:与左右岸坝段贯通的廊道有灌浆及主排水廊道(中心桩号上0-004.00,高程852.00 m,3 m×3.5 m)、观测廊道(下0+013.00,高程895.00 m,2 m×2.5 m)、通风道(下0+012.00,高程881.00 m,2 m×5 m)和下游灌浆排水廊道(下0+040.00,高程845.00 m,2.5 m×3 m),4#坝段内部的连接廊道有交通廊道1(2 m×2.5 m)、交通廊道2(2 m×2.5 m)、渗漏排水及操作廊道1(2 m×3 m)、渗漏排水及操作廊道2(2 m×3 m)、检修排水廊道(2 m×2.5 m)及横向灌浆排水廊道(2.5 m×3 m),这些廊道将汇集的水排至4#坝段的2#集水井、检修集水井和3#集水井。

在3#坝段下游侧的左边墙上设有2条电缆廊道分别通往副厂房和GIS室。

(二)挡水坝段的抗滑稳定及基底应力分析

1. 荷载组合

荷载组合见表1。

表1   荷载组合

组 合			水位(m)		自重	水压力	泥沙压力	扬压力	浪压力
			上游	下游					
基本组合	1	正常蓄水位	898.00	860.50	√	√	√	√	√
	2	设计洪水位	896.56	865.72	√	√	√	√	√
特殊组合	1	校核洪水位	898.52	866.02	√	√	√	√	√

2. 计算假定

（1）坝段的抗滑稳定按单个坝段计算；

（2）坝基应力计算采用材料力学法。

3. 计算结果

按上述方法进行坝基抗滑稳定计算，计算结果见表2。

表2　　　　　　　　　主安装间坝段坝基抗滑稳定及坝基应力计算结果

坝段	计 算 工 况			抗剪断稳定 K'	σ_{yu} （MPa）	σ_{yd} （MPa）
主安装间	基本组合	1	正常蓄水位	3.81	0.546	0.678
		2	设计洪水位	4.52	0.573	0.566
	特殊组合	1	校核洪水位	4.18	0.528	0.603

从计算结果可知，在各种荷载组合下坝基面最小垂直压应力均大于零，坝基面所承受的最大垂直压应力均小于坝基允许压应力 $[\sigma]=8.0$ MPa。在各种荷载组合下建基面抗滑稳定满足规范要求。

二、主安装间布置与结构设计

（一）主安装间布置

为满足电站坝段各层布置要求，主安装间从上至下布置有不同功能的结构层。3#、4#坝段厂内分别为高程872.90 m层和高程864.80 m层；3#坝段尾水平台下分别为高程872.90 m层、高程868.60 m层、高程864.80 m层和高程861.60 m层，4#坝段尾水平台下分别为高程872.90 m层、高程868.60 m层、高程864.80 m层、高程861.60 m层和高程857.50 m层。

1. 高程872.90 m层布置

主安装场总长39.50 m，宽28.0 m，在主安装场靠副厂房侧设有钢梯通向桥机及通风道，3#坝段上游侧及4#坝段下游侧各设有一个楼梯井，以便于主厂房地面与下部各层的交通，4#坝段主厂房下游侧设有通风井以满足整个厂房内及下部结构的通风排烟等需要。进厂大门设在3#坝段主厂房下游侧，宽10 m，高8 m。3#坝段厂房内和尾水平台设有变压器轨道，便于主变压器进主厂房安装场内检修。4#坝段尾水平台上设有尾水门库、门机轨道、变压器轨道、门机电缆沟等。

2. 高程868.60 m层布置

该层为局部夹层，为高压电缆廊道，布置在3#、4#坝段尾水平台下游侧，在4#坝段设交通连廊与主厂房楼梯间相通，其右侧与电站坝段的发电机出线层相连。

3. 高程864.80 m层布置

3#坝段厂内在该层布置有透平油库、油处理室、配电室及通风机室，4#坝段厂内在该层布置有2#集水井排水泵房、检修集水井排水泵房、低压储气罐室及低压空压机室。3#坝段尾水平台下在该层布置有电缆通道、通风道及 CO_2 瓶站间，4#坝段尾水平台下在该层布置有电缆通道、通风道,其中两坝段的电缆通道和通风道与电站坝段相应通道相连。

4. 高程 861.60 m 层布置

该层同样布置有电缆廊道和通风道,与电站坝段相应通道相连。

5. 高程 857.50 m 层布置

4#坝段尾水平台下高程 857.50 m 层,布置有 3#集水井排水泵房,有楼梯井直达地面高程 872.90 m。

(二)主安装间结构分析

主安装间坝段框架结构主要为厂内主安装场框架结构、厂房下游侧尾水平台下框架结构。主安装场框架结构为 1 层,层高 8.1 m;3#坝段尾水平台下框架结构 3 层,4#坝段尾水平台下框架结构 4 层。

1. 基本资料

(1)地震烈度

本工程抗震设防烈度为Ⅵ度,设计基本地震加速度 0.05g,设计地震分组为第 2 组,抗震设防类别为丙类。

(2)基础

基础坐落在坝体上。

(3)建筑物级别及抗震级别

建筑结构的安全等级为二级,建筑抗震设防类别为丙类。

(4)结构主要材料的选用

结构混凝土:C30;

钢筋及钢材:主筋,HRB335 级钢筋;

箍筋,HPB235 级钢筋。

2. 使用荷载

主安装场使用荷载 140 kN/m²;尾水平台下高程 861.6 m 层、高程 864.8 m 层、高程 868.6 m 层、高程 872.9 m 层使用荷载分别为 5.0 kN/m²、5.0 kN/m²、5.0 kN/m²、140 kN/m²。采用经建设部审定的由中国建筑科学研究院"PKPMCAD"工程部编制的 PKPM 系列软件"PMCAD",进行结构整体模型的输入、楼板信息的输入、荷载信息的输入,对各层楼(屋)面板进行配筋计算,采用 PKPM 系列软件"SAT-8"进行结构整体计算及梁、柱的配筋计算,为结构设计和配筋提供依据。

3、计算结论

经计算复核,计算结果准确,根据梁板内力、挠度、裂缝结果进行配筋后,满足现行规范要求,结构安全。

三、建筑物分缝与接缝设计

(一)坝体分缝设计

确定横缝间距的基本原则是:首先要满足水工结构布置上的要求,其次要使浇筑块的混凝土温升及温度应力在允许的范围以内,由此确定 3#坝段横缝间距 18 m,4#坝段横缝间距 22 m。

纵缝为临时性温度缝,在坝体冷却达到稳定温度后进行灌浆封堵,使各柱状坝块连成整体。确定纵缝间距的基本原则是:

(1)缝间距一般大于或接近横缝间距,以免出现顺水流向裂缝;

(2)缝间距亦不宜过小,以免缝面张开度过小而影响接缝灌浆效果;

(3)纵缝间距直接决定了浇筑块的面积,必须与工地混凝土生产能力和浇筑能力相适应,以防止出现施工冷缝;

(4)纵缝间距要与施工中温度控制能力及当地气候条件相适应,必须保证混凝土浇筑块内的温升和温度应力控制在允许的范围内。

根据以上原则确定主安装间坝段设 2 条纵缝,第一纵缝桩号为下 0 +016.50,第二纵缝桩号下 0 +045.00,坝体顺水流向分为 3 块,分别为 A、B、C 块,长度分别为 28.20 m、28.50 m、(18/29.10) m(3#、4#)。

(二)坝体接缝设计

根据边坡坝段稳定计算要求,3#坝段与2#坝段间横缝进行接缝灌浆处理,3#坝段与4#坝段之间、4#坝段与5#电站坝段之间的横缝均为自由缝,缝宽 10 mm,缝内填 1 cm 厚高压聚乙烯闭孔板。桩号下 0 +016.50 上游为甲块,灌浆高程为 867.50 m,桩号下 0 +016.50 下游为乙块,灌浆高程为 863.50 m,在先浇块缝面设置了键槽并布置了灌浆管路,灌区周围设置止浆片封闭,在坝体温度降至稳定温度场时,并在最低环境温度下进行接缝灌浆。

(作者单位:苗 青、陈 浩 中水北方勘测设计研究有限责任公司
谢居平 河南省水利水电学校)

黄河龙口水利枢纽工程副安装间坝段设计

高 诚 张 晓 袁素梅

一、副安装间坝段布置

龙口水利枢纽基本坝型为混凝土重力坝,大坝自左至右共分 19 个坝段,分别为左岸非溢流坝段、主安装间坝段、河床式电站坝段、小机组坝段、副安装间坝段、隔墩坝段、底孔坝段、表孔坝段及右岸非溢流坝段。其中 10# 坝段为副安装间坝段。10# 副安装间坝段左侧接 9# 小机组坝段,右侧接 11# 隔墩坝段,坝段长 18 m,坝段上下游向长 85.8 m,建基面高程 839.0 m。坝段左侧 12.0 m 范围内布置副安装场,副安装场右侧布置楼梯和电梯作为厂房与坝顶之间的垂直交通,坝内各层廊道均与电梯间相通或设有单独出口。尾水平台下设 4 层框架结构,尾水平台还设有 2 个电站排沙洞出口检修门门库,1 个小机组尾水检修门门库。主厂房下游侧(下 0 + 045.00)和电梯井右侧(坝 0 + 233.00)设有通风井为下部各房间通风,并作为消防排烟通道。

坝体内设 1 个排沙洞,排沙洞进口底高程为 860.0 m,孔口尺寸 3.0 m × 3.0 m,进口设有检修闸门,利用坝顶门机启闭;门后孔身下降至 852.4 m 高程,出口端以倒坡接至出口高程 855.0 m,出口断面尺寸为 1.9 m × 1.9 m,设工作门和检修门,利用尾水门机启闭。上游水位 896.56 m 时,单孔设计泄量 73 m³/s,进口流速 8.1 m/s,出口流速 20.2 m/s。排沙洞进口段及出口端周壁采用抗冲磨混凝土,排沙洞圆管段采用钢板衬护。

坝体横缝上下游设止水,上游依次设 1 道紫铜片、1 道膨胀胶条、1 道橡胶止水;下游最高尾水位以下设 1 道紫铜片止水;上、下游立止水之间设水平止水连接。坝内廊道及孔洞在穿越横缝时均在其周边设 1 道橡胶止水。

在坝体上游设置直径 0.2 m、间距 3 m 的无砂混凝土排水管,距坝体上游面距离 3 m 左右,下端接基础主帷幕灌浆排水廊道上游侧排水沟;坝基渗水经基础廊道内排水孔排出;10# 坝段及右侧坝段坝体渗水和坝基渗水沿基础排水廊道排水沟汇至 10# 坝段 1# 集水井内,渗水由水泵集中抽排至坝外。

二、副安装间布置与结构设计

(一)副安装间布置

1. 发电机层布置

副安装场长 12.0 m,高程为 872.9 m,与发电机层楼板和尾水平台同高程,放置小机组定子和转子等部件。在副安装场的最边跨由电梯间内 888.68 m 楼板通过设置在混凝土墙上的悬挑楼梯板通向桥机。电梯间设在副安装场坝段的右侧,上直达坝顶,下达 858.6 m 高程,作为厂坝之间的垂直交通。在副安装场的右端设门通向电梯间。

2.发电机出线层布置

发电机出线层为局部夹层,地面高程为868.6 m。在机组中心线(下0+029.50)上游侧设连廊与机组坝段及电梯间连通。尾水平台下高程868.6 m层、高程864.8 m层为通风机层,并设楼梯间与下层沟通。

3.水轮机层布置

水轮机层地面高程864.8 m,设有1#集水井排水泵房、中压空压机室、干燥机室和气罐等。在右端墙上游侧开门与电梯间相通。

尾水平台下高程861.6 m层设有CO_2瓶站间、楼梯间、电缆通道和通风道,电缆通道通向电梯井处的电缆井,通风道通向楼梯井附近的通风井。

4.蜗壳层布置

蜗壳层地面高程858.6 m,为电梯到达的最底层。在靠近主厂房侧的上游布置楼梯,并设通向主灌浆排水廊道的通道。在下游侧设1#集水井,井底高程841.0 m。为利于排沙洞检修,尾水平台下高程858.6 m层设有下排沙洞检修孔通道。

(二)副安装间坝段结构分析

副安装间坝段框架结构主要为副安装场框架结构、尾水平台下4层框架结构。副安装场框架结构为1层,层高8.1 m;C块副厂房框架结构4层,从下至上各层层高依次为3.0 m、3.2 m、3.8 m、4.3 m。

采用经建设部审定的由中国建筑科学研究院"PKPMCAD"工程部编制的PKPM系列软件"PMCAD"进行结构整体模型的输入、楼板信息的输入、荷载信息的输入与检验及各层楼(屋)面板配筋计算、采用PKPM系列软件"SAT-8"进行结构整体计算及梁、柱配筋计算。

副安装场高程872.90 m层梁系弯矩和剪力包络图分别见图1、图2。

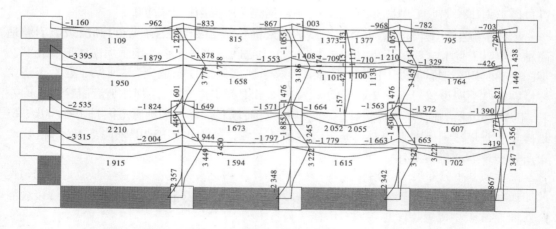

图1　副安装场高程872.90 m层梁系弯矩包络(弯矩单位:kN·m)

由计算结果可知:副安装场高程872.90 m层结构布置和构件断面设计合理。根据计算结果进行配筋,各构件配筋满足规范要求。由结构计算结果可知,尾水平台下4层框架结构结构设计和配筋合理,满足规范要求。

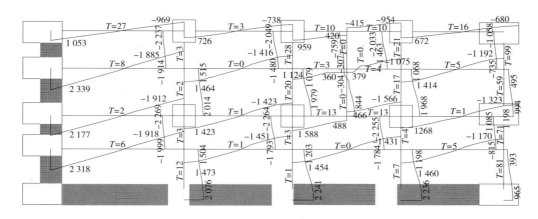

图2　副安装场高程872.90 m层梁系剪力包络(剪力单位:kN)

三、建筑物分缝与接缝设计

(一)坝体分缝设计

确定横缝间距的基本原则是:首先要满足水工结构布置上的要求,其次要使浇筑块的混凝土温升及温度应力在允许的范围以内,由此确定10#副安装间坝段横缝间距18.0 m。

纵缝为临时性温度缝,在坝体冷却达到稳定温度后进行灌浆封堵,使各柱状坝块连成整体。确定纵缝间距的基本原则是:

(1)缝间距一般大于或接近横缝间距,以免出现顺水流向裂缝;

(2)缝间距亦不宜过小,以免缝面张开度过小而影响接缝灌浆效果;

(3)纵缝间距直接决定了浇筑块的面积,必须与工地混凝土生产能力和浇筑能力相适应,以防止出现施工冷缝;

(4)纵缝间距要与施工中温度控制能力及当地气候条件相适应,必须保证混凝土浇筑块内的温升和温度应力控制在允许的范围内。

根据以上原则确定副安装间设2条纵缝,桩号分别为下0 +018.20、下0 +045.00,纵缝顶高程858.60 m。坝体顺水流向被分为A、B、C三块,长度分别为29.9 m、26.8 m、29.1 m。

(二)坝体接缝设计

由于坝基下分布有多条泥化夹层,为提高坝体深层抗滑稳定性,改善坝基应力不均匀性及加强坝的整体,对10#副安装间坝段与11#隔墩坝段间横缝863.0 m高程以下进行接缝灌浆处理。与9#小机组坝段相接的左侧横缝为自由缝。

10#副安装间坝段第一纵缝桩号为下0 +018.20,纵缝顶高程858.60 m,分为2个灌区,上游块为先浇块,灌区管路埋在上游块。坝段第二纵缝桩号为下0 +045.00,纵缝顶高程858.60 m,一个灌区的上游块为先浇块,灌区管路埋在上游块。

(作者单位:中水北方勘测设计研究有限责任公司)

黄河龙口水利枢纽工程隔墩坝段设计

王永生　尹桂强　田玉梅

一、隔墩坝段布置

龙口水利枢纽基本坝型为混凝土重力坝,大坝自左至右共分19个坝段,分别为左岸非溢流坝段、主安装场坝段、河床式电站坝段、小机组坝段、副安装场坝段、隔墩坝段、底孔坝段、表孔坝段及右岸非溢流坝段,其中11#坝段为隔墩坝段。隔墩坝段位于河床式电站与泄水建筑物之间,是电站与泄水建筑物的过渡坝段,将电站尾水渠和底孔消力池隔开。而且,隔墩坝段作为施工期间纵向围堰的一部分,在施工期间挡水运行。

隔墩坝段长16 m,坝顶高程900 m。坝基建基高程851 m。上游宽槽底高程由842 m渐变为849 m,齿槽宽度由12 m渐变为20.5 m。该坝段在高程852 m处沿水流方向由上游向下游分别布置灌浆及主排水廊道、基础排水廊道、排水廊道及下游灌浆排水廊道,在桩号坝0+246.25(廊道中心线)处布置横向灌浆排水廊道,用以连接排水廊道和下游灌浆排水廊道。

在高程861.6 m处布置通风道,通风道断面为矩形,断面尺寸为3 m×3.3 m(宽×高),通风道布置桩号为下0+021.1和下0+061,沿水流方向长39.9 m。通风道在桩号下0+022.1—下0+026.1处设置通风竖井,该竖井垂直向上通向坝体下游面,与坝面上的通风道相接。下游段与10#副安装间坝段的通风道和CO_2瓶站间相连。

隔墩坝段在下0+027.075—下0+074.1整个坝段为一平台,平台高程为872.9 m,桩号下0+032—下0+055.2的平台上设置绝缘油库。平台尾部即尾水平台处设置大机组尾水检修门门库和尾水门机轨道。门库净尺寸为6.4 m×4.05 m×11.7 m,门库底高程为861.2 m。

根据总体布置要求,在坝体内设置交通廊道,交通廊道由高程883 m渐变为881 m,廊道中心线桩号由下0+011变为下0+012,廊道的断面尺寸同其他坝段。

坝顶上、下游侧分别设壁式牛腿;上游牛腿外悬2.5 m,斜率为1:1,总高为6.5 m;下游牛腿外悬1 m,斜率为1:0.5,总高为1.5 m。

根据总体布置要求,在该坝段分别设置了2个底孔闸门门库和表孔闸门门库。左侧为深底孔闸门门库,该门库底高程为886.5 m,右侧为底孔闸门门库,底高程为889.3 m。底孔闸门门库断面尺寸为6.1 m×2.3 m,两门库之间隔墙厚1 m,两侧边墙厚均为1.4 m。表孔闸门门库是由2个小门库合并而成1个大门库,位于底孔闸门门库的下游侧,该门库底高程为887.7 m,平面尺寸为13.40 m×4.64 m。底、表孔闸门门库之间采用厚0.5 m隔墙隔开。表孔闸门门库的边墙厚1.3 m。

根据观测布置需要,在桩号下0+013、高程895 m处布置观测廊道,该廊道的断面尺寸同底孔坝段。

11#坝段坝顶分别设置了上游防浪墙、电缆沟、坝顶门机轨道和栏杆。坝顶门机轨距为11 m,考虑下游交通要求,在坝顶设4.5 m宽的行车通道和1 m宽的人行道。根据上述布置,坝顶宽度确定为18.5 m。

二、隔墩坝段稳定计算及分析

（一）抗滑稳定计算要求

根据《混凝土重力坝设计规范》（SL 319—2005）中的有关规定，隔墩坝段抗滑稳定安全系数及允许应力应满足以下要求：

（1）坝体沿建基面及沿结构面抗滑稳定安全系数，基本荷载组合：$K' \geqslant 3.0$；特殊荷载组合：$K' \geqslant 2.5$。

（2）坝基应力。在各种荷载组合情况下，坝基面所承受的最大垂直正应力 σ_{ymax} 应小于坝基允许压应力；最小垂直正应力 σ_{ymin} 应大于零（计扬压力）；坝基允许压应力 $[\sigma]$ 为 8.0 MPa。

（3）坝体应力。坝体上游面的垂直应力不出现拉应力（计扬压力）；坝体最大主压应力，应不大于混凝土的允许压应力值。

（二）设计荷载与荷载组合

1. 设计荷载

根据隔墩坝段的坝体受力情况，其设计荷载主要包括：

（1）坝体自重及永久设备重。混凝土容重按 24 kN/m³ 计算，岩体容重按 26.5 kN/m³ 计算，永久设备按实际重量计算。

（2）上、下游静水压力。宣泄设计洪水及校核洪水时采用浑水容重 $\gamma_{浑} = 11.5$ kN/m³，其他情况用清水容重 $\gamma = 10.0$ kN/m³。淤积高程以下及扬压力用清水容重 $\gamma = 10.0$ kN/m³。

（3）泥沙压力。泥沙压力包括水平泥沙压力和垂直泥沙压力。泥沙浮容重 $\gamma' = 8$ kN/m³，内摩擦角 $\varphi = 12°$。

（4）扬压力。

（5）浪压力。

本阶段采用刚体极限平衡法计算，计算时未考虑坝基抽排作用。

2. 荷载组合

荷载组合包括基本荷载组合和特殊荷载组合，荷载组合见表1。

表1　　　　　　　　　　　　　　　　荷载组合

组　合			水位(m)		自重	水压力	泥沙压力	扬压力	浪压力
			上游	下游					
基本组合	1	正常蓄水位	898.0	860.5	√	√	√	√	√
	2	设计洪水位	896.56	865.72	√	√	√	√	√
特殊组合	1	校核洪水位	898.52	866.02	√	√	√	√	√

（三）运行期隔墩坝段稳定计算及分析

1. 隔墩坝段坝基抗滑稳定及坝基应力计算

1）计算假定

（1）隔墩坝段抗滑稳定采用抗剪断公式，按单个坝段计算；

（2）坝体、坝基面垂直正应力采用材料力学方法进行计算。

2）计算结果

根据以上计算假定,按上述方法对隔墩坝段坝基抗滑稳定及坝基应力进行计算。坝基抗滑稳定及坝基应力计算结果见表2。

坝段	荷 载 组 合			抗剪断稳定 K'	σ_{yu} （MPa）	σ_{yd} （MPa）
隔墩坝段	基本组合	1	正常蓄水位	5.758	0.292	0.534
		2	设计洪水位	5.808	0.280	0.500
	特殊组合	1	校核洪水位	5.251	0.234	0.535

表2 隔墩坝段坝基抗滑稳定及坝基应力计算结果

从计算结果可知,在各种荷载组合下,隔墩坝段建基面抗滑稳定安全系数满足规范要求。在各种荷载组合下,坝基面最小垂直压应力均大于零,坝基面所承受的最大垂直压应力均小于坝基允许压应力$[\sigma]=8.0$ MPa。

2.隔墩坝段深层抗滑稳定计算

1）计算滑动面

隔墩坝段下控制滑动面为 NJ_{304}、NJ_{303} 泥化夹层。

2）滑动模式

坝基下深层滑动模式一般分为单斜面深层滑动和双斜面深层滑动。本工程由于坝基下软弱结构面走向均为倾向下游,结构面在坝后无出露点,因此隔墩坝段单滑面不成为控制滑动面。双斜面滑动形式为坝体连带部分基础沿软弱结构面滑动,在坝趾部位切断上覆岩体滑出。计算简图见图1。

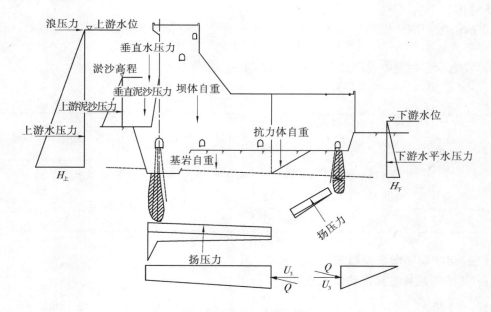

图1 隔墩坝段深层抗滑稳定计算

3）计算方法及计算公式

计算方法采用刚体极限平衡等安全系数法。由于坝后抗力体岩石为中厚层、厚层豹皮灰岩,无倾向上游的缓倾角结构面,故整体强度高。计算采用抗剪断公式。

4）深层抗滑稳定计算结果

泥化夹层的抗剪强度指标:NJ_{304}、NJ_{303} 按 $f_1' = 0.25$,$c_1' = 10$ kPa 计算。计算时滑动面上强度指标为混凝土与结构面的强度指标加权平均值。混凝土齿槽的强度指标为 $f_1' = 0.80$,$c_1' = 0.80$ MPa。隔墩坝段坝基深层抗滑稳定计算结果见表3。

表3 隔墩坝段深层抗滑稳定计算结果

计 算 工 况			抗剪断安全系数(沿 NJ_{304}) K'	抗剪断安全系数(沿 NJ_{303}) K'
基本组合	1	正常蓄水位	3.49	3.43
	2	设计洪水位	3.28	3.21
特殊组合	1	校核洪水位	3.07	3.05

计算结果表明,隔墩坝段在采取挖断 NJ_{304} 泥化夹层加固措施的情况下,在各种荷载组合作用下,坝基深层抗滑稳定安全系数满足要求。

(四)施工期间隔墩坝段稳定计算及分析

考虑本工程的总体布置,龙口水利枢纽导流方式为先围右岸,一期导流利用束窄后的左岸河床过水,施工位于右岸的泄水坝段。二期导流利用已建成的永久底孔及表孔坝段预留的缺口过水,施工位于左岸的电站坝段。11# 隔墩坝段作为纵向围堰的一部分,在施工期挡水运行。导流建筑物设计洪水标准为 20 年一遇洪水。

1. 计算假定

(1)施工期隔墩坝段横河向抗滑稳定计算单元的选取:根据龙口水利枢纽的布置,桩号下 0 +042.54 以后为消力池部位,施工期水流全部作用在11# 隔墩坝段下游段。为了简化计算,横河向抗滑稳定计算选取下 0 +042.54—下 0 +074.1 作为计算单元,计算长度为 31.56 m。

(2)电站坝段建基面高程选取:10# 副安装间坝段为 845 m,9# 小机组坝段为 835 m,大机组坝段为 835 m。

2. 设计荷载和荷载组合

设计荷载包括:坝体自重及永久设备重,左、右侧静水压力,浪压力,扬压力等。扬压力采用绘制流网法进行计算。施工期隔墩坝段荷载组合见表4。

表4 荷载组合

组 合	水位(m)		自重	水压力	扬压力	浪压力
	底孔侧	基坑侧				
施工期 20 年一遇洪水	864.70	851.00	√	√	√	√
	864.70	846.00	√	√	√	√
	864.70	842.00	√	√	√	√
	864.70	834.00	√	√	√	√

3. 横河向抗滑稳定计算公式及计算结果

隔墩坝段下游段横河向抗滑稳定采用抗剪公式进行计算。

泥化夹层的抗剪强度指标：NJ_{304-2}、NJ_{304}、NJ_{303}按$f_1 = 0.25$计算。坝基面抗剪强度按$f =$ 0.65计算。隔墩坝段下游段横河向沿坝基和不同泥化夹层的抗滑稳定计算结果见表5。

表5　　　　隔墩坝段下游段横河向沿坝基和不同泥化夹层抗滑稳定计算结果表

计 算 工 况	K	计算滑裂面高程（m）
施工期20年一遇洪水	5.09	851.00（坝基面）
	1.34	846.00（NJ_{304-2}）
	1.54	842.00（NJ_{304}）
	1.42	834.00（NJ_{303}）

计算结果表明，隔墩坝段下游段横河向抗滑稳定安全系数满足规范要求。

11#隔墩坝段建完后，历经了2007年和2008年两个汛期，根据运用观察，电站坝段基坑渗水较少，由于消力池底板下布置了纵、横向排水管网，4#集水井的启泵水位为858 m，消力池底板以下的底孔侧水平水压力小于计算值，坝基下的扬压力小于理论计算的扬压力值，因此11#隔墩坝段横河向抗滑稳定系数大于表5中的计算值，该坝段在施工期间抗滑稳定满足规范要求。

（五）隔墩坝段坝体应力计算及分析

为了解隔墩坝段各高程坝体应力分布状况，按《混凝土重力坝设计规范》（SL319—2005）附录C推荐的方法进行坝体应力计算。计算结果见表6、表7。

表6　　　　　　　隔墩坝段上游面各高程垂直正应力汇总

荷载组合			坝体上游面垂直正应力（MPa）					
			▽851 m	▽860 m	▽873 m	▽880 m	▽889 m	▽896 m
基本组合	1	正常蓄水位	0.484	0.534	0.446	0.423	0.232	0.136
	2	设计洪水位	0.493	0.535	0.486	0.467	0.263	0.153
特殊组合	1	校核洪水位	0.443	0.486	0.437	0.413	0.224	0.132

表7　　　　　　　　隔墩坝段各高程最大主应力汇总

荷载组合			坝体上游面垂直正应力（MPa）					
			▽851 m	▽860 m	▽873 m	▽880 m	▽889 m	▽896 m
基本组合	1	正常蓄水位	0.913	0.811	0.532	0.423	0.271	0.349
	2	设计洪水位	0.802	0.682	0.530	0.467	0.263	0.393
特殊组合	1	校核洪水位	0.869	0.747	0.544	0.413	0.276	0.337

从表6、表7的计算结果可知，坝体上游面垂直正应力均未出现拉应力（计扬压力），坝体最大主应力未超过混凝土的允许压应力值，计算结果均满足相应规范要求。坝体应力分

布见图 2～图 5,应力单位为 MPa。

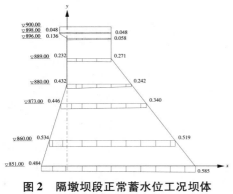

图 2 隔墩坝段正常蓄水位工况坝体
垂直正应力

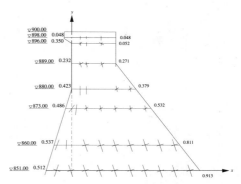

图 3 隔墩坝段正常蓄水位工况坝
体主应

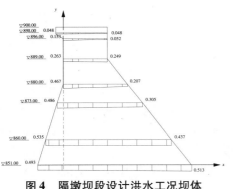

图 4 隔墩坝段设计洪水工况坝体
垂直正应力

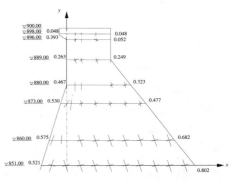

图 5 隔墩坝段设计洪水工况坝体
主应力

三、结　　语

　　龙口水利枢纽基本坝型为混凝土重力坝,根据龙口水利枢纽的总体布置,考虑运行期及施工期的要求,对隔墩坝段进行了具体的结构布置。隔墩坝段布置紧凑、坝体断面和体形设计合理。坝基深层抗滑稳定是坝址主要工程地质问题,针对本工程坝基存在软弱夹层的地质条件,采取工程措施进行处理,在此基础上采用相应的计算假定、计算原则和计算方法,对隔墩坝段进行了各种工况的抗滑稳定及应力的计算和分析。计算结果表明,沿建基面和深层滑动面抗滑稳定安全系数及应力均满足规范要求,计算结果符合一般规律。目前工程运行安全。

　　　　　　　　　　　　(作者单位:王永生、田玉梅　中水北方勘测设计研究有限责任公司
　　　　　　　　　　　　　　　　　　尹桂强　天津市静海县水务局)

黄河龙口水利枢纽工程排沙洞设计

胡彬彬　于　野　顾小兵

　　龙口水库处于深山峡谷之中,库尾上接万家寨水电站尾水,水库主要特征水位与流量如下:1 000 年一遇洪水库水位 898.52 m,100 年一遇洪水库水位 896.56 m,正常蓄水位 898.00 m,汛期限制水位 893.00 m,死水位 888.00 m,冲沙水位 885.00 m,1 000年一遇校核洪水流量 8 276 m³/s,100 年一遇设计洪水泄流量 7 561 m³/s。4 台大机组额定流量共计 366 m³/s。

一、入库泥沙特征

　　龙口水库入库沙量由万家寨水库出库沙量和万家寨—龙口区间来沙组成,万家寨水库泥沙冲淤平衡后的多年平均出库沙量为 1.32 亿 t,万家寨—龙口区间多年平均沙量 0.19 亿t,龙口水库多年平均悬移质入库沙量合计 1.51 亿 t。干流因万家寨水库拦截无推移质泥沙入库,万家寨—龙口区间推移质主要来自支流偏关河,推移质多年平均入库量 1 万 t。龙口水库多年平均径流量 178.1 亿 m³,多年平均含沙量 6.36 kg/m³,最大含沙量 289 kg/m³。龙口水库干流入库泥沙经万家寨水库调节后,出库泥沙多年平均 d_{50} 为 0.023 mm。万家寨—龙口区间悬移质泥沙较粗,d_{50} 为 0.039 mm。

　　龙口水库上游的万家寨水库采用蓄清排浑运行方式,排沙期为 8、9 两个月。万家寨水库 8、9 月入库泥沙占年沙量的 44%,出库泥沙占年沙量的 64%。经水库调节后泥沙更为集中在 8、9 两个月进入龙口水库,非汛期龙口水库入库沙量不足年沙量的 10%。

二、水库排沙期运用原则

　　为了保持一定的调节库容,龙口水库在排沙期 8、9 月的运用原则如下:当入库流量小于1 340 m³/s 时,水库进行日调节,水库在死水位 888 m 至水位 892 m 之间运行,为保证水库的排沙效果,运行水位应尽量降低,日调节蓄水水位以满足日调节发电所需水量为控制条件;排沙期入库流量等于或大于 1 340 m³/s 时,水库在死水位 888 m 运行,电站在基荷运行或弃水调峰;当水库因为日调节运用造成水库排沙期调节库容不能满足日调节需要时,水库水位应降至 885 m 进行冲沙。

三、枢纽排沙设施布置

　　黄河是著名的多泥沙河流,黄河上修建电站,解决好泥沙问题至关重要,若排沙不力,将导致库容迅速萎缩、上游河床抬高、水轮机严重磨蚀等一系列严重后果。

为减少过机泥沙，保证水库调节库容和电站"门前清"，龙口水库采用蓄清排浑、汛期排沙的运用方式：汛期大孔口（底孔）排沙、小孔口（排沙洞）冲沙。

汛期水库排沙，要有足够的泄量才能较多地冲走水库淤沙，枢纽主要的泄洪、排沙建筑物 $12^{\#} \sim 16^{\#}$ 底孔坝段布置于河床中部，电站坝段右侧，每个坝段设 2 个底孔，共计 10 个。底孔进口为有压短管，后部为无压明流洞，进口底高程 863.0 m，孔口尺寸 4.5 m×6.5 m（宽×高）。枢纽共设 9 个排沙洞，$5^{\#} \sim 8^{\#}$ 电站坝段每个坝段设 2 个排沙洞，副安装间坝段设 1 个排沙洞。$5^{\#} \sim 8^{\#}$ 坝段电站排沙洞进口高程 860.0 m，进口尺寸 5.9 m×3.0 m（宽×高），中间断面为 $\phi 3.0$ m 的圆形，出口高程 854.0 m，出口断面 1.9 m×1.9 m；$10^{\#}$ 副安装间坝段排沙洞进口高程 860.0 m，进口尺寸 3.0 m×3.0 m，中间断面为 $\phi 3.0$ m 的圆形，出口断面 1.9 m×1.9 m，出口高程为 855.0 m。各坝段排沙洞进口均设有平板事故检修闸门，由坝顶双向门机启闭；出口设工作闸门和检修闸门，由尾水双向门机启闭。

四、排沙洞设计

（一）进口高程及流量的选定

排沙洞进口高程的设置主要是考虑电站"门前清"，减少过机泥沙和粗颗粒过机。关于排沙洞进口高程的选择主要有两种观点：一种观点认为机组进水口与排沙洞进口高程差以不小于 $0.2H'$（H' 为最低运行水位至排沙洞底高程）为宜，青铜峡、天桥据此设计；另一种观点认为只有最低运行水位至发电进水口中心距离 h_i 与最低运行水位至排沙洞底高程的距离 h_H 之比小于 $0.4 \sim 0.5$ 时，才能减小过机泥沙和粗颗粒过机，水头条件允许的电站均将排沙洞进口设置的较低，如小浪底、万家寨、碧口、鲁布革等电站，排沙效果良好。

龙口电站为河床式电站，水头较低，受此制约，要达到较好的排沙效果，应尽可能降低排沙建筑物进口高程，故排沙洞进口高程取河床底高程 860.0 m。

排沙洞进口底高程确定后，引用流量的大小将直接影响到排沙漏斗的范围。排沙洞规模过小会导致拉沙能力不足，难以保证电站"门前清"，排沙洞规模过大则会导致水能浪费。

已建的类似电站排沙与发电的分流比如下：葛洲坝大江 0.26 : 0.74、葛洲坝二江 0.15 : 0.85、八盘峡 0.12 : 0.88、青铜峡 0.18 : 0.82、大化 0.21 : 0.79。

考虑到黄河含沙量较大的特点，龙口电站设计工况下机组坝段排沙与发电分流比取 0.4 : 0.6，设计洪水位 896.56 m 时排沙洞的单孔泄量 71 m^3/s，副安装间坝段排沙洞的单孔泄量 73 m^3/s。

（二）排沙洞进口断面确定

排沙洞进口断面尺寸依据合适的进口流速来确定，进口流速宜大于启动最大粒径时的流速。龙口电站推移到坝前的泥沙中最大粒径为 80 mm，用成都勘测设计研究院 1978 年提出的卵石起动流速公式计算，起动流速 $v_0 = 3.79$ m/s。进口流速也不宜过大，有类似情况的资料表明：当排沙洞进口与厂房进口同一断面上的流速之比达 3.9 时，会严重影响水轮机出力。根据上述原则，拟订电站坝段排沙洞进口尺寸为 5.9 m×3.0 m（宽×高），孔口宽度同电站进口宽度，便于门槽布置。电站坝段排沙洞进口设计流速为 4.01 m/s，电站进口检修门处设计流速为 1.29 m/s，排沙洞进口流速与电站进口流速比为 3.1。因副安装间坝段排沙洞距电站进水口较远，故采用较大的进口流速以达到较好的拉沙效果，排沙洞进口尺寸为

3.0 m×3.0 m,进口设计流速8.1 m/s。

(三)排沙洞抗磨设计

黄河泥沙具有含量高、硬度大的特点,排沙洞内水流夹沙且流速较高(电站坝段排沙洞出口设计流速 19.67 m/s,副安装间坝段排沙洞流速出口设计流速 20.2 m/s),在弯折拐角处水流方向急变,局部流速更大,极易发生冲蚀、破坏。排沙洞在抗磨设计上先从体形入手,尽量使排沙洞洞线平顺,弯段尽量采用较大的直径,断面形状变化时尽量采用较长的渐变段。另外,排沙洞内壁采用抗磨蚀和抗裂能力较强的材料:排沙洞前端方变圆段、中部圆形断面段和后端圆变方段内壁采用钢板衬砌,排沙洞进口段和出口段内壁采用40 cm厚C40抗冲磨混凝土掺高性能 UF500 纤维素纤维作为抗磨层。

五、排沙洞模型试验

针对泥沙问题,本工程进行了枢纽泥沙整体模型试验和机组坝段排沙洞的断面模型试验。

整体模型试验比较5个排沙洞方案(4个电站坝段每坝段设1个排沙洞+副安装间段设1个排沙洞)和9个排沙洞方案(4个电站坝段每坝段设2个排沙洞+副安装间坝段设1个排沙洞)。试验表明:设置排沙洞后,电站进水口前将形成1个冲刷槽,每个排沙洞前均形成1个冲刷漏斗;当排沙洞单独运用时,在孔口附近形成彼此相连的沙坎;与9个排沙洞相比,5个排沙洞形成的沙坎体积较大;电站与排沙洞共同运用时,9个排沙洞形成的排沙漏斗容积大于5个排沙洞,9个排沙洞的排沙效果好于5个排沙洞,9个排沙洞方案电站进水口基本能保证"门前清"。

两方案下排沙洞与电站含沙量及粒径分布见表1。

表1   排沙洞和电站相对含沙量及粒径分布

	库水位(m)	泄水建筑物	分流比	相对含沙量比	相对粒径比
5个排沙洞+电站	891	排沙洞	0.25	1.21	1.12
		电站	0.75	1.00	1.00
	888	排沙洞	0.26	1.18	1.11
		电站	0.74	1.00	1.00
9个排沙洞+电站	891	排沙洞	0.36	1.27	1.18
		电站	0.64	1.00	1.00
	888	排沙洞	0.38	1.23	1.17
		电站	0.62	1.00	1.00

由表1可知,当排沙洞与电站共同运用时,同一库水位条件下,5个排沙洞方案与9个排沙洞方案相比,过机相对含沙量较大,相应的泥沙粒径也较粗,从过机泥沙效果来看,设置9个排沙洞要优于5个排沙洞,在排沙洞的设置不影响机组段的间距情况下,每个电站坝段宜设置2个排沙洞。

机组坝段排沙洞断面模型试验表明:模型试验排沙洞流量和流速与计算值较为接近;排沙洞进口水流十分平稳,出口两边水面经常有旋涡出现,直径约 4.5 m,出口中部水面波动为 0.8 m 左右,对电站尾水扰动不大;在下泄各级洪水时,排沙洞顶部沿程压力值均为正值。

六、运行期间应注意的问题

龙口水库的主要泥沙问题是偏关河的粗颗粒泥沙及泥沙淤积末端。

偏关河流域处于黄土高原,降雨量小,雨强大,暴雨集中,洪水峰高量小,洪水含沙量大,泥沙颗粒粗,年沙量大部分集中在洪水期。入库泥沙一旦落淤,再冲刷需水量较多,因此排沙期偏关河洪水入库时,库水位应降到冲沙水位排沙。

泥沙淤积末端上延后可能影响到万家寨电站的尾水,影响泥沙淤积末端的主要因素是排沙期的库水位,库水位越高,淤积末端距万家寨电站的尾水越近。因此,当 8、9 月长期出现小流量时,不宜长期高水位运行。

七、结　语

本工程主要排沙方案为 10 个底孔和 9 个排沙洞(4 个电站坝段每坝段设 2 个排沙洞 + 副安装间坝段设 1 个排沙洞),大孔口(底孔)排沙、小孔口(排沙洞)冲沙。根据自身河床式电站的特点和水库水沙特性,结合模型试验选定了 9 个排沙洞方案,确定了排沙洞合理的分流比、进口流速和进口尺寸。另外,针对排沙洞高速挟沙水流的磨蚀问题,从排沙洞体形和内壁材料两方面进行了针对性的设计。

(作者单位:中水北方勘测设计研究有限责任公司)

黄河龙口水利枢纽工程消能建筑物设计

高文军　蒋志勇　李　梅

一、泄流建筑物布置概述

龙口大坝泄水建筑物布置在枢纽的右侧,表孔紧靠右岸边坡坝段布置,底孔布置于表孔左侧,其中 5 个底孔坝段总长 100 m,布置 10 个孔口尺寸 4.5 m×6.5 m(宽×高)的泄洪底孔,孔口处最大单宽泄量为 137.8 m³/(s·m);2 个表孔坝段总长 34 m,布置 2 个单孔净宽 12 m 的泄洪表孔,最大单宽泄量为 76.7 m³/(s·m)。总泄流能力:校核情况 8 276 m³/s,设计情况 7 561 m³/s,汛期排沙水位 888.0 m 时,泄量大于 5 000 m³/s。

底孔、表孔消能建筑物设计的洪水标准按 50 年一遇洪水设计。

二、消能建筑物型式选择

考虑到下游尾水较低,水位变幅相对较大,泄水建筑物下游消能不宜采用面流式消能型式,着重比较底流式消能和挑流式消能两种型式。

采用挑流消能型式,按规范要求,当坝基有延伸至下游的缓倾角软弱结构面时,可能被冲坑切断而形成临空面,危及坝基稳定。

因龙口坝基存在多层泥化软弱夹层,必须依靠坝趾下游尾岩支撑才能维持坝的稳定,保护一定范围的尾岩不遭破坏是十分必要的,因此必须采用水平长护坦式挑流消能。对于 50 年一遇以上洪水,底孔坝段挑坎高 6.0 m,水流挑射距离 60 m,冲坑深 16.5 m(河床面以下),护坦长 135 m。由于坝基存在软弱结构面,需将软弱结构面全部挖除,来满足坝体抗滑稳定要求。

底流消能方案重点比较了一级深挖式消力池与两级消力池消能。若采用深挖式消力池则对坝基的深层抗滑稳定极为不利,因此不宜采用。采用底流式两级消力池消能。

由于基岩为层状岩石,有多层软弱夹层存在,且水流的挑射距离及冲坑深度、冲坑上游侧坡度均难以准确预测。由于底、表孔水流条件存在差异,冲坑位置也不相同,因此认为挑流消能对尾岩的冲刷、对大坝稳定有不利影响。遇中小洪水时,水流挑不出去,在护坦上形成水跃,过鼻坎后水流落差为 8 m 左右,形成贴鼻冲刷,其冲坑深度难以预测,对大坝稳定不利。底流式消能不会在下游形成深冲坑,能较好地保护下游尾岩。挑流消能比底流二级消能工程量多、投资大。

综上所述,应采用底流式消能。

三、消能计算

龙口混凝土重力坝河床部位基岩高程为 860.0 m 左右。为保证坝体沿基础内软弱夹层的抗滑稳定,消力池不宜挖得很深,深挖式消力池对坝基的深层抗滑稳定极为不利,不宜采用,故选用了尾坎式消力池,池底高程858.0 m。消力池用包络法设计。

表孔、底孔消能防冲计算成果见表1、表2。

表1　　　　　　　　　　　　　　　　　表孔消能防冲计算成果

洪水频率		0.1%	1%	2%	5%	10%
上游库水位(m)		898.52	896.56	896.05	895.33	893.80
下泄流量(m³/s)		1 752	1 272	1 156	994	689
下游水位(m)		866.02	865.72	865.64	865.53	865.30
一级池	h_c(m)	2.39	1.75	1.59	1.39	0.95
	Fr	5.36	6.12	6.41	6.8	8.08
	h_c''(m)	16.6	14.1	13.4	12.44	10.19
	坎高(m)	8.17	7.27	7.03	6.68	5.77
	池长(m)	79	68	65	61	51
二级池	h_c(m)	3.45	2.67	2.42	2.13	1.49
	Fr	2.85	2.99	3.14	3.3	3.81
	h_c''(m)	12.3	10.1	9.61	8.94	7.31
	池深(m)	2.77	2.7	2.7	2.55	1.84
	池长(m)	60.6	40.3	39.4	37.3	31.8

表2　　　　　　　　　　　　　　　　　底孔坝段消能防冲计算成果

洪水频率		0.1%	1%	2%	5%	10%
库水位(m)		898.52	896.56	896.05	895.33	893.80
下泄流量(m³/s)		6 342	6 128	6 017	5 990	5 814
尾水位(m)		866.02	865.72	865.65	865.55	865.30
一级池	h_c(m)	2.49	2.47	2.46	2.44	2.44
	Fr	5.24	5.11	5.08	5.08	4.94
	h_c''(m)	17.15	16.60	16.44	16.29	15.74
	坎高(m)	8.23	7.8	7.79	7.71	7.36
	池长(m)	65.90	63.88	63.30	62.71	60.69
二级池	h_c(m)	3.75	3.73	3.72	3.70	3.70
	Fr	2.74	2.66	2.65	2.63	2.54
	h_c''(m)	12.74	12.29	12.17	12.02	11.56
	池深(m)	2.67	2.33	2.25	2.14	1.78
	池长(m)	48.19	46.29	45.76	45.16	43.16

四、消能建筑物布置

龙口水利枢纽泄洪消能的特点是低水头、低弗劳德数和低尾水位,这使得消能防冲的布置和优化有相当难度,主要是出池流速大,超过基岩的允许不冲流速6.5 m/s。经多方案试验比较,选定方案采用了加大底孔消力池出口宽度,底孔、表孔共用二级池,池尾设差动式尾坎及增设反坡段等措施。

底孔和表孔均选用底流方式消能。消能建筑物主要由一级消力池,一级消力坎,二级消力池,差动尾坎,海漫,消力池左、右边墙及消力池中隔墙等建筑物组成。

底孔坝段的一级消力池池底高程为858.0 m,池长75 m,池坎高程为865.0 m,消力池左边墙以1:25的坡度向左侧扩散。

表孔坝段的一级消力池池底高程为858.0 m,池长80.33 m,池坎高程为865.0 m,消力池右边墙不扩散。

底孔和表孔的一级消力池间设隔墙,二级消力池共用。

二级消力池的池底高程为857.0 m,池长64 m。二级消力池右边墙以1:8的坡度向右侧扩散,左边墙以1:6.67的坡度向左侧扩散,二级池出池宽度为150.0 m。

二级消力池末段设有差动式尾坎,后接钢筋混凝土海漫。

五、模型试验验证

龙口水利枢纽总体布置方案经水工模型试验验证,枢纽布置方案比较合理,泄洪建筑物的泄流能力满足设计要求,排沙效果较好,下泄水流经两级消力池消能后水流比较平稳,虽然下游出池流速比允许不冲流速大,但试验表明最大冲刷深度不会超过5.0 m,无严重的回流和冲刷现象。

因下游水深较浅,产生跌落水流,形成收缩断面,平均弗劳德数为1.3,呈急流状态,但动床试验表明海漫末端未发现明显局部冲刷。

消力池在50年一遇和100年一遇工况下,表、底孔一、二级消力池内均可发生完整水跃。底孔一级消力池消能率为60%。两级消力池及差动坎—反坡段的总消能率为75%。

在各级特征库水位下,水流经尾部齿坎—反坡段时,因下游水深较浅,产生跌落水流,形成收缩断面,断面平均流速达9.5 m/s,平均水流弗劳德数为1.3,呈急流状态。急流区尾部约在0+280断面处。

在各级特征水位下,局部动床冲刷试验表明,在0+250断面处水深比定床试验值增加1~2 m,而流速下降了1.5~2.0 m/s。海漫末端未发现明显局部冲刷。按水力计算,局部冲刷坑最低点高程约为855.6 m。

底孔单独运行时(库水位888.00 m),表、底孔之间隔墙两侧最大水位差为7.3 m。

泄水建筑物进口愈低、分流比愈大,下泄水流的含沙量就愈大,相应的泥沙粒径也愈粗。

六、抗冲磨混凝土设计

黄河泥沙具有含量高、硬度大、泥沙颗粒多呈棱形的特点,其中硬度 Hd≥6 的石英和长石占主要成分。龙口多年平均年输沙量(悬移质)为 1.51 亿 t,多年平均含沙量 6.36 kg/m³,计算最大含沙量 289 kg/m³。为了减少含有大量泥沙的高速水流磨蚀过流面,提高建筑物的抗冲磨能力,消能建筑物的迎水面采用高强抗冲磨混凝土。

在抗冲磨混凝土配合比试验中,从抗压强度、变形性能、抗冻及抗渗指标、抗冲磨性能、热性能以及混凝土拌合物凝结时间等方面,对比了人工砂和天然砂两种细骨料配置的混凝土。用人工砂配置的混凝土抗冲磨强度不能满足设计要求,而采用天然砂配置的混凝土可以满足设计要求。

为了提高混凝土的抗裂性能,在混凝土中掺加了纤维,并对比了聚丙烯纤维、钢纤维、CF550 纤维素纤维及 UF500 纤维素纤维。经综合分析,利用天然砂及人工碎石作为骨料,并添加粉煤灰、硅粉及 UF500 纤维混凝土性能优于其他混凝土。

在原材料选定的情况下,水灰比是决定混凝土强度和耐久性能的主要因素。因此,选择水灰比既要满足强度的要求,又要满足耐久性的要求,同时要节约水泥。经试验最终确定水灰比为 0.30 ~ 0.35。

七、结　语

龙口水利枢纽消能建筑物已运行数年,在运行方式上,泄洪时开启底、表孔的同时启用排沙洞参与泄洪,下泄水流更加平顺,回流现象基本消失,电站尾水渠中基本没有淤积,底、表孔坝段的单宽流量有所减小,减轻了对下游河床的冲刷。

(作者单位:中水北方勘测设计研究有限责任公司)

黄河龙口水利枢纽工程泄水建筑物
水力计算及水工模型试验

刘顺萍　余伦创　蔡胜利

一、运用要求及布置型式

(一)运用要求

龙口水利枢纽为大(Ⅱ)型工程,挡水、泄水和发电建筑物均为2级建筑物,其洪水标准为100年一遇设计,1 000年一遇校核。入库洪水由万家寨—龙口区间同频率洪水叠加万家寨水利枢纽相应洪水的下泄流量组成。水库运用方式是蓄清排浑,汛期排沙。泄水建筑物除应满足泄洪要求外,还应满足冲沙、排污等项要求。

泄水建筑物运用方式为:在开启底孔、表孔泄洪时,应同时启用排沙洞参与泄洪。对于出现频率较高的中、小频率洪水,在水位和含沙量满足运行要求情况下,可开启水轮发电机组过流代替排沙洞,以减少排沙洞的过流频次。

规划对泄水建筑物泄流能力的要求是:

(1)校核洪水位时,下泄流量大于8 276 m³/s;

(2)设计洪水位时,下泄流量大于7 561 m³/s;

(3)汛期排沙水位888.00 m时,下泄流量大于5 000 m³/s。

(二)布置型式

龙口坝址河床相对较宽,具备布置坝体泄洪的条件。由于龙口工程冲沙流量大,汛期要求泄洪兼排沙,故泄水建筑物以10个底孔为主。考虑汛期泄洪有排污要求,故设2个表孔。经反复比较后选用的布置方案为:泄水建筑物布置在河床的右半部,表孔紧靠右岸边坡坝段布置,底孔布置于表孔左侧。为保持电站坝段"门前清",以减少过机含沙量,在电站坝段和副安装间坝段还布置了9个排沙洞。

底孔是主要的泄洪、排沙建筑物。布置在河床中部偏右岸的12#~16#坝段,每个坝段宽20.0 m,布置2个底孔,5个坝段共布置10个底孔,每个底孔孔口尺寸4.5 m×6.5 m(宽×高),进口底高程为863.00 m,底孔进口为有压短管,后部接无压明流洞。

表孔担负泄洪、排污任务,必要时也可排冰,布置在右岸17#、18#坝段。每个坝段宽17.00 m,表孔孔口净宽12.00 m,共2个表孔,堰顶高程为888.00 m,以满足泄洪、排污要求。

为防止电站进水口在发电机组停机和检修期被泥沙淤堵,在5#~8#电站坝段的每个坝段各设2个排沙洞,在10#副安装间坝段坝体内设1个排沙洞,共设9个排沙洞。

电站坝段排沙洞进口底高程 860.0 m,比电站进水口低 6.0 m,出口底高程 854.0 m,从进口到出口孔身断面由大到小,由进口矩形 5.9 m×3.0 m(宽×高)渐变为 φ3.0 m 的断面,到出口又渐变为 1.9 m×1.9 m 的矩形断面。副安装间排沙洞进口尺寸为 3.00 m×3.00 m(宽×高),进口底高程为 860.00 m,门后洞身下降至高程 852.40 m,出口端以倒坡接至出口底高程 855.00 m,出口断面尺寸为 1.90 m×1.90 m(宽×高)。

表孔和底孔泄水建筑物的消能方式均采用底流消能。

根据下游消能要求,结合枢纽工程总布置,消能建筑物主要由一级消力池,一级消力坎,二级消力池,差动尾坎,海漫,消力池左、右边墙及消力池中隔墙等建筑物组成。一级消力池分表孔一级消力池和底孔一级消力池。表孔一级消力池池长 75.00 m(表孔坝段末端至一级消力坎直立面),池宽 29.00 m,消力池底板顶面高程为 858.00 m,二级消力池为底孔、表孔共用。消力池底板顶面高程为 857.00 m,池长 53.00 m(一级消力坎斜坡面与二级消力池顶面交点至差动尾坎高坎的直立面)。

二、泄洪能力计算

(一)底孔

当底坎以上水深在 1.2 倍孔高以下,即库水位在 870.80 m 以下时,底孔泄洪能力按堰流公式 $Q = m\delta_s \varepsilon B \sqrt{2g} H^{1.5}$ 计算。计算时,堰流流量系数 m 取 0.365,淹没系数 δ_s 取 1.0,侧收缩系数 ε 取 0.95。

当底坎以上水深在 1.5 倍孔高以上,即库水位在 872.75 m 以上时,底孔泄洪能力按有压短管孔流公式 $Q = \mu A_K \sqrt{2g(h - \varepsilon e)}$ 计算。计算时,孔流流量系数 μ 取 0.88,有压短管出口断面的垂直收缩系数 ε 取 0.914。

(二)表孔

表孔泄洪能力按堰流公式计算,但计算时侧收缩按公式 $\varepsilon = 1 - 0.2 [\xi_K + (n - 1)\xi_0] \dfrac{H}{nb}$ 计算,式中中墩形状系数 ξ_0 取 0.3,边墩形状系数 ξ_K 取 0.7。

(三)排沙洞

排沙洞泄洪能力按有压长洞孔流公式 $Q = \mu\omega \sqrt{2g(T_0 - h_p)}$ 计算。计算时,孔流流量系数按公式:$\mu = \dfrac{1}{\sqrt{1 + \sum \xi_i \left(\dfrac{\omega}{\omega_i}\right)^2 + \sum \dfrac{2gl_i}{C_i^2 R_i}\left(\dfrac{\omega}{\omega_i}\right)^2}}$ 计算。

经计算,电站坝段排沙洞孔流流量系数 $\mu = 0.80$,副安装间坝段排沙洞孔流流量系数 $\mu = 0.81$。

(四)计算结果

龙口水利枢纽泄水建筑物包括底孔、表孔和排沙洞。按照"2 个表孔 + 10 个底孔 + 5 个排沙洞(电站坝段 4 个 + 副安装间坝段 1 个)"计算的泄洪能力见表 1。

表 1 　　　　　　　泄水建筑物泄洪能力计算成果汇总　　　　　　　m^3/s

库水位(m)	2 个表孔	10 个底孔	5 个排沙洞	总泄量
888.00	0	5 091	355	5 446
889.00	46	5 222	360	5 628
890.00	131	5 351	368	5 850
891.00	245	5 477	375	6 097
892.00	383	5 599	380	6 362
893.00($P=20\%$)	547	5 719	387	6 653
893.80($P=10\%$)	689	5 814	393	6 896
894.00	727	5 837	394	6 958
895.33($P=5\%$)	994	5 990	401	7 385
896.05($P=2\%$)	1 156	6 071	405	7 632
896.56($P=1\%$)	1 272	6 128	409	7 809
898.52($P=0.1\%$)	1 752	6 342	421	8 515

　　从表 1 中可知,10 个底孔、2 个表孔全开并加上 5 个排沙洞的总泄洪能力:校核洪水位时为 8 515 m^3/s,设计洪水位时为 7 809 m^3/s,汛期排沙水位 888.00 m 时为 5 446 m^3/s,均大于规划对泄水建筑物要求的下泄流量,满足工程泄洪运用要求。

三、消能计算

(一)设计标准

　　依照《水利水电工程等级划分及洪水标准》(SL 252—2000)的规定,龙口水利枢纽泄水建筑物底孔、表孔的消力池设计洪水标准为 50 年一遇洪水。

　　各频率洪水时的库水位、下游水位及泄量见表 2。

表 2 　　　　　　　　龙口水利枢纽不同频率洪水特征水位及泄量

洪水频率		33.3%	20%	10%	5%	2%	1%	0.1%
重现期(a)		3	5	10	20	50	100	1 000
库水位(m)		893.00	893.00	893.80	895.33	896.05	896.56	898.52
泄量 (m^3/s)	表孔	547	547	689	994	1 156	1 272	1 752
	底孔	5 719	5 719	5 814	5 990	6 017	6 128	6 342
	5 个排沙洞	387	387	393	401	405	409	421
	合计	6 653	6 653	6 896	7 385	7 632	7 809	8 515
下游水位(m)		864.93	864.93	865.30	865.53	865.64	865.72	866.02
规划要求泄量(m^3/s)		4 500	5 700	6 671	7 150	7 382	7 561	8 276

注: 下游水位为坝下 270.0 m 处的水位。

（二）计算公式

对于平面扩散的消力池,跃后水深按公式 $h''_c = \dfrac{h_c}{2}(\sqrt{1+8Fr_1^2}-1)(\dfrac{b_1}{b_2})^{0.25}$ 试算求得,相应的水跃长度和消力池长度由公式 $L' = 10.3h_c(Fr-1)^{0.81}$、$L_j = \dfrac{b_1 L'}{b_1 + 0.1L\tan\theta}$ 和 $L_k = 0.8L_j$ 计算求得。

（三）计算结果

龙口混凝土重力坝河床部位基岩高程为 860.00 m 左右。为保证坝体沿基础内软弱夹层的抗滑稳定,消力池不宜采用深挖式,故选用了尾坎式消力池,池底高程定为 858.00 m。消力池采用包络法设计。

表孔、底孔消能计算成果见表 3、表 4。

表3		表孔消能计算成果				
洪水频率		0.1%	1%	2%	5%	10%
上游库水(m)		898.52	896.56	896.05	895.33	893.80
下泄流量(m³/s)		1 752	1 272	1 156	994	689
下游水位(m)		866.02	865.72	865.64	865.53	865.30
一级消力池	h_c(m)	2.39	1.75	1.59	1.39	0.95
	Fr	5.36	6.12	6.41	6.8	8.08
	h''_c(m)	16.6	14.1	13.4	12.44	10.19
	坎高(m)	8.17	7.27	7.03	6.68	5.77
	池长(m)	79	68	65	61	51
二级消力池	h_c(m)	3.45	2.67	2.42	2.13	1.49
	Fr	2.85	2.99	3.14	3.3	3.81
	h''_c(m)	12.3	10.1	9.61	8.94	7.31
	池深(m)	2.77	2.7	2.7	2.55	1.84
	池长(m)	60.6	40.3	39.4	37.3	31.8

根据表孔、底孔消能计算成果,结合枢纽工程总布置要求,设计采用表孔一级消力池和底孔一级消力池池长均为 75.00 m,表孔一级消力坎和底孔一级消力坎坎高均为 7.00 m,即表、底孔一级消力坎坎顶高出一级消力池底顶面的高度为 7.00 m。二级消力池为表、底孔共用,设计采用二级消力池池长为 53.00 m,池深为 5.00 m,即差动尾坎坎顶高出二级消力池底板顶面的高度为 5.00 m。从表 3 和表 4 可知,设计采用的一、二级消力池池长、坎高、

池深均基本满足 50 年一遇洪水及低于 50 年一遇洪水的消能要求。

表 4　　　　　　　　　　　　　底孔消能计算成果

洪水频率		0.1%	1%	2%	5%	10%
库水位(m)		898.52	896.56	896.05	895.33	893.80
下泄流量(m³/s)		6 342	6 128	6 017	5 990	5 814
尾水位(m)		866.02	865.72	865.65	865.55	865.30
一级消力池	H_c(m)	2.49	2.47	2.46	2.44	2.44
	Fr	5.24	5.11	5.08	5.08	4.94
	H''_c(m)	17.15	16.60	16.44	16.29	15.74
	坎高(m)	8.23	7.8	7.79	7.71	7.36
	池长(m)	65.90	63.88	63.30	62.71	60.69
二级消力池	h_c(m)	3.75	3.73	3.72	3.70	3.70
	Fr	2.74	2.66	2.65	2.63	2.54
	h''_c(m)	12.74	12.29	12.17	12.02	11.56
	池深(m)	2.67	2.33	2.25	2.14	1.78
	池长(m)	48.19	46.29	45.76	45.16	43.16

四、水工模型试验

中水北方勘测设计研究有限责任公司工程技术研究院于 2005 年进行了黄河龙口水利枢纽初设阶段整体水工模型试验,泄水建筑物泄流能力及消能工试验成果如下。

(一)泄流能力

试验中分别观测了 10 个底孔、2 个表孔和表、底孔联合敞泄时的泄流能力。

1. 底孔孔流流量系数

根据设计提供的库水位—底孔泄量关系与试验实测底孔能力关系,按有压短管孔流公式分别反算出库水位在 892.00 ~ 898.34 m 的底孔孔流流量系数计算值 $\mu_设$ 及试验值 $\mu_试$,并进行了对比,孔流流量系数 $\mu_试$ 比 $\mu_设$ 大 2.0% ~ 3.1%。随着库水位升高,$\mu_试$ 值略有增加,但基本上为一常数,$\mu_试 = 0.90$。该值与《溢洪道设计规范》(以下简称《规范》)建议值相同,说明试验得出的孔流流量系数是可信的。

2. 表孔堰流流量系数

由试验得出的双表孔全开泄流能力关系经过与设计提供的库水位—表孔泄量关系进行对比,在同一库水位时,模型试验实测泄量大于设计计算泄量。按堰流公式分别计算出堰流流量系数计算值 $M_设$ 及试验值 $M_试$,$(M_试 - M_设)/M_设 = 9.2\%$ ~ 15.1%,见表 5。再按《规范》计算 $M_规$,在库水位 892.00 ~ 898.34 m,$(M_试 - M_规)/M_规 = 0.4\%$ ~ 2.5%。由此可见,模型试验所得堰流流量系数 $M_试$ 的成果与按《规范》计算的堰流流量系数 $M_规$ 基本接近,说明模型试验的泄流能力是合理可靠的,而设计计算的泄流能力实际上是偏低的。

表 5　　　　　　　　　　　　各级库水位时表孔泄流能力分析

项　　目	库水位(m)						
	892.00	893.00	894.00	895.00	896.00	897.00	898.34
堰上水头 H(m)	5.00	6.00	7.00	8.00	9.00	10.00	11.34
H/H_d	0.625	0.750	0.875	1.000	1.125	1.250	1.418
设计泄量 $Q_{设}$(m³/s)	464.8	625.7	808.0	1 002.4	1 214.1	1 447.7	1 795.5
试验泄量 $Q_{试}$(m³/s)	535	718	915	1 127	1 365	1 10	1 960
$M_{试}$	0.450	0.460	0.465	0.469	0.476	0.479	0.483
$M_{设}$	0.391	0.401	0.411	0.417	0.423	0.431	0.443
($M_{试}-M_{设}$)/ $M_{设}$(%)	15.1	14.7	13.1	12.5	12.5	11.1	9.2
堰流流量系数 m	0.467	0.481	0.492	0.501	0.508	0.512	0.520
侧收缩系数 ε	0.958	0.950	0.942	0.933	0.925	0.917	0.906
$M_{规}=m\varepsilon$	0.447	0.457	0.463	0.467	0.470	0.470	0.471
($M_{试}-M_{规}$)/ $M_{规}$(%)	0.8	0.7	0.4	0.4	1.3	1.9	2.5

注:1. $M_{试}$、$M_{设}$ 按堰流方式反算;2. m 按《规范》查得;3. ε 按《规范》公式计算。

3. 泄水建筑物联合运用

在库水位 892.00 ~ 898.34 m,模型试验实测表、底孔联合运用工况下的泄量比计算值大 3.1% ~ 4.4%。试验证明,表、底孔设计规模能满足规划运用要求。

当表、底孔及 5 个排沙洞(电站安装间坝段 1 个和机组坝段 4 个)联合泄洪时,在库水位 889.00 ~ 898.34 m,模型实测泄量比设计计算泄量大 2.1% ~ 4.7%,因此泄水建筑物总的设计规模能满足规划运用要求。

经整体水工模型试验验证,在电站发电或开启 5 个排沙洞(副安装间坝段排沙洞及每个大机组段各 1 个排沙洞)参与泄洪的情况下,下泄洪水更加平顺,回流现象基本消失,电站尾水渠中基本没有淤积。

(二)消能工最终方案

就消能工修改方案一事,曾召开一次技术咨询会。根据专家意见,试验将修改方案体形做局部调整:①二级消力池池底高程由 857.00 m 降至 855.00 m;②二级消力池末端差动尾坎改为连续坎,位置恢复到原设计桩号 0 + 181.530 处,池深 5.0 m,与海漫高程 860.00 m 平接;③将一级消力池池长 65.00 m 改回原设计池长 75.00 m,坎高维持修改方案不变;④将表孔中墩尾部改为平尾;⑤取消表孔一级消力池内的消力墩。

试验结果分析:

(1)加大消力池池深,并没有改善池后急流区流态,河床最大流速也没有降低,因此二级消力池池底应维持原设计高程 857.00 m。

(2)差动尾坎改为连续坎,使水流收缩段河床最大流速有所增加。但从消能和水流衔接方面来讲,差动尾坎优于连续坎,应恢复修改方案中差动尾坎体形。

（3）底孔一级消力池水跃位置（或跃长）与二级消力池尾坎高度有直接关系。50年一遇洪水,连续尾坎高程861.00 m时,底孔一级消力池水跃位置为桩号0+032.00—0+105.00;连续尾坎高程860.00 m时,底孔一级消力池水跃位置为0+037.00—0+110.00。

（4）表孔中墩尾部改为平尾后,改善了一级消力池内流态,使出池水流均匀分布。

（5）取消表孔一级消力池内的消力墩,使表孔下游急流区长度有所增加。50年一遇洪水和100年一遇洪水时,表孔一、二级消力池内均为完整水跃。1 000年一遇洪水时,表孔一级消力池内发生不完整水跃。

综合权衡上述利弊关系,试验推荐了消能工最终方案。

经试验观测,各级频率洪水工况下的最终方案下游流态及流速与修改方案基本相同。最终方案的消力池水跃位置见表6。

表6 　　　　　　　　　　　　　**最终方案消力池水跃位置**

库水位（m）	底孔一级消力池		底孔二级消力池		表孔一级消力池		表孔二级消力池	
	跃首	跃尾	跃首	跃尾	跃首	跃尾	跃首	跃尾
888.00	0+028.00	0+103.00	0+141.00	0+167.00	—	—	—	—
895.77	0+038.00	0+119.00	0+136.00	0+163.00	0+029.00	0+080.00	0+129.00	0+150.00
896.34	0+038.00	0+110.00	0+136.00	0+164.00	0+037.00	0+085.00	0+131.00	0+152.00
898.34	0+042.00	0+112.00	0+137.00	0+167.00	0+050.00	出池	0+141.00	0+166.00

在消能设计洪水标准（$P=2\%$）和消能校核洪水标准（$P=1\%$）工况下,表、底孔一、二级消力池内均发生完整水跃。底孔一级消力池消能率为60%,两级消力池及差动坎—反坡段的总消能率为75%。消力池各项水力要素均满足消能要求。

技施设计阶段,设计采用了整体水工模型试验推荐的消能工最终方案。

五、结　　论

本工程采用泄水底孔、表孔及排沙孔宣泄洪水,经理论分析和模型试验验证,泄洪能力满足设计要求,消能及防冲设施满足安全运行要求。底孔冲沙、排沙作用良好,可有效地控制库区淤积形态,发电厂房坝段排沙孔可以保证电站"门前清"。设计初拟的泄水建筑物运用方式合适,证明设计是合理的。

（作者单位:中水北方勘测设计研究有限责任公司）

黄河龙口水利枢纽工程左岸取水口设计

曹　阳　鲁永华　刘伯春

一、设置左岸取水口的必要性

龙口水利枢纽下游左岸为忻州市河曲县,境内有沿黄河水地面积 3 633 hm²(5.45 万亩),是全县发展高效农业的重点地区和主要产粮区。沿黄分布一些灌溉工程,这些灌溉工程大都建于 20 世纪 60～70 年代,由于全县十年九旱的气候特殊性和上游万家寨水利枢纽工程的截流,使提黄电灌站大部分脱流高吊,加之其他因素,导致沿黄灌溉取水难度越来越大,灌溉成本逐渐提高,灌溉面积呈萎缩之势,制约了该县农业的正常发展。为使该县沿黄河水地灌溉面积得到恢复和扩大,有效地提高灌溉能力,经过水利部门的初步规划测算,引黄灌溉工程建成后,只需从龙口水利枢纽工程库区引出流量为 7.0 m³/s 的黄河水,就可将河曲县原有的提黄灌溉改变为自流灌溉,不仅可保证原有 3 633 hm²(5.45 万亩)水地的适时适量灌溉,而且可新增保浇水地 1 033 hm²(1.55 万亩),使全县沿黄农业灌溉面积提高到 4 667 hm²(7.0 万亩),同时还可保证沿黄 18 个厂矿企业的工业用水,经济效益和社会效益非常显著。因此,设置左岸取水口是十分必要的。

二、左岸取水口位置

根据水库淤沙高程 878.0 m,以及隧洞出口底高程 884.0 m,反推左岸取水口进口底高程为 886.0 m。

根据龙口水利枢纽的实际情况,左岸 1#、2# 坝段下游为厂前区,布置有 GIS 室、副厂房、进厂公路等,已经没有条件设取水建筑物,左岸取水口只能与左岸输水隧洞相接。最初拟订了几个方案,经过对水流流态、闸门的位置、淤沙情况、工程量、运行管理及对隧洞衬砌的影响等多方面的比选,最终选定如下方案:在 1# 坝段上游与岸坡相交处设置左岸取水口,根据实际地形情况,岸坡取水口布置在坝轴线以上,进水口中心线平行于坝轴线,中心线桩号为上 0－006.00。

该方案启闭设施和拦污设施均集中于进水口,建筑物结构简单,运行管理方便;进水口段短,即使有淤沙,淤沙量也较小,不影响闸门启闭;取水口位于 1# 坝段上游侧,启闭机房设在左岸坝肩,形成水中楼阁,美化了坝顶布置,同时取水口施工对枢纽建筑物施工干扰少,不影响主体施工进度。但取水口设在水库岸边,污物较多;进口水流条件稍差,闸门紧邻岩石岸坡,紊乱水流直接进入隧洞,需增加输水洞局部的断面结构尺寸和衬砌厚度。

三、左岸取水口设计

(一)孔口宽度比选

左岸输水线路为农田灌溉输水洞,近期设计引水流量为 6.01 m³/s,远期设计引水流量

7.4 m³/s,取水口底高程 886.00 m,库水位在 888.00 m(死水位)时要求设计保证率为 100%。取水口孔口宽度初步拟订 1.8 m、2.0 m、2.2 m。按堰流公式计算不同孔口宽度的泄流能力,计算结果见表 1。

$$Q = m\delta_s \varepsilon B \sqrt{2g} H^{1.5}$$

表 1   取水口孔口宽度计算结果

库水位(m)	888.00	888.00	888.00
闸门宽度(m)	1.8	2.0	2.2
泄流量(m³/s)	7.8	8.7	9.6

由计算结果可知:以上 3 种孔口宽度均能满足远期输水要求,孔口宽度 1.8 m 最接近灌区远期引水流量。经分析,最终确定取水口孔口宽度为 1.8 m。

(二)取水口水力学计算

1. 闸门开启高度计算

闸门开度计算采用远期设计引水流量 7.4 m³/s,按有压短管孔流公式计算,计算结果见表 2。

$$Q = \mu A_K \sqrt{2g(h - \varepsilon e)}$$

表 2   取水口闸门开启高度计算结果

库水位(m)	闸门开度(m)	流量(m³/s)	库水位(m)	闸门开度(m)	流量(m³/s)
886.00	2	0	893.00	0.66	7.5
887.00	2	2.7	894.00	0.61	7.4
888.00	1.8	7.5	895.00	0.58	7.5
889.00	1.1	7.6	896.00	0.55	7.5
890.00	0.9	7.4	897.00	0.52	7.4
891.00	0.8	7.4	898.00	0.50	7.5
892.00	0.72	7.5			

经过对计算结果进行分析,选定进水口的控制断面尺寸为 1.8 m×2.0 m(宽×高)。当库水位为正常蓄水位 898.00 m 时,闸门开启 0.5 m;库水位为死水位 888.00 m 时,闸门开启 1.8 m,即可满足远期设计引水流量达到 7.4 m³/s 的要求。

2. 消能计算

水库在高水位运行时,输水洞引水,水流过取水口的流速接近 10 m/s,下游为明流输水隧洞,洞内水深为 2.17 m,水流由急流变缓流,形成水跃。因此,在输水隧洞进口布置消力池,使水流经过消力池消能后,平稳进入隧洞。消能计算公式如下:

$$d = \sigma h'' - h_t - \Delta Z$$

$$h'' = \frac{1}{2}(\sqrt{1 + 8Fr_1^2} - 1)h'$$

$$L_j/h' = 9.5(Fr_1 - 1)$$

$$Fr_1 = \frac{v_1}{\sqrt{gh'}}$$

库水位采用正常蓄水位 898.00 m, 经计算确定消力池池长为 16.2 m, 池深 1.7 m, 池底高程 884.30 m。

(三) 左岸取水口设计

左岸取水口由拦污栅、进口曲线段、事故检修闸门、压坡段、工作闸门、渐变段和上部结构组成。工作闸门初拟考虑过采用弧形闸门, 弧门启闭灵活, 便于操作, 但是弧门要求启闭设备空间大, 增加工程量多, 同时启闭设备需招标才能确定具体结构尺寸, 设计周期长。龙口水利枢纽二期围堰即将合龙, 工期紧, 故此次设计采用平板工作闸门。为了降低水流过栅流速, 将拦污栅设在取水口前沿, 过栅流速小于 1.0 m/s, 拦污栅门槽中心桩号为坝 0 + 009.45, 位于进口曲线段的前沿。为了避免产生气蚀, 进口曲线段顶部采用椭圆曲线, 椭圆方程为 $x^2/22 + y^2/0.72 = 1$; 两侧采用圆弧曲线, 圆弧半径为 1.25 m。进口曲线段前沿尺寸为 4.3 m × 2.92 m (宽 × 高), 末尾尺寸为 1.8 m × 2.22 m。事故检修闸门和工作闸门均为平板钢闸门。事故检修闸门门槽中心桩号为坝 0 + 006.95, 其后接压坡段, 压坡斜率为 1∶5, 压坡段末尾尺寸为 1.8 m × 2.0 m。工作闸门门槽中心桩号为坝 0 + 004.00, 在其后设置渐变段, 将断面尺寸由 1.8 m × 2.0 m 的矩形渐变为 2.3 m × 3.5 m 的矩形。渐变段后接输水隧洞消力池。考虑进洞检修, 在工作门后设置进人竖井, 竖井内埋设爬梯, 竖井断面尺寸为 0.8 m × 0.6 m。在坝顶设置排架柱和启闭机房。排架柱断面尺寸为 0.75 m × 0.75 m, 柱顶高程 905.30 m。工作闸门由 250 kN 液压启闭机启闭, 事故检修闸门和拦污栅由电动葫芦启闭, 提栅人工清污。

四、结 语

左岸取水口在设计中存在设计周期短、枢纽工程已在建等诸多难点, 设计时有很多限制及约束。经综合分析、计算, 巧妙地利用 1# 坝段与岸坡的关系, 在 1# 坝段上游与岸坡相交处设置取水口, 解决了这些困难, 将取水口施工对枢纽的施工干扰降到了最低程度, 并且取水口结构简单、布置紧凑、运行管理方便。目前左岸取水口运行良好。

(作者单位: 中水北方勘测设计研究有限责任公司)

黄河龙口水利枢纽工程右岸取水口设计

韩 强 李会波 柴玉梅

应陕西省水利厅、内蒙古自治区水利厅及准格尔旗水利局请求,按照黄委会"便于管理、合理配置、保障供水"的要求及能源基地布局和取水条件,在龙口水利枢纽坝体内右岸预留取水口,取水口位置设在右岸 19# 坝段。设计范围从取水口进口至下游 0 + 300 处。

一、取水口设计要求

(1)在水库水位为 888.00 m 即水库死水位情况下,应能保证引取设计流量 24 m³/s,并能不间断供水;

(2)采取措施,防止漂浮物、冰凌进入输水道;

(3)进水口应设有闸门,在检修或发生事故时,可以关闸停止引水。

二、取水建筑物设计

根据枢纽布置特点,经技术经济比较,右岸采用坝上取水口的型式,布置在 19# 坝段近河床侧,共设 2 孔,单孔尺寸为 2.0 m×2.0 m。取水建筑物分别由坝上取水口、坝内输水钢管及坝后的 PCCP 管组成。单孔引水流量为 12 m³/s,两个取水口为各自独立的取水系统,根据实际用水需要,可采用单孔供水方式。坝内输水钢管及坝后 PCCP 管内径均为 2.0 m,以保证水流平顺,减少水头损失。在平面上,2 条输水管路中心线的间距从进口到出口始终保持为 4.5 m。

为保证水库在死水位情况下仍能满足取水流量要求,取水口的进口底高程设定为 880.00 m,在进水口前沿设拦污栅,以避免污物被带入进水口,造成输水道及闸门的堵塞,拦污栅后设置检修闸门,以便于输水道的检修。

(一)建筑物总布置

由 19# 坝段取水口取水,经坝内输水钢管和坝后的 PCCP 管引水至本阶段设计终止桩号下 0 + 300.00。取水口设 2 孔,底高程取 880.0 m,孔口尺寸 2.0 m×2.0 m,两孔口的中心桩号分别为坝 0 + 387.00 和坝 0 + 391.50,沿水流方向依次由进口曲线段、拦污栅、压坡段、检修闸门和上部结构组成。坝上取水口后为与 2 个取水口顺接的 2 条压力钢管,2 两条压力钢管从下 0 + 008.00 开始,首部为 4 m 长的渐变段,断面尺寸由 2.0 m×2.0 m 的方形渐变为 φ2.0 m 的圆形,压力钢管穿过坝体后下降至 864.50 m 高程,为了保证和坝后埋管顺接,压力钢管在下降到 864.50 m 高程后,在平面上向右岸旋转 5°,2 条压力钢管中心间距始终保持为 4.5 m。钢管在坝体末端出露 1 m,以利于与坝后埋管的连接。输水管道出坝后采用埋管形式,埋管材料采用预应力钢筒混凝土管,根据其工作条件,型号为:PCCPDE2 000×5 000/P0.8/H5。2 条埋管布置在消力池右边墙墙后与右岸山体边坡的坡脚之间,管轴中心线为 4.5 m,埋管中心高程为 865.50 m。平面上向右岸的水平转角:下 0+64.8—下 0+193.54 范围为 5°,下 0+193.54—下 0+300.00 范围为 8°。埋管下为砂垫层,厚 0.2 m,埋管上回填石渣,厚 1.5 m,地面高程为 868.00 m。

（二）坝上取水口布置

取水口孔口中心桩号分别为坝 0+387.00 和坝 0+391.50。两孔布置完全相同,从前到后依次由进口曲线段、拦污栅、压坡段、事故检修闸门及上部结构组成。进口曲线段顶部采用椭圆曲线,椭圆方程为 $\dfrac{x^2}{2.4^2} + \dfrac{y^2}{0.8^2} = 1$,两侧及底部采用圆弧曲线,圆弧半径两侧为 1.25 m,底部为 0.5 m。进口曲线段前沿尺寸为 4.5 m×3.35 m(宽×高),末端尺寸为 2.0 m×2.3 m(宽×高)。

拦污栅门槽中心桩号为下 0+002.65,槽内设拦污栅 1 套,其后接压坡段,压坡斜率为 1:4,压坡段末尾尺寸为 2.0 m×2.0 m。检修门槽中心桩号为下 0+005.05,槽内设检修闸门 1 套,其后为 2.2 m 长的混凝土方孔,孔口尺寸为 2.0 m×2.0 m,在桩号下 0+008.00 处与坝内输水钢管顺接。拦污栅和检修闸门均通过拉杆由坝顶 1 600 kN 双向门机操作。拦污栅、检修闸门底槛高程均为 880.00 m。

取水口拦污栅(2 m×2 m - 2 m,孔口宽度×孔口高度-水压差)为潜孔型式布置,拦污栅通过拉杆锁定在孔口顶部,当拦污栅栅条上的污物较多时,可通过坝顶 1 600 kN 双向门机将拦污栅提出孔口后,人工清理栅条间污物。

取水口检修闸门(2 m×2 m - 18 m,孔口宽度×孔口高度-设计水头,下同)为潜孔式平板定轮钢闸门,上游止水。当取水口引水洞后部的蝶阀需要检修时,检修闸门可以由坝顶 1 600kN 双向门机操作。闸门的操作条件为静水启闭。检修闸门平时通过拉杆锁定在孔口顶部。闸门锁定在孔口顶部时,应保证闸门底缘不阻水。

（三）输水钢管管道布置与结构设计

坝上取水口后接两条坝内输水钢管,坝内输水钢管从桩号下 0+008.00 开始,沿水流方向依次由上水平段、上弯段、斜直段、下弯段和下水平段共 5 部分组成。上水平段(桩号:下 0+008.00—下 0+020.50)首部为 4 m 长的渐变段,断面尺寸由 2 m×2 m 的矩形渐变为 φ2.0 m 的圆形,管轴中心线高程为 881.00 m,上弯段在立面上管轴中心线转弯半径为 6 m,与斜直段钢管相接,斜直段长 13.375 m,平行下游坝面,外包混凝土最小厚度为 1.5 m,其后是上弯管段,下弯管段管轴中心线在立面上的转弯半径为 6 m,圆心角 53°7′48″,反弧段末端桩号为下 0+038.125。在此以下为下水平段,管径仍为 φ2.0 m,管轴线高程为 865.50 m,平面上向右岸旋转 5°,管轴中心线转弯半径为 10.0 m,并伸出坝体末端(下 0+46.80)1 m 长,以保证与其后的 PCCP 管连接长度。

钢管从桩号下 0+017.50 以后的各管段,上覆混凝土厚度均较薄(1.5 m,小于 1 倍管径),为防止上覆混凝土裂穿,在钢管外壁均设置弹性垫层,按明管设计。钢管在桩号下 0+017.50 以前部分,外包混凝土厚度不小于 1 倍管径,设计上宜按坝内埋管考虑,钢管厚度按钢管、钢筋与混凝土联合承受内水压力计算比较合适。但由于该段钢管的长度相对较短(仅为 9.5 m,约为钢管总长度的 25%),同时,由于坝体应力及占实测应力主要部分的温度应力未予考虑,内水压力和结构的非对称型、管壁自重和回填混凝土压力引起的弯曲应力等也未计及。综合上述,输水钢管统一按明管考虑,钢管外围加配构造钢筋,以抵抗温度应力及其他不确定因素引起的对坝体不利的应力。

输水钢管各管段的加劲环均采用矩形截面,矩形截面加劲环能够保证钢管安装过程中的刚度,也易于保证外围混凝土的浇筑质量。

为了不和坝体混凝土浇筑相干扰,以及保证钢管安装精度要求,桩号下 0 +017.50 以后采用在坝身预留钢管槽的施工方法。2 条钢管的两侧预留 1.5 m 宽,底部预留 0.9 ~ 2.0 m,钢管槽总宽度为 9.50 m,待钢管安装后,再回填二期混凝土,并作接缝灌浆处理。

经计算分析,输水钢管管壁厚度取 10 mm,板材取 Q235D,考虑钢管的抗外压稳定及加劲环抗外压稳定要求,加劲环截面尺寸为 10 mm×150 mm,加劲环最大间距取 700 mm,管节长度考虑现场供料实际情况及加工条件,按小于 2 m 控制。

(四)PCCP 管管道布置设计

右岸输水建筑物在出坝体后的管路(下 0 +46.80—下 0 +300.00)采用 2 条 PCCP 管,产品型号根据工作条件选用 PCCPDE2000X5000/P0.8/H5,首部分别与出露坝体末端的 2 条输水钢管相接,接头采用钢制柔性承插口接头双胶圈型滑动胶圈。2 条 PCCP 管管轴中心线间距与输水钢管相同,为 4.5 m,平行布置在右岸山体边坡坡角与消力池右边墙之间。与右岸山体边坡走向及消力池右边墙布置相适应,平面上 PCCP 管在下 0 +046.80—下 0 +193.54 段向右岸旋转 5°,下 0 +193.54—下 0 +300.00 管段向右岸旋转 8°,桩号下 0 +300.00 以后的结构型式由业主通盘考虑后决定。2 条 PCCP 管均水平铺设,管轴进出口中心高程均为 865.50 m。PCCP 管管底铺设 0.5m 的砂垫层。待 PCCP 管铺设完成后回填石渣覆盖,石渣覆盖高程为 868.00 m。

三、结 语

(1)设置右岸取水口,可在投资增加不多的条件下(取水口工程总投资为 921.74 万元,占枢纽总投资的 0.375%),能为右岸内蒙古自治区及陕西省沿黄人民带来可观的经济效益和社会效益,故设置右岸取水口是必要的。

(2)坝上取水口型式,结构简单实用,省略了取水口建筑物的基础开挖处理、塔体设置、拦污栅及检修闸门的专用启闭设备等工作量,节约了投资,使整个枢纽布置紧凑合理。

(作者单位:中水北方勘测设计研究有限责任公司)

黄河龙口水利枢纽工程表孔、底孔坝段坝后尾岩加固设计

谢　坤　孙小虎　刘春锋

龙口水利枢纽是万家寨水利枢纽的反调节水库,使万家寨—天桥区间不断流,参与系统调峰等综合利用效益。枢纽主要由大坝、电站厂房、泄水建筑物组成。水库总库容1.96亿 m^3,电站总装机容量420 MW。拦河坝为混凝土重力坝,坝顶高程900 m,坝顶全长408 m,最大坝高51 m。大坝自左岸至右岸划分为 $1^\#$ ~ $19^\#$ 共19个坝段,其中: $12^\#$ ~ $16^\#$ 坝段为底孔坝段,每个坝段长20 m,总长100 m,布置有10个泄流排沙底孔; $17^\#$ 、 $18^\#$ 坝段为表孔溢流坝段,每个坝段长17 m,总长34 m,布置有2个表孔。表孔和底孔坝段均采用底流消能,坝后设两级消力池。

一、坝后尾岩稳定问题

拦河坝坝基存在 NJ_{303} 、 NJ_{304} 、 NJ_{304-1} 、 NJ_{304-2} 等多条泥化夹层,因其物理力学指标较低,坝后尾岩(抗力体)对坝体深层抗滑稳定起较大作用。平面非线性有限元计算结果表明:坝后尾岩表面有隆起现象,局部有拉应力区,滑裂通道上有拉裂破坏单元。建议在底孔、表孔每个坝段坝体下游尾岩20 m范围之内,施加20 000 kN的垂直压力。

二、坝后尾岩加固方案

(一)锚筋桩加固方案

底孔、表孔坝段下游为消力池,无法通过增加混凝土压重来施加垂直压力。初步设计阶段采取在尾岩处打锚筋桩的措施加固尾岩岩体。依据平面非线性有限元分析,尾岩的破坏主要发生在 NJ_{304} 以上各岩层,为使锚筋桩有足够的锚固力,其深入岩石的深度均应在 NJ_{304} 层5 m以下,单根锚筋桩抗拔力大于2 000 kN。锚筋桩直径60 cm,底部1.5 m长范围爆破成扩大头状,扩大头直径100 cm,桩顶部钢筋与上部混凝土钢筋网连接为整体。表孔坝段设4排锚筋桩,桩间、排距6 m,深入 NJ_{303} 下1 m,桩深17 m;底孔坝段设4排锚筋桩,桩间、排距6 m,深入 NJ_{303} 下1 m,桩深17 m。锚筋桩采用R250混凝土,配置双层直径32 mm螺纹钢筋,箍筋直径12 mm。

(二)预应力锚索加固方案

招标设计阶段对尾岩加固处理进行了预应力锚索方案的研究。预应力锚索加固方案如下。

预应力锚索设计采用每根2 000 kN级黏结锚索,有专门防腐层的无黏结预应力钢绞

线。锚固段全长范围内钢铰线防腐层全部去除,锚固段钢绞线通过浆体与孔壁结合成整体,而张拉段钢绞线与浆体可以产生滑动。

预应力锚索主要设计参数见表1。

表1 预应力锚索主要设计参数

项 目	2 000 kN 级锚索设计参数
设计永存力(kN)	2 000
设计超张拉力(kN)	2 200
锚索长度(m)	26
钢绞线强度级别(MPa)	1 860
钢绞线股数	13
锚具	OVM. M15－13
钻孔直径(mm)	150
内锚固段长度(m)	7
锚索形式	无黏结锚索

预应力锚索钻孔直径 150 mm,布置在表孔和底孔的一级消力池内。预应力锚索底部为锚固段,长 7.0 m;中间为张拉段,长 18.0 m;基岩面以上即锚索顶部为锚头,锚头(锚墩)深入消力池底板内 1.0 m。锚墩的上、下层钢筋网伸入消力池底板内,与消力池底板连接为整体。表孔坝段设 4 排锚索,桩排距 6.5 m,间距为避开消力池底板的伸缩缝间距不等,按梅花形布置,共布置 22 根,锚索深入 NJ_{303} 下 10 m,单根锚索长 26 m。底孔坝段设 4 排锚索,锚索排距 6.5 m,按梅花形布置,共布置 67 根,锚索深入 NJ_{303} 下 10 m,单根锚索长 26 m。

(三)方案比选

结合锚筋桩、预应力锚索两种加固方案的具体设计,从施工工艺、工期、投资等方面对两种方案特点列表比较,见表2。

通过比较可以看出,虽然两种坝后尾岩加固方案在技术上都是可行的,但预应力锚索加固方案与锚筋桩加固方案相比存在以下明显优势。

(1)与锚筋桩相比,提供相同吨位的压力,预应力锚索方案造价较低,约节省投资40%。

(2)与锚筋桩相比,预应力锚索施工强度低,施工速度快,能有效地缩短工期。

(3)混凝土锚筋桩为受拉状态,不能充分发挥混凝土材料性能,而锚索的钢绞线适于受拉,能充分发挥材料性能。

(4)与锚筋桩相比预应力锚索造孔孔径较小,能尽可能少地扰动被锚固的岩体。

(5)预应力锚索通过调整锚固段的位置能够合理、有效地利用深层岩性较好岩层的强度,而锚筋桩的抗拉却需要桩侧所有岩层提供。

(6)层状岩体利用预应力锚索加固后,可使各岩层层间摩阻力增大,从而增强层状岩层的稳定性并提高其承载能力,间接地提供了岩体的抗剪切能力。

近年来开发的无黏结预应力筋由钢绞线、防腐油脂涂料层和聚乙烯(聚丙烯)外包层组成,具有优异的防腐、抗震和锚固性能,有效地解决了锚索的防腐、防锈和耐久性问题。

预应力锚索这种高效、经济的锚固技术近些年来得到了迅速的发展,广泛地应用到了岩土和建筑物的加固中,国内主要水利工程中利用此技术进行坝基加固的有:梅山水库坝基、麻石水库坝基、双牌水库坝基、丰满水电站坝基、石泉水库坝基等。

表 2 　　　　　　　　　　　　　　　锚筋桩加固、预应力锚索加固方案对比

项目	锚筋桩加固方案	预应力锚索加固方案
方案	桩径 600 mm,桩长 16~20 m,设计荷载 209 t,各坝段共计需 240 根	钻孔孔径 150 mm,孔深 30 m,设计荷载 200 t,各坝段共计需 240 根
投资	每根 3.4 万~4.0 万元,共计 816 万~960 万元	每根 2.2 万元,共计 528 万元
工作原理	坝后尾岩若发生水平、垂直位移,则提供抗剪力,提供桩侧摩阻力	在坝后尾岩中主动施加预应力,提高尾岩岩体内部压应力,使各岩层层间摩阻力增大,从而增强层状岩层的稳定性并提高其承载能力,间接地提供岩体的抗剪切能力,特别是沿软弱夹层的抗剪力
加固效果	尾岩发生位移趋势后,能够为尾岩提供报告所需的垂直压力,能够达到处理目的	在尾岩中主动施加岩体稳定所需的垂直压力,限制尾岩位移发生,能够达到处理目的
施工工艺	1. 钻孔回转钻难以实现,冲击钻施工困难 2. 600 mm 孔径钻孔设备难配备 3. 扩孔困难,用机具难以实现,用爆破扩孔,扩孔不规则,基岩松动,易对相邻孔产生干扰 4. 钻孔取芯困难,爆破扩孔后清渣困难 5. 风、水、电消耗量很大,施工噪声较大,灰尘多,作业环境恶劣 6. 要求施工单位技术水平较高	1. 孔径较小,普通钻机即可实现 2. 200 t 锚索属于中小吨位,工艺简单,一般施工单位都能实现; 3. 施工用水电较少,施工噪声小,灰尘极少,作业环境较好
工期	不含扩孔,18 m,每孔最少要 7 d;较硬基岩中扩孔,工期较难预测	30 m,每孔最多 2 d,工期主要受下锚头灌浆龄期的限制,可通过采用膨胀水泥、添加速凝剂、采用树脂胶凝材料灌浆等方法来缩短工期

三、结　论

　　预应力锚索坝后尾岩加固方案可行,且与锚筋桩方案相比存在诸多优点,通过比选最终采用预应力锚索方案对龙口水利枢纽工程拦河坝表孔、底孔坝段坝后尾岩进行加固。工程蓄水运行至今已两年有余,安全监测表明:底孔、表孔坝段坝后尾岩、预应力锚索等各项指标均正常,说明此加固措施合理、有效。

(作者单位:中水北方勘测设计研究有限责任公司)

黄河龙口水利枢纽工程大机组坝段
进、出口三维有限元计算

王　浩　余伦创　赵新波

黄河龙口水利枢纽河床电站共布置 5 台机组,每台机组为一独立坝段,其中 $1^{\#}\sim4^{\#}$ 机组为大机组,单机容量为 100 MW,坝段宽度均为 30 m。电站流道进口部位通过两中墩将流道分成左、中、右三等宽(5.9 m)过流孔,左、右过流孔下部各设 1 排沙洞。由于流道进、出口部位孔口尺寸较大且空间变化复杂,在水压力、混凝土结构自重、门机及变压器等设备等荷载的作用下,故流道进、出口部位的结构受力状况十分复杂。若按传统方法切取流道断面按平面框架进行结构内力计算,无法确切施加框架所受荷载,难以反映真实的受力及变形。因此,选取电站流道进口和出口一定区段的结构体分别建立三维有限元模型进行应力分析。

一、计算方法和计算工况的确定

计算采用实体三维有限元方法按线弹性材料进行结构应力分析,分析计算采用美国 ALGOR 结构有限元分析系统完成。

流道进、出口段选取正常运行和机组检修两种工况进行计算。流道进口段正常运行工况相应上游水位 898.00 m,下游水位 860.50 m,进口流道内水接触面承受上游库水位水压力荷载;机组检修工况相应上游水位 898.00 m,下游水位 860.50 m,流道内检修门上游水接触面承受上游水压力荷载,流道内检修门下游侧无水。流道出口段正常运行工况相应上游水位 898.00 m,下游水位 860.50 m,流道内承受下游水压力荷载,排沙洞出口检修门上游区洞段内承受上游水压力;机组检修工况相应上游水位 898.00 m,下游水位 860.50 m,流道出口检修门上游区洞段内无水,排沙洞出口检修门上游区洞段内承受上游水压力。

二、计算模型

对复杂的空间结构进行有限元分析,建立合理的计算模型是确保计算结果接近实际的先决条件。为比较真实地模拟电站坝段流道进、出口各部位受力状况,在建立三维模型时考虑如下。

流道进口选取桩号 0 + 22.48 上游侧坝体混凝土结构,上、下游各 102.50 m 以及坝基下 97.50 m 深范围的岩石基础建立三维模型,以反映实际整体变形。流道进口结构体形及有限元网格见图 1。

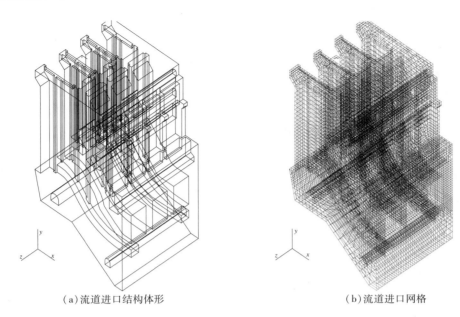

　　（a）流道进口结构体形　　　　　　　　　　　（b）流道进口网格

图 1　流道进口有限元计算模型网格图及坐标系

　　流道出口选取桩号 0+40.37 下游混凝土结构，上、下游分别为 63.00 m 和 73.72 m 以及坝基下 65.00 m 深范围的岩石基础建立三维模型，以反映实际整体变形。流道出口结构体形有限元网格见图 2。

　　计算模型基础边界约束如下：模型上、下游端立面岩石基础节点约束 x 向位移，左右两侧立面岩石基础节点约束 z 向位移，基础最底面节点约束全部位移。

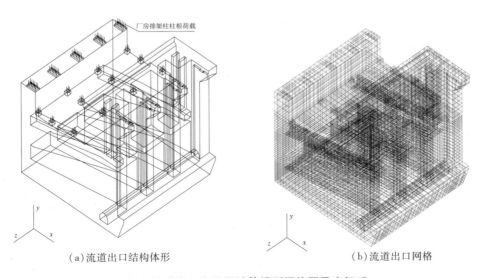

　　（a）流道出口结构体形　　　　　　　　　　　（b）流道出口网格

图 2　流道出口有限元计算模型网格图及坐标系

三、材料参数及计算荷载

(一)材料参数

计算中材料参数如下:

坝体混凝土标号:C20。

容重 $\gamma_{混凝土}=24\ kN/m^3$,弹模 $E_{混凝土}=2.55\times10^4\ MPa$,波松比 $\mu_{混凝土}=0.167$。

电站坝段岩石基础材料主要为 $O_2m_2^{2-1}$ 中厚、厚层貂皮灰岩、灰岩,根据地质资料,取值如下:表层岩石天然容重 $\gamma_{岩1}=26.5\ kN/m^3$,底部考虑沉降已完成,开挖扰动较小,计算时不计自重, $\gamma_{岩2}=0$,弹模 $E_{岩1}=E_{岩2}=1.8\times10^4\ MPa$,波松比 $\mu_{岩1}=\mu_{岩2}=0.22$。

(二)计算荷载

1.流道进口

正常运行工况下,计算荷载包括如下内容:

(1)坝体结构体自重;

(2)上游坝面及流道内静水压力,其中流道内所有迎水面承受上游静水压力;

(3)左、右坝段横缝缝面水平水压力,其中竖向止水上游侧立面承受上游库水位水压力,竖向止水下游侧水平止水下部区域承受下游尾水位水压力;

(4)上部桥梁等结构自重,桥梁荷载以支座反力形式作用于两端支座上;

(5)通过排架柱传递的厂房屋面结构及分布荷载;

(6)主厂房运行层地面分布荷载:按 $10\ kN/m^2$ 考虑;

(7)坝基扬压力;

(8)上游护底承受上游库水位的水压力;

(9)桩号 0+22.48 下游基础顶面施加电站基底中后部地基的反力荷载;

(10)考虑电站流道进口底部排沙洞排沙效果,不计泥沙压力。

机组检修工况下,除检修门槽下游流道内无水,检修门所承受的静水压力传递作用于检修门槽下游侧立面外,其余荷载同正常运行工况。

2.流道出口

正常运行工况下,计算荷载包括如下内容:

(1)流道出口结构体自重;

(2)下游坝面流道及排沙洞内水压力,流道内迎水结构面承受下游水压力,排沙洞出口检修门之前承受上游水压力;

(3)左、右坝段横缝缝面水压力,缝面止水下部的侧立面作用下游尾水位水压力;

(4)出口上部检修桥及门机大梁自重及轮压荷载;

(5)通过排架柱传递的厂房屋面结构及分布荷载;

(6)流道顶部混凝土及设备自重荷载;

(7)坝基扬压力;

(8)下游护底承受下游尾水位水压力;

(9)桩号 0+40.37 上游基础顶面施加电站中前部基底地基反力荷载。

机组检修工况下,除出口检修门槽上游侧流道内无水,检修门所承受的水压力传递作用于出口检修门上游侧门槽外,其余荷载同正常运行工况。

四、计算结果及分析

(一)流道进口

从计算结果可知,由于电站进口结构体形不完全对称,两侧刚度的略微差异造成了进口部位结构应力沿坝轴线方向呈不完全对称分布。进口流道、排沙洞等孔洞结构占坝段结构的体积比例较大,对整个坝段结构消弱影响明显,并且流道、排沙洞、门槽等结构体形的空间变化大,因此坝段流道进口部位应力分布复杂,局部应力集中,拉应力值较大。

1. 正常运行工况

在正常运行工况下,存在流道内外水压力荷载不平衡,流道内局部范围内水压力远大于对应部位缝面水压力,故在这些区域及其附近区域,在各种荷载尤其是内水压力作用下,出现较大拉应力,局部出现应力集中现象。

从典型断面 0 + 15.75 纵剖面应力分布图可以看出:流道顶部、底部及排沙洞孔洞周边均出现一定范围的主拉应力。两侧流道孔最大主应力拉应力值较中部流道孔的最大主应力值大,且右侧流道孔顶部最大主拉应力较左侧流道孔顶部最大主拉应力略大,而右侧流道孔底部最大主拉应力较左侧流道底部最大主拉应力略小(见图 3)。

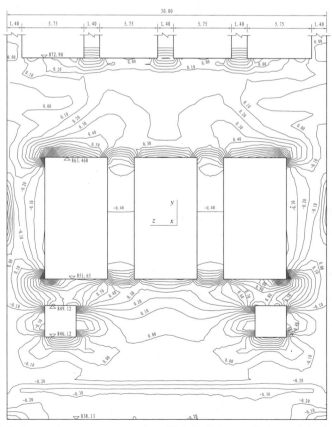

图 3　流道进口正常工况 0 + 15.75 断面最大主应力 σ_{max} 等值线(应力单位:MPa)

2.机组检修工况

在机组检修工况下,同样存在流道内外水压力荷载不平衡的问题。此时电站进口检修门挡水,检修门下游流道无水,因此相当一部分流道区域外水压力大于内水压力,在各种荷载综合作用下,流道及孔洞周边也出现一定范围的拉应力,局部应力集中现象明显(见图4)。

图4　流道进口检修工况 0 + 15.75 断面最大主应力 σ_{max} 等值线(应力单位:MPa)

与正常运行工况相比,流道顶部、底部及排沙洞孔洞周边等部位出现的拉应力都相对缓和,这也表明电站进口部位流道的内外不平衡水压力对结构产生不利的拉应力更为敏感。在检修工况下,两侧流道孔顶部最大主应力 σ_{max} 及 z 向正应力 σ_z 出现的拉应力值较中部流道孔的应力值小,两侧基本对称。两侧流道孔底部最大主应力 σ_{max} 及 z 向正应力 σ_z 出现的拉应力值较中部流道孔的应力值大,两侧亦基本对称。

3.对比分析

从上述两工况计算结果可知:电站进口流道及排沙洞孔洞周边应力对内水压力作用较其他作用荷载更敏感,内水荷载将对结构产生不利的扩张拉应力,因此电站流道内充水工况为结构受力及配筋控制工况。而检修工况的外水作用所产生的流道内侧立面的竖向拉应力由于自重产生的压应力抵消作用,结构应力较易控制在结构允许的范围内,因此在设计中适当调整坝段横缝立面止水的位置,利用外水压力来抵消内水压力,从而达到控制和改善流道应力是非常有效和必要的。

(二)流道出口

从计算结果可知,由于电站出口为对称结构体形,并且计算所施加的荷载亦为对称荷载,因此进口部位结构应力沿坝轴线方向呈对称分布。尽管电站尾水流道存在内外不平衡水压力,但总体来看,作用水头较小,故出口尾水流道周围应力分布相对较缓和,局部虽存在应力集中,但拉应力值不大。

总体来看,在各种荷载作用下,流道及排沙洞孔洞四周应力不大,拉应力集中且较大部位的应力值一般只有 0.4~0.5 MPa,最大值也都小于 1.0 MPa,因此流道周圈配筋可综合考虑结构受力、裂缝计算等因素确定。

五、结　　语

(1)对于孔口尺寸较大且空间变化复杂,准确施加框架所受荷载比较困难的坝体结构,采用合适的计算软件,建立三维有限元仿真模型进行三维有限元计算,能够接近真实地求解出计算体的受力及变形。

(2)计算结果表明,电站进口流道等孔洞周边应力对内水压力作用较其他作用荷载更敏感,为结构受力及配筋控制工况。因此,在设计中适当调整坝段横缝立面止水的位置,利用外水压力来抵消内水压力,从而达到控制和改善流道应力是非常有效和必要的。

(作者单位:中水北方勘测设计研究有限责任公司)

黄河龙口水利枢纽工程
大机组坝段蜗壳三维有限元计算

马妹英　　王立成　　刘艳艳

龙口水利枢纽位于黄河北干流托龙段尾部,总库容 1.96 亿 m³,总装机容量 420 MW,属大(Ⅱ)型工程。电站最大水头为 36.3 m,如采用钢衬钢筋混凝土蜗壳,一是钢衬安装占据直线工期,二是钢衬与混凝土之间的接触灌浆技术难度较高,故大机组采用钢筋混凝土蜗壳。蜗壳平面尺寸在 $+x$ 轴方向为 13.65 m, $-x$ 轴方向为 7.85 m,蜗壳进口断面尺寸为 6.254 m×10.5 m。

一、蜗壳结构分析

因为水头较高,并且电站蜗壳及尾水管结构是形体复杂的空间结构,在各种荷载作用下,其受力状况复杂,为较真实地反映蜗壳实际受力状态,需按照空间有限元方法进行结构应力分析,计算软件采用 ANSYS 进行。

(一)计算工况

选择危险工况进行计算,计算工况如下。

1. 水击运行工况

上游水位 898.00 m,下游水位(2 台机组发电)861.85 m。蜗壳及尾水管承受内水压力(包括水击压力)、外水压力、自重、基墩荷载以及水轮机层荷载的作用。

2. 机组检修工况

上游水位 898.00 m,下游水位(小机组发电)860.50 m,蜗壳及尾水管承受自重、基墩荷载以及水轮机层荷载的作用。

(二)计算模型及坐标系

模型采用三维 10 节点实体单元 SOLID187 模拟蜗壳尾水管结构,用三维杆单元模拟固定导叶及蜗壳进口处的中墩。计算模型共有 52 850 节点,34 203 单元。模型基础部分底部全约束,不考虑上下游坝块对模型的作用。

有限元计算模型及计算网格见图1、图2。

(三)计算荷载及材料参数

(1)水击工况下,计算荷载包括如下内容:

结构体自重;

内水压力(包括水锤压力)及坝体两侧缝面外水压力;

机墩传来的荷载(包括发电机层的荷载);

水轮机层荷载。

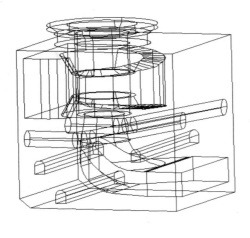

图1　计算模型

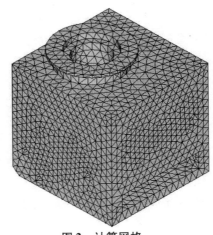

图2　计算网格

（2）检修工况下，计算荷载包括如下内容：

结构体自重；

机墩传来的荷载（包括发电机层的荷载）；

水轮机层荷载以及坝体两侧缝面外水压力。

（3）材料参数：

混凝土标号：C25；

容重 $\gamma_{混凝土} = 24$ kN/m³，弹模 $E_{混凝土} = 2.80 \times 10^4$ MPa；

泊松比 $\mu_{混凝土} = 0.167$。

电站坝段地基基础材料主要为 $O_2 m_2^{2-1}$ 中厚、厚层貂皮灰岩、灰岩，地质资料取值如下：表层岩石天然容重 $\gamma_{岩1} = 26.5$ kN/m³，底部考虑沉降已完成，开挖扰动较小，计算时不计自重，$\gamma_{岩2} = 0$，弹模 $E_{岩1} = E_{岩2} = 1.8 \times 10^4$ MPa，波松比 $\mu_{岩1} = \mu_{岩2} = 0.22$。

（四）计算结果及分析

限于篇幅，计算结果列出3个主要剖面：一个是蜗壳进口部位垂直水流向的铅垂向剖面，另外两个剖面分别选取通过机组中心线部位的水流方向和垂直水流方向的两铅垂平面。

1. 水击工况计算结果

计算结果见图3～图5，图中应力单位为Pa。

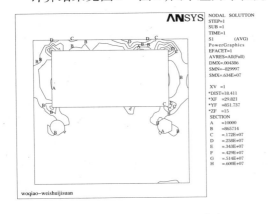

图3　进口剖面水击工况下 σ_1 应力

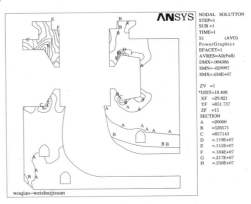

图4　中心线剖面水击工况下 σ_1 应力

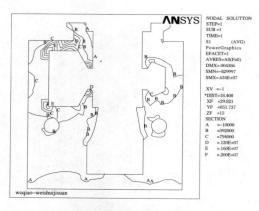

图5　尾水管机组中心线剖面水击工
况下 σ_1 应力

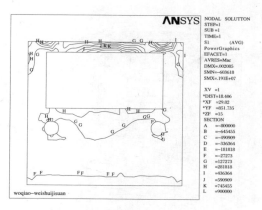

图6　进口剖面 σ_1 应力

2. 检修工况计算结果

检修工况下计算结果见图 6~图 8,图中应力单位为 Pa。

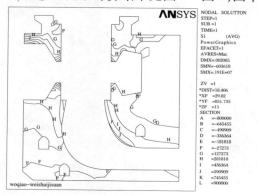

图7　尾水管流道中心线剖面 σ_1 应力

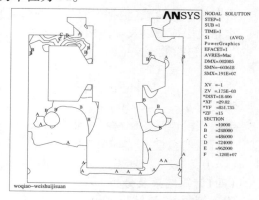

图8　蜗壳尾水管机组中心线剖面 σ_1 应力

3. 应力结果分析

1)水击工况

在此工况下,由于考虑水击压力作用,水头较高(平均 45 m),在蜗壳内角边缘产生了较大的拉应力,其他不同部位产生的拉应力值不同,尤其在进口上部的两个角点处,应力集中明显,主拉应力最大值达到 6.34 MPa,但其开展范围不大。通过加强配筋可以满足设计要求,但应考虑抗裂问题。进水口顶板上边缘,最大拉应力值达到 2.58 MPa,下部边缘拉应力较小,为 0.01 MPa。在进水口部位,拉应力贯穿整个进水口两侧边墙,外侧部分出现较大的拉应力,最大值为 1.72 MPa,内侧拉应力较小,为 0.01 MPa。随着蜗壳过水断面的减小,这种拉应力贯穿的现象逐渐减弱,经过一段距离,内侧拉应力逐渐转变为压应力,但到达蜗壳末端,由于应力集中,拉应力又有所增加,不过比蜗壳进口处的应力集中的情况要轻,最大值为 2.5 MPa。尾水管部分的拉应力相对较小,应力最大值为 0.66 MPa。

2）检修工况

在此工况下，荷载主要是自重，但相对于水击工况下的水击压力来说，不论是蜗壳进口处、蜗壳内部还是尾水管部分，拉应力都相对较小，故检修工况在配筋计算中不是控制工况。

二、结　语

通过对蜗壳的三维有限元分析可知：在各项荷载中，内水压力产生的应力是最主要的，其他荷载产生的应力对蜗壳的结构不起控制作用；由于蜗壳内角都是直角，所以在蜗壳的内角边缘出现应力集中，但其开展范围不大；蜗壳计算采用空间结构，可得出蜗壳的环向应力，在进行蜗壳环向配筋计算时可以参考。

针对蜗壳顶板混凝土厚度薄、拉应力大等难题，设计采用加暗梁、钢板、局部钢筋加强等措施解决。为解决钢筋混凝土蜗壳限裂等相关问题，满足蜗壳防渗、抗裂问题，在蜗壳流道进口区和蜗壳顶板范围内采用 16 mm 厚 Q235B 钢板衬砌，在蜗壳流道底板及侧墙采用 C35F200W6 抗冲磨纤维混凝土，混凝土表面采用 10 mm 厚环氧砂浆防护。

目前龙口水电站已经蓄水发电，运行良好，蜗壳及尾水管结构安全可靠。

（作者单位：中水北方勘测设计研究有限责任公司）

黄河龙口水利枢纽工程
大机组机墩与风罩结构分析

韩 强 陈 浩 余新启

机墩、风罩组合结构承受着发电机和水轮机传来的静荷载和动荷载,必须具有足够的强度、刚度和稳定性。龙口水电站 $1^{\#}\sim4^{\#}$ 大机组机墩采用圆筒式矮机墩,风罩为钢筋混凝土圆筒薄壁结构,混凝土强度等级 C25。为增强结构刚度,提高抗振性,风罩与楼板间采用整体现浇连接。

一、机墩设计

圆筒形机墩的优点是结构刚度大,抗扭抗振性能好,结构计算和施工简单,但占用空间较大,材料用量多,适用于大型机组。龙口水电站 $1^{\#}\sim4^{\#}$ 大机组安装轴流转桨式水轮发电机组,发电机型号 SF100 – 64/12310,水轮机型号 ZZLK – LH – 710,适合采用圆筒式矮机墩结构。

机墩结构厚 3 500 mm,高 3 560 mm。下机架共有 10 个支臂,分布圆直径为 10 930 mm,下机架基础顶面高程为 866.20 m,宽 700 mm,机坑里衬直径 10 200 mm。定子基础顶面高程 868.32 m,宽 2 200 mm,中心分布圆直径 13 292 mm,共 10 个。在 864.80 m 高程的水轮机层,每个机墩沿 $-x$ 轴和 $-y$ 轴各设 1 个宽 1.5 m、高 1.8 m 的机坑进人通道。

机墩结构分析计算包括动力分析和静力分析两部分。动力分析主要是验算结构是否产生共振及振幅是否超出规范允许值。静力分析包括机墩的垂直正应力和扭矩产生的剪应力,并按偏心受压构件进行配筋计算。

机墩动力分析中假定:

(1)机墩振动简化为单自由度无阻尼体系计算;

(2)机墩自身重量用一个作用于圆筒顶部的集中质量代替;

(3)振动是弹性范围内的微幅振动,力和变位服从虎克定律;

(4)结构振动时的弹性曲线与在静质量作用下的弹性曲线形式相似。

机墩静力分析中假定:机墩底部固定在水轮机层,顶部为自由端,不考虑楼板刚度的作用。

作用于机墩的楼板荷载、风罩自重及机组荷载均假定均布在机墩顶部并换算成相当圆筒中心圆周的荷载。圆筒内力按圆筒中心周长截取单位宽度按偏心受压柱计算。静力计算中的动荷载均乘以动力系数 1.5,疲劳系数 C_0 取 2.0。

机墩结构设计时垂直静荷载主要包括结构自重、发电机定子重、机架重、附属设备重。垂直动荷载主要包括发电机转子重、励磁机转子重、水轮机转轮重、轴向水推力。水平动荷载主要包括水平离心力、扭矩。主要荷载参数为：

(1)发电机转子连轴质量:450.0 t;

(2)发电机定子质量:250.0 t;

(3)发电机上机架质量:15.0 t;

(4)发电机下机架质量:120.0 t;

(5)发电机出力 N:100 000 kV·A;

(6)正常转速 n:93.8 r/min;

(7)飞逸转速 n_p:260.0 r/min;

(8)水轮机转轮连轴重:200.0 t;

(9)轴向水推力 V_3:1 500.0 t。

机墩动力计算包括垂直自振频率、水平横向自振频率、水平扭转自振频率和振幅验算等,计算结果为：

垂直自振频率 n_{01}: 6 564 r/min;

强迫振动频率 n_2: 15 750 r/min;

水平横向自振频率 n_{02}:13 619 r/min;

水平扭转自振频率 n_{03}: 4 944 r/min;

垂直振幅: 0.004 62 mm < 0.10 mm;

正常运行时水平振幅之和: 0.003 51 mm < 0.15 mm;

飞逸时水平振幅之和: 0.000 05 mm < 0.20 mm;

短路时水平振幅之和: 0.015 55 mm < 0.20 mm。

动力计算各项指标均满足规范要求。

机墩静力计算表明,机墩内壁主拉应力 σ_{max} = −8.4 kPa,小于混凝土允许拉应力。最大内力发生在机墩底部,最大纵向力 947.66 kN,最大弯矩 −431.33 kN·m。

竖向受力钢筋按偏心受压构件配置,内外侧相同,水平环向钢筋按构造配置。配筋计算结果小于最小配筋率,最终按构造要求配筋。实际配筋为:竖向钢筋 ϕ 28@200,环向钢筋 ϕ 22@200。

二、风罩结构设计

发电机风罩为钢筋混凝土薄壁圆筒结构,混凝土强度等级 C25。内径 16 000 mm,厚600 mm。基础与机墩整浇在一起,风罩基础高程 868.32 m,顶高程 872.90 m。为增强结构刚度,提高抗振性,电缆层和发电机层楼板与整体浇筑,楼板与厂房边墙为简支连接。风罩顶部内侧设 10 个上机架水平千斤顶基础,壁厚增至 1 100 mm,为环形牛腿体形。风罩壁设4 个 600 mm×600 mm 通风孔,下游侧设 3 400 mm×1 100 mm 主引出线洞。风罩在 868.60 m 高程的电缆夹层,沿 −x 轴逆时针 9°方向设 1 个宽 1.0 m、高 2.0 m 的消防通道。

风罩的圆筒内力计算采用弹性薄壳小挠度及轴对称理论公式计算。计算中假定,风罩简化为上端简支、下端固定的有限长薄壁圆筒结构。

风罩承受的主要荷载包括:结构自重,发电机上机架千斤顶水平推力,电缆层和发电机层楼板活荷载和风罩内外温差产生的温度荷载等。

计算工况有两种,一种基本组合即正常运行工况,另一种特殊组合为正常运行加温度荷载。计算中,风罩内温升取 10 ℃,风罩内外温差取 25 ℃。风罩结构计算包括承载力极限状态计算和正常使用极限状态裂缝开展宽度计算。

按上述荷载计算风罩纵向弯矩及环向弯矩值,然后分别按偏心受压构件配置竖向钢筋,按受弯构件配置环向钢筋。

计算结果表明,正常使用极限状态风罩最大裂缝宽度计算值 0.32 mm 小于规范要求的 0.35 mm。风罩竖向钢筋切取单宽按纯弯构件配筋,环向钢筋切取单宽按偏心受压或受拉构件配筋。风罩内、侧外侧竖向钢筋实际为 5 ϕ 28@200。

风罩进人门及通风孔等孔洞的周围考虑到温度应力、机组运行带来的振动荷载和扭矩作用,均配置了孔口加强筋。

三、结 论

静力计算和动力计算表明,机墩及风罩结构的静动力特性及配筋均满足规范的要求,目前机组运行正常。

(作者单位:中水北方勘测设计研究有限责任公司)

黄河龙口水利枢纽工程
大机组坝段尾水管结构分析

高　诚　李洪蕊　柴玉梅

尾水管是水电站厂房水下建筑的主要承重和过水结构,主要受到自身重量、顶板以上的设备和结构自重、管内静水压力、扬压力、地基反力、岩体压力等荷载的作用。黄河龙口水利枢纽大机组尾水管底板顶高程 837.47 m,出口高程 841.87 m。尾水管为 3 孔,中心线至下游出口长 39.4 m,扩散后净宽 6.4 m,出口处高度为 9.5 m,在尾水出口设置 4.7 m 宽的水平段,中墩厚 2.35 m,边墩厚 3.05 m。

一、尾水管结构分析

大机组采用弯肘式尾水管,主要由三部分组成:锥管段、肘管段和出口扩散段。锥管段周围均为大体积混凝土,按经验不进行结构计算,仅配置构造钢筋即可。但肘管段顶板与底板跨中弯矩、肘管段侧墙及出口扩散段墩墙与底板的连接处弯矩均较大,为确保结构安全,采用结构力学法与有限元法对肘管段和出口扩散段进行了结构分析。

(一)计算原则及假定

结构力学法采用弯矩分配法计算内力,在计算中考虑剪切变形和刚性节点影响,对尾水管肘管段及扩散段选取 2 个典型断面,分别沿横水流方向切取剖面简化为平面框架进行分析计算。而三维实体有限元方法按线弹性材料,选取电站桩号下 0 + 40.37 至出口全部坝体结构建立三维有限元模型进行应力分析计算。

(二)计算中荷载及荷载组合

结构力学法计算荷载包括顶板及闸墩自重 A_1,上部设备及结构重 A_2,正常水位内水压力 A_3、外水压力 A_4 及扬压力 A_5,地基反力 A_6,底板自重 A_7,校核洪水位内水压力 B_1,检修水位外水压力 B_2,校核洪水位外水压力 B_3,检修水位扬压力 B_4,校核洪水位扬压力 B_5 和上部流态混凝土重及施工重 B_6。三维实体有限元法与结构力学法相比,还考虑了排沙洞出口检修门上游侧洞周承受上游水压力 B_7,左、右坝段横缝缝面水平水压力 B_8,缝面止水下部的区域作用下游水压力 B_9 等荷载对尾水管的影响。

从荷载组合情况分析,检修工况为肘管处及扩散段控制工况。结构力学法检修工况的荷载组合为 $A_1 + A_2 + B_2 + B_4 + A_6 + A_7$;三维实体有限元法检修工况的荷载组合为 $A_1 + A_2 + B_2 + B_4 + A_6 + A_7 + B_7 + B_8 + B_9$。

(三)简要计算过程

1.计算基本参数

结构力学法肘管段共 1 跨,净跨度 23 m,净高 4.7 m,顶板厚 5 m,边墩厚 3.5 m,底板厚

4.5 m;出口扩散段共3跨,净跨度6.4 m,净高8.6 m,顶板厚5 m,边墩厚3.05 m,中墩厚2.35 m,底板厚5.6 m。肘管段与出口扩散段断面型式见图1。

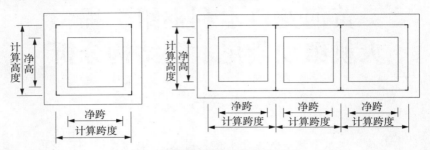

图1　肘管段与出口扩散段断面

为比较真实地了解电站坝段出口各部位的应力分布状况,三维实体有限元法在建立三维模型时考虑了坝段出口下0+40.37桩号下游混凝土结构及上、下游分别63.0 m和73.72 m坝基下65.0 m深范围的岩石基础,以反映实际整体变形。有限元计算模型网格见图2。

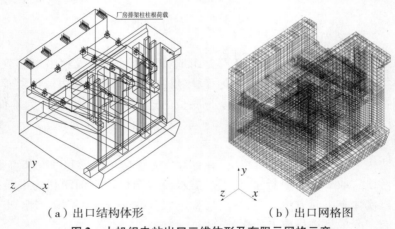

（a）出口结构体形　　　　　　　　（b）出口网格图

图2　大机组电站出口三维体形及有限元网格示意

2. 内力计算结果

从计算结果上看,检修工况为肘管处和扩散段的控制工况。

结构力学法检修工况肘管剖面内力计算结果如下:

底板:M_{max} = 15 866 kN·m(外侧);Q_{max} = 4 320 kN;N_{max} = 1 374 kN。

边墙:M_{max} = 15 866 kN·m(外侧);Q_{max} = 1 374 kN;N_{max} = 4 320 kN。

顶板:M_{max} = 12 557 kN·m(外侧);Q_{max} = 3 909 kN;N_{max} = 572 kN。

结构力学法检修工况出口扩散段剖面内力计算结果如下:

底板:M_{max} = 3 542 kN·m(外侧);Q_{max} = 1 794 kN;N_{max} = 1 203 kN。

边墙:M_{max} = 3 542 kN·m(外侧);Q_{max} = 1 213 kN;N_{max} = 2 023 kN。

顶板:M_{max} = 2 583 kN·m(外侧);Q_{max} = 1 368 kN;N_{max} = 803 kN。

三维实体有限元法下0+58.9断面机组检修工况下的应力计算结果见图3。

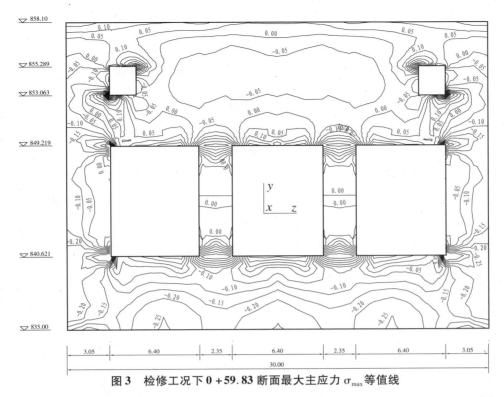

图 3　检修工况下 0 + 59.83 断面最大主应力 σ_{max} 等值线

　　从三维实体有限元法计算结果可知,由于电站出口为对称结构体形,并且此次计算所施加的荷载亦为对称荷载,因此进口部位结构应力沿坝轴线方向呈对称分布。尽管电站尾水流道存在内外不平衡水压力,但总体看来作用水头较小,故出口尾水流道周围应力分布相对较缓和,局部存在应力集中,但拉应力值不大。在各种荷载作用下,流道及排沙洞孔洞四周应力不大,拉应力集中且较大部位的应力值一般只有 0.4 ~ 0.5 MPa,最大值也都小于 1.0 MPa,因此流道周圈配筋综合考虑结构受力、裂缝计算等因素确定。

二、实际配筋结果

综合结构力学法和有限元法计算结果实际配筋如下。

(一)下 0 + 042.98 断面配筋

顶板:2 排 ϕ 36@200 + ϕ 36@200,分布筋 ϕ 28@200。

底板:2 排 ϕ 36@200 + ϕ 36@200,分布筋 ϕ 28@200。

侧壁:1 排 ϕ 36@200,分布筋 ϕ 28@200。

(二)下 0 + 063.96 断面配筋

顶板:1 排 ϕ 28@200,分布筋 ϕ 25@200。

底板:1 排 ϕ 32@200,分布筋 ϕ 25@200。

边墩:内侧 1 排 ϕ 32@200,分布筋 ϕ 25@200;外侧 1 排 ϕ 28@200,分布筋 ϕ 25@200。

中墩:左侧 1 排 ϕ 28@200,右侧 1 排 ϕ 28@200,分布筋 ϕ 25@200。

(作者单位:中水北方勘测设计研究有限责任公司)

黄河龙口水利枢纽工程
底孔坝段三维有限元结构分析

赵小娜　邹月龙　庄小军

龙口水利枢纽位于黄河北干流托龙段尾部,左岸是山西省忻州市的偏关县和河曲县,右岸是内蒙古自治区鄂尔多斯市的准格尔旗。坝址距上游已建的万家寨水利枢纽 25.6 km,距下游已建的天桥水电站约 70 km。龙口水利枢纽总库容 1.96 亿 m³,电站总装机容量 420 MW。本枢纽工程属大(Ⅱ)型工程,枢纽主要建筑物有混凝土重力坝、电站厂房、泄水建筑物等。拦河坝自左至右分为 1# ~ 19# 共 19 个坝段,坝顶高程 900 m,坝顶全长 408 m,最大坝高 51 m。

一、三维有限元结构分析

底孔坝段位于河床右侧 12# ~ 16# 坝段,每个坝段宽 20.0 m,布置 2 孔,孔口控制断面尺寸 4.5 m × 6.5 m。底孔进口段为有压短管,后部接无压明流洞。由于底孔坝段泄水流道孔口及启闭机房等结构空间变化复杂,在水压力、坝体结构自重、坝顶门机等荷载的共同作用下,结构受力状况复杂,按传统切取流道断面按平面框架进行结构内力计算,难以反映真实受力及变形,因此选取整个底孔坝段坝体结构建立三维有限元模型进行应力分析。

(一)计算工况、方法

根据水库的调度运行方案,底孔的最高挡水水位为正常蓄水位,且为持久设计状况,故选取正常挡水工况进行计算,相应上游水位 898.0 m,下游水位 862.5 m。

计算采用实体三维有限元方法按线弹性材料进行结构应力分析,分析计算采用美国 ALGOR 结构有限元分析系统完成。

(二)计算模型及坐标系

为较真实地了解整个底孔坝段孔口周围、弧门支铰等部位的应力分布状况,在建立三维模型时考虑了坝体混凝土结构及上游、下游各 97.2 m(2 倍坝段长度)以及底部 80 m 深范围的岩石基础,以模拟实际整体变形。底孔坝段的计算模型见图 1。

计算模型的坐标系统为:顺水流方向为 x 轴正方向,y 轴的正方向为铅垂向上,z 轴为坝轴线方向,其正方向由左岸指向右岸。

(三)模型的边界条件

底孔计算模型基础边界约束为:模型上下游端立面节点约束 x 向位移,左右两侧基础立面节点约束 z 向位移,基础最底面节点约束全部位移。

（四）计算荷载

正常工况下，计算荷载包括如下：

（1）坝体结构体自重。

（2）静水压力：①上游坝面及底孔内静水压力，其中流道内弧形工作门上游所有迎水结构面承受上游库水位静水压力，弧门下游所有迎水结构面承受下游尾水位静水压力；②左、右坝段横缝缝面水平水压力，其中竖向止水上游侧立面承受上游水压力，竖向止水下游侧水平止水下部区域承受下游水压力。

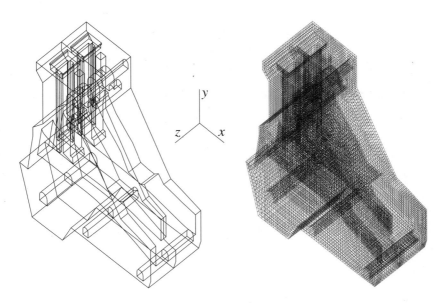

图1　底孔坝段三维有限元计算模型

（3）坝面及启闭机房地面分布荷载，按 30 kN/m² 均布荷载考虑。

（4）坝基扬压力，扬压力计算考虑帷幕及排水作用，折减系数 α 取 0.25，坝基扬压力按坝基相应部位扬压力水头分段施加。

（5）上游护底承受上游水库水位的水压力。

（6）不计风荷载、泥沙压力及浪压力荷载。

（五）材料参数

计算中材料参数如下：坝体混凝土标号 C20；容重 $\gamma_{混凝土} = 24$ kN/m³，弹模 $E_{混凝土} = 2.55 \times 10^4$ MPa，波松比 $\mu_{混凝土} = 0.167$。

地基基础材料主要为 $O_2m_2^{2-1}$ 中厚、厚层貂皮灰岩、灰岩，根据地质提供资料，取值如下：表层岩石天然容重 $\gamma_{岩1} = 26.5$ kN/m³，底部考虑沉降已完成，开挖扰动较小，计算时不计自重，$\gamma_{岩2} = 0$，弹模 $E_{岩1} = E_{岩2} = 1.8 \times 10^4$ MPa，波松比 $\mu_{岩1} = \mu_{岩2} = 0.22$。

（六）计算结果分析

底孔坝段有限元分析计算结果见图2～图4，应力单位为 MPa。

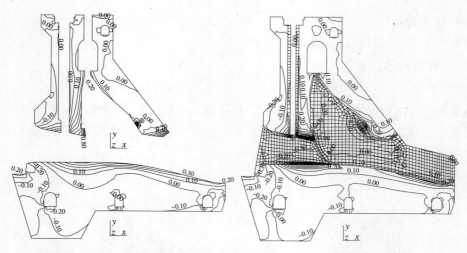

图 2　正常挡水工况底孔流道中心
　　　　横剖面最大主应力等值线

图 3　正常挡水工况底孔流道边墩
　　　　内侧立面最大主应力等值线

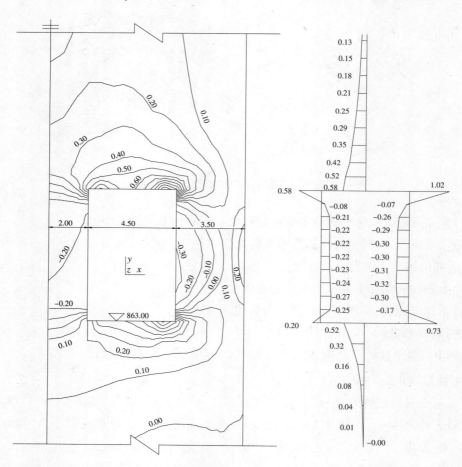

图 4　正常挡水工况底孔坝段下 0 +006.50 纵剖面 σ_{max} 应力分布

底孔中心线剖面上应力分布如下:孔口顶部弧门门楣附近出现较大的拉应力区,且存在应力集中现象,最大主应力 σ_{max} 达到 1.19 MPa;孔口底部最大拉应力出现在弧门底槛略向上游,最大值达到 0.53 MPa;弧门支铰固定部位的最大主应力 σ_{max} 达到 0.857 MPa。底孔靠边墩内侧立面剖面应力分布如下:孔口顶部弧门门楣附近为集中拉应力区,最大主应力 σ_{max} 达到 1.116 MPa;孔口底部最大拉应力出现在弧门底槛上游桩号约下 0+006.50 m 附近,最大值达到 0.733 MPa;弧门支铰固定部位的最大主应力 σ_{max} 达到 1.12 MPa。

下 0+006.50 纵剖面应力分布如下:孔口顶部全部为拉应力,其中孔顶中部最大主应力 σ_{max} 为 0.58 MPa,孔顶两端应力较中部略大,靠近角部附近应力集中明显,孔顶靠近边墩附近端部应力较靠近中墩附近端部应力略大,最大主应力 σ_{max} 分别为 1.21 MPa 和 0.82 MPa;孔口底部亦全部为拉应力,其中孔底中部最大主应力 σ_{max} 为 0.52MPa,孔底靠近边墩角部附近应力集中明显,最大主应力 σ_{max} 为 0.93 MPa。

二、配筋情况

根据上述有限元法计算得到的应力结果,按照《水工混凝土结构设计规范》中"非杆件体系钢筋混凝土结构的配筋计算原则"的有关规定,按应力配筋方法进行弹性应力配筋计算。

底孔孔身主要结构配筋如下:弧门顶板门楣附近配置 2 层:受力筋内层 ϕ36@200,外层 ϕ36@200,分布筋为 ϕ22@200;弧门底板底槛附近配置 2 层:受力筋内层 ϕ36@200,外层 ϕ32@200,分布筋为 ϕ22@200;侧壁竖向筋 ϕ25@200,分布筋 ϕ25@200;边墩外侧配筋竖向筋 ϕ25@200,分布筋 ϕ20@200。

闸墩扇形筋配置:共 42 根 ϕ28 钢筋,扇形筋最大夹角 40°。

三、结 语

(1)底孔坝段由于结构复杂,孔洞较多,采用传统的材料力学和结构力学方法计算难以真实地反映其受力状态,三维有限元结构分析方法可为底孔布置和结构设计提供科学依据,对深入分析运行后的底孔工作形态有重要意义。

(2)由于坝体孔洞的存在,坝体内应力在孔洞周边出现了应力集中现象,除网格划分引起的非周边应力集中外,配筋时宜根据有限元计算结果采取必要的孔口周边钢筋加强措施。

(作者单位:赵小娜、邹月龙 中水北方勘测设计研究有限责任公司
庄小军 天津市滨海水业集团股份有限公司)

黄河龙口水利枢纽工程坝体止、排水系统设计

高文军　尹桂强　田玉梅

龙口水利枢纽由拦河坝、河床式电站厂房、泄流底孔、表孔、排沙洞、下游消能设施、副厂房、GIS 开关站等建筑物组成。

一、坝段划分

龙口水利枢纽混凝土重力坝坝顶高程 900 m,坝顶全长 408 m,最大坝高 51 m。

大坝自左岸至右岸划分为 1# ~ 19# 共 19 个坝段,其中:1#、2# 坝段为左岸边坡坝段,1# 坝段坝顶长 25 m,2# 坝段坝顶长 15 m,总长 40 m。1# 坝段建基面高程由 856 m 沿左岸开挖边坡抬升至坝顶高程 900 m;2# 坝段建基面高程由 856 m 降至 848 m;3#、4# 为主安装间坝段,两坝段坝顶长分别为 22 m 和 18 m,总长 40 m;5# ~ 9# 坝段为河床式电站坝段,其中 5# ~ 8# 坝段总长为 120 m(4 × 30 m),9# 坝段为小机组坝段,坝顶长 15 m,3# ~ 9# 建基面高程为 832.5 ~ 835.0 m;10# 坝段为副安装间坝段,坝顶长为 18 m,建基面高程 845 m;11# 坝段为隔墩坝段,坝顶长为 16 m,建基面高程 851 m;12# ~ 16# 为底孔坝段,总长 100 m(5 × 20 m),建基面高程 851 m;17#、18# 为表孔坝段,总长 34 m(2 × 17 m),建基面高程 851 m;19# 坝段为右岸边坡挡水坝段,坝顶长度 25 m,建基面高程由 851 m 沿右岸开挖边坡抬升至坝顶高程 900 m。

二、止水系统设计的原则

止水系统设计应结合本工程的具体情况,满足《混凝土重力坝设计规范》(SL 319—2005)中的有关规定。

止水材料的选择(包括其化学成分、物理力学性质、性能及主要技术指标等)应满足国家的有关标准,与混凝土黏结良好,长期在高水头和接缝位移作用下,止水带应不发生绕渗或尽量避免发生绕渗。

所用缝面止水填料应符合现行国家标准的有关规定与要求。止水带形式的选取尽量选用定型产品。

三、右岸及泄水建筑物坝段止水系统设计

根据龙口水利枢纽的坝段划分以及止水系统的设计原则,按照《混凝土重力坝设计规范》(SL 319—2005)中的有关规定,各坝体横缝间均设有上、下游止水。

上游设置 3 道止水,第 1 道止水采用紫铜片,距离坝体表面 1.5 m。由于本工程最大坝

高为51 m,属中坝,故第2道止水材料采用GBW遇水膨胀橡胶止水条;第3道采用651型橡胶止水带。上游3道止水均伸入上游止水坑内,止水坑深0.5 m。止水设施与基岩锚固连接,锚固坑应在大体积混凝土浇筑前回填微膨胀混凝土,并对表面进行处理。回填微膨胀混凝土采用一级配。

下游设置1道止水,材料为651型橡胶止水带。止水带的顶面高程为870 m。由于各坝段下游体型不同,止水带的位置也不同,根据各坝段体形分述如下。

11#坝段为隔墩坝段,施工期间作为纵向围堰的一部分,上游止水的设置同底孔坝段,下游侧止水的设置根据坝段两侧建筑物的体形进行设置,邻底孔侧同底孔坝段设置,邻10#副安装间坝段的伸缩缝在距下游面5 m处设置一橡胶止水。由于隔墩坝段长83.6 m,坝段自上至下采用3道临时施工缝将坝体分成A、B、C、D四块,在B、C块之间距离底孔侧的坝体侧表面0.5 m处埋设1道铅直橡胶止水,该止水与消力池的水平止水相连,同样在D、C块之间也设置1道橡胶止水。

12#~16#底孔坝段及下游最高尾水位以下设1道止水,止水在斜坡上的埋入深度为0.5 m,止水铅直部分距离下游坝面2 m,止水埋入下游止水坑内。

17#、18#溢流坝段沿溢流堰面,距溢流面0.5 m铺设,铅直段距离下游坝面2 m铺设,止水埋入下游止水坑。

19#坝段为右岸岸坡坝段,距离上游坝面1.5 m处沿开挖边线埋设2道止水,第1道为紫铜止水片,第2道为651型橡胶止水带。为了保证坝体与坝坡连接紧密,沿坝坡开挖1道止水槽至坝顶,将上游2道止水埋入止水槽内。

坝内廊道及孔洞在穿越横缝处均在其周边设1道橡胶止水。横缝内填缝材料:坝体上、下游面至止水之间为高压聚乙烯闭孔板。横缝灌浆高程以下不充填填缝材料。

四、左岸及电站坝段止水设计

1#坝段为左岸岸坡坝段,在坝轴线下游侧1.5 m处沿开挖边线埋设2道止水,第1道为紫铜止水片,第2道为651型橡胶止水带。为了使坝体与坝坡连接紧密,沿坝坡开挖1道止水槽至坝顶,将上游2道止水埋入止水槽内。

2#坝段左右伸缩缝在距上游坝面3 m处埋设3道止水,第1道止水为紫铜止水片,第2道止水材料采用GBW遇水膨胀橡胶止水条,第3道为651型橡胶止水带。每道止水带之间的距离为0.5 m。

3#坝段的右侧伸缩缝在桩号下0+006处设置3道止水,止水材料与2#坝段相同。下游侧距离下游坝面0.5 m处设置2道止水,依次为651型橡胶止水带和紫铜止水片。每道止水带之间的距离均为0.5 m。上、下游止水均埋入止水坑内。在高程856 m采用1道紫铜止水片将上、下游止水相连。

4#~8#坝段为主安装间和大机组坝段,根据电站进口有限元结构计算,上游侧在桩号下0+009.5处设置3道止水,止水材料同上。下游侧距离下游坝面0.5 m处设置2道止水,止水材料同上。在高程850 m采用1道紫铜止水片将上、下游止水相连。

9#坝段为小机组坝段,根据小机组电站进口有限元结构计算,上游侧在桩号下0+007.65处设置3道止水,止水材料同上。下游侧距离下游坝面设置2道止水,止水材料同上。在高程

850 m 采用 1 道紫铜止水片将上、下游止水相连。

坝内廊道及孔洞在穿越横缝处均在其周边设 1 道橡胶止水。横缝内填缝材料:坝体上、下游面至止水之间高压聚乙烯闭孔板。

五、坝体排水布置

为了减小坝体内的渗透压力,在靠近上游坝面处设置排水管幕,排出坝体渗水。排水管设在纵向主排水灌浆廊道的上游侧,靠近侧壁,距离上游坝面为 3 m。排水管沿坝轴线方向的间距为 3 m,为无砂混凝土排水管,内径为 0.2 m。

下面分述各挡水坝段的排水管布置:

隔墩坝段排水管在高程 880 m 以下,为了与上游坝面平行,布置为 1:0.15 的斜管,高程 880 m 以上布置成铅直管。上部与底孔检修门库的排水沟相连,下部与基础主帷幕灌浆排水廊道上游侧排水沟相连。

底孔坝段排水管顶部高程为 862 m,即距离底孔孔口底部 1 m 处,铅直向下与基础主帷幕灌浆排水廊道上游侧排水沟相连。

表孔坝段排水管分两段设置,堰顶与检修廊道之间设置铅直管,其顶部距溢流堰顶 1.1 m,下部接检修廊道排水沟,在桩号坝 0+370 处采用直管通入坝基横向排水廊道内。检修廊道与基础灌浆排水廊道之间设置斜管,斜管与上游坝面平行,该部分管顶高程为 874.5 m,管底与基础主帷幕灌浆排水廊道上游侧排水沟相连。

19# 岸坡坝段排水管设置分两段,右岸排水管与检修廊道之间为铅直管,管顶部高程为 879.6 m,管底与检修廊道相连。检修廊道与基础灌浆排水廊道之间也为铅直管,顶部距离上游坝面为 3 m,底部距上游坝面 5.5 m,该部分管顶高程为 874.5 m,管底与基础主帷幕灌浆排水廊道上游侧排水沟相连。

左岸 1#、2# 坝段的排水管均为铅直管,管顶高程为 898 m,下部与基础主帷幕灌浆排水廊道上游侧排水沟相连。

坝体渗水沿基础排水廊道排水沟汇至设在 4#、10# 坝段基础的 1#、2# 两个集水井内,由水泵集中抽排至坝外。

六、结　　语

本枢纽河谷断面为宽 U 形,河床部位底部平坦,两岸边坡陡峭。挡水坝段为混凝土重力坝,电站坝段为河床式电站。在止、排水系统设计中,根据坝体结构布置,同时结合建筑物的有限元计算,合理选择了止水的形式、尺寸和材料,达到了技术先进、经济合理的双重目的。

(作者单位:高文军、田玉梅　中水北方勘测设计研究有限责任公司
尹桂强　天津市静海县水务局)

黄河龙口水利枢纽工程大坝温控设计

王永生　谢居平　汪云芳

龙口水利枢纽总库容 1.96 亿 m^3，电站总装机容量 420 MW，属大（Ⅱ）型工程。枢纽基本坝型为混凝土重力坝，坝顶高程 900 m，坝顶全长 408 m，最大坝高 51 m，坝体混凝土总方量约 98 万 m^3。

一、基本资料

（一）气象、水文资料

龙口水利枢纽位于东经 111°18′、北纬 39°25′，地处黄土高原东北部，属温带大陆性季风气候，冬季气候干燥寒冷、雨雪稀少且多风沙，夏季炎热。气温变化特点是季节变化大、昼夜温差变化大、冰冻时间长，气温骤降频繁且骤降幅度大、延续时间长。

龙口水利枢纽坝址处未曾设过水文站、气象站，只能借用河曲站（离坝址约 23 km）的实测资料（1955—2003 年）。主要气象、水文资料见表 1。

表 1　　　　　　　　　　　　　　　主要气象、水文资料统计

月 份	1	2	3	4	5	6	7	8	9	10	11	12	历年
多年各月平均气温值（℃）	-10.8	-5.7	2.0	10.7	17.8	21.9	23.6	21.4	15.5	8.3	-0.60	-8.4	8.0
多年月平均最高气温值（℃）	-6.4	-0.7	5.2	12.9	19.4	23.8	25.7	24.4	18.3	12.5	3.5	-3.6	—
多年月平均最低气温值（℃）	-14.6	-9.7	-1.6	8.2	15.8	20.0	21.8	19.8	14.0	7.1	-4.0	-13.5	—
多年月平均地温（℃）	-11.4	-5.9	3.8	13.5	21.6	26.6	28.0	25.2	18.5	10.0	-6.1	-9.1	10.1
多年月平均水温（℃）	0.1	0.1	0.1	8.2	15.5	20.2	22.5	21.7	16.8	10.4	2.0	0.1	9.8

（二）混凝土指标

坝体齿槽与基础接触部位采用抚顺低热矿渣 32.5 水泥，基础其他部位采用抚顺中热 42.5 水泥，坝体其他部位采用大同 42.5 普通硅酸盐水泥，并掺 20% ~30% 神头二电厂粉煤灰，采用三道沟人工砂石骨料。混凝土主要力学、热学指标见表 2。

（三）基岩指标

坝址区基础岩石以中厚、厚层豹皮灰岩为主，结构面发育，石质较坚硬。$O_2m_2^{2-1}$ 层湿抗

压强度为 110 MPa,弹性模量 2×10^4 MPa(水平),岩体的泊松系数取 0.25。

表 2 混凝土主要力学、热学指标表

项 目	R150 混凝土	R200 混凝土	项 目	R150 混凝土	R200 混凝土
极限拉伸值 ε_P	0.7×10^{-4}	0.8×10^{-4}	早期压应力折减系数 K_q	0.8	0.8
抗拉强度 R_L(MPa)	1.3	1.6	混凝土比热 c(kJ/(kg·K))	0.86	0.86
弹性模量 E_h(MPa)	3.8×10^4	3.7×10^4	混凝土导温系数 a(m²/s)	8.3×10^{-7}	8.3×10^{-7}
容重 γ_h(kN/m³)	24.4	24.5	混凝土导热系数 λ(W/(m·K))	2.78	2.78
抗裂安全系数 K_f	1.4	1.4	混凝土线膨胀系数 α(1/K)	0.000 007	0.000 007
泊松比 μ	0.167	0.167	混凝土表面放热系数 β(W/(m²·K))	26.11	26.11
应力松弛系数 K_p	0.5	0.5			

二、坝体稳定温度场及接缝灌浆温度

(一)坝体稳定温度场

坝体的初始温度和水化热的影响完全消失以后,坝体由于上游面库水温度、下游面及坝顶气温、太阳辐射能、基础地面温度和下游尾水温度等边界条件控制而形成稳定状态的温度分布即为稳定温度场。坝体稳定温度场按平面问题处理,应满足拉普拉斯方程。经计算,确定龙口坝体的边界条件如下:库表水温 12.75 ℃;库底水温 10.0 ℃;上、下游垂直段坝面温度 11.1 ℃;坝顶温度 13.27 ℃;下游坝坡温度 12.9 ℃;下游尾水温度 10.19 ℃;上游地表温度 10.0 ℃;下游地表温度 10.19 ℃。

边界条件确定后,采用大型有限元软件按照平面问题进行计算,求得坝体稳定温度场。

(二)接缝灌浆温度

坝体混凝土采用柱状分层分块浇筑方法施工,为使各坝块整体作用,在大坝正式挡水前须对纵缝和部分横缝进行灌浆。为了保证接缝灌浆的质量,必须选择合适的灌浆温度。考虑到重力坝断面较大,坝体内部稳定温度变化不大,故以稳定温度作为灌浆温度。

大坝灌浆分区面积为 200 ~ 300 m²,最大不超过 400 m²。根据坝体平面稳定温度场计算成果,提出各典型坝段的接缝灌浆分区,将各分区内稳定温度场的分布加权平均,所得出的平均温度作为各分区的灌浆温度。经计算,确定龙口大坝典型坝段接缝灌浆温度如下:挡水坝段 10.5 ~ 12.6 ℃,副安装间坝段 10.0 ~ 10.1 ℃,底孔坝段 10.05 ~ 10.15 ℃,表孔坝段 10.5 ~ 12.7 ℃,隔墩坝段 10.8 ~ 12.8 ℃。

三、混凝土温度应力分析

(一)混凝土温度应力计算

1. 基础混凝土温度应力计算

基础混凝土浇筑块的温度应力主要指基础温差所引起的浇筑块中央断面的水平正应

力,由两部分组成:

(1)混凝土由浇筑温度降至坝体稳定温度时均布温差所产生的温度应力;

(2)混凝土由非均布的水化热温升所产生的温度应力。

对多种基础块浇筑分层方案的混凝土温度应力进行计算,表3列出了基础块长24 m、1.0 m×3 层+1.5 m×4 层+3.0 m×5 层浇筑方案的温度应力计算结果。

表3　　　　　　　　　　　基础块混凝土温度场及温度应力($L=24$ m)

方案	浇筑分层 (m)	间歇时间 (d)	气温 (℃)	浇筑温度 (℃)	混凝土最高温度 (℃)	最大应力 (MPa)	稳定温度 (℃)	基础温差 (℃)
方案1	1.0×3+1.5×4+3.0×5	7	23.6	22.5	43.04	1.156	10.1	33.03
方案2	1.0×3+1.5×4+3.0×5	7	23.6	24	44.38	1.256	10.1	34.37
方案3	1.0×3+1.5×4+3.0×5	5	23.6	24	44.61	1.24	10.1	34.60

2. 气温骤降混凝土表面温度应力及保温计算

坝址区气温骤降频繁、降温幅度大,也会使混凝土表面产生温度应力,从而使混凝土表面产生裂缝。

坝体混凝土标号大部分为R150和R200,初期其允许抗拉强度不大。计算结果表明,多种频率的气温骤降温度应力基本超出了混凝土的允许拉应力,如不采取保温措施,极有可能使混凝土表面出现裂缝。经计算,对于可能出现的气温骤降情况,混凝土表面贴最大厚度为25 mm的闭孔泡沫塑料板可满足要求。

(二)混凝土允许温差和允许最高浇筑温度

基础混凝土除受内部水化热温升引起的应力外,还受到由于基岩约束而产生的应力,最易出现裂缝,因此基础混凝土是温控工作的重点。由于龙口坝址区气候恶劣,对脱离了基础约束范围的混凝土,也应对混凝土内部最高温度予以必要的控制。

1. 基础块混凝土的允许温差

根据基础块混凝土温度和温度应力计算,对于不同分缝间距和不同浇筑分层情况,基础混凝土的温度应力以不超过相应标号混凝土的允许拉应力为准。经过计算,确定基础浇筑块的允许温差见表4,此时混凝土浇筑块的高宽比 $H/L=1$。当 $H/L \leqslant 0.5$ 时,允许温差应严加控制。

表4　　　　　　　　　　　基础混凝土允许温差　　　　　　　　　　　℃

浇筑块长度 L(m)	<17.0	17~20	20~30
强约束区(0~0.2L)	26~25	25~22	22~19
弱约束区(0.2~0.4L)	28~27	27~25	25~22
齿槽	24.5	21.5	18.5

2. 基础块混凝土允许最高浇筑温度

由坝体不稳定温度场计算成果可求得强、弱约束区内最高温升和允许温差,部分浇筑块分层方案的允许最高浇筑温度计算结果见表5。

表5 允许最高浇筑温度 ℃

浇筑块 分层方案(m)	L = 15 m			L = 18 m			L = 20 m			L = 24.5 m		
	齿槽区	强约束区	弱约束区	齿槽区	强约束区	弱约束区	齿槽区	强约束区	弱约束区	齿槽区	强约束区	弱约束区
1.5 + 1.5	20	22	23.5	16.8	18.8	20.3	15.6	17.6	19.3	12.9	14.9	18.1
1.0×3 + 1.5×6 + 3.0	21.1	23.1	23.7	17.7	19.7	20.5	16.1	18.1	19.2	13.7	15.7	17.8
1.0×9 + 3.0	22.9	24.9	26.3	19.1	21.1	23	17.9	19.9	20.7	16.5	18.5	20.5
3.0 + 3.0 + 3.0	16.8	18.8	19.8	12.8	14.8	16.1	11.6	13.6	15	10	12	14.1

(三)浇筑块内部各月允许温差和允许最高温度

混凝土内外温差应小于20～25 ℃,对于脱离了基础约束的混凝土也应适当控制内部最高温度。混凝土各月的允许温差和允许最高温度见表6。

表6 混凝土各月的允许温差和允许最高温度 ℃

月份	1	2	3	4	5	6	7	8	9	10	11	12
允许温差	25	25	23	18	16	15	15	15	16	18	23	25
允许最高温度	—	—	25.2	28.7	33.6	36.8	38.6	36.6	31.9	27.2	—	—

(四)新老混凝土上、下层允许温差

在老混凝土(龄期超过28 d)面上浇筑新混凝土时,新混凝土受老混凝土的约束,上、下层温差越大,新老混凝土中产生的温度应力也越大。上、下层温差控制标准为:新浇混凝土的温度应力应小于混凝土允许拉应力。经计算,确定新老混凝土上、下层允许温差为:在老混凝土面上浇新混凝土,薄层短间歇均匀上升时,上、下层允许温差为18 ℃,浇筑块侧面长期暴露时应小于15 ℃;薄层长间歇时,上、下层允许温差为14 ℃。

(五)相邻坝块允许高差

由于坝址区气候恶劣,为减少坝块侧面暴露时间,各坝块应尽量均匀上升,避免高差过大,相邻坝块允许高差为6～9 m,寒冷季节尤应严格控制。

四、坝内混凝土冷却系统设计

接缝灌浆前要将坝体温度降至稳定温度,若靠自然冷却时间太长,由于工期的限制,坝体冷却不能仅靠自然冷却,必须采取人工强迫冷却措施,使坝体温度在较短的时间内降至稳定温度。采用在坝内分层埋设冷却水管,在后期通低温水加速坝体降温,同时利用冷却水管进行混凝土浇筑初期的通水冷却,以削减水泥水化热温升。

采用有限单元法对混凝土温度场及应力场进行仿真计算,选取 22 种计算工况,分别对电站坝段、隔墩坝段、底孔坝段等典型坝段冷却水管的间距、埋设方式、通水温度和时间、气温和浇筑温度、混凝土间歇期、混凝土表面保温等方面进行计算。通过对各方案的计算结果进行分析,确定坝体冷却水管的布置和要求。

(一)坝体冷却水管布置

冷却水管均采用非镀锌普通焊接钢管(黑铁管),总管和干管的规格分别为 325 mm × 8 mm(外径 × 壁厚)和 219.1 mm × 6 mm,铺设在各浇筑层中的蛇形支管规格为 DN25 mm。

冷却支管的布置一般为 1.0 m × 1.5 m 和 1.5 m × 1.5 m(水管层距 × 水管水平间距)。当浇筑层厚度为 1.0 m ~ 1.5 m 时,在层中间铺设 1 层冷却支管;当浇筑层厚度为 2.0 ~ 3.0 m 时,在层中间铺设 2 层冷却支管。

(二)一期冷却和二期冷却

根据降温的阶段和目的,将冷却水管在其整个通水冷却的过程划分为一期冷却和二期冷却。一期冷却是为了削减坝体混凝土浇筑块初期水化热温升峰值,降低坝体混凝土最高温度,减小基础温差,控制上下层温差及内外温差;二期冷却主要是满足坝体接缝灌浆的要求,使坝体达到接缝灌浆温度。二期冷却是水管冷却的主要目的。

1. 一期冷却

一期冷却主要有以下几点要求:

(1)通水水温。一期冷却通入的冷却水与混凝土温度之差不得超过 25 ℃,防止温差过大引起混凝土开裂。在 6 ~ 8 月采用天然河水通水降温,其余季节采用深井水(水温约为 13 ℃)通水降温。

(2)通水时间。为了削减水化热温升,需及时进行一期通水冷却。当浇筑温度为 5 ~ 9 ℃时,在浇筑后 1 ~ 2 d 开始通水;当浇筑温度为 10 ~ 12 ℃时,在浇筑后 0.5 d 开始通水;当浇筑温度超过 13 ℃时,通水时间应尽可能早。

一期冷却通水时间持续 15 ~ 20 d。

2. 二期冷却

二期冷却主要有以下几点要求:

(1)通水水温。二期冷却通入的冷却水与混凝土温度之差不得超过 25 ℃,防止温差过大引起混凝土开裂。视坝体混凝土的初温情况,冷却水应作适当分级:①当混凝土初温 T_c > 30 ℃时,先通不低于 17 ℃的冷却水;待混凝土温度降至 30 ℃时,改通 10 ~ 8 ℃的冷却水;待混凝土温度降至 24 ℃时,再改通 4 ~ 2 ℃的冷却水直至混凝土达到稳定温度;②当混凝土初温 24 ℃ < T_c ≤ 30 ℃时,先通 10 ~ 8 ℃的冷却水;待混凝土温度降至 24 ℃时,改通 4 ~ 2 ℃的冷却水直至混凝土达到稳定温度;③当混凝土初温 T_c ≤ 24 ℃时,直接通 4 ~ 2 ℃的冷却水直至混凝土达到稳定温度。

(2)通水时间。依计算的起始时间按时通水,采用分层通水,由低到高,逐层进行。二期冷却一般在混凝土龄期超过半年以后才进行,个别情况下,如实在不能满足这个要求,则以干缩龄期每差 1 个月超冷 1 ℃进行补偿。但超冷幅度不能过大,其超冷度数根据需要冷却的部位、混凝土龄期、混凝土干缩及变形试验资料等进行分析后确定,一般情况下不大于 2 ℃。

不同坝段各区的稳定温度值即为二期冷却结束通水时要求坝体达到的温度,二期冷却即按此标准来控制通水结束时间。坝段停止通水后的实际温度与规定的稳定温度之差不得超过 ±0.5 ℃。

五、主要温控措施

混凝土坝温度控制设计的目的是防止或者减少混凝土裂缝的发生。温度控制是保证大坝质量的关键因素之一,若控制不好将使大坝产生较多裂缝,甚至危及大坝的安全;因此,对于坝体混凝土,必须采取比较完善的温控措施,搞好大坝的温度控制设计,提出恰当的温度控制标准和相应的温控防裂措施,是保证工程施工质量和进度的重要举措之一。主要采取以下温控措施。

(一)合理选择材料

采用中、低热水泥,选用合理的混凝土级配,并掺入粉煤灰(掺量控制在 30% 以内)、加气剂和塑化剂等外加剂。浇筑低流态混凝土,在保证混凝土强度等指标要求的前提下,尽量减少水泥用量,以减少水泥水化热,降低混凝土热强比,达到减小最高温升的目的。

(二)严格控制混凝土浇筑温度

大体积混凝土结构浇筑温度应满足表 7 的要求,并采取有效措施控制后期的温度上升。

表 7   混凝土浇筑温度   ℃

部 位	浇筑温度		
	11 月~翌年 3 月	4,5,9,10 月	6~8 月
基础块混凝土(基础约束区)	5~8	≤15	≤12
上部混凝土(非约束区)	5~8	常温	≤14

(三)合理分层、控制间歇期

在坝体齿槽和强约束区,采用层厚 1.0 m 先浇筑 3 层,然后浇筑若干层 1.5 m 的方式,层间间歇时间为 5 d 左右;在坝体弱约束区,浇筑层厚度为 1.5~2.0 m,间歇时间 5~7 d;在坝体非约束区,浇筑层厚度为 3.0~4.0 m,间歇时间 7~10 d。

(四)埋设冷却水管,进行通水冷却

坝体内埋设冷却水管,以一期冷却削减混凝土初期水化热温升,以二期冷却使坝体在较短的时间内达到接缝灌浆温度的要求。

(五)高温天气混凝土温控措施

(1)降低混凝土浇筑温度。在高温天气应采取措施来降低混凝土浇筑温度,如对骨料进行预冷、冷却拌和水、用冰片或碎冰代替不超过 90% 的拌和水、在模板或硬化混凝土表面连续均匀地喷洒水等措施。

(2)将混凝土浇筑尽量安排在早晚和夜间气温较低的时间段,尽量避开 10:00~16:00 时中午阳光强烈时段。同时加大混凝土入仓强度,降低混凝土入仓过程的温度回升。

(3)运输混凝土的工具应有隔热遮阳措施,缩短混凝土的暴晒时间。

（4）有条件的部位可采用表面流水冷却的方法进行散热。

（5）养护期内混凝土的表面温度在任何 24 h 内的变化不应超过 8 ℃。如温度变幅较大，应采用覆盖保温措施。

（6）采用地拢从料堆底部取料，降低骨料温度。

（7）在暴露于太阳和干风吹的新混凝土表面应采用湿麻袋覆盖保护，并加盖 1 层防雨布。

（六）低温天气混凝土温控措施

每年 11 月至翌年 3 月，或日平均气温低于 5 ℃，或最低气温稳定在 −3 ℃以下时，按低温季节混凝土施工进行控制。主要采取的措施如下：

（1）混凝土浇筑温度不得低于 5 ℃，11 月下旬至翌年 3 月上旬不得露天浇筑，要充分利用最佳季节，提高浇筑强度，多浇混凝土。

（2）新浇混凝土表面至少在浇筑后 15 d 保持温度不低于 5 ℃，并在规定养护期内不受冰冻影响。

（3）不应在温度低于 1 ℃的前 1 层混凝土面或地面上浇筑混凝土。对低于 1 ℃的，在即将开始浇筑混凝土之前至少 72 h 应把前 1 层混凝土或地面加热到超过 10 ℃；对温度为 1 ~ 5 ℃的，与混凝土接触的空气、水和模板应在混凝土浇筑 72 h 内保持其温度在 10 ℃以上，并使其温度在后续规定养护期内保持在冰点以上。

（4）采用保温模板或加保温材料。对于易受冻的边角部位 3 m 范围内保温材料的厚度应增加 1 倍，以防止表面裂缝。在气温骤降比较频繁的月份更要加强混凝土早期（5 ~ 20 d）的表面保护。

（5）在浇筑完成底孔流道的第 1 个寒冷期，应临时封堵流道及孔洞，防止对流冷空气对流道混凝土产生不利影响。

（6）寒冷季节来临之前，尽量减小相邻坝块高差及侧面暴露时间，严格控制拆模时间，防止表面混凝土产生过大的温度梯度。

六、结　　语

龙口大坝通过合理选择材料、严格控制混凝土浇筑温度、合理分层及控制间歇期、坝内埋设冷却水管、采取高温及低温天气特殊温控措施等对大坝混凝土温度进行控制，大坝混凝土浇筑完成两年多以来未见深层裂缝，表面裂缝也不多，可见本工程的温控设计是合理的。尤其是在坝内埋设冷却水管，在现场一期冷却供水条件不足、高温天气制冷设备不完善等实际存在的不利情况下，通过水管二期冷却，在较短的时间内使坝体温度降至稳定温度，从而保证了坝体接缝灌浆的顺利进行，效果十分显著。本工程温控设计的成功经验，可供同类工程参考和借鉴。

（作者单位：王永生　中水北方勘测设计研究有限责任公司

谢居平　河南省水利水电学校

汪云芳　中国水利水电第十一工程局有限公司）

黄河龙口水利枢纽工程基础处理设计

任　杰　门乃姣　吴桂兰

一、大坝基础处理设计综述

坝址地层主要由奥陶系中统马家沟组厚层、中厚层灰岩和豹皮灰岩构成,地层分布稳定,岩体致密坚硬,强度、完整性较好,地层产状平缓、构造简单。两岸与河床均没发现大范围不利于边坡稳定的结构面组合,天然边坡陡立而稳定,亦没有较大断层和新构造断裂。坝基内发育有多条泥化夹层及钙质充填与泥质混合类状夹层,坝基岩体强度、变形性能和稳定性、岩体的地下水渗透等均明显受泥化夹层软弱结构面控制,因此对软弱结构面采取专门的处理和保护成为基础处理的关键,同时尚应做好坝基固结、防渗等常规基础处理设计。

坝址区岩溶不甚发育。岩溶裂隙相对较发育,为半充填或无充填,从灌浆试验资料分析大部分裂隙呈陡倾角状态,承压水层溶隙伴有涌水出露。

坝址区基岩地下水主要赋存在上马家沟组地层中。左岸、右岸地下水位低于黄河水位,黄河水补给地下水。坝基右侧岩体渗透性较强,左侧岩体渗透性相对较差。依据地质资料提示坝基 $O_2m_2^{1-4.5}$ 岩层为相对隔水层,左右坝肩地下水位较低,不具备帷幕封闭条件。从灌浆试验资料来看,水泥灌浆效果较好。

二、坝基开挖和保护

(一)基础建基面高程及两岸开挖边坡的确定

河床基岩较平坦,属宽 U 形河谷。坝址地层基本呈单斜构造,总体走向为北西315°～356°,倾向南西,倾角2°～6°。岩体弱风化与卸荷深度相近,两岸陡壁中下部弱风化及卸荷带最大深度为9.4 m,平均深度左岸4.6 m,右岸5.4 m,局部存在强风化带。河床部位弱风化及卸荷带深度为1.75～7.40 m,平均深度为3.5 m。将基坑及边坡的强风化带、弱风化带及卸荷带挖除,坝基挖除 $O_2m_2^{2-2}$ 层岩体,将坝基坐落在弱风化带下部新鲜岩体上,主要以 A Ⅲ类岩体为坝基持力层。

结合坝体结构布置,右侧河床(表孔、底孔)坝段开挖深度为9 m,建基面高程为851.00 m。坝踵处为加强坝基的抗滑稳定性,设置齿槽切断泥化夹层 NJ_{304},开挖深度为15～18 m,底宽12 m,齿槽建基面高程为844.00 m。左侧电站坝段坝踵处开挖深度为11 m,建基面高程为849.00 m。在电站机组中心线处设齿槽切断泥化夹层 NJ_{303},开挖深度29 m,底宽16.6 m,建基面高程为831.00 m。表孔、底孔下游的消力池部位开挖深度约为6 m 和5 m,一级消力池底板设计建基面高程为854.0 m 和855.0 m,一级消力池尾坎底宽11.9 m,设计建基面高程为851.0 m,并以切断 NJ_{305} 夹层为原则;二级消力池底板设计建基面高程为854.5 m,差动尾坎宽2.2 m,设计建基面高程为849.0 m。海漫设计建基面高程为855.0～859.0 m。

岸坡水平向开挖深度考虑挖除卸荷带及弱风化岩体,使基础坐落在弱风化带下部新鲜岩体上。根据坝基、坝肩岩层产状平缓,岩石完整,天然边坡陡立,稳定性好的特点,坝基范围内的开挖边坡定为1:0.15,1:0.2,1:0.25,1:0.3,破碎带为1:0.55,坝顶以上永久开挖边坡为1:0.2。左岸水平开挖深度3.5~8.0 m,右岸为8.5~16.0 m。两岸开挖边坡逐级上升,并设置开挖平台,平台宽2 m,其高程左岸为856.00 m和875.00 m;右岸为859.00 m和873.00 m。

为使帷幕、排水保持连续性,解决绕坝渗漏的问题,结合两坝肩的实际情况,左右坝肩部位各设两层灌浆排水平洞,左坝肩平洞高程为863.00 m和900.00 m,长度为66 m和45 m;右坝肩平洞高程为859.00 m和900.00 m,长度为68 m和46 m。平洞断面均为3 m×3.5 m。

(二)基础建基面开挖保护

本工程坝址区内地层含有多条泥化夹层,对坝基抗滑稳定明显不利,为确保工程质量达到设计要求,针对工程区实际地质情况,对浅表层的泥化夹层尽量挖出,地质建议河床坝基开挖应预留一定厚度的保护层,并尽快覆盖混凝土,以避免岩体卸荷反弹,恶化软弱夹层性状。设计要求基坑开挖严格按照标书和施工中关于基坑开挖的要求执行,基础岩体开挖,自上而下分层实施。采用分层开挖时,对基础岩体的开挖必须严格控制,其垂直面保护层的开挖爆破应符合下列技术要求:①炮孔不得穿入距水平建基面1.5 m的范围,炮孔装药直径不应大于40 mm,应采用梯段爆破方法。②对节理裂隙不发育、较发育、发育和坚硬的岩体,炮孔不得穿入距水平建基面0.5 m的范围。对节理裂隙极发育和软弱的岩体,炮孔不得穿入距水平建基面0.7 m的范围,炮孔与水平建基面的夹角不应大于60°,炮孔装药直径不应大于32 mm。采用单孔起爆方法,采取小孔径,密布孔、控制爆破的措施,确保建基面岩石的完整性。③炮孔不得穿入距水平建基面0.20 m的范围,剩余0.20 m厚的岩体采用人工撬挖。开挖至建基面后尽快覆盖混凝土,以减少岩体卸荷反弹。开挖出露的泥化软弱夹层、破碎带等缺陷部位采用水泥砂浆及时封闭,防止该部位岩体进一步恶化。

(三)边坡防护

工程区地处黄土高原,区内地貌类型主要有黄土丘陵、构造剥蚀低中山和侵蚀堆积地貌等。黄土丘陵在本区广泛分布,因长期受地表水的冲蚀切割,形成了以长圆形丘陵、梁峁为主的黄土地貌景观,地面高程在1 000~1 200 m。

河床基岩较平坦,属宽U形河谷。根据工程地形地貌,枢纽左右岸坝顶高程处分别布置上坝公路,上坝公路两侧边坡开挖陡峭,为保护开挖裸露的岩石,避免岩石风化,对上坝公路两侧永久边坡进行挂网喷锚防护。

根据枢纽布置,厂区左侧永久开挖边坡为1:0.2,为了保护岩石免遭风化,同时为了厂区的永久安全,对厂区左侧开挖边坡进行挂网喷锚防护。

三、坝基防渗设计

由于坝址两岸地下水位低于库水位,以及坝址区岩体渗透性的不均一性,蓄水后将存在绕坝和坝基渗漏问题。坝址无大断层和较大溶洞存在,产生集中渗漏的可能性不大,坝址渗漏形式是散流型、岩溶裂隙式。坝基大部分岩体渗透性较弱,右岸坝肩岩体渗透性较强。左岸坝肩和河床部位无压漏水岩体段占 3.5%，中等透水岩体段（$q = 10 \sim 100\ \mathrm{Lu}$）占 13.9%，弱透水岩体段（$q = 1 \sim 10\ \mathrm{Lu}$）占 65.2%，微透水岩体段（$q < 1\ \mathrm{Lu}$）占 17.4%，多属弱透水岩体；右岸坝肩无压漏水岩体段占 11.8%，中等透水岩体段（$q = 10 \sim 100\ \mathrm{Lu}$）占 78.4%，弱透水岩体段（$q = 1 \sim 10\ \mathrm{Lu}$）占 9.8%，大部分属中等透水岩体。右岸较强透水区的防渗漏是坝基防渗设计的重点。坝基岩体渗透性随深度的增加有逐渐减小的趋势。根据坝址区地下水的运动规律及岩体的渗透特性，坝基采取帷幕灌浆与排水相结合的工程措施。主要目的在于控制承压水的影响、降低坝基扬压力、控制并减少绕坝和坝基渗漏量、防止泥化夹层部位发生渗透破坏。

坝基防渗帷幕设计形成封闭系统，其深度按满足 3 Lu 设计。依据地质坝基连通试验成果，$O_2 m_2^{1-5}$ 岩层顺层面方向具有微—中等透水性，故岩层透水率主要反映了水平渗透特性，而垂直层面方向总体上相对隔水，可视为相对隔水层，且两层承压水 $O_2 m_2^{1-3}$、$O_2 m_2^{2-1}$ 之间基本不连通。因此确定：上游主帷幕深入 $O_2 m_2^{1-5}$ 岩层相对隔水层 3 m，帷幕最大深度约为 47 m，上游副帷幕深入泥化夹层 NJ_{301} 下 1 m，帷幕最大深度约为 34 m；$1^{\#} \sim 11^{\#}$ 坝段下游帷幕深入 $O_2 m_2^{1-5}$ 岩层相对隔水层 1 m，帷幕最大深度约为 32 m。$10^{\#} \sim 18^{\#}$ 坝段下游帷幕、消力池左边墙横向帷幕深入 $O_2 m_2^{1-5}$ 岩层相对隔水层 1 m，帷幕最大深度约为 42 m，消力池右边墙横向帷幕深入 $O_2 m_2^{1-5}$ 岩层相对隔水层 1 m，帷幕最大深度约为 49 m。上、下游帷幕及横向帷幕均深入相对隔水层，形成封闭帷幕，满足防渗帷幕的设计深度要求。

根据本工程现状两岸地下水位低、下游水位高于排水灌浆廊道顶部的特点，坝基设上、下游帷幕，下游帷幕分别在 $1^{\#}$ 坝段、消力池左边墙、消力池右边墙及 $19^{\#}$ 坝段折向上游与上游帷幕相交，形成坝基封闭幕体。为减小边坡坝块侧向扬压力，控制绕坝渗流量，上游帷幕向左岸延伸 57 m，向右岸延伸 58 m，延伸长度已超过 1 倍坝高，与地基条件相近的其他工程类比，可以满足要求。

坝基上游帷幕布置在坝体上游灌浆及主排水廊道内。$1^{\#} \sim 11^{\#}$ 坝段下游帷幕布置在坝体下游灌浆排水廊道内，$12^{\#} \sim 18^{\#}$ 坝段下游帷幕布置在一级消力坎基础排水廊道内。

上游帷幕设 2 排，前排为副帷幕，向上游倾斜 5°，深入泥化夹层 NJ_{301} 下 1 m。下游排为主帷幕，帷幕孔垂直，深入 $O_2 m_2^{1-5}$ 岩层下 3 m。上下游孔距均为 2.5 m。

左坝肩帷幕灌浆分两层在 900.00 m 和 863.00 m 平洞内进行，帷幕沿坝轴线深入岸坡长度为 57 m。上下层帷幕在 863.00 m 平洞内用扇形帷幕相连接，主帷幕深度由深入 $O_2 m_2^{1-5}$ 岩层下 3 m 渐变至 NJ_{304-2} 岩层以下 2 m；右坝肩帷幕灌浆分两层在 900.00 m 和 859.00 m 平洞内进行，帷幕沿坝轴线深入岸坡长度为 58 m，上下层帷幕在 859.00 m 平洞内用扇形帷幕相连接。主帷幕深度由深入 $O_2 m_2^{1-5}$ 岩层下 13 m 至 3 m，帷幕孔距均 2.5 m，双排布孔，主帷幕垂直布置。上游排帷幕倾向上游倾角 5°。

下游帷幕为单排，深入 $O_2 m_2^{1-5}$ 岩层 1 m。孔距 2.5 m，下游帷幕垂直布置。

帷幕灌浆采用小孔径钻孔，并推荐用孔口封闭法施灌。

坝址区 898 m 高程以下分布有溶洞、勘探平洞、钻孔、左岸离坝头 100 m 与坝轴线斜交有一条引黄隧洞。对溶洞、引黄隧洞、平洞、钻孔等进行清理封堵回填处理。引黄隧洞封堵在坝轴线附近，封堵段长 15.0 m 桩号为上 0 − 007.5—下 0 + 007.5。引黄隧洞两端采用 M15 浆砌石墙封堵，墙厚 0.50 m，浆砌石与洞壁接触面边砌筑边用砂浆封死，顶部剩余约

0.5 m采用 MU10 砌砖,最顶部的小缝隙采用干硬性水泥砂浆填缝。两道封堵墙中间采用干砌块石填充,并埋设灌浆管路,做好回填、接触灌浆及围岩卸荷岩体的固结灌浆。同时对溶洞、平洞做相应的混凝土封堵和灌浆处理。

四、坝基排水设计

坝基下含水岩层为 $O_2m_2^{1-3}$ 岩层与 $O_2m_2^{2-1}$ 岩层。

$O_2m_2^{1-3}$ 岩层属于深层承压含水层,厚度为 19.22 ~ 21.50 m,其顶部的 $O_2m_2^{1-4,5}$ 岩层为相对隔水层,厚度为 13.38 ~ 16.76 m。该层承压水与河水联系较微弱,无明显相关性变化趋势,$O_2m_2^{1-3}$ 岩层上部隔水顶板较厚,对坝基影响甚微,坝基排水孔不深入释放该层承压水。

$O_2m_2^{2-1}$ 岩层具有弱—中等透水性,含水层以溶隙、裂隙含水为主。与黄河水位之间存在密切联系,其承压水头接近河水位。含水层上部的相对隔水顶板($O_2m_2^{2-2}$ 层)分布受产状控制,向下游倾斜,在六$_Ⅱ$坝线以上缺失。大坝建基面坐落于 $O_2m_2^{2-1}$ 岩层上,顶部 $O_2m_2^{2-2}$ 岩层挖除,该层承压水作用在坝底面上,需释放该层承压水以减小坝基扬压力,排水孔需深入至 $O_2m_2^{2-1}$ 岩层中下部。除做好坝基防渗排水外,还应加强电站尾水渠、侧墙的排水。

坝基排水的目的是排除透过帷幕的渗水及基岩裂隙中的潜水,在坝基各排水廊道内设置排水孔幕,与灌浆帷幕构成一个完整的坝基防渗排水系统,以降低扬压力,保证坝体的稳定。坝基下共设 3 道排水幕。

依据坝址区位于区域地下水榆树湾排泄区,基岩裂隙中的潜水较为丰富的特点,而坝址下又存在多条泥化夹层,排水孔穿过的泥化夹层需要保护。所以,排水孔不宜过深,否则会释放过多的地下水增加集水井容积和抽排水的压力,增加泥化夹层保护的投资。第 1、第 3 道排水幕均深入 $O_2m_2^{2-1}$ 岩层中泥化夹层 NJ$_{302}$ 下,比主帷幕浅 1/4 左右。第 2 道排水幕的作用是排坝基下裂隙中的潜水,深入固结灌浆下 2 m。

第 1 道主排水幕布置在灌浆及主排水廊道内帷幕下游侧。表孔、底孔坝段及左右岸非溢流坝段排水孔向下游倾斜 10°,电站及安装间坝段排水孔向下游倾斜 15°,深入 NJ$_{302}$ 下 2 m。左右坝肩主排水孔,布置在坝肩灌浆排水平洞帷幕下游侧。上下两层排水孔在 863.00 m 和 859.00 m 平洞内用一排排水孔相衔接,排水孔入岩深 8.0 m,排水孔钻孔方向与铅直面夹角为 60°,倾向下游,孔距 3.0 m。排水孔深度左坝肩由深入 NJ$_{302}$ 下 2 m 渐变至底高程 853.00 m;右坝肩由深入 NJ$_{302}$ 下 2 m 渐变至底高程 851.00 m。主排水孔最大入岩深度 35 m。位于右坝肩处,最小深度 12 m 位于 15$^\#$坝段。排水孔孔距 2.5 m,钻孔孔径 130 mm。

第 2 道排水幕布置在基础排水廊道内,排水孔入岩深 7 m,均为垂直孔。孔距 3 m,基础排水孔孔径 110 mm。

第 3 道排水幕布置在下游灌浆排水廊道帷幕上游侧,排水幕在 1$^\#$坝段、19$^\#$坝段折向上游与上游主排水幕相交,形成坝基封闭排水幕体。排水孔深入 NJ$_{302}$ 下 2 m,向上游倾斜 15°。排水孔最大入岩深度 22 m 位于 11$^\#$坝段,最小深度 9 m 位于 8$^\#$坝段。孔距 2.5 m,下游排水孔孔径同主排水孔,为 130 mm。

坝基各纵向排水廊道通过横向廊道形成坝基排水网络。电站、安装间坝段上游排水廊道、表、底孔、右岸非溢流坝段排水廊道、右岸灌浆排水平洞内的渗水均汇集到设在 10# 坝段的 1# 集水井中;电站、安装间坝段下游排水廊道、左岸非溢流坝段排水廊道、左岸灌浆排水平洞内的渗水汇集到设在 4# 坝段下游的 2#、3# 集水井中。用排水泵将井内集水抽排至坝外。

坝基下排水孔均要穿过泥化夹层,左坝肩下部多达 10 层,坝基一般为 2~5 层。泥化夹层间距 1~7 m 不等。为防止泥化夹层产生渗透管涌破坏,在排水孔穿过泥化夹层部位设反滤体,进行排水孔内保护。排水孔内反滤体采用组装式反滤体,各泥化夹层部位将视其层间距离及含泥情况确定反滤体长度。

五、坝基固结灌浆设计

为提高坝基岩体承载力,加强岩体的整体性和各向均一性,依据平面非线性有限元计算结果,需加固坝基下游尾岩,增强尾岩的抗力体作用。本工程对大坝基础及一级消力池基础进行全面的固结灌浆处理。固结灌浆布孔与孔深结合建筑物基础荷载、基础岩体条件、地基软弱结构面性能及埋深等综合指标考虑。

坝基固结灌浆着重坝趾、坝踵和尾岩,坝基中间段及一级消力池作一般处理。固结灌浆具体设计如下:

11#~19# 坝段坝基固结灌浆分为两部分,称为 A、B 两区。

A 区为坝基中间段、坝趾段及一级消力池前部,孔深 5 m;B 区为坝踵段以灌浆及主排水廊道下游为界至坝基轮廓线外,轮廓线外再加 2 排孔,孔深 7 m。

表孔、底孔坝段尾岩固结灌浆范围为坝趾向下游约 30 m,灌浆孔深为 5 m。一级消力池末端消力坎处、二级消力池末端差动尾坎处,均进行固结灌浆,灌浆深度 5 m,固结灌浆孔、排距均为 3 m。均按井字形布置。

1#~10# 坝段根据坝基开挖情况和地质波速等测试成果,结合电站坝段施工纵缝的设置,将建筑物沿水流方向从上游向下游分 A、B、C 三块:

(1)A 块固结灌浆设计。上游齿槽斜坡上在斜坡中部布置 1 排孔,为了施工方便,将垂直开挖面钻孔改为竖直向下钻孔,1#、2# 坝段孔深 12.0 m,3#~10# 坝段孔深 10 m。A 块基础底面固结灌浆孔入岩深均为 5.0 m。固结灌浆孔、排距布置原则为 3 m。遇帷幕灌浆孔时,将排距调整为 7.0 m。固结灌浆孔按井字形布置。

(2)B 块固结灌浆设计。B 块为各坝段中间部位,固结灌浆孔的入岩深度基本上为 3.0 m,1#、2# 坝段孔、排距为 3.0 m,3#~10# 坝段孔、排距为 4.0 m。3# 坝段的下游侧为高开挖边坡,尾部岩石较破碎,3# 坝段桩号下 0+047.40—下 0+061.80 范围内的孔入岩深度为 9.0 m。4# 坝段桩号坝 0+058.80 孔的入岩深度为 12 m。

(3)C 块固结灌浆设计。C 为各坝段的坝趾,压应力较大,根据实际基坑开挖情况,该部位岩石表面完整性好,抗压强度较高,5#~8# 坝段只在岩石比较破碎的部位设置固结灌浆孔,孔深 5.0 m,靠近边墩的灌浆孔倾向边墩方向 15°。4# 坝段基础底面入岩深度为 3.0 m,斜坡部位由垂直岩面改为竖直向下钻孔,入岩深为 12.0 m。9#、10# 坝段入岩深 5.0 m。

电站坝段尾岩固结灌浆范围为电站尾水出口向下游约 40 m。电站尾水渠固结灌浆孔入岩深度 5.0 m,孔、排距 3.0 m。

六、岸坡接触灌浆

为保证边坡坝段混凝土与边坡开挖岩石面结合紧密,增加边坡坝段的稳定性,要求在开挖边坡部位、坝体接触面范围布置预埋管接触灌浆系统,以备后期对边坡坝段与基岩接触面进行接触灌浆处理。

灌浆分区以避开坝体施工纵缝、边坡开挖平台、缝面部位止水为原则,以 M25 水泥砂浆砌梯形断面止浆堤对灌浆部位进行分隔,堤高 30 cm,顶部宽 50 cm。为保证灌浆效果,分隔出的单个分区面积控制在约 200 m^2。

止浆堤基础部位设双排 ϕ20 锚筋,间距 10 cm,深入基岩 55 cm,使止浆堤与基岩结合牢固。止浆堤表层涂沥青,上埋置塑料止浆片,止浆片接头应结实、严密,保证灌区密封。单个分区顶部止浆堤在止浆片下部设两端封闭的镀锌铁皮排气槽,与 DN32 排气管焊接。

分区内设置进浆管、出浆盒、出浆管、排气管。出浆盒按梅花形布置,间排距 2 m,每层出浆盒之间以灌浆支管联通。进浆管、出浆管为 DN40 镀锌钢管,灌浆支管为 DN25 镀锌钢管,各类管件在基岩面用锚筋牢固固定,并连接可靠。各分区进浆管、出浆管、排气管均引至相应部位的灌浆施工平台,并在引出部位标示清楚。

岸坡接触灌浆须待坝块混凝土的温度达到稳定温度后才可进行。

压水试验采用单点法,压水试验单位吸水量的合格标准为透水率 $q \leqslant 3$ Lu。

接触灌浆采用压水试验法进行质量检查。

七、尾岩加固设计

坝基存在 NJ$_{303}$、NJ$_{304}$、NJ$_{304-1}$、NJ$_{304-2}$ 等多条泥化夹层,因其物理力学指标较低,坝后尾岩(抗力体)对坝体深层抗滑稳定起较大作用。平面非线性有限元法计算结果表明,坝后尾岩表面有隆起现象,局部有拉应力区,滑裂通道上有拉裂破坏单元。计算建议底孔坝段一个坝段坝体下游尾岩 20 m 范围之内,施加 20 000 kN 的垂直压力。结合枢纽实际布置和目前施工技术先进手段,尾岩加固采用预应力锚索。预应力锚索设计采用每根 2 000 kN 级,为无黏结锚索:锚索采用有专门防腐层的无黏结预应力钢绞线。锚固段全长范围内钢绞线防腐层全部去除,锚固段钢绞线通过浆体与孔壁结合成整体,而张拉段钢绞线与浆体可以产生滑动。

预应力锚索钻孔直径 150 mm,布置在表孔和底孔的一级消力池内,预应力锚索底部为锚固段,长 7.0 m,中间为张拉段,长 18.0 m,基岩面以上即锚索顶部为锚头,锚头(锚墩)深入消力池底板内 1.0 m。锚墩的上、下层钢筋网伸入消力池底板内,与消力池底板连接为整体。表孔坝段设 4 排锚索,桩排距 6.5 m,间距为避开消力池底板的伸缩缝间距不等,梅花形布置,共布置 22 根,锚索深入 NJ$_{303}$ 下 10 m,单根锚索长 26 m。底孔坝段设 4 排锚索,锚索排距 6.5 m,按梅花形布置,共布置 67 根,锚索深入 NJ$_{303}$ 下 10 m,单根锚索长 26 m。

(作者单位:中水北方勘测设计研究有限责任公司)

黄河龙口水利枢纽工程接缝灌浆设计

任智锋　赵小娜　郭西方

龙口水利枢纽大坝为混凝土重力坝,最大坝高 51 m,坝顶长 408 m,分 19 个坝段,从左至右依次为:1#~2#左岸非溢流坝段、3#~4#主安装间坝段、5#~8#大机组坝段、9#小机组坝段、10#副安装间坝段、11#隔墩坝段、12#~16#底孔坝段、17#~18#表孔坝段、19#右岸非溢流坝段。

考虑到坝体结构布置、混凝土生产和浇筑能力、混凝土温控能力等因素,经技术经济比较,大坝混凝土采用柱状块浇筑,坝体设 1~2 条纵缝。

大坝接缝灌浆包括坝体纵缝灌浆、横缝灌浆、岸坡接触灌浆等。

一、接缝灌浆设计要求

依据本工程的具体情况,坝体分缝及灌浆设计遵循以下原则:

(1)满足大坝应力条件:包括整体应力、边坡坝段应力、混凝土坝块的施工期应力。

(2)为保证大坝浅层抗滑稳定的安全储备,坝体横缝在一定高程下进行并缝灌浆。

(3)适应工程的施工条件,如混凝土的浇筑能力、施工工艺及温控措施等。

(4)考虑工程结构布置和施工布置要求。

(一)纵缝灌浆分区设计

(1)纵缝间距。纵缝间距与坝体、混凝土浇筑能力、温控措施等诸多因素有关。根据国内已建工程经验,纵缝间距不宜小于 15 m,因为:①为了获得良好的接缝灌浆质量,纵缝要有一定的张开度;②柱状浇筑坝块能承受合适的灌浆压力;③分缝过多对坝体应力不利,同时又增加了灌浆工程量。本工程第 I 纵缝位置分别为:1#~4#坝段桩号为下 0 +016.50;5#~8#坝段桩号为下 0 +018.70;9#坝段桩号为下 0 +017.50;10#坝段桩号为下 0 +018.20;11#~19#坝段桩号为下 0 +019.50;第 II 纵缝 5#~8#坝段为下 0 +048.40;4#、9#、10#坝段为下 0 +045.00;11#坝段为下 0 +057.54,其余坝段不设第 II 纵缝。

(2)纵缝分区高度。分区高度与灌浆压力有关,为了有效地控制灌浆压力,防止坝块产生过大的变位,同时满足灌浆管路压力要求,对分区高度有所限制。国内工程一般是 10 ~ 15 m,本工程纵缝灌浆分区高度 3 ~ 15 m 不等。

(3)纵缝并缝处理。本工程 5#~8#坝段第 I 纵缝在高程 845.69 m 处并缝,缝顶处采用半圆并缝钢管再加并缝钢筋的处理措施。

(4)纵缝分区。本工程共设 2 条纵缝。分 61 个灌区,灌区面积满足规范要求。其中第 I 纵缝 41 个灌区,第 II 纵缝 20 个灌区。

(二)横缝灌浆分区设计

黄河龙口水利枢纽河谷呈宽 U 形,两岸坝肩岸坡陡峭,为了满足岸坡稳定及应力要求,对左岸 1#、2#、3#坝段,右岸 17#、18#、19#坝段,采用了坝体底部横缝并缝,连成整体的工程措施。经分析计算,左岸 1#、2#坝段及 2#、3#坝段间的并缝高程为 867.50 m,右岸 17#、18#坝段间的并缝高程为 863.00 m,18#、19#坝段间的并缝高程为 867.50 m。

1#~3#、10#~16#和 17#~19#坝段间横缝在一定高程以上只设键槽,不予灌浆,3#、4#、4#~9#坝段间和 9#、10#、16#、17#坝段间各横缝全部只设键槽,不予灌浆,以利于坝体伸缩。

本工程 19 个坝段,灌浆横缝 10 条,结合大坝纵缝分块及坝体廊道布置,横缝灌浆设计共分 37 个灌区;另外,因两岸边坡开挖较陡,为了保证岸坡坝段与岸坡岩体的联结,左右岸岸坡分别布置了 17、14 个接触灌浆区。

二、灌浆管路系统布置

本工程设计采用了每一个灌区有 1 套单独的灌浆管路系统,要求浆液在管路系统中流动通畅便于均匀地灌入缝面。纵横缝灌区均采用预埋灌浆管和出浆盒方式(即传统的点式灌浆法)。

(一)灌区管路布置

本工程采用在先浇块混凝土内预埋出浆盒、进浆及回浆管路、事故进浆及回浆管路、排气管。管路出口均设在灌区的底部并将出口引至附近的廊道或灌浆平台。灌区两侧的垂直进浆、回浆管与水平灌浆支管连接,水平灌浆支管垂直间距 1.5 m,出浆盒水平间距为 3.0 m,呈梅花形交叉布置。底部 1 排灌浆盒间距加密。

(二)灌区细部构造

细部构造包括:纵横缝三角形键槽、止浆片、排气槽及排气管。

(1)纵缝三角形键槽:键槽面应尽量同正常情况下坝体主应力方向一致,但实际情况中又要考虑施工方便,混凝土模板的种类不宜过多。

(2)止浆片:止浆片起封闭灌区的作用。

(3)排气系统:灌区顶部设三角形排气槽,排气槽两端各设 1 根排气管,其主要作用是在灌浆过程中排除缝中空气、水分及稀浆,并随时掌握灌区顶部的浆液浓度和压力,灌浆结束时,也可利用排气管倒灌,以保证灌浆质量。

三、灌浆温度和灌浆时间

龙口水利枢纽大坝为混凝土重力坝,考虑到坝体断面较大,坝体内部稳定温度变化不大,故以计算的坝体稳定温度作为灌浆温度,即将各灌区的温度加权平均,得出各灌区的灌浆温度,温度范围为 10~13 ℃。灌浆时间与灌区坝体混凝土的龄期有关。本工程设计灌浆时间是灌区坝体混凝土龄期超过 6 个月,少数部分灌区坝体混凝土可缩短龄期为 4 个月;另外,为了有利于满足灌浆温度及缝面的张开度,安排大坝接缝灌浆在 1~5 月及 10~12 月等低温季节进行。

四、灌浆压力

合理的灌浆压力能促使浆液循环流动,使浆液填充至较细的缝隙,并迫使浆液进一步沁水,将水压深入混凝土内,以获得优质的水泥结石。另外,灌浆压力应不致危及坝体安全,防止坝体产生不利的变化。

通常所指的灌浆压力是灌区顶部的压力值,排气管出口的压力值如实地反映缝内的降压状态,因此灌浆时排气管内的压力值即为设计的灌浆压力值。

灌浆时,在灌浆压力的作用下,接缝两侧将产生变形,致使接缝原有开度增大,这个增开度宜控制在 0.5 mm,否则应减小灌浆压力。根据经验,灌浆压力宜采用 0.2 ~ 0.4 MPa,本工程采用 0.2 MPa。

五、接缝灌浆技术措施

(1)灌浆前,对每一个灌区,应有坝块达到灌浆温度的签证资料。坝块温度观测手段可采用充水闷管测温法。

(2)灌浆前,对每一个灌区均应有接缝张开度实测资料,观测方法有:预埋电阻式测缝计、埋置表面式测缝计、用塞尺测表面张开度及注水法估算缝宽,以此调整水泥细度。

(3)灌浆管道、缝面通水要求:各管道进水量大于 50 L/min,单开出水量大于 25 L/min;排气管压力达到设计灌浆压力或该值的 75%;各管道间互通要求:一侧进浆管与对侧回浆管都与缝面、排气管循环通畅。

(4)灌浆要求。浆液水灰比变换原则:开始灌注 3:1 浆液,排气管出浆后即转入 1:1 浆液灌注,当排气管出浆浓度接近 1:1,或当 1:1 浆液灌入量约等于缝面容积时,即改用最浓比级 0.6:1 或(0.5:1)的浆液灌注,直至结束。当缝面张开度大,管路畅通,排气管及出浆管单开出水量均大于 30 L/min 时,可开始灌注 1:1 或 0.6:1 浆液。

结束标准:当排气管出浆达到或接近最浓比级浆液,排气管口压力或缝面增开度达到规定值,注入率不大于 0.4 L/min,持续 20 min,即可结束灌浆;或关闭全部管口进行缝内屏浆 20 min;或从排气管倒灌 20 min 结束。

上、下灌区同灌(水平止浆片失效,相互贯通):以控制上层压力为主,但上下层结束时差要求控制在 1 h。调整下层灌区缝顶层的灌浆压力,下层灌区排气管压力及排浆浓度达到要求,且上层灌区开始灌注最浓比级浆液后可先行结束,但上下层灌浆结束时间差应在 1 h 左右;在未灌浆的相邻灌区应通水平压。

同一高程,一个灌区灌浆结束,间歇 3 d 后,其相邻接的灌区方可开始灌浆。若相邻接的灌区也已具备灌浆条件,可采用同时灌浆方式,也可采用逐区连续灌浆方式。连续灌浆应在前一灌区灌浆结束后,历时不超过 8 h 即应开始后一灌区的灌浆,否则仍应间歇 3 d 后进行灌浆。

不论是多区同灌还是多区连灌,实施中均要求 1 台灌浆机灌 1 个区。

六、工程质量检查

灌浆质量检查,应以分析灌浆资料为主及选择有代表性的区、段,结合钻孔取芯,槽检等质检成果,并从:①灌浆时坝块混凝土温度;②灌浆管路通畅、缝面通畅以及灌区密封情况、灌浆施工情况;③灌浆结束时排气管的出浆密度和压力;④灌浆过程中有无中断、串浆、漏浆和管路堵塞等情况;⑤灌浆前、后接缝张开度的大小及变化;⑥灌浆材料的性能;⑦缝面注入水泥量;⑧钻孔取芯、缝面槽检和压水检查成果以及孔内探缝、孔内电视等测试成果各方面进行综合评定。

(1)根据灌浆分析,当灌区两侧坝体混凝土的温度达到稳定温度值,排气管出浆且有压力,排浆密度达 1.5 g/cm³ 以上,压力已达设计压力的 50% 以上,而其他方面也基本符合有关要求时灌区灌浆质量可认为合格。

(2)检查工作应在灌浆结束 28 d 后进行,对检查中的钻孔,挖槽在检查结束后应回填密实。

(3)接缝灌浆灌区合格率应在 80% 以上,不合格灌区不得集中,且每一坝段内纵缝灌浆灌区的合格率不应低于 70%,每一条横缝内灌浆灌区的合格率不应低于 70%,即可认为接缝灌浆工程质量合格。

(作者单位:中水北方勘测设计研究有限责任公司)

黄河龙口水利枢纽工程
3[#]、4[#]机组尾水临时封堵设计

迟守旭　汪云芳　刘　岩

一、尾水临时封堵必要性

龙口水利枢纽工程于 2005 年开工,至 2009 年 4 月,主体具备挡水条件,开始下闸蓄水;2009 年 6 月,排沙洞具备过流条件;此时由于尾水闸门不具备闸门下闸条件,为实现二期基坑过流,需对机组尾水进行封堵,保证机组安装调试工作顺利进行。龙口大机组共计 4 台,从左至右依次为 1[#]~4[#] 机组,每台机组有 3 孔尾水出口,4 台机组共 12 孔。由于龙口电站为多泥沙电站,泥沙对机组过流部件和流道气蚀、磨损比较大,因此机组检修概率比较高,又考虑到当 1 台机组大修期间,另 3 台机组中的 1 台也可能出现事故的工况,4 台机组共设 6 扇检修闸门,能够保证两台机组尾水同时检修的需要;因此,可采用此 6 扇检修门作为 1[#] 和 2[#] 机组尾水封堵门,3[#] 和 4[#] 机组则需采取临时工程措施来保证二期基坑过流后机组安装正常进行。

二、尾水临时封堵方法

尾水封堵可采用以下几种方法:一是利用钢闸门封堵;二是利用混凝土叠梁门封堵;三是利用其他方法封堵。

第 1 种方法采用与尾水检修闸门一样的钢闸门,但由于封堵闸门仅使用 1 次,成本高,造成浪费;第 2 种方法闸门启闭需大容量临时起重设备,对运输、道路、设备均有较高要求,虽然造价较低,但制造周期长,止水、防漏效果不理想,且运输、吊装费用较高;第 3 种方法为临时施工措施。本工程拟采用封堵闷头封堵,此种封堵闷头具有挡水水头低、材料受力均匀、施工方便、施工周期短、造价低等优点。

本工程封堵闷头的设计是在锥管 848.50 m 高程左右,面板采用 Q235 钢板,并采用型钢作为主、次梁承担均布面板荷载,同时视情况设置斜撑梁将荷载传递到锥管四周侧壁。面板周边采用两道水封,主水封为 L1 型外 R 直角,辅助水封为塞在闷头与锥管钢衬之间的遇水膨胀胶条。

结构计算采用大型通用有限元计算软件 ANSYS,对面板厚度、梁格布置型式、设置不同型式支撑梁等进行计算与此选。在满足结构安全的条件下,尽量减少钢材用量,并降低施工难度。经过设计方案比选并通过有限元程序计算验证,最终选定的设计方案为:面板厚度 12 mm;等间距(1 m)纵横布置 I20a 主梁;在直径 1.5 m 圆周及直径 4.7 m 圆周布置 16 根 I22a 支撑梁;封堵闷头周边布置水封钢板和止水。

· 318 ·

三、封堵闷头复核计算

（一）计算荷载

水压力:取 20 m(包括动水压力)水头压力;重力:面板及梁重力。

（二）材料参数

面板取 12 mm;主梁、联系梁采用 I20a 工字钢;支撑梁采用 I22a 工字钢。

（三）计算方法

1.计算程序

采用国际通用有限元计算软件 ANSYS 进行计算,计算模型见图 1 和图 2,以顺河向为 x 轴,垂河向为 y 轴,竖直向上为 z 轴,锥管面板中心点为坐标原点。

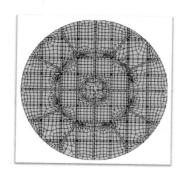

图 1　计算模型平面图

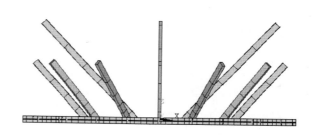

图 2　计算模型侧视图

2.计算单元

封堵钢板面板采用壳单元模拟,单元型式为 shell63,共计 2 162 个单元,2 215 个节点;主梁、斜撑梁均采用三维梁单元 beam4,共计 608 个单元,577 个节点。壳单元和梁单元在公共节点处自由度六向全耦合。

3.计算边界条件

面板及主梁周圈单元节点采用固结约束;斜撑梁底部与主梁固结约束,顶部与锥管钢衬砌固结约束。

4.计算过程

采用静力计算,所有荷载一次施加。

（四）计算结果

1.面板计算结果及分析

1)面板位移结果及分析

通过计算可得,面板位移被主梁分割成多个小块,每块内中心竖向位移最大。全面板竖向最大位移为 2.63 mm,发生在靠近面板边缘主梁梁格跨度较大的中间部位。

2)面板应力结果及分析

通过面板第一主应力分布可得,面板应力被梁格分割,基本呈均匀分布,除边缘未约束部分外,绝大部分区域拉应力在 0~150 MPa。局部位置拉应力偏大,主要有以下几方面原因：①局部应力集中因素影响；②面板周圈竖向约束；③计算时未考虑周边联系梁。考虑到这些因素，认为面板拉应力在规范要求范围内。

通过面板第三主应力分布可得，压应力分布规律同拉应力，绝大部分区域压应力在 0 ~ 200 MPa，考虑到以上影响因素，认为面板压应力满足规范要求。

2. 面板主梁计算结果及分析

通过面板主梁轴力及弯矩计算结果分析，主梁强度（120 MPa）满足规范要求；由于面板主梁同面板焊牢，因此主梁的整体稳定性得到了保证，不存在失稳问题。

3. 斜撑梁计算结果及分析

根据斜撑梁轴力及弯矩计算结果，取弯矩较大的梁进行稳定核算，此梁 $M = 6.6$ kN · m，$N = 377$ kN。

斜撑梁采用 I22a 工字钢，属于压弯构件。在弯矩作用平面内

$$\frac{N}{\phi_x A} + \frac{\beta_{mx} M_x}{\gamma_x W_{1x} \left(1 - 0.8 \dfrac{N}{N_{Ex}}\right)} = 112.4 \text{ MPa} < f$$

在弯矩作用平面外

$$\frac{N}{\phi_x A} + \frac{\beta_{mx} M_x}{\phi_b W_{1x}} = 176.6 \text{ MPa} < f$$

根据强度计算公式

$$\frac{N}{A_n} + \frac{M_x}{\gamma_x W_{1x}} = 110.1 \text{ MPa} < f$$

因此，此梁在弯矩作用平面内的稳定性、弯矩作用平面外的稳定性和强度均满足要求，斜撑梁稳定。

四、结论及注意事项

（1）选定的设计方案结构基本满足要求。

（2）施工时，应保证安装精度，避免出现附加局部应力集中。

（3）运行期，为保证此封堵闷头安全，可视情况在闷头上方堆放沙袋等配重，以改善封堵闷头工作状态，提高其工作安全度。

五、运行情况

封堵闷头从开始安装到正常使用，直至尾水闸门安装完毕后拆除，整个工作时间内结构稳定、止水良好，为机组安装及电站顺利发电起到了重要作用。同时，每台机组封堵闷头直接投资约 30 万元，而每台机组检修闸门直接投资约 158 万元，因此采用封堵闷头临时封堵尾水经济效益十分显著。

（作者单位：迟守旭　中水北方勘测设计研究有限责任公司

汪云芳　中国水利水电第十一工程局有限公司

刘　岩　天津市永定河管理处）

黄河龙口水利枢纽工程原型监测设计

门乃姣　　李志鹏　　谢广宇

黄河龙口水利枢纽位于黄河北干流托龙段尾部,山西省和内蒙古自治区的交界地带,水库总库容 1.96 亿 m³,为二等工程,属大(Ⅱ)型规模,主要建筑物为 2 级建筑物。枢纽主要建筑物包括大坝、电站厂房、泄水建筑物等。大坝为混凝土重力坝,电站为河床式,总装机容量 420 MW。库坝区地震基本烈度Ⅶ度。

一、设计原则及监测项目

(一)设计原则

根据龙口大坝坝基内存在多层软弱夹层、坝基深层岩体弹模低于浅层岩体、坝基内存在深层承压水的工程地质条件,以及坝体水工建筑物的结构特点,安全监测系统以坝基、坝体变形及与此相关的扬压力、渗漏量监测为主。

监测仪器的布置遵循以下基本原则:

(1)能全面反映大坝的工作状况,仪器布置目的明确,重点突出。

(2)监测仪器设备耐久、可靠、稳定有效,力求先进和便于实现自动化监测。

(3)在监测断面选择及测点布置上,既要考虑分布的均匀性,又要重点考虑有特点的结构部位及地质构造。

(4)施工期与运行期连续监测。

(5)自动监测与人工监测相结合,以自动监测为主,人工监测为辅。

(二)监测项目

依据本工程建筑物级别及《混凝土大坝安全监测技术规范》(DL/T 5178—2003),选设下列监测项目:位移、挠度、接缝和裂缝、渗漏量、扬压力、绕坝渗流、混凝土温度、局部应力应变、坝基温度、坝前淤积、水位、库水温、气温等。

二、监测系统布置及监测方法

龙口大坝主要监测仪器设备布置见图1。

(一)变形监测

1. 坝体、坝基水平位移

(1)高程 895.0 m 观测廊道内布置 1 条引张线。1#、19#坝段的垂线作为引张线的控制基点。1#～19#坝段每坝段设 1 个测点,监测近坝顶的水平位移。

(2)10#～18#、3#～10#坝段灌浆及主排水廊道内各布置 1 条引张线,以 3#、10#、18#坝段垂线作为引张线的控制基点。4#～10#、11#～17#坝段每坝段设 1 个测点,监测坝基的水平位移。

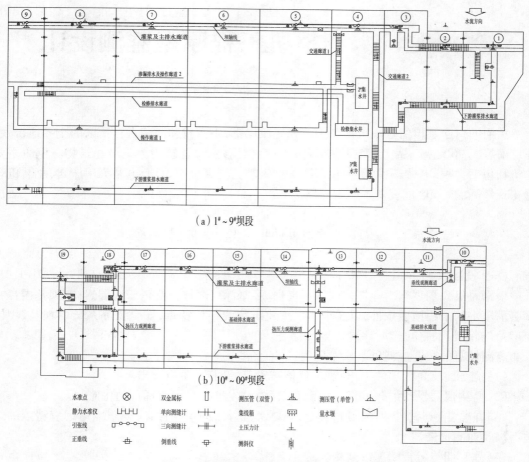

图1 大坝主要监测仪器设备平面布置

引张线的观测采用单向引张线仪进行自动监测。人工观测设备采用读数显微镜。

2. 坝体挠度

坝体挠度采用垂线监测。选择 1#、19# 边坡坝段和 3# 主安装间坝段、10# 副安装间坝段、18# 表孔坝段各布置 1 条垂线。为减小垂线长度,保证监测精度,坝顶至灌浆及主排水廊道设正垂线,灌浆及主排水廊道高程以下设倒垂线,两者在位于灌浆及主排水廊道同高程的观测站内相结合。倒垂线的锚固点位于基岩 25 ~ 35 m 不等;正垂线锚固点位于坝顶混凝土内。

垂线在高程 852.0 m 灌浆及主排水廊道和高程 895.0 m 观测廊道处设垂线监测站。采用双向垂线坐标仪自动监测大坝的变位。人工采用垂线瞄准器进行观测。

3. 垂直位移

坝体、坝基和近坝区岩体的垂直位移,采用一等水准测量。

坝下游布设一等水准环线,由坝体水准点和沿两岸上坝公路、左岸进厂公路的水准点组成闭合高程控制网。

水准点包括水准基点、工作基点、水准标点 3 种。

1）水准基点的布设

在坝下游沉陷影响范围以外，左、右岸各埋设 1 组水准基点，每组水准基点不少于 3 个水准标石。

2）工作基点的布设

为观测坝顶的沉陷，在左、右岸灌浆平洞内各布设 1 组工作基点，每组不少于 2 个测点。平洞内一年四季温度变化较小，作为观测坝顶沉陷的基准值。

灌浆及主排水廊道底高程 852.0 m，水准路线可通过左岸下游进厂公路经 1# 坝段通向下游坝面的交通廊道引入。工作基点布置在左岸下游 872.90 m 高程平台的坝体交通廊道出口附近。

利用 18# 坝段基础勘探竖井埋设双金属管标，作为灌浆及主排水廊道日常垂直位移观测的工作基点。

3）水准标点的布设

在每个坝段坝顶下游侧埋设 1 个水准标点，用以观测坝顶的垂直位移。

在灌浆及主排水廊道和下游灌浆排水廊道内，每坝段各埋设 1 个水准标点。为监测大坝下游近坝区岩体的垂直位移，并检测工作基点的稳定性，按逐步趋近的原则，沿两岸上坝、进厂公路每隔 0.3 ~ 0.5 km 埋设固定水准标点。标点埋在新鲜、稳固的岩石上。

垂直位移采用精密水准测量，观测仪器采用自动安平水准仪和因瓦钢尺。

另外，在较平坦的 3# ~ 18# 坝段的灌浆廊道内和坝顶各布置静力水准线 1 条，每坝段 1 个测点，实现坝顶和主要坝段坝基垂直位移的自动化监测。

4. 接缝监测

1）坝体纵缝监测

在 2#、8#、13#、18# 共 4 个坝段的坝体纵缝上埋设单向测缝计。每条缝不少于 3 个测点。

2）坝体横缝监测

在 2#、3#、8#、13#、18#、19# 共 6 个坝段的横缝上埋设单向测缝计。测缝计沿高程布置 3 ~ 4 个断面，每个断面不少于 2 个测点（含三向测缝计）。

3）坝体与基岩面接触监测

在 8#、13#、18# 共 3 个坝段的坝踵、坝趾与基岩的结合面埋设单向测缝计。每坝段 4 个测点。

在岸坡坝段与两岸基岩接触面埋设测缝计。沿高程各布设 3 监测断面，每断面不少于 2 个测点。

4）13# 底孔坝段和 18# 表孔坝段

在 13# 底孔坝段和 18# 表孔坝段的坝趾与消力池底板间的纵缝上，各埋设 2 只单向测缝计。

5. 高边坡监测

大坝左、右岸岩层倾向河床，坝顶以上边坡高约 35 m。为监测边坡的稳定性，在两岸岸坡上、下游方向一定范围内，各埋设 1 只固定式测斜仪和 2 根测斜管，结合绕坝渗流监测，对岸坡位移进行综合监测。

6. 坝区平面监测网

为监测近坝岩体和左、右岸坡的稳定，检查 1#、3#、10#、18#、19# 五个坝段的倒垂线在坝基内的锚固点的稳定性,分别在大坝下游 1 200 m 范围内的左、右岸各建造 4~6 座控制点监测墩,在坝顶上 5 条正垂线锚固点处设监测墩,两者共同组成外部变形控制网。

（二）渗流监测

1. 坝基扬压力监测

大坝基础采用抽排降压措施,坝基除设有上游帷幕外,还在下游坝趾处设有下游帷幕。为了对坝基扬压力进行全面监测,设 2 个纵向监测断面、6 个横向监测断面。

（1）第 1 个纵向监测断面布置在上游灌浆及主排水廊道内,第 1 道排水幕线上。第 2 个纵向监测断面布置在下游灌浆排水廊道内,第 3 道排水幕线上。每个纵向监测断面在每个坝段设 1 个测点,埋设测压管,测压管深入基岩 1 m。

（2）横向监测断面布置在 1#、5#、8#、13#、18#、19# 坝段,共 6 个断面。每个监测断面布置 3~6 个测点,测点布置以上游密、下游渐疏为原则。第 1 个测点布置在基础帷幕的上游,埋设测压管,监测淤沙对渗流的影响;第 2 个测点布置在第 1 道排水幕线上,埋设深孔双管式测压管,监测 NJ_{303}、NJ_{302} 软弱夹层的扬压力,测压管进水管段应埋设在软弱夹层以下 0.5~1 m 的基岩中;第 3~5 个测点分别布置在第 1、2 道排水幕下游及第 2 道排水幕线上,埋设测压管,监测第 1、2 道排水幕后及第 2 道排水幕线上的扬压力;第 6 个测点布置在基础下游灌浆排水廊道内第 3 道排水幕线上,埋设深孔双管式测压管,监测坝趾处基岩内 NJ_{304}、NJ_{303}、NJ_{302} 软弱夹层的扬压力。

（3）13# 底孔坝段、18# 表孔坝段下游一级消力池基础内,各埋设 1 排渗压计,间距 10~20 m,监测消力池基础的扬压力。在底孔、表孔一级消力池左、右岸边墙上,各布置 3~4 个测压管,监测基础扬压力。坝基扬压力的自动化监测仪器采用渗压计,人工采用压力表进行观测。

2. 坝体扬压力监测

为监测坝体水平施工缝的渗透压力,在 13#、18# 两个坝段上游面至坝体排水孔的水平施工缝上,埋设渗压计,各布置 4 个测点。

3. 混凝土蜗壳及尾水管渗透压力监测

在 8# 电站坝段钢筋混凝土蜗壳及尾水管内,沿环向布置渗压计。共布置 3 个断面,每个断面 4 个测点。

4. 坝体、坝基渗流量监测

（1）坝基渗漏量:在灌浆及主排水廊道及下游 2 道排水廊道内,分段布置量水堰,量测各段坝基排水孔的涌水量。

（2）坝体渗漏量:在灌浆及主排水廊道内横向排水沟中,分段布置量水堰,监测坝体各段的渗漏量。

（3）在各集水井中,通过集水井流量仪,监测坝体、坝基的总渗漏量。

5. 绕坝渗流监测

根据大坝与两岸连接的轮廓线,在坝左、右岸上、下游岸坡各布置 3 列测压孔,测孔的布置以能绘出绕坝渗流线为原则,测孔应伸入原地下水位线以下。测孔总数为 20 个,内装渗压计进行自动化监测。

（三）应力、应变及温度监测

应力、应变及温度监测包括钢筋应力监测,坝体、坝基温度监测和泥沙压力监测等。

1．监测坝段的选取

根据坝基情况、坝体结构、日照影响等多方面因素，主要选取 1#、8#、13#、18# 四个坝段，分别作为边坡坝段、电站坝段、底孔坝段、表孔坝段的代表坝段来布置监测仪器。

2．应力监测

在 8# 电站坝段、13# 底孔坝段的孔口周围埋设钢筋计，监测钢筋应力，同时监测混凝土温度。

3．坝体、坝基温度监测

1）坝体温度

在 1#、13#、18# 三个坝段的中心截面，按网格布置测点。测点间距约 12 m，埋设温度计进行自动化监测。

2）坝面温度

下游坝面受日照影响，混凝土温度变幅较大。在 2#、13#、18# 三个坝段下游坝面中部埋设 1 排表面温度计，用以监测下游坝面温度和混凝土的热传导性。表面温度计的埋设，沿水平方向间距分别为 10 cm、20 cm、40 cm、60 cm。

3）基岩温度

在 2#、13#、18# 三个坝段的坝基岩石中，分别在上游、下游、中间部位沿铅直方向埋设 3 排温度计。温度计距基岩面分别为 0 m、1.5 m、3.0 m、5.0 m。

4．淤沙压力监测

为监测大坝上游面淤积形成的泥沙压力，在 2#、11#、13#、18# 坝段上游面淤沙高程以下各布设 1 只土压力计。

5．下游尾岩（深层滑动抗力体）监测

底孔、表孔坝段下游消力池基岩，作为深层滑动的抗力体，需打锚索进行加固处理。为了解锚索和抗力岩体的受力情况，在 13#、18# 坝段下游各选择 2 个锚索安装应力计。

为了解尾岩的应变情况，在上述坝段的消力池、尾水渠基岩内，埋设基岩多点位移计。

（四）环境量监测

1．水位监测

在 11# 坝段上游坝面以及坝下游 270 m 左右各布置 1 只遥测水位计，自动监测相应区域的水位变化。

2．库水温监测

在 2#、11# 坝段坝前设 2 条水温测线，采用深水温度计监测库水温度。

3．气温监测

在 11# 坝段下游高程 872.90 m 平台上设置 1 个气温监测站，采用自记温度计监测。

4．冰棱监测

主要包括冰棱现象和冰层厚度，坝前冰盖层的整体移动和冰压力观测。

5．水力学监测

主要采用目测法对水流流态、水面线、下游雾化等进行观测。

三、监测自动化系统

（一）监测仪器的选型

由于大坝安全监测系统具有规模大、分布广、测点多，观测精度要求高，且大部分监测仪器长年处在湿度大、高低温、强电磁干扰等恶劣的环境下工作,因此监测系统、仪器的结构应相对简单、易于维护,抗干扰能力强,数据测量稳定,性能可靠,实用、经济和先进。

针对本工程大坝安全监测系统,主要监测项目共分四类,包括变形监测,渗流监测,应力、应变及温度监测和环境量监测。设计采用的主要仪器有:单向引张线仪、双向垂线坐标仪、静力水准仪、位移计、双金属标、多点位移计、测缝计、测斜仪、渗压计、量水堰渗流量仪、翻斗雨量计、温度计、水位计等。为减少系统维护量,简化系统配置,提高系统的兼容性,监测仪器的类型以振弦式为主,其他类型仪器为辅。

(二)自动化监测系统

自动化监测系统主要由传感器、监测分站、监测总站、电缆、网络通信连接和安全监测系统软、硬件组成。传感器通过信号电缆与数据采集单元(监测分站)相连,信号电缆将数据采集单元所采集的信号传输到监控管理中心(监测总站),从而实现自动化监测。

自动化监测分站主要设有数据采集单元,每一个数据采集单元的布置是根据其监控测点数量的多少、类型和距离确定的。每一个数据采集单元对所辖监测仪器按工控机的命令或设定的时间自动进行监测,并转化为数字量,暂存在数据采集单元中。各个数据采集单元中的数字量通过信号电缆并根据工控机的命令向主机传送所测数据。

四、结　语

(1)龙口水利枢纽大坝安全监测自动化设计使大坝安全监测达到"无人值班,少人值守"的管理水平,提高了大坝安全预警功能,为大坝安全运行提供了可靠的保证。

(2)通过选择技术先进、性能可靠的仪器设备,建立性能优良的大坝安全监测自动化系统,能够及时准确地了解大坝的运行状态,同时达到实用和科学研究的目的。

(3)由于监测区域较大,测点较多,比较分散,且地处雷区,所以必须充分考虑整个监测系统的防雷和抗干扰能力。

(4)工程区温差大(绝对最高气温38.6 ℃,绝对最低气温-32.8 ℃),廊道内湿度大,因此自动化系统的前端数据采集装置必须满足气候环境要求。

(5)自动化监测系统应具有稳定可靠、实用灵活、维护方便、扩展性能强的特点。

(作者单位:门乃姣、李志鹏　中水北方勘测设计研究有限责任公司

谢广宇　河南省水利水电学校)

黄河龙口水利枢纽工程
左岸引黄灌溉线路研究

王晓辉　赵　健　韩　强

龙口水利枢纽引黄灌溉线路位于山西省河曲县黄河左岸,工程的建设任务是以农业灌溉为主,考虑长远发展兼顾工业供水。工程近期引水流量 6.01 m³/s,远期引水流量 7.40 m³/s,引水线路主要由隧洞、暗渠(涵)、渡槽等组成,全长 33.96 km。

本文针对引水线路沿线有关地形、地质特征以及厂矿、村庄等建筑物分布等现场实际情况进行引水线路方案比选和设计,从而确定经济、合理的推荐方案。

一、工程区地质

引水线路所处区域位于黄土高原,地势北高南低,地面高程一般为 1 000 ~ 1 500 m,相对地形高差最大可达 600 m 以上。区内地貌类型主要有黄土丘陵、构造剥蚀低中山和侵蚀堆积地貌等。受大的构造格局控制,寒武系、奥陶系地层由东、北东向西、南西方向缓倾,在黄河左岸裸露地表形成低中山,向西、南西方向逐渐降低并深埋地下。区域地层总体上由北东向南西方向倾斜,倾角大体在 10° 左右。

在该区发育有 3 条较大的近 NNW 向冲沟,以中部的吴峪沟最大且最深,沟底高程为 875 ~ 885 m。引水线路的隧洞岩性复杂,渗透性差别较大,存在渗漏问题。

隧洞段中分布有 Ⅳ、Ⅴ 类围岩,存在隧洞围岩的稳定问题,另外局部还存在煤矿采空区问题和永久压矿问题。

二、引水线路方案比较

由于龙口水利枢纽左岸有河偏公路通过,枢纽下游分别布置有进场公路和上坝公路及副厂房,根据引水线路的地形、地质条件,并综合考虑施工占地、煤矿开采区、迁赔、运行维护等,设计中选取 3 条引水线路进行比较,即近山隧洞方案、傍山箱涵方案和深远隧洞方案。3 条引水线路取水口位置相同,均布置在龙口水利枢纽 1# 坝段上游侧,取水口中心线桩号为上 0 - 006.00,平行于坝轴线。

(一)近山隧洞方案(线路 1)

该线路在平行于坝轴线进入山体 52.73 m 后右转沿西南方向直行 1 007.00 m,为避开采空区,转至东西向,在采空区附近横跨 2 个山沟,此段引水线路距离采空区边线 20 m。为了缩短引水线路,减少引水线路出口处房屋迁赔,在引 3 + 475.20 左转西南方向直至高峁村山脚,在山脚右拐东西向,将水引至大峪河床。引水线路主要由 3 段输水隧洞、两段埋涵及一段渡槽组成。其中隧洞长 3 577.80 m,埋涵长 468.307 m,渡槽段长 106.0 m,线路总长 4 152.107 m。该线路横跨 3 条山沟,其中,横跨第 1 条、第 3 条山沟采用混凝土埋涵,埋涵顶部回填石渣,跨第 2 条山沟采用渡槽。

该方案的引水隧洞采用城门洞形,洞宽 2.5 m,洞高 3.0 m,箱涵采用矩形,箱宽 2.5 m,箱高 2.6 m,渡槽槽身采用矩形槽,断面尺寸 2.5 m×2.6 m。

(二)傍山箱涵方案(线路 2)

该线路在引 1+630 以前与线路一走向相同,在引 1+630 以后沿山坡等高线布置引水线路,转弯半径不小于 5 倍过水断面宽。若采用傍山渡槽存在排架柱高度较大(大多在 30 m 左右)且预制槽身吊装需要大型起吊设备等问题,故根据实际情况将该引水线路调整为距河偏公路 15 m 左右沿山坡等高线布设的箱涵方案,即傍山箱涵方案。该条引水线路由隧洞和箱涵组成,隧洞长 1 603.80 m,箱涵长 2 780.02 m,其中跨沟段长 190 m,线路总长 4 383.82 m。该线路横跨 3 条山沟,跨沟布置及结构同线路 1,不再赘述。

(三)深远隧洞方案(线路 3)

此方案为全线隧洞方案。为避开煤矿采空区,该线路沿坝轴线方向伸入山体内 100 m 以后在矿区范围线的最南端右拐东西向,在大谷村附近布置出口。整条线路长 4 921.80 m。由于隧洞长,为了加快施工速度,便利通风和出渣,增加开挖工作面,根据施工有关规范在引水隧洞的中部布置一支洞。该方案的引水隧洞结构同线路 1。

(四)引水线路方案选择

根据引水线路 3 个方案布置及结构形式,并考虑工程规模、主要建筑物工程量、施工工期及工程投资等因素,3 个方案的比较见表 1。

表 1　　　　　　　　　　　　　　　引水线路方案比较

项目	近山隧洞方案	傍山箱涵方案	深远隧洞方案
线路总长(m)	4 152.107	4 383.82	4 919.80
隧洞长度(m)	3 577.80	1 603.80	—
箱涵长度(m)	468.307	2 780.02	—
渡槽长度(m)	106.00	—	—
土方开挖(m^3)	13 090	118 230	—
石方明挖(m^3)	5 850	111 375	—
石方洞挖(m^3)	43 800	22 990	79 700
土方回填(m^3)	6 380	60 000	—
隧洞混凝土衬砌(m^3)	14 330	7 650	26 050
箱涵混凝土(m^3)	1 825	11 580	—
钢筋(t)	795	1 735	1 560
施工工期(月)	24	24	32
工程总投资(万元)	5 842.25	7 281.41	9 184.45

从表 1 可知,深远隧洞方案线路最长,工程造价最高,施工工期最长,引水隧洞出口水力坡降最大,自流灌溉亩数最少,此方案性价比最差。

近山隧洞和傍山箱涵两方案相比,两条引水线路的终点均为高峁村电石厂旁的大峪河床,施工工期相同。两方案在引1+630.00前线路走向完全一致,均为隧洞段,引1+630.00后,傍山箱涵线路基本沿河偏公路的南侧山坡布置,大部分位于岩体的强风化带中,强风化带厚度一般为5~8 m,且局部段上覆有厚度不等的第四系坡崩积碎石、块石夹土,施工开挖量较大,局部存在边坡稳定问题,大量的劈坡开挖还有可能破坏山顶的古长城建筑。该方案在施工期对河偏公路的交通干扰较大。根据野外调查,沿线的山坡上局部有输电线路通过,山坡下的公路两侧还有一定数量的民房和加油站,尤其是吴峪沟口东侧有一庙宇。同时引水线路经过马连口村、高峁村等几个村庄,房屋拆迁量大。近山隧洞方案只是在与山沟相交处发生一些永久征地和少量房屋拆迁,施工过程中受当地居民干扰少,施工进度快。近山隧洞方案只在回车场附近占压11#煤层,傍山箱涵方案占压8#和11#两个煤层,均有影响梁家喷煤矿开采问题。傍山箱涵方案工程造价明显高于近山隧洞方案。经过综合比较分析,确定近山隧洞方案为推荐方案。

三、引水隧洞断面选择

根据上述比较分析,确定近山隧洞方案为引水线路推荐方案。引水线路的主要建筑物的结构形式:隧洞采用城门洞形,箱涵采用矩形。因此,对该引水线路又进行了3种不同洞宽(箱涵宽)、洞高(箱涵高)的比选,初拟3种洞宽分别为2.0 m、2.5 m、3.0 m。整条线路水力学计算均按明渠均匀流基本公式计算。计算中糙率选用$n=0.015$,坡度$i=1:2\,000$,根据无压隧洞水面以上的空间不宜小于总断面的15%~25%、水面以上净空高度不应小于40 cm的要求,对不同的隧洞断面进行计算。计算结果见表2。

表2 隧洞水力计算结果

断面形式	近期引水流量(6.01 m³/s)		远期引水流量(7.4 m³/s)	
	水深(m)	流速(m/s)	水深(m)	流速(m/s)
形式1(2.0 m×4.0 m)	2.52	1.19	3.01	1.23
形式2(2.5 m×3.5 m)	1.94	1.24	2.29	1.29
形式3(3.0 m×3.15 m)	1.60	1.26	1.87	1.32

通过水力学计算,由于水流经过消力池消能后,引水洞内的水面仍有波浪,基于以上原因,确定了建筑物高度分别为3.60 m、3.00 m、2.86 m。由于岩石走向平缓,宽浅式断面水力条件较好,但隧洞跨度较大,顶拱结构受力条件较差,边墙受力条件较好;窄深式断面水力条件较差,但跨度小,顶拱结构安全性好,同时隧洞宽度愈宽,工程量愈大,投资也愈大。经综合比较,选定隧洞断面为2.5 m×3.0 m(宽×高)城门洞形。

四、引水洞纵坡比选

根据上述论证,确定引水隧洞宽2.5 m,依据明渠均匀流公式对选定的隧洞宽度进行了隧洞纵坡的比选,初步拟订两种纵坡,分别为1:1 000和1:2 000。按远期设计流量计算,确定隧洞净高分别为 2.70 m 和 3.0 m,洞内水深分别为 1.74 m 和 2.30 m,流速分别为 1.7 m/s 和 1.3 m/s。由于缓坡要求的隧洞结构尺寸大,在隧洞长度相同的情况下,纵坡 1 : 2 000 的工程量明显大于 1 : 1 000 的工程量,基于灌区的设计宗旨为自流灌溉,节省灌溉中运行投资,坡度愈缓,引水线路的进、出口水位落差愈小,灌溉农田的亩数愈多。经综合比较分析,引水线路纵坡确定为 1 : 2 000。

五、结　语

河曲县地处晋西北黄土高原,雨量稀少,为解决工农业用水,促进地区经济发展,修建引黄灌溉工程是非常必要的。根据工程地形地质特征,推荐选用的引水线路方案是合理的,该方案不仅造价低,运行管理方便,而且沿程水量损失少,灌溉保证率高。

(作者单位:中水北方勘测设计研究有限责任公司)

黄河龙口水利枢纽工程
左岸引黄灌溉渡槽设计

引黄灌溉工程位于河曲县黄河左岸,从龙口水利枢纽 1# 坝段取水口取水。工程的建设任务是以农业灌溉为主,兼顾工业供水。该工程设计引水流量 7.40 m³/s,其中:农业灌溉用水流量 6.34 m³/s,工业用水流量 1.06 m³/s。向农业供水 4 260.28 万 m³,向工业供水 1 500万 m³;控制农业灌溉总面积 6 787 hm³(10.18 万亩)。引水线路全长 33.96 km。整个引水工程包括隧洞、渡槽、暗渠等过水建筑物。

一、渡槽布置及设计方案

渡槽是输水渠道水流跨越河渠、道路、山冲、谷口等的架空输水结构物。考虑渡槽槽身跨越能力的限制,槽身跨度不宜太大,也不宜太小。跨度过大,槽身及支承结构强度、刚度、变形等要求变大,造价过高,不经济。因而,设计思路是将输水结构和承重结构相结合,选用合理的跨径组合和槽身的结构形式,使渡槽的设计力求做到安全、经济、合理。渡槽的工程区处于黄河左岸Ⅳ级阶地前沿地带,地势南高北低。南部阶地地势宽阔,总体坡度较缓。岩体风化作用以物理风化为主,化学风化相对较微弱。设计采用一般梁式渡槽,跨度为 9.0 m,共 10 跨,跨身段总长 90 m。

渡槽槽身采用顶部带拉杆的矩形槽,断面尺寸 2.5 m×2.6 m(宽×高),侧墙和底板厚度均为 0.2 m,侧墙和底板的连接处设角度为 45°的贴角,贴角边长 0.2 m。为便于交通及减少水量蒸发损失,在拉杆上垂直水流方向直接铺设人行道板,人行道分块,每块板宽 0.73 m,板厚 8 cm。槽身混凝土强度等级为 C30。梁式渡槽的排架采用钢筋混凝土结构,排架高度小于 15 m,采用单排架,排架的肢柱断面尺寸为 0.6 m×0.5 m(长边×短边),高于 3 m 的排架在排架中部设一横梁,横梁的断面尺寸为 0.4 m×0.4 m,横梁与肢柱连接处设贴角,边长 0.2 m,排架顶部设一横断面为 0.6 m×1.0 m 的横梁。排架混凝土强度等级为 C30。排架基础采用挖孔灌注桩基础,灌注桩桩径 0.8 m,桩长 3.5~10 m,中间部位的灌注桩长度根据实际地形调整。灌注桩顶面设一承台与排架固结,承台高 1.0 m。基础平面尺寸 5.1 m×1.8 m(横槽向×顺槽向)。渡槽布置见图 1。渡槽断面上部拉杆间距 1.48 m,断面尺寸 0.3 m×0.2 m,根据设计流量及结构受力要求确定渡槽的截面尺寸,见图 2。

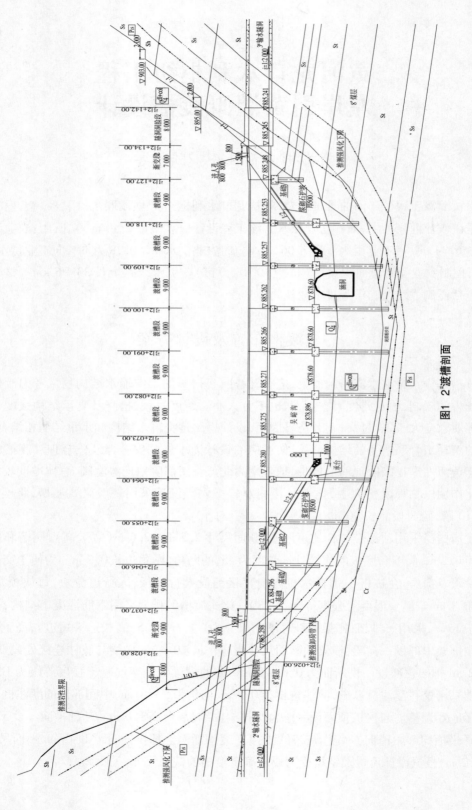

图1 2#渡槽剖面

（一）渡槽设计参数

对于不同横断面形式、不同支承位置以及不同跨度比与跨高比的槽身，其荷载作用下的应力状态不同。为了使计算成果有比较好的精度，应采用不同的计算方法。本处的渡槽跨宽比为 3，是跨宽比小于 4 的梁式渡槽。根据水工建筑物荷载规范，槽身主要荷载包括自重、水重、水压力、风压力、人群荷载、温度荷载和地震力。工程所在区域地震基本烈度为Ⅵ度，地震动峰值加速度为 0.05g。渡槽上部仅在检修时有人行走，可不设人群荷载。本工程的渡槽为一般梁式渡槽，温度应力影响较小，可不考虑温度荷载的影响。结构重要性系数 $r_0 = 1.0$，槽身自重系数 $r_G = 1.1$，结构系数 $r_d = 1.2$，槽身结构采用 C30 混凝土，抗压弹性模量为 3.0×10^4 MPa，容重按 25 kN/m³ 计算。

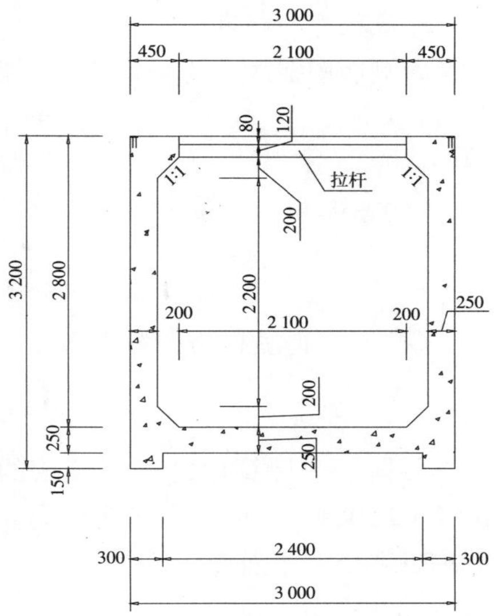

图 2　渡槽截面

（二）纵向结构计算

纵向结构静力计算考虑将矩形槽简化为简支梁结构进行计算。

（三）横向结构计算

横向内力计算考虑为一次超静定（不计轴力及剪力对变位影响）结构。计算时，沿槽长方向取 1.0 m 按平面问题进行分析。分析表明，侧墙底部与底板跨中的最大弯矩均发生在满槽水深情况下，近似地将槽中水位取至拉杆中心线处，为方便计算，且形状和荷载均对称，可沿中心线切开一半计算，见图 3。

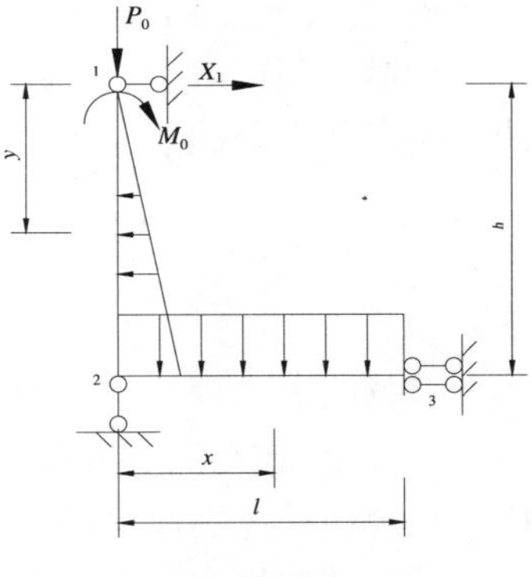

图 3　计算图

1. 侧墙弯矩计算

图 3 中，M_0 为拉杆自重对 1 点产生的力矩：

$$M_0 = q^2 \times \left(\frac{l}{2} + \frac{\delta_1}{2} \right)$$

假设 x_1 为拉杆所受拉力，则 x_1 由公式计算：

$$x_1 = \frac{1}{H} \times \left[\frac{1}{6} \times \gamma_{水} H^3 - M_0 - \left(\frac{M_0}{2} + \frac{\gamma_{水} H^3}{15} \right) u_{23} - (\gamma_{水} H + \gamma_{钢筋混凝土} \delta_2) l_0^2 \frac{u_{21}}{3} \right]$$

其中，$l_0 = \frac{l}{2} + \frac{\delta_1}{2}$；$u_{21} = \cfrac{3j_{21}}{H\left(\cfrac{3j_{21}}{H} + \cfrac{j_{23}}{l} \right)}$；$u_{23} = \cfrac{3j_{23}}{H\left(\cfrac{3j_{21}}{H} + \cfrac{j_{23}}{l} \right)}$；$j_{21}$ 为侧墙截面惯性矩，$j_{21} = \frac{\delta_{13}}{12}$；$j_{23}$ 为

底板截面惯性矩，$j_{23} = \frac{\delta_{23}}{12}$。

计算出 x_1，假设拉杆间距为 l_1，拉杆拉力 $N_1 = l_1 \times x_1$，则由拉杆中心线到侧墙截面的距

离 y 处的弯矩为：$M_y = x \times y + M_0 - \frac{\gamma_{水} y^3}{6}$，最大弯矩应产生在 $y = y_m$ 处，$y_m = \sqrt{\cfrac{2 \times x_1}{y_{水}}}$，由此计

算出侧墙的最大弯矩。

2.底板弯矩计算

离侧墙中线距离为 x 处的底板弯矩可按下式计算:

$$M_x = x_1 \times H + M_0 - \frac{\gamma_{水} H^3}{6} + (\gamma_{水} H + \gamma_{钢筋混凝土} \delta) \times \left(1 - \frac{x}{2}\right) \times x$$

令 $x = 0$,得底板跨中弯矩 M_2:

$$M_2 = x_1 \times H + M_0 - \frac{\gamma_{水} H^3}{6}$$

令 $x = 1$,得底板跨中弯矩 M_3:

$$M_3 = M_2 + \frac{l}{2} \times (\gamma_{水} H + \gamma_{钢筋混凝土} \delta) \times l_2$$

根据上述计算原理进行渡槽的侧墙和底板配筋,具体配筋为:底板上下层配筋均为 $\Phi 14@150$;竖墙内外层配筋均为 $\Phi 14@150$,腰筋间距为 300 mm;底板与竖墙结合部布置 $\Phi 25@150$ 加强筋。

二、验算结果

根据前面叙述的计算结果,短期效应组合下混凝土边缘出现的拉应力,符合 $\sigma_{st} - 0.8\sigma_{pc} \leqslant 0$;因此,截面上缘未出现拉应力,满足规范抗裂要求。

在最不利荷载组合作用下,槽身正应力未出现拉应力,满足规范要求。在持久状况正常使用极限状态荷载效应组合和自重作用下,验算槽身的刚度亦满足规范要求。

三、结　语

引黄灌溉工程渡槽为预制混凝土渡槽,主要考虑到现场预制的施工难度,且一般梁式渡槽结构简单,施工浇筑方便,用简化的结构力学平面体系就可对该渡槽进行验算。对于体形尺寸和规模较大的渡槽则应该采用三维有限元计算程序计算,同时还应对结构进行空间分析以满足结构纵向受力要求。本文仅为以后同类工程设计提供一点经验及借鉴。

(作者单位:胡彬彬、陆永学　中水北方勘测设计研究有限责任公司
都桂芬　天津市滨海新区塘沽农村水利技术推广中心)

黄河龙口水电站建筑设计

郭晓利　刘建超　张金洲

龙口水利枢纽位于黄河北干流托龙段尾部、山西省和内蒙古自治区交界处,属于国家重点工程,水库总容量1.96亿 m^3 ,电站总装机容量为420 MW,工程为二等工程,它是造福晋蒙两省区的利民工程,它的建成将对促进晋蒙两岸交流和经济发展起到积极的推动作用。

建筑设计作为水利项目的附属部分,往往得不到主专业的重视,很难在建筑造型上有所突破,本工程从一而终地遵循以功能合理为前提,自然流露建筑个性的理念,结合造型把一些附属用房巧妙地布置在地面之上,使之成为设计的亮点,力图创造明快大方,又具有时代感的工业建筑。

节能设计是本工程的另一大特点。节能设计在以往水利设计中未曾提及,本工程则采用新型的建筑节能材料,既满足了节能要求,又具有了现代装饰效果,有了质的飞跃。

本工程建筑设计主要包括主、副厂房、开关站等,该项目在建筑设计中建筑师将表现现代工业建筑作为设计的主导思想。

一、平面设计

(一)主厂房平面设计

主厂房为单层排架结构,地上部分长度为187 m,跨度为30 m,高度为26.2 m。平面布置自上而下分别为:发电机层、母线层、发电机出线层、水轮机层。层间设有楼梯沟通上下层交通。

主厂房平面设计中的一大特点就是把主厂房的部分通风机房和风道从发电机层以下移至地面之上。主厂房地下部分以机电专业房间为主,通风机房房间面积较小,在设计中结合立面布置通风机房、风道等附属部分。在主厂房平面设计中,把主入口的处理作为重点。主安装间大门(10 m×7 m)设置门库,结合立面需要设置高21.2 m,进深3.60 m的门头,门头3层,首层为门库,二层为观测室,三层为电缆廊道及 CO_2 钢瓶室的进风室,在门头两侧为电缆廊道及 CO_2 钢瓶室的风道。在副安装间次入口处结合电梯井,入口设计半室外空间,二层为通风机房,使主厂房立面以电梯机房与靠近电梯井及疏散楼梯的通风道,形成制高点,突破了屋檐线的平淡,使主厂房外轮廓错落有致。电梯机房靠近隔墩坝段,为整个电站的最高点。在设计中对各种风道、管井等附属体有机地组织与再塑,采用现代科技、现代结构、现代艺术美学的方法,使之成为电站闪耀的亮点,对整个建筑形象起到了画龙点睛的作用。

(二)副厂房

根据业主要求对副厂房反复进行了多次调整和优化,最终在满足运行要求的前提下,本着节约的原则,副厂房最终布置在主厂房左侧,紧靠主厂房主安装间,1#和2#坝段坝体上,调整后的副厂房建筑边线桩号下 0 +016.00—下 0 +045.00,坝 0 +040.0—坝 0 +016.90。此布置既减少了混凝土大坝的方量,又缩短了主厂房和副厂房之间的电缆廊道,同时也节省了厂前区的空间和回填量。

副厂房规模也由最初的 3 760 m² 调整为 2 513 m²。调整后副厂房地面以上为 4 层框架,结构长度 23.00 m,跨度为 29.00 m,建筑高度 18.90 m。室内外高差 0.90 m,室外地坪相当于绝对高程 872.90 m。原设计中,副厂房办公用房和一些非生产用房规模相对较大,调整后的副厂房,充分利用管理区内用房,把部分办公及非生产用房移至管理区内,副厂房内只保留了必要的生产性用房,使其功能更加纯粹,使用更为便捷。副厂房的另一个特点是位于 1# 坝段和 2# 坝段,右侧为主厂房,这样副厂房许多房间不能天然采光,为了解决这一矛盾,设计中在副厂房中间 1 跨,靠近主厂房处设置采光天井,使这一问题得以妥善的解决,同时受到了使用单位的好评。地下层为直流盘室、配电室、蓄电池室,电缆廊道与主厂房相通;一层为门厅和电缆室,门厅与主安装间直接相通,交通便利。中控室作为副厂房中的主体,设置在二层。设计中以中控室、继保室、计算机房为主体设置在 2# 坝段,交通中心设置在 1# 坝段,并通过玻璃隔断,使整个空间通透而流畅,既有利于视线的交流和空间的共享,又有利于管理、操作和参观。三层为会议室和值班室,以便现场召开紧急会议,有利于问题快速有效地得以解决。四层为通信用房。建筑整体感强,布局紧凑合理。

(三)GIS 室

GIS 室也进行了多次优化,建筑面积由原来的 1 685 m² 调整为 1 377.35 m²;调整后 GIS 室地上 1 层,建筑面积 686.55 m²;地下 1 层,建筑面积 690.80 m²,框架结构长度 50.5 m,跨度为 12 m,建筑高度 12.05 m。室内外高差 0.30 m,室外地坪相当于绝对高程 872.90 m。

二、外立面设计

主、副厂房,GIS 室相邻而建,建筑立面基本统一。以简洁现代的处理手法,统一各单体立面,形成主、副厂房两个视觉中心。在整个厂区设计中采用了以下设计方法:

方法一是"分解体量"。主厂房全长 187 m,宽 30 m,高 26.2 m,可将整个立面按处理手法及材料的不同分为三部分。①根据重点部位重点突出的原则,在主厂房的主入口重点处理。主安装间大门 10 m × 8 m,在大门上部墙面镶嵌"龙口水利枢纽"几个大字,醒目而有力。②变压器位于尾水平台与主厂房距离为 1 m,按防火要求,靠近变压器一侧设置防火墙,开窗面积有限制,在主厂房外墙的上部 18 m 高处开一水平防火窗,靠近变压器的墙面上适当点缀色块,变压器之间的外墙面设置 4 个装饰架,使主厂房的大体量简洁而富于韵律,又增加了建筑现代优雅的视觉效果。③在次入口的处理中基本延续了主入口的建筑设计手法。

方法二是"架空处理"。顶部架空的处理是主厂房设计的一大特色。电梯机房位于坝顶下游侧,位置显著,上坝电梯紧靠坝体,门顶设置装饰架,电梯机房顶部架空,它改变了电梯井比例过小的形象,仿佛从建筑主体上自然生长出来一样。通过架空的手法使建筑室内空间与室外空间融为一体。

外檐立面在设计中采用氟碳喷涂,外檐门窗为铝合金断热系列氟碳漆门窗,铝合金型材装饰架,从视觉上强化"现代工业"的设计理念。

副厂房位置狭窄,立面设计中与主厂房统一考虑,局部楼、电梯部分升起,沿用架空处理的手法,使主、副厂房协调一致,像一对"双生花",又求同存异,耐人寻味。

GIS 开关站受地形条件限制,地处狭长,北面为黄河,南面为 50 多 m 高的山坡,又由于 GIS 开关站受工艺影响较大,体形简单,通过外檐窗洞的组织整理,使立面简单明快又富有工业气息。

三、内装修设计

内装修设计遵循重点部位重点装修的原则,采用不同的装修标准:

主厂房内设计以"明快、淡雅、现代"为主题,力图创造出宁静、和谐的工作环境。墙、地面采用浅而明亮的色调,起重吊车和机电设备采用时尚的工业色系;在地面分格、灯饰布局和墙面建筑处理上都注意加强节奏和韵律感,像一首"变奏曲",虽不华丽,但不单调。浅蓝灰色钢网架,在空间中宁静地渗透着,削弱了厂房幽深而空旷的感觉。

发电机层采用环氧自流平楼面,机旁盘周边采用了发热电缆采暖。内墙面采用白色乳胶漆,水轮机及以下面层采用混凝土随打随抹。由于主厂房为河床式电站厂房,主厂房上游侧内墙面易受潮,故设隔水层,内刷水泥基结晶防水涂料,面层采用铝板墙面。在施工中,上游侧坝体出现漏水现象,通过消缺处理使漏水现象消失。但消缺过程中,防水材料从裂缝和施工缝中渗出,破坏了上游面,故设防潮隔墙,使防潮与装饰二者兼备。

GIS 室采用环氧自流平楼面,白色乳胶漆涂料墙面、顶棚;地下室混凝土随打随抹。

副厂房门厅入口处、接待室、展示室、中控室、继电保护室、计算机室等人流集中部位作重点处理,门厅入口处、接待室、展示室、电梯厅楼面为玻化砖楼面,墙面为乳胶漆墙面,电梯门口采用不锈钢包口,顶棚为轻钢龙骨矿棉板吊顶。中控室、继电保护室、计算机室楼面为抗静电地板楼面,墙面为乳胶漆墙面,顶棚为轻钢龙骨矿棉板吊顶。通信用房采用玻化石防静电地板楼面,白色乳胶漆涂料墙面,轻钢龙骨矿棉吸音板吊顶。地上其他房间作一般装修。整个副厂房的内装修做到有张有弛、重点突出。

四、屋　　顶

主厂房的屋面系统为球形网架结构,面层采用直立锁边铝板。钢网架作为大跨度屋盖厂房的支撑系统,由许多有规律的杆件组成,属于高次超静定的空间结构。它具有受力性能好、空间刚度大、抗震性能强、运输施工方便等特点。直立锁边屋面系统引进国际先进设计理念,材料选用铝镁锰合金。密度是彩钢的 1/3,使用寿命却可达到其 3 倍以上。由于主厂房外墙开窗面积有限,按防火规范的要求,靠近变压器一侧只能设少量的固定窗,所以在主厂房屋顶上布置了天窗,解决了通风、采光问题,同时使屋面更具亲和力,受到使用单位的好评。主厂房屋面低于坝顶公路,主厂房屋面作为第五立面成为该工程的重要视点,设计中从整体建筑形象入手,对屋顶承重构架采用单侧弧线网架结构形式,使屋顶轻盈而现代。通过网架与现代材质的运用,表现出大跨度建筑独特的空间和科技美学特点,简洁有力、时代感强。

五、节　能

建筑节能主要是通过增强建筑物的围护结构(包括建筑物的外墙、外窗、屋面、分隔墙、楼板等)的保温隔热性能、提高建筑设备(包括空调采暖设备、照明设施、生活热水设备等)的能源利用效率、处理好建筑与建筑物室内的自然通风等几个方面来实现节能目标。

在设计中外墙采用240 mm厚的页岩多孔砖,外檐采用胶粉聚苯颗粒和聚苯板组合保温系统,代替原节能装饰板,既起到了保温的作用,又节省了成本。采用节能装饰系统后外墙传热系数由$1.7 \ W/(m^2 \cdot K)$降低到$0.4 \ W/(m^2 \cdot K)$,效果显著。外窗采用铝合金断热系列中空玻璃。屋顶采用100 mm厚岩棉保温夹层。在节能设计中还采用了发热电缆地面辐射供暖系统,此系统集现代科学技术、材料和施工方法于一身,是世界采暖工程界公认的最理想、最先进的采暖方式之一。以电力为热源,通过铺设于地板下的高品质发热电缆作为主要发热元件,辅以埋设于地板内的地温传感器或温控器内的室温传感器,由房间温控器控制温度,向房间辐射加热。该系统与目前其他采暖方式相比,具有极大的产品优势。

六、结　语

从本工程的设计看到建筑师为探索水利工程中建筑设计所做出的努力。随着社会与科技不断发展,民用建筑创作手法也不断地翻新,然而工业建筑还是一片净土,新的材料和技术很难应用其中。本设计作品力图在创作中彰显出工业建筑的特点,在保留其原有建筑形象的前提下,应用新材料、新技术、新手法,在建筑功能及流线布局中使工业建筑更符合人的行为习惯,尽力创造独具特色的现代工业建筑作品。

(作者单位:中水北方勘测设计研究有限责任公司)

黄河龙口水利枢纽工程 GIS 开关站设计总结

朱　琳　吕中维　张建坤

本工程的 GIS 开关站位于电站左岸厂前区公路旁,主体建筑体量为 50.60 m×13.00 m ×11.50 m(长×宽×高),钢筋混凝土框架结构,地下、地上各 1 层,面积分别为 686.55 m² 和 690.80 m²。地下层为电缆层,地上层布置气体绝缘金属封闭开关设备(简称 GIS),屋面布置出线架构。

一、工程设计总结与回顾

(一)地基处理

GIS 开关站位于电站左岸厂前区公路旁。但是由于地势的原因,GIS 开关站所处的平面位置是高差为 10 m 左右的奥陶系弱风化岩石陡壁,其中平面位置约 1/4 处于在高程 867.2 m(1985 国家黄海高程)左右陡壁以上的基岩上,其余均处于高程 858.0 m 左右。基岩面高差很大,使得地基处理成为首要任务,必须避免因回填土太厚造成过大的沉降差异;为此,本工程采用不等高钢筋混凝土柱墩基础,柱基之间或柱基与岩壁之间采用刚性连系梁相互连接,同时采用级配良好的土石屑进行回填夯实。柱基和连系梁分别应至少嵌入稳定弱风化基岩 0.5 m 和 0.3 m;同时当采用钢筋锚固时,水泥基系列锚固剂应采用强度不低于 30 MPa 的水泥砂浆或者混凝土强度等级不低于 C30 的细石混凝土进行岩孔灌浆。图 1 给出了具体的设计方案。

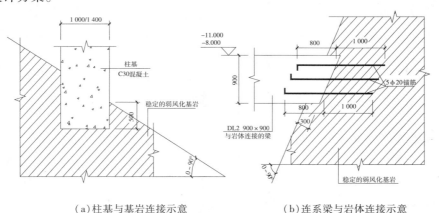

(a)柱基与基岩连接示意　　　　　　(b)连系梁与岩体连接示意

图 1　岩体锚固示意(单位:mm)

(二)主体结构设计

本工程主体为现浇钢筋混凝土框架结构,结构安全等级为 2 级,设计使用年限为 50 年,抗震设防类别为乙类,结构抗震等级为 3 级。基础为柱墩上设置承台,承台间采用拉梁连接,框架柱生根于承台顶面。地下层为电缆夹层,电缆通过电缆廊道与主副厂房互通;地下室外墙厚400 mm,顶板厚180 mm,用以增强地下室的整体刚度,对地上层产生较好的嵌固作用。地上层层高10 m,框架柱在高程6.660 m处设置吊车梁,上柱断面小于下柱断面,但断面尺寸减小不大于25%,较好地保证了层间刚度不发生大的突变。在屋面的出线构架柱脚处布置框架梁,同时设置150 mm厚屋面板增强结构整体性,为出线构架搭建一个稳固的基础平台。

(三)屋面出线构架设计

本次工程设计采用的是屋面出线方式,出线构架采用人字形钢结构排架。人字形出线架总高17.7 m,屋面高程10.0 m,见图2。人字杆和拉压杆均采用直径450 mm、壁厚12 mm的热轧无缝钢管拼接而成;23.550 m高程以上采用直径325 mm、壁厚12 mm的热轧无缝钢管制作;人字杆之间横梁采用钢管焊接三角形桁架结构;人字杆和拉压杆基础采用地脚螺栓锚固,地脚螺栓埋入纵横梁交界处的钢筋混凝土块体中。

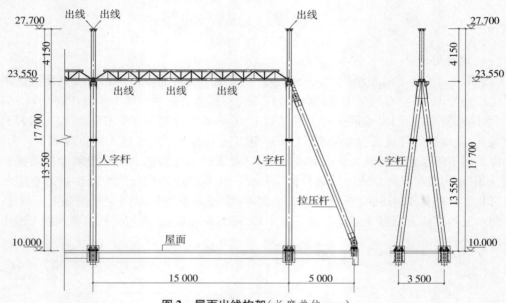

图2 屋面出线构架(长度单位:mm)

二、设计问题与建议

(一)抗震设防类别

近年来,我国一直大力发展水利工程,兴建了一批大中型水利枢纽。水利枢纽的各个建筑物会根据建筑遭遇地震破坏后,可能造成人员伤亡、直接和间接经济损失、社会影响的程度及其在抗震救灾中的作用等因素进行抗震设防分类。

在结构设计中,结构工程师一般将GIS开关站划分为标准设防类,简称丙类。虽然GIS开关站可以按照丙类设计,但是水利发电项目一般多为大中型项目,而且GIS开关站承担着稳压避雷、输送电力等重要任务,是水力发电枢纽有机整体的重要一环,因此应在抗震设防分类时可以酌情考虑提高其分类等级。另外,参考《建筑工程抗震设防分类标准》第五章的电力建筑相关规定,对于220 kV及以下枢纽变电所的配电装置楼抗震设防类别应划为重点设防,而 GIS 开关站恰恰属于配电装置楼的一种;因此,在进行水利发电枢纽工程的 GIS 开关站设计时,可以按照重点设防类(简称乙类)进行相关设计。

(二)出线构架形式

水力发电枢纽的出线构架可分为地面式和屋面式,采用屋面出线方式可以节省土地空间、增加出线高度、节省土地和基础费用,是水利水电工程设计的方向和趋势。对于屋面出线构架一般采用结构轻盈、韧性较好的钢结构,这样可以减少整个建、构筑物的地震作用,有利于结构抗震设计和优化整体投资。

屋面出线构架一般有两种形式,一种是独立悬臂式,另一种是门式刚架式(图 3),两种形式各有利弊。一般水利枢纽电力出线需要跨越河流或峡谷,因此需要出线高度比较高、出线拉力比较大。这样对独立悬臂式底部会产生很大弯矩,钢柱断面会变得很大,同时增加传给屋面基础的内力,使得对屋面结构梁的内力模拟变得异常复杂;而对于门式刚架形式的构架,柱脚一般设计为铰接,传给屋面结构的力只有集中力而没有弯矩,可以简化主体结构的模拟计算。同时,两个门式刚架之间的横梁上可以设计多回出线,出线方式灵活。门式刚架式构架占用屋面面积大,而独立悬臂钢柱式占用的面积较小,而且在平面布置上更为灵活。

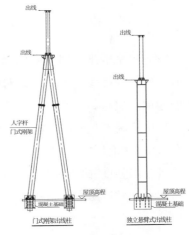

图 3 出线构架示意

(三)吊车形式选择

GIS 开关站的吊车最大起重量一般不超过 10 t,起重量不大,因此吊车形式可以选择两种形式,即桥式吊车和电动单梁悬挂吊车;GIS 开关站的结构布置需要按照吊车的形式有针对性地进行设计。当采用桥式吊车时,需要进行吊车梁和牛腿的设计,相应要考虑吊车纵向水平荷载传递路径以及框架柱上柱与下柱之间的截面和刚度变化问题。当采用电动单梁悬挂吊车,需要将电动单梁悬挂吊车轨道固定在屋面钢筋混凝土梁(或钢梁)的底部,并根据吊车的跨度和不同型号轨道跨度的要求预留埋件和连接件,相应要考虑屋面框架梁的结构平面布置。

一般情况下,采用电动单梁悬挂吊车要比采用桥式吊车能够节省设计和施工的工作量与难度,也可以节省建筑面积、建筑物高度和工程造价。因此,当 GIS 开关站额定起重量较低时,起重设备的设计可以优先考虑采用电动单梁悬挂吊车。

三、结 论

目前,我国各流域水电站的设计和建设工作正处于国家水电开发总体战略的高峰期,这就有必要加强 GIS 开关站的设计优化工作。本文针对龙口水利枢纽 GIS 开关站的结构设计和消防设计等内容进行了总结与回顾,系统探讨和反思了该工程设计可以优化的内容,并提出合理化建议,可为今后的工程设计提供良好的参考与借鉴。

(作者单位:中水北方勘测设计研究有限责任公司)

黄河龙口水利枢纽工程电站厂房发电机层环氧地坪处理工艺

王春龙　张建国　杨海宁

　　龙口水电站厂房发电机层布置各种电气设备,是电站工作人员日常巡视、检修等工作区域,静电、油类渗透及粉尘易对电气设备造成污染,因此需对发电机层进行地坪保护。常用的地坪面层材料如水泥砂浆容易起粉尘;水磨石土建施工工艺复杂、施工周期长、施工打磨过程中容易产生粉尘;花岗岩虽然强度高、耐久性好,但不耐冲击、规格小、不抗油渗、造价高,且这些面层施工中均易产生建筑垃圾,并对电站的运行产生一定的负面影响。环氧自流平具有高强度、耐磨损、美观、防油渗、施工工艺对电站运行影响小、施工周期短等突出优点,因此本电站厂房发电机层采用环氧地坪面层是可行的。

一、环氧地坪的特点、原理及主要技术指标

(一)环氧地坪的特点

　　环氧地坪涂料具有良好的耐水性、耐油性、耐酸耐碱性、耐盐雾腐蚀性等化学特性,并且具有耐磨性、耐冲压性、耐洗刷性等物理特性,此外还具有平坦、亮丽、不产生裂纹、不起灰、易清洗、易维修保养等突出性能和优点,因此几乎可满足现代工业厂房对地坪的全部需要。

(二)基本原理

　　环氧自流平地坪分底层、中间层和面层,底层为溶剂低黏度环氧漆,由固态环氧树脂、固化剂及助剂组成,涂层厚0.1 mm左右,可封闭水汽,提高黏结强度和韧性。中间层由液态环氧树脂、石英砂类填料及固化剂、助剂组成,涂层厚2~3 mm,要求具有较好的平整度和硬度。面层主要起装饰作用,具优良的自流平性,由液态环氧树脂、颜料、少量填料、固化剂等组成,可加入少量砂粒形成粗糙表面以防滑。

二、主要技术指标

　　环氧自流平地坪主要技术指标见表1。

表1			环氧自流平地坪主要技术指标		
抗压强度 （MPa）	铅笔硬度 （H）	表干时间 （h）	与混凝土黏结抗拉强度 （MPa）		吸水率 （%）
60	2	4	>3		0.2
耐磨性（750 g/500 r，失重，g）			流平性（min）		外观
0.019			≥5		平整光滑
耐化学腐蚀性			毒性试验		
20% NaO	20% H$_2$SO$_4$	机油	总挥发物	甲苯+二甲苯	苯	甲苯二异氰酸酯
30 d 无变化	30 d 无变化	30 d 无变化	合格	合格	合格	合格

注：表中"＞"表示试验破坏在混凝土本身，试验用混凝土试件为C40。

三、施工准备

（一）原地坪高差测量及基面碾磨处理

龙口水电站共有 5 台机组，发电机层混凝土浇筑面高低不平，为了保证地面平整度，首先要以每台机组为单元进行高差测量，根据测量数据，对局部坑洼区域采用环氧砂浆回填找平，采取无尘碾磨的方式切削基面高出部位混凝土。基面碾磨找平后，需二次复测基面平整度。

（二）原地坪结构缝、冷缝及缺陷处理

根据原地坪现场调查情况，对混凝土表面的干裂缝采用环氧结构胶进行无压灌注补强，采用环氧地坪砂浆修补局部破损凹坑及起砂缺陷。

将机组间结构横缝内破损的嵌缝材料进行切凿挖除，用 2 cm 厚的柔性环氧砂浆回填取直凿除后的混凝土两侧，后用聚硫密封胶封缝，聚硫密封胶填充宽度为 2 cm，深度为 3 cm。待环氧地坪施工完毕后，采用 1 mm 厚、40 mm 宽的"个"字形不锈钢压条固定覆盖在结构缝上。冷缝处理时，将局部不规则冷缝取直后，上压 1 mm 厚、40 mm 宽的平板不锈钢压条。

（三）环氧自流平地坪涂装

发电机层地坪拟采用 1～2 mm 厚的环氧自流平地坪，颜色以蓝色为主，其中设备、吊物孔、消防设施安全警戒区周边采用宽 10 cm 的黄色警戒线条封闭。

四、环氧自流平地坪施工工艺

龙口工程环氧自流平地坪涂装主要是采用底涂、中涂、面涂、罩面的方法分层进行施工的，主要施工工艺如下：基面处理→底层材料施工→中层材料施工→打磨处理→洁净处理→面层材料施工→养护。

（一）基面技术要求

（1）基础表面必须坚固、密实，强度在 C20 以上，无起砂、脱壳、裂缝等缺陷。

（2）基础混凝土表面平整。采用 2 m 直尺检查，平整度应符合：当环氧地坪施工厚度大于 2 mm 时，高差不大于 2 mm；当环氧地坪施工厚度小于 2 mm 时，高差不大于 1 mm。

（二）基面处理

（1）混凝土表面如有渗水情况，需要先进行灌浆等止水、导排处理。

（2）用吸尘碾磨机等进行打磨，将基础表面上的水泥净浆、薄弱层、油污等清除干净，并

将凸起部位打磨平整,直至外露完好、坚硬、密实的表面。

(3)打磨完毕后再用吸尘器将混凝土表面上的灰尘清除干净,经验收合格(周边密实、表面干燥,无松动颗粒、粉尘、薄弱层及其他污染物等)后,施工人员离场,并封闭施工现场,防止外界灰尘进入,污染处理好的表面。

(4)机械设备及不做地坪的部位四周平直黏贴泡沫胶带,防止地坪材料溢出作业区,以保证地坪边缘整齐。

(三)底层材料施工

(1)底层涂料涂刷之前,需要对低洼区域用环氧砂浆进行回填,直至与大面保持平齐,砂浆要求密实,表面平整,环氧砂浆固化后再次用吸尘器将基面上的浮灰清除干净。

(2)底层涂料的拌制:先将称量好的 A 组分倒入拌和容器中,再按给定的配比将相应量的 B 组分倒入容器中,用电动搅拌器进行搅拌(一般为 2~3 min),至搅拌均匀(材料颜色均匀一致)后方可施工使用。

(3)底层涂料的涂刷:用辊筒或板刷均匀地涂刷在基面上,要求刷得均匀、不漏刷。

(4)底层涂料施工完后,应封闭施工现场进行养护,养护时间为 12~48 h。

(四)中层材料施工

(1)中层材料施工前,先检查基面,对漏刷底料、存在缺陷的表面需要进行腻子修补和碾磨处理、除尘。

(2)底层涂刷后,遗漏基础表面的坑洼、麻面等缺陷,需用中层材料填补找平。

(3)中层材料的拌制。先将称量好的 A 组分倒入拌和容器中,再按给定的配比将相应量的 B 组分倒入容器中进行搅拌,直至搅拌均匀(材料颜色均匀一致)后方可施工使用。

(4)中层材料的施工。涂刮腻子时不需要将整个面都涂刮,只需将低洼、小坑处填平即可,涂刮的腻子要平整光滑,不得有刮痕,与周围基面保持平齐,不能留有接茬、突起等现象。

(5)中层材料施工完毕,待其完全固化后,用吸尘碾磨机打磨表面,要求打磨后的表面平整光滑、无突起,打磨完毕后用吸尘器彻底清理干净。

(五)面层材料施工

(1)面层施工之前,再次用吸尘器将基面上的浮灰清除干净。

(2)面层涂料的拌制。配料前应先对各组份充分搅拌,将称量好的 A 组分倒入拌和容器中,再按给定的配比将相应量的 B 组分倒入容器中,用电动搅拌器进行搅拌(一般为 2~3 min),至搅拌均匀(材料颜色均匀一致)后即可施工使用。

(3)面层材料的施工。将拌好的材料倒在待施工面上,用专用锯齿镘刀刮涂,应先处理墙角及犄角,再整体镘涂 1 遍,要求均匀、不漏刮。边刮边用消泡辊筒进行消泡处理,消泡时不能漏辊且要反复进行。面层材料施工要保持连续性,一次施工完毕,不能等到部分区域固化后再接着施工,以避免存留接茬。

(4)面层材料施工时,环境温度应在 15~35 ℃,相对湿度在 85% 以下。

(六)封闭养护

面层施工完毕后,应密闭养护,养护期一般为 7 d,养护期间要防止水浸、人踏、硬物刮擦等。

(作者单位:王春龙、张建国　黄河万家寨水利枢纽有限公司

杨海宁　宁夏水利厅灌溉管理局)

黄河龙口水利枢纽工程建筑消防设计探讨

郭晓利　李东昱　尹长英

一、建筑消防设计特点

龙口水利枢纽工程远离城镇,工程的特点无人值班,少人值守。在工程设计初期,经过认真细致的分析,仔细研究同类工程的消防设计,以期在本工程的消防设计中,吸取前人好的经验,在节约投资的前提下,结合建筑物布置,使建筑消防设计更加合理。在工程总体布置中,主要通过消防车道、防火间距等方面的设计,使其满足规范要求;单体设计中通过疏散、安全出口、防火分区等措施,使火灾危害降低到最小,充分保证人员的安全疏散和救援。

二、厂内规划及厂区消防车道

(一)厂区规划

电站枢纽由混凝土重力坝、底表孔泄水建筑物、河床式电站厂房、副厂房、GIS 开关站、绝缘油库等主要建筑物组成。电站厂房位于左岸河床,主厂房外形轮廓尺寸为 187.00 m×30.00 m×26.00 m(长×宽×高),发电机层高程为 872.90 m,地面式厂房,其左端为主安装场,其右端为副安装场;副厂房地上体量为 28.90 m×23.00 m×18.90 m(长×宽×高),地下 1 层,地上 4 层,框架结构,建筑面积 2 549.13 m²,布置在主厂房左侧。4 台主变压器布置在尾水平台上;GIS 开关站地上体量为 50.60 m×13.00 m×1.50 m(长×宽×高),位于主厂房左侧,地下 1 层,地上 1 层,框架结构,地上建筑面积 686.55 m²,地下建筑面积 690.80 m²。枢纽及厂区交通由左岸对外河偏公路进至厂区,坝下公路桥可连接两岸对外交通。左、右岸上坝公路均可到达坝顶。

(二)厂区消防车道

本工程厂区地面高程为 872.90 m,在厂区内布置消防车道,该车道连接主厂房入口,并能通至副厂房两边和 GIS 开关站四周,尾水平台兼作主厂房的消防车道,消防车道宽度大于 4 m。消防车道尽端即主厂房副安装间入口前设 17 m×17 m 的消防车回车场。消防车道和回车场的合理设置,能够完全满足消防车的安全通行。

三、工程消防设计

(一)电站主要机电设备工程技术特征

电站主要机电设备工程特征见表1。

表1　　　　　　　　　　　　　主要机电设备工程特征

项目	数量	单台容量(MW)	总容量(MW)	油量(m³)	总油量(m³)
水轮发电机组	4 台	10	420	—	—
	1 台	20		—	—
变压器(220 kV)	4 台	120	—	30	140
	1 台	25	—	20	
绝缘油罐	4 个	—	—	25	100
透平油罐	4 个	—	—	25	100

(二)主要生产场所的建筑消防设计

主要生产场所包括主厂房、副厂房、配电装置室(包括母线、发电机短路器、厂用变压器、电流电压互感器、励磁变压器、400 V 配电盘)、大坝及其附属建筑物、厂区内其他附属建筑物、主变压器场、GIS 开关站等。

(三)防火间距

本工程主、副厂房作为 1 个单体设计,与 GIS 室间距为 20 m。

本工程共设 5 台室外变压器,4 台型号为 SF10 - 120000/220 的主变压器,容量为 120 MVA,单台变压器充油量约为 30 t,1 台型号为 S10 - 25000/220 的主变压器,容量为 25 MVA,单台变压器充油量约为 20 t,本工程变压器属于屋外电气设备,变压器之间的间距为 22 m。变压器与主厂房外墙之间间距为 1.8 m,为此靠近变压器的主厂房外墙为防火墙,变压器总高加 3 m 的水平线以下,以及两侧外缘各加 5 m 的范围内不开设门窗洞口,此范围外主变压器长度和高度 15 m 以内的外墙上设置甲级防火门及固定式防火窗。

(四)主要生产场所的建筑消防设计

厂区主要建筑包括主厂房、副厂房、主变压器场、GIS 开关站等建筑。

1. 防火分区

水电站的主、副厂房生产的火灾危险性类别为丁类。按主厂房区、副厂房区、GIS 开关站区分为 3 个独立防火区,绝缘油库及油处理室为 1 个防火分区。主厂房与副厂房之间设置防火墙,此墙门窗为甲级防火门窗;绝缘油库及油处理室与主厂房之间设置防火墙,防火墙上门窗为甲级防火门窗。防火墙及防火门窗的设计尽量减小了火灾危害的影响。

2. 安全疏散

主厂房、GIS 开关站和绝缘油库等属于"无人值班,少人值守"场所,在疏散设计中依据《水利水电设计防火规范》;副厂房是整个电站人员比较集中的场所,因此副厂房的疏散严格依据《建筑设计防火规范》的相关要求进行设计,以保证火灾中人员能够安全撤离。

(1)安全出口。主厂房发电机层在高程 872.90 m 处设置了 3 个安全出口,3 个出口均可以直通室外。保证最远点至最近安全出口的距离小于 60 m,便于人员的安全疏散。副厂房在高程 873.50 m 处设置了 2 个安全出口直通室外,开关站 GIS 室在高程 873.20 m 处设置了 2 个安全出口直通室外。

(2)交通。主厂房长 187 m,宽 30 m,发电机层以下平面布置 3 部疏散楼梯作为垂直疏散;主厂房安全疏散出口门净宽 1 m,并向疏散方向开启,走道净宽大于 1.2 m,楼梯净宽为 1.2 m,机组之间的楼梯净宽为 1.2 m,坡度小于 45°。主厂房发电机层内最远工作点距疏散出口的距离为 52 m,主厂房发电机层内以下最远工作点距疏散楼梯的距离为 45 m,均小于规范要求的 60 m。主厂房疏散详见图 1。

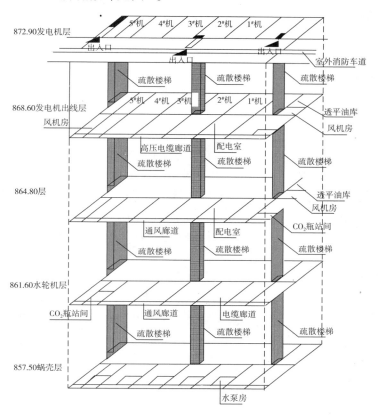

图 1　主厂房疏散平面示意

副厂房长 28.90 m,宽 23.00 m,平面布置一部室内疏散楼梯和一部室外楼梯作为垂直交通疏散,副厂房安全疏散出口门净宽 1.3 m,并向疏散方向开启,走道净宽大于 1.9 m,楼梯净宽为 1.4 m,坡度小于 45°。首层与地下层的出入口处设置耐火极限不低于 2.0 h 的隔墙和甲级防火门隔开。副厂房内值班管理人员较集中,而最远工作点距疏散出口的距离为 11.7 m,远远小于建筑设计规范中要求的 40 m。地下层为 1 个防火分区,设 2 部楼梯直通室外的出口。

GIS 室开关站长 50.60 m,宽 13.00 m,高 11.50 m,地上 1 层,地下 1 层。地上设有 2 个安全出口。地下层由防火墙分隔为 2 个分区,其中 1 个分区设置 2 个出口直通室外,另外 1 个分区设置 1 个出口直通室外,该分区防火墙上通向相邻分区的防火门作为第 2 安全出口,2 个分区共设 3 部疏散楼梯直通室外。

(3)防火分隔。主副厂房及 GIS 开关站的火灾危险性类别为丁类,其中局部场所为丙类,隔墙耐火等级不低于二级。丙类生产场所与其他生产场所之间设有防火墙和甲级防火门等防火隔断,一旦发生火情,可防止火灾蔓延。

因主变压器与主厂房之间间距1.8 m,所以靠近变压器的主厂房外墙为防火墙,变压器总高度加3 m的水平线上及两侧外缘各加5 m的范围外设甲级防火门及固定式防火窗。《建筑设计防火规范》规定:两座建筑物相邻较高一面外墙高出相邻较低一座建筑物的屋面15 m的范围内的外墙为防火墙且不开设门窗洞口时,其防火间距不限。由于《水利水电设计防火规范》对主变压器和厂房之间外墙类似情况没有具体说明,而本工程主变压器与丁类厂房的防火间距根据《水利水电设计防火规范》要求为15 m,故本工程主厂房外墙在主变压器长度和高度15 m以外,设置一般的门窗。3#机组处主变压器与外疏散门距离不足12 m,通过疏散门两侧设置防火墙,顶部设置钢筋混凝土防火板,形成防火疏散通道,满足人员疏散的要求。

主厂房内配电装置室、电缆室、电缆廊道用耐火极限大于2.0 h的防火隔墙与其他部分分隔,门为乙级防火门,电缆廊道与电缆层分支处采用防火隔断进行分隔,同时每道隔断设有一个乙级防火门,863.1 m和868.7 m层电缆廊道中间加设防火隔墙,耐火时间大于0.5 h,防火隔墙上门为乙级防火门,满足规范的规定。主厂房内的透平油库火灾危险性类别为丙类,充油油罐总容积100 m³,同时单个充油油罐的容积25 m³,油罐室、油处理室采用防火墙与其他房间分隔,门口设挡油槛,门为甲级防火门,满足《水利水电设计防火规程》中第8.0.6条的规定。主厂房墙体及建筑物构件的耐火等级均为2级。主厂房屋架为钢桁架,外刷3 mm厚的超薄防火漆,耐火时间达到1.5 h。

副厂房内中央控制室、继电保护室等丙类火灾危险性类别的房间与相邻不同火灾危险性类别的用房采用防火隔墙及防火门分隔,地下电缆室与其他部分之间采用防火隔墙,门为乙级防火门。

GIS开关站地下电缆室面积为470 m²,中间设防火分隔墙,分隔墙上设置甲级防火门,使每个房间面积不超过300 m²。

通风机室、CO_2钢瓶室、七氟丙烷钢瓶室与相邻不同火灾危险性类别的用房采用防火墙及甲级防火门分隔。上、下层不同防火分区的楼板,耐火时间不低于1.5 h,所有楼板留洞均用非燃烧材料封堵。

四、结　语

在本工程设计中,依据《水利水电工程设计防火规范》,在本规范没有明确要求时,依据《建筑设计防火规范》并参考以往已建成工程的经验,对本工程各种不同火灾危险性场所的特征进行科学的分析,实施科学的消防设计,使本工程消防设计更合理、更科学,并于2008年7月通过山西省公安厅消防设计审查,2010年至2011年陆续通过消防部门各阶段验收并投入运行,运行情况良好。

(作者单位:中水北方勘测设计研究有限责任公司)

浅谈黄河龙口水利枢纽工程消防给水设计

马 站 王宏伟 刘建超

龙口水利枢纽位于黄河中游托克托—龙口段的尾部,左岸为山西省河曲县,右岸为内蒙古自治区准格尔旗。其任务是对上游万家寨电站发电流量进行反调节,保证龙口—天桥河段不断流,并担负晋蒙电网部分调峰负荷。水库正常蓄水位为 898.00 m,总库容 1.96 亿 m³。

电站装有 4 台单机容量为 100 MW 的轴流转桨式水轮发电机组和 1 台容量为 20 MW 的混流式水轮发电机组,总装机容量 420 MW,多年平均发电量为 13.02 亿 kW·h。

电站枢纽由混凝土重力坝、底表孔泄水建筑物、河床式电站厂房、副厂房、GIS 开关站等主要建筑物组成。

枢纽及厂区交通由左岸对外河偏公路进至厂区,坝下公路桥可连接两岸对外公路。左、右岸上坝公路均可到达坝顶。

一、水电站火灾的特点概述

水电站生产场所的火灾危险性由其本身的特点所决定,水电站不同于一般的工业与民用建筑,它具有以下主要特点:自动化程度高,工作、运行人员少,人员均经过较严格、系统的专业培训;机电设备多,但设备具有较完善的监控、保护功能;除机电设备外,厂房内可燃物很少。由设备特点决定了其发生火灾的可能部位包括:发电机、主变压器、油浸变压器(电抗器)、高低压配电柜、电缆等电力、电气设备;绝缘油、透平油系统;建筑装修可燃物等。排除人为纵火的因素,水电站最可能发生火灾的原因是电气设备绝缘老化或事故引发短路造成火灾;油浸变压器遭雷击爆炸起火;设备长期超负荷运行或局部接触不良发生起火。

水电站发生的火灾类型主要为带电火灾和液体火灾,针对本工程对几个重点区域的消防设计详细介绍。

二、消防水源、电源和公用消防设施

消防水源为井水,位于厂区下游黄河桥左岸附近,此水源考虑建管结合,施工期间供施工用水,建成后为工程消防水源,井水经泵提升到高位消防水池作为电站消防用水。

消防加压泵房按厂用电 Ⅱ 类负荷供电,采用双回路供电。

在厂区设置一小型普通消防站,消防站设在黄河公路桥左岸下游,距厂区约 1 km,消防站内配置两辆泡沫、水罐消防车,可保证发生火灾时 5 min 内赶到现场。在厂区地面建筑物及屋外电气设备周围设置消火栓,建筑物内配置室内消火栓,机组和主变配置有水喷雾灭火设施,并配置灭火器及砂箱等。

三、主要生产场所的建筑灭火器配置设计

本工程配置的灭火器类型选用可扑灭 A 类、B 类和带电火灾的磷酸铵盐干粉型和二氧化碳灭火器。

四、消防给水系统设计

消防给水系统主要承担主、副厂房等建筑物和主变压器、发电机组等机电设备的消防给水,设置为独立的常高压消防给水系统。

(一)消防用水量及水压

消防水量是按不同的消防供水系统,对不同的建筑分区或设备分别进行计算的。其消防系统水量如表1。

表1　　　　　　　　　　建筑物和设备消防给水量及水压

建筑物或设备名称	建筑物体(面)积或设备容量	消防所需压力(MPa)	消防系统实际压力(MPa)	消防流量(L/s)	一次消防水量(m³)
主厂房	191 417 m³	0.45	0.50	$Q_外 = 20$ $Q_内 = 25$	324
副厂房	11 140 m³	0.45	0.50	$Q_外 = 15$ $Q_内 = 10$	180
主变压器	120 MVA/台	0.50	0.50	91.7	132
发电机	100 MW/台	0.45	0.50	50.0	30

(二)消防水源

消防水源为地下水,设两口水井,互为备用。两口水井分别为大坝右岸上游的 4# 水井和大坝左岸下游的 5# 水井。

(三)消防供水系统设计

5# 水井井水经井泵提升至大坝左岸 900 m 高程灌浆廊道内的生活、技术供水合用 100 m³ 清水池;4# 水井井水经井泵提升至水井下游附近的 100 m³ 清水池,从此 100 m³ 清水池经 DN150 mm 的管道自流至大坝左岸 900 m 高程灌浆廊道内的生活、技术供水合用 100 m³ 清水池。在清水池旁边设 2 台消防水池供水泵(一用一备),从清水池抽水至内底高程为 926.40 m 的容积 375 m³ 的高位消防水池。高位消防水池设有 2 条消防专用管道,消防管道一用一备,管径 DN250 mm,每条管道均可保证一次消防的最大需水量。

由高位消防水池引出 2 根 DN250 mm 的消防供水管至左岸上坝公路与左岸坝顶交会处,再向下埋设至厂区,在副厂房和 GIS 室之间铺设进入主厂房,供主厂房内消火栓、发电机组消防和尾水平台上的主变消防用水。

在厂区室外设 DN150 mm 消防管道,该管道在副厂房与左岸坝肩处与坝内引出的 DN250 mm 消防供水管连接,经厂前区、尾水平台至 10# 坝段与主厂房内消火栓系统管道连接,与主厂房内消火栓系统管道形成环状,管道上设置 5 个室外消火栓和 2 套水泵接合器。

在主厂房内设 DN150 mm 的消防环状管网,从环状管道上引出消防立管,立管上设消火栓,供主厂房室内消防用水。对栓口动压大于 0.5 MPa 的室内消火栓均采用减压稳压消火栓。

从厂区环状管网引 2 根 DN100 mm 的管道进入副厂房,在副厂房内形成环状,每层设消火栓,供副厂房室内消防用水。对栓口动压大于 0.5 MPa 的室内消火栓均采用减压稳压消火栓。

从 10# 坝段室外 DN150 mm 环状管网引 2 根 DN100 mm 的管道进入 11# 坝段的绝缘油库油处理室,供绝缘油库油处理室室内消火栓用水。

枢纽主变水喷雾消防用水由主厂房内 DN200 mm 消防管接入。

枢纽发电机组水喷雾消防用水由主厂房室内 DN200 mm 消防管接入。

消防管道采用热镀锌无缝钢管。埋地管道管径大于 DN80 mm 焊接,小于等于 DN80 mm 的丝扣连接,采用 PV-32 聚乙烯防腐胶带进行防腐。建筑物内明装管道管径大于 DN80 mm 卡箍连接,小于等于 DN80 mm 的丝扣连接,管道除锈后刷防锈漆 2 道、银粉 2 道进行防腐。

在 2 条 DN250 mm 的管道及接出的各环路管道上,均设有控制阀,在任何一个系统故障或检修时,均不影响其他系统的正常使用,并在各环路管道上设柔性管接头,以保证系统的安全。

整个枢纽的消防管道均呈环状,既有主环,又有次环,以保证消防安全。

五、电缆廊道和电缆夹层消防设计

在主厂房的电缆夹层、电缆廊道和 GIS 室地下电缆层内设固定式 CO_2 组合分配灭火系统,设计灭火浓度为 47%,药剂喷射时间为 1 min,系统设自动控制、手动控制和机械应急操作 3 种启动方式。自动控制设有延迟 30 s 启动的设施。主厂房内设 A、B 两套 CO_2 组合分配灭火系统,在 GIS 室设 1 套 CO_2 组合分配灭火系统。

在副厂房的地下电缆层和中控室、继电保护室内设固定式七氟丙烷组合分配灭火系统 1 套,设计灭火浓度为 8%,药剂喷射时间为 8 s,系统设自动控制、手动控制和机械应急操作 3 种启动方式。自动控制设有延迟 30 s 启动的设施。

各气体灭火系统的灭火剂均按 100% 储备。

六、水轮发电机消防设计

本电站装设 4 台单机容量为 100 MW、1 台单机容量为 20 MW 的水轮发电机组,总装机容量为 420 MW。5 台发电机全部采用固定水喷雾灭火方式,手动控制。在每台发电机定子上下端部线圈圆周长度上分设消防供水环管,环管上均布消防水雾喷头,线圈圆周长度上喷射的水雾水量不小于 10 L/(min·m)。灭火延续时间按 10 min 计算,单台 100 MW 水轮发电机组一次灭火用水量约为 34 m³,20 MW 水轮发电机组一次灭火用水量约为 15 m³,水雾喷头工作压力为 0.35 MPa。

消防给水来自厂外消防水池,由消防水池引消防总管贯穿主厂房,然后,再由消防总管引消防支管至每台机组发电机层上游侧的消火栓箱。确认火灾后,要在现地或在中控室手动控制消火栓箱内的电动阀进行消防。电动阀前供水压力不小于 0.5 MPa。

七、主变压器消防设计

电站共设 5 台主变压器,4 台型号为 SF10 - 120000/220 的主变压器,容量为 120 MVA,单台变压器充油量约为 30 m³,强迫风冷式,外形尺寸约为 8 m×6 m×7 m,布置在 872.90 m 高程厂房下游侧尾水平台上。1 台型号为 S10 - 25000/220 的主变压器,容量为 25 MVA,单台变压器充油量约为 20 t,强迫风冷式,外形尺寸约为 6 m×5.2 m×7 m,布置在 872.90 m 高程厂房下游侧尾水平台上。

4 台大变压器采用固定水喷雾灭火方式,自动控制。喷头供水压力要求为 0.35 MPa,雨淋阀前供水压力不小于 0.5 MPa,灭火喷射时间为 20 min,喷射水量不小于 20 L/(min·m²),集油坑喷射水量不小于 6 L/(min·m²)。

主变压器外形尺寸约为 8 m×6 m×7 m,集油坑尺寸约为 10 m×8 m×0.45 m,每台主变压器消防水流量约 90 L/s。

电站设有容量为 160 m³ 的事故油池,用于在火灾发生时收集主变压器油和消防水,每台主变压器的集油坑设有排油管与事故油池总排油管接通。事故油池容积能够满足最大消火水量 130 m³ 与 1 台主变压器充油设备排油量 30 m³ 之和。发生火灾时主变压器的绝缘油及消防水排入事故油池内,待火灾扑灭后,上述废油污水用潜水排污泵排至油罐车运走。事故油池中平时积存的雨水也靠潜水排污泵排至油罐车运走。

每台主变压器配置 1 个推车式灭火器。

八、结　　语

水电站的消防设计应根据水电站的具体特点,遵循重点突出、预防为主、实用合理、安全可靠的方针,在满足工程要求的前提下,尽可能节省工程投资。

(作者单位:中水北方勘测设计研究有限责任公司)

黄河龙口水利枢纽工程暖通设计综述

吕晓腾　马　站　王艳娥

一、主要设计参数

(一)室外空气设计参数

根据参考文献[1]所列的室外气象参数分布图,该工程采暖、通风、空调系统使用的有关设计参数如下:

夏季空调室外计算干球温度　　　　31 ℃
夏季空调室外计算湿球温度　　　　22 ℃
夏季通风室外计算温度　　　　　　28 ℃
冬季采暖室外计算温度　　　　　　－20 ℃
冬季通风室外计算温度　　　　　　－12 ℃

(二)室内空气设计参数

根据有关规范规定和工艺要求,主要地点室内空气设计参数见表1。

表1　室内空气设计参数

部 位	夏季		冬季	
	温度(℃)	相对湿度(%)	温度(℃)	相对湿度(%)
发电机层	≤34	≤75	≥5	不规定
出线层	≤34	≤75	>0	不规定
水轮机层	≤33	≤80	>0	不规定
电缆道	≤35	不规定	不规定	不规定
配电室	≤35	不规定	不规定	不规定
油处理室	≤33	≤80	5 ~ 10	不规定
空压机室	≤35	≤75	≥12	不规定
渗漏检修排水泵房	≤33	≤80	≥5	不规定
中控室	≤25	≤70	18 ~ 20	不规定
计算机室	≤25	≤70	18 ~ 20	不规定
UPS 室	≤25	≤70	18 ~ 20	不规定
电源室及蓄电池室	≤35	≤70	≥10	不规定
其余办公及设备用房	≤28	≤70	18	不规定

二、通风系统优化

为了使系统在满足消防及工艺要求的前提下尽量简单,本专业的设计人员来到龙口工地,与业主及万家寨电厂有关运行人员进行座谈,双方就通风系统优化的问题初步交换了意见,并到万家寨水利枢纽进行实地考察,对万家寨厂房通风系统的运行情况进行了全面了解,听取了电厂通风运行人员的意见和建议。结合龙口工程的实际情况,取消了龙口厂房空压机室、排水泵房及技术供水室的通风系统,主厂房送风系统的取风地点由室外改为灌浆廊道。由廊道内取风可使夏季送风温度降低 5 ℃左右,这样将降低主厂房的夏季环境温度,冬季的送风温度也将提高 5 ℃左右,可节约能源,节省运行费用。

三、系统形式

(一)通风系统

1. 主厂房发电机层

本电站主厂房采用上游侧机械送风,高窗自然排风的通风方案。在上游侧通风廊道内布置 10 台混流风机(每个机组段 2 台),通过预埋钢管由灌浆廊道取风送入厂房发电机层,气流横贯全厂。发电机层总送风量为 52 520 m^3/h。

2. 高压电缆平台

高压电缆平台设机械送排风系统,排风系统兼做事故后排烟,1#风机房内布置 1 台混流送风机和 1 台高温消防排烟风机,送风机通过 JF1 竖井从室外取风送至高压电缆平台内,高温消防风机通过上部排风口将高压电缆平台内的余热经 PF3 竖井排至室外。高压电缆平台内设有 CO_2 气体灭火系统,火灾发生后,排风系统的上部排烟口排除高压电缆平台内的烟气,下部排风口排除聚集在下部的 CO_2 气体。送排风管布置在平台的上部,送风量为 15 319 m^3/h,排风量为 15 571 m^3/h。

3. 5#机压配电室

5#机压配电室设机械送排风系统,配电室上游侧墙上布置 2 台轴流送风机,总送风量为 17 334 m^3/h,配电室下游侧墙上布置 2 台混流排风机,总排风量为 17 800 m^3/h,自水轮机层取风排风至尾水排风廊道,将室内余热排至室外。

4. 400 V 配电室

400 V 配电室设机械送排风系统,配电室上游侧墙上布置 1 台轴流送风机,单台风量为 3 136 m^3/h,配电室下游侧墙上布置 1 台混流排风机,风量为 3 636 m^3/h,自水轮机层取风排风至尾水排风廊道,将室内余热排至室外。

5. 1#~4#机压配电室

1#~4#机压配电室的送风系统分为两部分,一部分为机械送风,2 台轴流送风机布置在配电室上游侧墙上,总送风量为 21 478 m^3/h,另一部分由进风小室经 JF5 竖井的自然进风,自然进风量为 48 522 m^3/h。排风系统为机械排风,下游侧墙上布置 7 台混流排风机,将室内余热通过 PF2 排至室外,排风量为 70 000 m^3/h。

6.电缆通道

电缆通道设机械送排风系统,排风系统兼做事故后排烟。进风小室经 JF2 竖井自然进风至人行通道,电缆通道上游侧墙上布置 7 台轴流送风机、端墙上布置 1 台轴流送风机,自人行通道取风送至电缆通道内,2#风机房内布置 2 台高温消防排烟风机,通过不燃玻璃钢风管、土建排风道及 PF7、PF8 竖井将电缆通道内的余热排至室外。电缆通道内设有 CO_2 气体灭火系统,火灾发生后,排风系统的上部排烟口排除高压电缆平台内的烟气,下部排风口排除聚集在下部的 CO_2 气体。总送风量为 21 896 m^3/h,总排风量为 22 594 m^3/h。

7.油库油处理室

油库油处理室设机械送排风系统,排风系统兼做事故后排烟。油库油处理室侧墙上布置 2 台防爆轴流送风机,自出线层取风送至油库油处理室内,总送风量为 7 931 m^3/h,4#风机房内布置 1 台高温消防排烟风机,油库油处理室内的下部风口排除聚集在下部的油气,上部排烟口排除火灾后的烟气,排风经 PF6 竖井排至室外,总排风量为 10 309 m^3/h。

8.厂房与 GIS 之间的电缆廊道

该廊道设置机械排风系统,排风系统兼作事故后排烟。廊道通过 JF4 竖井自然进风,在廊道的端头布置 1 台高温消防排烟风机,排除廊道内的余热及火灾后的烟气,排风量为 3 091 m^3/h。

9.A 套 CO_2 瓶站间

CO_2 瓶站间设置机械送排风系统。布置在瓶站间侧墙上的轴流风机从疏散通道取风送至室内,送风量为 2 749 m^3/h。2#风机房内布置 1 台混流风机,通过不燃玻璃钢风管将泄漏的 CO_2 经 PF9 竖井排至室外,排风量为 3 053 m^3/h。

10.B 套 CO_2 瓶站间

CO_2 瓶站间设置机械送排风系统。布置在瓶站间侧墙上的轴流风机从楼梯间取风送至室内,送风量为 3 136 m^3/h。瓶站间内布置 1 台混流风机,通过不燃玻璃钢风管将泄漏的 CO_2 经 PF4 竖井排至室外,排风量为 4 302 m^3/h。

(二)采暖系统

主厂房外围护结构采取节能措施,大大降低了采暖负荷。外墙为中间夹聚苯板的双层多孔空心砖墙,其传热系数为 0.32 $W/(m^2 \cdot K)$,屋面传热系数为 0.47 $W/(m^2 \cdot K)$,窗户全部采用铝合金断热中空窗,传热系数为 2.0 $W/(m^2 \cdot K)$,发电机层采暖负荷为 167 kW,供暖热指标为 30 W/m^2。

主厂房的采暖系统一般在工程尚未施工完毕的时候便已投入使用,以往工程采用的电热辐射板在使用中由于环境不够清洁,经常会造成辐射板上方的墙体发黑,严重影响厂房内的美观。为解决此问题,本工程发电机层采用低温发热电缆地板辐射采暖加机组热风采暖。低温发热电缆布置在上游侧墙 4.3 m,下游侧墙 3.8 m 范围内。单组电缆发热量为 3.06 kW,单组电缆长度为 180 m,共 46 组,能保证机组非运行期间机旁盘的最低温度(5 ℃)的要求。主副安装间、机组出线层、水轮机层预留电采暖器插座。进厂大门上方布置电热空气幕。油处理室、空压机室、渗漏检修排水泵房布置电采暖器,其中油处理室的电采暖器为密闭型电采暖器。

副厂房地下室不采暖,地上部分各房间全部采用低温发热电缆地板辐射采暖。大门值班室、GIS 控制室内预留电采暖器插座。

(三)空调系统

副厂房中控室、展示室、交接班室、计算机室、继电保护盘及 UPS 室采用变频多联空调系统,其余房间预留分体空调插座。GIS 控制室及进厂大门门头值班室内预留分体空调插座。

四、主要生产场所的消防通风设计

(一)事故排烟及通风系统

为保证厂房在发生火灾时不会通过通风系统扩大事故,同时又尽可能为灭火创造有利的工作条件,根据有关规范规定,各通风系统分别采取了不同的防火措施。

(1)主厂房发生火灾后,采用开启外窗自然排烟。

(2)油库及油处理室可能产生易燃易爆有害气体,油库的通风量按 3 次/h 计算,油处理室的通风量按 6 次/h 计算,室内保持负压,设单独的排风系统,排风系统兼做事故后排烟。

(3)电缆室、电缆廊道、高压电缆平台设置机械排风系统,排风系统兼做事故后排烟。排风量按 6 次/h 计算。

(4)进出风机房及穿越防火分区的风管上均设置了不同的防火阀。一般的送排风管道上设置了电动防烟防火阀、排风兼排烟的管道上设置了回风排烟防火阀。

(5)对于有事故后排风要求的房间,其排风系统兼做事故后排风系统,其送风系统上均设有电动防烟防火阀,排风管上设有回风排烟防火阀,排风口上设有电动防烟防火阀,排烟口上设有远控排烟防火阀。正常通风时,电动防烟防火阀、回风排烟防火阀呈开启状态,远控排烟防火阀为关闭状态。火灾发生时,风道内温度达到 70 ℃时,送风系统或排风口上的电动防烟防火阀自动关闭,同时联动送、排风机停止运转。需要排烟时,控制中心通过电信号打开送风系统的电动防烟防火阀及排风系统的远控排烟防火阀并联动送、排风机开始运转进行排烟。当排烟温度达到 280 ℃时,排风系统的回风排烟防火阀及远控排烟防火阀自动关闭,同时联动送、排风机停止运转。

(6)设有 CO_2 气体灭火的部位,灭火前关闭所有的送排风口和风机,灭火后需人员清理火灾现场时,控制中心通过电信号打开下部排风口上的远控排烟防火阀及送风系统的电动防烟防火阀,同时联动送、排风机开始运转排除下部的 CO_2 气体。

(二)构件防火设计

(1)厂内油库的电采暖器为密闭型电采暖器,电采暖器的发热元件不与室内油气直接接触,以减少火灾隐患。

(2)发电机采暖取风口和补充空气的进口处设置防火阀,发电机起火时立即关闭。

(3)低温发热电缆直埋在建筑混凝土面层内,被完全阻燃隔离。

参 考 文 献

1 暖通规范管理组.暖通空调设计规范专题说明选编[M].北京:中国计划出版社,1990.

(作者单位:中水北方勘测设计研究有限责任公司)

黄河龙口水利枢纽工程机电设计综述

郑淑华　李力伟　林　宁　郑向晖

一、水力机械设计

龙口水库非汛期为季调节、汛期为日调节。预测建库后多年平均过机泥沙含量6.80 kg/m³,汛期过机平均含沙量为11.47~19.29 kg/m³,最大泥沙含量283.9 kg/m³。水库采用"蓄清排浑"运用方式。水轮机最大工作净水头36.1 m(小机组36.7 m),加权平均水头33.2 m,最小净水头23.6 m,额定水头31 m。

(一)水轮发电机组

龙口水轮发电机组采用公开招标方式采购。天津阿尔斯通水电设备有限公司承担1#~4#水轮发电机组(大机组)的成套供货,南平南电水电设备制造有限公司承担5#水轮发电机组(小机组)的成套供货。针对龙口水电站汛期过机含沙量大、安装高程受限等运行条件,天津阿尔斯通设备有限公司在法国ALSTOM技术中心试验台研制开发了6叶片的新转轮。经过水轮机模型验收试验,新转轮满足合同要求。最终的大、小机组主要参数如下:

供货商	天津阿尔斯通公司	南平南电水电设备公司
水轮机型号	ZZ6K069A0 – LH – 710	HLA904a – LJ – 330
转轮直径(m)	7.1	3.3
额定水头(m)	31	31
额定出力(MW)	102.5	20.619
额定转速(r/min)	93.75	136.4
额定流量(m³/s)	357.56	73.62
额定效率(%)	94.49	92.1
最高效率(%)	95.26	95.52
最大出力(MW)	112.75	—
发最大出力时的最小水头(m)	34.6	—
吸出高度(m)	-7.2	+1.0
比转速(m·kW)	410	219.5
发电机型号	SF100 – 64/12310	SF20 – 44/6400
额定功率(MW)	100	20
额定转速(r/min)	93.75	136.4
额定电压(kV)	15.75	10.5
额定电流(A)	4073	1294
效率(%)	98	97

额定功率因数	0.9(滞后)	0.85(滞后)
中性点接地方式	电阻接地	不接地
最大功率(MW)	110	—
最大功率时的功率因数	0.95	—

(二)调速系统及防飞逸措施

1#~4#水轮机调速器为 WDST－100 型微机双调电液调速器,主配压阀直径 100 mm,压力等级 6.3 MPa;5#水轮机调速器为 WDT－80 型微机单调电液调速器,主配压阀直径 80 mm,压力等级 6.3 MPa。调速器均由武汉长江控制设备研究所供货。

电站进水口不设快速门,仅设事故门。机组防飞逸措施主要采用事故配压阀及纯机械过速保护装置。当机组甩负荷,而调速系统主配拒动不能关闭导水机构时,机组转速升高,当转速升高到整定值且收到主配拒动信号后,事故配压阀接通压力油使主接力器迅速关闭,从而防止机组飞逸;当事故配压阀也故障,转速继续上升到过速保护设定值时,过速限制装置动作,直接把大流量的压力油引入导叶接力器的关闭腔使导叶迅速关闭,起到对水轮机过速保护的作用,防止转速过度升高造成对机组的损害。

此外,大机组采用动作灵活补气量大的真空破坏阀作为防止抬机的主要措施,在调速系统中导水叶采用分段关闭装置,有效地防止机组甩负荷过程中的抬机。

(三)辅助设备系统

1.主厂房起重设备

根据水力发电厂机电设计规范(DL/T 5186—2004)中的第 4.4.2 条说明,本电站宜采用 1 台主起重机,另装 1 台起重量小的副起重机,以提高机动性,加快安装、检修进度。

主起重机主钩起重量根据起吊大机组发电机转子连轴及起吊工具的重量计算,副起重机主钩起重量根据起吊小机组发电机转子连轴的重量计算,通过经济比较,选择了 1 台起重量为 2×250 t 的双小车起重机和 1 台起重量为 150 t 的单小车起重机。因大、小机组都在一个主厂房内布置,且发电机层同高,所以主、副起重机跨度均为 25 m,且共轨使用。

2.技术供水系统

本电站为多泥沙水电站,根据各用水部位对水质、水压的不同要求,按非汛期机组冷却器供水、汛期机组冷却器供水、主轴密封供水三部分设计。

非汛期机组冷却器供水采用自流供水方式。由各台机组蜗壳取水,通过技术供水总管并联,水源互为备用。为了防止泥沙污物沉积在机组冷却器及管路中,机组各冷却器供水采用正、反向供水方式,定时切换。每台机组设 2 台自动清污滤水器,2 台滤水器互为备用,可在线自动排污。

汛期机组冷却器供水采用尾水冷却器冷却、水泵加压的清水密闭循环冷却供水方案。机组冷却水的循环路径是:循环水池→水泵→尾水冷却器→机组各冷却器→循环水池,该方案通过尾水冷却器交换热量。根据万家寨水电站的运行经验,发电初期泥沙不会淤积到库前,过机含沙量较少,汛期完全可以从水轮机蜗壳取水,所以近期不安装尾水冷却器,将来视过机泥沙含量情况再安装。

主轴密封供水及深井泵润滑供水主水源引自电站左岸平洞的清水池,清水池的水来自两口地下深井。备用水源采用机组蜗壳取水。

3．排水系统

电站检修排水包括 4 台大机组检修排水、1 台小机组检修排水和排沙钢管检修排水,所有检修排水均采用排水廊道和集水井相结合的间接排水方式。大机组检修排水时蜗壳内的积水通过蜗壳排水阀排入尾水管,然后通过 2 个尾水管排水阀排入检修排水廊道及集水井;排沙钢管检修时的内部积水由排水阀直接排入检修排水廊道及集水井。集水井内安装 3 台防泥沙型立式长轴泵,将水排至下游尾水。集水井清污采用 1 台移动式潜水排污泵(全厂集水井清污共用),检修排水廊道清污采用压缩空气吹扫或水冲洗。

厂房及 1#~10# 坝段渗漏排水主要包括排除水轮机顶盖漏水、部分辅助设备及管路排水、发电机消防排水、厂房水轮机层、出线层排水沟排水、1#~10# 坝段坝基坝体渗漏水排水等。厂房渗漏排水采用渗漏排水廊道和集水井的排水方式,各部分渗漏水汇集到排水廊道和集水井,安装 3 台立式长轴泵,2 台工作,1 台备用,将渗漏水排至下游尾水。

在主厂房副安装场下部设置一渗漏集水井,汇集 11#~19# 坝段坝基、坝体渗漏水。安装 3 台立式长轴泵,2 台工作,1 台备用,将渗漏水排至下游尾水。渗漏集水井清污采用移动式潜水排污泵。

在靠主厂房左岸下游灌浆排水廊道末端,设置一渗漏集水井,安装 3 台潜水排污泵,2 台工作,1 台备用,将电站下游灌浆排水廊道渗漏水排至下游尾水。

消力池排水主要是减轻消力池底部的扬压力,消力池渗漏水汇至消力池排水廊道,在消力池右边墙设集水井,安装 3 台潜水排污泵,2 台工作,1 台备用,将水排至下游尾水。

4．其他辅助系统

中压压缩空气系统主要用于 4 台轴流转桨式机组和 1 台混流式机组调速系统压力油罐供气。额定工作压力为 6.3 MPa,均采用一级压力供气方式。低压压缩空气系统主要用于机组的制动用气以及水轮机检修密封、吹扫和风动工具用气。额定压力为 0.8 MPa。

透平油系统和绝缘油系统。透平油系统主要用于机组润滑和调速系统操作用油,透平油牌号为 L－TSA46 汽轮机油;绝缘油系统用于主变压器油,绝缘油牌号为 25#。

水力监测系统设置了全厂性监测项目和机组段监测项目。全厂性监测项目有上游水位、下游水位、1#~5# 机拦污栅后水位,均采用投入式水位计测量。根据监测的上游水位、下游水位,可以计算出电站毛水头,根据监测的上游水位、拦污栅后水位,可以计算出拦污栅前、后差压。机组段监测项目有水轮机流量、蜗壳进口压力、尾水管出口压力、蜗壳末端压力、顶盖真空压力、尾水管进口真空压力、尾水管压力脉动、机组振动、摆度、水轮机轴位移。

（四）水力机械厂房布置

本电站厂房布置为河床式,主厂房发电机层左右端为主、副安装场。

大机组段长度为 30 m,小机组段长度为 15 m。厂房上游侧净宽 12 m,下游侧净宽 13 m,总宽度为 25 m,桥机跨度为 25 m。本电站设有主、副两个安装场,主安装场位于厂房左端,紧邻 1# 机组;副安装场位于厂房右端,紧邻 5# 机组。根据 1 台大机组扩大性大修要求,确定主安装场长度为 40 m,布置发电机转子、发电机上机架、水轮机转轮、水轮机支持盖;副安装场长度为 12 m,布置水轮机顶盖、推力轴承支架。

为了运行维护管理方便,也为了厂房美观,小机组各层高程与大机组一致。厂房各层高程如下:

大机组安装高程（导叶中心线）(m)　　　　　　857.00

水轮机层地面高程(m)	864.80
发电机出线层地面高程(m)	868.60
发电机层地面高程(m)	872.90
桥机轨道顶高程(m)	889.80
大机组安装高程(导叶中心线)(m)	857.00
大机组尾水管底板高程(m)	837.47
小机组安装高程(导叶中心线)(m)	860.60

水力机械辅助设备主要布置在主、副安装场下部和尾水管上部房间内。

二、电气一次设计

(一)接入系统与接线方案

从项目初步设计到实施阶段,龙口电站的接入系统方案发生多次变化,受其影响电站主接线方案也发生了多次变化。

电站初步设计阶段,龙口水电站5台机组分别以两回220 kV线路"∏"接入山西或内蒙古电网。山西侧接入2台机组200 MW,内蒙古侧接入3台机组220 MW。龙口电站接线具备日后两省(区)电网在此联网运行的条件,同时具备两省(区)电网互借机组运行的条件。根据上述接入系统方案及设计原则,水电站220 kV侧采用双母线接线,电站运行初期不装设母联断路器,两条母线类似两个独立的单母线方式运行。随着电网发展,如果两侧电网要求在龙口电站联网运行,则装设母联断路器,最终形成完整的双母线接线形式。如果电站需要"借机"运行,可以通过隔离开关倒切实现。

水电站初步设计完成后,晋蒙两省(区)电力规划部门也相继完成了龙口电站接入系统方案的初步设计工作。经电力主管部门审定的接入系统方案为:山西侧以1回220 kV线路,接入河曲变电站;内蒙古侧以1回220 kV线路接入宁格尔变电站,备用1个出线间隔。

在此期间,业主委托北京中水新华国际工程咨询公司召开了《黄河龙口水利枢纽工程设计优化咨询会》,会议的主要目的是要求尽量简化设计以节省投资。经过讨论后,会议最终确定龙口电站电气主接线不考虑"联网"和"借机"运行方式。龙口电站220 kV开关站可按照"一厂两站"的模式设计,220 kV侧主接线优化为山西侧和内蒙古侧各设置独立的单母线接线。

工程进入实施阶段后,山西侧送出线路的设计、审批工作进展的较为顺利,送出工程的完工时间与首台机组发电的时间相吻合。

受国际金融危机影响,内蒙古侧电力需求增长速度放缓,内蒙古侧电网调整了发展布局,龙口送出线路建设项目被暂时搁置。龙口建管局紧急与山西电网协商后,山西侧电网同意在一定时限内,龙口电站全部机组可以接入山西侧电网短期运行,待内蒙古侧送出线路建成后仍然按照审定的接入系统方案运行。鉴于这种情况,龙口电站220 kV接线又必须进行调整,在原有的两段母线之间加装了隔离开关。龙口建管局考虑到即使内蒙古侧送出线路建成后,地区电力需求在短时间内也很难保证龙口机组运行利用小时数,担心电站效益受损,因此希望主接线能够实现内蒙古侧机组"借机"至山西电网运行的功能。经过综合考虑后,220 kV主接线修改为:内蒙古侧双母线接线,山西侧单母线接线,两侧母线间设置分段隔离开关。

电站发电机变压器组合采用一机一变的电源接线。目前,电站 5 台机组均接入山西电网运行,业主单位正在积极促成内蒙古侧送出工程的建设。

（二）厂用接线

龙口电站的厂用电电源考虑 3 种方式引接:①发变单元的分支线上引接,由本站机组供电;②主变压器倒送厂用电;③从永临结合的施工变电站引厂用电的事故备用电源。

电站厂用电系统供电范围不大,厂用电系统采用自用电和公用电混合供电方式。考虑到"一厂两站"运行模式,尽量考虑将厂用电负荷根据机组段划分为山西侧供电区和厂用电供电区。电站共设置 3 组厂用变压器,其中 41B、42B 厂用变压器分别引接自 1#、3# 机组的发电机端,作为 2 个区域的主供电电源。43B 厂用变压器作为备用电源使用,44B 作为 43B 的备用。

（三）主要电气设备

龙口电站装设 4 台 100 MW 和 1 台 20 MW 水轮发电机组。大机组机端采用 SF_6 型专用发电机断路器,机组与主变压器采用离相封闭母线连接。小机组机端设置真空型发电机专用断路器,安装在中置式开关柜内,机组与主变压器之间采用共箱母线连接。电站设置 4 台 120 MVA 和 1 台 25 MVA 主变压器,主变压器与开关站之间通过 220 kV 高压电缆连接。电站 220 kV 开关站采用 GIS 设备,5 个主变进线间隔,3 个出线间隔。

（四）主要电气设备布置

1#~4# 机组发电机主引出线采用离相式封闭母线,分别从发电机风罩引至主厂房下游侧的机压配电室内。发电机断路器、PT 柜及励磁变压器、厂用变压器等均布置在该配电室内。5# 机组的主引出线采用共箱式封闭母线,机压配电装置采用 12 kV 金属铠装中置柜,布置在 5# 机下游的 5# 机组机压配电室内。

电站四大一小 5 台主变压器从左至右依次布置在尾水平台上,相临 2 台主变压器外廓间的距离为 22 m。主变压器可以通过搬运轨道运至厂房安装间进行检修和维护。

变压器中性点隔离开关,避雷器及放电间隙等设备就近布置在主变压器旁边。

主变高压侧通过软导线与 220 kV 电缆户外终端连接,220 kV 电缆沿尾水平台下的高压电缆廊道敷设进入 GIS 室下电缆夹层,通过 SF_6 终端与 GIS 设备连接。

关于 220 kV GIS 开关站的布置,在工程初步设计阶段重点对尾水平台和左岸厂前区两个方案进行了技术经济比较。尾水平台方案采用 SF_6 油气套管连接 GIS 与主变压器,布置更紧凑,投资略少,但是尾水平台振动问题对 GIS 设备的长期安全运行存在不利影响;厂前区方案采用高压电缆连接 GIS 与主变压器,投资较尾水平台方案略多,但是避免了振动问题带来的不利影响。最终采用了 GIS 布置在左岸场前区内的方案。

（五）过电压保护及接地

1.过电压保护装置

（1）为防止静电耦合过电压危及主变低压侧线圈绝缘,在发电机电压母线处设置氧化锌避雷器;

（2）220 kV GIS 两条母线及出线处,装设 220 kV 氧化锌避雷器;

（3）主变压器高压套管与 220 kV 电缆终端头之间设置氧化锌避雷器;

（4）主变压器中性点采用隔离开关接地并装设氧化锌避雷器;

（5）5# 发电机断路器柜内装有过电压保护器及阻容吸收装置;

（6）消防加压泵房及生活区等近区供电，设置隔离变压器供电。

2. 直击雷保护装置配置

（1）开关站出线侧以避雷线为主要保护；

（2）枢纽所有建筑物均按规范要求进行防雷保护，建筑物顶部设置避雷带。

3. 接地

电站设计中主要采用设置人工接地网来降低接地电阻。220 kV 高压电缆廊道、GIS 室、GIS 室下电缆夹层、GIS 室屋顶出线场地以及尾水平台设置均压网。电站总体接地电阻经实测后为 0.11 Ω，达到了设计要求的小于 0.4 Ω 要求。

三、电气二次设计

龙口水电站计算机监控系统采用开发式全分布结构，在功能上分为主控级和单元控制级两级，主控级是电站实时监控中心，主要负责全厂重要机电设备的实时监视和控制，进行全厂的自动化运行（包括 AGC、优化运行、AVC 等）、历史数据处理、系统管理、系统调度数据网的电站侧数据处理以及进行全厂的人机对话等。单元控制级主要负责生产过程的实时数据采集和预处理、控制与调节以及与上位机的通信联络等。通过比较后选定采用工业级交换机组成光纤双环型以太网，速率 100 MB/s。网络连接设备为 2 套 MS20 交换机（德国 HIRSCHMANN）及每 1 个现地控制单元、2 个 RS20 系列网络交换机。

发电机、变压器、母线及线路保护均采用双重化配置，2 套保护采用不同厂家产品以起到功能上的互补，增加了电站运行的安全性和可靠性。

发电机保护包括：不完全纵差动保护、完全裂相横差保护、带电流记忆的低压过流保护、定子过负荷保护、负序过负荷保护、失磁保护、定子过电压保护、100% 定子接地保护、转子一点接地保护、轴电流保护，及励磁变速断及过流保护。变压器保护配置包括：主变差动、主变高压侧复合电压启动过电流保护、主变间隙、主变零序、过负荷、瓦斯、油温度及绕组温度、压力释放保护等。

全厂设 1 套 220 V 直流电源。直流母线采用单母线分段接线，两段直流母线各带 1 组 600AH 阀控式铅酸蓄电池，各配 1 套高频开关充电装置并公用 1 套充电装置，每套高频开关充电装置配有监控单元；两段直流母线各配 1 面主负荷盘并装有微机绝缘检测装置。

四、金属结构设计

龙口电站金属结构设备主要包括：表孔系统、底孔系统、电站、排沙系统、左右岸取水口等各类闸门、拦污栅及启闭设备，总质量约 7 100 t。

表孔系统布置在大坝最右侧，由 2 个坝段组成，主要功能为满足枢纽泄洪要求。每个坝段设 1 个泄洪表孔，表孔结构型式为开敞式溢流堰。表孔系统共设 2 孔 12 m×11.5 m – 11.04 m 工作闸门。在每孔工作闸门上游设 1 道检修门槽，2 孔工作闸门共用 1 套 12 m× 10.6 m – 10.053 m 检修闸门；工作闸门、检修闸门与底孔事故闸门共用坝顶 1 600 kN 门机。

底孔系统位于大坝中部，右侧为表孔系统，左侧为电站系统。底孔系统共分为 5 个坝段，每个坝段内设 2 个泄洪底孔,共 10 个泄洪底孔。共设 10 孔 4.5 m×6.5 m － 35 m 弧形工作闸门,在工作闸门上游侧设 1 道事故检修闸门门槽,10 孔工作闸门共用 2 套 4.5 m×7.444 m － 35 m 事故检修闸门。底孔弧形工作闸门启闭设备为 1 000 kN/400 kN 摇摆式液压启闭机,泵组及油缸布置于底孔启闭机廊道内。底孔事故检修闸门由坝顶 1 600 kN 门机通过液压抓梁操作。

引水发电系统位于大坝左侧 3#～10# 坝段,共装有 4 台单机容量为 100 MW 和 1 台单机容量为 20 MW 的水轮发电机组。每台 100 MW 机组有 3 个进水口和 3 个尾水出口,电站进水口设事故闸门,并只考虑 1 台机组事故。20 MW 机组有 1 个进水口和 1 个尾水出口,进水口设事故闸门。大、小机组进口段沿水流方向依次设有主拦污栅、检修闸门和事故闸门,尾水均设检修闸门。以上金属结构设备由电站进口 2×1 250 kN 双向门机操作。100 MW 机组电站尾水出口设有 6 套检修闸门,可用于 2 台机同时检修。20 MW 机组出口设有 1 套检修闸门,由 2×630 kN 尾水双向门机通过液压抓梁操作。

排沙系统由电站坝段排沙洞和副安装场排沙洞组成。电站坝段排沙洞共 8 条,分别位于 4 台 100 MW 机组 3 个电站进水口中外侧 2 个进水口的正下方。副安装场排沙洞共 1 条,位于副安装场下部。电站坝段(1#排沙洞)、副安装场(2#排沙洞)排沙洞的进口均设有事故闸门,出口均设有工作闸门,在工作闸门的下游侧各设 1 道检修闸门,1#、2#排沙洞共用 2 套检修闸门。排沙系统不运行时,出口工作闸门和进口事故闸门均为关闭状态,需要运行时,先将进口事故闸门提出孔口,排沙洞内充满水后,再开启出口工作闸门,放水冲沙。1#排沙洞进口事故闸门由电站 2×250 kN 双向门机通过排沙洞进口事故闸门液压抓梁操作,2#排沙洞进口事故闸门由电站 2×1 250 kN 双向门机单钩通过拉杆操作。1#、2#排沙洞出口工作闸门、检修闸门均由电站尾水 2×630 kN 双向门机单钩通过拉杆操作。

左岸取水口位于龙口水利枢纽工程左岸坝肩,共 1 孔。取水口沿水流方向依次设有拦污栅栅槽、检修闸门门槽、工作闸门门槽,分别设有拦污栅、检修闸门、工作闸门各 1 套及启闭设备 100 kN 固定电动葫芦 2 台、250 kN 液压启闭机 1 台。考虑到此取水口目前还未启用,故只安装门槽及栅槽,拦污栅、闸门、启闭机均未安装,待下一步需要时再安装。拦污栅、检修闸门、工作闸门底槛高程均为 886.00 m。

右岸取水口位于龙口水利枢纽工程右岸 19# 坝段,共 2 孔。取水口沿水流方向依次设有拦污栅栅槽、检修闸门门槽,分别设有 2 套拦污栅和 1 套检修闸门。拦污栅和检修闸门均通过拉杆由坝顶 1 600 kN 双向门机操作。拦污栅和检修闸门底槛高程均为 880.00 m。

五、结　语

龙口水电站机电设计根据其运行要求和本工程的特点进行,工程竣工后是否能够充分反映设计思想,发挥应有的效益,一方面要依赖于设备供货厂家按照设计要求供货,施工单位的精心施工,监理单位的贯彻监督,另一方面也要求运行单位按照设计要求进行运行及维护。设计、制造、施工、监理、运行等各方的密切配合,通力合作,才能为业主打造一个优质工程。

(作者单位:中水北方勘测设计研究有限责任公司)

黄河龙口水电站水轮机选型设计

马韧韬　　郑淑华

一、电站基本概况

(一)电站任务和发电效益

龙口水利枢纽工程的主要任务是对上游万家寨水电站调峰流量进行反调节,使黄河万家寨水电站—天桥水电站区间不断流,并参与晋、蒙两网调峰发电。

龙口水电站型式为河床式,左岸布置电站厂房,右岸布置大坝的泄流建筑物。为了实现龙口水库对万家寨电站调峰流量的完全反调节,龙口水电站装设 4 台 100 MW 轴流转桨式水轮发电机组用于晋蒙电网调峰,另装设 1 台 20 MW 混流式水轮发电机组用于非调峰期向河道泄放基流,该机组在基荷运行。

(二)特征水位

上游正常蓄水位(m)	898.00
上游汛限水位(m)	893.00
上游汛期发电最低水位(m)	888.00
4 台机满发时的尾水位(m)	862.50
1 台机发电时的尾水位(m)	861.40

(三)水轮机工作水头

最大净水头(m)	36.3
加权平均水头(m)	33.1
汛期发电最大净水头(m)	29.3
汛期发电最小净水头(m)	23.6
额定水头(m)	31

(四)水库调节特性和运用方式

龙口水库非汛期为季调节、汛期为日调节。水库采用"蓄清排浑"运用方式。

7～9 月为汛期,水库在死水位 888.0 m 至汛限水位 893.0 m 之间运行,水轮机净水头为 23.6～29.3 m,预测过机平均含沙量为 11.47～19.29 kg/m³,水轮机将在高含沙量、低水头、部分负荷工况下运行。其中 8、9 两个月为排沙期,水库在低水位作日调节运行,排沙时库水位由 888.0 m 降至 885.0 m,水轮机停止运行。

10 月是汛期的后期,在保证发电要求的条件下水库自 893.0 m 水位开始蓄水,10 月中旬库水位蓄到 894.0 m。从 11 月初至翌年 6 月下旬水库水位保持在 898.0 m,相应的净水头约为 35m,历时 7 个多月,此时为"蓄清"期,水轮机基本在清水条件下运行。

6 月下旬库水位由 898.0 m 降至 893.0 m,迎接汛期。

二、水轮机参数

(一)初步设计阶段水轮机主要参数

龙口水电站位于黄河中下游,属黄河上的低水头、多泥沙、单机容量较大的电站。经过对水轮机比转速的统计分析及对各水轮机制造厂的咨询,由于受水轮机运行条件限制,没有完全适合龙口电站的水轮机模型转轮,将来用于龙口电站的水轮机需经过模型试验确定参数及流道尺寸,因此初设阶段对龙口电站水轮机模型转轮参数及真机参数进行了初步预测。预测龙口电站水轮机模型转轮参数如下:

转轮叶片数 Z	5~6
导叶相对高度 b_0/D_1	0.365~0.4
轮毂比 d_B/D_1	0.45~0.5
尾水管相对高度 h/D_1(至导叶中心线)	~2.8
最优单位转速 n'_{10}(r/min)	120~124
最优单位流量 Q'_{10}(m³/s)	0.92~1.0
最优效率 η_{0max}(%)	≥91.8
最优工况空化系数 σ_0	≤0.3

根据预测的模型参数,预测水轮机真机参数如下:

水轮机型号	ZZ410-LH-710
水轮机直径 D_1(m)	7.1
额定转速 n_r(r/min)	93.8
额定水头 H_r(m)	31
额定流量 Q_r(m³/s)	366
额定出力 N_r(MW)	102.5
最高效率 η_{tmax}(%)	94.0
额定工况点效率 η_{tr}(%)	92.0
额定工况点 σ_m	≤0.4
吸出高度 H_s(m)	-7.2
额定点比转速 n_s(m·kW)	410

(二)合同保证的水轮机主要参数

2006年9月,通过公开招标,确定龙口水利枢纽水电站水轮机制造商为天津阿尔斯通水电设备有限公司(以下简称:天阿公司)。经合同谈判,天阿公司在合同中保证水轮机真机参数为:

转轮叶片数(个)	6
水轮机直径 D_1(m)	7.1
额定转速 n_r(r/min)	93.75
额定水头 H_r(m)	31
额定流量 Q_r(m³/s)	357.56
额定出力 N_r(MW)	102.5

最高效率 $\eta_{tmax}(\%)$	≥95.26
额定工况点效率 $\eta_{tr}(\%)$	≥94.40
吸出高度 $H_s(m)$	−7.2
额定点比转速 $n_s(m \cdot kW)$	410

合同中保证的水轮机参数除了效率比预测参数偏高外,其他参数基本与初设阶段预测的参数一致。但是天阿公司现有转轮不能适合龙口电站的运行条件,需开发试验新的模型转轮,以适应龙口电站运行要求。

(三)最终确定的模型转轮及真机参数

根据合同要求,天阿公司在法国阿尔斯通技术中心水力模型试验台上做了大量的模型试验,研制开发龙口电站转轮。在提交了龙口模型试验报告后组织了模型验收试验,模型转轮为 6 叶片,轮毂比为 0.45,直径为 Φ380 mm,能量试验水头 6 ~ 9 m。水轮机能量及空化性能的验收试验结果如下:

(1)最优单位转速 115 r/min,最优单位流量 870 L/s。

(2)效率修正 $\Delta\eta = 2.408\%$。模型转轮最高效率 92.85%,换算到真机最高效率为 95.258%;额定工况点模型效率 92.08%,换算到真机额定工况点效率为 94.493%;加权平均效率 94.503%。

(3)额定工况点模型空化系数 $\sigma_{-1} = 0.365$,电站空化系数 $\sigma_p = 0.5172$,安全系数 $K = \sigma_p/\sigma_{-1} = 1.41$,满足空化性能和水轮机安装布置要求。

模型转轮的能量、空化性能、压力脉动、最大飞逸转速、轴向水推力的验收试验合格,满足合同要求,验收专家组同意按照验收试验采用的模型水轮机进行真机的设计、制造。

三、水轮机主要结构特点

水轮机主要包括:蜗壳及座环、导水机构、顶盖、支持盖、转轮、主轴、受油器及操作油管、轴承、主轴密封等,下面主要对龙口电站水轮机的转轮、蜗壳、导水机构的特点做主要论述。

(一)转轮

转轮是水轮机的核心部件,包括桨叶、转轮体、接力器缸和桨叶传动机构等,转轮直径 7.1 m,桨叶数 6 个,轮毂比 0.45。

桨叶采用抗空蚀、抗磨损并具有良好焊接性能的 ZG0Cr13Ni4Mo 不锈钢材料真空精炼铸造,其表面采用五轴数控加工;轮毂体采用 ZG20SiMn 材料整铸,在桨叶转动范围内过流表面堆焊不锈钢,加工完成后不锈钢层厚度不小于 10 mm;泄水锥为钢板焊接结构。

龙口水电站转轮采用缸动式结构,工作油压 6.3 MPa。桨叶可根据水头、负荷调整至最佳位置,桨叶与导叶协联,以保证水轮机在高效率工况下运行。

(二)进水流道及蜗壳

龙口水电站水轮机进水流道尺寸较大,进水口分为 3 孔,单个孔口宽度 5.9 m,孔口高度 16.83 m,隔墩厚度 2.5 m。蜗壳采用钢筋混凝土蜗壳,对称 T 形断面,包角为 216°。蜗壳周围用高标号抗冲耐磨混凝土衬护,蜗壳进口断面高度尺寸为 10.5 m。

轴流转桨式水轮机进水流道很短,流道断面尺寸较大,为了使进入蜗壳的水流流态均衡,本电站水轮机蜗壳进水流道设计采用不规则曲面渐变,更好的水流切向速度使得水流绕着水轮机轴线作圆周旋转运动,水流环量形成等速度矩。蜗壳各断面的顶角按抛物线轨迹变化,见图1。

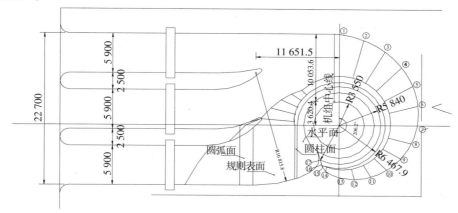

图1 水轮机蜗壳平面示意(单位:mm)

(三)导水机构

导叶本体采用16Mn钢板组焊。导叶从全开度位置至空载开度位置范围内,本身的力特性具有自关闭的趋势。

导叶操作机构由拐臂、连杆、导叶控制环、推拉杆、自润滑轴承、保护元件、导叶限位装置组成一空间运动系统,有效控制导叶转动,根据负荷、水头与桨叶协联运行。

导叶过载保护装置为弹簧(进口)连杆结构,这种新型结构近年来已经在灯泡贯流式水轮机上采用,在轴流转桨式水轮机上国内还是首次采用。导叶在关闭过程中如遇异物卡阻,弹簧连杆弯曲,能保证其他导叶全部关闭,以保证导叶及传动机构不被破坏,同时由于弹簧弹力能够限制导叶摆动,而不会撞击相邻导叶,与传统的剪断销保护装置相比具有明显的优越性,但是对弹簧的结构性能要求较高,为此采用进口弹簧,提高了机组造价。每个保护元件装有信号装置,导叶发卡时能发出相应的卡阻信号,通知运行值班人员。该保护装置可在运行中更换,并具有互换性。

四、减轻水轮机泥沙磨蚀的综合措施

(一)电站枢纽布置设计上考虑有效的排沙措施

为了减少推移质泥沙进入水轮机,在每台机组进口下部设置了2个排沙洞,其进口底部高程860 m,与机组进口底高程866 m相差6 m。排沙洞运行时,在电站进口前形成冲刷漏斗,运行到坝前的推移质泥沙沉积在冲刷漏斗内。当冲刷漏斗内的泥沙淤积到一定程度后,及时开启排沙洞,将冲刷漏斗内的泥沙排泄出库,这样可控制推移质泥沙不通过机组下泄,减轻泥沙对水轮机的磨蚀。

(二)降低过机水流速度

含沙水流对水轮机转轮的磨蚀与转轮出口相对流速有关。全国水机磨蚀试验研究中心对A3钢、20SiMn、0Cr13Ni4Mo、0Cr13Ni6Mo材料进行磨蚀试验,并参照已运行电站磨蚀破坏的现状提出:当含沙量大于12 kg/m³时,转轮轴面流速宜小于12 m/s,圆周速度宜小于

34 m/s,叶片出口相对流速宜小于 36 m/s,超过该流速时过流部件的磨蚀会急剧增加。国外经验认为多泥沙河流电站水轮机转轮圆周速度宜小于 38 m/s。预测本电站汛期 7~9 月过机月平均最大含沙量超过 12 kg/m³,而这段时间机组应充分利用汛期水能,尽可能多发电。本电站采用国外合资厂的转轮,最终确定的转轮出口相对流速为 36.63 m/s。

(三)合理选择水轮机吸出高度和安装高程

在含沙水流条件下,空蚀往往提前发生,而且空蚀与磨损的联合作用又将加重水轮机的磨蚀损坏程度。本电站在计算水轮机吸出高度时,适当加大真机装置空化系数,初设阶段按照额定工况点模型空化系数为 0.4,空化安全系数 K 取 1.31,初步确定水轮机吸出高度 H_s 为 -7.2 m,水轮机安装高程(导叶中心高程)为 857.0 m,由于受水轮机机坑开挖限制,在招标时就明确要求水轮机安装高程不低于此值。

通过模型试验最终确定的模型转轮在额定工况点空化系数为 0.365,电站空化系数 σ_p 为 0.517 2,安全系数 K 达到了 1.41,具有足够的空化安全裕量。

(四)采用抗磨蚀的材料

机组易磨蚀部件采用抗磨蚀性能良好的材料和主要的防护措施。水轮机叶片采用抗空蚀、抗磨蚀的 ZG0Cr13Ni4Mo 材料。转轮体采用 ZG20SiMn 材料整铸,在桨叶转动范围内过流表面锥焊不锈钢。在顶盖和底环上导叶活动的范围内设有 00Cr13Ni5Mo 不锈钢材料的抗磨板。导叶的端面、竖面均焊有 00Cr13Ni5Mo 不锈钢板。

五、结　　语

经过龙口建设、设计、制造、安装、运行单位的共同努力,截至 2010 年 4 月,龙口水电站装设的 4 台 100 MW 轴流转桨式水轮机已经全部发电,水轮机动能指标较高、运行稳定,满足合同规定的水轮机性能及参数要求,为晋蒙两省(区)输入了清洁能源,成为黄河干流上又一颗璀璨的明珠。

(作者单位:中水北方勘测设计研究有限责任公司)

黄河龙口水电站技术供水系统设计

高普新　刘　婕

黄河万家寨水利枢纽配套工程龙口水利枢纽位于黄河北干流托龙段尾部、山西省和内蒙古自治区的交界地带。水电站型式为河床式,总装机容量420 MW,其中装设 4×100 MW 轴流转桨式机组,1 台 20 MW 混流式机组。

(1)水轮机工作水头:

最大净水头(m)　　　　　　　　　　　　　　　36.1(小机组36.7)

加权平均水头(m)　　　　　　　　　　　　　　33.2

最小净水头(m)　　　　　　　　　　　　　　　23.6

(2)泥沙含量:

多年平均泥沙含量(过机)(kg/m^3)　　　　　　6.80

最大泥沙含量(过机)(kg/m^3)　　　　　　　　283.9

一、技术供水对象

本电站技术供水系统主要供发电机空气冷却器、各部轴承冷却器、水轮机主轴密封、深井泵润滑等用水。

100 MW 机组(大机组)各部位用水量/水压约为:

发电机空气冷却器(($m^3 \cdot h^{-1}$)/MPa)　　　　　　　500/(0.15~0.45)

发电机上导轴承油冷却器(($m^3 \cdot h^{-1}$)/MPa)　　　10/(0.15~0.45)

发电机推力及下导轴承油冷却器(($m^3 \cdot h^{-1}$)/MPa)　100/(0.15~0.45)

水轮机导轴承油冷却器(($m^3 \cdot h^{-1}$)/MPa)　　　8/(0.15~0.45)

主轴密封用水量(($m^3 \cdot h^{-1}$)/MPa)　　　　　　9/(0.2~0.4)

20 MW 机组(小机组)各部位用水量约为:

发电机空气冷却器(($m^3 \cdot h^{-1}$)/MPa)　　　　　　　180/(0.15~0.3)

发电机上导轴承油冷却器(($m^3 \cdot h^{-1}$)/MPa)　　　10/(0.15~0.3)

发电机推力及下导轴承油冷却器(($m^3 \cdot h^{-1}$)/MPa)　35/(0.15~0.3)

水轮机导轴承油冷却器(($m^3 \cdot h^{-1}$)/MPa)　　　8/(0.15~0.3)

主轴密封用水量(($m^3 \cdot h^{-1}$)/MPa)　　　　　　1/(0.15~0.2)

二、技术供水方式选择

本电站水轮机最大净水头 36.1 m(小机组 36.7 m),加权平均水头 33.2 m,最小净水头 23.6 m。根据河水泥沙含量分析,多年平均过机泥沙含量 6.80 kg/m^3,最大过机泥沙含量 283.9 kg/m^3,河水在汛期泥沙含量相对较大,不能作为机组冷却器供水的水源,而非汛期河水水质则能够满足技术供水水质要求。

根据电站水头、泥沙状况、各用水部位对水质、水压的不同要求,技术供水系统在汛期、非汛期采用的水源、供水方式也各不相同。龙口水利枢纽技术供水系统设计主要分为三部分:非汛期机组冷却器供水、汛期机组冷却器供水、主轴密封供水。同时,考虑单元供水运行灵活,控制简单,且容易实现自动化,因此供水方式采用单元供水。

(一)非汛期机组冷却器供水方式选择

根据预测的建库后多年月平均过机含沙量及已运行电站的经验,非汛期黄河水可直接作为电站机组技术供水的水源。本电站水头范围为 23.6~36.1 m,确定大机组和小机组在非汛期均采用自流供水方式。技术供水水源从各台机组蜗壳取水,经滤水器过滤后向机组各用水部位供水,同时,每个取水口的取水量按 2 台机组用水量考虑,各机组技术供水取水口通过 DN400 mm 技术供水总管并联,水源互为备用。为了防止泥沙污物沉积在机组冷却器及管路中,机组各冷却器供水采用正、反向供水方式,定时切换,见图 1。

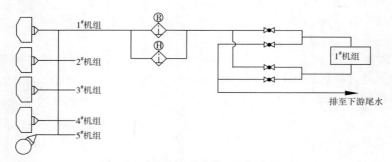

图 1　非汛期机组冷却器供水方式示意

(二)汛期机组冷却器供水方式选择

根据建库后多年月平均过机含沙量,每年 7~9 月,月平均含沙量均大于规范规定 5 kg/m³,不能直接作为电站机组技术供水的水源,为此,根据黄河水的泥沙特点,参照黄河中、下游电站汛期机组技术供水方式,有以下两种相对可行、经济的技术供水方案可供选择。

方案 1:室内热交换器冷却方案。通过管壳式热交换器交换热量,该换热器由壳体和内部管束组成,包括内循环水和外部冷却水两部分。内循环水在管束内循环,外部冷却水带走机组冷却器产生的热量。内循环水的路径是:循环水池→水泵→热交换器管束内→机组各冷却器→循环水池。外部冷却水的路径是:蜗壳取水→水泵→热交换器管束外→下游尾水。该方案热交换器布置在厂房下游副厂房内,见图 2。

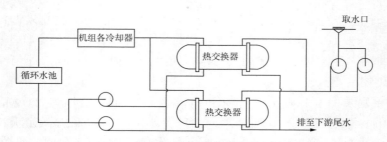

图 2　汛期室内热交换器冷却方案示意

方案2:尾水冷却器冷却方案。通过尾水冷却器交换热量。机组冷却水的循环路径是:循环水池→水泵→尾水冷却器→机组各冷却器→循环水池。该方案尾水冷却器布置在电站下游尾水内,由河道内的黄河水对其进行冷却,见图3。

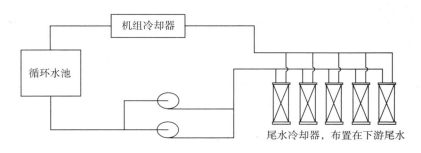

图3　汛期尾水冷却器冷却方案示意

对于以上两种方案,进行技术、经济比较:①方案1技术供水系统设备配置、操作流程复杂。而方案2不需要外循环水,尾水冷却器直接淹没在下游尾水中,由河道自然冷却,安装、布置、维护较方便。②方案2在已建电站成功采用,目前应用的最大机组为单机容量60 MW的轴流机组。③方案1为管壳式热交换器,外冷却水运行于壳体内,存在泥沙沉积的可能。而方案2的尾水冷却器一直浸没水中,根据已建电站运行经验,只要有水流动,就没有板结问题。④方案2相对方案1设备费用高150万元左右,且方案2增加2台水泵,年运行费用较高。经比较,推荐采用方案2,尾水冷却器方案作为汛期机组冷却供水方案。

(三)主轴密封供水及深井泵润滑供水方式

主轴密封供水及深井泵润滑供水主水源引自厂外清水池,清水池有效容积为100 m³,池底高程900.00 m。清水池供水来自厂外两个深井泵,1台工作,1台备用,取地下水。

三、设备选择

(一)非汛期滤水器

根据机组冷却器用水量选择滤水器。大机组:每台机组设2台自动清污滤水器,参数为$Q=760$ m³/h,$P=0.55$ kW,过滤精度1.5 mm,进、出水口DN300 mm,排污口DN100 mm;小机组:设2台自动清污滤水器,参数为$Q=340$ m³/h,$P=0.55$ kW,过滤精度1.5 mm,进出水口DN200 mm,排污口DN80 mm。2台滤水器互为备用,滤水器设有差压自动排污、定时排污和现场手动排污3种控制方式。当工作滤水器压差达0.04 MPa时,切换至备用滤水器,同时发信号到中控室。

(二)汛期供水泵

根据机组用水量、管路水力损失计算、选择水泵。大机组:每台机组选用2台$Q=720$ m³/h,$H=49$ m,$P=160$ kW的离心泵作为加压泵;小机组:选用2台$Q=374$ m³/h,$H=44$ m,$P=75$ kW的离心泵作为加压泵,2台水泵互为备用。离心泵布置在蜗壳层水泵室。

(三)循环水池

大机组循环水池有效容积为 115 m^3,小机组循环水池有效容积为 48 m^3。循环水池的初次充水水管引自技术供水总管,即在汛期来临之前,通过蜗壳取水,向循环水池充水。正常运行时,水量损失很少,通过从主轴密封供水总管引水向循环水池补水。同时循环水池设有溢流管和排水管,排水至渗漏集水井。循环水池布置在厂房蜗壳层下游。

(四)尾水冷却器

尾水冷却器选择计算主要考虑需冷却的机组水量、机组冷却水进出水温、河水温度等。大机组尾水冷却器为管板式,布置在电站尾水闸门内,每台机组 1 套尾水冷却器,考虑到安装、检修、布置的需要,每套尾水冷却器由 4 个冷却器组成,当其中 1 个冷却器退出时,其余 3 个冷却器仍然能够满足热量交换要求。小机组尾水冷却器布置在尾水流道内。

四、结　语

每个电站地理位置、水头、水质情况均不相同,各有特点,随着水利技术的进步,可供选择的技术供水方式也相对增加,这就要求确定技术供水方案时要进行更加详细的技术比较和经济论证,以满足电站长期安全、稳定、经济运行的需要。

(作者单位:中水北方勘测设计研究有限责任公司)

黄河龙口水电站排水系统设计及思考

杨富超　杨　旭　刘　婕

一、排水系统概述

龙口水电站的排水系统共包括5部分:右岸消力池廊道排水,电站检修排水,厂房及1#~10#坝段渗漏排水,11#~19#坝段渗漏排水,以及电站下游灌浆排水廊道渗漏排水。其中右岸消力池廊道排水布置在右岸消力池渗漏排水廊道内,采用3台潜水排污泵排水,2台工作,1台备用。潜水泵参数为:$Q = 700$ m³/h,$H = 22$ m,$N = 90$ kW。其余四部分排水均布置在厂房内,其中下游灌浆排水廊道渗漏排水的布置位置最低,在靠主厂房左岸下游灌浆排水廊道末端,泵房地面高程为857.50 m。由于布置位置低,为适应现场潮湿的工作环境,设置了3台潜水排污泵进行排水(2台工作,1台备用)。潜水泵参数为:$Q = 70$ m³/h,$H = 40$ m,$N = 18.5$ kW。另外的检修排水、厂房及坝段渗漏排水均布置在主副安装场下864.80 m高程。由于高程较高,工作环境好,故选用了工作可靠、易于维护的立式斜流泵。本文就这三部分排水设计,尤其是在招标及施工图阶段关于采用立式斜流泵的一些想法与各位同行展开探讨。

二、龙口水电站立式斜流泵主要技术参数

龙口水电站的电站检修排水、厂房及1#~10#坝段渗漏排水及11#~19#坝段渗漏排水均选用3台立式斜流泵,制造商为沈阳辉力机电泵业有限公司。其中电站检修排水的工作方式为初始手动排水时3台水泵一起工作,在转入排上、下游渗漏排水时由水位计自动控制运行,此时1台工作,2台备用。另外,两处渗漏排水系统的工作方式均为由水位计自动控制运行,2台工作,1台备用。表1为立式斜流泵的主要工作参数。

表1　　　　　　　　　　立式斜流泵的主要工作参数

项目	电站检修排水 (检修集水井)	厂房及1#~10#坝段渗漏排水 (2#渗漏集水井)	11#~19#坝段渗漏排水 (1#渗漏集水井)
型号	350H－40	300H－40	250H－30
流量(m³/h)	810	660	480
扬程(m)	38	40	32
电机功率(kW)	150	132	75
转速(r/min)	735	735	735
叶轮数(级)	1	2	2
井底高程(m)	830.5	830.5	841
最上级叶轮顶部安装高程(m)	~833.9	~834.3	~844.7
最低工作水位(m)	834.5	834.5	845.0

三、立式斜流泵结构特点

龙口水电站采用 H 型立式斜流泵,其叶轮装在井中动水位以下,动力机设置在井上,通过传动长轴驱动叶轮在导流壳内旋转,水流沿导流壳与叶轮之间的流道,经输水管向上提升到地面。泵组由三大部分组成:工作部分(包括进水部分)、扬水管部分、井上(泵座)部分。立式斜流泵结构如图 1 所示。

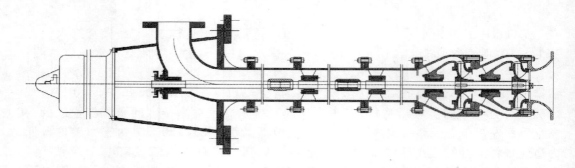

图 1　立式斜流泵结构

(一)工作部分

工作部分由吸入喇叭管、叶轮、叶轮轴、叶轮螺母、导流壳等零件组成。吸入喇叭管与导流壳之间采用法兰连接,叶轮与传动轴之间通过键连接。转轮与导流壳、转轮与导流体及转轮与吸入喇叭管之间的密封均为间隙密封。与其他长轴泵不同,其叶轮下部没有导轴承。

叶轮是水泵的核心部件。H 型立式斜流泵的叶轮实质是混流泵叶轮,液体流出叶轮的方向倾斜于轴线。电机启动后,通过传动轴带动叶轮旋转,在叶片的作用下,使水获得了速度能和压力能(扬程)。具有一定能量的水,通过带有环状空间和扭曲叶片的壳体把水引到次一级叶轮或扬水管中,再通过泵座弯管道吐出地面。水流获得压力能与叶片只数成正比。

为了保证泵正常运转,叶轮与壳体之间应有适当的轴向间隙,这一间隙可通过电机上端的调整螺母来进行调整。

(二)扬水管部分

本部分由扬水管、联管器、传动轴、联轴器和轴承体等组成,扬水管之间用螺纹或法兰联接。扬水管是水流的通道,又和带有橡胶轴承的支架一起构成传动轴的径向支撑,同时也起着悬吊泵体的作用。

传动轴上联电机,下联叶轮轴,起传动动力的作用。转动轴在与支架橡胶轴承接触处镀有 1 层硬铬提高耐磨性,镀铬的有效长度为轴承长度的 2 倍。当传动轴镀铬处磨损后,可调换安装位置使用,延长使用寿命。用于排除检修水的水泵,由于水中含沙量高,为了防止泥沙进入轴承,带来磨损影响轴承使用寿命,设计中要求在传动轴外装设护套,在运转中必须使用外加清水进行润滑。而对于两处渗漏排水的泵,由于水质较好,支架轴承没有装设护套,在运转中可以借输送的清水作自润滑。传动轴承示意如图 2 所示。

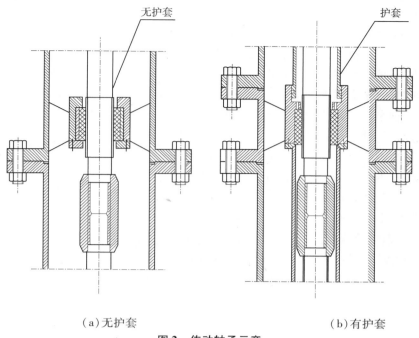

| 无护套 | 护套 |

（a）无护套 　　　　　　　　　　（b）有护套

图2　传动轴承示意

（三）井上（泵座）部分

本部分由泵座、立式电机、电机轴、调整螺母、止逆装置、水泵吐出段等组成。整个机组的重量由泵座承受，扬水部分和泵体部分中的静止部分均通过进水法兰固定在泵座的下端，回转部分的重量和叶轮在工作中产生的轴向力均由电动机止推轴承承受，而电动机又固定在泵座的上端，因此泵座必须安装在可靠的固定基础上。

泵座内从进水法兰到出水法兰有一90°的弯管，可与地面管道系统相通，安装在电机上端的调整螺母是用于调节泵体中叶轮与壳体之间的轴向间隙。自电机上方往下看，整个回转部分为逆时针方向旋转，安装在电机上的止逆装置可以防止反转。

四、与其他长轴深井泵的比较

（一）叶轮型式

从本质上讲，H型立式斜流泵的叶轮属于混流泵系列，而一般的长轴深井泵属于离心泵系列。两种均为液体流出叶轮的方向倾斜于轴线。离心泵一般应用于高扬程、小流量区域，混流泵一般应用于中低扬程、较大流量区域。两种泵的运行区域虽有一定的重叠，但一般来讲，离心泵的扬程要高于混流泵。由于长轴泵的应用多数是为井用服务，受井筒直径的限制，使得水泵叶轮的直径做的不能太大。根据离心泵扬程与叶轮直径的关系（$H = KD^2 n^2$），单级叶轮的扬程也就不能太高。所以，一般的长轴深井泵都是2级及2级以上的叶轮串联，有的甚至串联10级以上叶轮。H型立式斜流泵的开发是以输送电厂循环水、城市供水排水以及农田灌溉为主，输送流量较大，扬程不是很高，所以一般叶轮直径较大，但串联级数少，一般为2级及2级以下。

(二)结构型式

由于应用区域及设计理念不同,长轴深井泵串联的叶轮一般较多,所以其结构设计中在叶轮下部的外壳普遍设置了下壳轴承,避免工作部分高度过高时产生大的摆动。同时为保护下壳轴承,避免泥沙聚积,在下壳轴承上设置了防沙环。H 型立式斜流泵由于叶轮级数少,其结构中普遍未设置下导轴承,也没有防沙环,只在叶轮下传动轴上设置调整螺母。

另外,两种泵叶轮与传动轴的连接方式设计不同。H 型立式斜流泵一般采用键连接,而长轴深井泵由于从欧美引进的设计理念,普遍采用锥套连接。锥套连接具有标准化程度高、精度高、结构紧凑、安装拆卸方便等特点。当传动件经过长时间运转时,内孔及链槽可能发生损坏,此时只需更换同一规格锥套就可以恢复使用,从而大大提高传动件使用寿命,降低维修费用,节省时间。

(三)安装尺寸不同

由于设计理念及结构上的差异,导致两种泵在安装尺寸上也存在少许差异。表 2 对不同厂家的两种泵(参数接近)样本上的尺寸做了简单对比,主要是工作部分(含叶轮及进水口)。结果表明,两种泵在安装尺寸上的差别不大。两种泵的参数见表 2。

表 2　　　　　　　　　　　　　　　　两种泵参数

项目	H 型立式斜流泵	长轴深井泵
型号	300H – 33	450RJC
流量(m^3/h)	600	650
扬程(m)	34	32
转速(r/min)	1 475	1 475
叶轮级数	1	1
叶轮及进水部分高度 H(mm)	490	549
工作部分最大直径 D(mm)	500	520

所以,在电站检修及渗漏排水系统的设计中,流量及扬程的型谱跨距较大,对于流量在 500 m^3/h 及以上的泵的选型中,大流量泵的系列中 H 型立式斜流泵是对一般长轴深井泵的很好补充。

五、设计中的其他问题

(一)关于水泵淹没深度的思考

由于一般长轴深井泵是应用在抽取地下井水,井筒的直径都很小,所以厂家在样本上标注的最低动水位要求高于第一级叶轮 2 ~ 3 m,有的甚至要求淹没 2 ~ 4 m。H 型立式斜流泵的厂家有的要求与一般深井泵厂家相同,有的甚至根本提不出要求。这样,有些设计人员在设计排水系统时,由于追求安全,往往将集水井内的最低工作水位至井底的高度留的很大。

实际上,笔者认为,对于电站的排水系统,其淹没深度的考虑应该参考一般泵站的水泵淹没深度。根据《取水输水建筑物丛书——泵站》中的统计资料,认为水泵的淹没深度(进水口至最低动水位)与进水喇叭口有一定的关系。书中列举了各国的统计资料,推荐一般泵站可取淹没深度为1.86倍喇叭口直径。对于电站的排水系统,在1.86倍基础上考虑余量,笔者认为取淹没深度为2.0~2.5倍的喇叭口直径是合适的。另外,资料中还推荐了喇叭口至井底的深度,一般取为0.75倍的喇叭口直径。对于电站排水系统,再增加一定余量,取1.0倍的喇叭口直径是合适的。按照这个思路,对于龙口电站2#渗漏集水井排水泵的安装,喇叭口至井底的高度可取0.5 m,喇叭口至最低工作水位的深度可取1.3 m,则井底至停泵水位之间的深度取1.8 m即可。

(二)关于水泵进口是否设置滤网的思考

从长轴深井泵样本上看,多数厂家把滤网作为标准配置,滤水管/滤水网兼有调整水流流态的作用,少数厂家认为是可选配置。从立式斜流泵样本看,基本所有厂家都把滤网作为可选配置,如果没有明确要求,厂家不配置。笔者认为,对于滤网的配置,工程设计单位应该根据需要做出明确的规定。对于电站的排水系统,应根据排水的对象予以区别。对渗漏排水系统,由于其水源为厂房混凝土渗漏水及设备的滴漏水,水质较好,可以不设滤网。对于检修排水,由于排水对象为经过机组流道的水,水中可能含有其他杂质,应该设置滤网。并且对于河床式厂房或水库库容很小的电站,设置滤网尤其有必要。

六、结　　语

在电站的排水系统设计中,如果选型需要大流量的排水泵,由于型谱分布跨档较大,仅局限于一般长轴深井泵的样本,可能流量和扬程很难匹配。从本文的分析来看,小口径的立式斜流泵虽然型式有差异,但由于其参数合适、安装尺寸接近,是水泵选择的理想补充设备。另外,制造厂样本仅对自身产品经常应用的领域有很强的指导意义,设计者在具体的设计中也应该根据工程的需要进行设备的配置及布置,并提出特殊要求。

(作者单位:中水北方勘测设计研究有限责任公司)

黄河龙口水利枢纽工程厂用电设计

林 顺 梁帅成 刘新军 郑 伟

一、前 言

龙口水利枢纽位于黄河北干流托龙段尾部,左岸是山西省忻州市的偏关县和河曲县,右岸是内蒙古自治区鄂尔多斯市的准格尔旗。电站装机 5 台,其中 4 台机组单机容量为 100 MW,1 台机组单机容量为 20 MW,总装机 420 MW。本电站在系统中配合万家寨水利枢纽运行,其中 400 MW 装机(1#~4#机组)用于晋蒙电网调峰,在系统中主要担负峰荷,20 MW 机组(5#机组)用于非调峰期间向河道泄放基流,参与系统基荷运行。

二、厂用电供电范围及厂用电源设置

(一)厂用电的供电范围

龙口水电站厂用电供电区域包括电站厂房坝段、泄流坝段、副厂房、GIS 开关站、厂区生活及消防泵房等,其中电站坝顶总长 408 m。接入系统设计中,电站 5 台机组分别接入山西、内蒙古两网(1#、2#机组接入山西电网,3#~5#机组接入内蒙古电网),两电网在本电站不联网。根据本电站的特点,将电站的供电范围大体分为左、右两个区域,左区供电范围包含电站 1#~2#机组段、副厂房、GIS 开关站及附近区域,右区供电范围包含电站 3#~5#机组段、泄流坝段及附近区域;每个区域设置 1 个 400 V 配电室(见图 1)。厂区负荷供电单独设置配电室。

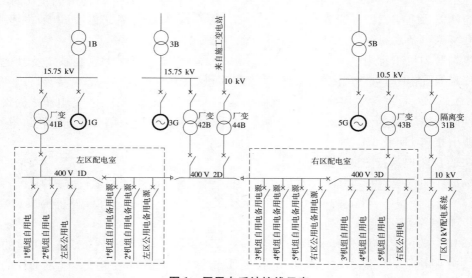

图 1 厂用电系统接线示意

(二)厂用电电源的设置

龙口水电站设置四大一小5台机组,5台机组机端均采用单元接线;1#、2#机组电能以220 kV电压接入山西电网,3#~5#机组电能以220 kV电压接入内蒙古电网;5#机组在电网中参与基荷运行。

根据以上情况,由1#机组、3#机组及5#机组机端各引接1回电源作为电站厂用电系统的3个独立电源。

机组全部停运时,电站可以获取山西、内蒙古两网220 kV系统倒送电源,作为电站厂用电系统应急事故电源。

施工中的35 kV施工变电站永久保留下来,作为电站的备用电源。

由5#机组机端引接1回电源作为电站厂区10 kV配电系统电源。

三、厂用电接线特点

(一)厂用变压器高压侧电源的引接

根据电站厂用电源的设置,厂内设置4台厂用配电变压器及1台厂区配电隔离变压器。厂用变压器41B、42B及43B的高压侧电源分别引接自1#、3#及5#机组机端;厂用变压器44B电源通过10 kV电缆线路引接自35 kV施工变电站。

电站内设置厂区10 kV供电系统,厂区10 kV电源通过隔离变压器(31B)引接自5#机组机端,10 kV电源通过厂区10 kV配电装置及10 kV电缆引接至厂区分配点。

(二)400 V接线

由于电站没有高压厂用电负荷,并且通过设置左、右区两个配电室,使400 V厂用电供电范围增大。电站厂内采用400 V一级电压、三相四线制、中性点直接接地供电系统。

电站厂房400 V主配电母线分为3段,1D为电站左区400 V配电主母线,电源引接自41B;3D为电站右区400 V配电主母线,电源引接自43B;2D为电站厂房的备用母线,电源引接自42B及44B,2D母线分为3部分:电站左区400 V配电备用母线、电源进线、电站右区400 V配电备用母线,三部分通过负荷开关及封闭母线槽连接。

电站厂内机组自用电、空气压缩系统、排水系统、二次控制保护控制系统及其他重要负荷采用二级配电分盘供电,配电分盘采用双电源进线;分盘供电主电源引接自厂内400 V主母线1D或3D(根据区域划分),备用电源引接至400 V主母线2D,主、备电源之间设置双电源切换装置以实现主、备电源之间的切换。非重要负荷的供电采用二级配电箱供电,配电箱的电源引接自1D或3D。

(三)厂用电运行方式

根据厂用变压器及400 V母线的配置,电站400 V配电系统的运行方式为:

(1)正常情况下,41B、42B以及43B投入,3段母线之间的母联断路器断开,1D、2D和3D三段母线分段运行。

(2)当41B(或43B)故障检修时,闭合1D、2D间的母联断路器(或2D、3D间的母联断路器),由42B带1D(或3D)母线的负荷。44B电源来自厂外外引电源,作为42B的备用电源,仅在42B故障或检修时投入运行。

(3)1D、2D 母联开关与 2D、3D 母联开关之间存在闭锁关系,不能够同时闭合;只有在非正常状态下才可以人为解除上述两个分段开关之间的闭锁关系,实现 400 V 厂用电母线成单母线运行。

四、设备选择

(一)厂用变压器高压侧开关的选择

厂用变压器 41B、42B 分支回路采用离相封闭母线引接自机组 15.75 kV 机端母线,为了方便与封闭母线连接,厂变 41B、42B 也采用了单相变压器。《水力发电厂厂用电设计规程》中提及:"当发电机引出线及其分支线均采用离相封闭母线时,且分支回路采用单相设备或分相隔离措施时,厂用电变压器的高压侧可不装设断路器和隔离开关";但在设计中,考虑厂用变压器故障时尽可能缩小故障切除范围,并且考虑了装设断路器成本过高,在厂用变压器高压侧装设了单相负荷开关,为厂变分支回路提供短路及过流保护。

(二)厂用变压器的选择

根据本电站的特点及 400 V 厂用电系统的接线形式,厂变 41B 为厂内左区负荷供电主用变压器,厂变 43B 为右区供电主用变压器,42B 及 44B 仅为 41B 或 43B 的备用变压器,并且电站不存在 42B 或 44B 带全厂负荷的情况,厂用变压器的容量按照 1 台厂变带厂内左区或右区厂用电负荷计算。由于电站左区、右区负荷分配比较均匀,并且为了统一变压器型号,变压器的容量选择为电站左区、右区负荷统计值取大者。根据计算,左区厂用电负荷略大,厂用变压器的容量不应小于 1 500 kVA。因此,厂用单相组合变压器 41B、42B 型号为DCB10 - 500/15.75,15.75 ± 2 × 2.5%/0.4;三相厂用变压器型号为 SCB10 - 1600/10.5,10.5 ± 2 × 2.5%/0.4。为了变压器的运行、维护方便,并考虑设备布置简单,厂用变压器均采用干式变压器。

(三)配电盘、箱的选择

设计中,400V 配电主盘及为重要负荷供电的配电分盘选用了 MNS 型抽出式配电盘。MNS 型抽出式配电盘具有单独的母线室、电缆室及配电元件单元,主盘、分盘出线回路元件安装在抽屉内,保证了各回路供电的可靠及安全性;进、出线电缆可以采用盘后侧及盘右侧电缆上、下出线,方便与电缆通道的配合,并设有单独的电缆室,方便电缆的管理。户内配电盘的防护等级为 IP42。

配电箱采用 XL - 21 型配电箱,配电元件在箱内固定安装,配电箱外壳采用覆铝锌钢板制作。配电箱可以箱下、箱顶电缆进出线。户内配电箱的防护等级为 IP42,户外配电箱的防护等价为 IP54。

(四)低压断路器的选择

根据短路电流计算,厂用电 400 V 的短路电流为 35 kA 左右。400 V 配电保护开关采用了 ABB 公司的 E 系列框架断路器及 T 系列短路等级 S 级的塑壳断路器,框架断路器及塑壳断路器均配置了电子脱扣器,至少具备长延时、短延时及瞬时三段保护功能。空调、采暖插座等终端小负荷配电保护采用了 ABB 公司的微型断路器,并且插座回路设置了漏电保护装置,漏电保护电流 30 mA。

厂内 400 V 配电系统按照主盘、分盘、分箱三级设置浪涌保护器。

（五）电缆选择及敷设

厂用电供电系统中,10 kV 供电电缆采用铜芯交联聚乙烯阻燃电缆(ZR - YJV$_{22}$),低压回路采用铜芯聚氯乙烯阻燃电缆(ZR - VV$_{22}$)。厂房内电缆集中部位,电缆采用桥架上敷设,电缆桥架采用钢制梯架,桥架层与层间设置防火隔板。电缆敷设过程中按防火分区采用防火堵料进行封堵。

五、结　语

水电站电气设计中,厂用电系统涉及内容比较琐碎却又相当重要,厂用电接线系统图也可以多种多样,厂用电系统的设计值得我们进一步探讨、研究。

（作者单位:林　顺、梁帅成、郑　伟　中水北方勘测设计研究有限责任公司
　　　　　　刘新军　黄河万家寨水利枢纽有限公司万家寨电站管理局）

黄河龙口水利枢纽工程照明设计

梁帅成　　刘新军　　李伟博

一、照明供电系统

　　水电站照明供电系统应有足够的可靠性,在正常情况或事故状态下,在保证主要工作面上照明不中断的同时,还应保证供电电压的稳定及供电的安全。一般中小型水电站的照明网络通常采用照明与动力共用变压器的 380 V/220 V 系统接线。优点是可减少变压器数量,减少高压配电设备并节省导线材料;缺点是难免产生电压波动。鉴于本水电站厂用电系统中无大功率电动机频繁启动,动力负荷变化不大,电压波动一般不超过允许范围,所以本电站从经济实用性考虑,照明没有选用专用照明变压器。

　　为了使供电可靠,操作灵活,维护检修方便,本电站照明设置了专用配电盘和配电箱。共设照明盘 4 面。照明箱 39 面。正常照明网络为双电源供电,双电源通过机械、电气闭锁备自投装置自动闭锁及切换。两回电源来自公用盘的不同母线,每根母线由不同变压器供电。事故照明网络则由正常照明系统中的母线引接电源,事故照明盘由交直流切换装置和馈线盘组成,正常情况下,供交流电;事故情况下自动切换到蓄电池直流母线网络转变为直流供电,且需要安装事故照明场所的事故照明灯具本体都带有可持久供电的电池,即使在无任何电源供电的情况下,也可以继续工作 60 min。

　　本水电站照明系统的接地保护形式采用 TN – C – S 系统。在照明箱内将中性线(N 线)和保护接地线(PE 线)完全分开,所有布置高度低于 2.5 m 的灯具非导电的金属部分均接 PE 线。PE 线和照明箱外壳与附近接地网可靠连接。整个照明系统主要供电见表 1。

二、主要场所照明方式

　　主要场所照明方式见表 2。

(一)主厂房发电机层照明

　　电站主厂房发电机层空间比较高大,是运行人员频繁对电气设备监视和操作的主要场所。根据发电机层设备布置的特点,其照明配置应包含正常工作照明、局部照明和应急照明等。灯具采用块板面灯。光源的选择上为了满足一定的照度要求,故从节约电能降低造价的观点出发,应采用高效率的照明光源。通过对比了高压汞灯、金属卤化物灯、高压钠灯等,最终选择了金属卤化物灯。金属卤化物灯是在高压汞灯和碘钨灯工作原理基础上发展起来的新型高效能源,其光效高,寿命长,显色性好。金属卤化物灯能够产生色温 4 000 K,显色指数 65 ~ 95 的白色光,显色性优于荧光灯、高压钠灯,当金属卤化物灯色温达到 5 000 K 时,显色指数可高达 90 左右,光色呈现自然光色。发光率高出白炽灯 6 ~ 8 倍,是目前效率最高的光源。这不仅为高大厂房提供良好的照明效果,且节省电能,能更好地适应运行人员的视觉要求。

地点	具体场所	面积（m²）	高度（m）	要求照度≥（lx）	主要灯具光源类型
电站厂房范围	发电机层	186×30＝5 580	24	H＝300 Y＝100	块板面灯具 J－400W
	出线层	135×30＝4 050	4.0	H＝150 Y＝50	敞开式条块形灯具 J－175W
	水轮机层	184×30＝5 520	3.6	H＝150 Y＝50	敞开式条块形灯 J－175W
	机压配电室	156×12.5＝1 950	7.4	Y＝100	块板面灯具 J－250W
	电缆通道	258×3.5＝903	3.5	Y＝5	敞开式条块形灯具 节－13W 壁灯节－13W
	涡轮层水泵室	73×8＝584	3.7	Y＝30	敞开式条块形灯 具 J－100W
	廊道	1 110×2.5＝2 775	3.0	Y＝5	防潮吸顶灯节－8W
	尾水平台（户外）	200×30＝6 000	—	Y＝2～3	投光灯 J－400W 12 m 路灯 Na-400W
枢纽大坝范围	启闭机房	93×5＝455	8.0	Y＝30	块板面灯具 J－250W
	廊道	700×2.5＝1 750	3.0	Y＝5	防潮吸顶灯 节－8W
	绝缘油库	21×10＝210	6.6	Y＝20	防爆防腐灯 Na－150W
坝顶	坝顶（户外）	405×26.5＝107 325	—	Y＝1～5	庭院灯节－2X21W 12 m 路灯 Na－400W
副厂房	副厂房地下层	390	4.1	Y＝100	双管荧光灯 2×36W 浅半圆吸顶灯 节－32W
	副厂房一层	485	3.4	Y＝100	敞开式条块形灯具 J－70W
	副厂房二层 （中控室）	485	5.2	Y＝200	嵌入式隔栅荧光灯 （3 管）3×36W 嵌入式隔栅荧光灯 （2 管）2×36W
	副厂房三层	485	3.7	Y＝100	嵌入式隔栅荧光灯 （2 管）2×36W
	副厂房四层	485	4.0	Y＝200	嵌入式隔栅荧光灯 （2 管）2×36W
GIS	GIS 室地下层	50.6×13＝658	3.8	Y＝20	敞开式条块形灯具 J－150W
	GIS 室首层	50.6×13＝658	9.8	H＝200 Y＝75	块板面灯具 J－750W 壁灯节－13W
厂前区	厂前区（户外）	1 000	—	Y＝1～5	庭院灯节－2X21W 12m 路灯 Na－400W

表 1   照明系统主要供电范围

注:1.面积只为大概数值,层高为净高;2.H 为混合照度,Y 为一般照度;3.节－节能灯、Na－钠灯、J－金卤灯,没有标示的为荧光灯。

光源种类	功率 （W）	电源电压 （V）	光通量 （lm）	平均寿命 （h）	显色指数 （Ra）	发光效率 （lm·W）
高压汞灯	175~1 000	220	7 350~52 500	5 000~6 000	40~50	47
高压钠灯	150~1 000	220	16 000~130 000	16 000~24 000	23	118
金属卤化物灯	150~1 000	220	11 500~110 000	10 000	60~95	93
荧光灯	20~100	110/220	970~5 500	2 000~3 000	50~93	52

灯具布置采用了目前较成熟的照明方式,即厂房顶部上的主光源与侧墙上的辅助光源相结合的混合照明方式。其中主光源需考虑到照度的均匀性和便于控制,其灯具布置方式采用5行×30列正方形顶点布置。辅助局部照明在发电机层上下游墙上布置有大型壁灯,既起装饰作用,又给机旁盘后提供局部正常照明同时补偿发电机层下部的照度,方便运行人员现场观察和记录。

应急照明与工作照明共用灯具,并保证应急状态下的平均照度能达到正常工作照明平均照度的20%。

(二)中控室照明

中控室布置在副厂房三层,是整个电厂的中枢,是运行人员的主要活动场所,是电站枢纽重要设备和场所的监视和控制中心,因此对其照明的舒适程度和照明的不间断性均需要有可靠的保证。照明设计要考虑较高的照度水平、光源和光色对视觉效果的影响、限制眩光、亮度均匀。基于以上特点,中控室照明光源选用了三基色荧光灯,其光色接近自然,显色性好,且能耗低;灯具选择无眩光合金薄板遮光格栅的嵌入型,可将其组合成发光和发光带相结合的形式。采用格栅灯还可避免发光天棚的发光管因静电积灰及昆虫聚集难以清扫的缺点。

灯具电气附件采用节能型高性能电子镇流器,其功耗比传统镇流器大大降低,可以使整个荧光灯装置效率提高,而能耗降低。这种镇流器的优点是高频工作、放电稳定、没有闪烁,对消除运行人员视力疲劳非常有利。此外没有噪声,减少了对运行人员的听力干扰。由于功率因数较高,加上自带滤波装置,避免了对电子设备的干扰,使用寿命较长。

为了增强视觉效果及提高照度水平,匹配建筑特点。灯具采用光带布置,共布置4条光带,其中3条长10 m嵌入式光带均匀布置在室内吊顶上,每条光带由8盏嵌入式格栅荧光灯(3管)组成。1条光带布置在反馈屏前,并随反馈屏弧度弯曲,此光带由6盏嵌入式格栅荧光灯(3管)组成。并在光带四周均匀布置筒灯,以增强中控室整体照明效果。

由于采用了交直流逆变系统为应急照明提供应急电源,因此应急照明与工作照明共用灯具,并保证应急状态下的平均照度能达到正常工作照明平均照度的20%。

(三)厂区户外照明

厂区户外照明共分三部分:坝顶、尾水平台、厂前区。坝顶照明:考虑坝顶风力大,且坝顶门机与防浪墙具体很近,不宜布置高杆的路灯。故选用配备节能型荧光灯为光源的低矮庭院灯,灯具间距10 m平均布置在上下游两侧的防浪墙上。尾水平台照明:尾水平台照明灯具采用高压钠灯为光源,灯柱高为 12 m 的路灯,间距 30 m 布置在尾水平台下游侧。厂前区照明:厂前区道路两边间距 30 m 布置高压钠灯为光源,灯柱高为 12 m 的路灯。其中为了匹配绿化设施,在草坪中适当位置布置配备节能型荧光灯为光源的庭院灯点缀。

厂区户外照明箱内均加装时间继电器,自动控制户外灯具开断。通过控制内在的时间芯片设置路灯的开关时间,可以定时开关路灯电源,按预定的整定值定时调节控制路灯。

(四)设计特色

为了灵活地掌控灯具的关闭,实现灯具的集中控制,从而有效节约电能,降低运行费用,创造良好的视觉作业环境,在厂区主要照明场所(主厂房发电机层和中控室)引入了智能控制系统 ABB i-bus EIB。i-bus 系统采用 EIB/KNX 总线标准,"电气安装总线 EIB"概念起源于欧洲,现已成为国际性现场总线标准之一,已成为 ISO/IEC 标准和中国国家标准。该系统通过一条总线将各个分散的元件连接起来,各个元件均为智能化模块,这意味着通过电脑编程的各个元件既可独立完成控制功能,又可根据要求进行不同组合,从而实现不增加元件数量而使功能倍增的效果。系统的所有功能都通过一条总线来控制,可以完成照明、电动百叶窗、供暖系统和空调系统控制、负荷管理、指示、信号、操作控制及安保监控。该系统也可以与建筑设施管理系统的其他系统相连接,应用范围非常广泛。采用 ABB i-bus EIB 系统后,电器设备的开关将不再像传统方式那样用面板开关直接对电源线进行分断,而是由传感器(如面板按钮)发出命令并通过两芯总线传送给驱动器。驱动器收到命令后加以执行,如将负载电路分合等。作为一个具有个性化的系统,ABB i-bus 智能系统可依据个人的喜好调节系统的状态,例如,灯光的亮度、照明灯及背景灯的组合、房间的温度、百叶窗的角度等。

本工程将 ABB i-bus EIB 系统用于主要场合的照明系统(主厂房发电机层和中控室)中。如图 1 所示,此系统需在照明箱内加装 ABB i-bus 开闭控制驱动器,然后通过一根总线 i-bus 将各个照明箱内的开闭控制驱动器及控制面板串接成一个系统,通过控制面板进而达到对系统内照明灯具的控制。

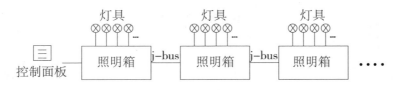

图1 智能照明控制系统图

如图 2 所示,照明箱内通过加装 SA/S12.16.1 开闭控制驱动器进而控制每个回路照明灯具的开闭。开闭方式在安装前由电脑编程预设。

如主厂房发电机层照明布置为:屋顶金卤灯为 30 列×5 行布置,共 150 盏金卤灯,分为 6 组,每组由一个照明箱控制。1 组为列-25～30;2 组为列-20～24;3 组为列-15～19;4 组为列-10～14;5 组为列-5～9;6 组为列-1～4。以一列为一个控制单元,这样就可以预设控制方式,以做到在控制面板上可以操控预设后的照明场景。

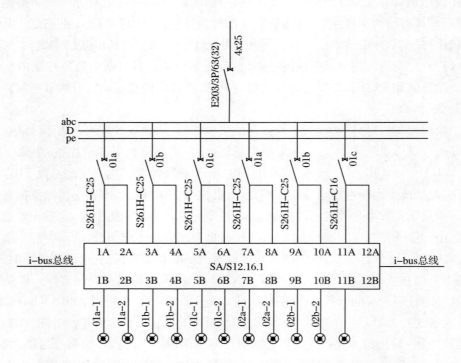

图2　照明箱内部接线（加装 ABB I－bus 开闭控制驱动器）

场景 1：全开－全关；场景 2：单数列开－关；场景 3：双数列开－关；场景 4：1 组开断；场景 5：2 组开断；场景 6：3 组开断；场景 7：4 组开断；场景 8：5 组开断；场景 9：6 组开断。

这样把控制面板布置在中控室后，通过中控室的监控窗口，可以随意的控制主厂房发电机层照明灯具。

参 考 文 献

1　DL/T 5140—2001　水力发电厂照明设计规范.

（作者单位：梁帅成、李伟博　中水北方勘测设计研究有限责任公司

刘新军　黄河万家寨水利枢纽有限公司万家寨电站管理局）

黄河龙口水电站母线保护互联的解决方案

程晓坤　林　宁　郑　伟

　　龙口水电站电能分送山西、内蒙古两省(区)电网,电厂以 220 kV 一级电压接入两省电力系统,220 kV 母线型式为:山西侧为单母线,定义为 A 母;内蒙古侧母线为不完全双母线分段运行,两条母线之间无母联开关,定义为 B 及 C 母,;山西侧 A 母与内蒙古侧 B 母可以通过 20AB 刀闸互联,实现山西侧或内蒙古侧机组送到内蒙古侧或山西侧系统,20AB 无断负荷能力,如图 1 所示。

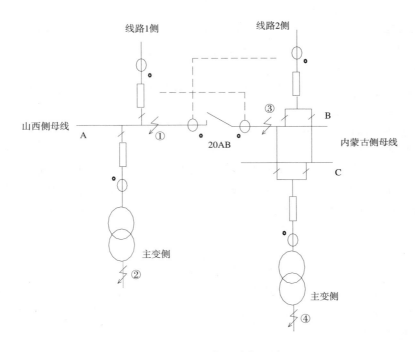

图1　龙口水电站送电系统

一、母线保护的配置

　　为了满足当 20AB 断开时,A 母和 BC 母可独立运行,A 母、BC 母分别双重化配置母线保护,而当 20AB 闭合时 A 母和 BC 母也有双重化配置的要求,所以配置 2 组保护共 4 套装置,一组为深圳南瑞科技有限公司的 BP - 2B 型微机保护,由两块盘两套装置组成,另一组为南京南瑞继保工程技术有限公司的 PRC15AB - 312A 型微机保护,由两块盘两套装置组成。每套保护均含有母线差动保护、失灵保护和复合电压闭锁功能。

二、解决方案

开关站正常运行时,互联刀闸处于分位,两侧的双套母线保护装置分别实现本侧的母线保护功能。为实现母线互联时的母线保护功能,在保护装置中特设了4个联跳出口和4个联跳起动节点,功能如下:

(1)联跳出口1。如分段刀闸为合状态,A母/B母外部失灵开入后,输出联跳出口1至对侧保护屏联跳起动1。两面屏失灵开入同时计时。

(2)联跳起动1。如分段刀闸为合状态,联跳起动1开入后启动A母/B母失灵保护,长延时跳与A母/B母相联开关。

(3)联跳出口2。分段刀闸为合状态;主变单元失灵开入;主变单元在A母/B母;主变失灵解闭锁开入。如上条件同时满足:输出联跳出口2至对侧保护屏联跳起动2,接至对侧保护屏主变失灵解闭锁开入端子。

(4)联跳起动2。联跳起动2开入后接至本屏主变失灵解闭锁开入端子。

(5)联跳出口3、4。如分段刀闸为合状态,A母/B母差动或失灵保护动作跳母线时,输出联跳出口3、4至对侧保护屏联跳起动3、4。

(6)联跳起动3、4。分段刀闸为合状态;同时接收到联跳起动3、4;差动电压闭锁及失灵电压闭锁开放条件满足;且母联间隔的电流(按基准CT变比折算后)大于Idset。如上条件同时满足,跳与A母/B母相联开关。

保护装置对分段刀闸的状态判断逻辑如下:

(1)分段刀闸的状态由"分段互联压板"和分段刀闸常开、常闭接点判断。

(2)分段刀闸互联压板优先级最高,即投入分段刀闸互联压板时,分段刀闸为合状态。

(3)未投分段刀闸互联压板时,根据分段刀闸常开、常闭接点判断分段刀闸状态:

常开合,常闭断:分段刀闸为合状态;

常开断,常闭合:分段刀闸为分状态;

常开断,常闭断:分段刀闸为分状态;发开入异常信号;

常开合,常闭合:分段刀闸为分状态;发开入异常信号;

分段刀闸互联压板合且常开断,常闭合:分段刀闸为合状态;发开入异常信号;

分段刀闸为合状态时发"分段刀闸合"信号。

保护装置动作过程分析如下:

(1)差动保护。以山西侧母线保护屏的A母区内故障(故障点1)为例:

A母差动动作,跳与A母相联开关,如分段刀闸为合状态,同时输出联跳出口3及联跳出口4接点至内蒙古母线保护屏联跳起动3及联跳起动4,实现B母相联开关的跳闸。

B母区内故障(故障点3)时,B母差动动作逻辑同A母差动动作逻辑类似。

(2)失灵保护逻辑。以山西侧母线保护屏的A母线路失灵为例:

A母外部失灵开入后,如分段刀闸为合状态,则输出联跳出口1至内蒙古母线保护屏联跳起动1。两面屏失灵开入同时计时。

满足失灵长延时动作条件,跳A母相联开关。如分段刀闸为合状态,同时输出联跳出口3及联跳出口4接点至内蒙古母线保护屏联跳起动3及联跳起动4,实现B母相联开关的跳闸。

B 母外部失灵开入后，动作逻辑类似。

主变低压侧故障（故障点 2 和故障点 4），同时主变保护失灵开入时，如分段刀闸为合状态，则输出联跳出口 2 至对侧联跳起动 2，解除对侧闭锁。满足失灵计时动作条件，跳本侧相联开关，同时输出联跳出口 3 及联跳出口 4 接点至对侧联跳起动 3 及联跳起动 4，实现对侧相联开关的跳闸。

三、结　语

由于龙口水电站为 220 kV 电压等级母线，单看接线形式并不复杂，一侧为单母线一侧为不完全双母线，但是要满足接入山西和内蒙古两个电力系统，特殊情况下要可以互借机组，同时两个电力系统的要求也不尽相同，要同时满足以上要求就造成了二次设计非常复杂，我们在设计时与两个电力系统反复沟通，与制造厂反复讨论，到目前设备运行状态良好，达到设计的要求。

（作者单位：中水北方勘测设计研究有限责任公司）

黄河龙口水利枢纽工程电站进口闸门设计

郑向晖　江　宁　周陈超

龙口水利枢纽工程(以下简称龙口水利枢纽)位于黄河北干流托龙段尾部、山西省和内蒙古自治区的交界地带,左岸是山西省忻州市的偏关县和河曲县,右岸是内蒙古自治区鄂尔多斯市的准格尔旗。坝址距上游已建的万家寨水利枢纽25.6 km,距下游已建的天桥水电站约70 km。龙口水利枢纽为二等工程,属大(Ⅱ)型规模,总库容1.96亿 m³,调节库容0.71亿 m³,电站总装机容量420 MW,其中4台单机容量100 MW机组,1台单机容量20 MW机组。

电站进口是本工程重要的引水建筑物,承担着引水发电任务,电站进口的布置优劣、闸门设计的刚度、强度及稳定性、启闭机选型是否合理等均关系着工程的安全性与经济性。本文着重介绍电站进口金属结构的布置及闸门的设计特点。

一、电站进口布置

电站共安装4台单机容量100 MW大机组,1台单机容量20 MW小机组,每台100 MW机组设3个进水口,4台机组共12个进水口;20 MW小机组设1个进水口;4台100 MW大机组只考虑1台机组正常检修或事故,共设3扇检修闸门、3扇事故闸门。小机组设1个进水口,设1套检修闸门、事故闸门。电站进口沿水流方向依次布置为拦污栅、检修门、事故闸门3道门(栅)槽,大机组拦污栅为连通布置,大机组拦污栅均由电站进口2×1 250 kN双向门机通过抓梁或平衡梁操作。小机组拦污栅、检修闸门、事故闸门均由电站进口2×1 250 kN双向门机单钩通过拉杆操作。所有检修闸门、事故闸门平时均存放于坝顶门库内(见图1)。

二、闸门的设计

由于小机组电站进口检修、事故闸门与大机组的布置、闸门结构设计等完全相同且孔口尺寸均小于大机组闸门,故本文不对小机组闸门进行阐述。

(一)闸门主要技术参数

1. 检修闸门主要技术参数

校核洪水位　　　　　　898.52 m

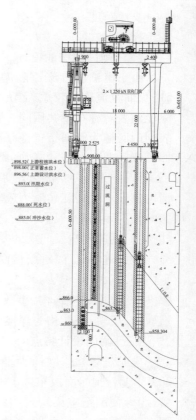

图1　电站进口金属结构布置

（单位:高程 m;尺寸 mm）

正常蓄水位　　　　　　　898.00 m

孔口尺寸　　　　　　　　5.9 m×15.775 m(宽×高)

闸门型式　　　　　　　　平面滑动闸门

底槛高程　　　　　　　　863.505 m

设计水头　　　　　　　　35.015 m

止水高度　　　　　　　　15.865 m

支撑跨度　　　　　　　　6.54 m

操作方式　　　　　　　　静水启闭

2.事故闸门主要技术参数

校核洪水位　　　　　　　898.52 m

正常蓄水位　　　　　　　898.00 m

孔口尺寸　　　　　　　　5.9 m×17.106 m(宽×高)

闸门型式　　　　　　　　平面滑动闸门

底槛高程　　　　　　　　858.304 m

设计水头　　　　　　　　40.216 m

止水高度　　　　　　　　17.176 m

支撑跨度　　　　　　　　6.6 m

操作方式　　　　　　　　动水闭门,静水启闭

(二)闸门门槽的设计

由于电站进口流道陡峭(检修闸门、事故闸门底槛与水平的夹角分别为41.864°和51°),而且流道比较短,无法分别布置检修闸门、事故闸门挡水胸墙,两闸门埋件门楣埋件只能左右对称布置共用同一胸墙,闸门止水方式相应布置为下游、上游封水。检修闸门、事故闸门底槛为倾斜布置,闸门面板不能作为闸门承重的支撑,闸门的重量只能由闸门边柱支撑于侧底槛上,闸门的侧底槛于门槽内侧水平布置,侧底槛的边缘体型与门槽边缘的体形齐平。这样布置虽然解决了闸门重量支撑的问题,避免了门槽内侧迎水面与陡峭流道成锐角容易堆积沙子、石子,从而影响闸门闭门的问题,但由于倾斜的底槛需与侧底槛结构相接,对闸门制造及门槽的安装均提出了较高的安装精度。

电站进口流速较低,检修闸门、事故闸门门槽均采用Ⅰ形门槽,宽深比(W/D)均为1.562 5。检修闸门采用滑动支撑,主轨采用焊接结构,事故闸门采用滚动支撑,主轨为铸造轨道,反轨、底槛均为焊接结构(见图2)。

(三)闸门设计特点

电站进口检修闸门为平板滑动闸门,最大挡水压力为30 032 kN;闸门面板布置于上游侧,采用多主梁同层结构布置,为方便制造主梁均采用统一截面,等荷载设计;闸门采用工程塑料合金重型滑块支撑,门顶设压盖式充水阀(ϕ400 mm)与闸门吊耳相连接。闸门边柱支撑于水平侧底槛上。闸门底止水布置于闸门上游面板处,闸门顶、侧止水

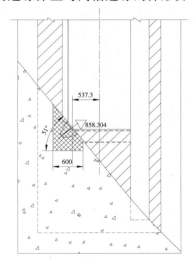

图2　事故闸门底槛局部
(单位:高程 m;尺寸 mm)

设置于下游侧,底、侧止水通过边柱处的水封连接构成封闭止水环。

检修闸门采用滑块支撑结构简单,闸门自重较轻,制造、安装和维修方便。闸门采用多同主梁布置对提高闸门的刚度、简化了工厂制造、工地现场拼接的工作量,从设计角度上对闸门制造、安装质量的提供了可靠的保证。闸门的止水布置从客观上解决了水工体形布置对闸门的不利影响,但对闸门自身的结构提出了较高的制造要求。由于面板与底止水在上游侧,顶、侧止水在下游侧,闸门结构上需要保证面板、边柱、顶主梁、边柱后翼缘间的所有焊缝结构,密闭不能透水。同时闸门滑块的安装螺栓孔亦做封水处理。

电站进口事故闸门为平板定轮闸门,最大挡水压力为 37 609 kN;闸门面板布置于上游侧,采用多主梁同层结构布置,为方便制造主梁均采用统一截面,等荷载设计;闸门采用滚轮支撑,共 40 个滚轮,滚轮轴承均采用自润滑球面轴承,门顶设压活塞充水阀(ϕ400 mm)与闸门吊耳相连接。闸门边柱支撑于水平侧底槛上。由于闸门底槛倾斜布置于流道工作流面上,与检修闸门存在类似的问题,闸门底、顶、侧止水设置于上游侧。

由于事故闸门为动水闭门,支撑摩阻力对动水闭门力有较大的影响,事故闸门采用滚轮支撑,可以降低闸门重量及启闭机容量。滚轮最大轮压 1 550 kN;滚轮与轨道采用线接触方式,线接触应力较低,变相降低了滚轮与轨道铸造难度。滚轮轴承采用自润滑球面轴承,可以发挥球面轴承可以微动偏摆的特点,避免了闸门结构变形对滚轮与轨道始终接触方式的影响,充分保证滚轮与轨道线接触。

三、结　语

电站进口检修闸门、事故闸门的布置,虽然解决了流道体型对闸门的不利影响,但对闸门及埋件的制造、安装质量均提出了较高要求。在闸门实际的安装过程中确实发现了问题。比如:当电站进口检修闸门现场拼接完成后,闸门入槽试验过程中发现,闸门底止水橡皮与底槛处的接触处存在 10 mm 左右的间隙,经现场测量及分析,认为原因如下:门槽侧底槛与倾斜底槛的角度尺寸与图纸存在差异,同时倾斜底槛相对于门槽中心线的水平尺寸和侧底槛的高度尺寸均与图纸尺寸有差异,综合造成了底止水橡皮无法封水的原因。经分析与研究原因后,对闸门底止水橡皮及压板的长度做了加长调整后,闸门顺利的完成了各项试验,闸门在实际挡水中,底止水封水效果良好。

龙口电站进口的闸门的布置、闸门门型、闸门结构的正确选择,为国内外中高水头、大流量轴流转桨机组电站进口的布置提供了又一成功的例证。

(作者单位:郑向晖　中水北方勘测设计研究有限责任公司
江　宁　水利部综合事业局
周陈超　国家发展和改革委员会国家投资项目评审中心)

黄河龙口水利枢纽工程表孔系统金属结构设计

刘淑兰　吕传亮

龙口水利枢纽位于黄河中游北干流托克托—龙口段尾部、山西省和内蒙古自治区的交界地带。工程的主要任务是对万家寨水电站调峰流量进行反调节,并参与晋、蒙两网调峰发电。龙口水电站型式为河床式,左岸布置电站厂房,右岸布置大坝的泄流建筑物。由拦河坝、电站、泄流底孔、表孔、排沙洞、下游消能设施、开关站等组成,水库总库容 1.96 亿 m³,电站总装机容量为 420 MW。

表孔系统布置在大坝最右侧,由 2 个坝段组成,每个坝段设 1 个表孔,其结构型式为开敞式溢流堰。表孔的主要功能为协助底孔泄洪,即当底孔不能满足枢纽泄洪时,开启表孔以达到枢纽泄洪要求,并且在凌汛期时进行排冰。

一、表孔布置

表孔系统共设 2 孔工作闸门。在每孔工作闸门上游设 1 道检修门槽,2 孔工作闸门共用 1 套检修闸门;工作闸门与检修闸门的启闭采用 1 台 1 600 kN 坝顶双向门机。考虑到工作闸门冬季运行要求,表孔工作闸门门前设防冰装置,工作闸门门槽设防冻装置。其布置型式见图 1。

根据表孔系统坝顶宽度布置要求,为减小闸墩长度,减小土建工程量,表孔工作闸门采用平面闸门型式。根据钢闸门设计规范,闸门采用单吊点或双吊点,应根据孔口尺寸的大小、闸门的宽高比以及闸门与启闭机布置型式等综合因素考虑确定。表孔闸门的尺寸为 12 m ×11.5 m(宽×高),闸门宽高比为 1.05,比 1 稍微超高,但是根据底孔与表孔的布置方式,如果共用底孔闸门的启闭设备,可减少启闭机机械,降低工程造价;同时根据万家寨水利枢纽表孔闸门(14 m×10.95 m)的运行经验。本工程确定表孔平面工作闸门采用单吊点。

由于表孔闸门底部断面型式为溢流曲

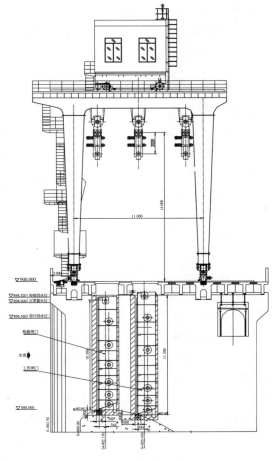

图 1　表孔布置

线,况且闸门宽度为 12 m,为保证闸门底部止水严密,闸门采用面板支撑的方式,即当底水封压缩 5 mm 时,面板与水封一起支撑闸门的重量。闸门设有 7 根工字型主梁,为防止闸门梁格及门槽内淤沙,闸门面板及止水均布置于上游侧,闸门操作方式为动水启闭。

表孔工作闸门主要参数如下:

孔口宽度(m)	12
闸门高度(m)	11.5
设计水头(m)	11.04
底坎高程(m)	887.48
设计挡水位(m)	898.00
主梁布置方式	多主横梁
运行条件	动水启闭
与启闭机连接方式	直接连接
启闭设备	1 600 kN 坝顶门机

为了工作闸门的检修,在工作闸门上游设置 1 道检修闸门门槽,2 孔共设有 1 套检修闸门;由于检修水位与正常蓄水位相同,且检修闸门共用工作闸门的启闭设备,因此检修闸门也为平面定轮闸门,其结构型式与工作闸门相同。检修闸门平时存放在隔墩坝段的检修门库内。检修闸门由坝顶 1 600 kN 门机直接操作。

表孔检修闸门主要参数如下:

孔口宽度(m)	12
闸门高度(m)	11.6
设计水头(m)	10.053
底坎高程(m)	887.947
设计挡水位(m)	898.00
运行条件	静水启闭
与启闭机连接方式	直接连接
存放位置	表孔检修门库
启闭设备	1 600 kN 坝顶门机

二、支　　承

平板闸门常用的支承型式有滑块式和滚轮式。滑块支承的结构简单、维修方便,但其支承摩阻力大;滚轮支承的结构复杂,但其支承摩阻力小于滑块支承,多用于工作闸门和事故闸门。由于进水口工作闸门总水压力为 8 500 kN,考虑共用底孔启闭设备。经过计算与比较,我们采用滚轮式支承作为工作闸门的支承型式。

每扇工作闸门布置 12 个定轮,最大轮压为 970 kN。其型式为简支轮,滚轮直径为 700 mm,滚轮材料为 ZG35CrMo,轨道材料为 QU120,轴承采用 MGA 塑料合金自润滑轴承。为便于闸门的安装和定轮的调整,在定轮结构设计时,选择偏心轴设计,即轮轴与定轮配合的轴心和与支承板轴孔配合的轴心,具有 5 mm 偏心距。安装时,利用偏心轴的转动,可方便地调整各轮子的踏面在一个平面上,以保证在闸门运行时各滚轮受力均匀,提高了闸门运行的可靠性。

检修闸门主支承一般采用滑动式支承,但是本工程检修闸门的检修水位与工作闸门的设计水位相近,而且其启闭设备也与工作闸门共用,因此检修闸门的支承型式与工作闸门完全相同。在此不再赘述。

三、防冰冻

由于表孔工作闸门在冬季有运行要求,为防止在启门时撕裂与门槽冻在一起的水封,在门槽内设有防冻装置。根据引滦工程的运行经验,本工程门槽防冻装置采用循环热油防冻方式,在闸门门槽内部的主轨、反轨及侧面均设有油管路(详见图2)。考虑冬季结冰的厚度,只是在门槽上部3 m处设置油管路。热油泵站设在表孔坝段右侧的热油泵房内。两个表孔工作门门槽共用1套热油防冻系统。

由于龙口电站冬季气温较低,当闸门处于关闭状态,为防止表孔工作闸门门前结冰形成冰盖,对表孔工作闸门产生冰压力,在工作闸门门前设防冰装置。防冰盖方法有冰盖开槽法、保温板法、压力水射流法及门叶加热法等。经过综合比较本工程采用采用潜水泵来定时扰动水面,防止冰盖形成,从而在闸门前保持有一天不结冰的水域或水缝,避免了闸门承受冰压力。

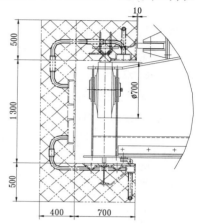

图2 门槽防冻装置

四、结　　语

闸门启闭机的总体布置、采用的材料、计算结构安全及合适的支承设计是金属结构设计中的关键点,直接影响着金属结构设备的安全和可靠运行。在这些关键问题上,本文根据龙口水利枢纽的实际特点,进行了具体的分析和研究,提出了相应的设计方案。当然,龙口水利枢纽表孔系统金属结构设计,有待于实际运行的检验。

(作者单位:中水北方勘测设计研究有限责任公司)

黄河龙口水利枢纽工程排沙系统金属结构设计

莘　龙　杨海宁　尹风刚

龙口水利枢纽工程的主要任务是对上游万家寨水电站调峰流量进行反调节,使黄河万家寨水电站—天桥水电站区间不断流,并参与晋、蒙两电网调峰发电。龙口水电站型式为河床式,左岸布置电站厂房,右岸布置大坝的泄流建筑物。坝前正常蓄水位898.00 m,校核洪水位898.52 m。

根据黄河多泥沙的特点,为保证电站的正常运行,在电站坝段排沙洞和副安装场设置排沙系统。电站坝段排沙洞共8条,分别位于4台100 MW机组3个电站进水口中外侧2个进水口的正下方。副安装场排沙洞设1条,位于副安装场下部。电站坝段、副安装场排沙洞的进口均设有事故闸门,出口均设有工作闸门,在工作闸门的下游侧各设1道检修闸门,检修闸门平时存放于门库中。其布置型式见图1(以1#排沙洞为例,2#~8#的布置型式与其相同)和图2。

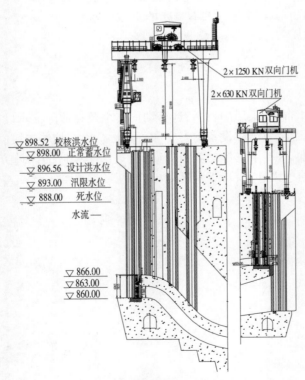

图1　电站坝段排沙系统进、出口剖面

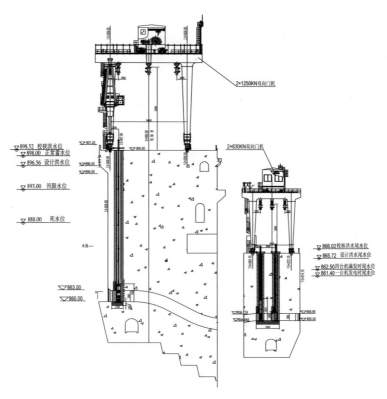

图2 副安装场排沙系统进、出口剖面

一、布　　置

电站排沙系统金属结构设备的常规布置为：在进水口设置事故检修闸门，在其出口设置工作闸门和检修闸门。类似这种布置的电站有万家寨水电站、三门峡水电站以及潘家口下池、八盘峡等。龙口水利枢纽为河床式电站，上游设计水位为898.52 m，死水位为888.00 m。下游设计水位为865.72 m，正常尾水位为861.40 m，排沙洞（以1#排沙洞为例）进水口的底坎高程为860.00 m，出口的底坎高程为854.00 m。而排沙洞进口高度为3 m，出口高度为1.9 m。上、下游最低水位高于排沙洞洞顶，这种状况使9条排沙洞均为有压流。

本工程将事故闸门设置在进水口，工作闸门设置在出水口。排沙系统不运行时，出口工作闸门和进口事故闸门均为关闭状态，需要运行时，先将进口事故闸门提出孔口，排沙洞内充水后，再开启出口工作闸门。出口工作闸门后设置1道检修闸门门槽，主要用于工作闸门和排沙洞的检修和维护，9条排沙洞设置2扇检修闸门。

二、闸　　门

（一）排沙洞进口事故闸门

排沙洞进口事故闸门选用平板定轮闸门，考虑淤沙可能影响到充水阀的开关，故闸门不设充水阀，采用小开度提门充水平压。由于电站坝段受水工体型的影响不具备上游止水的条件,故闸门的顶止水、侧止水布置于下游侧,底止水及面板均布置在上游侧,并且采用水柱下门,减小了启闭容量,降低了工程造价。副安装场进口具备条件采用上游止水,闸门面板及止水均布置在上游侧。闸门底坎用钢埋件加宽衬护。闸门支撑采用简支轮,滚轮轴承采用自润滑滑动轴承。止水均采用聚四氟乙烯橡塑复合水封。电站坝段的事故闸门由电站坝顶门机通过液压抓梁操作,副安装场的事故闸门由电站坝顶门机通过拉杆操作。

电站坝段排沙洞进口事故闸门主要技术参数见表1。

表1   **电站坝段排沙洞进口事故闸门主要技术参数**

项　目	主要技术参数
闸门作用	用于排沙洞的事故及检修
闸门型式	潜孔平板定轮闸门
孔口数量	8
闸门数量	8 套
埋件数量	8 套
孔口宽度	5.9 m
孔口高度	4.0 m
设计水头	38.52 m
底坎高程	860.00 m
设计挡水位	898.52 m
运行条件	动水闭门,静水启门
充水方式	小开度提门充水
加重方式	水柱
与启闭机连接方式	通过液压抓梁连接
启闭设备	2×1 250 kN 电站坝顶门机主钩

副安装场排沙洞进口事故闸门主要技术参数见表2。

表2   **副安装场排沙洞进口事故闸门主要技术参数**

项　目	主要技术参数
闸门作用	用于排沙洞的事故及检修
闸门型式	潜孔平板定轮闸门
孔口数量	1
闸门数量	1 套
埋件数量	1 套
孔口宽度 m	3.0 m
孔口高度	3.0 m
设计水头	38.52 m
底坎高程	860.00 m
设计挡水位	898.52 m
运行条件	动水闭门,充水平压后启门
充水方式	小开度提门充水
加重方式	加重块
与启闭机连接方式	通过拉杆连接
启闭设备	2×1 250 kN 电站坝顶门机主钩

(二)排沙洞出口工作闸门

排沙洞出口工作闸门选用平板定轮闸门,闸门的止水和面板均布置在上游侧,闸门底坎用钢埋件加宽衬护。电站坝段、副安装场排沙洞的工作闸门均由电站尾水门机通过拉杆操作。工作闸门采用悬臂轮支撑,滚轮轴承均采用自润滑滑动轴承。止水均采用聚四氟乙烯橡塑复合水封。

电站坝段排沙洞出口工作闸门主要技术参数见表3。

表3　　　　　　　　电站坝段排沙洞出口工作闸门主要技术参数

项　　目	主要技术参数
闸门作用	闭门挡水
闸门型式	潜孔平板定轮闸门
孔口数量	8
闸门数量	8 套
埋件数量	8 套
孔口宽度	1.9 m
孔口高度	1.9 m
设计水头	44.52 m
底坎高程	854.00 m
设计挡水位	898.52 m
运行条件	动水启闭
加重方式	加重块
与启闭机连接方式	通过拉杆连接
启闭设备	2×630 kN 尾水双向门机主钩

副安装场排沙洞出口工作闸门主要技术参数见表4。

表4　　　　　　　　副安装场排沙洞出口工作闸门主要技术参数

项　　目	主要技术参数
闸门作用	闭门挡水
闸门型式	潜孔平板定轮闸门
孔口数量	1
闸门数量	1 套
埋件数量	1 套
孔口宽度	1.9 m
孔口高度	1.9 m
设计水头	43.52 m
底坎高程	855.00 m
设计挡水位	898.52 m
运行条件	动水启闭
加重方式	加重块
与启闭机连接方式	通过拉杆连接
启闭设备	2×630 kN 尾水双向门机主钩

(三)排沙洞出口检修闸门

排沙洞出口检修闸门选用平板滑动闸门。闸门的止水和面板均布置在上游侧,闸门采用工程塑料合金滑块支承,止水采用聚四氟乙烯橡塑复合水封。闸门底坎用钢埋件加宽衬护。电站坝段、副安装场排沙洞检修闸门均由电站尾水门机通过拉杆操作。

电站坝段排沙洞出口检修闸门主要技术参数见表5。

表5　　　　　　　　　　　　　　电站坝段排沙洞出口检修闸门主要技术参数

项　　　目	主要技术参数
闸门作用	排沙洞及出口工作闸门、门槽检修
闸门型式	平板滑动闸门
孔口数量	8
闸门数量	2 套
埋件数量	8 套
孔口宽度	1.9 m
孔口高度	1.9 m
设计水头	11.72 m
底坎高程	854.00 m
设计挡水位	865.72 m
运行条件	静水启闭,小开度提门充水
与启闭机连接方式	通过拉杆连接
启闭设备	2×630 kN 尾水双向门机主钩

副安装场排沙洞出口检修闸门主要技术参数见表6。

表6　　　　　　　　　　　　　　副安装场排沙洞出口检修闸门主要技术参数

项　　　目	主要技术参数
闸门作用	排沙洞、出口工作闸门、门槽检修
闸门型式	平板滑动闸门
孔口数量	1
闸门数量	1 套(与电站坝段排沙洞共用)
埋件数量	1 套
孔口宽度	1.9 m
孔口高度	1.9 m
设计水头	10.72 m
底坎高程	855.00 m
设计挡水位	865.72 m
运行条件	静水启闭,小开度提门充水
与启闭机连接方式	通过拉杆连接
启闭设备	2×630 kN 尾水双向门机主钩

三、设计要点

闸门采用的水封材料通常为普通橡皮水封和聚四氟乙烯橡塑复合水封。由于普通橡皮对不锈钢的摩擦系数是 0.50,而橡塑复合水封对不锈钢的摩擦系数最大值是 0.20,为减少启闭容量,降低工程造价,排沙系统所有闸门的止水均采用聚四氟乙烯橡塑复合水封。

平板闸门常用的支承型式有滑块式和滚轮式。滑块支承的结构简单、维修方便,但其支承摩阻力大,一般用于水头较低的工作闸门和检修闸门。滚轮支承的结构复杂,但其支承摩阻力小于滑块支承,多用于工作闸门和事故闸门。经过计算与比较,本文采用滚轮式支承作为事故闸门和工作闸门的支承型式,滑块式支承作为检修闸门的支承型式,滚轮轴承及滑块材质均采用工程塑料合金。

四、结　　语

金属结构设备的布置以及闸门的止水、支承设计是金属结构设计中的关键点,直接影响着金属结构设备的安全和可靠运行。在这些关键问题上,本文根据龙口水利枢纽排沙系统的实际特点,进行了具体的分析和研究,提出了上述相应的设计方案。当然,龙口水利枢纽排沙系统的金属结构设计,有待于实际运行的检验。

(作者单位:莘　龙　中水北方勘测设计研究有限责任公司
　　　　　杨海宁　宁夏水利厅灌溉管理局
　　　　　尹风刚　河北省水利工程局)

黄河龙口水利枢纽工程施工组织设计

李学启　　赵立民　　郭端英　　王贤忠

一、施工条件

（一）工程概况

龙口水利枢纽位于黄河中游北干流托克托—龙口段末端,工程主要由混凝土重力坝、河床式电站、泄水建筑物、室内全封闭 GIS 开关站及简易码头等组成。坝址处以黄河中心为界,左岸隶属于山西省河曲县,右岸隶属于内蒙古自治区准格尔旗。坝址上距已建的万家寨水利枢纽 25.6 km,距下游已建的天桥水电站 70.0 km。

龙口水利枢纽水库总库容 1.957 亿 m^3。坝顶高程 900.00 m,最大坝高 51.0 m;坝顶长 408 m,共分为 19 个坝段。泄水建筑物主要有 10 个 4.5 m×6.5 m 底孔和 2 个 12.0 m×11.0 m 的表孔,均布置在河床右岸。河床式电站布置在河床左侧,主厂房内装有 4 台 100 MW 轴流转桨式水轮发电机组和 1 台 20 MW 混流式水轮发电机组。

（二）自然条件

1. 交通及场地条件

坝址区对外交通便利。

左岸山西侧,庄儿上—三岔支线铁路已从河曲火山站延伸至河曲县城附近的大东梁;另外,河—偏关公路从左岸坝头附近通过,上行 32 km 可达偏关县城,下行 16 km 可达河曲县城;偏关至万家寨、大同,河曲至三岔,均有三级公路相通。

右岸内蒙古侧,从坝址下游 2.5 km 处的榆树湾镇沿大—榆公路(下行)可到达史家敖包、大饭铺和薛家湾,沿简易公路(上行)可到达魏家峁;薛家湾至呼和浩特市有国家 2 级公路相通,至丰镇有丰—准铁路专用线相连。

万家寨水利枢纽薛家湾转运站可继续为龙口水利枢纽服务。

坝址处河谷成 U 形,谷底宽约 360 m,河床较为平坦,高程 860.00 m 左右。两岸陡崖高 50～70 m,坡脚处有崩积物堆存。左岸崩积物厚 0～20 m,底宽 55 m,坡度 20°;右岸崩积物厚 0～5 m,底宽 15 m,坡度 45°。

坝址附近两岸冲沟发育,左岸上游主要有大桥沟(董家庄沟)和硫磺沟,右岸上游主要有三道沟和二道沟。冲沟多与黄河直交,且均为半悬沟。冲沟底高程均在 880.00 m 以上。

坝址附近两岸分布着不完全的一、三、四级阶地。一级阶地地形平坦,适合布置弃渣场和加工厂;三、四级阶地适宜布置大型辅助企和生活区。

2. 水文及气象条件

龙口水利枢纽地处黄土高原东北部,属温带季风大陆性气候。

距河曲气象站 1971—2003 年资料统计,坝址区历年平均气温为 8.0 ℃,最高气温为 38.6 ℃ (1999 年 7 月 24 日),最低气温为 -32.8 ℃(1998 年 1 月 18 日)。

月平均最低气温发生在 1 月,为 -10.8 ℃;月平均最高气温发生在 7 月,为 23.6 ℃。

坝址区历年最大冻土深度 134 cm(1984 年 2 月),最大积雪厚度为 13 cm。多年平均水面蒸发量为 1 750.1 mm。

坝址区降水量多年平均为 386 mm,年最大为 608.5 mm(1979 年),年最小为 225.0 mm(2000 年)。坝址区多年平均风速 1.3 m/s,最大风速 28 m/s。

龙口水利枢纽坝址处施工期洪水采用万家寨—龙口区间与龙口同频率,万家寨以上为相应的洪水组成,并经万家寨水库调蓄后的设计洪水。

3. 建材、设备及水电供应

龙口工程施工所需外购建材:水泥主要由抚顺水泥厂和大同水泥厂供货;钢筋、钢材由山西和内蒙古有关厂家供货;炸药由大同供货;木材由山西和内蒙古当地木材公司供货;粉煤灰由神头二电厂供货;油料由河曲县和准格尔旗石油公司供货;砂石料拟采取在龙口工地新建人工砂石系统生产全部人工碎石和人工砂的供应方式。

龙口水利枢纽工程施工时拟将万家寨工程为之预留的 2 座 4×3.0 m³ 拌和楼和 2 台 20 t 平移式高架缆机移至龙口工地继续使用。

坝址区黄河两岸地下水资源十分丰富,且水质满足施工用水要求和国家饮用水卫生标准,可直接用于施工生产及生活。

施工用电拟引自万家寨 110 kV 施工变电站,其线路长约 25 km,电压等级为 110 kV。

二、料场的选择与开采

(一) 土料场

坝址区可供选择的土料场有 2 个,即左岸的大桥沟土料场和右岸的杨家石畔土料场。

大桥沟土料场位于黄河左岸坝址上游 0.5～1.0 km 处,料场北侧有河曲—偏关公路通过,交通便利。料场地形起伏较大,冲沟发育,地面高程在 960～1 000 m。料场有用层储量 174.4 万 m³,无用层体积为 6.1 万 m³。

杨家石畔土料场位于黄河右岸王家圪堵—沙占拐子村北,分为两个料区,距坝址直线距离 200～700 m,榆树湾到魏家峁砂石路从料场南侧通过,交通便利。料场地形起伏较大,地面高程 950～990 m。料场有用层储量为 51.3 万 m³,无用层体积 2.8 万 m³。

比较而言,大桥沟土料场储量丰富,土料质量略优于杨家石畔,且交通方便,特别是黄河龙口公路桥建成后,两岸沟通将不再存有问题,故将大桥沟土料场作为主选料场。大桥沟土料场规划开采区域的地面高程在 980～1 000 m,开采有用层深度 6.0 m,开采面积 2.8 万 m²。

(二) 砂石料场

1. 坝址区可供选择的天然砂砾料

坝址区可供选择的天然砂砾料场包括大东梁和太子滩两个砂砾料场。

大东梁砂砾料场铁果门料区位于黄河左岸河曲县城东侧台地上,料场和坝址之间有河曲—偏关公路相连,交通便利,运距 16.0～16.5 km。料场属黄河Ⅳ级阶地,地形平坦开阔,地面高程 938～946 m。有用层储量为 163.8 万 m³,无用层体积 132.0 万 m³。

太子滩砂砾料场位于坝址下游约 1.0 km 处的河心滩上,四面环水,交通不便。料场地势平坦,地面高程为 860～862 m。地下水埋深为 1.0～2.5 m。有用层储量 135.6 万 m³,无用层体积 11.1 万 m³。

2. 坝址区可供选择的石料场

坝址区可供选择的石料场有左岸的大桥沟、右岸的三道沟和三道沟东三处。

大桥沟石料场位于黄河左岸坝址上游约 1.5 km 处的大桥沟沟口处,现有河曲—偏关公路与坝址相连,交通便利。料场地形起伏较大,大桥沟从料场中间通过,沟底高程 910～920 m,山顶高程 950～970 m。大桥沟石料场无用剥离层(第四系)体积为 16.2 万 m³,有用层储量为 315.7 万 m³。

大桥沟常年流水,雨季洪水较大,对料场开采有影响;河曲—偏关公路及河曲—刘家塔公路从料场通过,料场现为河曲县水泥厂的主要料源,并有数处个体开采点,施工时将相互干扰。

三道沟石料场位于黄河右岸坝址上游约 1.4 km 处的三道沟沟口处,与坝址间有二道沟阻隔,目前仅有人行小路相通,交通不便。料场北高南低,呈台阶状,阶面高程分别为 990～1 040 m 和 920～940 m。料场无用剥离层(第四系)体积为 45.2 万 m³,有用层储量为 280.1 万 m³。料场无效层与有效层储量之比为 0.161。

三道沟东侧石料场位于黄河右岸三道沟东侧,料场与坝址间有二道沟和三道沟阻隔,交通不便。三道沟东侧石料场根据地形特征可划分为 I、II 两个料区。料场地形北高南低呈台阶状,阶面高程分别为 931～950 m 和 1 000～1 005 m。石料场有用层储量约为 1 047.8 万 m³(其中 I 区为 367.1 万 m³,II 区为 680.7 万 m³),无用层体积为 119.6 万 m³(其中 I 区为 47.3 万 m³,II 区为 72.3 万 m³)。料场无效层与有效层储量之比为 0.114。

经比较,确定右岸三道沟东侧料场为本工程人工砂石料场。对比三道沟东侧石料场的 I、II 两个料区,I 料区有用层储量为 367.1 万 m³,有效层石料质量较好,能满足工程要求,剥离与开采的难度比 II 料区要小,故选择三道沟东侧石料场的 I 料区作为人工砂石料场主采区。

选择右岸三道沟东侧料场为本工程人工砂石料场,其主要优点如下:

(1)右岸料场在开采时比左岸料场干扰小,对保障工程的顺利施工有利;

(2)右岸料场与砂石、混凝土系统同岸布置,布局紧凑合理,有利于节省工程量,降低工程造价;

(3)右岸的三道沟东侧石料场有效层储量更大,弃料少,成品率高,生产成本较低。

3. 砂石料场选择

工程所用砂石骨料本着先天然骨料,后人工骨料的原则,综合考虑毛料的采运难易程度、砂石混凝土系统的布置等因素进行选择。

大东梁和太子滩两个天然砂砾料场,天然砾料主要存在砾料偏细、缺少粗大砾石、抗冻性能差、冻融损失率严重超标等问题,故不宜用做永久建筑物混凝土骨料。综上所述,确定本工程主体混凝土采用人工砂石骨料,大东梁天然砂料不作为主体混凝土细骨料。

三道沟东石料场 I 料区具有开采成品率高,生产成本低,料场与砂石及混凝土系统位于同岸,布局紧凑,不与地方争料,施工干扰小等优点,因此,拟将用三道沟东石料场 I 料区石料生产的人工砂石料作为本工程混凝土骨料的主要来源。

4. 料场开采

三道沟东石料场 I 料区位于黄河右岸三道沟东侧,紧靠黄河岸边,距坝址 1.5～

2.5 km。该料区呈长条形展布,东、西长约 1.0 km,南北宽约 80 m,开采高程为
935.00~905.00 m。

1)料场规划

三道沟东侧石料场的 Ⅰ 料区为本工程开采料场。该料场自下而上分别为 Ⅰ、Ⅰ′、Ⅱ、
Ⅱ′、Ⅲ、Ⅲ′、Ⅳ、Ⅳ′层及第四系地层。第 Ⅰ 有效层层底高程在 900 m 以下,厚度大于 40 m;
第 Ⅱ 有效层层底高程为 905~913 m,厚度为 13.3 m;第 Ⅲ 有效层层底高程为 917~930 m,厚
度为 23.3~27.8 m;第 Ⅳ 有效层厚度较薄,储量少,无开采价值,作为弃料。

根据料场地理位置及地形条件,拟从三道沟东侧约 300 m 处起开采第 Ⅱ、Ⅲ 有效层作为
人工砂石厂毛料。并修运输公路连通位于三道沟交通桥东北侧 954 m 高程的粗碎车间,平
均运距约 700 m。经料场规划,将料场划分为开采区和备用区,先从开采区开始开采。

2)料场开采方法

毛料开采:本料场开采第 Ⅱ、Ⅲ 有效层作为人工砂石厂毛料。由地质资料可知,第 Ⅱ、Ⅲ
有效层在开采范围内厚度较均匀,拟从上而下分层开采。在开采第 Ⅲ 有效层时,台段高度为
8.5 m,宽度为 22 m,开采第 Ⅱ 有效层时,台段高度为 12 m,宽度为 22 m。

弃料的剥离及运输:料场上部覆盖层用 2 m³ 反铲挖掘机剥离,15 t 自卸汽车运输;第
Ⅱ′、Ⅲ′、Ⅳ′无效层和第 Ⅳ 层有效层(作为弃料)采用英格索兰钻机钻孔,岩石经爆破剥离,
推土机集料,2 m³ 反铲挖掘机装车,15 t 自卸汽车运料。弃料运至指定的弃料场。

3)料场采运规模

料场采运规模依据工程混凝土月浇筑高峰强度 6.8 万 m³ 考虑,确定月毛料采运能力为
19.4 万 t/月。

三、施工导流

(一)导流标准及流量

龙口水利枢纽工程水库总库容 1.957 亿 m³,其河床式电站总装机容量为 420 MW,属二
等大(Ⅱ)型工程,其主要建筑物为 2 级,相应的施工临时建筑物为 4 级。

本工程施工导流挡水建筑物采用土石结构,选定导流建筑物设计洪水标准为 20 年
一遇洪水。汛期(7~10 月)洪峰流量经万家寨水库调蓄后为 5 500 m³/s;非汛期
(11~6 月)施工导流流量采用万家寨水电站 6 台机满发时的下泄流量 1 806 m³/s 与区
间来水(P=5%,Q=510 m³/s)之和(Q=2 316 m³/s)。

坝体拦洪度汛设计洪水标准为 50 年一遇洪水,洪峰流量为 9 936 m³/s。

(二)施工导流

1.导流方式

龙口水利枢纽工程施工采用河床分期导流方式。

确定先围右岸泄水坝段(此时水流由左岸束窄后的河床下泄),后围左岸电站坝段(此
时水流由右岸永久底孔和临时导流缺口联合下泄)。

2.导流程序

一期导流利用束窄后的左岸河床过水,施工位于右岸的泄水坝段。二期导流利用已建
成的永久底孔及表孔坝段预留的缺口过水,施工位于左岸的电站坝段。

1）一期导流

一期低围堰导流时段为第 1 年 11 月至第 2 年 6 月底。河水通过束窄后的左岸河床下泄，在一期低围堰的保护下，在一个枯水期内将右岸泄水坝段基坑开挖完毕，并浇筑右岸 $11^{\#} \sim 19^{\#}$ 坝段、消力池及护坦混凝土、二期纵向围堰混凝土。一期低围堰的挡水标准为枯水期 20 年一遇洪水，相应上、下游堰顶高程分别为 868 m 和 864.40 m，围堰高度分别为 8.0 m 及 4.4 m，束窄河床宽度为 109 m。

一期高围堰导流时段为第 2 年 7 月至第 2 年 10 月底。河水通过束窄后的左岸河床下泄，在其保护下，将右岸 $11^{\#} \sim 19^{\#}$ 坝段浇筑至二期截流所需高程 872 m 以上。一期高围堰的挡水标准为 20 年一遇洪水，相应上、下游围堰顶高程分别为 873.00 m 和 866.00 m，围堰高度分别为 11.0 m 及 6.0 m，束窄河床宽度为 160 m。

2）二期导流

二期导流时段为第 2 年 11 月至第 4 年 6 月底。当坝体临时缺口、永久底孔和纵向围堰具备过流及挡水条件后，挖除一期围堰，进行河床截流，河水从坝体临时缺口及永久底孔下泄，在二期围堰的保护下进行电站坝段的施工。缺口设在表孔 $17^{\#} \sim 18^{\#}$ 坝段，底高程 872.0 m，宽度为 34 m；底孔尺寸为 4.5 m×6.5 m，共 10 个，设在 $12^{\#} \sim 16^{\#}$ 坝段。二期围堰挡水标准为 20 年一遇洪水，对应纵向围堰堰顶高程为 881.00 m，最大堰高 26.0 m，二期上游围堰顶高程为 881.00 m，最大堰高 21.0 m，二期下游围堰顶高程为 866.00 m，最大堰高 6.0 m。

3）坝体拦洪度汛

坝体拦洪度汛为第 4 年 7 月至工程完工。在此期间，泄水建筑物为 10 个永久底孔 + 表孔坝段 34 m 缺口，设计水位 890.30 m，坝体拦洪高程 892.00 m。待电站坝段基本建成后，封堵预留的临时缺口，并拆除上、下游围堰。

（三）施工截流

1. 截流时段选择

万家寨水利枢纽建成后，其下游（25.6 km）龙口坝址处 11 月至翌年 4 月各月的最大流量均为万家寨水电站 6 台机组的满发泄量 1 806 m^3/s，因此龙口工程截流选在 11 月至翌年 4 月的任何一个月内进行，其流量都是相同的。考虑到基坑开挖及混凝土浇筑的工期比较紧张，截流时间拟选在 11 月上、中旬进行。

2. 截流方式

根据坝址处的地形地质条件，本工程截流采用单戗堤立堵截流方式，截流戗堤与二期上游围堰结合布置。截流戗堤闭气采用壤土，戗堤轴线位于二期上游围堰轴线上游 22 m 处。

截流戗堤轴线全长 200 m，戗堤顶高程 872.0 m，最大高度 12 m，戗堤顶宽按能并列通过 3 辆自卸汽车考虑，定为 15 m，上游坡度为 1∶3.0，下游坡度为 1∶1.5。

龙口位于河床中部，左岸预进占段长 140 m，龙口段长 60 m，截流进占共分 V 区进行。针对坝址处的水流变化规律，即万家寨水电站发电时河道内有水，不发电时河道内无水，施工截流采用单戗立堵截流方式，并分万家寨水电站帮忙与不帮忙两种情况进行技术经济比较。

由于万家寨水电站是调峰电站，其在晋、蒙乃至整个华北电网中起着举足轻重的作用，龙口水利枢纽工程截流万家寨水电站能否帮忙，还需征得电网的同意方可，因此工程设计按万家寨水电站不帮忙进行龙口水利枢纽工程截流设计和投资计算。

(四)基坑排水

根据施工安排,本工程开挖分两期进行,一期基坑位于右岸,主要施工泄水坝段;二期基坑位于左岸,主要施工左岸电站坝段。一期基坑由表孔坝段、底孔坝段及泄水道组成。表孔泄水道基坑开挖深度较浅,平均深度 5~8 m,底孔坝段最深开挖深度 16 m;二期基坑开挖深度较深,最深部位位于电站坝段,开挖深度约为 29 m。一期基坑面积约 9 万 m²,二期基坑面积约 7 万 m²。

根据基坑排水计算结果,一期基坑初期排水强度为 3 867 m³/h,一期基坑经常性排水强度为 1 396 m³/h;二期基坑初期排水强度为 3 087 m³/h,二期基坑经常性排水强度为 1 680 m³/h。考虑到防渗方式、堰基情况、地质资料可靠程度、渗流水头等因素的影响,一期基坑排水按 3 900 m³/h 设计,二期基坑排水按 3 500 m³/h 设计。

(五)下闸蓄水

考虑到龙口下游用水需要,遇最枯年份,按天桥电站调峰 5 h 所需日平均流量 179 m³/s 下泄,蓄到发电水位 894.50 m(相应库容 1.60 亿 m³)需要 15 d。因而,龙口水利枢纽工程从第 5 年 2 月初开始下闸蓄水对实现第 5 年 3 月初第 1 台机组发电是比较稳妥可靠的。

根据上述分析结果,结合进度安排,对封堵及蓄水发电问题进行了研究、比较,现规划如下:第 5 年 2 月底前,底孔、排沙洞及表孔闸门已安装完毕,各孔封堵可利用本身闸门。其他未安装的 4 台机组,除利用设计的机组检修闸门封堵外,没有检修闸门的机组利用预制的混凝土叠梁门进行封堵,对没有发电能力的机组尾水管顶端用临时堵盖封堵。下游供水可通过永久底孔或表孔泄流。

四、主体工程施工

(一)土方开挖

龙口枢纽坝址河床部位砂砾石开挖及两岸坝肩 900.00 m 高程以上土方开挖,采用 4 m³ 挖掘机挖装,20 t 自卸汽车运输。弃渣除部分用于永久及临建工程回填外,余下部分拟弃于下游弃渣场。

(二)石方开挖

大坝左、右岸高程 860.00 m 以上为岸坡开挖,高程 860.00 m 以下为基坑开挖。岸坡石方开挖量约 9.2 万 m³(不包括上坝公路),基坑石方开挖量约 78.0 万 m³。

1.岸坡石方开挖

左岸岸坡开挖分为高程 900.00~932.00 m 坝肩和高程 860.00~900.00 m 坝坡 2 个区。坝肩开挖高度约 32 m,采用 100 型潜孔钻机,分 3 个梯段开挖,自上而下梯段高度分别为 11 m、14 m、7 m,边坡采用深孔预裂爆破,石渣翻至坡脚。坝坡开挖高度约 40 m,分 4 个梯段开挖,梯段高度分别为 12 m、13 m、8 m、7 m,开挖方法和设备同坝肩。

右岸岸坡开挖亦分高程 900.00 m 以上坝肩和高程 900.00~860.00 m 坝坡两部分,开挖梯段基本同左岸。

各梯段布置临时道路,主要用于设备、机械的进出场。爆破完成后,推土机清渣至坡脚。石渣首先满足填筑利用,其余的运至弃渣场。弃渣由 4 m³ 挖掘机装 20 t 自卸汽车运至弃渣场。坡脚石渣随时清运,以防阻塞河道。

2. 基坑石方开挖

右岸基坑石方开挖总量 26.60 万 m³。基坑最低开挖高程 842.00 m,下游围堰顶高程 866.00 m,最大高差 24.0 m。施工道路自一期下游横向围堰下河床,沿右岸坡脚向前延伸至坝轴线处向右,直至隔墩坝段,最大纵坡 8%。

左岸基坑石方开挖总量 51.37 万 m³。主要是电站基础开挖,其最低开挖高程 831.00 m,下游围堰顶高程 866.00 m,最大高差 35.0 m。逐层进行开挖,每层层高 7~10 m,至设计开挖线预留 2 m 保护层。每层开挖,形成临时道路,开挖至 831.00 m 高程时,形成 S 形道路,最大纵坡 10%。

基坑石方开挖采用 100 型潜孔钻钻孔,孔深 7 m 左右。距设计开挖线底部预留 2 m 厚的保护层,采用手风钻钻孔,小药量爆破,石渣采用 4 m³ 挖掘机装 20 t 自卸汽车运至下游弃渣场。

(三)基础处理

(1)锚筋。共 11 051 根,其中边坡 3 619 根,消力池底板 7 432 根,分别为 D25、D32、D40 mm,单根长 6 m 和 10 m。采用手风钻钻孔(孔深 5 m 和 7.5 m),人工插筋,高压泵灌注水泥砂浆。

(2)锚筋桩。共 264 根,其中电站 165 根,泄水道基础部位 99 根。采用回转钻机造孔,直径 600 mm,机械扩孔至直径 1 000 mm。0.4 m³ 搅拌机拌和混凝土,导管法水下灌注。

(3)固结灌浆。共 54 545 延米,主要分布在坝基和泄水道基础下面,当混凝土浇筑到 3 m 厚度,且达到设计强度的 50% 时,开始施工。选用 CT - 400A 型台车配 YG80 凿岩机钻孔,自下而上中压泵灌浆。

(4)接触灌浆。共 47 930 m²,分布在两岸非溢流坝段基础部位,采用预埋灌浆管的办法,中压泵灌浆。

(5)帷幕灌浆。共 27 822 延米,选用 150 型地质钻机在排水廊道内进行施工。钻进采用金刚石小口径钻进,孔口封闭,高压灌浆泵自上而下分段灌浆。

(6)排水孔。共 18 653 延米。采用 150 型地质钻机,金刚石钻头钻进。

(7)接缝灌浆。本工程为混凝土重力坝,接缝灌浆面积为 32 925 m²,采用塑料拔管法,中压泵灌浆。

(四)混凝土浇筑

1. 枢纽布置

龙口水利枢纽工程拦河坝为混凝土重力坝,坝体混凝土总方量 96.3 万 m³。坝顶高程为 900.00 m,最大坝高为 51.0 m,坝长 408.0 m,分为 19 个坝段。

2. 施工年限

主体工程一期混凝土浇筑总工期为 37 个月,即第 2 年 3 月开始,第 5 年 4 月底结束。混凝土浇筑高峰月平均强度为 5.09 万 m³,最高月强度为 6.80 万 m³。

3. 施工程序

坝体混凝土浇筑主要程序为:①11# 隔墩以右,高程 872.00 m 以下的混凝土浇筑;②11# 隔墩以右,高程 872.00~883.00 m 混凝土浇筑;③坝顶高程 900.00 m 以下全线混凝土浇筑。

4. 浇筑方案

龙口水利枢纽工程大坝混凝土浇筑高峰时段，月平均浇筑强度为 5.09 万 m³，月高峰浇筑强度约 6.80 万 m³。坝体月升高为 4.0~5.0 m，采用通仓薄层浇筑，小时浇筑强度较大。最大仓面面积 420 m²，按每层 40~50 cm，2.5 h 铺 1 层计算，强度为 67~84 m³/h。

龙口水利枢纽工程大坝混凝土浇筑选用缆机为主，门机和履带吊为辅的浇筑方式。浇筑方案为：2 台缆机 +2 台门机 +3 台履带吊，月浇筑能力 76 000~106 000 m³；所需设备：2 楼 1 站，4 台 LDC6 侧卸式混凝土运输车，2 台 20 t 缆机，2 台 10 t 门机，3 台履带吊。

混凝土水平运输采用准轨内燃机车牵引拖引式侧卸混凝土运输车从拌和楼接料，运 100~200 m 至放罐平台（高程 920.00 m）后卸入 6 m³ 蓄能式混凝土立罐。

混凝土垂直运输及入仓采用 20 t 平移缆机吊运 6 m³ 蓄能式混凝土立罐。平仓采用 PCY-50 型平仓振捣机，每个仓位配备 2 台，另配 2~3 台手持插入式振捣器。

5. 混凝土浇筑模板

大坝混凝土浇筑所用模板主要为拼装式悬臂钢模板，部分复杂部位采用木模板，廊道采用混凝土预制模板。

6. 混凝土浇筑方法

1）坝体分缝分块

坝体分缝采用常规的柱状分块，大部分坝段设 1 条纵缝，自上游至下游分为甲、乙 2 个浇筑块，其最大仓面面积 490 m²（底孔坝段）；电站厂房采用错缝法浇筑。浇筑层厚在基础约束部位 10 m 范围内为 1.0~1.5 m，10 m 范围以外为 2.0~3.0 m。

2）坝体灌浆

根据导流及施工进度要求，自第 4 年汛后开始，坝体就要承担临时挡水任务，而坝体甲块单独挡水，其稳定和应力难以达到规范要求，因此必须在挡水前实施纵缝灌浆，已达到联合受力要求。

坝体温控要求在纵缝灌浆前进行二次冷却。

五、施工总布置

（一）水、电供应及施工通信

本工程施工总用水量约为 1 380 m³/h，其中生产用水量为 1 300 m³/h，生活用水量为 80 m³/h。龙口施工供水系统右岸上游系统供水规模为 970 m³/h，右岸下游系统供水规模为 230 m³/h，左岸施工供水系统的供水规模为 180 m³/h。

施工供水系统采取左、右岸分区布置及开采方式。右岸水源井共有 5 口，分上、下游两个供水系统。在坝址上游打 4 口井，其中 1 口备用，供坝址上游用水点使用；在右岸下游打 1 口井。左岸施工供水系统是在坝址下游左岸的滩地上打 1 口井，供左岸施工用水。

为满足龙口水利枢纽工程施工用电的需要，拟在龙口工地左岸修建 1 座 35 kV 施工变电站。该变电站电源引自万家寨 110 kV 施工变电站，供电距离为 25 km，选用 2 台 6 300 kVA 变压器。

为满足龙口水利枢纽工程施工期间对内、对外联系的需要，施工通信拟建程控交换及移动式通信设施,并与永久通信合建 800 MHz 集群通信系统、光纤通信系统以及对外中继线工程。

(二)砂石及混凝土系统

1.人工砂石系统

根据选定的右岸三道沟东侧 I 区石料场以及混凝土浇筑、混凝土生产系统布置的要求,拟在右岸设 1 座砂石加工厂,供应混凝土系统生产所需砂石骨料。

1)生产规模

砂石加工厂生产能力按高峰时段月浇筑强度 6.80 万 m^3,每月 25 d,每天两班制(制砂车间三班制)生产进行设计,处理能力 550 t/h,成品生产能力 430 t/h。砂石加工厂占地面积 70 000 m^2,建筑面积 900 m^2。

2)工艺流程及主要设备。

人工砂石料的生产采用局部闭路流程,粗碎和预筛车间采用开路,筛分车间和中、细碎车间采用闭路流程,制砂车间生产人工砂,各车间和料仓之间均采用皮带输送机连接,形成一条龙生产。

粗碎设备选用 2 台 900/130 轻型液压旋回破碎机,中碎设备选用 1 台 PYB1750 型标准圆锥破碎机,细碎设备选用 1 台 PYD1750 型短头圆锥破碎机。预筛设备选用 2 台 YH1836型重型筛,筛分车间选用 2 台 2YKH1842 重型圆振动筛及 2 台 2YK1845 型圆振动筛,制砂设备选用 4 台 MBZ2100×3600 型棒磨机,洗砂设备均选用 6 台 FC - 15 型螺旋分级机。

3)厂址选择及平面布置

根据坝址区的地形及地质条件,砂石加工厂布置在坝址右岸上游约 1 km 两道沟至三道沟一带的台地上,其中粗碎车间布置在三道沟东侧,三号公路沿砂石加工厂南侧通过,交通便利。

粗碎车间布置在三道沟东侧 954.00 m 高程,距采石场平均距离约 700 m,距坝址约 2 km。预筛分车间布置在 947.00 m 高程,中细碎车间布置在 943.00 m 高程,筛分车间布置在 938.00 m 高程,制砂车间布置 930.00 m 高程,半成品堆布置 936.00 m 高程,成品料堆分2 个台阶布置,分别在 936.00 m 和 939.00 m 高程。

2.混凝土拌和系统

龙口水利枢纽工程混凝土拌和楼布置在右岸坝址上游 130 m 处。根据施工总进度的安排,混凝土高峰月浇筑强度为 6.80 万 m^3,月平均浇筑强度为 5.09 万 m^3,夏季加冰月浇筑强度为 4.00 万 m^3。

根据以上强度,确定拌和楼的生产规模为 205 m^3/h,夏季加冰浇筑规模为 120 m^3/h,采用万家寨工程为之预留的 2 座 4×3.0 m^3 拌和楼完全满足以上浇筑强度,并可以同时生产 2 种标号的混凝土。

(三)弃渣场

龙口水利枢纽主体工程土、石方开挖量约 124.47 万 m^3,回填量约 12.87 万 m^3;临建工程土、石方开挖量 134.15 万 m^3,回填 68.32 万 m^3(以上开挖为自然方,回填为压实方)。经过土石方平衡计算,扣除回填利用的方量后,尚有 261.80 万 m^3 弃料(松方),其中左岸 111.44 万 m^3,右岸 150.36 万 m^3。

弃渣场布置在右岸坝址下游,准格尔旗榆树湾镇西。该弃渣场占地面积约 73.33

hm^2(1 100 亩),距坝址约 4 km,地面高程在 858 m 左右,平均堆渣高度 3.7 m,堆渣量 261.80 万 m^3。

六、施工总进度

根据龙口水利枢纽施工条件,参考万家寨水利枢纽施工经验,确定龙口工程施工总工期为 60 个月(未包括 1 年的筹建期)。龙口水利枢纽主要施工技术指标见表 1。

表1 主要施工技术指标汇总

项目	数量
总工期(月)	60
第 1 台机组发电工期(月)	48
施工高峰人数(人)	3 250
总工日(万工日)	198
石方开挖高峰月平均强度(万 m^3/月)	9.69
石方开挖月最高强度(万 m^3/月)	12.60
混凝土浇筑高峰月平均强度(万 m^3/月)	5.09
混凝土浇筑月最高强度(万 m^3/月)	6.80

龙口水利枢纽工程施工跨 6 个年度,其中施工准备期 12 个月,主体工程施工期 36 个月,完建工期 12 个月。工程拟于第 1 年 3 月初开始施工准备,至第 5 年 2 月底(即 48 个月后)第 1 台机组发电,第 6 年 2 月底(即工程开工 60 个月后)所有 5 台机组全部投产发电。

(作者单位:中水北方勘测设计研究有限责任公司)

黄河龙口水利枢纽工程
建设期特种设备的过程控制

张建国　何　辉　王春龙

一、工程概况

黄河龙口水利枢纽位于黄河北干流托克托—龙口段尾部,左岸是山西省忻州市的偏关县和河曲县,右岸是内蒙古自治区鄂尔多斯市的准格尔旗。坝址距上游已建的万家寨水利枢纽 25.6 km,距下游已建的天桥水电站约 70 km。

黄河万家寨水利枢纽有限公司为龙口工程投资主体,下设的龙口工程建设管理局负责工程日常建设管理工作。

二、用于电站投产后使用的主要特种设备

机电类设备主要包括:坝顶左岸 2×1 250/200 kN 双向门机,坝顶右岸 1 600/200 kN 门式启闭机,尾水 2×630 kN/双向门机,厂房 250＋250/50/10 t 桥式起重机,150/50/10 t 桥式起重机,GIS 室开关站 5 t 电动单梁起重机,副厂房电梯及副安装间电梯各 1 套,各机组水轮机室均有 1 台 5 t 的环轨起重机。

承压类设备主要包括:中压控制室的 2 台空气压力容器,低压控制室 3 台空气压力容器,各机组的油压装置共 5 个,另外,有相应压力管道及其他附属设施。

三、建设期间特种设备的过程控制

(一)源头控制,严格执行市场准入制

特种设备招标过程中,严格执行市场准入制,投标人必须符合国家有关特种设备相应资质,设计、制造、安装、检验等单位均经过严格审核,层层把关,才最终选定。

一是审查企业资质,营业执照、组织机构代码证、制造(安装)单位的制造(安装维修)许可证等是否齐全、是否在有效期内,营业范围是否满足工程招标要求等;二是审查近 5 年的公司业绩及安全生产状况,是否发生过安全事故,是否发生过质量事故;三是审查人员资质,人员资质是否与单位资质相符,资质证书是否有效,培训记录是否齐全。另外,对于制造、安装单位,也应具备与特种设备制造、安装、相适应的生产条件和检测手段;应有健全的质量管

理制度和责任制度。

在对大型特种设备制造过程中,专门委托有资质的设备监造单位负责设备监造。

(二)层层把关,各负其责,达到共赢

1. 与设计及时沟通,做到以人为本,人机和谐

在设计过程中,建设管理单位严格遵守相关法规,落实设计主体责任。对于在设计中出现的有待改进的问题,及时反馈和沟通。从人机学原理出发,建议设计单位尽可能使设备达到本质安全,达不到本质安全的,要通过人性化处理,使人、机和谐相处。

2. 把好制造、监造关,做好制造过程控制

在制造过程中,选择了资质齐全、业务能力强、监理经验丰富的单位承担设备监造工作。在设备制造之前,建设管理单位严格审查驻厂监造工程师的人员资质及能力,并对其编制的《设备监理实施细则》进行审查,同时为更好地对制造质量进行控制和对监造工程师进行有效管理,建设管理单位制定了《黄河龙口水利枢纽机电及金属结构设备制造监理工作监督细则》,根据此细则要求对监造工作进行严格管理。在整个制造过程中,监造工程师从原材料进厂、厂方质检人员及特殊工种资格审查以及制作工艺方案及焊接工艺措施等方面进行控制,通过日常监督、现场见证、文件见证、验收检验等进行全面的质量控制工作,并根据有关制造单位的生产情况及时、定期编制设备监理简报,向龙口工程建设管理局综合报告设备的制造质量情况,有效地保证了设备制造质量。要求制造单位严格按照《特种设备安全监察条例》以及国务院特种设备安全监督管理部门制定并公布的安全技术规范的要求,进行生产活动。制造单位及监造工程师对制造和监造的设备的质量及安全性能负责。

(三)严把安装关,坚持环节控制

安装质量是保证特种设备能正常、安全、耐久投入使用的基本前提,安装的每个环节对设备的使用、运行都起着至关重要的作用,安装环节如果出现差错,小则影响设备的基本运行,大则会导致人员伤亡、财产损失事故。

在安装过程中,委托监理工程师全程监督,通过对现场监理工程师的管理,实现对安装过程质量的有效控制,要求监理工程师把质量管理、控制作为监理工作的重中之重来抓,在工程项目实施的过程中,按照监理合同以及《黄河龙口水利枢纽工程建设监理管理暂行办法》、《黄河龙口水利枢纽工程监理工程师工作质量考核细则》、《龙口水利枢纽工程安全生产责任制》要求,严格监督监理工程师履行监理职责,对设备安装质量实施全过程,全方位跟踪检查。在设备安装过程中,监理单位严格遵照国家标准、规范、设计图纸及监理细则,从审批施工组织设计、审查施工人员资质、落实物资准备、开工申请、下达开工许可证、设备材料计划审批、设备安装工序、组织相关单位对到货设备开箱验收等方面实行全过程控制。对特种设备安装工程的关键部位,由监理工程师牵头,建设单位、制造厂方、施工单位四方参加验收、签认,确保了安装的质量。

(四)守好检验、检测、验收关,建立特种设备安全技术档案

(1)特种设备零部件到厂后,由龙口建管局机电部会同监理、厂家代表、保管单位和安

装单位的有关人员共同到现场组织开箱检查验收。开箱验收的主要内容有:设备装箱和设备外表在运输过程中有无损坏,根据设备的装箱单清点技术资料,核对随机附件和备件,专用工具等是否相符,设备出厂合格证、监检证明等是否齐全,经开箱检查人员共同清点验收签字后,随机附件和备件、专用工具等入工具仓办理入库手续后,需使用的办理领用手续,技术资料需要时办理借用手续。对于在验收过程中发现的不符合验收要求的问题,各方达成共识,由责任方承担责任,并由龙口建管局发函要求整改,并在完成整改后,再次检验合格各方签字,通过验收。

(2)特种设备安装前,严格按照《特种设备安全监察条例》的规定,按照属地管理的原则,整理好资料,完成告知手续。并在安装完、自检合格后,向有相应资质的特种设备检测机构申请检验、检测。各相关单位积极配合检测机构工作,对于检测中发现的问题,认真整改,并按规定程序取得检验报告及检验合格证书。

(3)对于已安装并经检验合格的特种设备,已在投入使用前或投入使用后30 d内,按时向地方特种设备安全监督管理部门进行登记,并将登记标志标示于相应特种设备的显著位置。

(4)根据《特种设备安全监察条例》的有关规定,对通过验收、取证并进行登记的特种设备建立了特种设备安全技术档案,安全技术档案主要包括以下内容:①特种设备的设计文件、制造单位、产品质量合格证明、监检证明、使用维护说明等文件以及安装技术文件和资料;②特种设备的定期检验和自检报告;③特种设备的日常使用状态记录;④特种设备及其安全附件、安全保护装置、测量调控装置及有关附属仪器仪表的日常维护记录;⑤特种设备运行故障和事故记录。另外建设管理单位增设了特种设备操作人员资质、培训记录及特种设备事故应急预案等资料。建立特种设备安全技术档案,是特种设备管理的一项重要内容。由于特种设备在使用过程中,会因各种因素产生缺陷、安全隐患,需要不断的维护、修理、检验、检测,这些都要靠特种设备的设计、制造、安装的原始文件资料作为依据。特种设备使用过程的记录文件,包括定期检验、自检记录、日常运行状况记录、日常维护保养记录、改造、维修证明、运行故障和事故记录等。对特种设备使用过程进行记录,是强化管理、落实责任的一种手段,是确保特种设备安全运行的重要保障,可在出现问题时有据可查,便于分析,提出处理意见,完成整改的重要措施。

四、加强特种设备市场管理的建议

特种设备的管理归根结底是"两个管理":一是企业的管理,设计、制造、监造、安装、使用维护等单位须按照《特种设备安全监察条例》及相应法规的要求,在允许的营业范围、职业资格内从事相应的工作;二是政府监管部门的管理,特种设备安全监督管理部门应严格依照相关法律规定和技术规程要求,对从事特种设备设计、制造、监造和使用的单位进行严格审查,并对其从事的特种设备的相应工作进行监督、检查、检验,对不符合规定的,不得许可、验收发证、登记。对违法行为坚决依法予以处罚。

加强特种设备安全监察，主要是加强贯彻、落实"两项制度"，一项是市场准入制度，另一项是过程控制制度，即从设计、制造、安装、使用、检验、修理、改造 7 个环节全过程一体化的监察制度。如果说准入制是进入特种设备相应市场的"门票"的话，那么过程控制就是该市场的"行为准则"。只有持有有效"门票"，遵守相应"行为准则"，特种设备的市场才会更加正规化、合理化、科学化、法制化。特种设备使用才会更加安全可靠。

五、结　　语

为了防止和减少事故的发生，保障群众生命和财产安全，促进工程顺利进行，确保电站投产后安全运行，建设管理单位将继续严格贯彻、落实相关法律、法规，各负其责、各尽其能，做好特种设备的各项管理工作。

参 考 文 献

1　蒋勇,施智权.特种设备的安全使用与管理[J].安防科技·安全管理者,2005(1).

(作者单位:张建国、王春龙　黄河万家寨水利枢纽有限公司

何　辉　天津经济技术开发区现代产业区总公司)

黄河龙口公路桥设计与施工

陈华兵　郭春雷　王彩艳

一、概　　述

黄河龙口公路桥位于黄河北干流上正在建设的龙口水利枢纽工程坝址下游,处于山西省和内蒙古自治区的交界处,左岸是山西省忻州市河曲县,右岸为内蒙古自治区鄂尔多斯市准格尔旗。

黄河龙口公路桥是龙口水利枢纽的两岸交通永久配套工程,兼作枢纽工程施工期间的两岸交通桥梁,也是龙口水利枢纽前期四通一平工程中的第一个工程项目。功能主要是为龙口水利枢纽工程施工期间及建成后运行时沟通两岸交通,同时也是为了满足当地两岸区域内社会经济发展对两岸交通发展的需要。依据公路桥功能要求及两岸现有连接公路的等级状况,并结合当地交通发展预测状况,确定黄河龙口公路桥按二级公路标准设计。

二、公路桥功能分析及桥位选择

黄河龙口公路桥的主要服务功能有以下3点:

一是为龙口水利枢纽工程的开工建设及建成后运行期间两岸交通服务;作为龙口水利枢纽建设期间四通一平的重要组成部分,黄河龙口公路桥是枢纽处连接两岸交通的唯一通道;枢纽建成后运行期间,大桥亦作为连接两岸交通的通道,方便检修、管理运输车辆及工作人员的两岸往来。

二是沟通黄河两岸,服务于区域内黄河两岸经济发展建设。由于大桥所处黄河两岸仅有1座设于龙口水利枢纽大坝下游2.5 km处的临时性的浮桥供两岸人员及车辆来往使用,受季节气候及水位变化等因素的影响,该浮桥随时都可能中断交通,给来往的行人及车辆带来极大的不便,因此黄河龙口公路桥作为一座当地跨越黄河的永久性交通桥梁,为两岸人民提供沟通黄河两岸的通道,是大桥另一重要功能。

三是完善黄河主干流上跨河交通构架,完善当地骨干交通网络,促进当地经济的发展,服务于当地交通网络的规划建设。

为满足公路桥的功能需求,决定了公路桥的位置离龙口水利枢纽工程不宜太远,但也要考虑与当地现有交通网络的顺畅连接。鉴于龙口水利枢纽工程处于峡谷出口,决定了大桥桥址选定于枢纽工程下游比较适宜。大坝下游河道,除一小段河槽的两岸比较陡峭外,其余均较为开阔,并且两岸当地均有交通公路通到下游河边。因此,确定从枢纽工程大坝到下游黄河河槽中唯一的岛屿——太子岛之间长约2.5 km

的河段内作为桥址选择区段。

从龙口水利枢纽工程大坝开始,向下游有700 m左右的河段为两岸陡峭的峡谷,出峡谷后,两岸地形平坦,除主河道外,两岸边出现较宽的河漫滩,由峡谷出口的600 m左右增加到2～3 km不等。在坝轴线下游约2.5 km处,河道中有一天然小岛——太子岛,将河道分为左右两部分。太子岛所在河段两岸分别有河曲—偏关公路及薛家湾—榆树湾公路通过。

从龙口水利枢纽工程大坝到峡谷出口,河床基岩裸露,地质条件较好,出峡谷后,由于河道加宽,基岩上出现覆盖层,并且向下游逐渐加厚。在太子岛处,主河槽覆盖层厚度在0.5～1 m,两岸河漫滩的覆盖层厚度在1.5～4 m。从桥长较短及地质条件较好比较,大桥放置于龙口水利枢纽下游峡谷出口处最好;但从与两岸现有公路连接顺畅及对大桥的施工条件便利比较,桥位置于太子岛处河段为最好。因此,确定峡谷出口处及太子岛处两个桥位作为可比选桥位。桥位比较平面布置图详见图1。

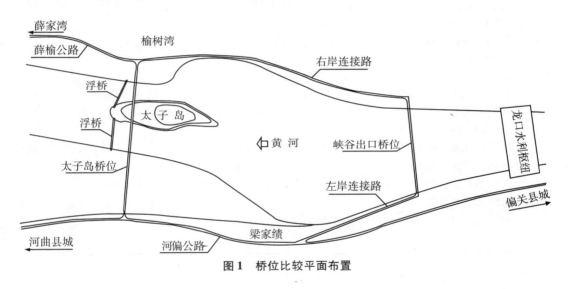

图1　桥位比较平面布置

三、桥位的比选确定

从上述两个桥位的主要优缺点分析,太子岛桥位处与现有道路连接顺畅,但大桥投资较大,且破坏河道人文自然景观,对龙口水利枢纽工程的施工和后期运行的服务功能较差;而龙口峡谷出口处桥位虽然需要修建一定长度的两岸连接路与现有的河曲—偏关公路及薛家湾—榆树湾公路连接,但这两条连接路在枢纽工程的后期建设中也必须修建,因此就大桥本身的投资减少较大,为满足服务于龙口水利枢纽工程建设及运行的主要功能要求,选定龙口峡谷出口处的桥位为大桥的建设桥位。

两桥位优缺点比较见表1。

表 1 两桥位优缺点比较

桥位	优 点	缺 点
太子岛桥位	(1)公路桥两端无须较长的引道就可以直接与现有的河曲—偏关公路及薛家湾—榆树湾公路顺畅连接 (2)公路桥跨越太子岛后,公路桥变成左右两座组成,主河槽中的主桥相对缩短,有利于减少投资 (3)主河槽地质条件相对较好,适宜于架设桥梁 (4)远离龙口水利枢纽大坝,对发电站发电尾水没有影响 (5)可以利用太子岛将主河槽一分为二的特点分期导流,分期施工完成整座大桥 (6)两岸有较宽的河漫滩作为施工场地,施工条件好	(1)桥位离龙口水利枢纽较远,枢纽施工车辆的运输成本较高,不利于施工期两岸施工车辆及人员的往来 (2)公路桥与枢纽工程之间的梁家碛村为黄河主干流规划的码头,桥梁建设不利于航道通畅 (3)因公路桥的建设而产生的上游洪水位的壅高将淹没两岸的耕地,也对河道防洪带来不利影响 (4)桥头处于榆树湾镇的中间,桥梁施工及过桥汽车对镇上居民生活干扰和影响较大 (5)桥梁长度较长,投资较大 (6)大桥的建设将破坏太子岛的自然特性和河道景观
峡谷出口桥位	(1)紧靠枢纽,方便枢纽工程施工的使用 (2)远离榆树湾及梁家碛镇,减少桥梁施工及过桥车辆对镇上居民生活的影响 (3)河床覆盖层较薄,地质情况较好,大桥基础施工简便及投资少 (4)桥长较短,大桥本身的投资少 (5)大桥处于龙口峡谷出口处,因桥梁的建设而产生的上游水位的壅高对两岸耕地和防洪不会带来不利影响	(1)大桥距上游大坝较近,因桥梁的建设而产生的上游水位的壅高对水电站的发电尾水位的抬高有一定的不利影响 (2)大桥左右岸两端必须分别设有连接路与现有的河曲—偏关公路及薛家湾—榆树湾公路连接,道路连接的顺畅性不如太子岛桥位 (3)两岸施工场地较小,施工条件不如太子岛处便利

四、桥型方案的比选及布置

在选定的桥位处,河床覆盖层较薄,主河槽基岩出露,基岩岩性较好,地质条件较好,且此处河段无通航要求,从经济角度考虑不宜采用较大的跨径;但从在大江大河上建桥及桥墩在泄流时对龙口水电站发电时尾水的影响等方面考虑,又不宜采用较小的跨径,设计布置了40 m 跨及 60 m 跨两种跨径的桥型布置。经过水文计算,两者对水电站的正常发电均无影响,但在遇到 5 年一遇(5 700 m³/s)洪水时,采用 60 m 跨径布置后,因桥墩减少而对洪水水流的壅高影响仅比 40 m 跨布置少 0.5 ~ 1 cm,影响甚微,但跨径加大,施工难度加大,施工周期增长,投资也相应加大,故推荐采用 40 m 跨径作为选用跨径。另外从技术经济指标、施工方便等因素考虑,设计仅对 40 m 跨的先简支后连续预应力混凝土 T 形梁桥和净跨 40 m

的预制钢筋混凝土刚架连拱桥两种桥型进行了比较。两桥型方案主要技术、经济指标比较如表2所示。

表2 两桥型方案主要技术、经济指标比较

技术指标	推 荐 方 案	比 较 方 案
桥 型	先简支后连续 预应力混凝土T形梁桥	钢筋混凝土 刚架拱式连拱桥
荷 载 等 级	公路－Ⅰ级	公路－Ⅰ级
桥面净空(m)	$9.0 + 2 \times 1.5 = 12.0$	$9.0 + 2 \times 1.5 = 12.0$
桥 长(m)	624.08	624.08
孔 跨(m×m)	14×40	13×42.2
两岸连接路长(m)	3 000	3 000
大桥建安费(万元)	1 984.1	1 787.2
连接路建安费(万元)	1 829.6	1 829.6
工程总投资(万元)	5 398.9	5 163.3

从施工技术复杂程度上比较,预应力混凝土T形梁桥采用主梁现场预制后架桥机架设安装,预制构件少,施工工序较简单,施工质量容易保正;而钢筋混凝土刚架连拱桥的上部结构施工采用构件预制后现场吊装,但下部需设支架拼接的施工方法,需要的支架数量较多,施工比较烦琐,预制构件数量较多,构件之间现场接头多,施工工序较为复杂,施工质量控制相对也难以保证。

从施工工期方面比较,先简支后连续预应力混凝土T形梁桥施工工序较简单,工期较短;而钢筋混凝土刚架连拱桥,施工工艺较为复杂,相对工期要长。

由于龙口水利枢纽建设开工在即,要求公路桥的建设进度加快,虽然先简支后连续预应力混凝土T形梁桥投资上要比钢筋混凝土刚架连拱桥略多一些,但从施工工期短、施工方便、T形梁桥属常规桥型、结构体系受力明确、施工质量易保证、安全可靠等多方面比较,确定采用先简支后连续预应力混凝土T形梁桥作为公路桥的建设方案。

依据公路桥功能要求及两岸现有连接公路的等级状况,并结合当地交通发展预测状况,确定黄河龙口公路桥按二级公路标准设计。桥面全宽12.0 m,其中两侧护栏各宽0.5 m,中间为净11 m宽的行车道。上部结构承重体系由5根T形梁组成,下部为实体墩台结构。全桥共设14跨,单跨40 m。为方便施工及行车顺畅的需要,大桥上部结构设计采用先简支后连续结构体系,全桥共设3联,两侧5跨一联,中间4跨一联,单联最大连续长度200 m。黄河龙口公路桥的立面及上部结构布置图详见图2。

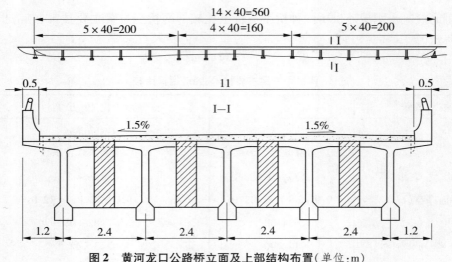

图2 黄河龙口公路桥立面及上部结构布置(单位:m)

五、先简支后连续结构概念及其特点

近年,随着桥梁设计及施工的发展,一种兼顾简支梁桥和连续梁桥优点的桥型——先简支后连续梁桥得到大量建造。所谓先简支后连续结构,即先把一联连续梁分成几段跨径相等或相差不大的多跨简支梁,大梁在施工预制场预制后经转运设备和架桥机移运、吊装到墩(台)顶上的临时支座上,现场完成各简支跨之间墩顶后连续湿接缝的钢筋焊接、钢束通道预埋、模板架立等各项准备工作后浇筑湿接缝混凝土,待混凝土强度满足设计要求后,张拉后连续接头顶部负弯矩区的预应力纲束,拆除临时支座,使所有简支跨变为一联连续梁坐落到永久支座上,完成结构由简支到连续的体系转换。

先简支后连续结构的受力特点是在体系转换前属简支梁,简支梁内力在体系转换中原封不动地带入到连续梁中,体系转换后,体系转换、二期恒载及活载等产生的内力按连续梁计算。这种结构采用的基本施工方法依然是预制简支梁的施工方法,但得到的结果是受力情况较优的连续梁结构,施工方法简便、易行。鉴于先简支后连续结构的受力和施工特点,目前在国内的跨径不大的桥梁结构中得到较多的应用。

但随着跨径的增大,主梁自重内力迅速增加,简支梁自重内力占去了连续梁内力的绝大部分而愈益显得不合理,因此,先简支后连续结构的适用跨度不大,一般应用在单跨跨径不大于50 m的桥梁上。

六、龙口桥先简支后连续结构的接头设计

黄河龙口公路桥全桥共设14跨,单跨40 m。由于公路桥主要为龙口水利枢纽的建设服务,而枢纽工程的建设进度要求大桥尽快建成投入使用,桥址处地基基础好,所以设计拟采用施工速度快、方法简便的简支T形梁桥。作为龙口水利枢纽建设期间四通一平的重要组成部分,黄河龙口公路桥是枢纽施工期间连接两岸交通的唯一通道;龙口水利枢纽施工期

间,大量的水泥、钢材等物资材料及枢纽工程土石方都必须经由公路桥运往两岸需要的地方,桥上通行的车辆大部分为大型的施工载重车。过多的桥面接缝不仅不利于行车的顺畅,而且极易造成桥面破坏,严重影响大桥的使用和枢纽的建设进程,因此为方便快速施工和行车顺畅的需要,最终设计采用先简支后连续的预应力混凝土T形梁的上部结构,最多5跨一联,连续梁最长达到200 m。

先简后连续结构的结构计算方法就是简支梁系与连续梁系的结合,计算理论明确、可靠,设计关键是简支跨之间后连续结构湿接头及后张预应力体系布置设计。

龙口公路桥上部结构承重梁为高2.4 m的T形梁,横向5根布设,梁间距2.4 m。由于简支内力体系的预应力钢束均布设在T形梁下部的梁肋,而转为连续结构后,墩顶处简支点转为承受负弯矩的连续梁结点,因此,后连续后张预应力体系应越靠近梁体上部越好。受布设条件限制,后连续预应力体系均布设于T形梁的两侧翼缘内,为满足构造要求,T形梁两侧翼缘的厚度略有增加,边缘最小厚度为18 cm。根据内力计算结果,每根主梁连续节点上部需布设多达20根的1 860级7ϕ5钢绞线。受限于T形梁翼缘厚度,后连续预应力锚固体系采用5孔扁锚,一束钢束由5根钢绞线组成,每根梁上共设4束钢束。

为保证后连续接头二次浇筑混凝土质量,接头处两个简支梁端端面,在预制时即按要求严格凿毛,安装就位后,采用与主梁同标号的微膨胀细石混凝土筑湿接头,以使接头部位各部分混凝土的充分密实。后浇湿接头达到混凝土设计强度后,才能张拉梁顶的后张预应力体系。为防止在体系未转换之前,梁顶预应力钢绞线的张拉施工可能会使湿接头下部混凝土张开,在湿接头下部设有精扎预应力螺纹钢筋。后连续接头构造及预应力体系的布置示意图见图3。

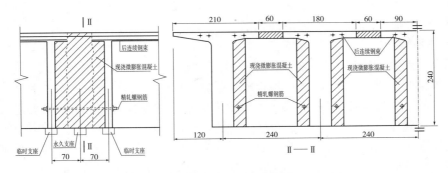

图3　后连续接头构造及预应力体系布置示意(单位:cm)

七、公路桥施工

(一)基础及下部结构施工

大桥所处河道地质条件较好,河床覆盖层较薄,河道中桥墩基础采用土围堰单个基坑开挖施工,围堰间采用块石路堤连接,块石路堤可以过流较小的河水,上部可以作为道路供施工车辆通行。为保证大部分的河水下泄,在初期只施工两侧的桥墩,中间河道过流;后期拆除一侧已施工完毕的桥墩处围堰和块石路堤,从另一侧继续施工河中间的几个桥墩。

（二）主梁预制及安装

公路桥主梁为单跨 40 m 的预应力混凝土 T 形梁,采用预制安装的施工方法,在桥右岸设有预制场和存放场,每 3 片主梁同时预制、养护,在混凝土强度达到设计要求后进行预应力张拉和封锚。为满足大桥施工进度的需要,在寒冷的冬季继续进行主梁的预制施工,采取的措施为搭设保温棚,保温棚内加热保温浇筑混凝土,锅炉蒸汽通入保温棚内进行高温蒸汽养护。主梁预制工序冬季不间断的施工,确保了大桥主体工程按计划提前完工。龙口公路桥的上部结构采用常规施工方法,即主梁在施工预制场预制后,采用平移吊装的方法,用架桥机从一端开始逐孔架设安装。

（三）后连续结构湿接头施工

在预制场预制主梁时,湿接头处的主梁两端面要求人工凿毛,因为,一旦主梁安装就位后,由于墩顶及接头位置空间狭小,再进行处理极为困难。而且要求预制主梁时,梁顶面后连续预应力钢束的预埋扁形波纹管,必须准确定位,并在浇筑混凝土及振捣时采取措施加以保护,以确保梁系就位后,湿接头处的预埋扁形波纹管连接及钢束的穿入就位,并能减少因管道偏差产生的预应力损失。

在墩顶永久支座四周的湿接头二次浇筑混凝土底模采用砂模支垫模板。由于二次浇筑混凝土接缝底面与墩顶面之间的空隙高度只有 20 cm,采用常规的模板支撑,既不方便安装,也不方便拆卸,采用砂模支垫就有效地解决了这些问题。实践证明,砂模支垫不仅支撑效果好,而且容易卸载、掏空,方便模板拆卸。

临时支座是主梁简支安装时的支座,但在后连续体系转换时必须拆除。一般采用硫磺水泥临时支座,在体系转换时通电烧毁临时支座使连续梁系落座在永久支座上,但有时由于各种原因,可能会出现硫磺水泥临时支座烧不掉的情形,给体系转换带来不利影响,而采用砂袋,很好地解决了不能及时拆除的问题。

（四）体系转换

先简支后连续结构的体系转换方式有一次整体转换与多次转换两种方式。对于长度不大的后连续梁桥,一般采用将连续梁接长成一联后一次性同时拆除临时支座,称为一次整体转换。对于较长的后连续梁桥,一般采用边接长梁体,边拆除临时支座,全联要经过多次体系转换才能达到设计长度,称为多次转换。先简支后连续结构之所以要及时拆除临时支座,是因为梁体处于简支状态时,在湿接缝处已被固定,在后面连续梁接长时,湿接缝下固定约束将阻碍梁体的温度变形。及时拆除临时支座,才能使连续梁处于设计受力状态之中,以符合设计要求。

龙口公路桥上部结构主梁采用架桥机逐孔顺序架设,而且采用的是砂袋临时支座,单联连续梁长 200 m,不适宜同时拆除临时支座进行一次整体转换,所以全桥 3 联连续梁的体系转换均采用逐墩顺次拆除砂袋临时支座的多次转换方法进行体系转换。

八、检测对比分析

黄河龙口公路桥建设完成后,进行了荷载检测试验。经检测公路桥主梁的各主要控制截面的应力、剪力实测值与计算值对比如表 3 所示。

表 3 　　　　　　公路桥主梁各控制截面应力、剪力实测值与计算值对比　　　　　　　MPa

测试位置		后连续墩顶截面上缘应力		主梁跨中截面下缘应力		偏载时主梁截面剪应力	
		正载	偏载	正载	偏载	从墩顶轴线偏 1.2 m 截面	从台顶轴线偏 1.6 m 截面
边梁	实测值	− 0.92	− 1.71	− 1.78	− 3.30	0.30	0.32
	计算值	− 1.01	− 1.87	− 2.56	− 4.80	0.49	0.45
	效验系数	0.91	0.91	0.70	0.69	0.61	0.71
中梁	实测值	− 0.89	− 0.7	− 2.08	− 1.94	0.20	0.21
	计算值	− 1.01	− 1.01	− 2.56	− 2.59	0.27	0.25
	效验系数	0.88	0.69	0.81	0.75	0.74	0.84

　　由上述检测值与计算值对比可知,公路桥主梁各主要控制截面应力、剪力实测值均小于理论计算值,效验系数均未超过 1,表明桥梁具有良好的受力性能,说明体系转换成功,后连续预应力体系发挥了设计功能。

九、结　　语

　　黄河龙口公路桥已经建设完成并投入运营。从建造施工及现在的运行情况来看,大桥施工速度较快,及时投入运行,对龙口水利枢纽主体工程的开工建设起到了重要作用;解决了当地两岸多年来希望贯通黄河的交通要求;方便了两岸人民,促进了当地经济的发展。黄河龙口公路桥的桥位及桥型选择是合理的。从荷载检测结果及实际使用情况来看,先简支后连续结构体系在该桥的应用是成功的,取得了设计预期的效果。该桥的建设,不仅取得了良好的经济效益和社会效益,也为先简支后连续结构体系的进一步发展和应用积累了设计和施工经验。

(作者单位:中水北方勘测设计研究有限责任公司)

黄河龙口水利枢纽工程
混凝土骨料加工工艺设计

钱肖萍　王维忠　李志鹏　尹风刚

龙口水利枢纽位于黄河中游北干流托克托—龙口段末端。左岸隶属于山西省河曲县，右岸隶属于内蒙古自治区准格尔旗。枢纽工程由混凝土重力坝、河床式电站、泄水建筑物、室内全封闭 GIS 开关站及简易码头等组成，水库总库容 1.96 亿 m³，总装机容量 420 MW。工程共需浇筑混凝土总量约 109 万 m³，最大级配为四级配混凝土，混凝土骨料总需要量约为 240 万 t。

龙口工程开采三道沟东侧石料场并设人工砂石厂 1 座，破碎加工生产各级碎石及人工砂，为工程提供主体及临建混凝土所需砂石骨料。

一、砂石料场

（一）料场比较与选择

工程所用混凝土骨料根据先天然后人工的原则，并且结合料场情况、毛料采运的难易程度等因素进行选择。

坝址区可供选择的天然砂砾料场包括大东梁和太子滩两个砂砾料场。两料场天然砂砾料存在砾料偏细、缺少粗大砾石、抗冻性能差、冻融损失率超标等质量问题，不宜用做永久建筑物的混凝土骨料，故龙口水利枢纽采用天然石料经人工破碎生产工程所需混凝土骨料。

坝址区可供选择的石料场共有大桥沟、三道沟及三道沟东侧 3 个石料场。

大桥沟石料场位于黄河左岸坝址上游约 1.5 km 处的大桥沟沟口，有公路与坝址相连，交通便利。料场岩性主要为厚层、中厚层灰岩、豹皮灰岩、薄层白云岩、泥质白云岩、砾状灰岩等。无用层体积 16.2 万 m³，有用层储量 315.7 万 m³，质量较好。大桥沟常年流水，雨季洪水较大，对料场开采有影响。

三道沟石料场位于黄河右岸坝址上游约 1.4 km 处的三道沟沟口，该料场与坝址间有二道沟阻隔，仅有人行小路相通，交通不便。料场岩性主要为薄层白云岩、泥质白云岩、砾状灰岩等。其中第 I′层砾状灰岩为碱活性骨料需剥离；第四系地层分布于山体顶部及斜坡部位，需要剥离。料场无用剥离层体积 45.2 万 m³，有用层储量 280.1 万 m³。

三道沟东侧石料场位于黄河右岸三道沟东侧，该料场与坝址间有二道沟和三道沟阻隔，交通不便。料场岩性主要为薄层白云岩、泥质白云岩等。各小层中，除第 III′层砾状灰岩为碱活性骨料需剥离外，其他各层均可作为混凝土骨料使用；第四系地层主要分布于 2 个台阶上部及坡脚部位，需剥离。有用层储量约 1 047.8 万 m³，无用层体积 1 19.6 万 m³。

3 个料场中开采右岸料场的地方干扰相对较小，有利于混凝土骨料加工系统的正常运行。右岸料场与砂石加工厂及混凝土生产系统同岸布置,运距较短且不用跨越黄河便于运输,可节约生产成本。右岸的三道沟东侧石料场和三道沟石料场相邻且岩性基本一致,但前者有效层储量更大且弃料率较低,故工程造价相对较低。经比较确定右岸三道沟东侧石料场作为龙口工程混凝土骨料场。

(二)料场规划与开采

根据三道沟东侧石料场地理位置及地形条件,将料场由东至西划分为开采区和备用开采区,规划先从开采区进行开采。根据地质资料,第Ⅱ、Ⅲ有效层主要为厚层、中厚层灰岩,厚度较大且较均匀,故将第Ⅱ、Ⅲ有效层作为有用层用作人工砂石厂的料源。拟先从三道沟东侧约 300 m 处起自上而下分层开采,开采第Ⅲ有效层时,台段高度 8.5 m,宽度 22 m。开采第Ⅱ有效层时,台段高度 12 m,宽度 22 m。从料场修筑公路连接位于三道沟东侧 954 m 高程的粗碎车间,毛料平均运距约 700 m。

料场采运规模根据混凝土月浇筑高峰强度 6.8 万 m³ 作为依据,确定毛料采运能力为 19.4 万 t/月。

二、人工砂石厂概述

根据选定的右岸三道沟东侧石料场以及混凝土浇筑、混凝土生产系统布置的要求,在坝址右岸上游三道沟与二道沟之间设 1 座砂石加工厂,供应混凝土生产系统所需砂石骨料。

根据坝址区的地形及地质条件,砂石加工厂布置在坝址右岸上游约 1 km 二道沟至三道沟一带的台地上,其中粗碎车间布置在三道沟东侧,三号公路沿砂石加工厂南侧通过,交通便利。

龙口水利枢纽工程混凝土总量 109 万 m³,其中四级配混凝土占 24%、三级配混凝土占 45%、二级配混凝土占 31%,共需混凝土骨料 240 万 t。砂石加工厂生产能力按混凝土高峰月浇筑强度 6.80 万 m³ 设计,毛料处理能力 550 t/h,成品生产能力 430 t/h,其中成品砂生产能力 150 t/h,两班制生产。

砂石加工厂在冬季停产 4 个月,停产期间的混凝土所需砂石骨料由成品料堆供应。砂石成品料堆总储量为 3.2 万 m³,其活容积能满足混凝土高峰月浇筑强度 5 d 的骨料需要。

砂石加工厂由粗碎车间、预筛车间、中细碎车间、筛分车间、制砂车间、半成品料堆、成品暂存料堆、成品料堆及皮带输送机等组成。粗碎车间布置在三道沟东侧 954 m 高程,距采石场平均距离约 700 m,距坝址约 2 km。预筛车间布置在 947 m 高程,中细碎车间布置在 943 m 高程,筛分车间布置在 938 m 高程,制砂车间布置 930 m 高程,半成品料堆布置 936 m 高程,成品料堆分 2 个台阶布置,分别在 936 m 和 939 m 高程。

砂石加工厂占地面积 70 000 m²,建筑面积 900 m²。

三、混凝土骨料加工工艺流程

人工砂石厂设有粗碎、预筛、中细碎、筛分、制砂等工艺,筛分车间和中细碎车间形成局部闭路流程,其余车间均采用开路流程,制砂车间生产人工砂,各车间之间及各料仓之间均采用皮带输送机连接,形成一条龙生产。

粗碎车间内设 2 台 900/130 轻型液压旋回破碎机,料场开采的石料由自卸汽车运至粗碎车间的旋回破碎机内进行破碎,粗碎后的石料由槽式给料机经皮带机送进预筛车间进行分级,预筛设备为 2 台 YH1836 重型圆振动筛,筛孔尺寸为 150 mm。经预筛后大于 150 mm 的粗碎石料进入中细碎车间进行中碎,小于 150 mm 的粗碎石料作为半成品进入半成品料堆。中细碎车间内设中碎设备和细碎设备,中碎设备选用 PYB1750 型标准圆锥破碎机 1 台,细碎设备选用 PYD1750 型短头圆锥破碎机 1 台。半成品料堆下设振动给料机及皮带机,半成品碎石料由振动给料机出料,经过皮带机运输送进筛分车间进行筛分。筛分车间内设 2YKH1842 重型圆振动筛及 2YK1845 型圆振动筛各 2 台,筛下设 FC-15 型螺旋分级机 2 台。半成品碎石料经过筛分车间筛分后分为 80~150 mm 特大石、40~80 mm 大石、20~40 mm 中石、5~20 mm 小石等四级碎石和小于 5 mm 的人工砂,其中 20~40 mm 中石直接进入成品暂存料堆;80~150 mm 特大石由分料叉管分为两路:一路直接进入成品暂存料堆,另一路进入中细碎车间内的标准圆锥破碎机进行中碎;40~80 mm 大石也由分料叉管分为两路:一路直接进入成品暂存料堆,另一路进入中细碎车间内的短头圆锥破碎机进行细碎。特大石、大石经过圆锥破碎机破碎后,由皮带输送机送回筛分车间分级,形成局部闭路循环的工艺流程,达到调节碎石级配的目的。5~20 mm 小石也由分料叉管分为两部分:一部分直接进入成品暂存料堆,另一部分进入制砂料堆作为制砂原料;筛下小于 5 mm 的人工砂经螺旋分级机洗选后进入成品暂存料堆。制砂车间选用 4 台 MBZ2100×3600 型棒磨机进行制砂,另选用 4 台 FC-15 型螺旋分级机作为洗砂设备。5~20 mm 小石经过棒磨机破碎制成小于 5 mm 的人工砂,再经过螺旋分级机洗去部分石粉后,作为成品人工砂进入成品暂存料堆。人工砂石成品料从暂存料堆由振动给料机出料后,再经过皮带机输送至砂石成品料堆储存,成品砂石料也由振动给料机出料,再经过皮带输送机将混凝土骨料输送到混凝土系统的预热调节料仓。

砂石厂在筛分、制砂、洗砂过程中产生的废水含有泥沙和石粉,需要经过净化处理方可排放,处理设备选用 4 台 SCD-300 型砂处理单元,在筛分车间和制砂车间各设 2 台。筛分机的筛洗用水和棒磨机的制砂用水均流入其所在车间内的螺旋分级机内并用于洗砂,人工砂经过螺旋分级机洗选后的洗砂废水流进砂处理单元,经过砂处理单元处理后可达到国家环保标准。

四、结　语

龙口水利枢纽混凝土骨料加工系统选取的人工石料场较为合适,料场采运能力和砂石厂处理能力均能满足混凝土高峰月浇筑强度的要求。料场开采考虑冬季 4 个月停采,砂石成品料堆总储量 3.2 万 m³,满足冬季混凝土浇筑的骨料需求,其活容积满足工程混凝土高峰月浇筑强度 5 d 的骨料需用量,混凝土骨料加工系统在质量、数量及强度上均能满足工程的需要。

(作者单位:钱肖萍、王维忠、李志鹏　中水北方勘测设计研究有限责任公司

尹凤刚　河北省水利工程局)

黄河龙口水利枢纽工程施工缆机布置设计

赵立民　洪　松　吴云凤　王贤忠

一、概　述

　　黄河龙口水利枢纽是黄河万家寨水利枢纽的配套工程,位于黄河中游北干流托克托—龙口段的尾部、山西省和内蒙古自治区的交界地带,是历次黄河流域规划和河段规划确定的黄河北干流梯级开发的工程之一。坝址上距已建的万家寨水利枢纽 25.6 km,距下游已建的天桥水电站 70.0 km。

　　龙口水利枢纽主要由大坝、电站厂房、泄水建筑物等组成,水库总库容 1.957 亿 m³,电站总装机容量为 420 MW,工程为二等工程,工程规模为大(Ⅱ)型。

　　龙口水利枢纽为混凝土重力坝,坝顶全长 408 m,最大坝高 58 m,混凝土总量约 97 万 m³,高峰月平均浇筑强度为 6.5 万 m³。混凝土施工主要采用 20 t 平移式缆索起重机运输,门式起重机和履带吊辅助。

　　为了优化缆机布置,满足坝体混凝土施工运输的要求,需对缆机的多个布置方案进行参数设计和计算,最终比选出最优方案。这里采用 Microsoft Excel 电子表格程序的单变量求解,可以快速计算出缆机主索的包络线坐标值;再利用 AutoCAD 的 Pline 命令在坝址处缆机布置剖面图上画出主索的包络线图;在较短的时间内进行不同布置方案的比较,快速找出最优方案,加快了设计进度。

二、缆索起重机的参数确定

(一)缆索起重机跨度

$$L = L_y + 2L_w$$

式中　L_y——缆机有效工作范围;

　　　L_w——起吊点或最远卸料点到主索支点的水平距离,应满足 $L_w \geqslant 0.1L$。

(二)主索最大垂度

主索最大垂度一般为跨度的 4.8% ~ 5.5%。

(三)主索支点高差

主索两支点高差以控制在跨度的 1% 为优,最大一般不超过跨度的 2%。

(四)主索支点高程

主索支点高程一般先由计划浇筑高程拟定,再根据两岸地形地质条件,兼顾塔高、跨度、供料线高程等进行调整,计算公式如下:

$$H_z = H_j + h_a + h_g + h_d + f_{max} \pm \Delta h/2$$

式中 H_z——主索支点高程,m;

H_j——计划浇筑高程,m;

h_a——吊罐底部到计划浇筑高程的安全距离,一般取 $3\sim5$ m;

h_g——吊钩到吊罐底部的高度,m;

h_d——主索到吊钩的最小距离,m;

f_{max}——主索的最大垂度,m;

Δh——主索支点的高差,m。

三、主索的计算

(一)最大水平张力

集中荷载作用在跨中,主索张力的水平分力。当起重量为设计起重量时,主索最大水平张力为:

$$H_{max} = \frac{L^2}{8f_{max}}\left(\frac{q}{\cos\beta} + \frac{2Q_m}{L}\right)$$

式中 Q_m——作用在主索上满载时的集中荷载,N;

q——主索单位跨度上的均布荷载,N/m;

L——承载索的跨度,m;

β——支点间连线与水平夹角(弧度),$\beta = \tan^{-1}\left(\frac{\Delta h}{L}\right)$;

f_{max}——主索的最大垂度,m。

(二)最大索长

集中荷载作用在跨中,主索张力的水平分力。当起重量为设计起重量时,主索水平张力最大时的索长为:

$$S_{max} = L + \frac{\Delta h^2}{2L} + \frac{q^2 L^3}{24H_{max}^2\cos2\beta} + \frac{Q_m L}{8H_{max}^2}\left(Q_m + \frac{qL}{\cos\beta}\right)$$

(三)集中荷载在任意位置时主索的水平张力

$$H = \left\{\left[\frac{q^2 L^3}{24\cos^2\beta} + \frac{Q(L-x_0)x_0}{2L}\left(Q + \frac{qL}{\cos\beta}\right)\right] \div \left(S - L - \frac{\Delta h^2}{2L}\right)\right\}^{0.5}$$

式中 x_0——集中荷载作用点的 x 坐标,低支点为原点;

Q——集中荷载;

S——相应的索长,$S = S_{max} - d_s$;

d_s——主索的弹性伸长,$d_s = \dfrac{(H_{max} - H)L}{E_k F_k \cos^2\beta}$;

E_k——承载索的弹性模量;

F_k——全部钢丝的截面面积。

(四)主索集中荷载作用点包络线方程

$$y_0 = x_0\tan\beta - \left(\frac{q}{2H\cos\beta} + \frac{Q}{HL}\right)(L - x_0)x_0$$

（五）集中荷载固定作用时，主索下垂曲线方程

（1）作用点以左（低支点侧）：

$$y = x\tan\beta - \frac{q}{2H\cos\beta}(L-x)x - \frac{Q}{HL}(L-x_0)x_0$$

（2）作用点以右（高支点侧）：

$$y = x\tan\beta - \frac{q}{2H\cos\beta}(L-x)x - \frac{Q}{HL}(L-x)x_0$$

四、计算过程

（一）基本参数的选取

根据坝址地形条件和要求覆盖的工作范围，满足缆索起重机的工作条件，初步选定缆索起重机的跨度；根据通常情况4.8%～5.5%，选定最大垂度占跨度的百分数；按照主索支点的高差占主索跨度1%左右，最大不超过2%，选定左右主索支点的高差；最后按要求浇筑的高程、安全高度、吊罐和下垂索的高度等，初步确定主索支点的高程。

（二）缆机荷载的选择

集中荷载：缆索起重机起吊的最大重量＋吊钩组＋载重小车＋下垂索重；

均布荷载：主索、起重索、牵引索、承马分布到主索每米上的重量。

（三）主索包络线的计算

在 Excel 计算表格中，分别列出 x_0、d_s、S、H 的计算公式，由于水平张力在公式中相互嵌套，故先假定水平张力的初始值，再利用 Excel 中的单变量求解，计算 H 值，最后计算相对于低支点的 y_0 坐标值。

在完成每一座标计算的同时，利用"录制新宏"的命令，把计算过程保存为一宏命令。在多方案比较时，只要改变初始参数值，可以轻松完成多方案的包络线计算。

另外，还可以利用"集中荷载固定作用时，主索下垂曲线方程"计算集中荷载固定作用时，主索下垂的的悬链线位置。

（四）在 AutoCAD 中画包络线

复制上表中的坐标值，在 AutoCAD 中，利用 Pline 命令画出悬链线，检查各个特征点，如：供料平台满足调运钢管的高度要求，原有公路上部安全高度要求，高缆缆索和低缆轨道之间的安全距离，地形坡度等是否满足。

如不能满足要求，改变缆机布置参数，重复上述计算，直到满意为止。

（五）龙口水利枢纽缆机的主要布置参数

龙口水利枢纽缆机的主要布置参数见表1。

表1 龙口水利枢纽缆机参数 m

序号	名　　　称	1#缆机	2#缆机
1	缆机跨度	715.00	675.00
2	最大垂度	36.50	33.75
3	主索支点高差	6.00	5.50
4	主塔支点高程	970.00	962.50
5	副塔支点高程	964.00	957.00
6	供料平台高程	925.00	
7	放罐平台高程	920.00	

五、应　用

　　龙口水利枢纽工程 2006 年 6 月 30 日工程开工，2006 年 9 月 1 日大坝混凝土开始浇筑，2009 年 5 月下闸蓄水，2010 年 7 月 1 日主体混凝土施工完成。工程采用上游万家寨枢纽工程大坝混凝土施工的 20 t 平移式缆机，经翻新改造加以利用，在工程施工中起到很大的作用。工程设计混凝土浇筑总量 97 万 m^3，2 台缆机浇筑混凝土总量约 58 万 m^3，高峰施工强度约 4.2 万 m^3／月，是本工程混凝土浇筑垂直运输的关键设备。

六、结　语

　　龙口水利枢纽工程坝址处河谷呈 U 形，谷底宽约 360 m，坝址附近两岸分布着不完全的一、三、四级阶地，混凝土量集中在坝轴线上、下游附近。首选平移式缆机作为大坝及电站厂房混凝土的主要施工设备。

　　为了优化缆机布置，需对缆机的多个布置方案进行参数设计和计算，最终比选出最优方案，计算工作量大。采用 Microsoft Excel 电子表格程序的单变量求解，可以快速计算出缆机主索的包络线坐标值；再利用 AutoCAD 的 Pline 命令在坝址处缆机布置剖面图上画出主索的包络线图；在较短的时间内进行不同布置方案的比较，快速找出最优方案，加快了设计进度。工程实际应用效益显著。

（作者单位：中水北方勘测设计研究有限责任公司）

黄河龙口水利枢纽工程施工供水系统兼顾永久供水工艺设计

钱肖萍　张　宁　吴　全

龙口水利枢纽位于黄河中游北干流托克托—龙口段末端。左岸隶属山西省河曲县,右岸隶属内蒙古自治区准格尔旗。枢纽工程由混凝土重力坝、河床式电站、泄水建筑物、室内全封闭 GIS 开关站及简易码头等组成,水库总库容 1.96 亿 m³,总装机容量 420 MW。工程混凝土总量约 109 万 m³。

为满足工程坝体施工、砂石混凝土生产系统及其他施工工厂等生产用水、工程施工及管理人员生活用水的要求,建设施工供水系统,为工程建设期间提供工程所需施工生产和生活用水。

一、施工供水系统概述

(一) 系统规模

龙口水利枢纽的主要施工用水点有砂石加工系统、混凝土生产系统、坝体施工及冷却、施工修配加工企业以及施工生活区等。按混凝土浇筑高峰月平均强度 6.8 万 m³ 设计,砂石加工厂处理能力 550 t/h,人工砂生产能力 150 t/h,两班制生产,确定砂石厂用水量 645 m³/h,混凝土拌和楼生产规模 205 m³/h,三班制生产,选用 2 座 4×3.0 m³ 拌和楼,确定混凝土系统用水量 145 m³/h。

龙口工程共有大中型施工机械 100 余台(套),运输机械 70 余辆。工地设施工机械保养场担负工地施工机械的各级保养及小修,一班制生产,工地修配加工企业用水量 80 m³/h;坝体施工及冷却用水量 305 m³/h;施工高峰期人数 3 200 人,施工人员生活用水量 108 m³/h。

龙口水利枢纽施工供水系统分为右岸施工供水系统和左岸施工供水系统。根据左右岸各用水点的分布情况,确定右岸供水规模 1 200 m³/h,左岸供水规模 180 m³/h,总供水规模 1 380 m³/h。

右岸施工供水系统又分为右岸上游系统和右岸下游系统。右岸上游供水规模 970 m³/h,右岸下游供水规模 230 m³/h。

右岸上游主要用户有砂石加工厂、采石场、右岸上游修配加工企业;右岸下游主要用户有混凝土生产系统、右岸施工生活区、右岸临时拌和站、右岸下游修配加工企业和生产及管理人员;左岸主要用户有坝体施工及冷却、左岸生活区、左岸修配加工企业、左岸临时拌和站和生产及管理人员。

（二）系统水源

龙口工程水源分地表水与地下水两种水源，地表水主要有黄河水，其水量充足但水质不好，黄河水因含有大量泥沙，需要进行水处理去除水中泥沙等杂质才能用于工程施工生产。因工程工期不长用水规模不大，若采用黄河水则需要修建水处理构筑物并配置水处理设备，使施工供水系统的建设工期加长并投资增加。而地下水因其水质好且水量充沛，井位若位于河槽内，地面高程 866 m，则井深在 224 m 左右；井位若位于谷顶，地面高程 915 m，则井深在 285 m 左右。地下水水位高程 861 m。井径 0.25 m、降深 20 m 时的单井出水量为 5 000 ~ 9 000 m^3/d，水质符合国标规定的饮用水和施工用水的标准。可直接用于工程的施工生产和生活，能使施工供水系统的建设工期和投资相应减少。

根据上述水源比较，龙口工程用于施工供水系统的水源采用地下水较为经济合理。确定以黄河岸边地下水作为龙口施工供水系统的水源。

根据坝址附近地下水的出水量和工程施工生产、生活用水量及其分布情况，确定打 6 口水源井，其中 1 口为备用水源井。水源井的出水量满足工程需要。

（三）系统组成

龙口施工供水系统由 6 口水源井、3 座一级泵站、8 座水池及供水管线组成。水池总容量为 6 300 m^3。井泵与水泵的实用总功率为 1 120 kW。

右岸施工供水系统由 5 口水源井、2 座一级泵站、6 座水池及供水管线组成。水池总容量为 5 500 m^3。其中右岸上游施工供水系统共有 4 口水源井、1 座一级泵站、4 座水池，水池总容量为 4 000 m^3；右岸下游施工供水系统共有 1 口水源井、1 座一级泵站、2 座水池及供水管线组成，水池总容量为 1 500 m^3。

左岸施工供水系统由 1 口水源井、1 座一级泵站、2 座水池及供水管线组成，水池总容量为 800 m^3。

二、施工供水系统工艺流程

（一）右岸上游施工供水系统

右岸上游系统供水规模 970 m^3/h，在坝址右岸上游二道沟与三道沟之间打 3 口井，另在二道沟西侧打 1 口备用井，井位高程在 910 ~ 929 m，选用 350JC340 – 14 × 5 型深井泵 4 台，其中 1 台用于备用井。单台井泵的流量 $Q = 260 ~ 340 ~ 420$ m^3/h，扬程 $H = 80 ~ 70 ~ 55$ m，功率 $N = 110$ kW。4 口井水两两汇集到位于 4 井中部、砂石厂南部的 3# 水池，水池高程 926 m，水池容量 1 000 m^3，自流供坝体施工及冷却用水，3# 水池边设右岸上游一级泵站，站内设 200D1 – 43 × 2 型多级离心泵 4 台，其中 1 台备用。单台水泵的流量 $Q = 185 ~ 280 ~ 335$ m^3/h，扬程 $H = 94 ~ 86 ~ 76$ m，功率 $N = 110$ kW。水泵将 3# 水池中水提升至砂石加工厂上部 980 m 高程的 4#、5#、6# 水池，3 座水池的容量均为 1 000 m^3，自流供右岸砂石加工厂、三道沟东侧采石场、右岸上游修配加工企业等。右岸上游施工供水系统的实用总装机容量660 kW。

（二）右岸下游施工供水系统及其与永久供水的结合

右岸下游系统供水规模 230 m^3/h，在坝址右岸下游约 1 km 处的 868.5 m 高程打 1 口井。井泵选用 350JC340 – 14 × 3 型深井泵 1 台，单台井泵的流量 $Q = 260 ~ 340 ~ 420$ m^3/h，

扬程 $H = 48 \sim 42 \sim 33$ m,功率 $N = 75$ kW。井泵将地下水抽至井边 500 m³ 容量的 1# 水池,池边设右岸下游一级泵站,站内设 200D1 - 43 × 4 型多级离心泵 2 台,其中 1 台备用。单台水泵的流量 $Q = 185 \sim 280 \sim 335$ m³/h,扬程 $H = 188 \sim 172 \sim 152$ m,功率 $N = 200$ kW。水泵将 1# 水池水提升到 983 m 高程 1 000 m³ 容量的 2# 水池,自流供右岸施工生活区、混凝土生产系统及其右岸下游的修配加工企业用水。右岸下游施工供水系统的实用总装机容量为 275 kW。

工程永久用水主要包括水利枢纽发电机组冷却用水和管理人员的生活用水,水源井位在选择时与永久供水系统结合考虑,当枢纽工程建设完成后,该井位仍可继续利用。永久供水系统的用水量比施工用水量少,更换较小流量等扬程井泵即可承担永久供水的任务,水质也能满足要求。2# 水池的容量在满足施工供水要求的前提下,同时满足永久供水系统消防用水要求。结合永久供水预埋管线的起点位置,2# 水池在工艺布置中考虑预留两个相同管径的出水管口,以备施工期结束后连接永久供水管线之用。

(三)左岸施工供水系统

左岸系统的供水规模为 180 m³/h,在坝址下游约 600 m 处左岸 870 m 高程的滩地上打井,该井位选择与永久供水系统大坝用水结合考虑,枢纽工程建设完成后,仍可继续利用井位。井泵选用 DJ155 - 30 × 5 型深井泵 1 台,单台井泵的流量 $Q = 119 \sim 155 \sim 190$ m³/h,扬程 $H = 163.5 \sim 152.5 \sim 140$ m,功率 $N = 110$ kW。深井泵将地下水抽至 940 m 高程 300 m³ 容量的 7# 水池,水池自流供 872 m 高程的修配加工企业区用水。水池边设左岸一级泵站,站内设多级离心泵 2 台,其中 1 台备用,水泵型号为 D155 - 30 × 3 型,单台水泵的流量 $Q = 100 \sim 155 \sim 185$ m³/h,扬程 $H = 97.5 \sim 90 \sim 82.5$ m,功率 $N = 75$ kW。水泵将 7# 水池内水提升到 1 000 m 高程 500 m³ 容量的 8# 水池,自流供左岸施工生活区及其附近的修配加工企业区用水以及坝体施工及冷却用水。左岸施工供水系统的实用总装机容量为 185 kW。

三、结 语

在工程施工期间混凝土高峰浇筑时段内,施工工厂生产能力最高,施工人数最多,致使工程施工生产生活总用水量最大。龙口施工供水系统总供水规模满足工程混凝土高峰浇筑强度下施工生产及生活用水量的要求;在混凝土非高峰浇筑时段,可以根据各用水点的实际需水量调节其供水量。在水源井位选择和水池工艺布置上做到与永久供水系统结合设计,使枢纽工程建设完成后能够继续利用井位及水池,从而节省了枢纽工程的建设投资。另外,施工供水系统设备检修或发生故障时,水池容量可满足砂石厂及混凝土生产系统等主要用水点 4 h 的用水量要求,使龙口施工供水系统在水质、水量上满足工程建设期间的需要。

(作者单位:中水北方勘测设计研究有限责任公司)

从黄河龙口水利枢纽工程看水利工程设计概算编制需解决的几个问题

周陈超　聂学军　邹月龙

一、基本情况

黄河龙口水利枢纽工程位于黄河中游北干流托克托—龙口段尾部,左岸隶属山西省河曲县,右岸隶属内蒙古自治区准格尔旗,距上游已建的万家寨水利枢纽约 26 km,距下游已建的天桥水电站约 70 km。

龙口水利枢纽工程经国家发展和改革委员会核准立项,水利部以水总[2005]556 号《关于黄河万家寨水利枢纽配套工程龙口水利枢纽初步设计报告的批复》进行批复,静态投资 240 859 万元,总投资 271 546 万元。工程由黄河万家寨水利枢纽有限公司组织建设,主体工程于 2006 年 2 月开工,2009 年 9 月首台机组发电,2010 年 6 月全部机组投产发电。

二、关于人工工资问题

现行水利工程概算执行水利部水总[2002]116 号文颁发的《水利工程设计概(估)算编制规定》,人工预算单价计算中的工人基本工资执行标准见表1。

表1　　　　　　　　　　　水利工程工人基本工资表　　　　　　　　　　　元/月

序号	项目名称	枢纽工程	河道工程
1	工长	550	385
2	高级工	500	350
3	中级工	400	280
4	初级工	270	190

调整系数为:七类工资区 1.026 1,八类工资区 1.052 2,九类工资区 1.078 3,十类工资区 1.104 3,十一类工资区 1.130 4。

(一)人工工资存在的问题

1. 十一类工资区划分已取消

中华人民共和国成立初期,政府机关的工作人员一般实行供给制,个别经批准的及国民政府留用人员实行薪金制。工人实行工资制与供给制并存制度。

1952 年 7 月起,改实物供给制为工资分(津贴)制,行政职工经统一评级后,按工资分(工资分由伙食分、服装分、津贴分构成)核发工资。

1955 年 7 月起,根据国家统一部署,废除工资分制,统一实行工资制,以货币形式发放。

1956 年,全国实行工资改革,执行十一类工资区等级工资标准。划分工资区类别目的是使职工在不同条件下工作,付出等量劳动得到大体相等的消费品。主要考虑的因素:第一,消费品价格的差异;第二,经济条件和自然条件的差异;第三,生活必需品的差别;第四,历史上形成的生活水平;第五,有利于鼓励劳动者到边远地区工作。

1985 年全国实行工资制度改革,行政、事业单位的工资制度与企业单位的工资制度脱钩。企业单位的职工实行工资总额同经济效益挂钩的浮动等级工资制。

1986 年 11 月,国务院工资制度改革小组、劳动人事部下发通知,取消前五类,剩六类至十一类。如北京市为六类区,上海市为八类区,西藏自治区为十一类区。

1993 年 10 月 1 日起,进行机关、事业单位工资制度改革,机关工资制度和事业工资制度脱钩。取消十一类工资区划分标准,提出实行地区津贴制度(即艰苦边远地区津贴和地区附加补贴)。1993 年 11 月劳动部下发企业最低工资规定。

2001 年 10 月 1 日起调整机关事业单位工作人员工资标准,提出艰苦边远地区津贴的方案(按艰苦程度的不同共分为四类)。

2006 年 7 月 1 日起,改革公务员、事业单位工资制度。

也就是说,到 1985 年企业单位与行政、事业单位的工资制度脱钩,企业单位无国家统一的工资标准了。到 1993 年国家已取消了十一类工资区划分标准。

2. 基本工资偏低

水利部水总[2002]116 号文颁发的《水利工程设计概(估)算编制规定》施行 9 年多,工人基本工资低于目前企业最低工资标准。表 2 为 2010 年部分省、直辖市、自治区最低工资标准。

表 2   **2010 年部分省、直辖市、自治区最低工资标准**   元/月

序号	省份	一类地区	二类地区	三类地区	四类地区
1	北京市	960	960	960	960
2	上海市	1 120	1 120	1 120	1 120
3	天津市	920	920	920	920
4	广东省	1 030	920	810	710
5	山西省	850	780	710	640
6	内蒙古	900	820	750	680
7	甘肃省	760	710	670	630
8	贵州省	830	730	650	—
9	西藏	950	900	850	—

从表 2 还可以看出,企业最低工资标准东部经济发达地区工资高,如北京、上海、广东等,而西部经济欠发达地区工资低,如贵州、甘肃等省。即使是最低的甘肃省四类区,最低工资标准也达 630 元/月。

3. 基本工资按枢纽工程和河道工程划分不合理

同工同酬是劳动者的基本要素,人为划分枢纽工程和河道工程的基本工资不太合理。如一大型水闸项目,包括水闸主体和水闸上下游河道堤防治理,按水利部116号文规定,水闸主体人工工资执行枢纽标准,河道堤防人工工资执行河道标准,同为中级工,水闸主体(枢纽标准)400元/月,河道堤防(河道标准)280元/月,因此导致相同项目建筑及安装工程单价不同。

(二)相关建议

基本工资建议不再按枢纽工程和河道工程划分,而是合二为一。

基本工资建议参照各地区上年度最低工资标准确定。基本工资不宜制定全国统一的标准,因为各地区工资差异较大(上海市的最低工资标准(1 120元/月)是甘肃省四类区最低工资标准(630元/月)的1.78倍)。水利工程施工,主要由当地企业完成,劳动力成本主要取决于当地的工资水平。

三、关于独立费用的问题

水利部水总[2002]116号文颁发的《水利工程设计概(估)算编制规定》,独立费用包括建设管理费、生产准备费、科研勘测设计费、建设及施工场地征用费和其他五项。其中建设管理费由建设单位开办费、建设单位经常费、工程建设监理费、联合试运转费组成。

随着建设管理体制的不断发展变化,社会分工越来越细,要求水利工程设计概(估)算编制规定要与之相适应。

(一)独立费用存在的问题

1. 新出台收费规定

自116号文颁布以后,有关部门又陆续出台了其他收费规定,如招标代理服务费,文明生产和劳动安全设施费、工程验收费、第三方质量检测费、设备监造费等,这些新出台的费用在水利工程建设过程中很多是难以避免要实际发生的;有些费用虽然在116号文中已经列项,但是随着时间的推移和政策的变化,增加了费用发生次数或者提高了费用标准,如设计审查费、咨询费、项目稽查费以及施工期的水情、水文测报费等,这些费用虽然计列在工程管理的经常费中,但根据116号文的相关规定计算已难以全面涵盖这些费用的支出。

2. 建设单位管理费指标偏低

按水利部水总[2002]116号文颁发的《水利工程设计概(估)算编制规定》计算,以北京地区枢纽工程为例,建设单位人员工资干部为550元/月,工人为400元/月,加上辅助工资、工资附加费、劳动保护费、其他费用(主要为办公费、差旅费、会议费、车辆费用费、水电费等),年指标为39 390元/年(河道工程为27 219元/年)。现在来看较社会现状比是有所偏低的。

(二)建议

1. 根据收费政策明确有关费用

建议有关部门进一步梳理水利工程尤其是大中型水利水电工程建设过程中的有关收费政策,对于部分确属必须发生的费用,应出台相关文件予以明确。

2.适当调整独立费用项目构成

可由建设单位管理费、招标业务费、经济技术咨询费、工程建设监理费、联合试运转费、生产准备费、科研勘测设计费、其他等八项组成。把建设及施工场地征用费从独立费用中移出,与移民占地补偿费、水土保持费、环境保护费并列。

3.调整独立费用项目计算办法

(1)建设单位管理费。现行编制规定分为建设单位开办费、建设单位人员经常费、工程管理经常费。建设单位开办费按建设单位定员分档计列,建设单位人员经常费,按建设单位定员、费用指标和经常费计算期进行计算。

建设单位管理费建议可不再分建设单位开办费、建设单位人员经常费、工程管理经常费,名称可仍为建设单位管理费,按一至四部分建安投资为计算基数,以费率形式计算。

(2)招标业务费。建议根据相关规定增列招标业务费,按一至四部分投资计算基数,以费率形式计算。

(3)经济技术咨询费。建议根据相关规定增列经济技术咨询费,按一至四部分投资计算基数,以费率形式计算。

(4)工程建设监理费。按照国家发改委发改价格[2007]670号文颁发的《建设工程监理与相关服务收费管理规定》及其他相关规定计算。

(5)联合试运转费。可仍维持现行规定的计算方法。

(6)生产准备费。可仍维持现行规定的计算方法。

(7)科研勘测设计费。项目建议书、可行性研究阶段勘测设计费,执行国家发改委发改价格[2006]1352号文颁布的《水利、水电工程建设项目前期工作工程勘察收费标准》计算。初步设计、招标设计及施工图设计阶段勘测设计费执行国家计委、建设部计价格[2002]10号文件颁布的《工程勘察设计收费标准》计算。

(8)其他。可仍维持现行规定的计算方法。

四、关于现行定额水平问题

目前,水利工程概估算编制所执行的定额为2002年水利部以水总[2002]116号文发布的《水利建筑工程预算定额》、《水利建筑工程概算定额》、《水利工程施工机械台时费定额》以及后续出台的部分补充定额。随着施工机械效率、施工技术手段、新技术、新工艺在水利工程中的应用等,现行的定额水平已经不能完全适应现阶段水利工程概估算编制及其他方面的要求,如与2007年实施的水电定额相比,相同类型水利工程中的机械台时等消耗量差异较大,建议应尽快启动现行定额的修编工作,以满足当前水利水电工程概估算编制的要求。

(作者单位:周陈超、聂学军　国家发展和改革委员会国家投资项目评审中心

邹月龙　中水北方勘测设计研究有限责任公司)

水电站温控措施价格因素探讨

崔海涛 王光辉 何 辉

对于混凝土重力坝,其大体积混凝土浇筑后产生水化热,温度迅速上升,且幅度较大,自然散热极其缓慢。混凝土温度控制既是水工设计考虑的重要因素,也是造价编制时必须考虑的。而一般水电项目造价编制过程中,在前期很少详细考虑,而在概算编制阶段,由于一般混凝土电站,混凝土量大,投资较大,必须详细对温控措施价格因素进行分析。

本文以龙口水电站为例,对温度控制措施价格因素进行探讨。

龙口水利枢纽位于黄河中游托克托—龙口段(以下简称托龙段)的尾部,东经 111°18′,北纬 39°25′,左岸为山西省河曲县,右岸为内蒙古自治区鄂尔多斯市的准格尔旗。龙口水利枢纽位于万家寨水利枢纽下游 25.6 km 处,是万家寨水电站的反调节水库。龙口水利枢纽地处内陆深处的黄土高原东北部,属温带季风大陆性气候。每年冬季受蒙古冷高压的控制,气候干燥寒冷,雨雪稀少且多风沙。夏季西太平洋副热带高压增强,暖湿的海洋气流从东南或西南进入本地区,冷、暖气流交绥形成降水。故大陆性气候明显,冬季时间长,春秋时间短,四季分明。据河曲气象站 1971—2003 年资料统计,多年平均年降水量为 386.1 mm,降水量年际变化较大,年内分配不均。降水量主要集中在 6~9 月,占全年降水量的 76.9%,最大年降水量为 608.5 mm(1979 年),最小年降水量为 225.0 mm(2000 年);多年平均气温为 8.0 ℃,极端最高气温 38.6 ℃,极端最低气温 -32.8 ℃。河曲气象站气温特征表见表1。

表1 河曲气象站气温特征 ℃

月份	1	2	3	4	5	6	7	8	9	10	11	12	全年
月平均	-10.8	-5.7	2.0	10.7	17.8	21.9	23.6	21.4	15.5	8.3	-0.6	-8.4	8.0
最高气温	9.8	19.0	28.0	36.5	37.6	37.3	38.6	37.0	36.4	29.7	23.4	12.1	38.6
最低气温	-32.8	-26.9	-20.6	-10.1	-3.4	3.2	8.1	5.5	-3.6	-10.5	-21.9	-29.4	-32.8

一、混凝土裂缝产生的原因

大体积混凝土浇筑后水泥产生大量水化热不易散发,浇筑后初期,混凝土内部温度急剧上升引起混凝土膨胀变形,此时混凝土弹性模量很小,在升温过程中由于基岩约束混凝土膨胀变形而产生的压应力很小。随着温度逐渐降低,同时混凝土弹性模量逐渐增大,混凝土发生收缩变形时又受到岩基的约束,收缩变形就会产生相当大的拉应力。当拉应力超过混凝土允许抗拉强度时就会产生深层裂缝或贯穿裂缝,从而破坏混凝土的整体性,对混凝土结构产生不同程度的危害,所以必须采取措施控制混凝土浇筑后的温度。此外,当混凝土内部温度较高时,如果外部环境较低或外在气温骤降期间,内外温差或温度梯度大,就会在混凝土表面也会产生较大拉应力,引起表面裂缝甚至发展成深层裂缝。

国内外水利水电工程大体积混凝土裂缝的统计分析表明,混凝土施工中出现的裂缝大多属于温度裂缝。由于贯穿裂缝将危及大坝安全运行,因此提出相应的温控措施,对防止危害性的贯穿裂缝,确保工程质量和安全至关重要。

二、混凝土裂缝防治的降温措施

(1)限制搅拌机出机口温度。在气温较高季节,混凝土在自然条件下的出机口温度温度往往超过施工技术规范规定的限度,此时须采取人工降温措施,如冷水喷淋预冷骨料、一次风冷骨料、二次风冷骨料、加片冰等措施。

(2)在坝体混凝土内预埋冷却水管。一般作为最常用的方法与其他方法结合采用,通过在坝体埋冷水管,经过热交换来达到降低水化热的热量,阻止坝体内部温度上升过快。

应根据不同工程特点,采取相应温控措施,不同地区的气温条件等综合因素确定。根据龙口水电站具体特征,以上两种方法综合使用,通过一期冷却和二期冷却,使混凝土浇筑后的温度得到有效的控制。

三、混凝土温控措施单价分析

(一)出机口温度的计算

坝体区首先计算坝体混凝土初期温度计算,主要是比较各种温度控制措施条件下混凝土浇筑后出现的最高温度,判别混凝土温度是否控制在基础容许温差、上下层温差及内外温差或坝体内部最高温度等控制标准范围内,为计算温控单价提供依据。

根据坝体主要混凝土的标号的材料配合比以及温控措施提供的条件,计算骨料的预冷温度,必须了解骨料及胶凝材料密度、比热以及平均温度、混凝土中主要配合比。

具体计算见表2。

表2   混凝土出机口温度计算

材料	质量 $G(\text{kg/m}^3$ 混凝土$)$	比热 $C(\text{kJ/(kg} \cdot \text{℃}))$	温度 $t(\text{℃})$	$G \times C = P$ $(\text{kJ/(kg} \cdot \text{℃}))$	$G \times C \times t = Q$ $(\text{kJ/(kg} \cdot \text{℃}))$
水泥	200	0.796	45	159.2	7 164
砂	550	0.963	28	529.65	14 830.2
石子	1 650	0.963	—	1 588.95	0
砂子含水(5%)	27.5	4.2	28	115.5	3 234
石子含水(0.75%)	12.4	4.2	—	51.975	0
拌和用水	100	4.2	2	420	840
冰	50	2.1	-8	105	-840
		335	—	—	-16 750
机械热	—	—	—	—	4 187
合计	—	—	—	2 970.275	12 665.2
月平均气温 T	30				
出机口温度 T_c	14				
石子预冷温度	$T_c = (tC\sum P - \sum Q)/0.963G_3$				18.20

(二)温控措施工序单价分析

根据龙口水电站的特点,本文仅对降温措施采取以下温控措施工序:①制冷水;②制冰;③一次风冷骨料;④二次风冷骨料;⑤坝体混凝土通水冷却。具体分析计算如表3~表8所示。

表3		制冷水			100 t
编号	名称及规格	数量	单价(元)		合价(元)
一	直接工程费				4 546.45
1	直接费				4 095.90
(1)	人工费				367.80
	高级工(工时)				
	中级工(工时)	30.00	6.18		185.40
	初级工(工时)	60.00	3.04		182.40
(2)	材料费				193.80
	水(kg)	220.00	0.60		132.00
	氟里昂(kg)	0.50	60.00		30.00
	冷冻机油(kg)	0.70	40.00		28.00
	其他材料费(%)	2.00			3.80
(3)	机械使用费				3 534.30
	螺杆式冷水机组(台时)	20.00	69.15		1 383.04
	水泵 5.5 kW(台时)	20.00	9.10		182.00
	水泵 20 kW(台时)	40	45.02		1 800.96
	其他机械费(%)	5			168.30
(4)	其他费用(%)				0.00
2	其他直接费(%)	4.00			163.84
3	现场经费(%)	7.00			286.71
二	间接费(%)	7.00			318.25
三	企业利润(%)	7.00			340.53
四	税金(%)	3.22			167.61
五	合计				5 372.84

注:施工方法:按 28 ℃河水,制 2 ℃冷水送出。生产能力 5 t/h。

表 4 　　　　　　　　　　制冰 　　　　　　　　　　100 t

编号	名称及规格	数量	单价(元)	合价(元)
一	直接工程费			59 241.61
1	直接费			53 370.82
(1)	人工费			4 590.00
	高级工(工时)			0
	中级工(工时)	300.00	6.18	1 854.00
	初级工(工时)	900.00	3.04	2 736.00
(2)	材料费			11 804.30
	2 ℃ 冷水(t)	220.00	45.46	10 002.19
	水(t)	700.00	0.60	420.00
	氨液(kg)	18.00	30.00	540.00
	冷冻机油(kg)	7.00	40.00	280.00
	其他材料费(%)	5.00		562.11
(3)	机械使用费			36 976.52
	片冰机 PBL15/d (台时)	200.00	41.39	8 278.80
	螺杆式冷凝机组 NJLG30Z(台时)	400.00	41.33	16 532.80
	水泵 7.5 kW(台时)	400.00	16.57	6 629.60
	玻璃冷却塔 NBL - 500(台时)	20	39.20	784.00
	胶带机 $B = 500$ mm,$L = 50$ m(台时)	200	17.77	3 554.00
	其他机械费(%)	5		1 197.32
(4)	其他费用(%)			
2	其他直接费(%)	4.00		2 134.83
3	现场经费(%)	7.00		3 735.96
二	间接费(%)	7.00		4 146.91
三	企业利润(%)	7.00		4 437.20
四	税金(%)	3.22		2 183.99
五	合计			70 009.70

注:施工方法:采用2 ℃冷水,制 -8 ℃冰送出。生产能力12 t/h。

表 5	一次风冷骨料			100 t 骨料降温 10 ℃
编号	名称及规格	数量	单价(元)	合价(元)
一	直接工程费			462.05
1	直接费			416.26
(1)	人工费			30.80
	高级工(工时)			0
	中级工(工时)	4.00	6.18	24.72
	初级工(工时)	2.00	3.04	6.08
(2)	材料费			50.38
	2 ℃ 冷水(kg)		0	0
	水(kg)	21.00	0.60	12.60
	氨液(kg)	0.84	30.00	25.20
	冷冻机油(kg)	0.20	40.00	8.00
	其他材料费(%)	10.00		4.58
(3)	机械使用费			335.08
	氨螺杆压缩机 LG20A250G(台时)	1.11	146.98	163.15
	卧式冷凝器 WNA-300(台时)	1.11	21.79	24.19
	氨储液器 ZA-4.5(台时)	1.11	4.95	5.49
	空气冷却器 GKL-1250(台时)	1.11	22.45	24.92
	离心式风机 55kW(台时)	1.11	34.39	38.17
	水泵 75kW(台时)	0.56	57.55	32.23
	玻璃冷却塔 NBL-500(台时)	0.56	39.20	21.95
	其他机械费(%)	17		24.98
(4)	其他费用(%)			0
2	其他直接费(%)	4.00		16.65
3	现场经费(%)	7.00		29.14
二	间接费(%)	7.00		32.34
三	企业利润(%)	7.00		34.61
四	税金(%)	3.22		17.03
五	合计			546.04

注:施工方法:在料仓内用冷风将骨料预冷至 8~16 ℃。生产能力 200 t/h。

表6			二次风冷骨料		100 t骨料降温10 ℃
编号	名称及规格	数量	单价(元)	合价(元)	
一	直接工程费			797.98	
1	直接费			718.90	
(1)	人工费			19.96	
	高级工(工时)			0	
	中级工(工时)	2.00	6.18	12.36	
	初级工(工时)	2.50	3.04	7.60	
(2)	材料费			92.18	
	2 ℃冷水(t)		0.06	0	
	水(t)	38.00	0.60	22.80	
	氨液(kg)	1.50	30.00	45.00	
	冷冻机油(kg)	0.40	40.00	16.00	
	其他材料费(%)	10.00		8.38	
(3)	机械使用费			606.76	
	螺杆氨泵机组 ABLG100Z(台时)	4.00	98.49	393.97	
	卧式冷凝器 WNA－300(台时)		21.79	0	
	氨储液器 ZA－4.5(台时)	1.00	4.95	4.95	
	空气冷却器 GKL－1250(台时)	2.00	22.45	44.90	
	离心式风机 55 kW(台时)	2.00	34.39	68.77	
	水泵 55 kW(台时)	1.00	44.83	44.83	
	玻璃冷却塔 NBL－500(台时)	1.00	39.20	39.20	
	其他机械费(%)	5		10.13	
(4)	其他费用(%)			0	
2	其他直接费(%)	4.00		28.76	
3	现场经费(%)	7.00		50.32	
二	间接费(%)	7.00		55.86	
三	企业利润(%)	7.00		59.77	
四	税金(%)	3.22		29.42	
五	合计			943.02	

注:施工方法:在料仓内用冷风将骨料预冷至0～2 ℃。生产能力200 t/h。

表7		坝体混凝土通水冷却			100 m³ 混凝土
编号	名称及规格	数量	单价(元)		合价(元)
一	直接工程费				2217.42
1	直接费				1997.68
(1)	人工费				121.60
	高级工(工时)				0
	中级工(工时)		6.18		0
	初级工(工时)	40.00	3.04		121.60
(2)	材料费				1 856.36
	钢管(kg)	160.00	6.00		960.00
	低温水(一期冷却)温升5 ℃(t)	80.00	0.60		48.00
	水(二期冷却)(t)	466.00	0.60		279.60
	表面保护材料(m²)	50.00	8.00		400.00
	其他材料费(%)	10.00			168.76
(3)	机械使用费				19.72
	电焊机 20 kVA(台时)	2.00	9.39		18.78
	其他机械费(%)	5			0.94
(4)	其他费用(%)				0
2	其他直接费(%)	4.00			79.91
3	现场经费(%)	7.00			139.84
二	间接费(%)	7.00			155.22
三	企业利润(%)	7.00			166.09
四	税金(%)	3.22			81.75
五	合计				2 620.48

注:施工方法:埋管、通水、观测、混凝土表面保护。冷却管间距1.5 m×1.5 m。

表8			每立方米混凝土温控费用计算				
序号	项目	数量	材料温度(℃)			单价(元)	合价(元)
			初温 t_0	终温 t_i	降幅 = $t_0 - t_i$		
1	制冷水(kg)	150	28	2.00	26.00	0.001 9	7.48
2	制冰(kg)	50	2	−8.0	10.00	0.700 1	35.00
3	一次风冷骨料(kg)	1 650	28	8.00	20.00	0.000 5	18.02
4	二次风冷骨料(kg)	1 650	8	18.20	−10.20	0.000 9	−15.87
5	坝体混凝土通水冷却(m³)	1				26.204 8	26.20
6	合计						70.84

(作者单位:崔海涛、王光辉　中水北方勘测设计研究有限责任公司

何　辉　天津经济技术开发区现代产业区总公司)

低水头消能防冲试验研究

郑慧洋　王英伟　安　伟

一、引　　言

低水头水工建筑物通常由拦河泄水闸坝与进水闸引水渠道等建筑物组成,其消能防冲是一个十分普遍的水力学问题。虽然低水头泄流比高水头泄流的水流能量低,消能要求也相对较低,但由于拦河闸坝的壅水与束水的影响,在洪水期泄流时,水流对枢纽下游河床的冲刷和枢纽下游段建筑物的淘刷常有发生,甚至危及建筑物的安全,因此,对低水头泄流的消能研究很有必要。

人们对水跃的研究已有一个多世纪,尤其是对平底二元自由水跃的研究,取得了大量试验资料和比较可靠的水力设计方法。中小型水闸和跌水工程(一般跃前弗劳德数 $Fr < 4.5$)属于低弗劳德数水跃,它的水流特性主要表现为:①消能不充分,时均消能率一般为 20% ~ 40%,跃后存在着大尺度紊动能量流向下游;②跃后水流流线不平行,垂线上的流速分布不均匀,且底部流速较大;③跃后水面波动较大,当 $2.5 < Fr < 4.5$ 时,水跃末端存在"行进波",产生表面波浪。若在狭窄的渠道内可向下游传播达数千米,对两岸产生危害;若在宽广的河道内,波浪除向下游传播外,还向两侧扩散,因而有一定的减幅作用,但水面仍然起伏不定。$Fr < 2.0$ 时,在闸后形成不完整水跃,会产生多股射流上下摆动,造成不规则上下摆动的水面波,并向下游传播,对下游河道造成冲刷威胁。本文结合龙口水利枢纽工程的特点及地形地质条件,通过对龙口枢纽模型消能防冲设施的多次修改试验,提出了低水头消能防冲问题的解决方案和对消能工的一些修改措施。

二、工程简介及模型设计

龙口水利枢纽工程拟建于黄河北干流上,属二级工程。泄水建筑物包括底孔、表孔和排沙洞,下游采用两级消力池底流消能。龙口水利枢纽工程的特点是低水头、低弗劳德数、低尾水。如 100 年一遇设计洪水时,上下游水位差是 30.88 m,底孔消力池入池弗劳德数 $Fr = 2.29$,下游尾水深 5.75 m;1 000 年一遇校核洪水时,上下游水位差是 32.68 m,底孔消力池入池弗劳德数 $Fr = 3.56$,下游尾水深 6.14 m。该工程坝基下有数层软弱夹泥层,为防止泄水建筑物下游形成较深冲坑,使夹泥层外露,危及坝体安全,下游河道流速应小于基岩设计允许抗冲流速 6.5 m/s。

按设计要求,选定正态模型,几何比尺 $L_r = 100$,模型上游截取河道地形长 800 m,宽 500 m,下游截取河道地形长 3 000 m,宽为 1 300 m。溢流坝堰面和消力池底板均采用水泥浆刮制,枢纽电站及排沙洞用有机玻璃制成,精度及比尺均满足设计要求。

三、试验成果分析

（一）原方案试验

龙口枢纽原方案布置如图1所示。

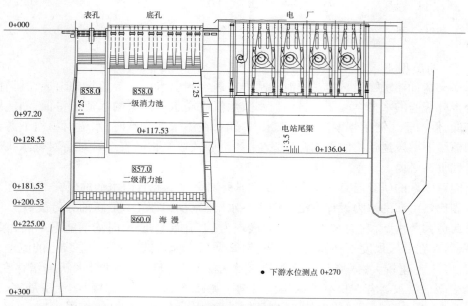

图1 龙口枢纽原方案平面布置

消力池的设计洪水为50年一遇,校核洪水为100年一遇。两级工况泄洪时,表、底孔的两级消力池内均发生完整水跃,海漫起始断面单宽流量分别为46.8 m³/(s·m)和48.2 m³/(s·m),消能率为72.0%和71.9%,弗劳德数为0.86和0.90。底孔一级池消能率分别为58.2%和60.4%。

经过两级消力池及差动尾坎+反坡段的消能,总消能率达到了72.0%,证明消力池的消能效果比较好。尽管水流以缓流形式出池,但当水流进入下游河床时,该段河床基岩裸露,床面高程基本在860 m,海漫段至0+300 m断面流态有明显的急流段,急流段后又形成波状水跃,一直向下游漫延。由于出池单宽流量为定值,下游水深较浅(4~5 m),造成局部流速较大,特别是0+250断面附近,最大流速达到10.08 m/s左右。也就是说,出池以后超过200长的主流区流速大于基岩的抗冲流速6.5 m/s。说明消力池的消能设施需要进一步优化,必须采用一定的工程措施来进一步提高消能率,减小入河流速。

（二）修改方案试验

由于本工程泄水建筑物具有弗劳德数低、下游水深浅等特点,下游消能防冲的改善有一定难度。本次试验主要从以下两方面来解决消能问题:一是增加消力池出口宽度,减小入河单宽流量;二是设置各种辅助消能设施。

考虑坝体抗滑稳定要求,消力池基岩不能开挖过深,修改试验中维持原设计消力池底板高程。增加消力池出口断面宽度,减小出池单宽流量,将底孔二级池左导墙1:25的扩散角改为1:5,将表孔二级池的直墙改为1:8的扩散角斜墙;将底孔一级池长度缩短10m,并降低坎高高度1.1 m,使池内水跃仍保持完整;简化表孔一级消力池两级坎的布置,将表、底孔一级池尾坎合并为同一高度(865.00m)及断面位置移到(0+107.53);原差动坎体形不变,坎后反坡段坡度由1:6.7改为1:3,从而进一步减小河道底流速,调整流速分布。经修改后消力池布置方案如图2所示。

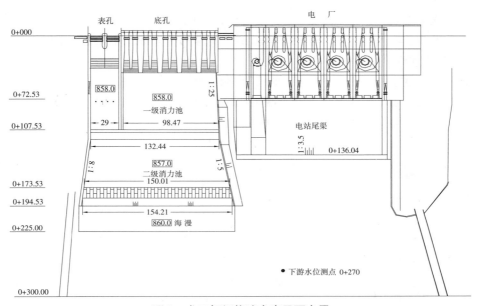

图2 龙口枢纽修改方案平面布置

通过上述消力池及其辅助消能工的改善,在各种工况下,修改后的表、底孔两级消力池内水跃均为完整水跃,消力池的效能率提高到了74.9%,消力池内水流流态也有了一定改善,但消力池后海漫段及其下游仍出现急流区,最大流速仍在0+250断面。与原方案比较,各断面流速分布趋于均匀化,下游河道流速略有降低,底流速超过基岩抗冲流速的范围也比原方案减少约100 m长。原方案和修改方案下游各断面最大底部流速对比如表1所示。

表1 　　　　　　　　**原方案与修改方案下游各断面最大底部流速对比**

库水位(m)	断面	原方案流速(m/s)	修改方案流速(m/s)
895.77 (50年一遇)	0+250	10.08	9.73
	0+300	7.90	7.47
	0+400	7.80	6.31
896.34 (100年一遇)	0+250	10.10	9.62
	0+300	8.64	7.39
	0+400	7.80	6.49
898.34 (100年一遇)	0+250	10.17	9.11
	0+300	9.22	7.59
	0+400	8.23	6.82

注:0+225为海漫末端断面。

（三）消能工体型的确定

针对修改方案存在的问题,参考原设计方案,将消力池体型再做局部调整:①将一级池池长 65 m 改回原设计池长 75 m,坎高维持修改方案不变;②二级消力池池底高程由 857 m 降至 855 m;③二级池末端差动坎改为连续坎,位置恢复到原设计 0 + 181.53,池深 5 m,与海漫高程 860.0 m 平接。

试验结果表明:加大消力池池深,并没有改善池后急流区流态,河床最大流速也没有降低。差动坎改为连续坎,使水流收缩段河床最大流速有所增加,从消能和水流衔接方面来讲,差动坎优于连续坎。

综合权衡上述利弊关系,消能工的最终方案和修改方案基本相同,底孔一级池池长恢复原设计 75 m,二级池末端差动坎不变,位置恢复到原设计 0 + 181.53,二级消力池池底高程 857 m,池深 3 m,与海漫高程 860.0 m 平接。消力池的最终方案布置如图 3 所示。

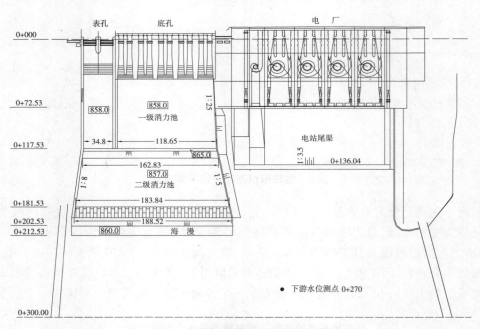

图 3　龙口枢纽最终方案平面布置

（四）局部动床试验及海漫下游的局部冲刷

通过以上各种方案比较,消能工的最终方案能最大程度上缓解本工程的消能问题,即便如此,主流区内仍有局部流速大于基岩设计抗冲流速,这意味着海漫下游可能有一定深度冲刷。

为查明海漫段出流对基岩的局部冲刷,还进行了局部动床试验,按设计提供的岩石抗冲流速 6.5 m/s 选沙,模型铺设 $d_{50} = 6$ mm 的白石子作为模拟基岩材料,铺设范围为 0 + 225—0 + 350。

试验表明,在各种工况下,与定床试验的河床流态相比,消力池海漫出流的急流区有所缩短,急流区最大流速断面前移到海漫末端 0 + 225 处,比定床试验向上游移动 25 m。

在 0 + 250 断面处,水深比定床试验值增加了 1 ~ 2 m,相应流速降低了 1.5 ~ 2.0 m/s,海漫末端无明显局部冲刷。按下式局部冲刷深度公式计算,其计算结果如表 2 所示。

$$h_冲 = \alpha q_起 / \nu_k$$

式中 $h_冲$——海漫出流局部冲刷深度,m,从下游水面算起;

$q_起$——海漫出流单宽流量,$m^3/(s \cdot m)$;

α——单宽流量集中系数,$\alpha = 1.1 \sim 1.5$,取 $\alpha = 1.3$;

ν_k——基岩抗冲流速,m/s,设计值为 6.5 m/s。

表 2   海漫出流局部冲刷深度计算

库水位(m)	$q_起$($m^3/(s \cdot m)$)	$h_冲$		下游水位(m)
		深度(m)	高程(m)	
895.77(50 年一遇)	46.77	9.35	856.47	865.82
896.34(100 年一遇)	48.24	9.65	856.27	865.92
898.34(1000 年一遇)	53.01	10.60	855.64	866.24

计算结果得出,海漫下游最大冲刷坑的坑底高程为 855.64 m,冲刷坑位置大致位于断面 0 + 235 处,参考此高程值可以设计消力池后垂直防冲齿墙底高程。

(五)其他消能防冲措施

试验在最终方案的基础上,在消力池下游约 350 m 范围之内用小石子加糙,糙率约 0.06,试验表明,加糙后下游平均水深增大,流速明显减小,50 年一遇洪水工况下,在消力池出口下游 200 m 范围之内,底流速均小于 6.00 m/s。这表明,减小下游河道流速,除修改消力池本身外,还可以考虑采取一些其他措施,如在下游设置泥凝土加糙墩或在消力池出口末端设置足够深度的垂直防冲齿墙,以避免局部冲深使夹泥层外露。

四、结 语

(1)该工程的特点是低水头、低弗劳德数、低尾水,所以下游消能防冲的改善具有相当的难度。通过各种方案的试验研究,下游河道流速较原设计方案有所减少,但是下游仍有局部流速大于基岩设计抗冲流速。

(2)通过对消力池体形的局部修改,水流流速流态都有了一定的改观,最终方案消能工能进一步发挥其消能作用。

(3)考虑海漫段下游会产生一定的冲刷,冲坑位置离坝趾较远,不会对坝体稳定产生影响。建议在消力池出口末端设置足够深度的垂直防冲齿墙,或在消力池出口下游一定范围内设置加糙墩。

(作者单位:中水北方勘测设计研究有限责任公司)

黄河龙口水利枢纽工程抗冲磨混凝土试验研究

张中炎　王维忠　王　瑛

一、前　　言

自 1995 年开始,对龙口水利枢纽工程混凝土配合比试验做了大量的试验研究,对龙口抗冲磨混凝土也进行了初步研究,成果表明:利用灰岩人工砂石骨料配制的混凝土 28 d 抗冲磨强度仅为 3 h/(g·cm^{-2}) 左右,利用天然砂配制的混凝土 28 d 抗冲磨强度可达到 6~8 h/(g·cm^{-2})。但当时设计并未提出抗冲磨强度指标,到了 2005 年龙口水利枢纽工程招标设计阶段,设计提出混凝土 90 d 抗冲磨强度要达到 12.0 h/(g·cm^{-2}),显而易见,之前的成果根本不能满足这一要求。为解决这一问题,试验采用铁矿石(小石)来部分替代人工碎石(小石),用以提高混凝土的抗冲磨性能。研究结果表明:利用天然砂、人工碎石与铁矿石的混合石配制的混凝土 28 d 抗冲磨强度可达到 11~13 h/(g·cm^{-2}),可以满足设计要求。2009 年 4 月龙口水利枢纽蓄水安全鉴定专家意见,要求设计对龙口右岸消能建筑物过流面尤其是高流速区过流面存在较严重抗冲磨问题的区域面层混凝土进行进一步研究,根据龙口现场混凝土骨料、胶凝材料以及外加剂等实际情况在原试验的基础上补充有关抗冲磨混凝土试验。

二、用铁矿石替代部分人工碎石的抗冲磨混凝土配合比试验

本次试验选用的材料有:①3 种水泥。抚顺中热 42.5 水泥、抚顺抗磨 42.5 水泥、大同普硅 42.5 水泥。②粉煤灰。神头二电厂生产的 I 级粉煤灰。③细骨料。大东梁天然砂。④粗骨料。20~40 mm 的中石采用三道沟东侧石料厂的人工碎石、5~20 mm 的小石采用安徽省无为县蛟矶磨料磨具厂的铁矿石。⑤外加剂。江西武冠新材料股份有限公司生产的 WG – HEA 抗裂型防水剂和北京翰苑技术开发公司生产的 MPAE 引气剂;江西省萍乡市联友建材有限公司生产的 HC – HJ 高效减水剂和 HC – F 引气剂。⑥纤维。天津市思腾纤维科技开发有限公司生产的聚丙烯改性亲水纤维。

根据设计指标的要求,利用以上的原材料,采用正交设计进行混凝土配合比优化组合试验。通过对试验数据的综合分析,得出以下结论:①混凝土中掺入一定的聚丙烯纤维,可降低混凝土的静力抗压弹性模量,提高混凝土的极限拉伸值,即可提高混凝土的抗裂性能。②采用铁矿石部分替代人工碎石,可提高混凝土的抗冲磨强度。由于设计对混凝土的抗冲磨强度要求较高,而混凝土的抗冲磨强度又与铁矿石的质量有很大关系,因此建议要严格控制

铁矿石的选择。③采用抚顺抗磨水泥配制的混凝土与其他两种水泥配制的混凝土相比,用水量大,水泥用量也增大,但其抗压强度却明显小于后两者的抗压强度,其抗冲磨强度也没有优势。因此,建议混凝土配合比中未推荐抚顺抗磨水泥配制的混凝土。针对不同部位优选出混凝土配合比试验结果见表1。

表1 推荐的混凝土配合比

编号	水泥品种	水灰比	砂率(%)	粉煤灰掺量(%)	纤维产地	外加剂		材料用量(kg/m³)		抗压强度(MPa)				抗冲磨强度(h/(g·cm⁻²))	
						品种	减水剂(%)	引气剂(1/10 000)	水	石子	7 d	28 d	60 d	90 d	28 d	90 d
M8	大同普硅	0.35	32	15	天津	HEA 和 MPAE	8	0.08	125	1 580	47.4	57.8	63.6	70.8	12.6	16.0
M11	普硅	0.40	33	0	—		8	0.09	125	1 606	44.5	52.7	58.3	62.8	12.0	14.2
M22	抚顺	0.35	32	15	天津		8	0.09	116	1 644	47.3	56.1	59.6	63.3	12.4	14.6
M25	中热	0.40	33	0	天津		8	0.08	116	1 666	41.5	51.2	55.6	58.7	12.3	14.3
M15	大同普硅	0.35	32	15	—	HC 系列	0.8	0.35	130	1 556	46.2	50.7	59.0	62.4	11.8	14.2
M29	抚顺中热	0.40	33	0	天津		0.8	0.35	123	1 638	37.7	45.3	51.6	56.9	11.6	14.5

注:1.试验用粗、细骨料均以饱和面干状态为基准;2.石子采用铁小石:人工中石 =50:50 的级配比例;3.粉煤灰、外加剂掺量是以占胶凝材料总重量的百分比计算;4.混凝土坍落度控制在 3~7 cm,含气量控制在 4%~5%;5.表中配合比混凝土的抗冻性能均大于 F200。

对溢流面、闸墩、导墙、底孔周围、护坦等($C_{90}45F200$)建议选择 M11、M15、M25、M29。对蜗壳周围($C_{28}40F50W6$)建议选择 M8、M11、M22、M25。对排沙洞周围($C_{28}45F50W6$)建议选择 M8、M22。

三、用硅粉替代部分水泥的抗冲磨混凝土配合比试验

利用天然砂、人工碎石与铁矿石的混合石配制的混凝土28 d抗冲磨强度可达到 11~13 h/(g·cm⁻²),可以满足设计要求,但由于铁矿石产量有限且价格上涨,无法满足工程需要。因此根据 2009 年 4 月龙口水利枢纽蓄水安全鉴定专家意见,要求设计对龙口右岸消能建筑物过流面尤其是高流速区过流面存在较严重抗冲磨问题的区域面层混凝土进行研究,以便2010 年 4 月至 6 月进行右岸消力池面层混凝土施工时各项指标、参数更加科学合理,故根据龙口现场混凝土骨料、胶凝材料以及外加剂等实际情况在原试验的基础上补充有关抗冲磨混凝土试验,为优化龙口三期导流期间消力池面层混凝土提供依据,为此,本次试验用硅粉替代部分水泥,用以提高混凝土的抗冲磨性能。

按照设计对混凝土的要求,结合龙口现场实际情况,本次试验选用的材料有:

(1)水泥:内蒙古冀东水泥有限公司生产的"盾石"牌普通硅酸盐 P. O42.5 水泥。

（2）粉煤灰：河曲二电厂生产的Ⅱ级粉煤灰。

（3）硅粉：山西黄河新型化工有限公司生产的硅粉。

（4）细骨料：施工现场的人工砂、天然砂。

（5）粗骨料：人工碎石，其粒径分为：5～20 mm 和 20～40 mm。

（6）外加剂：山西黄河新型化工有限公司生产的 HJSX－A 型聚羧酸高性能减水剂、石家庄市中伟建材有限公司生产 DH－9A 引气剂。

（7）纤维：试验采用 4 种纤维进行混凝土配合比设计，通过比较选择最优的纤维推荐用于施工。①天津思腾纤维科技开发有限公司生产的聚丙烯亲水性纤维（以下简称聚丙烯纤维），单丝纤维长度 19 mm，直径 0.48 μm。②天津思腾纤维科技开发有限公司生产的胶黏成排钢纤维（以下简称钢纤维），单丝纤维长度 30 mm，直径 0.50 mm。③上海罗洋新材料科技有限公司生产的 UF500 纤维素纤维（以下简称 UF500 纤维）。④上海瑞高实业发展有限公司生产的 CTF850 纤维素纤维（以下简称 CTF850 纤维）。

（一）混凝土的技术要求

混凝土的设计技术指标列于表 2。

表 2 混凝土的设计技术指标

部位	混凝土标号	28 d 抗拉强度 （MPa）	抗冲磨强度 （h/(g·cm⁻²)）		粉煤灰 掺量 （%）	骨料 最大粒径 （mm）	保证率 （%）	28 d 极限拉伸 （×10⁻⁴）
			90 d	28 d				
消力池及 消力坎面层等	C₉₀50F200 抗冲耐磨	>2.65	>9.0	>10.0	<20	40	95	>0.88

（二）抗冲磨混凝土配合比试验

由于施工现场有较多的人工砂，设计最初建议选用人工砂进行混凝土配合比试验。采用人工砂进行混凝土配合比试验时，发现用人工砂配制的混凝土 28 d 的抗冲磨强度较低，远小于 9.0 h/(g·cm⁻²) 的设计要求。而采用原龙口工程大东梁天然砂掺用硅粉后配制的混凝土（L21），其 28 d 抗冲磨强度可以满足设计要求。经与设计协商后改用施工现场的天然砂再次进行混凝土配合比试验。

1. 混凝土抗压强度试验结果

根据设计技术要求和试验选用的原材料，利用正交设计进行混凝土配合比优化组合试验。通过试验看出：水灰比为 0.35 时，混凝土 90 d 抗压强度均不能满足设计要求。只有水灰比小于 0.32 并在混凝土中掺入硅粉后，混凝土 90 d 的抗压强度才能达到设计要求 C50 的配制强度 59.0 MPa。采用人工砂配制的混凝土，编号为 L3、L11 配合比的混凝土 90 d 抗压强度为 60.0 MPa 和 61.2 MPa；采用施工现场天然砂配制的混凝土，编号为 L24、L25、L27、L28 配合比的混凝土 90 d 的抗压强度可达到 59.2～62.3 MPa，均可满足 C50 混凝土的配制强度。水胶比≤0.32 的混凝土配合比试验结果列于表 3。

表 3　　　　　　　　　　　　　抗冲磨混凝土配合比试验结果

编号	水灰比	粉煤灰掺量(%)	硅粉掺量(%)	纤维品种	砂率(%)	SX-A减水剂掺量(%)	DH-9A引气剂掺量(1/10000)	材料用量(kg/m³)		抗压强度(MPa)				抗冲磨强度(h/(g·cm⁻²))	
								水	石	7d	28d	60d	90d	28d	90d
L2	0.32	10	0	聚丙烯纤维	31.5	0.8	0.6	132	1 280	40.9	45.7	47.6	50.1	5.0	7.1
L3		15	5		31.0	0.8	1.5	130	1 288	40.6	52.2	54.7	60.0	4.3	7.0
L6	0.32	10	5	钢纤维	32.5	0.8	0.4	128	1 272	38.5	50.1	55.5	56.9	5.2	8.0
L11	0.30	10	8	UF500纤维	31.0	0.8	1.9	135	1 262	47.3	56.7	59.8	61.2	5.4	7.7
L12	0.32	10	5		31.5	0.8	1.3	128	1 292	41.2	50.0	52.8	55.6	5.4	7.5
L13		15	0		32.0	0.8	0.9	123	1 300	36.8	43.5	48.8	54.0	4.9	7.3
L17	0.32	15	5	CTF850纤维	31.0	0.8	1.7	131	1 284	39.0	51.5	54.9	58.2	3.0	5.9
L21	0.32	10	8	—	30.0	0.7	2.2	129	1 312	43.0	50.2	56.9	60.5	10.0	11.6
L23	0.30	10	0	聚丙烯纤维	32.0	0.7	1.0	120	1 310	39.9	46.9	50.8	53.0	11.0	12.3
L24		10	5		31.0	0.8	1.6	132	1 274	40.0	52.3	57.9	61.4	13.3	13.8
L25		10	5		31.0	0.8	1.1	132	1 278	39.9	48.9	55.3	59.2	11.3	12.7
L26	30	10	0	UF500纤维	32.0	0.8	1.2	119	1 306	41.3	51.0	53.7	56.7	11.4	12.9
L27		10	8		31.0	0.8	2.0	132	1 274	42.6	53.9	58.2	62.3	12.6	13.8
L28		10	5		31.0	0.8	1.0	125	1 304	42.4	52.2	56.4	60.9	12.2	13.1

注:1. 试验用粗、细骨料均以饱和面干状态为基准。2. 石子采用小石:中石=50:50 的级配比例;3. 粉煤灰、硅粉、外加剂掺量是以占胶凝材料总重量的百分比计算。4. 混凝土坍落度控制在 3~5 cm,含气量控制在 4%~5%。5. 表中 L23-L28 配合比混凝土 28 d 的抗拉强度均大于 4.1 MPa,极限拉伸均大于 99×10⁻⁶,抗冻性能均大于 F200。⑥L2-L7 为人工砂,L21 为大东梁天然砂,L23-L28 为施工现场天然砂。

2. 混凝土抗冲磨强度试验结果

采用人工砂配制的混凝土,混凝土 28 d 的抗冲磨强度为 3.0~5.4 h/(g·m⁻²),均低于设计要求 9.0 h/(g·m⁻²);混凝土 90 d 的抗冲磨强度为 5.9~8.2 h/(g·m²),均小于设计要求 10.0 h/(g·m⁻²)。采用天然砂配制的混凝土,混凝土 28 d 的抗冲磨强度为 11.0~13.3 h/(g·m⁻²),均可满足设计要求;混凝土 90 d 的抗冲磨强度为 12.3~13.8 h/(g·m⁻²),均可满足设计要求。

用纤维种类(聚丙烯纤维、钢纤维、UF500 纤维、CTF850 纤维)、水灰比(0.32、0.35)、粉煤灰掺量(10%、15%)和硅粉掺量(0、5%)构成 L8(4¹×2⁴)的正交设计表对人工砂混凝土抗冲磨强度进行直观分析:影响混凝土抗冲磨性能的主要因素是纤维种类。用 UF500 纤维配制的混凝土的抗冲磨性能优于其他纤维配制的混凝土。

用纤维种类(聚丙烯纤维、UF500 纤维)和硅粉掺量(0、5%)构成 L4(2³)的正交设计表对天然砂混凝土抗冲磨强度进行直观分析:①影响混凝土抗冲磨性能的主要因素是纤维种类。用 UF500 纤维配制的混凝土比用聚丙烯纤维配制的混凝土的抗冲磨强度高一些。②影响混凝土抗冲磨性能的次要因素是硅粉掺量。随着硅粉掺量的增加,其抗冲磨性能提高。

综合分析上述结果,可以看出:只有编号 L24、L25、L27 和 L28 的混凝土既能满足抗压强度又能满足抗冲磨强度等的设计要求。考虑到利用现场的天然砂及人工粗骨料、用 UF500 纤维配制的混凝土比用聚丙烯纤维配制的混凝土的抗冲磨强度高一些,且以 5% 硅粉和 10% 粉煤灰作为掺和料配制的混凝土既经济又便于施工。因此,推荐编号 L28 的配合比作为现场施工用配合比。2010 年 4 月,经施工单位将现场施工的抗冲磨混凝土取样,其混凝土 28 d 抗冲磨强度为 9.2 h/$(g \cdot cm^{-2})$,可以满足设计对工程的技术要求。

四、结　　语

对于龙口水利枢纽工程泄水建筑物过水部位、溢流坝面、消力池、蜗壳周围和排沙洞周围等部位有较高抗冲磨要求的混凝土,细骨料要选用天然砂,利用铁矿石替代部分人工碎石,或用硅粉替代部分水泥,同时掺入纤维,可以配制出满足设计要求的抗冲磨强度的混凝土。

参 考 文 献

1 DL/T 5150—2001　水工混凝土试验规程[S].
2 DL/T 5144—2001　水工混凝土施工规范[S].
3 DL/T 5 207—2005　水工建筑物抗冲磨防空蚀混凝土技术规范 [S].

(作者单位:中水北方勘测设计研究有限责任公司)

黄河龙口水利枢纽工程
招标设计混凝土配合比试验研究

李　昆　翟中文　都桂芬

　　龙口水利枢纽是万家寨水电站反调节水库,具有使黄河龙口—天桥区间不断流、参与系统调峰并兼有滞洪削峰等综合利用效益。枢纽主要由大坝、电站厂房、泄水建筑物等组成。水库总库容 1.957 亿 m³,电站总装机容量 420 MW。工程规模为大(Ⅱ)型,工程等别为二等。设计防洪标准为 100 年一遇洪水,校核标准为 1 000 年一遇洪水。大坝为常态混凝土重力坝,最大坝高 51.0 m,混凝土方量约为 95 万 m³。

一、试验用原材料

(一)水泥

　　采用抚顺水泥股份有限公司生产的中热硅酸盐 42.5 水泥和低热矿渣硅酸盐 32.5 水泥;大同水泥集团公司生产的普通硅酸盐 42.5 水泥和矿渣硅酸盐 32.5 水泥。4 种水泥的各项性能满足现行规范的要求。水泥的化学成分见表 1,掺与不掺粉煤灰的水泥水化热试验结果见表 2。由表 2 可以看出:同一厂家的矿渣水泥的水化热比普通硅酸盐水泥水化热低得多,前者 7 d 水化热比后者降低了 10% ~20%;4 种水泥掺 20% 粉煤灰后 7 d 水化热均降低了 15% ~20%。

(二)掺合料

　　采用山西鲁能电厂生产的粉煤灰,其化学成分见表 1。粉煤灰的各项性能指标达到了Ⅱ级粉煤灰的要求。

表 1　　　　　　　　　　　　　水泥和粉煤灰的化学成分

品种	化学成分(%)									
	SiO_2	Al_2O_3	Fe_2O_3	Na_2O	K_2O	CaO	MgO	TiO_2	SO_3	烧失量
抚顺中热 42.5	20.29	4.85	4.94	0.31	0.66	62.51	3.81	0.34	1.58	0.58
抚顺低热矿渣 32.5	25.94	6.91	3.38	0.42	0.67	54.96	4.28	0.43	1.54	1.00
大同普硅 42.5	22.6	5.44	3.18	0.42	1.16	61.37	2.84	0.24	2.84	2.89
大同矿渣 32.5	27.82	9.98	4.42	0.41	1.26	50.82	2.40	0.39	2.34	2.65
山西鲁能电厂灰	45.88	41.24	2.51	0.17	0.86	3.62	0.60	1.53	0.30	3.30

(三)骨料

　　采用三道沟东侧石料厂的人工骨料和大东梁天然砂。其中人工砂的细度模数为 2.7,

石粉含量约15%；天然砂的细度模数为2.6。细骨料以天然砂为主,人工砂只在内部混凝土中采用。

表2 水泥的水化热试验结果

| 品种 | 水化热（J/g） | | | | | |
| | 3 d | | | 7 d | | |
	0	20%	30%	0	20%	30%
抚顺中热 42.5	232	157	—	261	208	—
抚顺低热矿渣 32.5	168	139	129	214	181	166
大同普硅 42.5	258	215	—	292	243	—
大同矿渣 32.5	226	205	189	270	234	219

注:粉煤灰掺量 0,20%,30%。

（四）外加剂

减水剂为天津雍阳减水剂厂生产的 UNF – 5 高效减水剂和江西省萍乡市山口轻化建材生产的 HC – HJ 高效减水剂;引气剂为北京翰苑技术开发公司生产的 MPAE 引气剂和江西省萍乡市山口轻化建材生产的 HC – F 引气剂。

二、混凝土配合比设计与试验

（一）混凝土的设计要求与配制强度

大坝主体各部位混凝土的设计要求及配制强度列于表3。

表3 混凝土设计要求与配制制度

序号	部 位	设计要求	28 d 极限拉伸值（×10⁻⁴）	粉煤灰极限掺量（%）	骨料最大粒径（mm）	保证率 P（%）	配制强度（MPa）
1	上游坝面高程 885 m 以下基础强约束区(包括上游齿槽)	$C_{90}20W6F50$	≥0.8	20	80,150	85	24.6
2	高程 885 m 以上上游坝面、门槽、胸墙、水上部分	$C_{90}20W4F200$	—	20	80	85	24.6
3	下游坝面	$C_{90}20F150$	—	20	80,150	85	24.6
4	坝体内部	$C_{90}15W4F50$	—	30	150	85	18.9
5	消力池过渡层	$C_{90}30W6F50$	—	20	80,150	90	37.1
6	厂房内部混凝土	$C_{28}20W4F50$	—	20	80	85	24.6
7	厂房构件及二期混凝土	$C_{28}25W4F50$	—	20	40	85	30.8

（二）混凝土配合比设计

混凝土配合比试验中粉煤灰掺量取 0、20%、30%，二级配小石∶中石 = 40∶60，三级配小石∶中石∶大石 = 30∶20∶50，四级配小石∶中石∶大石∶特大石 = 25∶20∶25∶30。减水剂与引气剂复合掺用，其中 UNF – 5、HC – HJ 的掺量分别为 0.75% 和 0.8%。混凝土拌和物坍落度控制 50 ~ 70 mm，含气量 4% ~6% 范围内。混凝土配合比见表4。

（三）混凝土的抗压强度、弹性模量及轴拉强度

混凝土的抗压强度、弹性模量及轴拉强度试验结果列于表4。由表4可以看出：

（1）在水胶比 0.45 ~ 0.55、粉煤灰掺量为 20% 的情况下，掺用抚顺中热 42.5 水泥和大同普硅 42.5 水泥的混凝土可以满足厂房构件及二期混凝土 $C_{28}25$ 的配制强度。

（2）水胶比为 0.55 的抚顺矿渣 32.5 水泥和大同矿渣 32.5 水泥的三级配混凝土满足厂房内部 $C_{28}20$ 混凝土的配制强度要求。

（3）在水胶比 0.50、粉煤灰掺量为 20% 的情况下，掺用抚顺中热 42.5 水泥和大同普硅 42.5 水泥的三级配混凝土可以满足消力池段 $C_{90}30$ 混凝土的配制强度。坝体内部、上下游坝面混凝土，设计强度等级较低，为 C15 ~ C20，在水灰比小于 0.65 的条件下，所有配合比均可达到设计的强度要求。

（4）在相同条件下，混凝土的静力抗压弹性模量随着水胶比的增大而减小，随着龄期的增长而增大；混凝土轴心抗拉强度及极限拉伸值也随着龄期的增长而呈增大的趋势。

（5）水胶比为 0.50 ~ 0.55、粉煤灰掺量为 20%，采用抚顺低热矿渣 32.5 水泥、大同矿渣 32.5 水泥和抚顺中热 42.5 水泥的混凝土 28 d 的极限拉伸值达到 $(0.81 ~ 0.84) \times 10^{-4}$，可以满足基础混凝土 28 d 极限拉伸值大于 0.8×10^{-4} 的技术要求。

（四）混凝土的干缩变形及自生体积变形

混凝土的干缩是指在无外荷载和恒温条件下干、湿引起轴向长度变形。经试验，三、四级配混凝土干缩曲线规律趋于一致，前 28 d 干缩率较大，后期趋于稳定，其 90 d 干缩率为 $(280 ~ 318) \times 10^{-6}$。

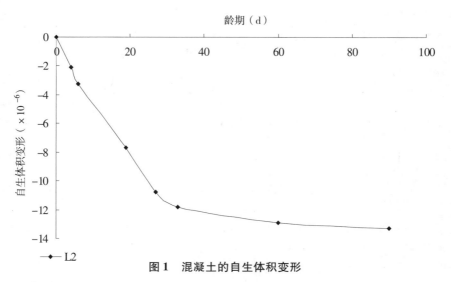

图1　混凝土的自生体积变形

混凝土配合比及抗压、轴拉强度、弹性模量试验结果　表4

编号	水泥品种	水灰比	粉煤灰掺量(%)	砂率(%)	石子最大粒径(mm)	砂子种类	用水量(kg/m³)	外加剂 HC-HJ(%)	外加剂 HC-F/引气剂(%)	抗压强度(MPa) 7d	28d	60d	90d	静力抗压弹性模量(GPa) 7d	28d	60d	90d	轴拉强度(MPa) 28d	90d	极限拉伸值(×10⁻⁴) 28d	90d
L1	抚顺低热矿渣32.5	0.50	0	33	80	天然	110	0.8	0.25	15.9	32.6	34.5	38.5	20.2	28.4	–	38.6	2.95	3.58	0.91	1.00
L2	抚顺低热矿渣32.5	0.50	20	33	80	天然	108	0.8	0.28	11.6	28.3	36.0	38.6	20.5	30.0	36.7	39.4	3.11	3.53	0.84	0.95
L4	抚顺低热矿渣32.5	0.55	20	34	80	天然	110	0.8	0.28	10.7	27.7	34.6	36.6	–	29.2	–	35.3	2.29	3.15	0.74	0.83
L8	抚顺低热矿渣32.5	0.65	30	33	150	天然	108	0.8	0.26	6.9	20.4	23.5	29.4	17.5	27.5	30.2	34.0	1.64	2.72	0.56	0.64
L12	抚顺低热矿渣32.5	0.65	30	33	150	人工	98	UNF-5 0.75	MPAE 0.9‰	10.7	20.0	–	26.5	17.0	25.5	–	35.9	1.85	2.90	0.60	0.72
L13	抚顺低热矿渣32.5	0.50	20	33	80	天然	103	UNF-5 0.75	MPAE 0.13‰	16.8	30.6	35.8	39.8	20.2	30.1	–	36.6	2.80	3.48	0.81	0.98
L16	抚顺低热矿渣32.5	0.65	30	33	150	天然	103	UNF-5 0.75	MPAE 0.15‰	7.7	16.6	20.2	23.7	18.2	25.7	–	33.5	1.86	2.85	0.64	0.77
L24	抚顺中热硅42.5	0.45	20	35	40	天然	124	0.8	0.21	25.4	40.1	–	–	30.2	37.0	42.6	49.3	3.43	4.63	0.85	1.08
L25	抚顺中热硅42.5	0.50	20	36	40	天然	124	0.8	0.21	23.0	38.1	–	–	–	37.0	44.6	44.6	2.69	3.58	0.80	0.97
L44	抚顺中热硅42.5	0.55	20	37	40	天然	124	0.8	0.23	18.2	31.7	–	–	27.4	32.7	39.2	39.2	3.23	3.76	0.89	0.95
L26	抚顺中热硅42.5	0.50	20	33	80	天然	110	0.8	0.22	22.9	39.1	43.2	45.8	26.5	31.0	33.9	35.5	2.90	3.80	0.82	0.91
L28	抚顺中热硅42.5	0.55	20	34	80	天然	110	0.8	0.26	19.7	31.9	35.2	38.9	33.3	35.6	–	40.2	3.10	3.87	0.85	0.94
L27	抚顺中热硅42.5	0.50	20	30	150	天然	103	0.8	0.26	17.1	36.8	38.6	40.8	29.8	35.0	36.1	37.6	2.43	3.46	0.81	0.99
L29	抚顺中热硅42.5	0.55	20	31	150	天然	103	0.8	0.27	17.2	30.6	33.7	38.5	20.2	28.4	–	38.6	2.95	3.58	0.91	1.00
L35	大同普硅42.5	0.45	20	35	40	天然	110	0.8	0.25	27.6	40.5	–	–	–	–	41.0	43.9	2.92	3.77	0.78	0.94
L36	大同普硅42.5	0.50	20	36	40	天然	108	0.8	0.25	24.9	37.1	–	–	–	36.7	–	41.3	2.60	3.53	0.76	0.94
L45	大同普硅42.5	0.55	20	37	40	天然	110	0.8	0.21	20.6	34.0	–	–	34.5	38.7	–	40.8	3.12	3.85	0.76	1.01
L37	大同普硅42.5	0.50	20	33	80	天然	108	0.8	0.20	25.7	36.1	–	43.1	32.1	35.9	36.8	38.6	2.70	3.60	0.81	0.96
L39	大同普硅42.5	0.55	20	34	80	天然	98	0.8	0.18	19.0	29.6	33.7	36.4	31.7	35.6	–	38.2	3.10	3.82	0.82	0.99
L38	大同普硅42.5	0.50	20	30	150	天然	103	0.8	0.18	23.5	35.2	38.6	43.5	30.2	30.2	34.7	37.7	3.30	3.90	0.98	1.10
L40	大同普硅42.5	0.55	20	31	150	天然	103	0.8	0.16	19.9	26.6	39.8	39.8	26.4	29.3	35.1	38.3	2.59	3.57	0.81	0.94
L18	大同矿渣32.5	0.50	20	33	80	天然	124	0.8	0.27	21.2	31.7	–	41.4	–	29.6	–	34.4	2.53	3.50	0.78	0.88
L20	大同矿渣32.5	0.55	20	34	80	天然	124	0.8	0.27	17.4	32.2	–	40.2	25.5	30.0	–	36.8	2.61	3.70	0.75	0.86
L21	大同矿渣32.5	0.60	30	32	150	天然	124	0.8	0.30	14.4	28.6	–	36.9	21.4	32.5	34.1	36.1	2.68	3.63	0.80	1.03
L23	大同矿渣32.5	0.60	30	32	150	人工	110	UNF-5 0.75	MPAE 0.6‰	12.3	21.9	28.5	31.3	41.0	41.0	–	43.9	2.92	3.77	0.78	1.03
L43	大同矿渣32.5	0.55	20	34	80	天然	110	UNF-5 0.75	MPAE 0.08‰	18.5	30.8	34.3	36.5	–	36.7	–	41.3	2.60	3.53	0.76	0.94
L42	大同矿渣32.5	0.60	30	32	150	天然	103	UNF-5 0.75	MPAE 0.09‰	12.9	22.5	24.5	27.0	34.5	38.7	–	40.8	3.12	3.85	0.76	1.01

混凝土的自生体积变形是指在绝湿恒温条件下仅仅由胶凝材料水化而引起的体积变形。试验选取水胶比为 0.50 的抚顺低热矿渣混凝土(L2),自生体积变形曲线见图 1。由图 1 可见:其自生体积变形为收缩过程,其最大收缩变形约为 14×10^{-6},后期自生体积基本保持稳定。

(五)混凝土的热性能

混凝土的热性能随骨料种类、混凝土配合比、含水状态、温度等而变化。常温下,水胶比为 0.50 的抚顺低热矿渣混凝土(L2)导温系数为 9.167×10^{-7} m²/s,线膨胀系数为 8×10^{-6} K⁻¹,比热为 0.90 kJ/(kg·K),导热系数为 2 W/(m·K)。

(六)混凝土的耐久性

混凝土的抗冻、抗渗性能是耐久性的主要指标。抗冻试验采用快冻法,抗渗试验采用逐级加压法,其试验结果列于表 5。

表 5　　混凝土耐久性试验结果

编号	水泥品种	水灰比	粉煤灰掺量(%)	石子最大粒径(mm)	28 d 抗冻性								28 d 抗渗等级
					相对动弹模数(%)				质量损失率(%)				
					P_{50}	P_{100}	P_{150}	P_{200}	W_{50}	W_{100}	W_{150}	W_{200}	
L2		0.50	20	80	88	—	—	—	0.3	—	—	—	≥W6
L4	抚顺低热32.5	0.55	20	80	85	—	—	—	0.4	—	—	—	≥W6
L8		0.65	30	150	74	—	—	—	0.6	—	—	—	≥W6
L12		0.65	30	150	82	—	—	—	0.4	—	—	—	≥W6
L16		0.65	30	150	87	—	—	—	0.7	—	—	—	≥W6
L44		0.55	20	40	96	—	—	—	0.1	—	—	—	≥W6
L26	抚顺中热42.5	0.50	20	80	95	94	92	90	0.1	0.3	0.4	0.7	≥W6
L28		0.55	20	80	94	90	88	82	0.1	0.1	0.5	1.0	≥W6
L27		0.50	20	150	96	93	92	89	0.0	0.2	0.4	0.8	≥W6
L29		0.55	20	150	94	89	85	75	0.1	0.4	0.6	1.2	≥W6
L45		0.55	20	40	90	—	—	—	0.1	—	—	—	≥W6
L37	大同普硅42.5	0.50	20	80	94	85	76	62	0.0	0.1	0.4	0.6	≥W6
L39		0.55	20	80	93	82	69	58	0.1	0.4	0.7	1.3	≥W6
L38		0.50	20	150	92	84	73	61	0.1	0.3	0.5	1.0	≥W6
L40		0.55	20	150	92	81	60	—	0.0	0.1	0.5	—	≥W6
L20		0.55	20	80	89	—	—	—	0.1	—	—	—	≥W6
L21	大同矿渣32.5	0.60	30	150	73	—	—	—	0.3	—	—	—	≥W6
L23		0.60	30	150	70	—	—	—	0.5	—	—	—	≥W6
L42		0.60	30	150	86	—	—	—	1.5	—	—	—	≥W6

由表 5 可以看出：

（1）4 种水泥混凝土在要求龄期的抗渗等级均大于 W6，满足设计要求的 W4 和 W6 的抗渗等级。

（2）当减水剂和引气剂复合掺用时，在控制混凝土拌和物的含气量为 4% ~6% 的条件下，采用大同矿渣 32.5 水泥、抚顺低热矿渣 32.5 水泥的混凝土的抗冻性能均能满足 F50 的设计要求；采用抚顺中热 42.5 水泥的混凝土，其抗冻性能均优于大同 42.5 水泥混凝土，当水胶比为 0.50 ~0.55 时，前者抗冻等级大于 F200，后者的抗冻等级在 F150 ~F200 的范围内。

三、推荐配合比

通过上述混凝土配合比及性能试验结果的分析，各部位混凝土推荐配合比如下：

（1）上游坝面高程 885 m 以下基础强约束区（包括上游齿槽）混凝土可采用 L2、L20 和 L29；

（2）高程 885m 以上上游坝面、门槽、胸墙、水上部分混凝土可采用 L26、L37；

（3）下游坝面混凝土可采用 L28、L29、L39 和 L40；

（4）坝体内部混凝土可采用 L8、L12、L21 和 L23；

（5）消力池过渡段混凝土可采用 L26、L27、L37 和 L38；

（6）厂房内部混凝土可采用 L4、L20；

（7）厂房构件及二期混凝土可采用 L44、L45。

四、结　语

通过一系列的试验、研究与分析提出的推荐混凝土配合比，既能满足强度，又能满足抗冻、抗渗等耐久性指标要求，可作为设计依据和控制施工质量参考之用。

（作者单位：李　昆、翟中文　中水北方勘测设计研究有限责任公司
都桂芬　天津市滨海新区塘沽农村水利技术推广中心）

物探在黄河龙口水利枢纽工程的应用

魏树满　　王志豪　　刘栋臣　　苏红瑞

黄河龙口水利工程基础主要是奥陶系中统上马家沟组(O_2m_2)地层。地层呈平缓单斜,总体走向 NW315°~350°,倾向 SW,倾角 2°~6°。坝基地层呈现舒缓波状,层间错动痕迹明显。与工程密切相关的是上马家沟组($O_2m_2^2$)地层的 3 个小层:第 1 小层($O_2m_2^{2-1}$):中厚、厚层灰岩、豹皮灰岩;第 2 小层($O_2m_2^{2-2}$):灰岩,浅灰色,隐晶结构,薄层状构造;第 3 小层($O_2m_2^{2-3}$):中厚层、厚层灰岩、豹皮灰岩。

在工程基础开挖、处理及验收过程中,进行了大量的物探检测工作,取得了丰富翔实的资料,物探成果为基础鉴定、质量验收以及固结灌浆优化设计等提供了重要依据,为确保工程基础质量、加快施工进度、节省工程投资等方面作出一定的贡献。

一、测试方法与技术

(一)地震波测试

地震波测试采用地震小相遇观测系统,点距 1 m,测段长 4~13 m。每一坝块均按网格状布置平行和垂直坝轴线的地震波测线,测线间距一般为 6~12 m。

使用仪器为国产 DZQ48 型高分辨地震仪,60Hz 检波器,锤击震源。

(二)钻孔声波测试

钻孔声波测井采用点测方式进行,自下而上逐点施测,测点距 0.1~0.2 m。

使用仪器为国产 WSD-2 数字声波仪及一发双收声波换能器。

(三)钻孔电视录像

采用连续观测方式,自上而下匀速下放探头,连续录像。

使用仪器为国产 GD3Q-(A/B)型彩色钻孔电视录像系统。

(四)电阻率测试

采用对称四极电测深法。测试仪器使用国产 DDC-6 电子自动补偿仪。

二、物探成果应用

(一)爆破开挖影响程度

为确定爆破开挖在垂直方向的影响深度以及在水平方向上的影响范围,在爆破开挖前后布置了一定数量的钻孔并进行了声波测试和电视录像;在建基面岩体表面进行的大量地震波测试。综合分析开挖前后声波振幅的衰减规律(见图 1)、声波波速的分布规律

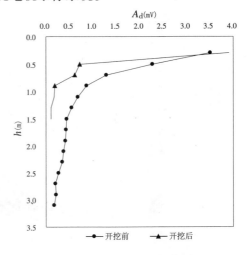

图 1　开挖前后钻孔声波振幅测试综合对比

(见图2)以及基础岩体地震纵波速度等值线分布规律(见图3)可得出如下基本结论：

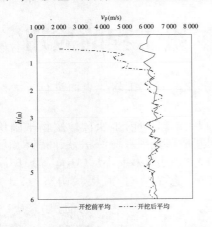

图2　坝基开挖前后钻孔声波测试综合对比

图3　主安装间坝段843 m高程
平台地震波速等值线

　　受开挖爆破影响,测区范围内浅部的基础岩体在水平方向和垂直方向上普遍存在卸荷回弹现象,靠近临空面附近的岩体,以水平方向的卸荷为主,影响范围一般为2~4 m,在高大临空面附近水平卸荷的综合影响范围可达4~7 m;远离临空面处的岩体,则以垂直方向的卸荷为主,平均卸荷深度约为1.2 m,其中左侧1#~10#坝段平均卸荷深度约为1.1 m,右侧11#~19#坝段平均卸荷深度约为1.4 m。

　　（二）软弱夹层的分布及性状

　　综合钻孔电视录像和钻孔声波测试成果,并结合地质编录结果及各软弱夹层间的空间分布规律,明确了在探测深度范围内,坝基以下分布有5条软弱夹层,在坝基下部均连续呈倾斜分布,总体上倾向W偏S,在4#~8#坝段分布高程相对较低;在9#~10#坝段分布高程变化较大,视倾角为10°~11°;在11#~19#坝段分布高程相对较高。软弱夹层的平均厚度为6~13mm,平均饱水波速1 830~2 260 m/s。如图4为NJ_{303}软弱夹层空间分布图。

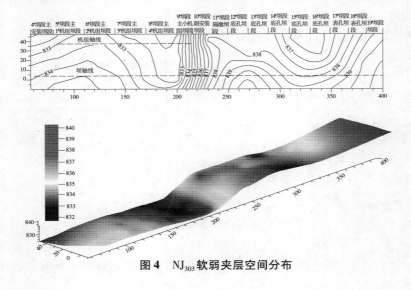

图4　NJ_{303}软弱夹层空间分布

(三)建基面岩体地震波测试

为建立提交坝基岩体质量验收标准,在坝基浇筑混凝土前进行了岩体表面地震波测试,并提出了建基面岩体验收弹性参数验收标准建议值。经专家组鉴定:考虑坝基水平岩层特点,报告提出的坝基表层岩体波速验收标准基本合理。

为评价坝基岩体质量及为基础岩体验收提供定量依据,在基础岩体表面进行了大量的地震波测试,测段总长达 12.7 km。岩体弹性参数具有如下基本特征:

(1)$O_2m_2^{2-1}$ 中厚层、厚层灰岩、豹皮灰岩是主要基础岩体,在枢纽的各建筑物基础均有分布,实测地震纵波速度为 1 210 ~ 5 860 m/s,平均波速 3 560 m/s,$v_p \geqslant 3 000$ m/s 的占测点总数的 82.5%;波速主要分布在 3 000 ~ 4 500 m/s,其分布频率为 68.8%;岩体动弹性模量为 1.69 ~ 80.07 GPa,平均值为 24.11 GPa。

(2)$O_2m_2^{2-2}$ 薄层灰岩主要分布在一级消力池中部,分布面积约占其总面积的 30%;在一级消力坎、二级消力池、差动尾坎、消力池右边墙 19# 坝段边坡坝基、右岸 859 m 高程灌浆平洞的局部亦有分布。实测地震纵波速度为 1 300 ~ 5 250 m/s,平均波速 2 810 m/s,$v_p \geqslant 2 000$ m/s 的占测点总数的 95.4%;波速主要分布在 2 000 ~ 3 500 m/s,其分布频率为 85.9%;岩体动弹性模量为 1.91 ~ 58.94 GPa,平均值为 12.81 GPa。

(3)$O_2m_2^{2-3}$ 中厚层、厚层灰岩、豹皮灰岩主要分布在 1# 坝段及其边坡坝基的大部、2# 坝段的局部、19# 坝段边坡坝基的大部、一级消力池的局部、二级消力池的大部、海漫、消力池左边墙和右边墙的大部、下游纵向围堰。实测地震纵波速度为 1 220 ~ 5 360 m/s,平均波速 3 490 m/s,$v_p \geqslant 3 000$ m/s 的占测点总数的 83.2%;波速主要分布在 3 000 ~ 4 000 m/s,其分布频率为 61.3%;岩体动弹性模量为 1.72 ~ 65.08 GPa,平均值为 22.96 GPa。

(4)岩体地震纵波速度除与岩性有关外,与岩体表面的裂隙发育程度亦有一定的相关性(见图 5)。

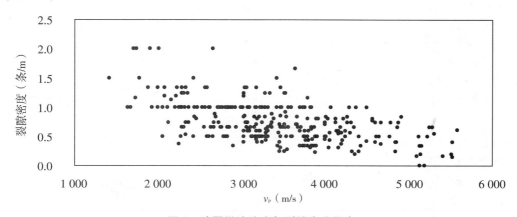

图 5　地震纵波速度与裂隙密度散点

(四)固结灌浆效果检测

为提高基础岩体强度,改善岩体的完整性、均一性,按设计要求布置了有盖重和无盖重两种方式的固结灌浆工作。固结灌浆效果检测,除钻孔压水试验外,还进行了钻孔声波测试,通过灌浆前后的波速变化规律来评价固结灌浆效果。在灌浆前后共完成了 230 对钻孔,累计 2.4 km 的钻孔声波测试工作。综合分析声波测试结果可得出如下基本结论：

（1）灌浆后岩体的完整性系数与动弹性模量比灌浆前均有提高，且局部钻孔岩体在灌浆前存在的漏水或涌水现象在灌浆后大都消失，说明灌浆后岩体的完整性、均一性得到改善，进而提高了基础岩体的承载能力。

（2）对比波速提高率可知，有盖重固结灌浆效果优于无盖重固结灌浆效果。

（3）在同一坝段、同一灌浆方式，灌后岩体波速较灌前的波速提高率一般随孔深的增加而减小。如右侧拦河坝及消力池（A 标）固结灌浆声波检测结果（见图6）表明：在孔深 1.6 m 以上波速平均提高率为 6.1%，在孔深 1.6 m 以下波速平均提高率仅为 2.4%。

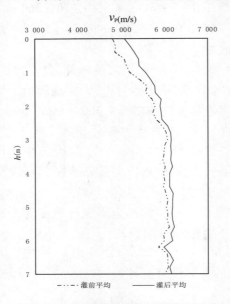

图6　A 标固结灌浆声波检测综合成果

（五）基础电阻率测试

为了给设计人员提供接地电阻设计参数，特对与设计相关的黄河水、基岩、人工弃渣、混凝土等进行了电阻率测试，测试结果如下：

（1）黄河水电阻率：测试时水温 23 ℃；实测值为 9.3 ~ 10.9 Ω·m，平均值 9.8 Ω·m。

（2）A 标坝段下游 A 点含水混凝土电阻率。由于目前 A 标坝段下游一级消力池已过水，不能进行测试，故将测试部位移至主坝廊道内进行。测试时廊道底面处于饱水状态，实测值为 203.6 ~ 237.6 Ω·m，平均值为 215.9 Ω·m。

（3）B 标电站坝段上游 D 点岩体电阻率。测试地面高程约为 860 m，在测试深度范围内，岩体电阻率具有两层结构，地表至埋深 1.8 m 以上实测值为 1 031.5 ~ 1683.8 Ω·m，平均值为 1 361.7 Ω·m；埋深 1.8 ~ 3.0 m 实测值为 1 547.0 ~ 2 092.8 Ω·m，平均值 1 902.9 Ω·m。

（4）B 标电站坝段下游厂前区 E 点人工弃渣电阻率。测试地面高程约为 872.9 m；在地表至埋深 0.8 m 以上的实测值为 133.1 ~ 166.5 Ω·m，平均值 145.4 Ω·m。B 标电站坝段上游 F 点人工弃渣电阻率：测试地面高程约为 866 m；实测值为 107.3 ~ 167.6 Ω·m，平均值 128.6 Ω·m。

（5）3#机组 C 点地面高程约为 831 m，在测试深度范围内，岩体电阻率具有两层结构，地表至埋深 1.5 m 以上实测值为 2 732～3 602 Ω·m，平均值为 3 197 Ω·m；埋深 1.5～3.0 m 之间实测值为 5 403～5 595 Ω·m，平均值为 5 487 Ω·m。

（六）在固结灌浆优化设计中的应用

左侧拦河坝（1#～10#坝段）及电站厂房基础岩体主要为 $O_2m_2^{2-1}$ 中厚、厚层灰岩、豹皮灰岩，为致密坚硬岩石类，干密度平均值为 2.69～2.70 g/cm³，饱和抗压强度平均值为 87～120 MPa。但受爆破开挖、岩体卸荷回弹、岩体完整程度、开挖形态以及开挖后岩体暴露时间等综合影响，实测岩体地震纵波速度差异较大，实测基础岩体地震纵波速度 1 210～5 850 m/s，平均值为 3 560 m/s，其中 v_p≥4 000 m/s 的约占测点总数的 30.6%。对比分析现场变形试验结果表明：v_p≥3 500 m/s 岩体的变形模量和弹性模量等已满足设计需要。依据动静检测对比结果，在左侧拦河坝及电站厂房可根据基础岩体地震波测试结果调整固结灌浆位置是可行的。

钻孔声波测试结果显示，爆破开挖及岩体卸荷回弹的影响深度为 0.4～2.2 m；右侧拦河坝及消力池（A 标）固结灌浆声波检测结果显示，在孔深 1.6 m 以上波速平均提高率大于孔深 1.6 m 以下波速平均提高率，且在孔深 3.0～7.0 m 灌浆前平均波速为 6 010 m/s，与原岩状态的声波平均波速 6 020 m/s 基本一致。上述测试结果说明，在左侧拦河坝及电站厂房调整固结灌浆孔深是可行的。

根据左岸 1#～10#坝段及电站厂房基础开挖情况、地震波波速等测试成果以及右侧拦河坝及消力池（A 标）固结灌浆声波检测结果，设计人员对 1#～10#坝段和发电厂房建筑物基础固结灌浆进行了优化设计：缩短了坝基固结灌浆孔深，加大了孔排距，并且根据现场情况仅对岩石破碎、声波较低部位进行灌浆。其中，5#～8#坝段 B 浇筑块坝基固结灌浆孔数由原设计的 400 孔优化至 224 孔，C 浇筑块固结灌浆孔数由原设计的 280 孔优化至 67 孔，优化后 5#～8#坝段 B、C 固结灌浆工程量仅相当于原工程量的 1/4，大大节约了工程投资，加快了建设进度。

三、结　语

物探经济快速、准确可靠的专业优势在黄河龙口水利枢纽工程技施设计阶段得到了充分体现，并取得了较好的工程应用效果。笔者的体会是：物探人员要充分结合地质情况，与地质人员密切配合；与设计、监理工程师多交流沟通，将测试数据及时转化为工程应用参数；对不可见异常尽可能采用综合物探或其他方法进行补充验证。

（作者单位：中水北方勘测设计研究有限责任公司）

后 记

在黄河龙口水利枢纽工程前期勘测设计研究及工程建设期间,先后编印和出版了大量的研究成果,既有正式出版的著作、论文,又有内部印刷的设计报告及交流材料。由于与龙口工程相关的大量研究报告和设计成果分别归档存放在不同机构或部门,各技术论文亦分散登载于各刊物中,因此全面了解龙口工程、参考和借鉴龙口勘测设计成果显得较为不便。随着龙口工程建设进入竣工验收阶段,我们努力尝试将龙口有关勘测设计与技术研究成果归并、整理,希望能编辑出版一部具有一定水准的龙口工程技术研究著作。经过近一年的时间,在各方努力下,这本《黄河龙口水利枢纽工程技术研究》终于出版了。

《黄河龙口水利枢纽工程技术研究》系统全面地介绍了龙口工程有关勘测设计及工程技术经验成果,全书分两大部分内容,第一部分为"工程勘测设计",由杜雷功、余伦创两位同志撰写,这部分内容精心概括和浓缩了包括工程设计基本情况、水文及工程规划、工程地质、工程布置及建筑物、水力机械与电气、金属结构、主要设计变更及设计优化等勘测设计成果;第二部分为"工程技术论文",由参与龙口工程勘测设计的各相关设计人员撰写,内容为本工程有关工程规划、工程地质、工程布置及建筑物、建筑与消防、机电设备与金属结构、施工组织与概算以及有关科研试验等专业技术论文。第一部分"工程勘测设计"具有一定的基础性、数据性和系统性功能,可作为研阅第二部分"工程技术论文"的查证资料。

限于篇幅,许多与龙口工程勘测设计有关的具有重要价值的论文尚未收入,工程勘测设计以外的众多文章也一概未收入,故稍显遗憾,还望谅解。

感谢各技术论文作者对本书编辑的大力支持,感谢中水北方勘测设计研究有限责任公司领导对本书出版的关心。特别感谢中国勘测设计大师王宏斌大师为本书提供宝贵意见并拔冗作序。

由于本书作者水平有限,差错在所难免,望业内同仁批评、指正。

作 者

2011 年 11 月于天津